適用
Visual C#
2017 / 2019
2022

Visual C#
程式設計經典

邁向 **Azure** 雲端、**AI** 影像辨識
與 **OpenAI API** 服務開發

作者序

自 Internet 盛行至今，網路上相關軟體的開發技術幾乎每隔不到二年就翻新一次，而微軟的 Visual Studio 一直是 Windows 平台上整合能力最強、功能最齊備的程式開發工具，新版的 Visual Studio 2022(本書簡稱 VS)更針對多項軟體開發技術加以強化，近幾年 C# 受到業界程式設計師的喜愛，這使得使用 C# 開發大型軟體系統時，得以降低軟體設計與維護的複雜度。

Visual Studio 是解決複雜軟體開發需求的強大工具，新版的 VS 功能重點在 Web、行動、雲端以及人工智慧應用程式開發。為了簡化各類型應用程式的開發流程，VS 可和 Microsoft Azure 雲端應用程式與服務、.NET Core 以及 Docker 容器等進行整合。所以說 VS 是雲與端一致性開發平台，以及開發人工智慧商業化應用程式的最強利器，不但整合各類型平台上的開發成果，降低企業 e 化成本與縮短導入時間，更強化了雲端與分散式系統的安全性與多功能性。

「程式設計經典」系列書籍秉持著易學易懂的原則，使用淺顯易懂的語法與豐富的實際範例，將各類型電腦與網路相關技術傳遞給讀者，因此廣受讀友們的支持與喜愛。本書除了修正更適合的範例，更加入了 Azure 服務與 OpenAI API 開發。Azure 部份介紹：App Service 雲端網站建置、SQL Database 雲端資料庫建置、認知服務影像辨識 Computer Vision 與人臉辨識 Face API；OpenAI API 部份介紹：Open AI API 服務申請、ChatGPT 聊天機器人與 AI 繪圖程式開發。

為節省篇幅，將 DataView、XML 讀寫、ASP.NET Web Form、JQuery Mobile 行動網頁等章節，改製作成電子書供讀者線上下載。本書適用 C# 2017、2019、2022 版，**採用本書的教師可向碁峰業務索取教學投影片，讀者可透過 itPCBook@gmail.com 信箱詢問本書相關的問題。同時系列書籍於「程式享樂趣」YouTube 頻道 https://www.youtube.com/@happycodingfun 每週分享補充教材與新知。**本書雖然經過多次精心校對，但難免百密一疏，尚祈讀者先進不吝指正，以期再版時能更趨紮實。在此特別感謝周家旬細心校稿，與碁峰各位同仁的協助，本書才能順利完成。

編著　蔡文龍　僑光科大多遊系副教授、Microsoft MVP
　　　何嘉益　張志成　張力元　歐志信

目錄

Chapter 1　Visual Studio 環境建置與 C# 程式架構

Chapter 2　資料型別與主控台應用程式

Chapter 3 流程控制

Chapter 4 陣列與方法

Chapter 5 視窗應用程式

Chapter 6 物件與類別

Chapter 7 繼承、多型、介面

Chapter 8 列舉器與集合

Chapter 9 例外與檔案處理

Chapter 10 表單與基礎控制項

Chapter 11 常用控制項(一)

Chapter 12 常用控制項(二)

Chapter 13 豐富文字方塊與工具列

Chapter 14 滑鼠鍵盤與共用事件

Chapter 15 對話方塊與多表單應用

Chapter 16 ADO.NET 簡介與 SQL Express 資料庫設計

Chapter 17 ADO.NET 資料庫存取(一)

Chapter 18 ADO.NET 資料庫存取(二)

Chapter 19 資料繫結與預存程序的使用

Chapter 20　LINQ 資料查詢技術

Chapter 21　ASP.NET MVC 應用程式

▶下載說明

本書範例、附錄電子書，請至以下碁峰網站下載

http://books.gotop.com.tw/download/AEL022731

其內容僅供合法持有本書的讀者使用，未經授權不得抄襲、轉載或任意散佈。

Visual Studio 環境建置 與 C# 程式架構

1.1 Visual Studio 2019 簡介

軟體系統的規劃與建置，以往總需要針對不同作業系統平台、程式語言、軟體技術…進行整合，然而這樣的整合往往費時耗力，更成為軟體增加複雜度的禍首之一，因此為了降低簡化軟體規劃與設計所需的成本，學術界與商業界便不斷推出更為先進的軟體設計技術與產品，以因應日趨複雜的軟體開發需求。

Visual Studio 是解決複雜軟體開發需求的強大工具，新版的 Visual Studio 2019 功能重點在雲端、行動應用程式、AI 應用程式與大數據解決方案開發。為了簡化雲端應用程式的開發流程，Visual Studio 可和 Microsft Azure 雲端應用程式與服務、.NET Core 以及 Docker 容器等進行整合。除此之外 Visual Stduio 可快速建置 Android、iOS、Mac、Windows、Web 與雲端應用程式；且 Visual Studio 所提供的程式碼能支援 C#、C++、JavaScript、Python、Type Script、Visual Basic、F# 等多種程式語言，並提供進階偵錯、程式碼剖析、自動和手動測試，並利用 DevOps 進行自動化部署和連續監視。所以說 Visual Studio 具有部署、偵錯及管理 Microsoft Azure 雲端服務的能力，同時也是雲與端一致性開發平台最強的利器。還有更多的 Visual Studio 新增功能可參考「https://visualstudio.microsoft.com/zh-hant/」網站。

目前 Visual Studio 2019 提供社群版(Community)、專業版 (Professional)、企業版(Enterprise)三個版本，其中社群版是免費的，開發人員可以到 Visual Studio 官方網站「https://www.visualstudio.com/」下載。對初學者、學生、SOHO 族或個人工作室來說，使用 Visual Studio 2019 社群版來開發專案就已經足夠了。

按此鈕可下
載 VS 2019
社群版線上
安裝程式

1.2 安裝 Visual Stduio

　　本書採微軟免費提供的 Visual Studio Community 2019 社群版做介紹，請依下圖步驟到微軟 Visual Studio 官方網址免費下載。

　　下載 Visual Studio Community 2019 的安裝檔後，請執行該安裝檔進行線上安裝 Visual Studio，此時電腦會先詢問是否安裝或繼續，接著進行幾分鐘的安裝前檢查與準備工作，若電腦具備可以安裝的條件時，會出現下圖勾選要安裝的選項，為配合本書需勾選「ASP.NET 網頁程式開發」、「Azure 開發」和「.NET 桌面開發」選項，再點按視窗右下方 安裝 鈕。安裝時間依網路速度會有所不同，大約需 2~4 小時，請耐心等候。

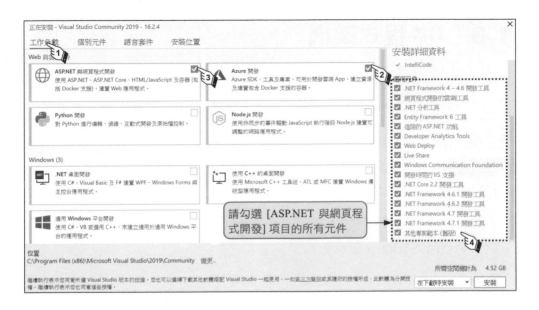

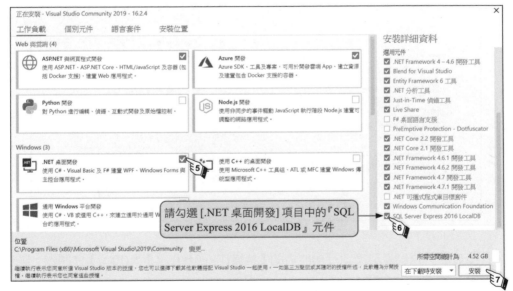

1.3　C# 程式架構

Visual Studio 可開發主控台應用程式、Windows Forms App (視窗應用程式)、WPF 應用程式、ASP.NET Web 應用程式、類別庫、雲端與 AI(人工智慧)相關應用程式。

本例先練習如何建立「主控台應用程式」。當執行桌面正下方工作列的【 ⊞ / Visual Studio 2019 】指令出現下圖畫面，請按下「不使用程式碼繼續(W)→」連結即會進入到 Visua Stduio 2019 整合開發環境。

接著在整合開發環境執行功能表的【檔案(F)/新增(N)/專案(P)...】會開啟「建立新專案」視窗：

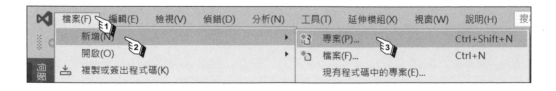

依下圖操作在「建立新專案」視窗設定建立「主控台應用程式(.NET Framework)」，專案使用的語言為「C#」。

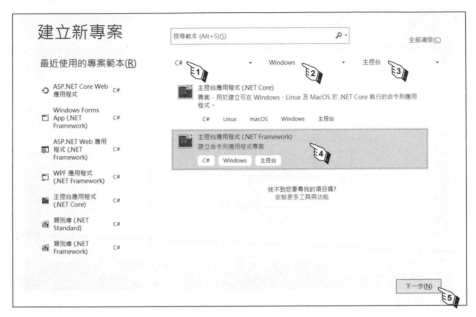

　　再依下圖操作在「設定新的專案」視窗指定專案名稱為「ConsoleApp1」，且專案建置於「C:\cs2019\ch01」資料夾下。

接著會進入 Visual Studio 整合開發環境，同時出現下圖 C# 主控台應用程式的程式基本架構：

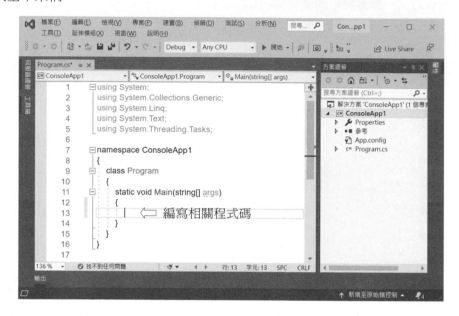

為方便說明上圖中的每行敘述，在最前面手動加上行號，要注意撰寫程式碼時是不用加入。其中第 13-15 行是使用者自行輸入的敘述，其他行的敘述是系統自動產生的：

```
01 using System;
02 using System.Collections.Generic;
03 using System.Linq;
04 using System.Text;
05 using System.Threading.Tasks;
06
07 namespace ConsoleApp1
08 {
09     class Program
10     {
11         static void Main(string[] args)
12         {
13             // 在主控台顯示 "歡迎光臨 C# 的世界" 訊息
14             Console.WriteLine("歡迎光臨 C# 的世界");
15             Console.Read();
16         }
17     }
18 }
```

執行結果

完成程式撰寫後，可執行功能表的【偵錯(D)/開始偵錯(G)】編譯並執行程式，接著會出現黑色畫面主控台視窗，顯示本專案程式的執行結果。

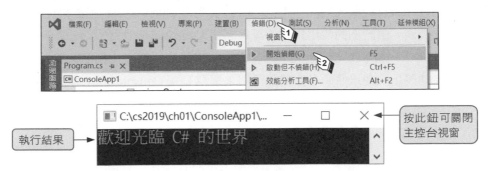

若想要回到整合開發環境繼續編寫程式，可以按主控台視窗的 ⊠ 鈕，或執行功能表的【偵錯(D)/停止偵錯(E)】來達成。

程式說明

1. using 指示詞

    第 1 行 using System 是引用系統定義的 System 命名空間，當程式進行編譯時用來告知 C# 編譯器，本專案會使用到 System 命名空間內的類別。System 命名空間主要是保留給和 .NET Framework 類別程式庫 (Class Library) 相關的項目使用。若編寫程式碼時在程式最前面使用 using System; 宣告，在程式中的敘述若有使用到屬於 System 命名空間類別，就不用在該類別的前面加上 System 命名空間名稱。譬如：上面程式碼中第 14 行 Console 類別是屬於 System 命名空間，由於在第 1 行已使用 using System; 事先宣告，因此在程式中就不必像下面敘述在 Console 類別的前面加上 System 命名空間：

    System.Console.WriteLine ("歡迎光臨 C# 的世界");

    C# 預設所編寫的程式中會引用 System、System.Linq、System.Text、System.Collections.Generic、System.Threading.Tasks 命名空間，因此在程式最開頭第 1-5 行自動產生 using 來引用這些命名空間。

2. namespace ConsoleApp1

當執行功能表【檔案(F)/新增(N)/專案(P)...】指令新增專案時，C# 會以所設定的專案名稱當作預設的命名空間名稱。若專案名稱有更改，則以更改過的專案名稱當做預設的命名空間。所謂「命名空間」(NameSpace)主要是用來定義類別的範圍。由於上例使用預設的專案名稱 ConsoleApp1，所以自動產生第 7 行以 ConsoleApp1 為命名空間，其有效範圍由第 8 行的左大括號起到第 18 行的右大括號止。在這個命名空間內可用來撰寫有關 ConsoleApp1 專案的程式碼，或定義使用者自定型別。其語法如下：

```
namespace 命名空間名稱
{
    類別, 介面, 結構, 列舉, 委派等型別定義於此處
}
```

在上面的命名空間範圍內，也可以再包含另一個 namespace(命名空間)、class(類別)、interface(介面)、struct(結構)、enum(列舉)、delegate(委派)。下面即是一個包含所有上面項目的 C# 程式基本架構，關於類別、介面、結構、列舉、委派等後面章節會有詳細的介紹：

```
namespace MyNamespace          // 命名空間名稱為 MyNamespace
{
    class MyClass              // 定義名稱為 MyClass 的類別
    {

    }
    struct MyStruct           // 定義名稱為 MyStruct 的結構
    {

    }
    interface MyInterface     // 定義名稱為 MyInterface 的介面
    {

    }
    delegate int MyDelgate();  // 宣告名稱為 MyDelgate 的委派

    enum MyEnum               // 定義名稱為 MyEnum 的列舉
    {

    }
```

```
class Program                              // 定義名稱為 Program 類別
{
    public static void Main(string[] args)  // Main 方法為程式開始執行的起點
    {

    }
}
```

3. // 在主控台印出 "歡迎光臨 C# 的世界"

   第 13 行的雙斜線「//」是單行註解符號，其使用時機是當需要對程式某些敘述區段、變數、單一敘述等做說明，以方便日後閱讀。編譯器在編譯時會略過接在雙斜線後面的文字部分。所以註解是不會對程式造成任何影響。若註解太長需跨行時，除可連續在每行開頭使用雙斜線後接註解外，也可以使用多行註解符號，它以『/*』開頭，將註解寫在此後面，不必理會跨行，一直到結束時再接『*/』彼此成對即可。譬如：

```
/*
    在主控台印出 "歡迎光臨 C# 的世界" 訊息
*/
```

   但要注意成對多行註解符號中間不可以再插入多行註解符號。

4. class Program

   第 9 行使用 class 關鍵字定義名稱為 Program 的類別。此為 C# 預設的類別名稱，開發人員可依需求將 Program 更名為較有意義的類別名稱，如 mainClass 或 myClass。接著便可將屬性和方法定義在此類別中。C# 程式允許由多個類別、結構和資料型別所組成的集合。

5. Main()方法

   為程式開始執行的進入點，一個 C# 程式允許由多個類別所組成，在多個類別中只允許有一個類別內含有 Main()方法，程式執行時會將此 Main() 方法視為程式開始執行的進入點，此種方式和 C 語言、C++程式一樣都從 main() 函式開始執行。可在 Main()方法中建立物件和執行其他方法。譬如：上例中第 9 行所宣告的 Program 類別包含一個第 11 行 Main()方法，當程式執行時就從 Main()方法所在的位置開始執行。

```
class Program
{
   static void Main(string[] args) ⇐ 程式開始執行的進入點
   {
      // 敘述區段;
   }
}
```

① static

一般類別中所定義的方法必須先建立該類別的物件實體(簡稱物件)後才能使用該物件的方法。C# 預設在 Main()方法前面加上 static 主要是希望不用先建立 Main()方法的物件實體，在執行階段(RunTime)就能直接叫用。若未加上 static，在執行階段就必須先建立該類別的物件實體後才能呼叫。

② void

Main()方法前面加上 void 表示此方法不會傳回任何值。

③ string[] args 引數

表示 args 是屬於 string 資料型別的一個陣列物件(string 為字串類別)。它代表執行 Main()方法時會將接在專案執行檔後面的參數置入 args 字串陣列。

6. Console.WriteLine()

是 .NET Framework 類別程式庫中，屬於 Console 類別的一種輸出方法。緊接在 Console.WriteLine 敘述後面小括號內的資料是要由預設輸出裝置(螢幕)輸出的資料串流，第 14 行會在螢幕上顯示 "歡迎光臨 C# 的世界" 訊息。

7. Console.Read()方法

是 .NET Framework 類別程式庫中，屬於 Console 類別的一種輸入方法。Console.Read()方法會從標準輸入資料流讀取下一個字元，不管輸入多長的字串，只傳回第一個字元(字首)的 ASCII 碼，放入指定的變數內；若傳回值不儲存，即是用來暫時停止程式執行，觀看輸出結果是否正確。本程式第 15 行 Console.Read()方法的用法是屬於後者，是用來暫停程式執行，觀看輸出結果，待按任意鍵才結束程式執行。以上只簡單介紹 C# 語法架構，而有關類別與物件的相關說明，請參閱本書第 6-7 章 C# 物件導向的相關技術。

資料型別與主控台應用程式

2.1　C# 資料型別

2.1.1　認識識別字

識別字(Identifier)是用來對程式中的一個方法、一個變數或其他使用者定義的項目給予名稱以便在程式中識別。識別字可由一個字元或多個字元組成。識別字的命名規則如下：

1. 識別字名稱必須以 A-Z、a-z 或_(底線)等字元開頭，但不允許以數字 0-9 開頭。識別字的第一個字元後面可以接大小寫字母(大小寫字母視為不同字元)、數字、底線。變數名稱允許多個單字連用，單字間可使用底線連接可增加變數名稱的可讀性；或者每個單字的第一個字母大寫其他字母小寫，如：tel_no、TelNo、telNo 代表電話號碼變數，id_no、IdNo、idNo 代表身分證號碼變數。

2. C# 的識別字將字母的大小寫視為不相同的字元，譬如：SCORE、Score、score 視為三個不同的名稱。

3. 識別字的命名最好具有意義、名稱最好和資料有關連，如此在程式中不但可讀性高而且易記。例如：以 salary 代表薪資、total 代表總數，切勿使用 a 和 b 之類無意義的名稱當作變數名稱。

4. C# 允許使用中文字當變數名稱，由於使用中文字當變數在程式中易造成混淆，建議不使用中文字為宜。

5. C# 的關鍵字(Keywords)是不允許用來當做識別字的。下表即為 C#常用的關鍵字,透過這些關鍵字與運算子(Operator)和分隔符號(Seperator)結合就定義出 C# 語言所提供的屬性 (Property)、事件 (Event)、方法 (Method) 和敘述 (Statement)。所以,關鍵字是不允許用來當做程式中的變數、類別和方法…等名稱,若非要使用關鍵字當識別字不可時,在該關鍵字前面加上 @ 符號便可當作識別字使用:

abstract	as	base	bool	break
byte	case	catch	char	checked
class	const	continue	decimal	default
delegate	do	double	else	enum
event	explicit	extern	false	finally
fixed	float	for	foreach	goto
if	implicit	in	int	interface
internal	is	lock	long	namespace
new	null	object	operator	out
override	params	private	protected	public
readonly	ref	return	sbyte	sealed
short	sizeof	stackalloc	static	string
struct	switch	this	throw	true
try	typeof	uint	ulong	unchecked
unsafe	ushort	using	virtual	volatile
void	while			

6. ① 下列是不正確識別字的命名方式:

good luck   // 中間不能使用空格

7_eleven   // 第一個字元不可以是數字

B&Q   // & 不是可使用的字元

new   // new 是關鍵字

② 下列是正確識別字的命名方式:

GoodLuck   // 兩個單字的第一個字元使用大寫字母

seven_eleven   // 兩個單字中間可使用 _ 底線區隔

_score   // 第一個字也可以使用 _ 底線

底薪   // 可以使用中文,建議不使用以免程式難維護

2.1.2 C# 的基本資料型別

　　程式設計的最主要目的是用來處理資料。若資料在使用前未經宣告資料可容許的範圍，電腦是很難處理的。電腦依資料是否能計算分成數值資料和文字資料。一般程式語言提供多種不同的資料型別，讓開發人員可依據資料的性質(數值或文字資料)和資料的有效範圍，來宣告合適的資料型別，當程式進行編譯才能依據所宣告的資料型別在記憶體中配置該資料型別允許使用的記憶空間來存放資料。下表列出 C# 所提供的資料型別及其所佔用的記憶空間和資料有效範圍：

資料型別	.NET Framework	說明
bool 布林	System.Boolean	佔 1–byte 布林值，其值為 true 或 false。
byte 8 位元無號整數	System.Byte	佔 1-byte，無正負整數。 範圍：0~255
sbyte 8 位元有號整數	System.Sbyte	佔 1-byte，有正負符號整數。 範圍：-128 至 127
short 短整數	System.Int16	佔 2-bytes，有正負符號整數。 範圍：-32,768~+32,767
int 整數	System.Int32	佔 4-bytes，有正負號整數。 範圍：-2,147,483,648 至 +2,147,483,647
long 長整數	System.Int64	佔 8-bytes，有正負號整數。範圍： -9,223,372,036,854,775,808 至 +9,223,372,036,854,775,807
ushort 無號短整數	System.Uint16	佔 2-bytes，無正負號整數 範圍：0~65,535
uint 無號整數	System.Uint32	佔 4-bytes，無正負號整數 範圍：0~4,294,967,295
ulong 無號長整數	System.Uint64	佔 8-bytes，無正負號整數 範圍：0 ~ 18,446,744,073,709,551,615
float 浮點數	System.Single	佔 4-bytes，單精確度浮點數字。 範圍：$(+/-)1.5 \times 10^{-45}$ 至 $(+/-)3.4 \times 10^{38}$ 精確度 6-9 個數字
double 倍精確數	System.Double	佔 8-bytes，倍精確度浮點數字。 範圍：$(+/-)5.0 \times 10^{-324}$ 至 $(+/-)1.7 \times 10^{308}$ 精確度 15-17 個數字
decimal 貨幣	System.Decimal	佔 16 bytes 為十進位數字，有效位數 28-29。 範圍：$(+/-)1.0 \times 10^{-28}$~$(+/-)7.9 \times 10^{28}$

資料型別	.NET Framework	說明
char 字元	System.Char	佔 2-bytes 字元，其值是一個 Unicode 的字元，該字元以單引號括住。範圍：0~65,535。
string 字串	System.String	字串型別，資料頭尾以雙引號括住。
object 物件	System.Object	物件型別，可以存放任意資料型別的資料。
使用者定義變數	結構/類別/列舉	成員大小長度的總和。

由上表可知，C# 的數值資料可分為：有號(Signed)數值資料與無號(Unsigned)數值資料兩種。其中有號數值資料表示該數值允許帶正負號；至於無號數值資料代表該數值沒有正負號，因此只能存放正數和 0。上表中 byte、short、int 與 long 都是用來存放整數資料，只是彼此間所佔用的記憶體長度不一樣，因此所能存放資料的大小是有差別的。至於 float 與 double 是屬於浮點數資料，用來存放帶有小數點的數字。表中的 char 型別是用來存放字元(character)資料的。當程式中使用到單一字元時，必須使用單引號將字元頭尾括起來，譬如：'y' 和 'Y'。

2.1.3 常值、常數和變數的關係

常值 (Literal) 是指資料本身的值，不是變數值或運算式的結果，例如：數字 5 或字串 "Hello" 都是常值。一般將程式中使用的常值，依程式執行時是否允許改變其值分成「常數」(Constant)和「變數」(Variable)兩種。所謂「常數」是以有意義的名稱取代常值，在整個程式執行中其值都維持不變。至於「變數」是以有意義的名稱取代常值，允許在整個程式執行中變更其值。所以，常值可用來指定給變數當作「變數值」或指定給物件屬性當作「屬性值」。

程式執行時，敘述中的每個常值都會配置記憶體來存放。由於 C# 是屬強制型別(Strongly Typed)的程式語言，必須對程式中所使用的資料強制做資料型別檢查。所以，程式中所使用的常數和變數都必須賦予名稱和資料型別。「資料型別」是規定該資料使用的有效範圍(即有最大值和最小值)以及在記憶體中存放的長度。不同的資料型別，編譯器依據資料所使用的資料型別配置對應的記憶體來存放。不同的資料型別，電腦的處理方式亦不相同，譬如：數值資料允許做四則運算，文字資料則無法計算只能字串的比較或合併字串資料型別，布林資料只能表示真或假的結果。C# 提供的常值包括：數值常值、字串常值、日期常值、布林常值和物件常值。

2.1.4 變數

一. 變數的宣告

所謂「變數」(Variable)是指資料在程式執行過程中其值是會改變，若其值不變則稱為「常數」(Constant)。程式中使用到的變數或常數在使用前都必須先經宣告(Declare)。宣告的目的是賦予該變數或常數一個資料型別以及名稱。名稱是用來在程式中參用，資料型別用來在程式進行編譯時在記憶體中配置適當的記憶體空間來存放該資料值，其語法如下：

> **語法**
>
> 　　　　資料型別　變數名稱；
> 　　　資料型別　變數名稱 1, 變數名稱 2, ... ；

說明

1. 變數名稱必須遵循識別字命名規則，建議以小寫開頭。
2. 多個資料型別相同的變數同時宣告時中間使用逗號隔開。
3. 每行敘述最後面必須加上分號「;」代表該敘述到此結束。
4. 宣告 var1 和 var2 為整數變數，str1 為字串變數，寫法：
    int var1, var2;
    string str1;

由於變數在程式中使用的機率很高，而且其內容是隨著程式的執行而變化的。因此，資料的宣告應遵循下列三原則，才能在程式中順利使用變數來存取資料：

1. 變數要如何命名。
2. 以該變數容許的最大值和最小值來決定使用哪種資料型別。
3. 變數必須初始化才能在程式中使用。

二. 變數的初始化

所謂「初始化」(Initialize) 就是給予變數初值。由於 C# 是不允許使用未初始化過的變數，因此變數經過宣告後必須再經初始化才能在程式中使用。初始化就是使用指定運算子即數學的等號來設定變數的初值。譬如：設定 score 為整數變數，初值設為 90，其寫法如下：

```
int score;
score = 90;
```

C# 允許在宣告變數時也能同時設定變數的初值。譬如可將上面兩行敘述合併成一行書寫。其寫法如下：

```
int score = 90 ;
```

要注意，指定運算子「=」等號的左邊必須是一個變數名稱，不可為常值。為避免日後忘記該變數的意義，可以在敘述分號的最後面加上「//」雙斜線當作註解符號，在雙斜線後面加註文字說明即可。程式執行時碰到接在「//」雙斜線後面的文字說明是會跳過去不執行的。當然也可以在一行開頭加上「//」，使得整行程式敘述變成註解。一般而言，在宣告變數時也可以同時指定變數的初值，寫法如下：

```
int score = 100;        // 宣告 score 為整數變數，代表成績初值為 100
double price = 90.5;    // 宣告 price 為浮點數變數，代表單價初值為 90.5
char sex = 'M';         // 宣告 sex 為字元變數，代表性別初值為 'M'
char c1 = '\x0061';     // 宣告 c1 為字元變數，以 a 字元的 ASCII 碼表示 61₁₆
char c2 = (char)97;     // 宣告 c2 為字元變數，以 a 字元的 ASCII 碼表示 97₁₀
char c3 = '\u0061';     // 宣告 c3 為字元變數，以 a 字元的 UniCode 表示
```

【注意】

1. int 整數資料型別相當於使用 .NET Framework 的 System.Int32 型別，long 長整數資料型別相當於使用 .NET Framework 的 System.Int64 型別...，其他以此類推。因此下面兩行敘述皆可用來宣告變數名稱為 price 的整數變數。

```
int price;
System.Int32 price;
```

2. 在 .NET 提供 GetType()方法可用來取得某變數的資料型別，其寫法如下：

```
int luckNo = 168;
Console.WriteLine(luckNo.GetType());  ⇦ 結果顯示：System.Int32
```

在 C# 中，字元資料在程式中是以單引號將字元頭尾括起來。如：'A'、'B'、'1'、'2' 等。若一個以上的字元合併在一起就形成字串(string)資料，為和字元資料有所區別，字串資料必須使用「""」雙引號將字串頭尾括起來。至於字串變數的宣告方式和初值設定如下：

```
string str1 ;                        // 宣告一個字串變數 str1
str1 = "Visual C# 程式設計經典";        // 給予字串變數 str1 初值
string name = "黑暗騎士" ; // 宣告一個字串變數 name，初值為 "黑暗騎士"
```

2.1.5 常數

程式執行時，有些值在程式執行過程中，其值到程式結束前都一直保持不變且重複出現，為方便在程式中辨識，可使用一個有意義的「常數」名稱來取代這些不變的數字或字串常值。譬如：稅率、圓周率...等、或常用的字串、日期。常數一旦經過宣告使用，在整個程式流程中會一直保有當初宣告時所指定的常數值。

常數名稱用 const 宣告，在宣告時要指定一個常值做為該「常數名稱」的常數值。程式中使用常數名稱可增加程式的可讀性，在閱讀程式時較能體會出該常值的意義而且維護程式碼時易修改。譬如：程式中有多處敘述需要使用到圓周率 3.14，就必須在這些敘述中鍵入 3.14。當必須將圓周率 3.14 改成 3.14159 時，那就得逐行敘述去找 3.14，再將它改成 3.14159。若事先在程式開頭使用 const 宣告一個常數名稱為 PI，並指定常數值為『3.14』，而在程式中需要使用到圓周率的地方直接鍵入 PI。當必須將圓周率 3.14 改成 3.14159 時，只要更改 const 宣告 PI 常數名稱的常數值即可。將 PI 宣告成常數代表圓周率，常數值為 3.14，其寫法如下：

```
const  double  PI = 3.14 ;          // PI 表圓周率，PI 為浮點數常數
int r =10;                          // r 表半徑，r 為整數變數
Console.WriteLine("圓周長 = " + (2* PI * r).ToString()) ;  // 顯示「 圓周長 = 62.8」
```

【例】下例示範將常值加入適當型別字元成為常數的正確用法：

1. 常值預設為整數常數

   const int DefaultInteger = 100;

2. 常值預設為倍精確常數

   const double DefaultDouble = 54.3345612;

3. 常值強制為長整數常數 (採附加型別字元 L 或 l)

   const long MyLong = 45L;

4. 常值強制為單精確度常數(採附加型別字元 F 或 f)

   const float MySingle = 45.55F;

2.1.6 實質型別與參考型別

程式中欲處理的資料必須事先將資料置入記憶體中才能存取。C# 就是依資料在記憶體存放方式的不同分成實值型別(Value type)和參考型別(Reference type)兩種管理機制。

一. 實質型別(Value Type)

實值型別的執行個體是存放在一塊稱為堆疊區(Stack)的記憶體中，也就是說在資料名稱的記憶位址內存放資料本身。所以，實值型別的資料在程式執行階段可快速建立、存取和移除該執行個體。由於存取此型別的資料時，記憶體中所存放的是真正的資料，所以稱為「實質型別」，屬於直接存取資料。C# 提供的內建(基本和一般)資料型別包含數值型別、結構型別以及可為 null 的型別都屬實值型別。所有實值型別都是自 System.ValueType 隱含衍生而來。實值型別變數直接包含其值，這表示在宣告任何內容的變數時，便會內嵌(Inline)配置記憶體。沒有針對實值型別變數進行個別的堆積配置(Heap Allocation)或負荷記憶體回收。一般的實質型別包括：內建型別、結構(使用者定義型別)struct、列舉 enum 三種，其中 struct 是在堆疊區域存在自己的資料。下表為 C# 提供的內建(基本和一般)型別：

內建型別	.NET 別名	別名	位元組	數值範圍
System.SByte	SByte	sbyte	1	-128 ~ 127
System.Byte	Byte	byte	1	0 ~ 255
System.Int16	Short	short	2	-32768 ~ +32767
System.UInt16	UShort	ushort	2	0~65535
System.Int32	Integer	int	4	-2147483648 ~ +2147483647
System.UInt32	UInteger	uint	4	0 ~ 4294967295
System.Int64	Long	long	8	-9223372036854775808 ~ +9223372036854775807
System.Single	Single	float	4	-3.402823E+38 ~ +3.402823E+38
System.Double	Double	double	8	-1.79769313486232E+308 ~ +1.79769313486232E+308
System.Decimal	Decimal	decimal	16	-79228162514264337593543950335 ~ +79228162514264337593543950335
System.Char	Char	char	2	單一 Unicode 字元
System.Boolean	Boolean	bool	4	true/false

二. 參考型別(Reference Type)

參考型別的執行個體(指資料本身)不像實質型別是將資料直接放在堆疊區(Stack)，而是存放在一塊稱為堆積區(Heap)的記憶體中。也就是說，實質型別的資料是存放在堆疊區該資料名稱對應的記憶位址裡面；至於參考型別的資料，在堆疊區該資料名稱對應的記憶位址裡面是存放資料的位址(即資料的指標)而非資料本身，當存取堆疊區該資料名稱記憶位址的內容(裡面存放資料的位址)，才知道資料真正放在堆積區的哪個地方，是屬於間接存取資料。所以實質型別的資料，有如你要拿成績單，只要到張三處即可拿到；至於參考型別的資料，有如你到張三處(堆疊區)，張三會告知你，成績單是放在李四處(堆積區)。所以，當宣告為參考型別的變數會指向存放資料的位址。將變數宣告為參考型別時，變數在執行階段開始時會包含 null 值，直到用 new 運算子明確建立物件的執行個體，或為其指派使用 new 在其他地方所建立的物件為止。參考型別占用的記憶體是堆積區，此塊記憶體由 Common Language RunTime(CLR) 動態配置(Dynamic Allocation)。參考型別包含：字串型別以及定義為類別(如 Form)、委派、陣列(含其陣列元素)或介面的型別都屬參考型別。.NET Framework 內的物件，都是屬於參考型別。由於字串屬參考型別，所以對字串的任何變動，都會在執行階段去產生一個變動後的新字串。

三. 堆疊(Stack)與堆積(Heap)

記憶體中的堆疊可想像成是一個由下而上疊起來的盒子，實值型別的資料就依宣告次序一個一個由下而上依序存放在盒子內。當資料的生命週期結束時，就將存放該資料的盒子移掉。至於記憶體中的堆積就配置一個空間給其使用，裡面有一堆盒子亂七八糟擺放，若盒子上可標明該盒子目前是誰在使用，也可多個參考型別的資料共同使用同一個盒子。例如：下面敘述，每當使用 new 建立一個物件：

```
Car Benz = new Car();
int [] a;
a = new int [5];
```

物件參照 Benz 就擺放在堆疊中的盒子裡，而 new 出來的物件 Car()就在堆積中找一個沒用的空盒子來存放資料。當 Benz 的生命期結束，也就是 Car() 沒用時，堆積內的盒子就會被標註為沒用，而且系統會不定時將沒使用的盒子清掉。

下圖 var1、var2 為實質資料型別的資料和陣列 a、b 為參考型別的資料，各資料存放在記憶體中堆疊區和堆積區的配置情形：

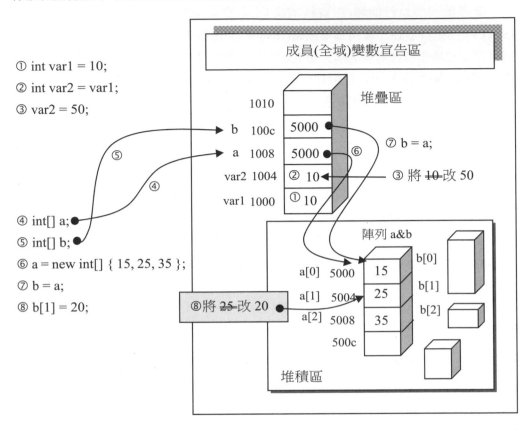

① int var1 = 10;
② int var2 = var1;
③ var2 = 50;

④ int[] a;
⑤ int[] b;
⑥ a = new int[] { 15, 25, 35 };
⑦ b = a;
⑧ b[1] = 20;

2.2　C# 運算子

運算子(Operator)是用來指定資料做何種運算。運算子按照運算時所需要的運算元(Operand)數目分成：

1. 單元運算子(Unary Operator) 如：-5、k++。

2. 二元運算子(Binary Operator) 如：a + b。

3. 三元運算子(Tenary Operator) 如：max = (a>b) ? a : b，表示若 a>b 為真，則 max = a ；否則 max = b。

2.2.1　算術運算子

　　算術運算子屬二元運算子，是用來執行一般的數學運算的加、減、乘、除和取餘數等運算。C# 所提供的算術運算子與運算式如下表：

運算子符號	運算子	運算式	若 j=20, k=3 下列 i 結果
+	相加運算子	i = j + k	i ⇐ 23　　(20+3)
-	相減運算子	i = j – k	i ⇐ 17　　(20-3)
*	相乘運算子	i = j * k	i ⇐ 60　　(20*3)
/	相除運算子	i = j / k	i ⇐ 6 (20/3，整數相除結果取整數) 若 j = 20.0　k = 3.0 (i=j/k 則 i=6.66666666666667)
%	取餘數運算子	i = j % k	i ⇐ 2　　(20 % 3)

【用法】

```
int i, j, k;    // 宣告 i、j、k 為整數變數
i = 16;         // 將 16 指定給等號左邊的變數 i，即設定 i 的初值為 16
j= i / 3;       // 將 i 除以 3 結果指定給等號左邊的變數 j，由於 j 為整數變數，
                // 所以其值為 5
k= i % 3;       // 將變數 i 的內容 16 除以 3，
                // 將餘數指定給等號左邊的變數 k，其值為 1
```

2.2.2　關係運算子

　　屬二元運算子，當兩個資料型別相同的運算元，中間插入關係運算子便成為「關係運算式」，可用來比較數值或字串的大小。「關係運算式」經過運算之後，其結果會傳回布林值：真(true)或假(false)，透過其結果來決定程式的執行流程。下表是C# 所提供的關係運算子與關係運算式：

關係運算子	意義	數學式	關係運算式
==	相等	A=B	A==B
!=	不相等	A≠B	A!=B
>	大於	A>B	A>B
<	小於	A<B	A<B

關係運算子	意義	數學式	關係運算式
>=	大於或等於	$A \geq B$	A>=B
<=	小於或等於	$A \leq B$	A<=B

說明

1. 表中 A 與 B 代表要比較的資料。
2. 4 > 3 // 結果為 true(真)
3. 'a' > 'b'   // 結果為 false (假)，因 a 字元的 ASCII 碼值比 b 字元小

2.2.3 邏輯運算子

邏輯運算子亦是屬二元運算子，邏輯運算子兩邊的運算元是布林值就構成「邏輯運算式」，主要是用來測試較複雜的條件，一般都是用來連接多個關係運算式。譬如：(a>b) && (c>d)，其中(a>b) 和 (c>d) 兩者為關係運算式，兩者間利用&& (且)邏輯運算子來連接成為邏輯運算式。同樣地，邏輯運算式的運算結果亦只有真(true)或假(false)。下表即為 C# 所提供的邏輯運算子種類與邏輯運算式的用法：

邏輯運算子	意義	邏輯運算式	用法
&&	且(And)	A && B	當 A、B 皆為真時，結果才為真。
||	或(Or)	A || B	若 A、B 其中只要有一個為真，結果為真。
!	非(Not 反相)	! A	若 A 為真，結果為假； 若 A 為假，結果為真。

下表中 A 和 B 兩個都是邏輯運算元，每個運算元的值只能為 true 和 false 兩種，因此有下列四種輸入組合。現在列出經過 &&(And)、||(Or)、!(Not) 三種邏輯運算後所有可能的結果：

A	B	A && B	A || B	! A
true	true	true	true	false
true	false	false	true	false
false	true	false	true	true
false	false	false	false	true

【例1】　①　(4 > 3) && ('a'=='b')　⇨　真 && 假　⇨　false(假)

　　　　　②　(4 > 3) || ('a'=='b')　　⇨　真 || 假　⇨　true(真)

　　　　　③　! (4 > 3) ⇨　!(true)　⇨　假 ⇨ false(假)

【例2】　年齡介於 20 ≦age < 60 之間的條件式：

　　　　 (age >= 20) && (age < 60)

【例3】　score 不為零的條件式：

　　　　 score != 0

2.2.4　位元運算子

　　&(And)、|(Or)、^(Xor) 及 ~(Not) 為位元運算子，做法是先將運算元轉換成 0 和 1 的二進制，接著再做二進位的布林運算。其中 ^(XOR)為互斥邏輯運算，表示兩個二進制的位元作互斥運算時，若 A 或 B 都為 0 或都為 1 時，其結果為 0；若 X 和 Y 一個為 0 另一個為 1 時，其結果為 1。位元運算子的運算方式如下表：

A	B	A & B	A | B	A^B	~A
1	1	1	1	0	0
1	0	0	1	1	0
0	1	0	1	1	1
0	0	0	0	0	1

【例1】　5 & 3 ⇨　結果為 1，運算過程如下圖：

```
  0101 ⇦ 5 的二進位
& 0011 ⇦ 3 的二進位
  0001 ⇦ 1 的二進位
```

【例2】　5 | 3 ⇨　結果為 7，運算過程如下圖：

```
  0101 ⇦ 5 的二進位
| 0011 ⇦ 3 的二進位
  0111 ⇦ 7 的二進位
```

【例 3】 5 ^ 3 ⇨ 結果為 6，運算過程如下圖：

```
  0101  ⇦ 5 的二進位
^ 0011  ⇦ 3 的二進位
  0110  ⇦ 6 的二進位
```

【例 4】 ~5 ⇨ 結果為 -6，運算過程如下圖：

```
~ 0101  ⇦ 5 的二進位
  1010  ⇦ -6 的二進位
```

2.2.5 移位運算子

移位運算子可用來做數值運算，做法是先將指定的運算元轉成二進位，接著再使用 ">>" 右移運算子指定該運算元往右移幾個位元(bit)，或是使用 "<<" 左移運算子指定該運算元往左移幾個位元(bit)。例如：$(20)_{10} = (0010100)_2$

1. $20_{10} >> 1$ ⇨ 20_{10} 右移 1 個 bit ⇨ $00010100_2 >> 1$ ⇨ $00001010_2 = 10_{10}$ (開頭補 0)
2. $20_{10} << 1$ ⇨ 20_{10} 左移 1 個 bit ⇨ $00010100_2 << 1$ ⇨ $00101000_2 = 40_{10}$ (末尾補 0)

2.2.6 複合指定運算子

程式中，當需要指定某個變數的值，將某個變數或某個運算式的結果指定給某個變數，就必須使用指定運算子(Assignmemt Operator)來完成。指定運算子是以等號「=」來表示。若一個指定運算子的兩邊有相同的變數名稱可採複合指定運算子(Combination assignment operator)來表示。譬如：i = i+5 為一個指定運算式，由於指定運算子等號兩邊都有相同的變數 i，因此可改寫 i += 5。但要記得等號左邊的運算元必須為變數、陣列元素、結構成員或參考型別變數，不可為運算式或常數。下表即為常用的複合指定運算子的表示法：

運算子符號	意義	實例
=	指定	i = 5;
+=	相加後再指定	i += 5;
-=	相減後再指定	i -= 5;
*=	相乘後再指定	i *= 5;

運算子符號	意義	實例
/=	相除後再指定	i /= 5;
%=	餘數除法後再指定	i %= 5;
^=	作位元的 XOR 運算	i ^= 5;
&=	作位元的 AND 運算後再指定	i &= 5;
|=	作位元 OR 運算後再指定	i |= 5;
<<=	左移指定運算	i <<= 5
>>=	右移指定運算	i >>= 5

2.2.7 遞增及遞減運算子

　　++ 遞增和-- 遞減運算子兩者都是屬於單元運算子。譬如：i = i + 1 可表為 i++；i = i - 1 可表示為 i--。若將遞增運算子放在變數之前表示前遞增(如： ++i)，放在之後則為後遞增(如： i++)；--遞減運算子亦是如此。

【例 1】

```
int i = 10, k ;
k = i++ ;      // 結果 k = 10, i = 11。相當於先執行 k = i，再執行 i = i+1
```

【例 2】

```
int i = 10, k ;
k = ++i ;      // 結果 k=11, i=11。相當於先執行 i=i+1，再執行 k=i
```

【例 3】

```
int i, j, k ;
i = j = 10 ;        //先將 10 指定給 j，再將 j 值指定給 i，i 和 j 都為 10
k = ++i * 5 ;       //先將 i 加 1 變為 11，再將 i 乘以 5 指定給 k，k 值為 55
j = k++ * 2 ; //先將 k(=55)值乘以 2 指定給 j，j 值為 110，再將 k 值加 1 為 56
```

下表即為常用的一(單)元運算子的寫法與實例說明：

運算子符號	意義	實例
!	邏輯 NOT 運算	if (!true)
++	遞增運算子	i++; (與 i=i+1 同)
--	遞減運算子	i--; (與 i=i-1 同)

2.2.8 運算子的優先順序

優先次序	運算子(Operator)	運算次序
1	x.y、f(x)、a[x]、x++、x--、new、、(括號)	由內至外
2	!、~、(cast)、+(正號)、-(負號)、++x、--x	由內至外
3	*(乘)、/(除)、%(取餘數)	由左至右
4	+(加)、-(減)	由左至右
5	<<(左移)、>>(右移)	由左至右
6	<、<=、>、>=(關係運算子)	由左至右
7	==(相等)、!=(不等於)	由左至右
8	&(邏輯 AND)	由左至右
9	^(邏輯 XOR)	由左至右
10	|(邏輯 OR)	由左至右
11	&&(條件式 AND)	由左至右
12	||(條件式 OR)	由左至右
13	?:(條件運算子)	由右至左
14	=、+=、-=、*=、/=、%=、<<=、>>=、&=、^=、!=	由右而左
15	,(逗號)	由左至右

【例1】 7 + 6 * 8 / 3 % 7 = 9

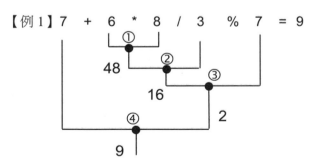

【例2】 A && B || C (假設 A 和 C 為 true，B 為 false)

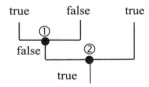

2.3 主控台應用程式

　　Console 是系統命名空間(System Namespace)內所定義的類別之一。主要是用來處理有關在主控台應用程式(Console Application)模式下的輸入、輸出以及錯誤資料串流(Streams)。本章介紹如何在主控台應用程式下來學習 C# 的基本語法。

2.3.1 主控台應用程式的撰寫與執行

操作步驟

Step 01　執行桌面正下方工作列的【 ⊞ / Visual Studio 2019 】指令。進入 Visual Studio 2019 整合開發環境(Integrated **D**evelop **E**nvironment 簡稱 IDE)。

Step 02　在開啟的「Visual Studio 2019」對話方塊中,點按右側「開始使用」欄的 建立新的專案(N) 透過程式碼 Scaffolding 選擇專案範本以開始使用 項目,如下圖所示:

Step 03　在開啟「建立新專案」對話方塊中,請依下圖所示順序點選操作。

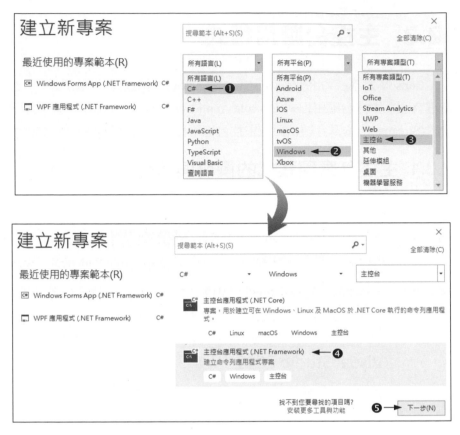

① 從「所有語言(L)」清單中，篩選出「C#」項目。

② 從「所有平台(P)」清單中，篩選出「Windows」項目。

③ 從「所有專案類型(T)」清單中，篩選出「主控台」項目。

④ 選擇使用「主控台應用程式(.NET Framework)」範本。

⑤ 按 下一步(N) 鈕

Step 04 在開啟「設定新的專案」對話方塊中，請依下圖所示操作。

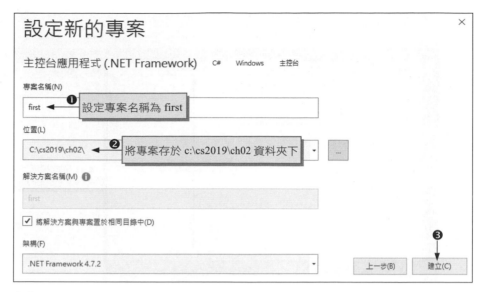

【注意】

1. ☑ 將解決方案與專案置於相同目錄中(D) （打勾時）

   方案、專案及相關檔案都建在 c:\cs2019\ch02\first 資料夾。

2. ☐ 將解決方案與專案置於相同目錄中(D) （未打勾時）

   ① 若「解決方案名稱(M)」輸入框採預設值時

   　方案建在 c:\cs2019\ch02\first 資料夾下。

   　專案及相關檔案建在 c:\cs2019\ch02\first\first 資料夾下。

   ② 若「解決方案名稱(M)」輸入框輸入『App』時

   　方案建在 c:\cs2019\ch02\App 資料夾下。

   　專案及相關檔案建在 c:\cs2019\ch02\App\first 資料夾下

Step 05　接著如下圖進入主控台應用程式專案的編輯環境。此時左邊為程式碼編輯視窗；右邊出現「方案總管」視窗，若沒有出現「方案總管」視窗，可執行功能表的【檢視(V)/方案總管(P)】開啟，方案總管視窗會顯示目前的 first 專案下所有檔案資訊。主控台應用程式專案預設會產生一個名稱為「Program.cs」的*.cs 程式檔。

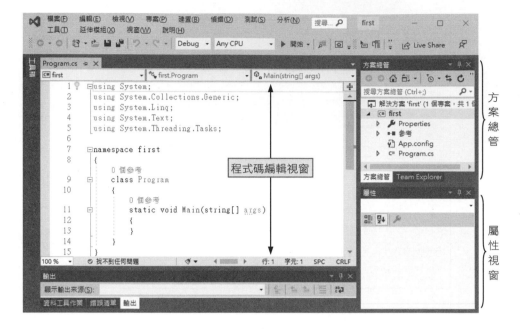

C# 程式一開始執行的進入點是 Main()靜態(static)方法。請在 Main() 靜態方法中撰寫下圖虛框中的三行敘述。

1. Console.WriteLine("Hello World");

   Console.WriteLine()方法可在螢幕上目前游標處顯示小括號內雙引號括住的字串訊息後,並將游標移到下一行最前面;此行敘述被執行時會在螢幕顯示 "Hello World",並將游標移到下一行最前面。

2. Console.WriteLine("歡迎來到 C# 的世界");

在目前游標處顯示 "歡迎來到 C# 的世界" 並將游標移到下一行最前面。

3. Console.Read();

Console.Read()方法被執行時會等待由鍵盤輸入資料。執行此敘述時，程式會暫停等待由鍵盤輸入資料，一直到您按 ⏎ 鍵才會結束程式的執行。因此加入此行敘述的目的是為了等待，並讓使用者觀看主控台應用程式的輸出訊息。

Step 06　完成程式撰寫後，可執行功能表的【偵錯(D)/開始偵錯(G)】編譯並執行程式，接著會出現黑色畫面主控台視窗，顯示本專案程式的執行結果。

若想要回到整合開發環境繼續編寫程式，可以執行功能表的【偵錯(D)/停止偵錯(E)】來達成。

Step 07　接著可以觀看「c:\cs2019\ch02\first」專案資料夾下產生哪些檔案，其中較重要的有 first.sln 方案檔、first.csproj 專案檔、Program.cs 程式檔。

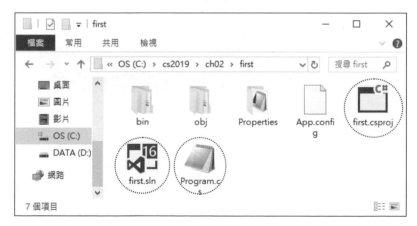

Step 08　當系統在進行編譯後，會自動在專案資料夾下的「bin\Debug」資料夾下產生該專案的執行檔。

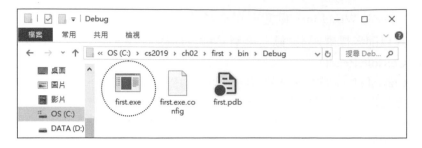

【說明】

相關檔案	說明
first.sln	為方案檔(位於 ch02\first 資料夾下)，副檔名為 .sln。
first.csproj	為專案檔(位於 ch02\first 資料夾下)，副檔名為 .csproj。
Program.cs	為主控台預設的 C# 程式檔(位於 ch02\first 資料夾下)，副檔名為 .cs。
bin/Debug/ first.exe	當專案編譯後，在 ch02\first\bin\Debug 資料夾下會產生和專案同名的 .exe 執行檔。

Step 09　本範例在 c:\cs2019\ch02\first\bin\Debug 資料夾下產生的「first.exe」執行
檔，若直接使用滑鼠點選「first.exe」兩下，便可不用進入整合開發環境
而直接觀看程式的執行結果。

2.3.2 關閉專案檔

當不再繼續編寫程式，先執行功能表的【檔案(F)/全部儲存(L)】指令或按工具
列的 全部儲存按鈕會將目前專案內的相關檔案進行儲存的動作。若不離開整合
開發環境，繼續編輯另外專案時，可執行功能表的【檔案(F)/關閉方案(T)】指令來
關閉目前的專案或方案。若要離開 C# 整合開發環境，可執行功能表的【檔案(F)/
結束(X)】指令，或按 ⊠ 關閉鈕離開 C# 整合開發環境。

2.3.3 開啟專案檔

現以剛建立存檔過的 first 專案為例,介紹如何開啟已存檔的專案檔。

操作步驟

Step 01 進入 C# 整合開發環境,在開啟的「Visual Studio 2019」或「您要執行什麼作業?」對話方塊中,點按右側「開始使用」欄的 開啟專案或解決方案(P)
開啟本機 Visual Studio 專案或 .sln 檔案
項目。(若畫面在主控台應用程式編輯環境,則執行功能表的【檔案(F)/開啟(O)/專案|方案(P)】指令)。

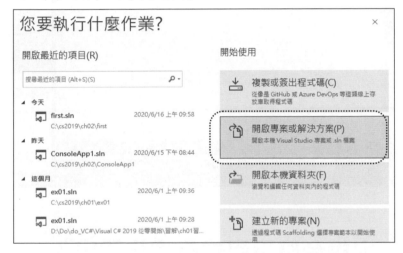

Step 02 在開啟「開啟專案/解決方案」對話方塊中,選取 c:\cs2019\ch02\first 資料夾下開啟 first.sln 方案檔或 first.csproj 專案檔,最後再按 開啟(O) ▼ 鈕。

Step 03 此時會進入 C# 整合開發環境，請執行功能表的【檢視(V)/方案總管(P)】
開啟「方案總管」視窗，如下圖操作請選取「方案總管」中的 Program.cs，
此時程式編輯視窗會開啟 Program.cs 程式檔的內容。

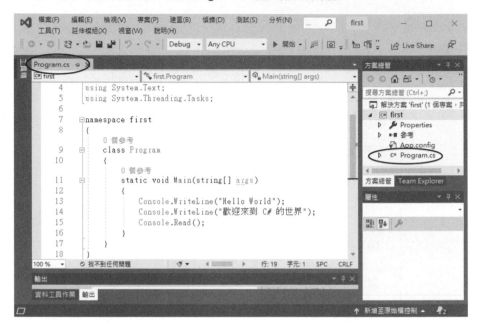

2.4 主控台應用程式格式化輸出入

2.4.1 字串的串連方式

1. 字串的合併運算子「+」

「+」運算子可將字串資料和其它型別資料合併成為比較大的字串。例如：

```
string str1, str2 ;                    // 宣告二個字串變數
str1 = "黑暗騎士" ;
str2 = str1 + "的身高是" + 189 ;        // str2 = "黑暗騎士的身高是 189"
```

在上面敘述中，變數 str1 和 "的身高是" 是字串資料；189 是整數型別資料。而
str2 變數存放的是合併後的大字串。

2. 字串格式化

格式字串 string.Format()，括號 () 內含有成對的大括弧 {}，用來帶入不同的變數值或運算式結果，而沒有被大括弧包住的字串常值維持不變。例如：

> string name = "黑暗騎士" ;   //宣告字串變數，初值設為"黑暗騎士"
> int height = 189 ;   //宣告整數變數，初值設為 189
>
> string data = string.Format("{0}的身高是{1}", name, height);
>
> //結果 data = "黑暗騎士的身高是 189"

由上面敘述可知，在 data 字串中依序置入{0}、{1}.....，緊接著雙引號後面加上逗號分隔，依序插入序號對應的變數(也可以是常數、常值、運算式、函式)。

3. 字串插值

在字串雙引號前面加上一個 $ 字元，使在字串內容可以使用大括弧 { } 來插入變數值或運算式結果。例如：

> string data = "長整數" ;   //宣告字串變數，初值設為"長整數"
> int size = 8 ;   //宣告整數變數，初值設為 8
> string length = $"{2}個{data}資料占{2*size}位元組記憶空間";
> //結果 length = "2 個長整數資料占 16 位元組記憶空間"

由上面敘述的 length 字串中，雙引號前面加上一個 $ 字元，使得在字串內的 {2}插值 2；{data}插值"長整數"字串資料；{2*size}插值 2*8 的運算結果 16。

2.4.2 Console 類別常用方法

學會主控台應用程式的建置之後，接著介紹如何在主控台應用程式進行資料的輸入及輸出。欲在主控台應用程式進行資料的輸入與輸出，就必須使用 System.Console 類別的 Write、WriteLine、Read 及 ReadLine 方法來達成，這些方法說明如下：

Console 類別的方法	說明
Write	將輸出串流(Output Stream)由指定的輸出裝置(預設為螢幕)顯示出來。
WriteLine	將輸出串流(Output Stream)及換行控制字元(Carriage return)由指定的輸出裝置(預設為螢幕)顯示出來。
Read	由指定輸入裝置(預設為鍵盤)將鍵入的一個字元讀進來形成一個輸入串流(Input Stream)並放入指定的變數。

Console 類別的方法	說明
ReadLine	由指定輸入裝置(預設為鍵盤)將鍵入的一行字串讀進來形成一個輸入串流(Input Stream)並放入指定的變數。也就是 ReadLine()方法允許接受一連串的輸入串流(一行字元)一直到按下 ⏎ 鍵為止。 透過 int.Parse(字串資料) 方法能將字串資料轉成數值資料才能計算。

【簡例 1】下列第 2~4 行共三行敘述相當於第 5 行敘述,兩者輸出結果相同。

```
01  Console.WriteLine("12345678901234567890");
02  Console.Write("a.{0}",100);          // 輸出 a.100 插入點游標停在個位數後,不下移
                    ┌──── 空五格
03  Console.Write("     b.{0}", -200);   // 空五行再顯示 b.-200 游標停在個位數後,不下移
04  Console.WriteLine();                 // 將插入點游標移到下一行最前面
                    ┌──── 空五格
05  Console.WriteLine("a.{0}     b.{1} ", 100, -200);  // 100置入{0}處;-200置入{0}
                                          // 插入點游標移到下一行最前面
```

【輸出結果】

【簡例 2】由鍵盤輸入 no1 和 no2 兩個整數值,並顯示相加結果。其中第 6 行輸出
敘述使用字串插值 $ 的方式。

```
01  int no1, no2;
02  Console.Write(" 輸入第一個整數 no1 : ");
03  no1 = int.Parse(Console.ReadLine());
04  Console.Write(" 輸入第二個整數 no2 : ");
05  no2 = int.Parse(Console.ReadLine());
06  Console.WriteLine($" no1 + no2 = {no1} + {no2} = {no1 + no2}");
07  Console.Read();
```

【輸出結果】

📥 **範例**：ConsoleEx1.sln

現以一個簡單程式來說明 Write()/WriteLine()/ReadLine()的用法。當程式開始執行時畫面先出現 "請輸入品名："，當使用者由鍵盤鍵入 "ASUS 15.6 吋電競筆電" 按 🔙 鍵後，緊接著在第二行出現 "請輸入單價:"，繼續再鍵盤鍵入 "26900" 按 🔙 鍵後，最後第三行會顯示 "品名：ASUS 15.6 吋電競筆電　單價：26900 記錄儲存成功"。

執行結果

欲觀看下圖程式的執行結果，請在您的電腦硬碟下(假設為 C 磁碟機)建立一個 cs2019 資料夾，然後將書附範例的 ch02 資料夾複製到「c:\cs2019」資料夾下，再執行「c:\cs2019\ch02\ConsoleEx1\bin\Debug\ConsoleEx1.exe」程式執行檔。(後面章節範例操作類似，不再說明)

程式碼 FileName：Program.cs

```
01 using System;
02 using System.Collections.Generic;
03 using System.Linq;
04 using System.Text;
05 using System.Threading.Tasks;
06
07 namespace ConsoleEx1
08 {
09     class Program
10     {
11         static void Main(string[] args)
12         {
13             // 宣告字串資料型別 goods 變數，用來存放品名
14             string goods;
15             // 宣告整數資料型別 price 變數，用來存放單價
16             int price;
17             Console.Write("請輸入品名：");          // 印出 "請輸入品名："
18             // 由鍵盤輸入品名資料並按[Enter]鍵，即將品名存放至 goods 變數
```

19	`goods = Console.ReadLine();`
20	`Console.Write("請輸入單價:");`　　　　`// 印出 "請輸入單價:"`
21	`// 由鍵盤輸入單價並按 [Enter]鍵，將單價轉成整數之後`
22	`// 再將單價放至 price 變數`
23	`price = int.Parse(Console.ReadLine());`
24	`Console.WriteLine($"品名:{goods} 單價:{price} 記錄儲存成功");`
25	`Console.Read();`
26	`        }`
27	`    }`
28	`}`

說明

1. 第 1-5 行：使用 using 依序引用 System、System.Collections.Generic、System.Linq、System.Text 及 System.Threading.Tasks 五個命名空間，由於 Console 類別存於 System 命名空間中，若想要使用較簡潔的寫法來使用 Console 類別，請引用 System 命令空間。主控台應用程式預設引用上述五個命名空間，為簡省篇幅，後面章節不列出上述五個命名空間。

2. 第 14 行：宣告字串資料型別 goods 變數，此變數用來存放使用者由鍵盤輸入的品名(產品名稱)。

3. 第 16 行：宣告整數資料型別 price 變數，此變數用來存放使用者由鍵盤輸入的產品單價。

4. 第 17 行：Write() 會將小括號內雙引號括住的字串，由目前游標位置開始顯示該字串，此字串用來當提示字串，游標最後停在該行的最後面。因此此行敘述會印出 "請輸入品名:" 訊息。

5. 第 19 行：透過 Console 類別所提供的 ReadLine()方法，等待由鍵盤輸入資料。執行此敘述時，程式會暫停等待由鍵盤輸入資料，一直到您按 ⏎ 鍵，才將鍵入的品名放入 goods 字串變數中，並將游標移到下一行的最前面。

6. 第 20 行：執行方法同第 17 行，印出 "請輸入單價:" 訊息。

7. 第 23 行：執行方法同第 19 行，使用 int.Parse() 方法將鍵入的單價資料轉成整數資料後再存入 price 整數變數中。

8. 第 24 行：透過 Console 類別所提供的 WriteLine()方法，將小括號內雙引號內的字串，由目前游標位置開始顯示該字串，顯示完畢會自動將游標移到下一行的最前面。其中輸出的文字內容使用字串插值的方式，即在字串雙引號前面加上一個 $ 字元。如此在雙引號內可以使用大括弧{}來插入變數值或運算式結果。第一個插值 {goods} 會插入 "ASUS 15.6 吋電競筆電"文字，第二個插值 {price} 會插入 "26900"文數字。所以，整體會以『品名:ASUS 15.6 吋電競筆電　單價:26900 記錄儲存成功』字串顯示。

9. 第 25 行：使用 Console.Read () 暫停等待由鍵盤輸入資料，來觀看執行結果。若未加此行敘述，當程式執行完畢，馬上會返回「主控制台應用程式」編輯模式，而無法看到執行的結果。

當上面程式執行無誤，便可選取位於功能表正下方「標準工具列」的 全部儲存圖示，便可將所編寫的程式全部存入「c:\cs2019\ch02\ConsoleEx1」資料夾內。若日後欲修改該方案與專案時，只要如下圖執行功能表的【檔案(F)/開啟(O)/專案|方案(P)...】指令開啟「開啟專案/解決方案」視窗，選取「c:\cs2019\ch02\ConsoleEx1\ConsoleEx1.sln」方案並快按滑鼠左鍵兩下，便可將該方案與專案打開，繼續修改，修改完畢要記得再存檔。為了方便日後將該專案複製到別部電腦執行，建議同一程式的專案都分別使用一個資料夾來儲存，搬移時只要複製該資料夾便可。

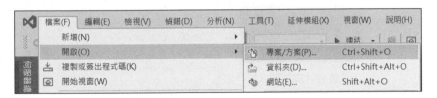

2.4.3 如何進行格式化輸出

當使用 Write()和 WriteLine()方法連續輸出資料時，常無法控制上下行的資料能對齊，C# 提供格式字元(FormatChar)語法如下：

　　{index[,alignment] [:formatChar]}

【說明】

1. index (索引)：表示此處為第幾個資料輸出位置。

2. alignment (對齊寬度)：表設定總寬度方便對齊，若為 0 表總長度不拘，正號表右對齊，負號左對齊。

3. formatChar (格式字元)：詳細說明如下表。要注意，格式化字元後面若有接數字，該數字表示小數佔用的位數。若未接數字，預設小數位數佔兩位。

【例】　Console.WriteLine("12345678901234567890");

　　　　Console.WriteLine("{0, 0 :C}　{1, 0 :c3}\n{2, 15 :C3}\n{3, -15 :C3} ", 5, -5, -5, -5);

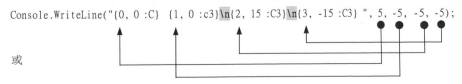

　　　　或

```
Console.WriteLine($"{5, 0 :C}  {-5, 0 :c3}\n{-5, 15 :C3}\n{-5, -15 :C3}");
Console.Read();
```

格式字元	功能

C 或 c	以貨幣方式顯示資料，以 NT$ 開頭。預設小數兩位。
	`12345678901234567890`
	`NT$5.00    -NT$5.000`
	`         -NT$5.000`
	`-NT$5.000` ← {0, 0:C} {1, 0:c3} 兩個資料同行，小數 2 位/3 位
	← {2, 15:C3} 長度 15 小數 3 位 前加錢幣符號 靠右
	← {3, -15:C3} 長度 15 小數 3 位 前加錢幣符號 靠左

Dn 或 dn	以指定 n 位數顯示十進位資料，空白處補 0。
	[例] `Console.WriteLine("{0,0:d5}\n{1,10:D5}\n{2,-10:D5}",25,25,-25);`
	　　設定第1個資料寬度為資料大小，精度5位，不足位處補0
	`12345678901234567890`
	`00025`
	`     00025`
	`-00025` ← {0, 0:d5} 寬度依資料大小 精確度 5 位 不足位補 0
	← {1, 10:D5} 寬度 10 精確度 5 不足位補 0 靠右
	← {2,-10:D5} 寬度 10 精確度 5 不足位補 0 靠左

E 或 e	以指數方式顯示資料。 格式　　　　數值 {0:E}　　　250000　　//預設小數六位，靠右，長度不拘　2.500000E+005 {0:e3}　　　25000　　 //取小數3位，靠右，長度不拘　2.500e+004 {0:E3}　　　0.0012345 //取小數3位，靠右，長度不拘　1.235E-003 {20:E3}　　25000　　 //取小數3位，靠右，長度20位　　2.500E+004 {-20:e3}　 -25000　　//取小數3位，靠左，長度20位　-2.500e+004
Fn 或 fn	以小數有 n 位來顯示資料。 [例] 設總長度 20 位，小數取 3 位，第 4 位小數四捨五入　靠右對齊 　　　`Console.WriteLine("{0,10:F3}", 123.4567);`　//輸出:　　123.457
G 或 g	以一般格式顯示。
N 或 n	使用千位符號但不包含$符號，若為 N1 表保留小數至第 1 位，若為 N 和 N2 都保留小數至第二位。
X 或 x	資料以十六進制顯示。

⬇ 範例：ConsoleFormat_1.sln

利用上表 C# 所提供的各種格式化字元，來熟悉各種格式化字元輸出的結果。

```
C:\cs2019\ch02\ConsoleFormat_1\bin\Debug\ConsoleFormat_1.exe      —     □     ×
1.以貨幣方式 C|c 顯示資料，以 NT$ 開頭 =====
12345678901234567890
1234/-1234/123.4
NT$5.00  -NT$5.000
        -NT$5.000
-NT$5.000

2.以十進位方式 D|d 顯示資料，空白處補零 =====
12345678901234567890
00025
     00025
-00025

3.以指數方式 E 顯示資料 =====
12345678901234567890
2.500000E+005
2.500E+004
1.235E-003
          2.500E+004
-2.500E+004

4.以浮點數方式 F|f 顯示資料 =====
12345678901234567890
123.46
123
123.456
          123.457
-123.450
```

程式碼 FileName：Program.cs

```csharp
01 namespace ConsoleFormat_1
02 {
03   class Program
04   {
05     static void Main(string[] args)
06     {
07       Console.WriteLine("1.以貨幣方式 C|c 顯示資料，以 NT$ 開頭 ===== ");
08       Console.WriteLine("12345678901234567890");
09       Console.WriteLine("{0}/{1}/{2} ", 1234, -1234, 123.4); //未設輸出格式
10       Console.WriteLine($"{5,0:C}  {-5,0:c3}\n{-5,15:C3}\n{-5,-15:C3}");
11       Console.WriteLine("-------------------------------------------------");
12       Console.WriteLine("2.以十進位方式 D|d 顯示資料，空白處補零 ===== ");
13       Console.WriteLine("12345678901234567890");
14       Console.WriteLine("{0,0:d5}", 25);    //寬度依資料大小 精確度5 位 不足位補 0
15       Console.WriteLine("{0,10:D5}", 25);    //寬度10 精確度5 不足位補 0 靠右
16       Console.WriteLine("{0,-10:D5}", -25); //寬度10 精確度5 不足位補 0 靠左
17       Console.WriteLine("-------------------------------------------------");
18       Console.WriteLine("3.以指數方式 E 顯示資料 ===== ");
19       Console.WriteLine("12345678901234567890");
20       Console.WriteLine("{0:E}", 250000);         //預設取小數六位
21       Console.WriteLine("{0:E3}", 25000);         //取小數3 位 預設靠左對齊
22       Console.WriteLine("{0:E3}", 0.0012345);     //取小數3 位 預設靠左對齊
```

23	`Console.WriteLine("{0,20:E3}", 25000);`	//取小數 3 位 總長度 20 位 靠右對齊
24	`Console.WriteLine("{0,-20:E3}", -25000);`	//取小數 3 位 總長度 20 位靠左
25	`Console.WriteLine("-------------------------------------------------");`	
26	`Console.WriteLine("4.以浮點數方式 F|f 顯示資料 ===== ");`	
27	`Console.WriteLine("12345678901234567890");`	
28	`Console.WriteLine("{0:F}", 123.4567);`	//預設取小數兩位 第 3 位四捨五入 //總長度不夠 預設靠左對齊
29	`Console.WriteLine("{0:F0}", 123.4567);`	//預設取小數兩位 總長度不夠 //預設靠左對齊
30	`Console.WriteLine("{0:F3}", 123.4555);`	//取小數 3 位 四捨五入 總長度不夠 //預設靠左對齊
31	`Console.WriteLine("{0,20:F3}", 123.4567);`	//取小數 3 位 總長度 20 位 //靠右對齊
32	`Console.WriteLine("{0,-20:F3}", -123.45);`	//取小數 3 位 -123.450, //總長度 20 位 靠左對齊
33	`Console.Read();`	
34	`    }`	
35	`  }`	
36	`}`	

🔽 範例：ConsoleFormat_2.sln

利用上表 C# 所提供的各種格式化字元,來熟悉各種格式化字元輸出的結果。

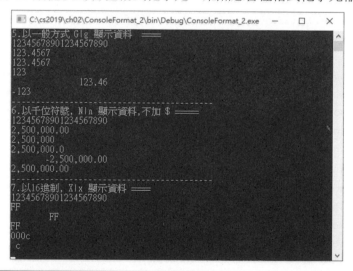

程式碼 FileName : Program.cs

```
01 namespace ConsoleFormat_2
02 {
```

```
03    class Program
04    {
05      static void Main(string[] args)
06      {
07        Console.WriteLine("5.以一般方式 G|g 顯示資料　==== ");
08        Console.WriteLine("12345678901234567890");
09        Console.WriteLine($"{123.4567:G}");          //預設取小數兩位 123.4567
                                                        //總長度不夠,預設靠左對齊
10        Console.WriteLine($"{123.4567:g0}");         //預設取小數兩位 123.4567
                                                        //總長度不夠 預設靠左對齊
11        Console.WriteLine($"{123.4555:g3}");         //取前 3 位 123 四捨五入
                                                        //總長度不夠 預設靠左對齊
12        Console.WriteLine($"{123.4567,20:G5}");      //不包括小數點 取前 5 位 123.46
                                                        //第 6 位四捨五入,總長度 20 位 靠右對齊
13        Console.WriteLine($"{-123.45,-20:G3}");      //取小數 3 位 -123,
                                                        //總長度 20 位,靠左對齊
14        Console.WriteLine("----------------------------------------");
15        Console.WriteLine("6.以千位符號, N|n 顯示資料,不加 $ ===== ");
16        Console.WriteLine("12345678901234567890");
17        Console.WriteLine($"{2500000:N}");           //2,500,000.00 寬度未設
                                                        //預設小數 2 位預設靠左對齊
18        Console.WriteLine($"{2500000:N0}");          //2,500,000 寬度未設
                                                        //小數 0 位預設靠左對齊
19        Console.WriteLine($"{2500000:N1}");          //2,500,000.0 寬度未設
                                                        //小數一位預設靠左對齊
20        Console.WriteLine($"{-2500000,20:N2}");      //-2,500,000.00 寬度 20 位
                                                        //小數兩位 靠右對齊
21        Console.WriteLine($"{2500000,-20:N2}");      //2,500,000.00，寬度 20 位
                                                        //小數兩位 靠左對齊
22        Console.WriteLine("----------------------------------------");
23        Console.WriteLine("7.以 16 進制, X|x 顯示資料 ==== ");
24        Console.WriteLine("12345678901234567890");
25        Console.WriteLine($"{255:X}");
26        Console.WriteLine($"{255,10:X}");
27        Console.WriteLine($"{255,-10:X}");
28        Console.WriteLine($"{12,0:x4}");              //  000c
29        Console.WriteLine($"{12,2:x}");               //   c
30        Console.Read();
31      }
32    }
33 }
```

2.4.4 如何自訂數值格式輸出字串

當您希望所輸出的數值資料能夠上下對齊，就必須使用下表 ToString()方法所提供的自訂格式輸出字元，將數值資料轉換成字串輸出便能達成：

格式字元	功能
0：零值預留位置	若顯示數值的位數比設定格式的位數小，資料向右靠齊顯示，未用到的位數以 0 取代。若數值資料比設定格式位數大，則以該數值大小直接顯示。
#：數字預留位置	若顯示數值的位數比設定格式的位數小，資料向左靠齊顯示，未用到的位數以空白取代。若數值資料比設定格式位數大，則以該數值大小直接顯示。
. ：小數點	由小數點右邊的位數來決定小數的位數，若資料的小數位數超過設定的小數位數，會做四捨五入。小數前後可使用 # 或 0 格式字元。
%：百分比預留位置	使用%格式字元會將數值除以 100 顯示。
，：千位分隔符號和數值縮放	使用千位分隔符號，若千位分隔符號放一個在最後面，該數值會除以 1000 顯示，連續兩個千位分隔字元除以 1000000，以此類推。
E：科學標記法	使用科學記號會以指數方式顯示。
\：逸出字元	使用逸出字元，接在此逸出字元後面的字元會被當作指定的特殊意義來處理。
'ABC' | "abc" 常值字串	使用單引號或雙引號，會將括住的字串複製到輸出字串內直接顯示出來。

範例：ConsoleToString.sln

練習使用 ToString()方法所提供的自訂格式輸出字元，將數值轉換成字串並輸出，結果如右圖：

執行結果

```
C:\cs2019\ch02\ConsoleToString\bin\Debug\ConsoleToString.exe
1.  (080) 123-4567
2.  -12345
3.  -012345
4.  -2.46
5.  -2.40
6.  -02.46
7.  1,234,567,890
8.  1234568
9.  1235
10. 1
11. 1,235
12. 8.6%
13. 8.65%
14. 1.68E+4
15. 1.68E+004
16. 1.68E004
17. [12-34-56]
18. 1234
19. (1234)
20. (1234)
```

程式碼 FileName : Program.cs

```
01 namespace ConsoleToString
02 {
03    class Program
04    {
05       static void Main(string[] args)
06       {
07          double myvar1 = 0801234567;     //輸出結果:(080) 123-4567
08          Console.WriteLine("1. " + myvar1.ToString("(0##) ###-####"));

10          int myvar2 = -12345;            //輸出結果:-12345
11          Console.WriteLine("2. " + myvar2.ToString("######"));

13          int myvar3 = -12345;            //輸出結果:-012345
14          Console.WriteLine("3. " + myvar3.ToString("000000"));

16          double myvar4 = -2.455;         //輸出結果:-2.46
17          Console.WriteLine("4. " + myvar4.ToString("#.##"));

19          double myvar5 = -2.4;           //輸出結果:-2.40
20          Console.WriteLine("5. " + myvar5.ToString("0.00"));

22          double myvar6 = -2.455;         //輸出結果:-02.46
23          Console.WriteLine("6. " + myvar6.ToString("00.00"));

25          double myvar7 = 1234567890;     //輸出結果:1,234,567,890
26          Console.WriteLine("7. " + myvar7.ToString("#,#"));

28          double myvar8 = 1234567890;     //輸出結果:1234568
29          Console.WriteLine("8. " + myvar8.ToString("#,"));

31          double myvar9 = 1234567890;     //輸出結果: 1235
32          Console.WriteLine("9. " + myvar9.ToString("#,,"));

34          double myvar10 = 1234567890;    //輸出結果:1
35          Console.WriteLine("10. " + myvar10.ToString("#,,,"));

37          double myvar11 = 1234567890;    //輸出結果:1,235
38          Console.WriteLine("11. " + myvar11.ToString("#,##0,,"));
```

```
39
40        double myvar12 = 0.086;         //輸出結果：8.6%
41        Console.WriteLine("12. " + myvar12.ToString("#0.##%"));
42
43        double myvar13 = 0.08647;       //輸出結果：8.65%
44        Console.WriteLine("13. " + myvar13.ToString("#0.##%"));
45
46        double myvar14 = 16800;         //輸出結果：1.68E+4
47        Console.WriteLine("14. " + myvar14.ToString("0.###E+0"));
48
49        double myvar15 = 16800;         //輸出結果：1.68E+004
50        Console.WriteLine("15. " + myvar15.ToString("0.###E+000"));
51
52        double myvar16 = 16800;         //輸出結果：1.68E004
53        Console.WriteLine("16. " + myvar16.ToString("0.###E-000"));
54
55        double myvar17 = 123456;        //輸出結果：[12-34-56]
56        Console.WriteLine("17. " + myvar17.ToString("[##-##-##]"));
57
58        int myvar18 = 1234;             //輸出結果：1234
59        Console.WriteLine("18. " + myvar18.ToString("##;(##)"));
60
61        int myvar19 = 1234;             //輸出結果：(1234)
62        Console.WriteLine("19. " + myvar19.ToString("(##);##"));
63
64        int myvar20 = -1234;            //輸出結果：(1234)
65        Console.WriteLine("20. " + myvar20.ToString("##;(##)"));
66
67        Console.Read();
68     }
69    }
70 }
```

自訂格式輸出的字元所組合成的格式化字串，也可以在一般字串中呈現。例如：

```
double num = 2000;
string st1 = num.ToString("新台幣 #,# 元");              //st1="新台幣 2,000 元"
string st2 = string.Format("{0:新台幣 #,# 元}", num);    //st2 ="新台幣 2,000 元"
string st3 = $"{num:新台幣 #,# 元}";                      //st3 ="新台幣 2,000 元"
```

2.4.5 Escape Sequence 控制字元

　　和 C 語言、C++、Java 一樣，C# 字串能允許在程式中使用一些無法顯現列印的字元，例如在 C# 程式中想要顯示已有定義其功能的單引號、雙引號、倒斜線(\ )，若欲在程式中使用這些字元，可以在該字元的前面加上一個倒斜線，我們稱之為「逸出序列」(Escape Sequence)。當編譯器碰到這些逸出字元時，會使得接在倒斜線字元 (\ ) 後面的字元，被當成某種特殊意義來處理。下表為逸出序列的說明：

逸出序列字元	說明
\'	插入一個單引號。
\"	插入一個雙引號。
\\	插入一個倒斜線，當程式定義檔案路徑時有用。
\a	觸發一個系統的警告聲。
\b (Backspace)	插入點游標往前(左)退一格。
\n (New line)	換新行。
\r (Return)	游標移到目前該行的最前面。
\t　(Tab)	插入水平跳格到字串中。
\udddd	插入一個 Unicode 字元。
\v	插入垂直跳格到字串中。
\0 (Null space)	代表一個空字元。

範例： ConsoleEscSeq.sln

　　在範例程式中使用 \t , \n , \" , \\ 等逸出序列，觀察其輸出結果。

執行結果

程式碼 FileName : Program.cs

```
01 namespace ConsolEscSeq
02 {
03   class Program
04   {
05     static void Main(string[] args)
06     {
07       string str1;
08       str1 = "Everyone say :\"Hello World\"";
09       Console.WriteLine("12345678901234567890123456789012345678901234567890123456789");
10       Console.Write("\t" + str1);   //空 8 格再印 str1 字串後游標停在該行最後面
11       Console.WriteLine("\t" + "Wonderful");   //由目前游標最近 8 的倍數處開始
                                                 //印字串印完字串游標移到下一行最前面
12       Console.Write("\nWelcome To VS 2019\n");   //空一行由最左邊開始印字串，
                                                   //印完游標移到下一行最前面
13       Console.WriteLine("檔名: c:\\cs\\hw1.cs");   //使用逃脫字元顯示倒斜線
14       Console.WriteLine(@"檔名: c:\cs\hw1.cs");    //使用@使得逃脫字元失效
15       Console.WriteLine("C# 2019 is Cool !");     //字串顯示前後未加雙引號
16       Console.WriteLine("\"C# 2019 is Cool !\"");  //字串顯示前後加雙引號
17       // \u0041 為字元'A'的 UniCode，str2="Apple"
18       string str2 = "\u0041pple";
19       string str3 = "電腦";
20       str2 += str3;                    //合併字串 str2="Apple 電腦"
21       Console.WriteLine(str2);         //顯示 "Apple 電腦" 游標移到下一行
22       string str4 = "\\\u0061\n\n";    //倒斜線、字元 a、以及跳兩行
23       Console.Write(str4 + "Begin:");  //先印"\a"再空一行，於下一行顯示 Begin:
24       Console.Read();
25     }
26   }
27 }
```

2.5　資料型別轉換

在撰寫程式時，時常需要將某個資料型別的變數轉成另一個資料型別的變數。譬如：在做數學運算時，可能會碰到必須將整數變數和浮點變數一起做運算，此時便需要先做資料型別轉換，將兩者的資料型別轉換成相同的資料型別，如此執行時才不會發生資料遺失。C# 對資料型別的轉換提供兩種方式：隱含轉換(Implicit Converson)和明確轉換(Explicit Conversion)。

2.5.1　隱含轉換

隱含轉換(Implicit Conversion)亦稱自動轉換，當下列兩種情況允許自動轉換：

　1. 兩者的資料型別相容。

　2. 目的資料型別比原始資料型別範圍大時。

當一種資料型別的數值轉換成另一種大小相等或較大資料型別的數值會發生「擴展轉換」。反之，若將一種型別數值轉換成另一種較小型別的數值會發生「縮小轉換」。譬如下表即為隱含數值資料型別轉換列表，但要注意 int、uint、long 資料型別轉換為 float 資料型別或是 long 轉換成 double 資料型別時，都有可能會使得轉換的結果產生不精確：

資料型別	可自動轉換至下列資料型別
sbyte	short/int/long/float/double/decimal
byte	short/unshort/int/uint/long/ulong/float/double/decimal
char	ushort/int/uint/long/ulong/float/double/decimal
int	long/float/double/decimal
uint	long/ulong/float/double/decimal
short	int/long/float/double/decimal
ushort	int/uint/long/ulong/float/double/decimal
long	float/double/decimal
ulong	float/double/decimal
float	double

下例說明資料型別以擴展轉換或縮小轉換做自動轉換的結果：

```
int i;
long l;
float f;
double d;
f = i;    // 擴展轉換，允許自動轉換
d = i;    // 擴展轉換，允許自動轉換
d = l;    // 擴展轉換，允許自動轉換
i = d;    // 縮小轉換，出現 "無法將型別 'double' 隱含轉換成 'int'" 錯誤訊息
l = d;    // 縮小轉換，出現 "無法將型別 'double' 隱含轉換成 'long'" 錯誤訊息
```

由於衍生類別一定包含基底類別的所有成員或針對參考型別 (Reference Type) 指類別、委派、陣列或介面的型別，將類別轉換為其任何直接或間接基底類別或介面時，一律使用隱含參考轉換，不必使用特殊語法。

2.5.2 明確轉換

明確轉換就是強制轉換，它是利用型態轉換(Type Cast)的方法來強迫資料轉換成其他指定的資料型別，它是一個指令用來告知編譯器(Compiler)將某個資料型別轉換成另一個資料型別。明確轉換可能導致轉換結果產生不精確，或產生 "throwing exception "。其轉型運算式語法如下：

(cast)變數名稱或運算式

譬如：x 和 y 都是 double 變數，以縮小轉換成 int，由於 double 無法使用自動轉換成 int，因此必須使用 cast 做明確轉換，其寫法如下：

```
int i=(int)x;    // 將 x 浮點數轉型成整數再指定給 i 整數
int n=(int)y;    // 將 y 浮點數轉型成整數再指定給 n 整數
```

當 cast 作縮小轉換時，若來源數值超過目標資料型別的範圍時，譬如將 long 明確轉換成 int 時，較高位元會被刪除；若 float 明確轉換成 int 時，小數部分會遺失掉。如下即為可明確做數值資料型別轉換列表：

資料型別	可明確轉換至下列資料型別
sbyte	byte/ushort/uint/ulong/char
byte	sbyte/char
char	sbyte/byte/short

資料型別	可明確轉換至下列資料型別
uint	sbyte/byte/short/ushort/int/char
int	sbyte/byte/short/ushort/uint/long/ulong/char
short	sbyte/byte/ushort/uint/ulong/char
ushort	sbyte/byte/short/char
long	sbyte/byte/short/ushort/int/uint/ulong/char
ulong	sbyte/byte/short/ushort/int/uint/long/char
float	sbyte/byte/short/ushort/int/uint/long/ulong/char/decimal
double	sbyte/byte/short/ushort/int/uint/long/ulong/char/float/decimal
decimal	sbyte/byte/short/ushort/int/uint/long/ulong/char/float/double

如下表為明確轉換列表的資料遺失情形：

資料型別	可轉換型別	轉換結果
float/double/decimal	int	轉換結果會將小數部分捨棄，若超出有效範例則結果為 0。
decimal	float/double	四捨五入接近 float 或 double 值。
double	float	四捨五入接近 float，若轉換值太小或太大以 0 和無窮大表之
float/double	decimal	轉換值以十進位數字表之，四捨五入接近 28 位數值

下例說明使用 cast 對資料型別轉換的影響：

```
int i;
double d = 234.9;
i = (int)d;          // 結果：a = 234
i = d;               // 出現 "無法將型別 'double' 隱含轉換成 'int'" 錯誤訊息

byte b;
i =255;
b = (byte) i         // b = 255
i = 256;
b = (byte) i         // b = 1 轉換值超過範圍資料遺失

char ch;
b = 41;              // ASCII 的 'A'
ch = (char) b;       // ch = 'A'
```

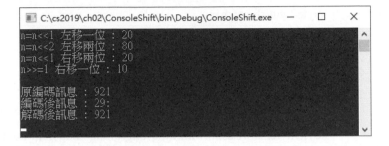

⬇ **範例**：ConsoleShift.sln

練習使用移位運算子，右移一位數值乘 2；往左移一位數值除以 2。另外將每個字元與 key 設定值做 XOR 運算加碼並顯示加碼後的字元，再將加碼過的字元做 XOR 運算，解碼還原成原來字元。

程式碼 FileName : Program.cs

```
01  namespace ConsoleShift
02  {
03      class Program
04      {
05          static void Main(string[] args)
06          {
07              int n = 10;
08              n = n << 1;          //左移一位乘以2  n=n*2=10*2=20
09              Console.WriteLine($"n=n<<1 左移一位 : {n}");
10              n <<= 2;             //左移兩位乘以4  n=n*4=20*4=80
11              Console.WriteLine($"n=n<<2 左移兩位 : {n}");
12              n = n >> 2;          //右移兩位除以4  n=n/4=80/4=20
13              Console.WriteLine($"n=n<<1 右移兩位 : {n}");
14              n >>= 1;             //右移一位除以2  n=n/2=20/2=10
15              Console.WriteLine($"n>>=1 右移一位 : {n}");
16              Console.WriteLine();
17
18              char c1 = '9';
19              char c2 = '2';
20              char c3 = '1';
21              Console.WriteLine("原編碼訊息 : " + c1 + c2 + c3);
22              int key = 11;
23              // c1 ^ key 進行位元運算之後，再將結果轉成字元並指定給 c1
```

24	`        c1 = (char)(c1 ^ key);`
25	`        c2 = (char)(c2 ^ key);`
26	`        c3 = (char)(c3 ^ key);`
27	`        Console.WriteLine("編碼後訊息 : " + c1 + c2 + c3);`
28	`        c1 = (char)(c1 ^ key);`
29	`        c2 = (char)(c2 ^ key);`
30	`        c3 = (char)(c3 ^ key);`
31	`        Console.WriteLine("解碼後訊息 : " + c1 + c2 + c3);`
32	`        Console.ReadLine();`
33	`    }`
34	`  }`
35	`}`

2.6 列舉資料型別

　　列舉(Enumeration)資料型別是常數的集合，欲定義列舉資料型別可使用 enum 敘述。當執行 enum 敘述時，會將介於 { 和 } 敘述間的列舉型別成員都初始化為常數值(包含正數和負數)。要注意在程式執行時期是不能修改其定義的值。enum 敘述只可使用在命名空間或檔案。也就是說可在原始程式檔、類別(class)或結構(struct)內定義列舉型別，但是不可以定義在 Main() 方法內。當定義列舉資料型別完成後，此時便可在定義列舉型別所在的類別或結構中的任何一處存取列舉資料型別。預設列舉型別和它的所有成員都是 public。若要詳細指定存取範圍，請在 enum 敘述前加上 public(共用成員)、private(私有成員)來指定其有效存取範圍，以適用於所有成員和列舉型別本身。其語法如下：

語法

```
      [存取修飾詞] enum 列舉名稱 : 資料型別
  {
      列舉成員 1 = 初值 1,
      列舉成員 2 = 初值 2,
      ……
      列舉成員 N = 初值 N
  }
```

說明

1. 存取修飾詞，可設定 public、private 來指定列舉資料型別有效存取範圍。
2. 列舉必須在使用前先定義。
3. 列舉成員的資料型別若省略，則預設為 int，列舉內的成員亦允許使用 byte、sbyte、short、ushort、int、uint、long 或 ulong。
4. 列舉成員的初值可為常數值或已定義的常數，但不能使用變數或方法。
5. 若列舉成員名稱不指定初值，預設常數值由 0 開始。
6. 若列舉成員名稱後面接常數值，則該常數值指定給該列舉成員名稱。程式中使用列舉成員名稱可使得程式可讀性提高。

📥 **範例**：ConsoleEnum.sln

定義用來表示一星期七天的 WeekDays 列舉資料型別，WeekDays 列舉的成員依序設為 Monday = 1、Tuesday = 2、Wednesday = 3、Thursday = 4、Friday = 5、Saturday = 6、Sunday = 7。最後請印出 WeekDays.WednesDay 及 WeekDays.Friday 的列舉常數值。

執行結果

程式碼 FileName：Program.cs

```
01  namespace ConsoleEnum
02  {
03    class Program
04    {
05      // 定義 WeekDays 列舉內容 7 個成員,用來表示一星期的星期日到星期六的列舉常數值
07      enum WeekDays : int
08      {
09        Monday = 1,        // 星期一
10        Tuesday = 2,       // 星期二
11        Wednesday = 3,     // 星期三
12        Thursday = 4,      // 星期四
13        Friday = 5,        // 星期五
14        Saturday = 6,      // 星期六
```

15	Sunday = 7　　　　// 星期日
16	};
17	
18	static void Main(string[] args)
19	{
20	// 取出 WeekDays.Wednesday 列舉常數值之後再轉成整數
21	Console.WriteLine($"星期三列舉常數值：{(int) WeekDays.Wednesday}");
22	Console.WriteLine($"星期五列舉常數值：{(int) WeekDays.Friday}");
23	Console.Read();
24	}
25	}
26	}

2.7　結構資料型別

2.7.1　結構的定義與宣告

　　程式中的一個變數是代表一個資料型別的資料，而陣列是由一群同性質相同資料型別資料的集合。至於結構(Structure)是將數個彼此相關但資料型別不同的變數，集合在一個結構名稱之下構成一個新的結構資料型別。譬如：製作一份產品明細，必須記錄每個產品的編號、品名、單價，此時就需要使用到兩個字串陣列分別存放編號、品名，另外使用整數資料型別存放單價。因此一個產品就有彼此相關但資料型別不同的變數需要一起處理，產品一多時，處理起來就更加複雜，如果能將一個產品(包含編號，品名、單價)當成一個變數來處理，不但簡單且易處理，此時就必須透過「結構」資料型別來達成。在 C# 定義一個新的結構資料型別就是使用 struct 敘述，其語法如下：

> **語法**
>
> 　　　　　[存取修飾詞] 結構名稱
> 　　{
> 　　　　[存取修飾詞] 資料型別 結構成員 1;　　// 結構成員 1
> 　　　　[存取修飾詞] 資料型別 結構成員 2;　　// 結構成員 2
> 　　　　……
> 　　　[存取修飾詞] 資料型別 結構成員 N;　// 結構成員 N
> 　　}

說明

1. 存取修飾詞可設定 public(共用成員)、private(私有成員)來指定結構資料型別有效存取範圍,預設為 private。

2. 結構必須在使用前先定義。

由於結構是無中生有的,使用前必須先定義,經過定義後才可以宣告一個屬於這個結構的變數,才能在程式中使用。有如 int 是系統事先已經定義好的整數資料型別,因此馬上可以拿來宣告,譬如:int k; 敘述是宣告 k 是一個整數變數,經過宣告後的變數,才可以在程式中使用。

譬如:定義一個結構名稱為 Product 的結構,該結構擁有 No(編號)、Name(品名)、Price(單價)三個欄位名稱,前兩個欄位使用 string 型別來存放字串資料,Price 欄位則使用整數資料型別來存放產品的單價。接著再宣告屬於 Product 結構資料型別的 cpu 及 lcd 結構變數。

```
struct Product              // 定義名稱為 Product 產品結構資料型別
{
    public string No, Name;    // 編號 No、品名 Name 為字串資料型別
    public int Price ;         // 單價 Price 為整數資料型別
}
```

宣告 cpu、lcd 是屬於 Product 結構資料型別的變數:

```
Product cpu, lcd ;
```

2.7.2 結構欄位初值設定

結構變數內的欄位若宣告為 public 共用成員,則必須使用「.」來存取結構變數的欄位內容。若結構變數的欄位宣告為 private 私有成員,則無法使用「.」來存取。譬如定義如下 Product 結構:

```
struct Product
{
    public string No, Name;    // No 編號, Name 品名, Price 單價為 public
    public int Price;
}
```

先宣告 cpu 屬於 Product 結構,再設定 cpu 結構變數各欄位的內容,寫法如下:

```
Product cpu ;
cpu.No = "pc01";
cpu.Name = "Xbox One";
cpu.Price = 9600;
```

範例：ConsoleStruct.sln

定義一個名稱為 Product 的結構，該結構擁有 No、Name、Price 三個欄位分別用來表示產品編號、品名、單價。並宣告 xbox 和 ps4 屬於 Product 的結構變數，並要求設定初值：

① xbox 結構變數使用「=」設定初值：

　　編號 = "TVGame001 "，品名 = "Xbox One (含 Kinect)"，單價 = 17200。

② ps4 由鍵盤輸入初值：

　　編號 = "TVGame002", 品名 = "PS4(1TB)", 單價 = 10980。

最後再顯示這二件產品各欄位的內容。

執行結果

程式碼 FileName : Program.cs

```
01 namespace ConsoleStruct
02 {
03    class Program
04    {
05       struct Product   // 定義 Product 產品結構資料型別
06       {
07          // Product 產品結構內含 No 編號欄位、Name 品名欄位、Price 單價欄位
08          public string No, Name;
09          public int Price;
```

2-47

10	`        }`
11	`    static void Main(string[] args)`
12	`    {`
13	`        Product xbox;`　　　　　// 宣告 xbox 結構變數為 Product 結構型別
14	`        xbox.No = "TVGame001";`　// 設定 xbox.No 編號欄位的值為 "TVGame001"
15	`        xbox.Name = "XBox One(含 Kinect)";` // 設定 xbox.Name 品名欄位值
16	`        xbox.Price = 17200;`　　　// 設定 xbox.Price 單價欄位的值為 17200
17	`        Product ps4;`　　　　　// 宣告 ps4 結構變數為 Product 結構型別
18	`        Console.Write(" 請輸入產品編號:");`
19	`        ps4.No = Console.ReadLine();`　　// 輸入編號再指定給 ps4.No 欄位
20	`        Console.Write(" 請輸入產品名稱:");`　// 輸入品名再指定給 ps4.Name
21	`        ps4.Name = Console.ReadLine();`
22	`        Console.Write(" 請輸入產品單價:");`　//輸入單價轉整數再指定給 ps4.Price
23	`        ps4.Price = int.Parse(Console.ReadLine());`
24	`        Console.WriteLine();`
25	`        Console.WriteLine(" ====== 產品單價清單 ====== ");`
26	`        Console.WriteLine();`
27	`        // 印出 game 及 cookie 結構的編號、品名及單價`
28	`        Console.WriteLine($" 產品編號:{xbox.No}");`
29	`        Console.WriteLine($" 產品名稱:{xbox.Name}");`
30	`        Console.WriteLine($" 產品單價:{xbox.Price}");`
31	`        Console.WriteLine($" 產品編號:{ps4.No}");`
32	`        Console.WriteLine($" 產品名稱:{ps4.Name}");`
33	`        Console.WriteLine($" 產品單價:{ps4.Price}");`
34	`        Console.Read();`
35	`    }`
36	`  }`
37	`}`

流程控制

3.1 選擇結構

學習程式語言首先要認識資料型別才能對資料賦予(宣告)變數，接著學習該程式語言所提供各種敘述的語法，其中控制程式流程的敘述是最基本的語法之一，熟悉這些敘述便可寫出簡單的程式出來。

一個程式不外乎由循序、選擇和重複結構三者所提供的敘述組合而成。循序結構敘述的特性是由上而下逐行地執行。選擇結構敘述的使用時機是當程式執行時，欲改變程式執行的流程時使用。重複結構敘述俗稱迴圈(Loop)，使用時機是當程式中某個敘述區段需要重複執行多次時使用。因此，欲設計出一個具有結構化的程式，除了本身要具有清晰的邏輯分析能力外，只要能熟練上面三種結構敘述的使用方法才能寫出符合要求的程式。

首先在本章介紹 C# 所提供的選擇敘述，其做法就是當程式執行時，透過條件式的判斷，若條件式結果為真(true)，則執行屬於條件式為真的敘述區段，若條件式的結果為假(false)，則執行屬於條件式為假的敘述區段。兩者執行完畢都會回到同一位置，繼續執行接在後面的敘述。所以，選擇結構是用來改變程式執行的流程。

3.1.1 if…else…敘述

設計程式時常會碰到「若 ... 則 ...」或是「若 ... 則 ... 否則 ...」，此種情形便需要使用到 if ... 敘述(語法 1)或是 if ... else ... 敘述(語法 2)。 由下面語法 2 可知，若滿足 <條件式> 就執行 [敘述區段 1]，不滿足 <條件式> 就執行 [敘述區段 2]。

語法 1

```
if(條件式)
{
    [敘述區段]
}
```

語法 2

```
if (條件式) {
    [敘述區段 1]
}else {
    [敘述區段 2]
}
```

說明

1. 若[敘述區段]內只有一行敘述，大括號可省略，如下：
   若[敘述區段]內有兩行敘述以上(含)必須使用大括號頭尾括住。

2. <條件式> 可為關係運算式，或是如下面 [例 1] 由多個關係運算式組成，中間使用邏輯運算子來連接。

3. C# 的 bool 布林資料型別和其他資料型別無法進行轉換，但在 C++裡面 bool 布林資料型別的資料是可以轉成 int 整數資料型別，所以在 C++裡面 true 等於非零值、false 等於零。如下面 [例 3]在 C++中可正常編譯，但在 C# 中會產生編譯失敗。

【例 1】 由鍵盤輸入年齡，若年齡介於 10~19 歲之間，顯示 "你的年齡是 xx，是青少年"；若超出範圍顯示 "你的年齡是 xx，不是青少年"。

(檔名：ConsoleifElse1.sln)

```
int age ;
Console.Write("請輸入年齡：");
age = int.Parse (Console.ReadLine());
if (age>=10 && age <=19)
    Console.WriteLine($"你的年齡是 {age} , 是青少年");
else
    Console.WriteLine($"你的年齡是 {age} , 不是青少年");
Console.Read();
```

【例 2】 延續上例將條件式改採 OR 邏輯運算子編寫程式。(檔名: ConsoleifElse2.sln)

```
int age ;
Console.Write("請輸入年齡：");
age = int.Parse (Console.ReadLine());
if (age < 10 || age >19)
    Console.WriteLine($"你的年齡是 {age}，不是青少年");
else
    Console.WriteLine($"你的年齡是 {age}，是青少年");
Console.Read();
```

【例 3】 注意下列敘述在 C++中可正常編譯，但在 C# 中會產生編譯失敗：

```
int k = 10;
if (k)
    Console.WriteLine("結果不等於零! ");
Console.Read();
```

下面敘述是 C# 正確的寫法，將上面 if(k)選擇敘述改成 if(k != 0) 編譯時才不會發生錯誤。

```
int k = 10;
if (k != 0)
    Console.WriteLine("結果不等於零! ");
Console.Read();
```

3.1.2 巢狀選擇敘述

　　若 if … else 敘述裡面還有 if … else 敘述就構成巢狀選擇結構，其使用時機是資料需比較兩次(含)以上時使用。譬如：下面流程圖是三個同性質的數值做比較採巢狀 if 來找出三數中的最大值。

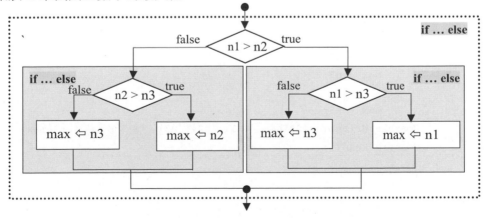

範例：ConsoleifElse3.sln

試將上面流程圖先透過鍵盤輸入三個不同的數值後，再使用巢狀選擇敘述找出
三數中的最大值，請依下圖方式顯示在螢幕上。

執行結果

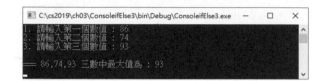

程式碼　FileName:Program.cs

```
01 namespace ConsoleifElse3
02 {
03    class Program
04    {
05      static void Main(string[] args)
06      {
07        int n1, n2, n3, max;
08        Console.Write("1. 請輸入第一個數值 : ");
09        n1 = int.Parse(Console.ReadLine());
10        Console.Write("2. 請輸入第二個數值 : ");
11        n2 = int.Parse(Console.ReadLine());
12        Console.Write("3. 請輸入第三個數值 : ");
13        n3 = int.Parse(Console.ReadLine());
14        if (n1 > n2)
15            if (n1 > n3)
16                max = n1;
17            else
18                max = n3;
19        else
20            if (n2 > n3)
21                max = n2;
22            else
23                max = n3;
24        Console.WriteLine($"\n=== {n1},{n2},{n3} 三數中最大值為 : {max} ");
25        Console.Read();
26      }
27    }
28 }
```

3.1.3 if…else if…else…敘述

設計程式時，若碰到「若... 則... 否則... 再否則...」，此種情形便需要使用到 if ... else if ... else if ... else ... 敘述來完成。如下面語法，若 <條件 1> 的結果為 true，則執行 [敘述區段 1]，接著便結束整個 if 敘述；若 <條件 1> 的結果為 false，則檢查 <條件 2> 的結果，若為 true 則執行 [敘述區段 2]，接著便結束整個 if 敘述。若所有的 <條件> 都不滿足時，才執行接在 else 後面的 [敘述區段 else]。

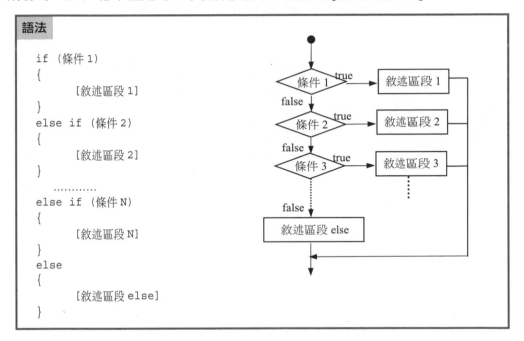

⬇ **範例**：ConsoleTest.sln

使用 if … else if … else 多項選擇敘述製作選擇題測驗程式。題目如下：

[題目]：試問 Visual Studio 可開發下列哪種應用程式？

    1.視窗程式　2.Web 程式　3.裝置應用程式　4. 以上皆是

    依使用者作答情形給予下列回應訊息：

    ① 答案輸入 1 或 2 或 3，顯示 "答錯了, 正確答案是 4 ."

    ② 答案輸入 4，顯示 " === 答對了, 真不愧是 .NET 達人 ...."

    ③ 當答案非 1~4 時，顯示 " === 無此選項 ...."

執行結果

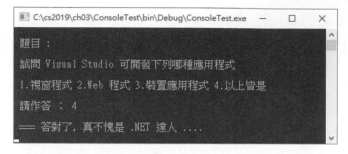

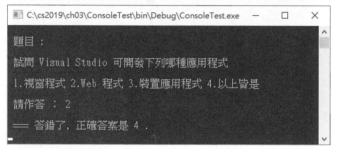

程式碼　FileName:Program.cs

```
01 namespace ConsoleTest
02 {
03    class Program
04    {
05       static void Main(string[] args)
06       {
07          Console.WriteLine("\n 題目 : \n");
08          Console.WriteLine(" 試問 Visual Studio 可開發下列哪種應用程式\n");
09          Console.WriteLine(" 1.視窗程式 2.Web 程式 3.裝置應用程式 4.以上皆是\n");
10          Console.Write(" 請作答 : ");
11          // 宣告 ans 字串變數用來存放使用者由鍵盤輸入的答案
12          string ans = Console.ReadLine();
13          // 判斷 ans 是否為 1, 2, 3 其中之一
14          if (ans == "1" || ans == "2" || ans == "3")
15             Console.WriteLine("\n === 答錯了, 正確答案是 4 .");
16          else if (ans == "4")    // 判斷 ans 是否等於 4
17             Console.WriteLine("\n === 答對了, 真不愧是 .NET 達人 ....");
18          else                     // 當 ans 不等於 1 ,2 ,3, 4 時執行下列敘述
```

19	Console.WriteLine("\n === 無此選項....");
20	Console.Read();
21	}
22	}
23	}

3.1.4 switch 敘述

程式設計時若碰到條件式的結果有兩個(含)以上多種方式可供選擇時,當然你可使用上一節的 if … else 或巢狀的 if … else 來完成,但是太多的 if 會使得程式的複雜度提高,造成不易閱讀且難維護;若改用下面的 switch 敘述,可使得程式看起來簡潔且易維護。其語法如下。

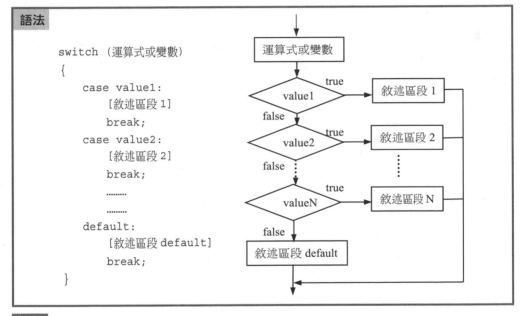

說明

1. 若 <運算式或變數> 的結果滿足 <value1>,則執行接在 <case value1> 後面的 [敘述區段 1]一直碰到 break 敘述,便離開 switch 敘述。

2. 若 <運算式或變數> 的結果不滿足 value1,則檢查是否滿足 value2,若滿足 value2,則執行接在 case value2 後面的 [敘述區段 2],以此類推下去;若都不滿足所設定的 case 值,便執行接在 default 後面的敘述區段。

3. 要注意 case 子句中比對的值必須和 switch(運算式或變數)的資料型別要一致。若有多個 case 滿足同一個敘述區段,如下例:

    ① 若 i＝1、3、5、7、9,顯示 " 該數值為奇數 " ;

    ② 若 i＝2、4、6、8 ,顯示 " 該數值為偶數 "

    ③ 不是 1~9,顯示 " Other …",其寫法如下:

```
// 檔名 ：ConsoleNum.sln
int i =5;
switch (i)
{
    case 1:
    case 3:
    case 5:
    case 7:
    case 9:
        Console.WriteLine ($"{i} 為 奇數");
        break;
    case 2:
    case 4:
    case 6:
    case 8:
        Console.WriteLine ($"{i} 為 偶數");
        break;
    default:
        Console.WriteLine ("Other ");
        break;
}
Console.Read();
```

📥 **範例**：ConsoleSwitch.sln

延續上一範例 ConsoleTest.sln 範例檔改使用 switch 敘述編寫程式。

程式碼 FileName:Program.cs

```
01 namespace ConsoleSwitch
02 {
03    class Program
04    {
05       static void Main(string[] args)
06       {
```

07	`Console.WriteLine(" 試問 Visual Studio 可開發下列哪種應用程式\n");`
08	`Console.WriteLine(" 1.視窗程式 2.Web 程式 3.裝置應用程式 4.以上皆可\n");`
09	`Console.Write(" 請作答 : ");`
10	`// 宣告 ans 字串變數用來存放使用者由鍵盤輸入的答案`
11	`string ans = Console.ReadLine();`
12	`// 使用 switch 敘述判斷使用者由鍵盤輸入的答案`
13	`switch (ans)`
14	`{`
15	`    // 判斷 ans 是否為 1,2,3 其中之一`
16	`    case "1":`
17	`    case "2":`
18	`    case "3":`
19	`        Console.WriteLine("\n === 答錯了，正確答案是 4");`
20	`        break;`
21	`    // 判斷 ans 是否等於 4`
22	`    case "4":`
23	`        Console.WriteLine("\n ===答對了，真不愧是 .NET 達人");`
24	`        break;`
25	`    // 當 ans 不等於 1,2,3,4 時執行下列敘述`
26	`    default:`
27	`        Console.WriteLine(" === 無此選項....");`
28	`        break;`
29	`}`
30	`    Console.Read();`
31	`}`
32	`}`
33	`}`

3.1.5 … ? … : … 三元運算子

　　所謂「三元運算子」(Tenary Operator)是指該運算子執行運算時需要三個運算元，若需要將比較的結果直接指定給一個變數名稱，便可以使用三元運算子來取代 if … else … 敘述，而且允許做巢狀運算。其語法如下：

語法
變數 = 運算式 1 ? 運算式 2 : 運算式 3 ;

1. 若 <運算式 1> 運算結果為 true，將 <運算式 2> 的結果指定給等號左邊的變數。

2. 若 <運算式 1> 運算結果為 false，將 <運算式 3> 的結果指定給等號左邊的變數。

【例 1】 假設 a、b、max 都是整數變數，若 a > b 則 max = a；否則 max= b。

```
max = a > b ? a : b ;
```

上述運算式也可改用 if… else 選擇敘述如下：

```
if (a > b)
    max = a;
else
    max = b;
```

【例 2】 假設 age(年齡)和 price(票價)都是整數變數，若 age≤10，則 price=100；若 10<age<60，則 price=200；若 age≥60，則 price=150。其程式寫法如下：

```
price = (age <= 10 ? 100 : (age < 60 ? 200 : 150));
```

⬇ **範例**：ConsoleTenary.sln

由鍵盤輸入全年綜合所得淨額(netIncome)，練習使用三元運算子依下列綜合所得稅率級距算出應納稅的稅額：

級距	應納稅額 ＝ 綜合所得淨額 × 稅率 － 累進差額
1	0 ～ 520,000 ×5% － 0
2	520,001 ～ 1,170,000 ×12% － 36,400
3	1,170,001 ～ 2,350,000 × 20% － 130,000
4	2,350,001 ～ 4,400,000 × 30% － 365,000
5	4,400,001 ～ 10,000,000 × 40% － 805,000
6	10,000,001 以上 × 45% － 1,305,000

稅率分 1~6 級距(stage)使用巢狀三元運算子取得方式：

```
stage = (netIncome<=520000? 1 : (netIncome<=1170000 ? 2 : (netIncome<=
    2350000 ?  3 : (netIncome <= 4400000 ?  4 : (netIncome <= 10000000 ? 5 : 6)))));
```

執行結果

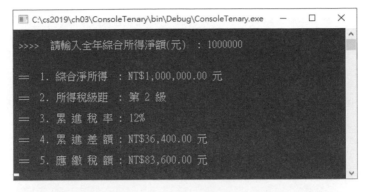

程式碼　FileName:Program.cs

```
01 namespace ConsoleTenary
02 {
03   class Program
04   {
05     static void Main(string[] args)
06     {
07       double netIncome = 0;   // 淨所得
08       double taxRate = 0;     // 所得稅率
09       double tax = 0;         // 宣告 income 淨所得變數為浮點數型別
10       int discount = 0;       // 累進差額
11       int stage = 0;          // 級距
12
13       Console.Write("\n >>>>   請輸入全年綜合所得淨額(元)   : ");
14       netIncome = double.Parse(Console.ReadLine());
```

```
15        Console.WriteLine();
16
17        if (netIncome > 0)        // 檢查 淨所得是否大於零
18          stage = (netIncome <= 520000 ? 1 : (netIncome <= 1370000 ? 2 :
                    (netIncome <= 2350000 ? 3 : (netIncome <= 4400000 ? 4 :
                    (netIncome <= 10000000 ? 5 : 6)))));
19        else
20          Console.WriteLine("\n === 全年所得淨額為負 ！ 不用繳稅 ... ");
21
22        switch(stage)
23        {
24          case 1:
25            taxRate = 0.05;
26            discount = 0;
27            tax = netIncome * 0.05;
28            break;
29          case 2:
30            taxRate = 0.12;
31            discount = 36400;
32            tax = netIncome * 0.12 - 36400;
33            break;
34          case 3:
35            taxRate = 0.2;
36            discount = 130000;
37            tax = netIncome * 0.20 - 130000;
38            break;
39          case 4:
40            taxRate = 0.3;
41            discount = 365000;
42            tax = netIncome * 0.30 - 365000;
43            break;
44          case 5:
45            taxRate = 0.4;
46            discount = 805000;
47            tax = netIncome * 0.40 - 805000;
48            break;
49          case 6:
50            taxRate = 0.45;
51            discount = 1305000;
52            tax = netIncome * 0.45 - 1305000;
```

53	break;
54	default :
55	Console.WriteLine("\n　****　無此級距　**** ");
56	break;
57	}
58	Console.WriteLine($"\n ==　1. 綜合淨所得　：{netIncome:C} 元");
59	Console.WriteLine($"\n ==　2. 所得稅級距　：第 {stage} 級");
60	Console.WriteLine($"\n ==　3. 累 進 稅 率 ：{taxRate*100}%");
61	Console.WriteLine($"\n ==　4. 累 進 差 額 ：{discount:C} 元");
62	Console.WriteLine($"\n ==　5. 應 繳 稅 額 ：{tax:C} 元");
63	Console.Read();
64	}
65	}
66	}

説明

1.　第 13-14 行：等待由鍵盤輸入淨所得，置入 netIncome 變數。

2.　第 17 行：檢查淨所得是否大於零，若是執行第 18 行；否則執行 20 行。

3.　第 18 行：使用巢狀三元運算式求出所得淨額落在哪個稅率級距。

4.　第 22-57 行：使用 switch 求出所得淨額應落在哪個稅率級距、稅率、累進差額以及應納所得稅額。

5.　第 58-62 行：顯示出稅率級距、稅率、累進差額以及應納所得稅額。

3.2　重複結構

　　當程式執行時，需要將某個敘述區段執行多次時，便需要使用「重複結構」敘述來完成。C# 所提供的重複結構敘述，若重複執行次數確定，可透過 for 敘述或 foreach 敘述來完成；若重複執行的次數無法確定需由當時的條件來決定，就須透過 while 前測式敘述和 do ... while 後測式敘述來完成。至於有關 foreach 敘述待第三章再做詳細介紹。

3.2.1 for 重複敘述

程式設計時，若重複執行次數已確定時，就透過 for 重複敘述來完成。for 敘述是由 <初值>、<條件>、<增值> 三者所構成。進入 for 迴圈時，若 <條件> 的結果為真 (true)，將迴圈內的 [敘述區段] 執行一次，接著再執行 <增值> 一次；再代入 <條件>，若結果為真(true)，執行迴圈內的 [敘述區段] 一次，一直到 <條件> 結果為假(false)時才離開迴圈。for 敘述的語法如下：

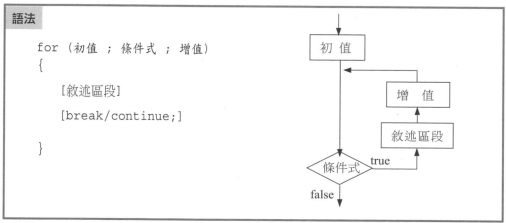

語法

```
for (初值 ; 條件式 ; 增值)
{
    [敘述區段]
    [break/continue;]

}
```

說明

1. <初值>

   一般都是使用指定敘述「=」，將等號右邊的變數、運算式或物件的屬性值指定給等號左邊的計數變數，當作該計數變數的初值。要注意，等號右邊若是運算式則必須是合法的運算式。此運算式只在剛進入迴圈執行一次，一直到離開迴圈都不再執行。

2. 若 <初值>、<條件>、<增值> 有兩個以上運算式，中間使用逗號隔開。如：

$$\underset{\text{初值}}{\underline{\text{for (int i = 1, k = 1}}} \; ; \; \underset{\text{條件}}{\underline{\text{i < 10 \&\& k < 20}}} \; ; \; \underset{\text{增值}}{\underline{\text{i++ , k += 2}}})$$

   ① 在 <增值> 部分必須能改變計數變數 i、k 的值，以便在 <條件式> 部分改變條件離開迴圈。

   ② 若初值、條件、增值都省略，分號必須保留，如：for(; ;) 變成無窮迴圈。

   ③ 若計數變數 i、k 在 for 迴圈的小括號內用 int 宣告為整數變數，表示該變數為區塊變數，其有效範圍只限在 for 迴圈內有效，離開迴圈便被釋放掉。

3. ① 遞增迴圈：<增值> 為正，條件式的終值必須大於或等於 <初值>，否則
　　 會造成連一次都不能進入迴圈執行 [敘述區段]。寫法：

　　 for (int i = 0 ; i <= 4 ; i++)

　 ② 遞減迴圈：<增值> 為負，條件式的終值必須小於或等於 <初值>，否則
　　 會造成連一次都不能進入迴圈執行 [敘述區段]。寫法：

　　 for (int i = 4 ; i >= 0 ; i--)

4. 若要從 for 迴圈中途跳出，可用 break 離開迴圈。

5. 若在 for 迴圈內中途回到迴圈開頭，可使用 continue 敘述，跳回 for 敘述開頭
　 繼續執行。

【例 1】下面簡例使用 for 迴圈印出「1△2△3△4△5△」。(△表示空白)

```
for (int i=1 ; i<=5 ; i++)        // 計數變數 i
    Console.Write($"{i}△");
```

【例 2】下面簡例使用 for 迴圈印出「5△4△3△2△1△」。

```
for (int i=5 ; i>=1 ; i--)        // 宣告計數整數 i
    Console.Write($"{i}△");
```

【例 3】延續上例使用 for 迴圈只印出「5△4△」。

```
for (int i=5 ; i>=1 ; i--)        // 宣告計數整數 i
{
    if (i==3)           // 若 i 等於 3 時則執行 break 敘述
        break;          // 離開 for 迴圈
    Console.Write($"{i}△" );
}
```

🔽 **範例**：ConsoleFor1.sln

製作密碼驗證程式。題目要求如下：

　① 若輸入的密碼正確，則顯示 " === 登入成功,歡迎進入本系統"，再離開
　　 for 迴圈。(密碼設為 "best")

　② 若密碼錯誤，則顯示 "Sorry! 密碼錯誤 x 次, 請重新輸入"。

　③ 若密碼連續輸入三次錯誤時，則顯示 " **** 非法進入 !!!"。

執行結果

程式碼 FileName:Program.cs

```
01 namespace ConsoleFor1
02 {
03   class Program
04   {
05     string pwd = "";      // 存放密碼變數為字串型別
06     int count = 0;        // 用來記錄輸入密碼的次數為整數型別
07
08     for (count = 1; count <= 3; count++)
09     {
10         Console.Write("\n >>>>  請輸入密碼 (四個字元) : ");
11         pwd = Console.ReadLine();   // 等待由鍵盤輸入密碼置入 pwd 變數
12
13         if (pwd == "best")       // 檢查密碼是否為 best
14             break;               // 若正確離開 for 迴圈
15         else                     // 若密碼不正確執行下列提示訊息
```

```
16              Console.WriteLine($"\n Sorry! 密碼錯誤{count}次, 請重新輸入");
17          Console.WriteLine();
18      }
19      if (pwd == "best")          // 判斷 pwd 密碼是否等於 "best
20          Console.WriteLine("\n ==== 登入成功,歡迎進入本系統");      //密碼正確
21      else
22          Console.WriteLine("\n **** 非法進入!!!");   // 密碼不正確執行此敘述
23      Console.Read();
24   }
25 }
```

3.2.2 巢狀迴圈

如果 for 迴圈內還有 for 迴圈就構成「巢狀迴圈」。假設有一個雙層 for 迴圈,內部迴圈需執行三次才結束,外部迴圈需執行五次才結束。由於外部迴圈執行一次,內部迴圈會執行三次,所以外部迴圈執行五次時,內部的迴圈總共被執行了 15 次。使用巢狀迴圈時,迴圈彼此間是不允許相互交錯而且每個 for 迴圈都必須有自己的計數變數,不可共用。若每個 for 迴圈內有兩行敘述以上,要記得頭尾使用大括號框住。一般程式中需要製作一個二維有規則性的表格如:九九乘法表,重複性圖案等都可使用「巢狀迴圈」。

📥 **範例**:ConsoleNextFor.sln

試使用巢狀迴圈顯示下圖畫面。本例使用 i 當外迴圈的計數變數,k 當內迴圈的計數變數,如此就構成巢狀迴圈。迴圈運作如下:

    ① 第一列(i=1),顯示 k 值(k=1~1)

    ② 第二列(i=2),顯示 k 值(k=1~2)

    ③ 第三列(i=3),顯示 k 值(k=1~3)

    ④ 第四列(i=4),顯示 k 值(k=1~4)

    ⑤ 第五列(i=5),顯示 k 值(k=1~5)

執行結果

程式碼 FileName:Program.cs

```
01 namespace ConsoleNextFor
02 {
03     class Program
04     {
05         static void Main(string[] args)
06         {
07             // 設定 i 為外層迴圈的計數變數， k 為內層迴圈的計數變數
08             for (int i = 1; i <= 5; i++)          // 外層迴圈
09             {
10                 for (int k = 1; k <= i; k++)      // 內層迴圈
11                     Console.Write($"  {k}");      // 游標停在同一列
12                 Console.WriteLine();              // 強迫換列
13             }
14             Console.Read();
15         }
16     }
17 }
```

3.2.3 while 敘述

條件式迴圈是指迴圈執行的次數是有條件，若將條件置於迴圈的開頭稱為「前測式」迴圈；若將置於迴圈的尾部稱為「後測式」。前測式迴圈是指當 <條件式> 為 true 時才進入迴圈，將迴圈內的 [敘述區段] 執行一次再返回到迴圈的開頭，若仍滿足 <條件式>，繼續執行迴圈內的 [敘述區段]，一直到不滿足才跳離迴圈，繼續執行接在迴圈後面的敘述。因此，迴圈內的 [敘述區段] 必須有敘述將 <條件式> 變為 false，否則變成無窮迴圈而無法離開迴圈。前測式迴圈的使用時機是當滿足條件才允許進入迴圈，若第一次便不滿足條件，便無法進入迴圈，直接執行接在迴圈後面的敘述。C# 提供的前測式迴圈是以 while 開頭其後緊跟 <條件式>。其語法如下：

語法

```
while (條件式)
{
    敘述區段;
}
```

敘述區段

條件式
false   true

● **範例** ：ConsoleWhile.sln

輸入一個整數值限 1-50 當因數，並列出 1 到 100 之間可以被因數整除的所有整數，將所有因數以每列顯示五個，逐列顯示並統計共有多少個整數能被此因數整除。

執行結果

程式碼 FileName:Program.cs

```
01 namespace ConsoleWhile
02 {
03    class Program
04    {
05       static void Main(string[] args)
06       {
07          int factor, testNo = 0, count = 0;
08          Console.Write(" 請輸入欲求因數的數值(1-50)：");
09          factor = int.Parse(Console.ReadLine());
10
11          if (factor >= 1 && factor <= 50)
12          {
13             Console.WriteLine($"\n == 求 1 到 100 能被{factor}整除的因數 ==\n");
14             testNo = 0;
15             while (true)
16             {
17                testNo += factor;
18                if (testNo <= 100)
19                {
```

```
20              count += 1;
21              Console.Write($"\t{testNo},");
22              if ((count % 5) == 0)
23                  Console.WriteLine();        // 跳下一行
24          }
25          else
26              break;
27          }
28      Console.WriteLine
                ($"\n\n === 由 1 到 100 共有{count}個整數可被{factor}整除!");
29      }
30      else   // 若 輸入的 facter 因數未介於 1~50 之間, 則顯示錯誤訊息
31          Console.WriteLine("\n === 輸入的資料超出範圍(1~50)!  @_@ ...");
32
33      Console.ReadLine();
33  }
34  }
35 }
```

説明

1. 第 7 行：factor 代表欲求的因數； testNo 為測試值； count 為該因數累計個數。

2. 第 8,9 行：由鍵盤輸入欲求的因數，置入 factor 變數中。

3. 第 11-31 行：檢查因數輸入值是否為 1~50。若是，執行第 12-29 行；若不是，則執行第 31 行，顯示輸入範圍錯誤提示訊息。

4. 第 13 行：顯示輸出抬頭。

5. 第 15-27 行：為無窮迴圈。

6. 第 17 行：將 testNo 的初值為 0 和 factor 因數相加置入 testNo 變數中即是輸入 factor 變數的第一個因數。

7. 第 18 行：檢查 testNo 是否超過 100？

   ① 若 testNo 未超過 100

      - 執行第 20-21 行先將因數總個數加 1，將該因數顯示出來。

      - 執行第 22-23 行設定每行顯示五個因數，超過移到下一行顯示。

      - 接著返回第 17 行，得出第二因數，以此類推。

   ② 若 testNo 超過 100，執行第 26 行的 break 敘述離開迴圈。

8. 第 28 行：顯示 1-100 共有多少個 factor 的因數。

3.2.4 do…while 敘述

程式中使用迴圈時，若需要第一次進入迴圈時不必檢查是否滿足條件，直接進入迴圈將迴圈內的 [敘述區段] 執行一次，第二次以後才需要檢查是否滿足條件式？若 <條件式> 為真(true)時，才能再進入迴圈執行，此時便需要使用 do … while 敘述將條件置於迴圈的最後面。此種情況，迴圈至少執行一次，是屬於「後測式迴圈」。其語法如下：

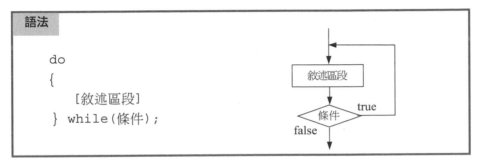

語法

```
do
{
    [敘述區段]
} while(條件);
```

📥 **範例** ：ConsoleDoWhile.sln

利用 do…while 後測式迴圈編寫由鍵盤連續輸入每位同學程式語言設計成績的程式。每輸入一位同學成績完畢，馬上詢問是否繼續？當按 "Y" 或 "y" 時允許繼續輸入，其他按鍵表示不再繼續輸入，最後計算出班上程式語言平均分數。輸出格式如下圖所示：

執行結果

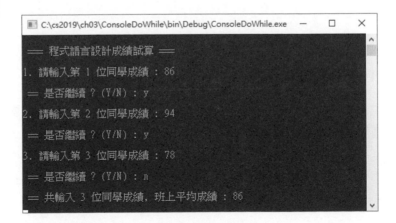

程式碼 FileName:Program.cs

```
01 namespace ConsoleDoWhile
02 {
03     class Program
04     {
05         static void Main(string[] args)
06         {
07             string yes = "";        // 宣告 yes 字串變數用來存放使用者輸入的資料
08             int score, sum, count; // score 輸入成績, sum 成績總和, count 紀錄人數
09             sum = 0; count = 0;
10             Console.Write("\n === 程式語言設計成績試算 ===\n");
11             do
12             {
13                 count += 1;           // count 加 1
14                 Console.Write($"\n{count}. 請輸入第 {count} 位同學成績 : ");
15                 score = int.Parse(Console.ReadLine());
16                 sum += score;
17                 Console.Write("\n == 是否繼續 ? (Y/N) : ");
18                 yes = Console.ReadLine();     //將鍵盤輸入的資料放入 yes 變數
19             } while (yes == "y" || yes == "Y"); //若 yes 等於"y"或"Y",進入迴圈
20
21             Console.WriteLine
                   ($"\n == 共輸入 {count} 位同學成績, 班上平均成績 : {sum/count}");
22             Console.Read();
23         }
24     }
25 }
```

3.2.5 break 敘述

　　break 和 continue 敘述主要用在 while 和 for 迴圈敘述中,用來改變程式執行的流程。在迴圈內的 [敘述區段] 中,若碰到 break 敘述,馬上中斷執行,跳到緊接在該迴圈區段後面的敘述繼續往下執行。譬如:下圖當執行到 break 敘述時即離開迴圈執行敘述 C。

```
while (條件式)                          do
{                                      {
    敘述區段 A;                             敘述區段 A;
    break; ──────                           break; ──────
    敘述區段 B;                             敘述區段 B;
}                                      } while (條件式);
敘述 C; ◄───────                        敘述 C; ◄───────
```

3.2.6 continue 敘述

在條件迴圈內執行到 continue 敘述，則不再繼續往下執行接在 continue 後面的敘述，會如下圖返回迴圈開頭。在前測式 while 迴圈內的敘述區段中若遇到 continue 敘述，則程式流程會如左下圖無條件跳至迴圈的頂端測試條件，待滿足條件後再進入迴圈。而後測式 do…while 迴圈內遇到 continue 敘述，則程式流程會如右下圖無條件跳至迴圈的底端測試條件式，待滿足條件後再進入迴圈。這時位在 continue 之後的敘述將不會被執行到。

```
while (條件) ◄──────                     do
{                                      {
    敘述區段 A;                             敘述區段 A;
    continue; ──────                        continue; ──────
    敘述區段 B;                             敘述區段 B;
}                                      } while (條件); ◄──────
```

📥 **範例**：ConsoleBreakContinue.sln

使用 break 和 continue 敘述，由鍵盤輸入下列條件式的臨界值(限正整數)：

　　$1 + 2 + \cdots\cdots + N \leq$ upper(臨界值)

再由電腦求 N(終值)，再計算 $1 + 2 + 3 + \cdots\cdots + N$ 的連加總和。

執行結果

```
■ C:\cs2019\ch03\ConsoleBreakContinue\bin\Debug\ConsoleBreakContinue.exe   —   □   ×

  求 1+2+3+...... +N <= Upper(臨界值)

  1. 請輸入 Upper(臨界值) : 40

  2. 電腦自動算出 N (終值) : 8

  3. 1 + 2 + 3 + ...... + 8 = 36
```

程式碼 FileName:Program.cs

```
01 namespace ConsoleBreakContinue
02 {
03   class Program
04   {
05       static void Main(string[] args)
06       {
07           int sum, upper, n ; //sum 為連加的總和, upper 為臨界值,n 為連加的終值
08           sum = 0; n = 0;
09           Console.WriteLine("\n ==   求 1+2+3+...... +N <= Upper(臨界值)");
10           Console.Write("\n  1. 請輸入 Upper(臨界值) : ");
11           upper = int.Parse(Console.ReadLine()); //輸入值轉整數再指定給 upper
12           do
13           {
14               n += 1;           // 連加增值為 1
15               if (sum <= upper)   // 判斷 sum 總和是否小於等於輸入的上限值 upper
16               {
17                   sum += n;
18                   continue;    // 跳到 do...while 處判斷 n 是否大於 0
19               }
20               else              // sum 值大於上限值 upper 時,執行 else 敘述區段
21               {
22                   sum -= n - 1;
23                   break;      // 離開迴圈
24               }
25           } while (n > 0);      // 若n>0 則進入迴圈
26           Console.WriteLine($"\n  2. 電腦自動算出 N (終值) : {n-2}");
27           Console.WriteLine($"\n  3. 1 + 2 + 3 + ..... + {n-2} = {sum}");
28           Console.Read();
29       }
30   }
31 }
```

説明

1. 第 10-11 行：輸入上限值，置入 upper 變數中。

2. 第 12-25 行：求出 n 值及 sum 值。

3. 第 26-27 行：印出結果。

📥 **範例**：ConsoleGuessNo.sln

製作猜數字遊戲程式。程式開始執行時先產生 1~99 間的亂數當作被猜的數字，執行過程中會提示您所猜的數字應該比輸入值再大一點或再小一點，並顯示縮小猜的數字範圍，若猜到正確的數字會顯示 "賓果!! 猜對了,共猜 n 次 ...."。

執行結果

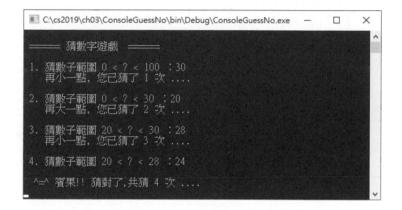

分析

若在程式直接設定初值當作被猜數字，每次執行所猜的數字會一樣，不具彈性，為了使每次執行能隨機猜數字，可使用 Random 類別來產生 1-99 之間的亂數。關於 Random 類別可參閱附錄 A。如下面寫法即可產生 1-99 之間的亂數，接著再指定給 guess 變數當作被猜的數字。

```
Random r = new Random();      // 建立亂數物件 r
guess = r.Next(1, 100);  // 透過 Next 方法產生 1-99 之間的亂數並指定給 guess
```

程式碼 FileName:Program.cs

```
01 namespace ConsoleGuessNo
02 {
03    class Program
04    {
05      static void Main(string[] args)
06      {
07        //宣告 keyin 整數變數存放使用者所欲猜的數字
08        //宣告 guess 整數變數用來存放電腦產生的亂數
09        int keyin, guess, count, min, max;
```

10	`    count = 0;` // 宣告 count 整數變數用來存放使用者進行猜數字的次數
11	`    min = 0;` // 宣告 min 整數變數用來存放猜數字的最小值
12	`    max = 100;` // 宣告 max 整數變數用來存放猜數字的最大值
13	`    //建立亂數物件 r`
14	`    Random r = new Random();`
15	`    //透過亂數物件 r 的 Next 方法產生 1-99 之間的亂數並指定給 guess`
16	`    guess = r.Next(1, 100);`
17	
18	`    Console.WriteLine("\n ====== 猜數字遊戲   ======\n");`
19	`    do`
20	`    {`
21	`        count += 1;`
22	`        Console.Write($" {count}. 猜數子範圍 {min} < ? < {max}  :");`
23	`        //透過 int.Parse()方法將輸入的資料轉成數值後，再指定給 keyin 變數`
24	`        keyin = int.Parse(Console.ReadLine());`
25	
26	`        if (keyin >= 1 && keyin < 100)` `//判斷 keyin 是於介於 1-99`
27	`        {`
28	`          if (keyin == guess)` `//若 keyin 等於 guess，表示猜對了`
29	`          {`
30	`            Console.WriteLine($"\n ^=^ 賓果!! 猜對了,共猜 {count} 次 ....");`
31	`            break;`
32	`          }`
33	`          else if (keyin > guess)` `//若所猜的數字大於 guess`
34	`          {`
35	`            max = keyin;` `// 將目前輸入的數字 keyin 指定給 max`
36	`            Console.Write("    再小一點,");`
37	`          }`
38	`          else if (keyin < guess)` `//若所猜的數字小於 guess`
39	`          {`
40	`            min = keyin;` `// 將目前輸入的數字 keyin 指定給 min`
41	`            Console.Write("    再大一點,");`
42	`          }`
43	`          Console.WriteLine($" 您已猜了 {count} 次 .... ");`
44	`          Console.WriteLine();`
45	`        }`
46	`        else`

```
47              {
48                  Console.WriteLine("請輸入提示範圍內的數字！--------- ");
49              }
50          } while (true) ;    // 指定 do{...}while(true)為無窮迴圈
51
52          Console.Read();
53      }
54  }
55 }
```

1. 第 9-12 行：宣告 keyin 表示使用者所猜的數字；guess 用來存放電腦產生的亂數當做被猜數；count 是記錄使用者猜的次數；min 為目前猜數字最小值；max 為猜數字最大值。

2. 第 14~16 行：產生 1-99 之間的亂數並指定給 guess 被猜數。

3. 第 19-50 行：為無窮迴圈，是猜數字遊戲的主程式。

4. 第 24 行：使用者輸入的數字會指定給 keyin。

5. 第 26 行：判斷 keyin 是否介於 1~99 之間，若成立則執行第 27-45 行，否則執行第 48 行。

6. 第 28 行：判斷 keyin 是否等於 guess，若成立則執行第 30,31 行顯示猜對了的相關訊息並離開迴圈。

7. 第 33 行：判斷 keyin 是否大於 guess，若成立則執行第 35,36 行顯示再小一點訊息。

8. 第 38 行：判斷 keyin 是否小於 guess，若成立則執行第 40,41 行顯示再大一點訊息。

陣列與方法

4.1　陣列

　　程式中一個變數只能存放一個資料，當程式中需要使用大量且同性質的資料時，就得為大量變數的命名而傷腦筋。譬如：輸入 100 位學生的計概成績，就必須使用 100 個不同的變數名稱來存放輸入的計概成績，如此不但增加程式的複雜度和命名上的困擾，而且提高在程式上的維護及偵錯的困難度。因此，C# 提供「陣列」來解決這個問題。其實「陣列」就是數學上的矩陣，它是屬於資料結構中的串列。

4.1.1　陣列的宣告與建立

　　「陣列」(Array)是由多個相同資料型別的變數在記憶體中前後連續串在一起。程式中使用陣列的時機是在需要處理多個同性質資料的時候，以陣列中的陣列元素來取代同性質的變數，即將每個陣列元素視為一個變數來處理。「陣列元素」是由陣列名稱其後跟著以中括號括住陣列的註標值(或稱索引值)組成，表示該陣列元素在此陣列中是第幾個資料，陣列的註標值是由 0 開始算起的第幾個資料。譬如：score[0] 為 score 陣列的第一個陣列元素，score[5] 為第六個陣列元素，其他以此類推…。

　　在程式中可將每個陣列元素視為一個變數來處理。由於陣列是屬參考型別，當宣告一個陣列，編譯器會在記憶體中配置記憶體給此陣列名稱使用，當使用 new 建立陣列時，編譯器會依宣告的資料型別和陣列大小，由陣列的起始位址配置一塊連續記憶體空間給此陣列的所有陣列元素使用，同時將陣列的起始位址存入到陣列名稱的記憶體裡面。所以，陣列名稱裡面存放的不是資料本身，而是陣列的起始位址。譬如一般所宣告的變數有如你到張三處便可拿到資料，屬直接存取資料；至於存取陣列有如你到張三處，張三會告訴你到李四處才能拿到資料屬間接存取資料。所以，程式中存取陣列元素時，透過陣列名稱便可知道整個陣列是放在記憶體哪個地方，此時陣列名稱已指到第一個陣列元素。存取陣列元素，只要改變陣列的註標值，透過註標值便可計算出該陣列元素存放在記憶體中的位址。譬如：一個含有五個陣列元素的一維整數陣列，表示每個陣列元素裡面存放的都是整數資料。由於一個記憶位址只能存放一個 byte 大小的資料，C#一個整數變數需用 4-bytes 來存放，每個陣列元素必須使用四個記憶體位址來存放，那麼含有五個陣列元素的 score 整數陣列共需使用 20 個連續記憶體位址。

由於陣列是屬型別參照(Reference Type)的一種，可如下面語法使用 new 來建構出一個陣列物件，且宣告陣列的資料型別後面必須接著中括號「[ ]」，而不是識別項(即陣列變數名稱)。所以，陣列無法像變數一樣，在使用前只經宣告即可使用，必須先經宣告後再使用 new 關鍵字來建立出陣列的實體，這樣才能在程式中存取該陣列。一個經過宣告和建立好的陣列，在編譯時會由所宣告的資料型別(DataType)以及陣列大小(ArraySize)決定該配置多少連續記憶空間給該陣列使用，並將所配置記憶體的起始位址指定給陣列名稱(ArrayName)。下面是宣告與建立陣列的語法：

語法

1. 宣告陣列語法：
   資料型別 [] 陣列名稱 ；

2. 建立陣列語法：
   陣列名稱 ＝ new 資料型別 [陣列大小] ；

C# 允許在宣告陣列的同時建立陣列，即將上面兩行敘述合併成一行：

語法

   資料型別 [] 陣列名稱 ＝ new 資料型別 [陣列大小] ；

例 宣告並建立 score 為一個含有五個陣列元素的整數陣列，寫法：

> int [] score;
> score = new int [5];

合併成一行

> int [] score = new int [5];

下面是各資料型別陣列的宣告和建立方式，其中 score 為陣列名稱，陣列元素有 score[0]、score[1]、score[2]、score[3]、score[4] 共 5 個陣列元素：

```
int[] score = new int[5];          // score 一個含有五個陣列元素的整數陣列
long[] score = new long[5];        // score 一個含有五個陣列元素的長整數陣列
double[] score = new double[5];    //score 一個含有五個陣列元素的倍精確度陣列
string[] score = new string[5];    // score 一個含有五個陣列元素的字串陣列
object[] score = new object[5];    // score 一個含有五個陣列元素的物件陣列
```

宣告的陣列在陣列名稱後面只跟著一個註標屬「一維陣列」，譬如：score[3]。若跟著兩個註標屬「二維陣列」，譬如：score[3,4]，其他以此類推，C# 最多允許使用 32 維陣列。每一維的註標值是由零開始算起，維度間用逗號隔開。

陣列在使用前必須先宣告，賦予該陣列名稱、資料型別和陣列大小，接著使用 new 關鍵字建立陣列的物件實體，程式編譯時才能決定在記憶體中應配置多少個連續記憶空間給此陣列使用。C# 建立陣列的語法如下：

> **語法**
>
> 1. 一維陣列：資料型別 []　陣列名稱　= new 資料型別 [陣列大小]；
>
> 2. 二維陣列：資料型別 [,]　陣列名稱 =new 資料型別 [第一維陣列大小,第二維陣列大小]；

說明

1. 使用識別字當陣列名稱。

2. 陣列大小必須為正整數。允許使用數值常數、數值變數或是數值運算式表示。

例 建立陣列名稱為 score，含有 score[0,0] ~ score[3,4] 共有 20 個陣列元素的整數陣列：

```
int [,] score;
score = new int [4,5];
```

合併成一行

```
int [,] score = new int [4,5];
```

4.1.2 陣列的初值設定

陣列經過宣告和建立該物件的實體後,必須賦予陣列元素初值,才能存取陣列。由於陣列元素相當於一個變數,因此可使用「＝」指定運算子直接指定每個陣列元素的初值。譬如:下列第一行敘述宣告並建立 score 整數陣列的實體後,第二行敘述再逐一指定 score[0]~ score[4] 五個陣列元素的初值,中間使用分號隔開:

```
int[] score = new int[5] ;
score[0]=50; score[1]=70 ; score[2]=65 ; score[3]=99 ;score[4]=78 ;
```

C# 允許將上面宣告並建立陣列和設定陣列初值兩行敘述合併成一行書寫,只要在第一行資料型別後面,使用大括號將初值括住,初值間以逗號隔開即可。其語法如下:

語法

> 資料型別[] 陣列名稱 ＝ new 資料型別[] ｛陣列初值串列｝;

說明

1. 建立 a 是一個含有 5 個整數的陣列,其中初值依序設為:

   a[0]=1 ； a[1]=2 ； a[2]=3 ； a[3]=4 ； a[4]=5 ；

   ```
   int[] a = new int[]{1,2,3,4,5};
   ```

2. 建立一個 a[3,4] 的二維整數陣列,其初值分別為:

   a[0,0]=10; a[0,1]=20 ； a[0,2]=30 ； a[0,3]=40 ；
   a[1,0]= 5 ； a[1,1]=15 ； a[1,2]=25 ； a[1,3]=35 ；
   a[2,0]=12; a[2,1]=24 ； a[2,2]=36 ； a[2,3]=48 ；

   寫法:

   ```
   int [,] a = new int[] {{10,20,30,40}, {5,15,25,35}, {12,24,36,48}};
   ```

4.1.3 陣列常用的屬性與方法

在 System.Array 類別中提供了建立、管理、搜尋和排序陣列的屬性和方法，可在 Common Language Runtime 時做為所有陣列的基底類別。在 .NET 中，Array 類別提供下表常用的屬性與方法供開發人員使用。假設建立下列 a1 一維陣列與 a2 二維陣列來說明下表陣列物件屬性與方法的使用方式：

```
int[] a1 = new int[3];
int[,] a2 = new int[3,4];
```

陣列物件的成員	功能
Length 屬性	取得指定陣列內所有陣列元素的總數，傳回值為整數。例如： ① a1.Length ⇨ 傳回 3 ② a2.Length ⇨ 傳回 12
Rank 屬性	取得指定陣列維度的數目，傳回值為整數。 一維陣列傳回 1，二維陣列傳回 2，依此類推。例如： ① a1.Rank ⇨ 傳回 1 ② a2.Rank ⇨ 傳回 2
IsReadOnly 屬性	傳回指定陣列是否唯讀，傳回值為布林值。例如： a1. IsReadOnly ⇨ 傳回 false
GetUpperBound 方法	取得指定陣列中某一維度上限，傳回值為整數。例如： ① a1.GetUpperBound(0) ⇦ 取 a1 第 1 維上限，傳回 2 ② a2.GetUpperBound(1) ⇦ 取 a2 第 2 維上限，傳回 3
GetLowerBound 方法	取得指定陣列中某一維度的下限，傳回值為整數。陣列維度的下限是由 0 開始。
GetLength 方法	取得指定陣列中某一維度的陣列元素總數，傳回值為整數。例如： ① a1.GetLength(0) ⇦ 取 a1 第 1 維陣列元素總數，傳回 3 ② a2.GetLength(1) ⇦ 取 a2 第 2 維陣列元素總數，傳回 4
CreateInstance 方法	建立指定陣列資料型別和大小的一維陣列(具有以零起始的索引)。 ① 產生一個含有五個陣列元素的 a1 整數陣列 　　Array a1 = Array.CreateInstance(typeof(Int32), 5);

陣列物件的成員	功能
	② 產生一個名稱為 a2 的 2x3 字串二維陣列 Array a2 = Array.CreateInstance(typeof(String), 2, 3);

SetValue 方法	設定一維、二維 … 陣列中陣列元素的值。
	① 設定一維陣列第 3 個陣列元素的值為 10。
	　a1.SetValue(10, 2);
	② 設定二維陣列第 1 列第 2 欄陣列元素的值為 10。
	　a2.SetValue(10, 0, 1);

GetValue 方法	取得一維、二維 … 陣列中位於指定位置的值。
	① 取得一維陣列第 3 個陣列元素的值。
	　a1.GetValue(2);
	② 取得二維陣列第 1 列第 2 欄陣列元素的值。
	　a2.GetValue(0, 1);

範例：ConsoleAry.sln

建立 RoleName 字串陣列存放卡通航海王的角色姓名，建立 Money 整數陣列存放各角色的懸賞金額。兩個陣列建立如下：

　string[] RoleName = new string[] {"魯夫", "喬巴", "羅賓", "香吉士", "騙人布"};

　int[] Money = new int[] {300000000, 50, 78000000, 77000000, 30000000};

將 RoleName 角色姓名及 Money 懸賞金額的各陣列元素依下圖顯示出來。

執行結果

程式碼 FileName：Program.cs

```
01 namespace ConsoleAry
02 {
03     class Program
04     {
05         static void Main(string[] args)
```

06	{
07	// 建立 RoleName[0]~RoleName[4]用來存放角色姓名
08	string[] RoleName = new string[] 　　　　　{ "魯夫", "喬巴", "羅賓", "香吉士", "騙人布" };
09	// 建立 Money[0]~Money[4] 用來存放角色的懸賞金額
10	int[] Money = new int[] 　　　　　{ 300000000, 50, 78000000, 77000000, 30000000 };
11	Console.WriteLine(" ==草帽海賊團成員==\n");
12	Console.WriteLine(" 姓名\t 懸賞金額");
13	Console.WriteLine(" ==================");
14	int i; // 宣告 i 為 for 迴圈計數變數
15	// 陣列的 GetUpperBound() 方法可用來取得某一維度的上限
16	// 因此 RoleName.GetUpperBound(0) 會傳回 4
17	for (i = 0; i <= RoleName.GetUpperBound(0); i++)
18	{
19	// 顯示 RoleName[0]~RoleName[4] 及 Money[0] ~Money[4]
20	Console.WriteLine($"{RoleName[i]}\t{Money[i]:#,#}");
21	}
22	Console.Read();
23	}
24	}
25	}

4.1.4 foreach…敘述

　　foreach…敘述和 for…敘述的功能一樣,兩者的差異在 foreach 不用給予迴圈正確的初值、條件和終值,它會如下面語法自動將指定集合物件(如陣列)中的元素逐一指定給變數,代入迴圈內處理,一直到所有元素都處理完畢才離開迴圈,繼續執行接在 foreach…敘述後面的敘述。

```
語法
foreach (資料型別 變數 in 集合物件 )
{
    [敘述區段]
    [break;]
    [敘述區段]
}
```

說明

1. 變數的資料型別必須與集合物件內元素的資料型別一致，允許隱含轉換資料型別。

2. 譬如：將 tall 陣列中所有的身高相加總和置入 sum 變數中，用 foreach 寫法：

```
int[] tall = new int[] {10, 20, 30, 40, 50};
int sum = 0;
foreach (int height in tall)
{
    sum += height ;
}
```

📥 範例：ConsoleForEach1.sln

由鍵盤輸入總人數，再用 for…迴圈由鍵盤依序輸入每位的身高分別放入陣列，身高的單位為公分，身高允許有小數。再透過 foreach…敘述將陣列中每個元素的內容放入 height 變數，再累加到 sum 變數，最後依下圖格式顯示每位的身高和平均身高。

執行結果

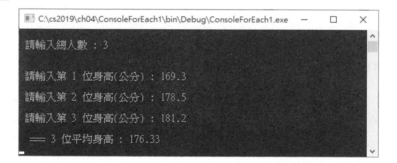

程式碼 FileName : Program.cs

01	namespace ConsoleForEach1
02	{
03	class Program
04	{
05	static void Main(string[] args)
06	{
07	int i,num; // i for 迴圈計數變數 , num 來存放總人數

08	`double sum = 0;  // 存放總人數身高的加總`
09	`Console.Write("\n 請輸入總人數 : ");`
10	`num = int.Parse(Console.ReadLine()); // 輸入值轉整數再指定給 num 變數`
11	`Console.WriteLine();`
12	
13	`double[] tall = new double[num];  // 建立 tall 倍精確陣列存放每位的身高`
14	`for (i = 0; i <= tall.GetUpperBound(0); i++)`
15	`{`
16	`Console.Write($"\n 請輸入第 {i+1} 位身高(公分) : ");`
17	`    tall[i]=double.Parse(Console.ReadLine()); //輸入身高逐一存入陣列`
18	`}`
19	
20	`foreach (double height in tall)  // 計算總人數身高的加總`
21	`    sum += height;    // 將所有陣列元素依序加總指定給 sum`
22	`// 顯示平均身高`
23	`Console.WriteLine($"\n  === {i:#} 位平均身高 : {sum / num:00.00}");`
24	`Console.Read();`
25	`    }`
26	`  }`
27	`}`

　　Systen.Array 類別提供 Array.ForEach<T> 方法，使得能對指定陣列中的每一個陣列元素上執行指定的動作。譬如：下面敘述能對 ary 陣列上的每個陣列元素執行 Action<T>所設定動作(即委派執行 ShowArea()方法)。所謂「委派」(Delegate)就是將方法當引數傳遞，也就是將委派視為方法的指標，利用委派來間接叫用。所以，委派是參考方法的一種型別，其所宣告變數是用來存放被呼叫方法的位址(有關委派請參閱本書第六章)。譬如：下面第一行敘述對 ShowArea()方法設定一個委派(Delegate)，當 myAction 有動作時會指定執行 ShowArea()方法；第二行敘述當使用 Array.ForEach 逐一讀取陣列名稱為 ary 的陣列元素時，都會呼叫 myAction 所指定的 ShowArea()方法：

```
Action<int> myAction = new Action<int>(ShowArea);
Array.ForEach(ary, myAction);
```

範例：ConsoleAryForEach2.sln

設計一個整數陣列，陣列元素依序為 2, 4, 6, 8 當圓之半徑。試以 Array.ForEach 方法，依序對取出的陣列元素執行 ShowArea()自定方法，將計算出的面積依下圖輸出顯示：

執行結果

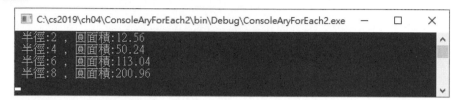

程式碼 FileName : Program.cs

```
01 namespace ConsoleAryForEach2
02 {
03    class Program
04    {
05        const double PI = 3.14;
06        static void Main(string[] args)
07        {
08            //宣告建立一維整數陣列,並設定初值
09            int[] ary = new int[] { 2, 4, 6, 8 };
10            //對 ShowArea()方法設定一個委派(Delegate)
11            //即設定 myAction 的動作為呼叫 ShowArea()方法
12            //ShowArea 方法的虛引數為整數資料
13            Action<int> myAction = new Action<int>(ShowArea);
14            // 逐一對取出的陣列元素執行 myAction 指定的動作
15            Array.ForEach(ary, myAction);
16            Console.Read();
17        }
18        // 對逐一傳入的陣列元素值取平方值並顯示其結果
19        private static void ShowArea(int r)
20        {
21            Console.WriteLine($" 半徑:{r:d} , 圓面積:{PI*r*r:f}");
22        }
23    }
24 }
```

4.1.5 陣列的排序與搜尋

　　當你對陣列中的陣列元素做遞增或遞減排序時，一般都使用雙層的 for 迴圈來完成，對初學者而言，可說是個大工程。所幸 .NET Framework 類別程式庫提供 System.Array 類別的靜態方法來解決這個問題，透過 Array 類別所提供的靜態方法只要寫一行敘述就可輕鬆完成陣列的排序、反轉、搜尋和清除資料的工作。下表是 Array 類別常用的靜態方法。

Array 類別靜態方法	功能
BinarySearch	[語法] int n=Array.BinarySearch(陣列名稱, 欲搜尋資料); [說明] 透過二分搜尋法搜尋資料是否存放於陣列中，使用此方法前必須事先使用 Array.Sort() 方法將陣列做遞增(由小到大)排序才可使用，適用於搜尋資料量較大的陣列，若找到資料傳回該陣列元素索引值，若沒找到傳回 -1。
Clear	[語法] Array.Clear(陣列名稱, 起始註標, 刪除個數); [說明] 將陣列中指定範圍內陣列元素內的內容清除。
IndexOf	[語法] int n=Array.IndexOf(陣列名稱, 欲搜尋資料); [說明] 搜尋資料是否存放於陣列中。若有找到資料會傳回該陣列元素索引值；若沒有找到資料則傳回-1。
Sort 方法	[語法 1] Array.Sort(陣列名稱); [說明 1] 對指定的一維陣列物件遞增(由小到大)排序。 [語法 2] Array.Sort(陣列名稱 1, 陣列名稱 2); [說明 2] 依據第一個引數陣列的索引值由小到大來排序，第二引數陣列的對應索引值亦跟著移動。 [語法 3] Array.Sort(陣列名稱 1, 起始註標，排序長度); [說明 3] 將指定一維陣列由指定起始陣列註標開始取指定長度的陣列元素進行由小而大遞增排序。 [例如] 排序 score 陣列時，stu_name 陣列也會跟著更動。 　　　Array.Sort(score, stu_name);

Array 類別靜態方法	功能
Reverse 方法	[語法 1] Array.Reverse(陣列名稱); [語法 2] Array.Reverse(陣列名稱, 起始註標, 排序長度); [說明] 將指定的一維陣列整個或由指定註標後面多少個陣列元素進行反轉。若陣列想遞減(由大到小)排序,可先執行 Array.Sort()方法進行遞增排序後,再執行 Array.Reverse() 方法反轉陣列,則該陣列變成遞減排序。
GetEnumerator 方法	傳回 Array 的 IEnumerator。此方法於第八章介紹。

📥 **範例**：ConsoleSort1.sln

修改 ConsoleAry.sln 專案,依 Money 陣列所存放的各角色懸賞金額做遞增和遞減排序,排序同時 RoleName 陣列所存放的角色姓名亦同時更動,結果如下圖。

執行結果

程式碼 FileName : Program.cs

```
01 namespace ConsoleSort1
02 {
03     class Program
04     {
05         static void Main(string[] args)
```

```
06        {
07            // 建立 RoleName[0]~RoleName[4]用來存放角色姓名
08            string[] RoleName = new string[]
                     { "魯夫", "喬巴", "羅賓", "香吉士", "騙人布" };
09            // 建立 Money[0]~Money[4] 用來存放角色的懸賞金額
10            int[] Money = new int[]
                     { 300000000, 50, 78000000, 77000000, 30000000 };
11            Console.WriteLine("\n== 草帽海賊團成員(遞增排序) ==\n");
12            Console.WriteLine(" 姓名\t 懸賞金額");
13            Console.WriteLine("==================");
14            // Money 陣列遞增排序，且 RoleName 亦跟著更動
15            Array.Sort(Money, RoleName);
16            int i;        // 宣告 i 為 for 迴圈計數變數
17            // 陣列的 GetUpperBound()方法可用來取得某一維度的上限
18            // 因此 RoleName.GetUpperBound(0) 會傳回 4
19            for (i = 0; i <= RoleName.GetUpperBound(0); i++)
20            {
21                // 顯示 RoleName[0]~RoleName[4] 及 Money[0] ~Money[4]
22                Console.WriteLine($" {RoleName[i]}\t{Money[i]:#,#}");
23            }
24            Console.WriteLine("\n");
25
26            Console.WriteLine("== 草帽海賊團成員(遞減排序) ==\n");
27            Console.WriteLine(" 姓名\t 懸賞金額");
28            Console.WriteLine("==================");
29            // Money 陣列遞增排序，且 RoleName 亦跟著更動
30            Array.Sort(Money, RoleName);
31            // 反轉 Money 陣列，使 Money 陣列變成遞減排序
32            Array.Reverse(Money);
33            Array.Reverse(RoleName);      // 反轉 RoleName 陣列
34            for (i = 0; i <= RoleName.GetUpperBound(0); i++)
35            {
36                Console.WriteLine($" {RoleName[i]}\t{Money[i]:#,#}");
37            }
38            Console.Read();
39        }
40    }
41 }
```

4.2 規則與不規則陣列

宣告多維陣列時，其維度是否相同可分為規則陣列和不規則陣列兩種。

4.2.1 規則陣列

規則陣列或稱矩陣陣列屬於二維陣列，規則陣列是指每列的陣列元素都相同。二維陣列的語法如下：

> **語法**
>
> 　　資料型別[,]　陣列名稱=new 資料型別[第一維陣列大小,第二維陣列大小]；

說明

1. 利用下列任一方法即可在單一敘述中同時建立、設定和初始化多維陣列：
   int[,] ary = new int [2,3] { {1,2,3}, {4,5,6} };
   int[,] ary = new int [,]　 { {1,2,3}, {4,5,6} };　// 允許不宣告維度會自動推論
   int[,] ary = { {1,2,3}, {4,5,6} };

2. 存取單一陣列元素寫法 ： ary[1,1] = 5;

3. 以雙層迴圈來依序存取陣列元素先做初始化再讀取陣列元素

   ```
   int[ , ] ary = new int[2,3];
   for (int i =0; i < 2 ; i++) {
       for (int  j = 0 ;  j < 3 ;  j++) {
           ary[ i, j ] = 0;                       // 將初值 0 寫入陣列元素
           Console.Write($"{ary[ i, j ]} ");      // 讀取陣列元素
       }
   }
   ```

4.2.2 不規則陣列

C# 另外提供一個建立特殊的二維陣列，陣列中的每一列的長度可以不相同，稱為「不規則陣列」(Jagged Array)或稱「非矩形陣列」。所謂的「不規則陣列」就是陣列中還可以存放陣列，每一列的長度不相同，可以用來建立每列不同長度的表

格。至於上節所建立的規則陣列，由於每一列的長度都相同，可用來製作一般表格。不規則陣列的語法如下：

語法

　　　資料型別[][] 陣列名稱 = new 資料型別[陣列大小][]；

說明

1. 建立不規則陣列的方式如下：

① 先宣告一個不規則陣列。譬如宣告一個名稱為 myjag 的不規則陣列，此不規則陣列含有 3 列，其寫法如下：

```
int[][] myjag=new int[3][];
```

② 接著分別設定不規則陣列每列陣列的大小，例如將第 0、1、2 列分別配置 3、2、4 個陣列元素，其寫法如下：

```
myjag[0] = new int[3];   // 第 0 列建立 3 個陣列元素的整數陣列
myjag[1] = new int[2];   // 第 1 列建立 2 個陣列元素的整數陣列
myjag[2] = new int[4];   // 第 2 列建立 4 個陣列元素的整數陣列
```

經過上面的宣告所建立的不規則陣列如下：

myjag[0][0]	myjag[0][1]	myjag[0][2]	
myjag[1][0]	myjag[1][1]		
myjag[2][0]	myjag[2][1]	myjag[2][2]	myjag[2][3]

3. 如何設定和存取不規則陣列的元素，其寫法如下：

```
myjag[1][1] = 5；
```

要注意存取不規則陣列元素的寫法 myjag[1][1] 和一般二維(矩形)陣列的寫法 myjag[1,1] 是不相同的。

4. 如何取得不規則陣列第 i 列的長度，其寫法如下：

```
int num = myjag[i].Length;
```

範例：ConsoleAmount.sln

某公司台北、台中、高雄三個營業處各分處銷售金額(單位：仟元)如下表。各分公司的分處個數不相同，使用不規則陣列求各分公司營業總額及營業比率。

分處 營業處	第一處	第二處	第三處	第四處
台北分公司	amt[0][0]=1100	amt[0][1]=2200	amt[0][2]=3300	—
台中分公司	amt[1)[0)=1500	amt[1][1]=2500	—	—
高雄分公司	amt[2][0]=1000	amt[2][1]=2000	amt[2][2]=3000	amt[2][3]=4000

執行結果

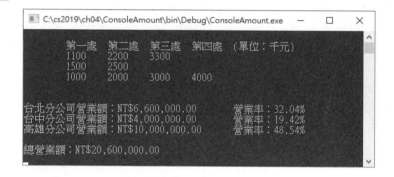

程式碼 FileName : Program.cs

```
01 namespace ConsoleAmount
02 {
03   class Program
04   {
05     static void Main(string[] args)
06     {
07       // 建立和設定不規則陣列初值
08       double[][] amt = new double[3][];
09       // 建立 amt[0][0]~amt[0][2]陣列元素，存放台北分公司第一，二，三處的金額
10       amt[0] = new double[] { 1100, 2200, 3300 };
11       // 建立 amt[1][0]~amt[1][1]陣列元素，存放台中分公司第一，二處的金額
12       amt[1] = new double[] { 1500, 2500 };
13       // 建立 amt[2][0]~amt[2][3]陣列元素，，存放高雄分公司第一，二，三，四處的金額
14       amt[2] = new double[] { 1000, 2000, 3000, 4000 };
```

```
15        // 建立 company[0]~company[2]用來存放三個分公司的名稱
16        string[] company = new string[] { "台北", "台中", "高雄" };
17        // 建立 sum[0]~sum[2]用來存放台北，台中，高雄各分公司的總營業額
18        double[] sum = new double[] { 0.0, 0.0, 0.0 };
19        double total = 0;   //總營業額
20        Console.WriteLine("\n\t 第一處\t 第二處\t 第三處\t 第四處    (單位：千元)");
21        for (int i = 0; i < amt.Length; i++)
22        {
23          for (int k = 0; k < amt[i].Length; k++)
24          {
25              Console.Write($"\t{amt[i][k]}");       // 顯示各處的金額
26              sum[i] += amt[i][k];                   // 計算各公司的營業額
27          }
28          total += sum[i] * 1000;                    // 計算總營業額
29          Console.WriteLine();
30        }
31        Console.WriteLine("\n");
32        for (int n = 0; n < 3; n++)
33        {
34            sum[n] *= 1000;
35            string st1 = $"{company[n]}分公司營業額：{sum[n]:c}";
36            string st2 = $"營業率：{sum[n] / total:p}";
37            Console.WriteLine(st1 + "\t" + st2);
38        }
39        Console.WriteLine("\n 總營業額：{0}元", total.ToString("c"));
40        Console.Read();
41      }
42  }
43  }
```

説明

1. 第 8-14 行：各分公司營業額的初值設定。

2. 第 21-30 行：顯示各分公司各分處的營業額並計算各分公司的總營業額。

3. 第 32-38 行：顯示各分公司的總營業額以及營業率。

4.3 結構與結構陣列

陣列內的資料是一群同性質且資料型別相同資料的集合，程式中同時要處理多個不同性質的資料，就需使用多個不同的陣列來處理，不但使程式加長且難維護，所幸 C# 另外提供一種「使用者自定型別」(User Defined Type)稱為結構(Structure)或稱記錄(Record)，它允許將不同資料型別的資料放在一起構成一筆記錄，多筆資料時也可以不像陣列必須分成多個陣列來存放該筆資料。

4.3.1 結構變數

當處理一位同學的成績單含有座號、姓名、成績三種不同性質的資料，必須分別給予變數名稱來存放這三種不同性質的資料，由於這些資料是屬於邏輯相關的資料，雖然資料型別不同，為方便程式處理我們可以視為一筆記錄(Record)，透過 C# 所提供的「結構」(Structure) 來處理。「結構」是由一些邏輯相關的「資料欄」或稱為「欄位」(Field)所構成。結構必須賦予結構名稱，而且每一個欄位也要賦予一個欄位名稱和資料型別。結構在使用前必須要先定義，然後再予以宣告和設定初值才能在程式中參用。

1. 定義結構

> **語法**
>
> ```
> struct 結構名稱{
>     資料型別 1   欄位名稱 1;
>     資料型別 2   欄位名稱 2;
>          ⋮
> }
> ```

2. 宣告結構變數

> **語法**
>
> ```
> struct   結構名稱   結構變數;
> ```

3. 設定結構變數初值

> **語法**
>
> 結構名稱.欄位名稱 ＝ 設定值；

　　譬如：定義結構名稱為 Student 的結構，每筆記錄是由座號(No)、姓名(Name)、成績(Score)三個不同資料型別的欄位構成一筆記錄，該記錄如下圖所示：

座號欄位　　姓名欄位　　成績欄位

| 1001 | Paul | 90 | ◄── 一筆記錄 |

1. 定義 Student 結構

   ```
   struct Student   {
       public int No;
       public string Name;
       public int Score;
   }
   ```

2. 宣告 bcc 為具有 Student 結構的結構變數：

   ```
   Student bcc ;
   ```

3. 設定結構變數的初值

   結構變數允許將不同資料型別的資料合在一起，存取欄位資料時採取結構變數名稱和欄位名稱中間用小數點隔開來表示。譬如：下面敘述即是設定 bcc 計概結構變數各欄位的初值：

   ```
   bcc.No = 1001;
   bcc.Name = "Paul" ;
   bcc.Score = 90 ;
   ```

4.3.2　結構陣列

　　上面簡例是一個結構變數只能代表一筆資料，若有多筆資料就必須使用結構陣列來存放。所謂「結構陣列」是指陣列中的每個陣列元素都對應到一筆記錄。譬如：延續上例定義結構名稱為 Student 的結構，每一筆記錄是由座號(No)、姓名(Name)、成績(Score)三個不同資料型別的欄位構成，共有三筆記錄其寫法如下：

1. 定義 Student 結構

```
struct Student   {
    public int No, Score
    public string Name;
}
```

2. 宣告 bcc 為具有 Student 結構的結構陣列，大小為 3

```
Student[] bcc = new Student[3];
```

3. 設定 bcc 結構陣列的初值

```
bcc[0].No = 1001;   bcc[0].Name = "Paul";   bcc[0].Score = 85;
bcc[1].No = 1002;   bcc[1].Name = "Jack";   bcc[1].Score = 80;
bcc[2].No = 1003;   bcc[2].Name = "Mary";   bcc[2].Score = 70;
```

可以將上面(2)和(3)宣告和設定初值合併成下面敘述：

```
Student[] bcc = new Student[] {
    new Student() {No= 1001, Name="Paul", Score=85},
    new Student() {No= 1002, Name="Jack", Score=80},
    new Student() {No= 1003, Name="Mary", Score=70}
};
```

使用結構陣列的好處是當開發人員欲對某個欄位做排序時，必須對兩筆資料做互換時，資料彼此互換所寫的敘述較精簡，譬如：temp 為具有 Student 的結構變數，當上面 bcc[i] 和 bcc[j] 兩個結構陣列元素需做交換只需三行敘述。

```
temp = bcc[i];
bcc[i] = bcc[j];
bcc[j] = temp;
```

若改用陣列名稱分別為 No、Name 和 Score 的三個一維陣列來存放座號、姓名、成績。若第 i 個和第 j 個陣列元素的資料需做互換時，必須如下面寫九行敘述，若欄位更多時程式碼豈不是要更長嗎？其寫法如下：

```
temp = No[i];     No[i] = No[j];       No[j] = temp;      ⇦ No[i] 和 No[j] 互換
temp = Name[i];  Name [i] = Name[j];  Name [j] = temp;   ⇦ Name[i]和 Name[j]互換
temp = Score[i];  Score [i] = Score[j];  Score [j] = temp;  ⇦ Score[i] 和 Score[j]互換
```

由上可知，程式中使用太多的陣列在做交換時，不但會增加程式碼的長度而且不易閱讀。在第六章介紹的的類別(Class)就是結構(Structure)的延伸，結構只由資料欄位構成，至於類別則是由資料和方法組成。所以，結構只是類別的一個特例。

4.4 方法

　　由於 C# 都將程式寫在預設名稱為 Program 類別裡面。在第二章也談及類別是由屬性(或稱資料、或變數)和方法(Method)所組成,因此屬性和方法就成為類別的成員(Member)。其實 C# 的方法相當於 Visual Basic 的函式或程序、相當於 C 語言和C++的函式。所以,方法就是函式或程序,只是在不同的程式語言而有不同命名方式而已。由於 C# 是屬於物件導向程式語言,為符合物件導向封裝的特性,對於物件內屬性內容的存取儘量透過物件本身所提供的方法來存取。所以,本書一律以「方法」來代替其他程式語言所謂的函式或程序,以達到物件導向程式設計的精髓。方法具有下面特點:

1. 方法擁有自已的名稱,使用合法的 C# 識別字來命名。但其名稱不允許和變數、常數或定義在類別內的屬性或其他方法名稱重複。

2. 方法內所宣告的變數(即屬性)是屬於區域變數,也就是說 C# 在不同方法內所宣告的變數彼此互不相關,其有效範圍侷限在該方法內。所以,在不同的方法內是允許使用相同區域變數名稱。

3. 方法具有特定功能,程式碼簡單明確,可讀性高而且易除錯和維護。

C# 所提供的方法依其特性可分成三大類:

1. 系統提供的方法:是由廠商所提供的,呼叫時只要給予引數初值,不用編寫程式碼,馬上輸出結果。譬如:WriteLine()是屬於 .NET Framework 的 Console類別中的一個方法。還有附錄 A 介紹的日期時間類別、亂數類別、數學類別等都有其所屬的方法。

2. 使用者自定的方法:由程式設計者依程式需求自己撰寫相關程式碼,是無中生有的。在定義方法時,若在方法名稱的前面加上 public 表示此方法允許被所有程式使用;若前面加上 private 表示此方法只允許同類別的其他成員使用。

3. 事件(Event):C# 中每個物件都各有其對應的事件,當物件的事件被觸發時會執行指定的事件處理函式,而事件處理函式內的程式碼是由設計者依需求而寫入的。有些「事件」會自動執行,有些必須透過使用者來觸動才能執行。

4.5 方法的使用

由上節可知,「屬性」和「方法」都是類別的成員,類別是用來定義物件的藍圖,透過所定義的類別來宣告該類別包含了哪些屬性以及方法的程式碼。由此可知,類別只定義出邏輯的抽象概念,一直到屬於該類別的物件被建立後,該類別的物件實體(Instance)才會存在於記憶體內。當然類別可應程式的需求只包含屬性或只包含方法,但是大部分的類別都同時包含屬性和方法。

4.5.1 如何定義方法

語法

```
[成員存取修飾詞] static 傳回值型別 方法名稱 (引數串列)
{
        [方法主體]
        [return 運算式;]
}
```

說明

1. 成員存取修飾詞的功能可宣告類別、類別資料成員(包含類別內的屬性、方法)的存取範圍,它可設定為 public、protected、protected internal、internal 或 private,若類別或類別資料成員未宣告則預設為 private。上述存取修飾詞無法替 namespace (命名空間)做宣告,也就是說存取修飾詞不可以加在 namespace 之前,否則會出現錯誤。成員存取修飾詞功能說明如下表:

存取修飾詞	功能
public	類別或類別成員存取範圍完全沒有限制。
protected	類別或類別成員存取範圍限於父類別、或繼承自父類別的子類別可使用。
internal	類別或類別成員存取只限於目前專案。
protected internal	類別或類別成員存取只限於目前專案或繼承自父類別。
private	只有本身的類別可以存取。(預設)

[註] ① public、private、protected 在第六、七章有更詳細的介紹。

② internal 及 protected internal 在本書只簡單說明,可參閱其他進階書籍。

③ 注意存取修飾詞是無法替命名空間(namespace)做宣告，也就是說存取
　　　修飾詞不可以加在 namespace 之前，否則會出現錯誤。

2. 方法必須以左大括號 "{" 開頭，最後以右大括號 "}" 結束，兩者必須成對出
　　現。當執行到最後一個 "}" 後即返回緊接在原呼叫處的下一個敘述。若中途
　　欲離開方法，可使用 return 敘述。

3. 當類別內的方法加上 static 修飾詞稱為「靜態方法」，靜態方法不必使用 new
　　保留字來建立物件實體，可透過類別直接呼叫使用。因此要直接呼叫類別本
　　身的方法時，被呼叫的方法必須要宣告為 static 才可以使用。若是靜態方法要
　　給其他類別叫用，則類別及類別方法之前必須加上 public 存取修飾詞。

4. 傳回值型別可以是數值、字元、字串、結構、列舉、類別…等資料型別，若
　　不傳回任何值，可以使用 void。

5. 方法名稱可用合法的識別字來命名。但不允許和其他方法或屬性名稱重複。

6. 引數(或稱參數)串列的各引數之間必須用逗號隔開，引數可以為變數、陣列、
　　物件或使用者自定資料型別變數。若不傳入任何值引數可省略，但 ( ) 小括號
　　一定不能省略。

7. 類別內所有方法的地位相等，因此不允許在一個方法內再定義另一個方法。

8. 若方法中需要傳回值時，在方法中必須加入下面敘述：

　　return 運算式 ;

　　而 return 內運算式的結果，必須結合方法(函式)前面的傳回值型別，使用的方
　　式類似一般變數運算。

9. 若「類別」內所宣告的變數(即屬性)前面加上 static，則此變數在類別內變成
　　「靜態變數」(或稱靜態屬性)，此種變數在離開方法後其變數值保留並不會被
　　釋放掉，而且為多個物件執行個體所共用，下次再呼叫此方法時，所保留的
　　變數值仍可繼續使用，也就是該變數的「生命週期」是到程式停止執行為止。
　　至於方法內所宣告的變數視為「區域變數」亦稱「動態變數」，在離開方法
　　後該變數將被釋放，也就是不再佔用主記憶體空間，下次再進入此方法必須
　　重新配置主記憶體空間，要注意靜態變數不能在定義的方法內宣告。

10.使用者自定方法與事件必須撰寫在類別的定義中。

11.靜態方法中只能使用靜態屬性(變數)。

如何在程式中撰寫「使用者自定方法」？譬如：定義一個只有本身類別才可叫用的 add() 靜態方法，功能為兩數相加。呼叫此方法時傳入兩個變數給 a 和 b 整數變數，最後透過 return 敘述將 a 和 b 兩數相加的結果傳回。由於傳回值為整數，因此在 add()名稱前面的傳回值型別必須設為 int。且此方法允許讓本身類別使用，成員存取修飾詞必須設為 private(或省略 private)，且加上 static 宣告為靜態方法。寫法如下：

```
private static int add (int a , int b )  // 靜態方法
{
    int c;   // 區域變數
    c=a+b;
    return c;
}
```

4.5.2 如何呼叫方法

　　在 C# 中呼叫使用者自定靜態方法的語法有下列兩種方式：

> **語法**
>
> 1. 同一類別：
>   　方法名稱([引數串列]) ;
>
> 2. 不同類別：
>   　類別名稱.方法名稱([引數串列]) ;

> **說明**

1. 若方法 A 中某個敘述呼叫方法 B，兩者間若無引數需傳遞，引數串列可省略，但小括號不能省略；若兩者間需引數傳遞，引數串列的數目可為一個或一個以上的引數。

2. 若方法 A 中某個敘述呼叫方法 B，兩者間若有引數需傳遞，我們將方法 A 中這個呼叫敘述所傳送的引數串列稱為「實引數」(Actual Argument)。被呼叫的方法 B 所引用的引數串列稱為「虛引數」(Dummy Argument)。

3. 實引數可以為常數、變數、運算式、陣列或結構、物件，但是虛引數不可以為常數與運算式。實引數與虛引數兩者的引數個數和資料型別要一致。

4. 實引數中若使用變數，則該變數必須給予初值而且該變數的資料型別要與所對應的虛引數的資料型別要一致才行，否則程式執行時會出現錯誤訊息。

5. 呼叫敘述內的方法名稱與被呼叫方法兩者間的方法名稱必須相同，但是兩者的引數串列所對應的引數名稱可以不相同。在一般情形下兩者之間若有資料要做引數傳遞時，必須藉由實引數將資料逐一傳給虛引數，但要記得實引數與虛引數的數目不但要相同而且資料型別要一致。

6. 同一類別(Class)內的方法呼叫

```
class Class1
{
    private static int add ( int a , int b )
    {

    }
    static void Main(string[] args)
    {
        int y = 6 ;
        int z = add ( 5 , y ) ;  // 呼叫上面同類別的 add 方法
    }
}
```

7. 不同類別的方法呼叫

```
class Class1
{
    public static int add ( int a , int b )
    {

    }
}
class Class2
{
    static void Main(string[] args)
    {
        int y = 6 ;
        int z = Class1.add ( 5 , y ) ;
    }
}
```

在 Class2 類別中，呼叫 Class1 類別定義的 add 方法

⬇ **範例**：ConsoleMethod1.sln

練習在 Program 類別中撰寫 void(不傳回值) 型別的使用者自定方法，其方法名稱為 Login()，Main()方法呼叫 Login()方法時會傳遞兩個引數，第一個引數是姓名(字串資料型別)、第二個引數為 true/false(布林資料型別)，若為 true 表示男性，false 為女性。兩個引數均採傳值呼叫(Call by Value)方式傳遞。

執行結果

```
C:\cs2019\ch04\ConsoleMethod1\bin\Debug\ConsoleMethod1.exe   —   □   ×

Willam 先生，歡迎光臨！

Kerry 小姐，歡迎光臨！
```

程式碼 FileName : Program.cs

```csharp
01 namespace ConsoleMethod1
02 {
03     class Program
04     {
05         // 定義 Login 方法，傳回型別為 void，表示呼叫此方法不傳回值
06         // 呼叫 Login 方法時，第一個引數需傳入字串資料，第二個引數需傳入布林資料
07         private static void Login(string username, bool ismale)
08         {
09             Console.Write($"\n {username}");
10             if (ismale)
11                 Console.WriteLine(" 先生，歡迎光臨！");
12             else
13                 Console.WriteLine(" 小姐，歡迎光臨！");
14         }
15
16         static void Main(string[] args)
17         {
18             string name = "Willam";
19             // 呼叫 Login 方法
20             // 傳入的第一個參數為 name 變數，第二個參數為 true
21             Login(name, true);
22             Console.WriteLine();
23             // 呼叫 Login 方法，傳入第一個參數是字串資料，第二個參數為 false
24             Login("Kerry", false);
25             Console.Read();
26         }
27     }
28 }
```

說明

1. 方法(Method)必須在 Program 類別中定義。

2. 第 7 行：呼叫 Login()方法時會傳入兩個引數，第一個引數為姓名，第二個引數為布林值。第二個引數若為 true 表示先生，false 表示小姐。

3. 第 7-14 行：Login()方法宣告為 private(預設可省略)，所以 Login()方法存取範圍在 Program 類別內；使用 static 將 Login()方法宣告為靜態方法，因此在 Program 類別內的方法中可直接使用 Login()方法。

4. 第 21 行：呼叫 Login(name, true) 時，先將第一個引數 name 變數的內容 "Willam" 傳給第 7 行「Login()」方法的第一個引數 username 字串變數，然後再將 true 傳給第二個引數 ismale 布林變數，接著執行此方法的主體(Body)，先顯示目前 username 字串變數的內容，再檢查第二個引數 ismale 是 true 還是 false，若 ismale == true(男生)，則顯示 "先生，歡迎光臨！"，否則(女生)顯示 "小姐，歡迎光臨！"。

```
private static void Login(string username, bool ismale)
{
    Console.Write($"\n {username}");
    if (ismale)
        Console.WriteLine("先生，歡迎光臨！");
    else
        Console.WriteLine("小姐，歡迎光臨！");
}
```

5. 第 18-24 行：呼叫 Login()方法的實引數若是指定某一變數，則該變數必須給予初值且該變數的資料型別要與定義 Login()方法內的虛引數相同資料型別才行，否則程式編譯時會出現錯誤訊息。如下程式 name(實引數)給予初值 "Kerry"，其資料型別與虛引數皆是 string 字串資料型別。

```
string name = "Willam";
Login(name, true);
Console.WriteLine();
Login("Kerry", false);
```

● **範例**：ConsoleMethod2.sln

延續上例練習在 Program 類別中撰寫具有傳回字串資料型別的使用者自定方法，其方法名稱為 GetWelcome()，Main()主程式呼叫 GetWelcome()方法時，同上例，兩個引數均採傳值呼叫(Call by Value)方式傳遞，第一個引數是姓名(字串資料型別)、第二個引數為 true/false(布林資料型別)，若為 true 表示男性，false 為女性。執行結果與上例 ConsoleMethod1.sln 相同。

程式碼 FileName：Program.cs

```
01 namespace ConsoleMethod2
02 {
03     class Program
04     {
05         // 定義 GetWelcome 方法，該方法傳回型別為 string 字串
06         private static string GetWelcome(string username, bool ismale)
07         {
08             string str = "";
09             if (ismale)
10                 str = username + " 先生，歡迎光臨！";
11             else
12                 str = username + " 小姐，歡迎光臨！";
13             return str;
14         }
15
16         static void Main(string[] args)
17         {
18             string name = "Willam";
19             //將方法傳回的結果指定給 Welcome 變數
20             string Welcome = GetWelcome(name, true);
21             Console.WriteLine(Welcome);
22             Console.WriteLine();
23             Console.WriteLine(GetWelcome("Kerry", false));
24             Console.Read();
25         }
26     }
27 }
```

說明

1. 第 6-14 行：定義 GetWelcome()方法，該方法傳回值設為 string 字串型別。存取修飾詞設為 private(預設可省略)，表示此方法只能被 Program 類別(類別本身)使用。使用 static 將 GetWelcome()方法宣告為靜態方法，因此在 Program 類別的 Main 主程式中可直接呼叫 GetWelcome()方法。

2. GetWelcome()方法用來傳回一個歡迎字串，方法中先檢查所傳入的第二個引數 ismale 的邏輯值，依其 true/false 來決定 str 字串變數的內容，然後再透過 return str; 敘述將此方法的執行結果傳回：

① 如第 20,21 行透過方法名稱傳回給主程式等號左邊的 Welcome 字串變數，並將 Webcome 字串變數結果顯示出來，寫法：

```
string Welcome = GetWelcome(name, true) ;
Console.WriteLine (Welcome) ;
```

② 第 23 行直接顯示訊息，寫法如下：

```
Console.WritcLine(GetWelcome("Kerry", false)) ;
```

範例：ConsoleMethod3.sln

延續上例練習在 Class1 類別中撰寫傳回字串資料型別的使用者自定靜態方法，該方法名稱為 GetWelcome()。然後在 Program 類別中呼叫 Class1 類別的 GetWelcome()方法。執行結果同範例 ConsoleMethod1.sln。

程式碼 FileName : Program.cs

```
01 namespace ConsoleMethod3
02 {
03     // 定義 Class1 類別，此類別內含公開的 GetWelcome 靜態方法
04     class Class1
05     {
06         public static string GetWelcome(string username, bool ismale)
07         {
08             string str = "";
09             if (ismale)
10                 str = username + " 先生，歡迎光臨！";
11             else
12                 str = username + " 小姐，歡迎光臨！";
```

13	return str; // 傳回字串
14	}
15	}
16	
17	class Program
18	{
18	static void Main(string[] args)
20	{
21	string name = "Willam";
22	//使用 Class1 類別的 GetWelcome 方法
23	string Welcome = Class1.GetWelcome(name, true);
24	Console.WriteLine($"\n {Welcome}");
25	Console.WriteLine();
26	Console.WriteLine($"\n {Class1.GetWelcome("Kerry", false)}");
27	Console.Read();
28	}
29	}
30	}

説明

1. 第 4-15 行：定義 Class1 類別，該類別有公開(public)的 GetWelcome()靜態方法。

2. 第 6 行：Class1 類別的 GetWelcome()靜態方法使用 public 修飾詞宣告，因此 Class1 類別 GetWelcome()方法被存取的範圍沒有限制；且 GetWelcome()方法使用 static 修飾詞宣告為靜態方法，因此不需要建立 Class1 類別的實體物件，即可以直接使用 Class1 類別的 GetWelcome()方法。

3. 第 21-26 行：使用 Class1 類別的 GetWelcome 靜態方法，不需要建立 Class1 類別的物件實體即可使用，使用時必須撰寫完整的名稱，寫法如下：

```
string Welcome = Class1.GetWelcome(name, true);
Console.WriteLine($"\n {Welcome}");
Console.WriteLine();
Console.WriteLine($"\n {Class1.GetWelcome("Kerry", false)}");
```

以上範例 Class1 類別的 GetWelcome()方法若省略 static 修飾詞，此時若要使用 Class1 類別的 GetWelcome()方法，就必須使用 new 保留字建立 Class1 類別的物件實體(或稱執行個體)，這樣才能使用 Class1 類別的方法。請參閱 ConsoleMetod4.sln 範例。

📥 **範例**：ConsoleMethod4.sln

延續上例練習在 Class1 類別中撰寫傳回字串資料型別的使用者自定方法，該方法名稱為GetWelcome()。在Program類別中呼叫Class1類別的GetWelcome()方法，必須使用 new 保留字建立 Class1 類別的實體，然後才可以使用 Class1 類別的 GetWelcome()方法。執行結果同範例 ConsoleMethod1.sln。

程式碼 FileName：Program.cs

```
01  namespace ConsoleMethod4
02  {
03      // 定義 Class1 類別內含公開的 GetWelcome 方法
04      // 呼叫 GetWelcome 方法時必須先建立 Class1 類別物件
05      class Class1
06      {
07          public string GetWelcome(string username, bool ismale)
08          {
09              string str = "";
10              if (ismale)
11                  str = username + " 先生，歡迎光臨！";
12              else
13                  str = username + " 小姐，歡迎光臨！";
14              return str;
15          }
16      }
17
18      class Program
19      {
20          static void Main(string[] args)
21          {
22              string name = "Willam";
23              // 建立 myClass 物件為 Class1 類別
24              Class1 myClass = new Class1();
25              // 呼叫 Class1 類別的 GetWelcome 方法
26              string Welcome = myClass.GetWelcome(name, true);
27              Console.WriteLine($"\n {Welcome}");
28              Console.WriteLine();
29              Console.WriteLine
                          ($"\n {myClass.GetWelcome("Kerry", false)}");
```

```
30          Console.Read();
31       }
32    }
33 }
```

> **説明**

1. 第 5-16 行：本例定義 Class1 類別，該類別有公開的 GetWelcome()方法。

2. 第 7 行：Class1 類別的 GetWelcome()方法使用 public 修飾詞宣告，因此 Class1 類別 GetWelcome()方法的存取範圍沒有限制。

3. 第 24 行：使用 Class1 類別建立 myClass 物件。由於本例 Class1 類別的 GetWelcome()方法沒加上 static 修飾詞，必須建立 Class1 類別的物件實體其名稱為 myClass，才能使用 Class1 類別的 GetWelcome()方法。

4. 第 26,29 行：使用 myClass 物件的 GetWelcome()方法。

至於有關類別與物件的詳細說明，將於第六、七章陸續介紹。

4.6　引數的傳遞方式

當使用 return 敘述時，一次只能傳回一個值或不傳回值返回到原呼叫處。若方法 A 某個敘述呼叫另一個方法 B 時，需要一次能傳回兩個以上的值時，使用 return 敘述是無法做到的，此時就必須使用參考呼叫或傳出參數來達成，本節將介紹方法中引數的傳遞方式，其方式有：傳值呼叫(Call By Value)、參考呼叫(Call By Reference)、傳出參數(Output parameter)。

4.6.1　傳值呼叫

「傳值呼叫」是指當呼叫方法時，此時呼叫方法的實引數會複製一份給被呼叫方法的虛引數，因此實引數與虛引數兩者佔用不同的記憶體位址。當被呼叫方法內的虛引數被修改時，結果並不會影響對應的實引數。此種引數傳遞方式稱為「傳值呼叫」。C# 預設為傳值呼叫。它適用於希望方法內的結果不影響該方法外的變數時使用，具有保護變數不被修改的特性。傳值呼叫中，實引數可為變數、常數或運算式。寫法如下：

```
CallValue( a,   7,   a + 10) ;
```

變數 常數 運算式

📥 **範例**：ConsoleByVal.sln

練習撰寫同類別方法間的參數傳值呼叫。本例將 a 和 b 的值以傳值呼叫方式，將 a 和 b 傳給 CallValue 方法()中的 x 和 y 值，在此方法內將 x 和 y 的值互換。請觀察第 23 行呼叫敘述叫用第 5 行 CallValue()方法之前的 a、b 值，進入 CallValue()方法內 x、y 互換前後的值，以及離開 CallValue()方法回到原呼叫敘述時 a、b 的值。

執行結果

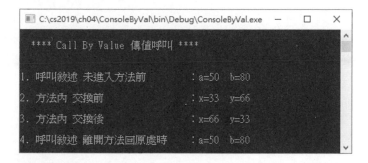

程式碼 FileName : Program.cs

```
01 namespace ConsoleByVal
02 {
03     class Program
04     {
05         private static void CallValue(int x, int y)
06         {
07             int z;
08             x = 33;
09             y = 66;
10             Console.WriteLine($"\n2. 方法內 交換前\t\t:x={x}   y={y}");
11             z = x;      //透過第三個變數來做 x,y 值作互換
12             x = y;
13             y = z;
14             Console.WriteLine($"\n3. 方法內 交換後\t\t:x={x}   y={y}");
15         }
```

16	
17	`    static void Main(string[] args)`
18	`    {`
19	`        Console.WriteLine("\n  **** Call By Value 傳值呼叫 **** \n");`
20	`        int a = 50;`
21	`        int b = 80;`
22	`         Console.WriteLine($"\n1. 呼叫敘述 未進入方法前\t : a={a}  b={b}");`
23	`        CallValue(a, b);`
24	`        Console.WriteLine($"\n4. 呼叫敘述 離開方法回原處時\t : a={a}  b={b}");`
25	`        Console.Read();`
26	`    }`
27	`}`
28	`}`

説明

1. 第 5 行：傳值呼叫虛引數必須設為變數，將 x,y 宣告為整數型別傳值方式：

   private static void CallValue(int x, int y)

2. 第 23 行：實引數可為變數、常數或運算式。由於 a 與 b 皆為變數，當實引數為傳值呼叫，寫法如下：

   CallValue(a, b);

3. 實引數與虛引數的傳遞情形如下：

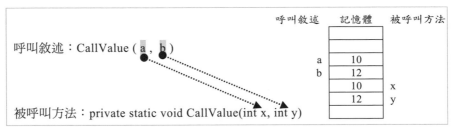

由於呼叫敘述的引數 a 傳給被呼叫 CallValue 方法的引數 x，在記憶體中分別佔不同位址。故 a 的值傳給 x 後，當 x 的值改變，對 a 並不會產生影響。同理 b 和 y 亦是如此。

4.6.2 參考呼叫

　　方法 A 呼叫方法 B 時，若希望將方法 B 的執行結果回傳給方法 A，使用傳值呼叫是無法做到的。若能將實引數和虛引數彼此對應的引數設成佔用相同的記憶體位址，此時虛引數一有改變，對應的實引數亦跟著改變，便可將方法 B 執行的結果回傳給方法 A，此種引數的傳遞方式稱為「參考呼叫」。其操作方式只要將虛引數及實引數宣告為 **ref**，即成為參考呼叫。但要注意「參考呼叫」的實引數必須是變數、陣列或物件(即參考資料型別)，不可為常數或運算式，而且實引數必須給予初值才能使用。

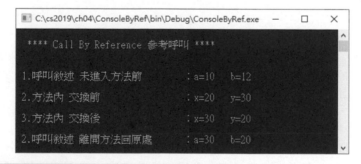

1. 定義方法
   private static void **CallRef(ref int x, ref int y) { }**

2. 呼叫方法：　 CallRef (ref a,　ref b);

🔽 **範例**：ConsoleByRef.sln

練習撰寫參考呼叫。第 23 行呼叫敘述將 a=10、b=12 以參考呼叫方式將值傳給第 5 行 CallRef()方法的 x、y，在該方法內將 x、y 值設成 20、30，將 x、y 互換，觀察 a、b 是否跟隨 x、y 值改變。

執行結果

```
C:\cs2019\ch04\ConsoleByRef\bin\Debug\ConsoleByRef.exe    —    □    ×

**** Call By Reference 參考呼叫 ****

1.呼叫敘述 未進入方法前          : a=10    b=12

2.方法內 交換前                  : x=20    y=30

3.方法內 交換後                  : x=30    y=20

2.呼叫敘述 離開方法回原處        : a=30    b=20
```

程式碼 FileName : Program.cs

```
01 namespace ConsoleByRef
02 {
03     class Program
04     {
05         private static void CallRef(ref int x, ref int y)
06         {
```

07	int z;
08	x = 20;
09	y = 30;
10	Console.WriteLine($"\n 2.方法內 交換前\t\t : x={x} y={y}");
11	z = x; //透過第三個變數來做x,y值作互換
12	x = y;
13	y = z;
14	Console.WriteLine($"\n 3.方法內 交換後\t\t : x={x} y={y}");
15	}
16	
17	static void Main(string[] args)
18	{
19	Console.WriteLine("\n **** Call By Reference 參考呼叫 **** \n");
20	int a = 10;
21	int b = 12;
22	Console.WriteLine($"\n 1.呼叫敘述 未進入方法前\t : a={a} b={b}");
23	**CallRef(ref a, ref b);**
24	Console.WriteLine($"\n 2.呼叫敘述 離開方法回原處\t : a={a} b={b}");
25	Console.Read();
26	}
27	}
28	}

說明

1. 第 5,23 行：將「呼叫敘述」的實引數及「被呼叫方法」的虛引數宣告為 ref，便成為參考呼叫。但要注意若實引數中的 a 和 b 設為參考變數必須事先給予初值才能使用；所宣告實引數的變數資料型別必須與虛引數一致。

2. 本例之實引數與虛引數的參數傳遞情形如下：
   呼叫敘述的引數 a 與被呼叫的方法引數 x，在記憶體內彼此共用相同位址，亦即 a 或 x 其中一個的內容改變時，則另一個的內容也會跟著改變。同理 b,y 情形亦相同。

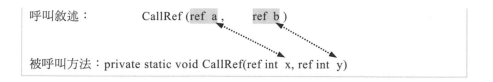

呼叫敘述：　　　　　CallRef (ref a , 　　　ref b)

被呼叫方法：private static void CallRef(ref int x, ref int y)

4.6.3 傳出參數

　　傳出參數與參考呼叫的實引數和虛引數都是佔用相同的記憶位址。兩者間主要差異在於傳出參數的實引數變數不必設定初值即可作參數傳遞，而參考呼叫必須先設定初值才能傳遞參數。若在「呼叫敘述」及「被呼叫方法」的引數串列參數前面加上 **out**，即變為傳出參數。

⬇ **範例**：ConsoleOutput.sln

　　練習撰寫傳出參數。按照輸出結果撰寫進入方法前，和進入方法後各變數交換的變化情形。

執行結果

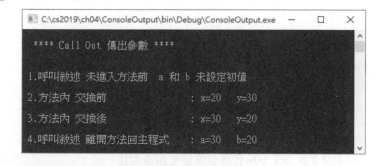

```
**** Call Out 傳出參數 ****

1.呼叫敘述 未進入方法前　a 和 b 未設定初值

2.方法內 交換前　　　　　：x=20　　y=30

3.方法內 交換後　　　　　：x=30　　y=20

4.呼叫敘述 離開方法回主程式　：a=30　　b=20
```

程式碼　FileName :Program.cs

```
01 namespace ConsoleOutput
02 {
03    class Program
04    {
05       private static void CallOut(out int x, out int y)
06       {
07          int z;
08          x = 20;
09          y = 30;
10          Console.WriteLine($"\n 2.方法內 交換前\t\t: x={x}    y={y}");
```

```
11        z = x;
12        x = y;
13        y = z;
14        Console.WriteLine($"\n 3.方法內  交換後\t\t: x={x}    y={y}");
15      }
16
17    static void Main(string[] args)
18    {
19        Console.WriteLine("\n  **** Call Out 傳出參數 **** \n");
20        int a, b;
21        Console.WriteLine("\n 1.呼叫敘述  未進入方法前   a 和 b 未設定初值 ");
22        CallOut(out a, out b);
23        Console.WriteLine($"\n 4.呼叫敘述  離開方法回主程式\t: a={a}    b={b}");
24        Console.Read();
25      }
26    }
27  }
```

説明

1. 第 22 行：呼叫第 5 行，由於本例的實引數和虛引數對應的引數前面若有加上 out，表示該引數為傳出參數。

2. 若變數設為傳出參數，該實引數不必給予初值即可使用。如第 20 行 a、b 設為傳出參數並未設定初值，即可透過第 22 行呼叫第 5 行 CallOut()方法。

4.7 如何在方法間傳遞陣列

　　欲將整個陣列的實引數，傳給被呼叫方法的虛引數，就必須使用參考呼叫。因此，在「使用者自定方法」中的虛引數必須在資料型別之前加上 ref ，以及在該資料型別之後加上 [ ] 中括號和陣列名稱即可，但中括號內不要設定陣列大小；至於在呼叫敘述的實引數內，只要在陣列名稱前面加上 ref 即可，陣列名稱後面不必接 [ ] 中括號。由於陣列名稱即代表陣列的起始位址，因此，實引數及虛引數內陣列名稱前面的 ref 可同時省略並不會發生錯誤。但是實引數或虛引數若只有一方有寫 ref，則程式編譯時會發生錯誤。

📥 **範例**：ConsoleGetMax.sln

定義一個 GetMax()方法，該方法傳回陣列中的最大值。當主程式呼叫 GetMax()
方法時，將整個陣列以參考呼叫(Call By Reference)方式傳遞給此方法，結果會
傳回陣列中的最大值並顯示出來。

執行結果

程式碼　FileName：Program.cs

```
01  namespace ConsoleGetMax
02  {
03      class Program
04      {
05          static int GetMax(ref int[] ary) //以陣列當引數傳遞為參考呼叫
06          {
07              int i, max;
08              max = ary[0];                    // 先假設陣列第一個元素為最大值
09              // 使用 迴圈逐一尋找陣列元素中的最大值
10              for (i = 1; i <= ary.GetUpperBound(0); i++)
11              {
12                  if (max < ary[i])
13                      max = ary[i];
14              }
15              return max;   // 傳回陣列元素中的最大值
16          }
17
18          static void Main(string[] args)
19          {
20              int[] tAry = new int[] { 12, 15, 38, 21, 25 };
21              Console.WriteLine(" === 陣列元素如下 === \n");
22              int i;
23              for (i = 0; i <= tAry.GetUpperBound(0); i++)
24              {
25                  Console.Write($"  {tAry[i]}, ");
```

26	}
27	Console.WriteLine("\n");
28	Console.WriteLine($"\n　陣列最大值：{GetMax(ref tAry)}");
29	Console.Read();
30	}
31	}
32	}

說明

1. 由於陣列傳遞屬於參考呼叫，在第 5 行 GetMax()方法中的虛引數，必須在資料型別之前加上 ref，以及在該資料型別之後加上[ ]中括號和陣列名稱即可，但中括號內不要設定陣列大小；至於在呼叫敘述的實引數內，只要在第 28 行陣列名稱前面加上 ref 即可，陣列名稱後面不必接 [ ] 中括號。

2. 實引數的陣列宣告與虛引數的陣列宣告要一致才行。

3. 由於陣列名稱即代表此陣列的起始位址，因此，可同時省略實引數及虛引數內陣列名稱前面的 ref。但是實引數或虛引數只有一方寫 ref，則程式執行時會發生錯誤。

4.8　方法多載

　　方法多載(OverLoading)是允許在類別中，建立多個相同名稱的方法，方法多載的做法是以虛引數的引數個數或引數資料型別的不同來區別相同名稱的方法。如此可讓使用者減少方法命名的困擾。譬如下面 sum() 有四個方法多載：

1. 當 x 和 y 兩個引數都是整數時呼叫此方法：

```
static int sum(int x, int y )
{
    return (x + y);
}
```

2. 當 x、y 和 z 三個引數都是整數時呼叫此方法：

```
static int sum(int x, int y, int z )
{
    return (x + y + z);
}
```

3. 當 x 和 y 兩個引數都是字串時呼叫此方法：

```
static string sum(string x, string y)
{
    return (x + y);
}
```

4. 當 x、y 和 z 三個引數都是字串時呼叫此方法：

```
static string sum(string x, string y, string z)
{
    return (x + y + z);
}
```

程式執行時：

1. 當執行 sum(2, 3) 時，呼叫上面第 1 個方法。

2. 當執行 sum(2, 3, 4) 時，呼叫上面第 2 個方法。

3. 當執行 sum("a", "b") 時，呼叫上面第 3 個方法。

4. 當執行 sum("a", "b", "c") 時，呼叫上面第 4 個方法。

💿 **範例**：ConsoleOverLoads.sln

將上面簡例說明，以 sum() 方法的多載撰寫出完整程式碼。

執行結果

```
C:\cs2019\ch04\ConsoleOverLoads\bin\Debug\ConsoleOverLoads.exe        —    □    ×

sum(10,20) = 30

sum(10,20,30) = 60

sum("Good ", "Day.") = Good Day.

sum("Good ","Luck ","To You!") = Good Luck To You!
```

程式碼 FileName : Program.cs

```
01 namespace ConsoleOverloads
02 {
03     class Program
04     {
05         static int sum(int x, int y)              // 傳回兩數相加
06         {
```

```
07              return (x + y);
08          }
09      static int sum(int x, int y, int z)       // 傳回三數相加
10      {
11              return (x + y + z);
12      }
13      static string sum(string x, string y)   // 傳回兩個字串合併結果
14      {
15              return (x + y);
16      }
17      // 傳回三個字串合併結果
18      static string sum(string x, string y, string z)
19      {
20              return (x + y + z);
21      }
22      static void Main(string[] args)
23      {
24          Console.WriteLine($"\n sum(10,20) = {sum(10, 20)}");
25          Console.WriteLine($"\n sum(10,20,30) = {sum(10, 20, 30)}");
26          Console.WriteLine
                ($"\n sum(\"Good \", \"Day.\") = {sum("Good ", "Day.")}");
27          string str1, str2, str3;
28          str1 = "Good ";   str2 ="Luck ";   str3 = "To You!";
29          Console.WriteLine
     ($"\n sum(\"{str1}\",\"{str2}\",\"{str3}\") = {sum(str1, str2, str3)}");
30          Console.Read();
31      }
32  }
33 }
```

説明

1. 第 24 行：呼叫 5~8 行執行二個數相加。

2. 第 25 行：呼叫 9~12 行執行三個數相加。

3. 第 26 行：呼叫 13~16 行執行二個字串合併。

4. 第 29 行：呼叫 18~21 行執行三個字串合併。

4.9　區塊變數、區域變數、靜態變數與類別欄位

4.9.1 區塊變數

　　區塊變數(block level variables)是指程式中前後以大括號括住的多行敘述區塊，在此區塊內所宣告的變數，例如 for、switch 敘述區塊內所宣告的變數。在某個區塊中所宣告的變數，只能在這個區塊中使用，區塊以外的程式碼，即使在同一個方法中都無法存取，例如：

```
namespace ConsoleApplication1
{
    0 個參考
    class Program
    {
        0 個參考
        static void Main(string[] args)
        {
            for (int i = 1; i <= 6; i++) // 區塊變數i
            {
                Console.WriteLine(i);
            }
            // 由於i為for內的區塊變數，因此i變數無法在for外使用
            Console.WriteLine(i);
        }

    }
}
```

　　上述這個程式在編譯時，工作清單視窗會出現「名稱 'i' 不存在於目前內容中」的錯誤訊息，如下圖。這是因為變數 i 是在 for 迴圈中宣告的，因此在 for 迴圈範圍外的程式碼無法使用變數 i，所以最後一列 Console.WriteLine(i); 會發生錯誤，因為編譯器不認識 i 這個變數。

4.9.2 區域變數

　　在 C# 中，區域變數(local variables)是在方法(函式)內宣告的變數，或是方法的引數，區域變數一離開方法，其生命週期即馬上結束。例如以下 MyMethod()方法中的 name、k 及 str 即是區域變數。

```
class Class1
{
    private void MyMethod(string str)
    {
        string name = "Jack" ;              // 區域變數 name
        name += str ;                       // 區域變數 str
        int k ;                             // 區域變數 k
        for(int i=1 ; i<=6 ; i++)           // 區塊變數 i
        {
            Console.WriteLine(i) ;
        }
        // Console.WriteLine(i) ; i為區塊變數, 故此處 i 無法使用
    }
}
```

區塊變數一般也可以稱為區域變數。

4.9.3 靜態變數

若在「類別」內所宣告的變數(即屬性)前面若加上 static，則此變數在類別內變成「靜態變數」(或稱靜態欄位)。宣告靜態變數必須在方法外面宣告，不可在裡面宣告，靜態變數離開方法後，其變數值並不會釋放掉，下次再呼叫此方法時，所保留的變數值仍可繼續使用，也就是該變數的「生命週期」是到程式停止執行為止。

當程式執行時，static 變數就會被放在全域變數區，此時不需要建立物件實體就能直接存取這個變數，而且允許多個物件共用一份靜態變數。以下範例將介紹如何存取本身類別內以及不同類別的靜態變數。

● **範例**：ConsoleStaticVar.sln

練習使用靜態變數。本範例說明如下：

① 用 static 修飾詞所宣告的類別成員，不必建立物件實體即可使用。

② 本例第 11,12 行的 Program 類別內建立 age 及 name 靜態變數，且宣告為 private，因此只有 Program 類別內的程式才可以參用 age 及 name 變數，且在 Program 類別中使用 age 及 name 變數不用撰寫完整名稱，如第 15 行程式使用 name 及 age 變數。

③ 本例第 5 行的 Class1 類別建立 private 的 age 靜態變數，因此只有 Class1 類別內可以使用 age 變數；第 6 行使用 static 建立 name 靜態變數，且宣告為

public，因此 name 靜態變數的存取範圍沒有限制，若在不同類別要使用 Class1 類別的 name 靜態變數，必須撰寫完整名稱才可參用，如第 16 行敘述 Class1.name 即是在 Program 類別中使用 Class1 類別的 name 靜態變數。

程式碼　FileName : Program.cs

```
01 namespace ConsoleStaticVar
02 {
03     class Class1
04     {
05         private static int age = 29;
06         public static string name = "陳春嬌";
07     }
08
09     class Program
10     {
11         private static int age = 25;
12         private static string name = "王志明";
13         static void Main(string[] args)
14         {
15             Console.WriteLine
                    ($"\nProgram 類別靜態變數的資訊-->{name}的年齡為{age}歲\n");
16             Console.WriteLine
                    ($"\n Class1 類別靜態變數的資訊-->{Class1.name}的年齡無法取得");
17             Console.Read();
18         }
19     }
20 }
```

執行結果

定義為 static 靜態變數，在宣告變數之後若沒有指定變數的初值，C# 會依照變數的資料型別，直接設定其預設值，下表為各種資料型別的預設值。

資料型別	預設值
sbyte,byte,short,ushort,int,uint,long,ulong	0
char	'\x0000'
float	0.0f
double	0.0d
decimal	0.0m

4.9.4 類別欄位(非靜態成員)

　　物件屬性(或稱欄位)和靜態變數(加上 static 修飾詞或稱為靜態成員)一樣,不同的是因為物件屬性是放在 Heap 區,靜態變數是放在全域變數區,因此物件屬性必須建立該物件實體(執行個體)才能使用。當物件生命週期結束之後,非靜態的物件屬性生命週期就會跟著結束。關於靜態屬性與物件屬性的比較可參考第六章。

```
class MyClass {
    public static int vNo ;        // 靜態變數,或稱靜態成員
    public string vName ;          // 物件屬性,也可稱為物件欄位
    ..............................
}
```

視窗應用程式

5.1　Windows Forms App 視窗應用程式專案

　　Windows Forms 是以 .NET Framework 為基礎的一個平台，主要用來開發視窗應用程式(Windows Application)。由於它提供一個具有物件導向且可延伸的類別程式庫，使我們能夠迅速地開發出各種視窗應用程式，而且它還可作為多層分散式方案(Multi-Tier Distribution Solution)中本機(Local Host)使用者的介面。當新增一個表單到 Windows Forms App 視窗應用程式專案時，該表單便直接繼承 System.Windows.Forms.Form 類別，當然也可以由先前已經設計好的表單來進行繼承，接著再新增或修改自己需要的功能。

　　前面章節介紹在主控台應用程式中學習 C#程式，雖然也可以在主控台應用程式下使用一行行的 C#程式敘述來設計 Windows Form 表單的輸出入介面，但這對於初學者較不易學習。對於一個程式初學者，若能在「Windows Forms App」視窗應用程式專案模式下，進入 Visual Studio 的整合開發環境(IDE)下，在程式編輯階段，利用工具箱所提供的工具，在表單上拉出需要的控制項物件，不用寫程式便很輕易地在表單上面製作出含有標籤、按鈕、文字方塊…等控制項物件的輸出入介面，程式設計者只要專注編寫程式流程的核心，不但節省設計輸出入介面的時間而且很容易維護，符合所看即所得(What you see is what you get)的精神。至於在傳統的「主控台應用程式」下撰寫程式，在程式編輯階段得費時撰寫輸出入介面的程式碼，執行階段才能看到輸出入介面的結果是否正確？若輸出入格式不符合需求，又得再回編輯階段修改一直到符合需求為止。

表單是使用者和電腦溝通的輸出入介面。表單大都以矩形的方式呈現，譬如標準的視窗、對話方塊、多重文件視窗等都是表單的一種。輸出入介面的建立是將表單當做一個容器 (Container)，透過工具箱所提供的工具在表單上面建立需要的控制項(Control)或稱物件(Object)。因應程式的需求當然允許兩個以上表單同時出現，除了可以輪流顯示外，也可以相互重疊。本章以 Form(表單)、Label(標籤)、TextBox(文字方塊)和 Button(按鈕)控制項物件建立簡單的輸出入介面為例，透過這些物件來熟悉控制項物件的屬性、事件、方法的設定以及如何撰寫相關程式碼。其他更多控制項物件的屬性、方法及更進階的設定，將於本書第 10-13 章陸續說明。

5.2 物件導向程式設計觀念

物件導向程式設計就是將真實世界的狀態，以接近電腦世界的方式表現出來。每一個物件都擁有自己的屬性、方法和事件。

一. 物件(Object)

真實世界任何具體或抽象的東西都可視為一個物件。譬如：一本書、一條狗、一部車子都可視為一個物件。而小物件還可以再組成一個大物件，例如：車子是一個大物件，它是由四個輪子、四個車門、方向盤…等其他小物件所組成的。若以電腦世界來說一個按鈕、文字方塊、功能表的選項、視窗…等都可視為一個物件，如右圖的小算盤程式可視為一個大物件，它是由數個按鈕、一個文字方塊、功能表及數個功能表項目的小物件所組成的。

二. 屬性(Property)

屬性是用來表示一個物件所擁有的外觀、狀態或特質。例如：小明(物件)的身高(屬性)是 170 公分(屬性值)，小華的衣服(物件)顏色(屬性)是紅色(屬性值)。改以上圖小算盤來說 M+ 按鈕是物件，按鈕上面文字的顏色(ForeColor 屬性)是紅色(屬性值)，按鈕上的文字(Text 屬性)是 M+(屬性值)。

三. 方法(Method)

方法用來表示一個物件所表現的行為(動作)，例如：人(物件)會跑步(方法)，鳥(物件)會飛(方法)。物件與物件之間可以透過方法來達到互動，例如：車子(物件)撞到(方法)小明(物件)。下面以 C# 程式設計來表示物件、屬性及方法。

```
TextBox txt = new TextBox();      // 建立 TextBox 類別的 txt 文字方塊物件
txt.Text = "王小明";              // 使用 Text 屬性在 txt 文字方塊物件上顯示 "王小明"
txt.Clear();                      // 使用 Clear()方法將 txt 文字方塊物件上的文字清除
```

四. 事件(Event)

當在某個物件上接收訊息而產生一種反應，此種反應即稱為事件。例如：在按鈕上按下滑鼠鍵，按鈕接收到按下的訊息而發生按下的 Click 事件，接著即會執行該按鈕的 Click 事件處理函式，因此可以將處理按鈕被按下的相關程式碼撰寫在按鈕的 Click 事件處理函式內。

為熟悉如何在整合開發環境下，設計一個 Windows Forms App 視窗應用程式。現階段以一個簡例由設計輸出入介面開始、學習如何設定物件相關的屬性、靈活使用物件所提供的方法、如何編寫事件處理函式以及程式如何執行做概括地介紹。

5.3　第一個 Windows Forms App 視窗應用程式

一般在整合開發環境下，撰寫視窗應用程式(Windows Forms App 視窗應用程式專案)時，可依序採用下列四個步驟循序來撰寫：

1. 設計表單輸出入介面
   由問題中得知欲輸入哪些資料、欲產生哪些結果以及執行中應出現哪些提示訊息，確定出應使用工具箱中的哪些工具，再將需要的工具放入表單中，建立使用者輸出入介面(User Interface)出來。

2. 設定各控制項(物件)的屬性
   針對表單上各控制項的屬性值加以設定。

3. 撰寫程式碼

　　編輯表單上哪些控制項需使用到的事件處理函式的程式碼。

4. 測試與除錯

　　檢查每個流程，觀看結果是否符合預期？若不符合，必須進行除錯工作，由
　　於執行時編譯階段未發生錯誤，所以錯誤可能發生在程式邏輯方面？

📥 **範例**：WinFormsFirst.sln

按照上面四個步驟設計一個 Hello 的視窗應用程式。表單上的輸出入介面是使
用整合開發環境中工具箱內的標籤(Label)工具、文字方塊(TextBox)工具和按鈕
(Button)工具來設計的。

執行結果

1. 當在文字方塊內鍵入姓名 "王書豪" 後，按 確定 鈕，會在另一個標籤控制
　　項上顯示 "Hello, 王書豪" 訊息。

2. 按 結束 鈕後，會關閉表單結束 Hello 應用程式回到整合開發環境。

操作步驟

　　請按照下列步驟，實作一個 Hello 的 Windows Forms App 視窗應用程式：

一. 設計表單輸出入介面

Step 01　執行桌面正下方工作列的【 ■ / Visual Studio 2019 】指令出現下圖畫面，請
　　　　按下「不使用程式碼繼續(W)→」連結即會進入到 Visua Stduio 2019 整合
　　　　開發環境。

在整合開發環境下執行功能表的【檔案(F)/新增(N)/專案(P)...】指令開啟「建立新專案」視窗,請依下圖步驟建立 C#的「Windows Forms App(.NET Framework)」專案,並將專案名稱命名為「WinFormsFirst」專案儲存在「C:\cs2019\ch05」資料夾下。

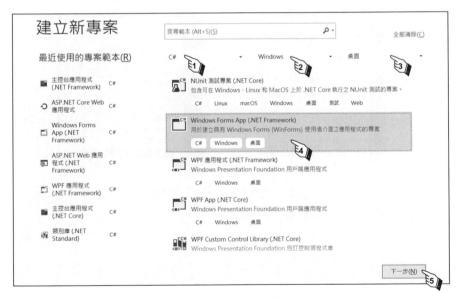

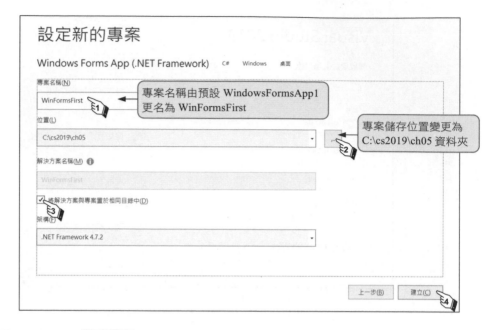

Step 03 在上圖按 ▢ 確定 鈕進入左下圖 Windows Forms App 視窗應用程式專案的整合開發環境。先點選「工具箱」接著點選 ▢ 工具箱未固定鈕使其變成 ▢ 固定鈕,將工具箱釘住不再彈回左邊界。

　　接在右上圖點選 ▷所有 Windows Form ,會如下圖將工具箱所有工具依工具名稱字母順序固定顯示在整合開發視窗的左邊界。

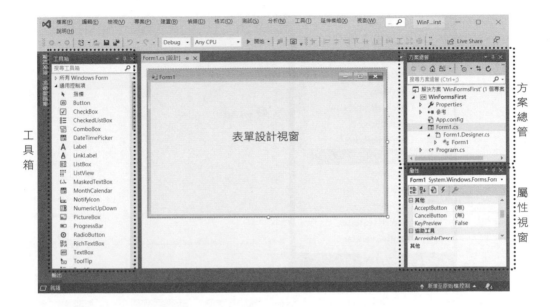

上圖中左右分三個窗格，其中最左邊的窗格為「工具箱」；中間窗格為「表單設計」視窗；最右邊的窗格為「方案總管」和「屬性」視窗。若沒有出現上述三個窗格，可依照下面步驟來開啟：

1. 開啟工具箱窗格：
   執行功能表的【檢視(V)/工具箱(S)】指令開啟工具箱。

2. 開啟方案總管或屬性窗格：
   執行功能表的【檢視(V)/方案總管(P)】指令開啟「方案總管」視窗該視窗會顯示目前專案下所有檔案資訊。或執行功能表的【檢視(V)/屬性視窗(W)】指令開啟「屬性」視窗，顯示該工具的相關屬性。

3. 開啟表單設計窗格：
   在方案總管窗格的「Form1.cs」(預設表單檔為 Form1.cs)快按滑鼠左鍵兩下，即可以開啟表單設計窗格。

Step 04　先選取工具箱的 Label 工具，然後移動滑鼠到表單設計窗格(簡稱表單)適當位置，壓滑鼠左鍵拖曳建立一個物件名稱為 label1 的標籤控制項。

Step 05 重複上一步驟，使用工具箱的 A Label 、 ab Button 以及 abl TextBox 工具，分別在表單上放置兩個 Label 標籤、一個 TextBox 文字方塊以及兩個 Button 按鈕控制項。完成後表單物件內各控制項物件(簡稱控制項)的 Name 屬性的預設值如下圖所示。每個表單和控制項都有一個 Name(物件名稱)屬性，用來在程式中識別各個物件，因此表單和控制項的 Name 屬性不能同名：

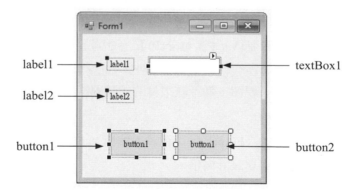

二. 設計各控制項的屬性

Step 01 將表單物件的 Name 屬性維持預設值「Form1」，Text 屬性更名「Hello 程式」，Text 標題屬性用來設定在控制項上所顯示的文字。

1. 執行功能表的【檢視(V)/屬性視窗(W)】指令開啟下圖「屬性」視窗。

2. 先在表單空白處按一下變成作用表單，屬性視窗內移動滑鼠選取 Name 屬性 (表單的物件名稱)，其預設屬性值為 Form1。

3. 拖曳屬性視窗的垂直捲軸，點選 Form1 表單的 Text 屬性，將其屬性值由預設的 "Form1" 更名為 "Hello 程式"，結果如下圖表單上方的標題列顯示 "Hello 程式"。

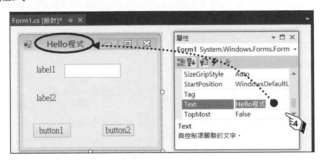

Step 02　比照上一步驟方式將 label1 標籤控制項的 Text 屬性設為 "姓名"。

1. 在 Form1 表單上點選 label1 標籤控制項成為作用控制項，此時 label1 控制項的 Name 屬性為「label1」預設值，由於程式中用不到此控制項維持不修改。

2. 將 label1 控制項的 Text 屬性由預設的 「label1」設為 "姓名"。

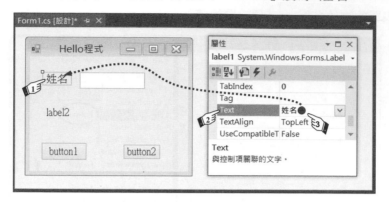

3. 將 label1 控制項的字型大小設為「12」，先選取 label1 控制項，接著在屬性
   視窗選取 Font 屬性的 ⋯ 鈕，開啟「字型」對話方塊，由「大小(S)」清單
   中選取「12」。

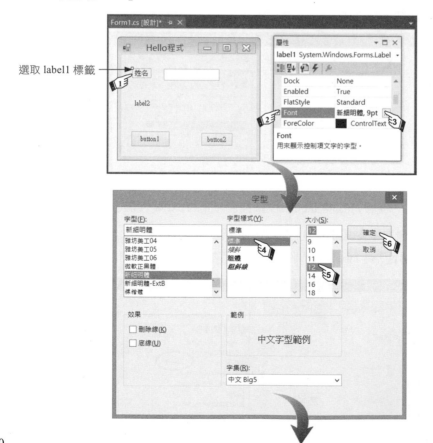

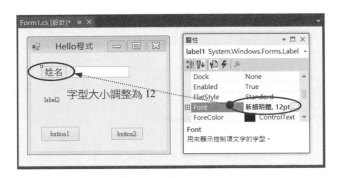

| Step 03 | 重複 Step 2，將表單和所有表單上面控制項的字型都設為「12」，只要直接設定表單的 Font 屬性，便可全部更改。最後再將下列指定控制項的 Name 和 Text 屬性值分別按照下圖指定修改。 |

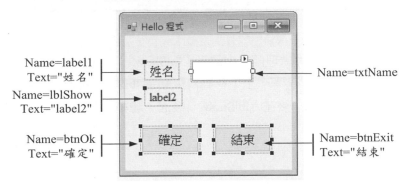

三. 撰寫程式碼

| Step 01 | 程式執行時，表單上的 lblShow 標籤控制項的 Text 屬性會顯示「label2」預設值，若希望程式開始執行馬上將 lblShow 標籤控制項上面顯示的文字清為空白，必須將其程式碼寫在 Form1_Load 事件處理函式(即表單的載入事件)中。由於程式開始執行會先自動執行 Form1_Load 事件，便可將 lblShow 標籤控制項清成空白敘述寫在裡面。進入 Form1_Load 事件編寫程式碼有下列兩種方式： |

方式 1 　在表單或控制項上面快按滑鼠左鍵兩下，自動進入該表單或控制項預設的事件處理函式。

1. 在 Form1 表單空白處快按滑鼠左鍵兩下，馬上進入下圖 Form1 表單的預設的 Form1_Load 事件處理函式：

```
Form1.cs [設計]*        Form1.cs*  ⊕ ×
C# WinFormsFirst            ▾  ⁎ WinFormsFirst.Form1        ▾  ⊕ Form1_Load(object sender, E ▾
    11  ⊟namespace WinFormsFirst
    12   {
    13  ⊟    public partial class Form1 : Form
    14   {
    15  ⊟        public Form1()
    16   {
    17              InitializeComponent();
    18          }
    19
    20  ⊟        private void Form1_Load(object sender, EventArgs e)
    21          {
    22                 ◀━━━━  由此處撰寫相關程式
    23          }
    24      }
    25  }
    26
100 %   ▾  ◀
```

2. 撰寫相關程式碼

   在 Form1_Load 事件處理函式中鍵入「lblShow.」，此時會出現下圖具有智
   慧感知(IntelliSense)清單，上下移動滑鼠點選 lblShow 控制項所提供的 Text
   屬性，會將「Text」接在「lblShow.」後面，繼續由鍵盤鍵入「= "";」。完
   整敘述如下：

   lblShow.Text = "";

```
Form1.cs*  ⊕ ×  Form1.cs [設計]*
⁎ WindowsFormsFirst.Form1                          ▾  ⊕ Form1_Load(object sender, EventArgs e)
  ⊟namespace WindowsFormsFirst
   {
  ⊟    public partial class Form1 : Form
   {
  ⊟        public Form1()
   {
              InitializeComponent();
          }

  ⊟        private void Form1_Load(object sender, EventArgs e)
          {
              lblShow.
          }                     ⚡ SystemColorsChanged      ▲
      }                         🔧 TabIndex
  }                             ⚡ TabIndexChanged
                                🔧 Tag
                                🔧 Text
                                🔧 TextAlign
                                ⚡ TextAlignChanged
                                ⚡ TextChanged           ▓
                                🔧 Top
100 %   ▾  ◀
```

```
Form1.cs*  ↔  ×  Form1.cs [設計]*
WindowsFormsFirst.Form1                        Form1_Load(object sender, EventArgs e)
    namespace WindowsFormsFirst
    {
        public partial class Form1 : Form
        {
            public Form1()
            {
                InitializeComponent();
            }

            private void Form1_Load(object sender, EventArgs e)
            {
                lblShow.Text = "";
            }
        }
    }
100 %
```

3. lblShow.Text = "";

   是將 lblShow 標籤控制項上面的文字清成空白。當 Form1 表單載入時會觸發該表單的 Load 事件，即執行 Form1_Load 事件處理函式中的程式碼，將 lblShow 標籤控制項清成空白。

方式2 透過屬性視窗的事件項目清單，選取要撰寫控制項的事件處理函式。

1. 開啟屬性視窗並按 ▼ 物件清單下拉鈕選取 Form1 表單，接著點選 ⚡ 事件檢視鈕切換到事件清單畫面，拖曳垂直捲軸待出現 Load 事件處快按滑鼠左鍵兩下，進入程式編碼視窗的 Form1_Load 事件處理函式內進行程式碼編寫。

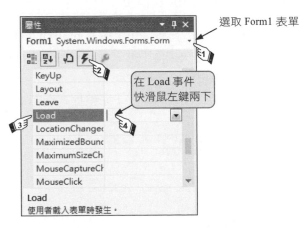

2. 同方式 1 的步驟 2，在 Form1_Load 事件處理函式內撰寫「lblShow.Text = "";」敘述。

Step 02　在 ┌ 確定 ┐ 按鈕編寫 btnOk 的 Click 事件

1. 在 ┌ 確定 ┐ 上快按滑鼠左鍵兩下進入 btnOk_Click 事件處理函式內。在此事件處理函式內撰寫下面敘述。

2. 當然也可使用 Step 1 的方式 2 進入 btnOk_Click 事件處理函式內。

```
Form1.cs [設計]        Form1.cs  ⊕ ×
WindowsFormsFirst.Form1                    btnOK_Click(object sender, EventArgs e)
    private void Form1_Load(object sender, EventArgs e)
    {
        lblShow.Text = "";
    }

    private void btnOK_Click(object sender, EventArgs e)
    {
        lblShow.Text = "Hello, " + txtName.Text;
        lblShow.BackColor = Color.Yellow;
    }
100 %  ◄
```

説明

① lblShow.Text = "Hello, " + txtName.Text ;
將 "Hello" 和 txtName 文字方塊上所輸入的文字合併後再指定給 lblShow.Text 屬性。

② lblShow.BackColor = Color.Yellow;
將 lblShow 的背景色設為黃色。

Step 03　重複 Step 2，在 ┌ 結束 ┐ 鈕上撰寫 btnExit 的 Click 事件處理函式。
在 ┌ 結束 ┐ 鈕上快按兩下進入 btnExit_Click 事件處理函式，插入
Application.Exit();
敘述，用來結束程式的執行。完整程式碼如下：

程式碼 FileName:Form1.cs

```
01  namespace WindowsFormsFirst
02  {
03      public partial class Form1 : Form
04      {
05          public Form1()
06          {
07              InitializeComponent();
08          }
```

09	// 表單載入時執行
10	private void Form1_Load(object sender, EventArgs e)
11	{
12	lblShow.Text = "";
13	}
14	// 按 <確定> 鈕執行此事件
15	private void btnOk_Click(object sender, EventArgs e)
16	{
17	lblShow.Text = "Hello, " + txtName.Text;
18	lblShow.BackColor = Color.Yellow;
19	}
20	// 按 <結束> 鈕執行此事件
21	private void btnExit_Click(object sender, EventArgs e)
22	{
23	Application.Exit();　// 結束程式
24	}
25	}
26	}

四. 測試與除錯

Step 01　程式撰寫完畢後，可執行功能表的【偵錯(D)/開始偵錯(S)】編譯並執行程式，測試執行結果是否符合預期。

Step 02　程式測試完畢後，可執行功能表的【偵錯(D)/停止偵錯(E)】或按表單的 結束 按鈕回到整合開發環境。

5.4　表單檔的組成

一. 認識表單檔的組成

　　上一節簡單介紹視窗應用程式的開發後，接著介紹視窗應用程式中表單檔的組成。以 Form1 表單物件為例，它是由 Form1.cs 及 Form1.Designer.cs 所組成，Form1.cs 所存放的是表單會使用的事件處理函式，而 Form1.Designer.cs 是用來存放表單輸出入介面的相關程式碼。如下圖，在方案總管視窗可以看到 Form1 表單物件的 Form1.cs 及 Form1.Disigner.cs 兩個檔案。

可開啟如下圖所示 WindowsFormsFirst.sln 專案中的 Form1.Designer.cs 檔,結果發現該檔中會有很多與輸出入介面的相關程式碼。例如:上一節透過工具箱及屬性視窗所建立的 label1 標籤、lblShow 標籤、txtName 文字方塊、btnOk 按鈕、btnExit 按鈕控制項以及委派控制項事件所要執行的事件處理函式…等相關程式碼皆撰寫於此處,此時便可了解工具箱及屬性視窗所設計的輸出入介面的相關程式碼都置於 Form1.Designer.cs 檔中。

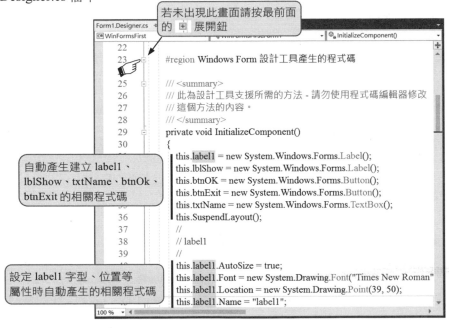

由上可知，在整合開發環境建立視窗應用程式的輸出入介面，可由工具箱拖曳工具到表單上，透過屬性視窗修改相關屬性，不用編寫任何程式碼，便可自動產生相關程式碼置入 Form1.Designer.cs 檔中。若能瞭解物件導向程式設計的觀念和技術，就可以不必透過工具箱，自己編寫上面的程式碼，也可以同樣在表單上建立如標籤、文字方塊或按鈕等控制項物件。本書第六、七章會介紹如何設計物件導向程式，同時在第七章會介紹如何在主控台模式及類別繼承的方式下，建立一個簡單的視窗應用程式。建議初學者學習視窗應用程式設計時，建議善加利用整合開發環境的工具箱來設計表單的輸出入介面才是最佳的選擇。

二. 如何刪除事件處理函式

　　由於 Form1.Designer.cs 檔存放的是建立控制項、設定控制項屬性以及委派控制項事件觸發時所要執行的事件處理函式…等相關程式碼，因此若要刪除 Form1.cs 檔內的事件處理函式，其步驟就是先刪除 Form1.Desiger.cs 委派控制項事件的相關敘述，接著再刪除 Form1.cs 所對應的事件處理函式就可以了。

　　譬如，欲刪除上面範例 結束 按鈕的 Click 事件所執行的 btnExit_Click 事件處理函式，其操作步驟如下：

Step 01　先選取 結束 按鈕，點選 ⚡ 事件檢視鈕切換到事件清單畫面，拖曳垂直軸在 Click 事件上壓滑鼠右鍵，由出現快顯清單中選取 重設(R) 功能將 btnExit_Click 事件移除，此時 btnExitt_Click 被清除變成空白。

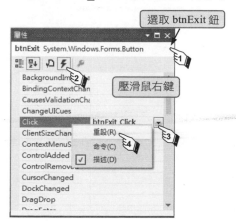
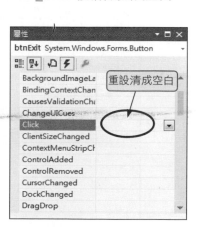

| Step 02 | 切換到 Form1.cs 檢視所有事件程式碼視窗,將 btnExit_Click 事件處理函式所有程式碼刪掉就可以了。

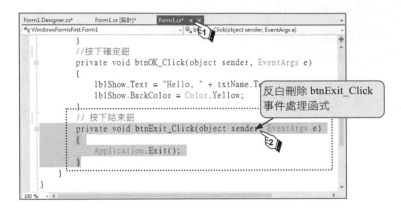

【注意】若跳過 Step 1 直接刪除 Step 2 的 btnExit_Click 事件處理函式,當切換到 `Form1.cs [設計]* ⊕ ×` 表單設計標籤頁時會出現下圖錯誤清單。此時只要趕快切回 `Form1.cs ⊕ ×` 程式設計標籤頁,按 ↺ 復原鈕還原即可。因此正確的做法一定要先透過屬性視窗移除該控制項被觸發事件時所要執行的事件處理函式,會自動移除 Form1.Designer.cs 檔案內所自動產生的相關程式碼,接著再移除 Form1.cs 檔內對應事件處理函式的相關程式碼,操作時要特別注意。

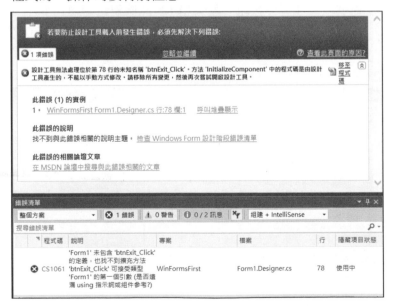

5.5 認識整合開發環境

5.5.1 整合開發環境介紹

一. 標題欄

配置工具列   標準工具列   功能表列

1. 標題列上「WinFormsFirst - Microsoft Visual Studio」，其中 WinFormsFirst 為目前編輯的專案名稱。

2. 在標題欄左側 Microsoft Visual Studio 視窗圖示，它的主要功用是當滑鼠不能正常操作時，可以按 <Alt> + <空白鍵> 拉出功能表，再透過鍵盤上下鍵來選取命令。譬如：調整視窗或離開 Visual Studio 時使用。

二. 工具列

在整合開發環境標題欄正下方的功能表提供完整的操作指令外，緊接在功能表正下方的「工具列」是將功能表中常用的指令以圖示來表示，只要在該圖示上按一下，就如同在功能表中選取該指令，如此可以快速選取常用功能省掉兩次按鍵的時間。Visual Studio 整合開發環境提供的多組工具列，這些工具列皆可透過功能表的【檢視(V)/工具列(T)】指令來開啟或關閉需要的工具列。若不知道工具列上某個工具的名稱，只要移動滑鼠到該工具圖示鈕上停一會兒，會出現該圖示鈕的提示名稱。

三. 標準工具列

有些工具列最左邊界會出現一個垂直的裁接記號，移動滑鼠到該處出現 游標，壓滑鼠左鍵不放上下拖曳會和有裁接記號的工具列互換位置，也可拖曳到有裁接記號的工具列上兩者會合併成一列。若找不到標準工具列，可執行功能表的【檢視(V)/工具列(T)/標準】指令，便可開啟下圖的標準工具列：

功能說明

圖示	對應於功能表指令	功能
	[檔案(F)/新增(N)/專案(P)...]	建立一個新的方案或專案
	[檔案(F)/開啟(O)/專案/方案(P)...]	開啟一個舊專案
	[檔案(F)/儲存 Form1.cs(S)]	儲存目前設計中的專案
	[檔案(F)/全部儲存(L)]	儲存目前方案中的所有檔案
	[編輯(E)/復原(U)]	取消上一次的編輯動作
	[編輯(E)/取消復原(R)]	將上一次的復原指令取消
	[檢視(V)/向後巡覽(B)]	回到之前所編輯文件的位置
	[檢視(V)/向前巡覽(F)]	回到執行向後巡覽功能之前所編輯文件的位置
▶ 開始	[偵錯(D)/開始偵錯(S)]	執行程式

四. 工具箱

工具箱預設位於整合開發環境的左邊界，主要是用來存放在視窗應用程式下用來建立輸出入介面的工具類別。工具箱的操作有下列兩種方式：

1. 彈跳式

   Visual Studio 安裝完畢第一次進入整合開發環境時會以直立 工具箱圖示三個字出現，當在該圖示上按一下，馬上出現工具箱清單供開發人員選取工具，只要在該工具圖示上快按一下選取該工具，接著放開並移動滑鼠到表單上指定位置，壓滑鼠左鍵拖曳滑鼠拉出該工具的大小，放開滑鼠工具箱自動彈回，此時將由工具箱所選取工具在表單拉出的物件稱為控制項物件簡稱控制項 (Control)。當然也可以在工具上快按兩下，自動在表單目前作用控制項上面再產生該工具的控制項。所謂作用控制項是指當移動滑鼠在表單的控制項按一下，該控制項就變成作用控制項；若在表單沒有控制項的地方按一下，此表單就變成作用表單。只當表單上的控制項不多時，可採此方式來選取工具。

2. 固定式

   若表單上的控制項很多時，為方便能隨時選取工具箱的工具，此時可在 工具箱 的 大頭針展開圖示上按一下變成 固定圖示，此時工具箱便固定住不彈回去，可方便在表單上做增刪控制項的編輯工作。當完成輸出入介面控制項的設定後，便可按 **4** 圖示自動隱藏工具箱。

工具箱可讓開發人員不用寫任何程式碼，在程式未執行前便可輕易設計出各種輸出入介面，Windows Forms App 視窗應用程式常用的工具依功能分成下面十五種：

功能	控制項名稱	功能說明
文字 編輯	TextBox	用來在程式設計階段和執行階段輸入資料。
	RichTextBox	文字格式可設為 Text 或 RTF 格式。
文字 顯示	Label	只能顯示資料無法修改資料。
	LinkLabel	除顯示資料並可用來當做超連結。
	StatusStrip	用來顯示目前應用程式執行情形。
從清單 中選取	CheckListBox	用來製作含有核取方塊可捲動的項目清單。
	ComboBox	用來製作下拉式項目清單。
	DomainUpDown	製作可顯示文字項目的清單，可按上下鈕來捲動。
	ListBox	製作可顯示文字項目的清單。
	ListView	利用四種不同檢視來顯示項目。包括只有文字、小圖示和大圖示的文字，及報告檢視。
	NumericUpDown	用來製作可顯示數字的清單，可按上下鈕來捲動。
	TreeView	製作樹狀顯示節點物件的階層式集合 可由文字和選擇性核取方塊或圖示組成。
圖形 顯示	PictureBox	用來在框架內顯示點陣圖或圖示檔。
圖形 儲存	ImageList	用來製作影像儲存清單，可在不同的應用程式中重複使用。
設定值	CheckBox	用來製作可複選的核取方塊。
	CheckListBox	用來製作可捲動的項目清單，每個項目旁都有核取方塊。
	RadioButton	用來製作只能單選的選項鈕。
	TrackBar	藉由在刻度上前後移動「指針」以允許使用者設定刻度值。
	ProgressBar	以視覺化方式由左到右填滿的形式來顯示作業時間的進度。
日期 設定	DateTimePicker	用來製作下拉式圖形月曆供使用者選取日期範圍。
	MonthCalendar	用來製作圖形月曆供使用者選取日期範圍。

功能	控制項名稱	功能說明
對話方塊	ColorDialog	用來製作色彩對話方塊以供使用者設定介面項目的色彩。
	FontDialog	顯示對話方塊來讓使用者設定字型樣式。
	OpenDialog	用來製作可讓使用者開啟檔案、瀏覽檔案和選取檔案的對話方塊。
	PrintDialog	用來製作可讓使用者選取印表機並設定印表機相關屬性的對話方塊。
	SaveDialog	用來製作可讓使用者儲存檔案的對話方塊。
對話方塊	PrintPreviewDialog	用來製作當列印時 PrintDocument 物件出現方式的對話方塊。
	PrintPreviewControl	預覽列印控制項。
	PrintSetupDialog	列印設定對話方塊控制項。
功能表	MenuStrip	提供在設計階段建立功能表的介面。
	ContextMenuStrip	用來製作快顯功能表,也就是說當在某個控制項上按一下滑鼠右鍵時出現的功能表。
命令	Button	用來製作按鈕。如:控制啟動、停止或中斷處理。
	LinkLabel	用來將選取的文字設成 Web 模式文字超連結,當滑鼠移到該文字上出現手指狀,按一下會觸動事件。這裡的文字通常是連結到另一個視窗或網站。
	NotifyIcon	用來在工作列的狀態告知區內,利用圖示來顯示目前在幕後執行的應用程式。
	ToolStrip	用來製作自訂工具列,包含按鈕控制項的集合。
群組	Panel	用來將多個控制項群組起來放在未標記且可捲動的框架上。
	GroupBox	用來將多個控制項群組起來放在已標記且不可捲動的框架上。
	TabControl	提供索引標籤頁面來有效地組織和存取群組物件。
資料庫	DataGridView	類似 Excel 的工作表,可用來顯示資料表的資料。
系統	Timer	用來製作計時器。
捲軸	HScrolBar	提供水平捲軸。
	VScrollBar	提供垂直捲軸。
分隔	Splitter	用來分割視窗。

功能	控制項名稱	功能說明
其他	HelpProvider	用來在控制項旁顯示提示說明。
	ToolTip	用來製作某個控制項的提示訊息。
	ErrorProvider	用來在控制項旁顯示錯誤訊息。

5.5.2 方案總管

當在整合開發環境下編寫 C# 程式會產生一個方案(Solution)，方案是一個容器，方案內可存放多個專案，而方案中的每個專案也是一個容器通常含有多個檔案、項目、圖檔或資料庫。至於包含在專案內的元件成員會依據建立它們所使用的開發語言而有所不同。這些成員包括：參考、資料連接、資料夾和檔案等。譬如下圖「方案」一建立馬上會產生指定的專案以及該專案相關的項目。為方便管理「方案」內的專案，Visual Studio 提供「方案總管」來管理各種和程式相關的檔案。「方案總管」除了提供專案及其檔案的組織條列式檢視外，也能直接存取其中的命令，也可用來維護方案或專案外的檔案。至於開啟「方案總管」視窗可執行功能表的【檢視(V) / 方案總管(P)】指令，出現下圖方案總管視窗：

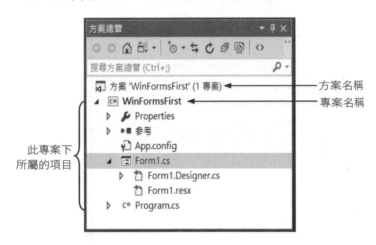

在上圖方案總管標題欄正下方有工具列命令圖示按鈕，此工具列命令圖示按鈕的圖示會隨著所選取項目而改變。

圖示	圖示按鈕說明
顯示所有檔案	顯示該方案下所有的檔案，包含已經排除的項目和平常隱藏的項目。專案會先決定要隱藏的專案項目。
重新整理	若與多位開發人員合作，並且希望重新整理其他人員作業檔案的本機版本，可選取本按鈕以取得目前在本機應用程式中之唯讀檔案的最新版本。
檢視程式碼	切換到程式碼編輯視窗進行程式設計。
全部摺疊	將所有檔案摺疊。按 ▷ 展開鈕可將檔案展開。

5.5.3 屬性視窗

在程式設計階段可透過屬性視窗來查詢和修改位於表單上各控制項的屬性值。當然也可以使用「屬性」視窗以進行編輯和檢視檔案、專案和方案的屬性。當執行功能表的【檢視(V)/屬性視窗(W)】便可開啟「屬性」視窗。表單以及表單上面的控制項都有其自己的屬性，有些屬性彼此都具有、有些是本身所特有。在「編輯程式階段」可透過屬性視窗依需要來更改屬性的預設值。在程式執行階段，也可透過程式碼來修改屬性值。下圖為屬性視窗的說明：

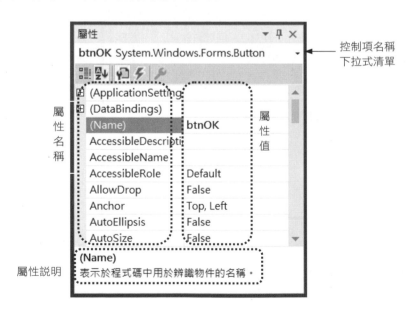

項目	功能說明
控制項名稱下拉式清單	列出目前表單以及所屬控制項名稱與類別名稱。
分類	將該控制項所有屬性加以分類顯示。在分類名稱前面有 ▷ 圖示表示將摺疊展開；◢ 圖示表已展開。
字母順序	按照屬性名稱的字母順序排序。
屬性	切換到屬性設定的窗格。
事件	切換到事件處理函式設定的窗格。

5.5.4 程式碼編輯視窗

「程式碼」編輯視窗是用來顯示及編修程式碼的地方，下面介紹程式碼編輯視窗的操作環境：

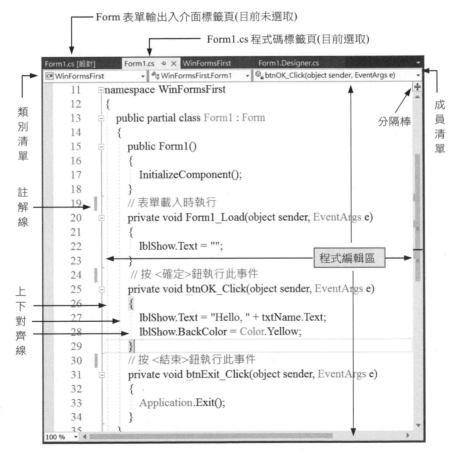

【畫面說明】

項目	功能說明
程式編輯區	用來編輯和存放程式碼的地方。
類別清單	用來選取目前表單類別,或目前檔案內的其他類別。
成員清單	用來選取目前程式碼中類別的成員,在此可用來選取類別內的事件處理函式、屬性或方法。
分隔棒	用來將程式碼視窗分成上下兩部份,以方便同時觀看和編輯兩個不同地方的程式碼。

開啟「程式碼視窗」的方式有下列四種方式:

方式1　執行功能表的【檢視(V)/程式碼(C)】指令或按 F7 功能鍵。

方式2　按「方案總管」視窗的 <> 檢視程式碼圖示鈕。

方式3　在表單的某個控制項上按滑鼠右鍵,由快顯功能表選取「檢視程式碼(C)」指令。

方式4　在表單的某個控制項上快按兩下,即進入可打開該控制項的「程式碼」編輯視窗,編輯該事件處理函式內的程式碼。

5.6 控制項的操作

5.6.1 如何建立控制項

由工具箱拉出的工具建立在表單上面通稱為「控制項物件」簡稱「控制項」(Control)。在表單上建立控制項有兩種方式:

方式1　先在工具上按一下選取,接著在表單適當位置壓滑鼠左鍵不放拖曳滑鼠拉出控制項的大小。表單或表單上面的控制項四周出現八個小白框,表示該表單或控制項為「作用表單」或「作用控制項」,此時能對表單或該控制項進行各種屬性設定,調整控制項的位置或大小。

作用表單　　　　　　　　　　　　作用控制項

方式2　在工具上快按兩下馬上在表單上目前作用的控制項上面產生被選取工具
　　　　的控制項，再拖曳新產生的控制項到適當位置，再進行大小的調整工作。

　　控制項的 AutoSize 屬性預設為 true，控制項的左上角會出現一個小白框，四周
不會出現八個小白框而無法調整控制項的大小。譬如：Label 標籤、CheckBox 核取
方塊等控制項的 AutoSize 預設為 true，若想讓上述這些控制項選取時會出現八個小
白框，可透過屬性視窗將該控制項的 AutoSize 屬性設為 false。

5.6.2　如何選取控制項

　　若表單中某個控制項四周出現八個小白框或左上角有一個小白框，表示該控制
項已被選取為作用控制項，關於選取某個控制項有下列三種方式：

方式1　移動滑鼠到表單指定的控制項上按一下滑鼠左鍵選取。

方式2　按 <Tab> 鍵由目前作用控制項按照建立順序切換（含表單）。

方式3　按屬性視窗的 下拉鈕由清單中選取指定的控制項名稱。

　　若要選取多個控制項，先在工具箱選取 指標 指標工具，接著移動滑鼠到表
單上，壓左鍵並拖曳滑鼠將欲選取的所有控制項框住，便可將框住的控制項都變成
作用控制項。

5.6.3　如何移動和調整控制項

　　要在表單移動控制項首先將欲移動控制項變成作用控制項，接著移動滑鼠到該
控制項上面，當滑鼠出現雙箭頭十字游標時，才壓滑鼠左鍵拖曳滑鼠即能移動控制
項的位置。若欲調整控制項大小，只要該控制項變成作用控制項後，此時控制項四

周出現八個小白框上(AutoSize 屬性為 false 才會出現八個小白框)，移動滑鼠到小白框上，按照出現的箭頭方向壓滑鼠左鍵拖曳即可調整大小，若滑鼠移到小白框未出現方向箭頭指示游標表示該處無法調整。若作用控制項沒出現八個小白框表示無法透過滑鼠來調整該控制項的大小。

5.6.4 如何對齊控制項

當表單上有多個控制項需要上下或左右一起對齊時，可透過功能表的【格式(O)/對齊(A)】來完成，其做法如左下圖先將欲對齊的三個控制項全部框住變成作用控制項，接著選取其中一個控制項當做對齊的基準，基準點的控制項四周會以八個小白框表示，而其他控制項四周會以小黑框表示。譬如：左下圖設定 textBox1 為對齊的基準，此時執行功能表的【格式(O)/對齊(A)/右(R)】命令，此時 textBox1 控制項上下被框住的控制項都如右下圖對齊 textBox1 控制項的右邊界。

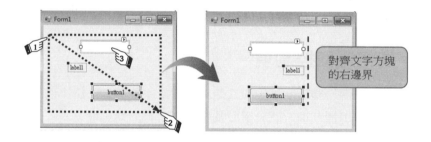

5.6.5 如何刪除控制項

欲刪除表單上的控制項，只要移動滑鼠到該控制項按一下選取，接著按滑鼠右鍵由快顯功能表選取【刪除(D)】命令便可從表單中刪除該控制項；也可以先選取某控制項後再按鍵盤的 <Del> 鍵一樣也可以達到刪除控制項的動作。

5.6.6 如何調整控制項的前後順序

當表單上有多個控制項的前後疊在一起時，欲調整其前後次序，只要移動滑鼠到欲調整的控制項上，按滑鼠右鍵由快顯功能表選取【提到最上層(B)】或【移到最下層(S)】或執行功能表【格式(O)/順序(O)】命令，再選取【提到最上層(B)】或【移到最下層(S)】命令。譬如：在左下圖 button1 控制項在最下層，先選取 button1 控制項，壓滑鼠右鍵由快顯功能表選取【移到最上層(B)】，結果如右下圖 button1 控制項被放到表單的最上面。

5.6.7　如何調整控制項的定位順序

當在表單拉出控制項，控制項都會由 0 開始加以編號，此編號用來決定顯示此控制項定位順序的索引。此編號會記錄在該控制項的 TabIndex 屬性內。當在表單中按 <Tab> 鍵會按此編號次序，將控制項(含表單)依序輪流設成作用控制項。欲觀看各控制項的索引編號，可執行功能表的【檢視(V)/定位順序(B)】命令，會如下圖在各控制項左上角出現索引編號。若欲更改表單上各控制項的定位順序(即更改其索引編號)，只要在控制項依序點選一遍即可。此索引編號在執行時是不出現的。欲將右圖各控制項上面的索引編號移除，只要在執行【檢視(V)/定位順序(B)】指令一次即可。

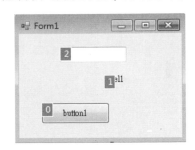

5.6.8　如何鎖定控制項

當表單和表單上面的控制項設定完畢表示已經完成視窗應用程式的輸出入介面設計，為防止程式設計階段不小心移動控制項的位置，此時可執行功能表的【格式(O)/鎖定控制項(L)】指令，此時【鎖定控制項(L)】指令前面的圖示會由 🔓 變成 🔒 圖示加外框顯示，而且表單以及控制項被點選時左上角都會出現一個鎖頭圖示。當表單和所有的控制項被鎖定時無法調整其大小和移動，此時若使用滑鼠選取表單或控制項時不會出現八個小白框，但還能更改表單和控制項的屬性值。欲解開表單和控制項的鎖定，只要再執行功能表【格式(O)/鎖定控制項(L)】一次即可。

物件與類別

6.1 前言

　　早期物件導向(Object Oriented)程式設計觀念未成熟之前，軟體開發人員大都使用程序導向(Procedure Oriented)的觀念來設計程式。一個好的程序導向程式，結構化程式設計是必要的要件，結構化程式的優點就是可讀性高且易偵錯與維護。至於結構化程式除了必須使用結構化的程式語言來設計外，應朝下列方式來編寫程式：

1. 由上而下(Top-Down Design)方式來分析問題。

2. 採模組化(Modulize)來設計程式。

3. 提供足夠流程控制敘述如選擇結構、重複結構以供不同流程使用。

　　程序導向程式設計主要是採 Divide-and-Conquer 方式來解決問題。它將一個大問題分割成許多小問題，若小問題還是很複雜，那就再細分成更小的問題成為單純的問題，若將這些單純的問題解決後，那原來的大問題不就解決了嗎？由此可知，Divide 就是把問題分割，Conquer 就是把結果兜起來。換句話說 Divide-and-Conquer 的精神就是把一個大問題切成幾個小一點的問題，採各個擊破方式來解決問題。所以，以程序導向來設計程式，必須將大問題分割成小問題至電腦所能處理並撰寫成程式或函式(C#稱為方法)為止，再透過主程式去連結呼叫。由於程序導向將資料和所使用的程序或函式分開思考，程式取得資料，經處理後再將資料回存，資料是被動的，當程式因需求變得越來越大時，資料和方法間相依的複雜度增加，導致程式的整合、維護和擴充的難度都會增加。所以，初期程序導向程式設計的開發速度是快速，但是越到程式開發的後期，開發的速度會減緩的原因。「Divide-and-Conquer」

在日常生活時常會使用到，譬如：學習「帶球上籃」的動作，可先將動作分成「跑步運球」、「跑步收球」、「單手將球切入籃框」三個基本動作，先分別練習每個動作，當每項動作都熟練後，再將動作連結起來便是「帶球上籃」的動作了。

物件導向(Object Oriented)程式設計是另一種設計程式的方法，它是將資料和方法一併思考並彼此封裝在一起，成為一個物件。也就是說，它按照人類真實的想法來分析和解決問題，使得物件與真實世界有一個直接的關係，不需經過任何轉換就可以讓我們更易於了解和設計程式。

早期微軟的 DOS 作業系統，操作介面是透過硬梆梆的文字來下達命令，對初學者易造成挫折感。隨著 Windows 視窗作業系統的崛起，以圖形化當使用者操作介面 (Graphic User Interface 簡稱 GUI)以及統一的操作介面，讓初學者容易駕輕就熟。但是所付出的代價是系統產生龐大的資料量與複雜的介面處理機制，早已不是傳統程式設計所能完全掌控，結構化程式設計已無法應付此種日益複雜程式的需求，新的解決方案 - 物件導向程式設計 (Object Oriented Programming 簡稱 OOP) 的物件化軟體元件概念應運而生。因而造就出 Windows 如此史無前例的龐大巨獸，當然在 Windows 下大大小小的應用程式也要遵循物件導向程式設計精神來設計程式。

6.2 物件與類別

6.2.1 什麼是物件

在真實世界中，物件就是東西，物件就是物體。例如：人是一個物件、車子是一個物件、電腦也是一個物件，每個物件都有其對應特徵和行為。而在程式設計領域中所謂的物件，則是使用程式技巧模擬真實世界中的物件而得到的程式碼與資料。由於真實世界中的物件各有其特徵、行為等諸多特性，因此模擬真實世界中的物件，就必須使用程式碼與資料來模擬出物件的各種特徵、行為。物件導向程式設計必須先對物件的特徵和行為加以分類，物件的特徵以屬性(Properties)來描述，物件的行為以方法(Methods)描述，並用程式碼來加以模擬。所以「物件」就是指具有屬性和方法的資料，傳統的資料只有屬性沒有方法。那麼構成物件的要素有哪些？

一. 物件具有屬性

在電腦領域中有不少地方使用 Attribute 來代表「屬性」，不過一般在物件導向程式語言中大部份是使用 Property 這個單字。通常我們描述一個物件，都會針對物件的外觀、特質加以描述，例如：David 的身高是 180 公分，David 是一個物件名稱，身高(Tall)是屬性名稱，180 是身高屬性的屬性值(單位為公分)。在 C# 程式中則以下列方式來描述 David 的身高：

```
David.Tall = 180;
```

物件名稱和屬性名稱中間使用點號加以區隔。當然一個物件的屬性不止一個，例如 David 還有「體重」、「出生日期」、「血型」等其他屬性名稱，物件有了屬性之後，我們就可以完整描述物件的各項特質。同樣地，在視窗應用程式中，表單是一個物件，表單上面的標籤控制項也是一個物件，每個物件都具有許多的屬性，某些屬性可能是該物件所獨有，也有某些屬性彼此擁有，在整合開發環境的「屬性」視窗中會列出目前表單及表單上所有控制項的屬性名稱，你可在程式編輯階段修改屬性值，或者在程式中來設定或修改物件的屬性值，其寫法如下：

```
label1.Text = "Hello World !";      ⇐ 在 label1 標籤控制項上顯示 "Hello World !"
label1.BackColor = Color.Yellow;  ⇐ 將 label1 標籤控制項的背景色設為黃色
```

由前面章節可知，相同的物件(如標籤控制項)具有相同的屬性，但其屬性內容可以是不相同的。譬如：David 和 Tom 同樣是人(物件)，David 的身高 (屬性) 比 Tom 高，David 的體重(屬性) 比 Tom 輕。物件的屬性值也可以由物件自行改變，例如人會自動長高、變老。物件的屬性也可以由外界來改變，例如將頭髮染色由黑髮變成棕髮。

二. 物件具有方法

每個物件除了具有屬性外還會有一些「行為」，像人會走路、車子會跑，更重要的是物件之間可以透過這些行為進行互動，例如：開車的時候用手轉動方向盤車子就會轉彎，這些動作我們稱為「方法」(Method)，所以 「方法」是物件可執行的動作，物件行為則是由物件的方法和介面所定義。例如：將一部車子 (Car1) 移動 (Move) 到座標為 (100, 200) 的位置。在 C# 中的表示方法為：

```
Car1.Move(100, 200);
```

由上例可看得出來，物件的方法還可附帶參數，其中 100 表示 X 座標、200 表示 Y 座標。在前面章節已經介紹過 Console 是個類別，WriteLine()是其方法，"Hello World！" 為呼叫 WriteLine()方法時所傳入的參數。當執行此方法時會在螢幕目前游標處顯示 "Hello World！"，再將游標移到下一行的最前面，其寫法如下：

```
Console.WriteLine("Hello World !");
```

有一點要特別留意的是，在物件的方法中，我們通常使用參數來簡化方法的數目，例如：我們要設計一個讓車子排檔(Gear)的方法，你可以這樣做：

```
Car1.Gear();
```

如果上述汽車的排檔的方法有三種，那麼就要如下面寫三種方法，若方法一多豈不是要寫更多的方法很不實際：

```
Car1.Gear1();  // 一檔
Car1.Gear2();  // 二檔
Car1.Gear3();  // 倒檔
```

若在方法中能夠加上參數，如此操作車子的排檔只用一個 Gear() 方法，透過參數的設定，車子便能前進或後退，便可解決上面的問題：

```
Car1.Gear(Forward, 1);   // 使用前排檔 1
Car1.Gear(Forward, 2);   // 使用前排檔 2
Car1.Gear(Backward, 1);  // 使用後排檔 1
```

三. 物件要有訊息與事件

物件中的方法相當於一種物件本身的行為或方法，用來處理由外界送進來的訊息加以處理並回應之。世界萬物基本上都是由許多物件組成，而每個物件之間藉由訊息來互相交流，所以訊息是物件活動的動力來源，沒有了訊息，物件只是死的、無意義的、無法運作的。就像人若無法和外界溝通 (傳遞、處理訊息)，那麼和植物人又有什麼兩樣，因此訊息是物件不可或缺的一項特性。其實事件也是物件的一種方法，只不過這種方法是由物件本身或者其他物件來啟動執行的。譬如：希望當在 button1 按鈕控制項上面按一下，會觸動該按鈕的 Click 事件。首先在程式中要先設定當 button1 的 Click 事件被觸發時會交由 button1_Click 事件處理函式去處理的寫法：

```
button1.Click += new EventHandler(button1_Click);
```

程式執行時，當在 button1 按鈕控制項上面按一下，由於有上面敘述的設定，馬上會執行下面 button1_Click 事件處理函式內的程式碼。

```
private void button1_Click(object sender, EventArgs e)
{
    ┊ ┊    // 敘述區段
}
```

　　button1_Click 事件處理函式是一種方法，而接在 button1_Click 事件名稱後面小括號內的參數就可視為訊息 (Message)。

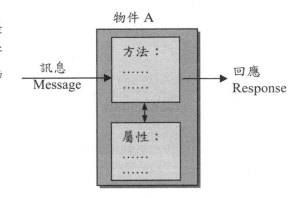

四. 物件要能被識別

　　同一類別的物件，在程式執行時必須能夠清楚辨別到底是存取哪個物件的屬性或執行哪個物件的方法，否則程式執行時無法分辨出是哪個物件的屬性或方法。譬如：要命令一號車前進、二號車後退，就必須在下達命令時，能夠分辨出到底對哪個物件下達命令。譬如：下面兩個敘述分別使用 Car1 和 Car2 當一號車和二號車的物件名稱，Forward() 和 Backward()為兩個物件的方法，哪個物件使用哪個方法，中間使用點號隔開就能清楚地識別，此時 C# 對不同 Car1 和 Car2 物件會分別配置不同記憶體空間來使用：

```
Car1.Fordward();        // Car1 前進
Car2.Backward();        // Car2 倒退
```

6.2.2 什麼是類別

　　類別(Class)是用來對物件做分門別類，以數學角度來看類別就像是一個集合。所以類別是一群具有相同性質物件的集合。類別是一種設計的方法，相當於一個模板 (template)，物件就是根據類別的設計方法(模板)所製作出來的成品。若以建築的藍圖來比喻，類別就是藍圖，物件就是根據藍圖所蓋的建築物。更深入而言，類別就是建構某些相似物件的藍圖，物件可視為依類別的描述所建構出來的一個類別的物件實體

(Instances)。由此可知，類別本身並不是實際的物件，類別是用來定義物件的結構，也就是用來描述這些類似物件的屬性和方法，而物件是指可使用的類別執行個體。

例如：腳踏車、越野車、三輪車、轎車、公車等都是實際存在的物件，都屬於車子這個類別，它們都有屬性(輪子、方向盤、煞車裝置…)和執行方法(會跑、會停、會轉彎…)。但是 "車子" 這個類別只是用來描述腳踏車、越野車、三輪車、轎車、公車這四種車子的統稱，定義出 "車子" 這種類別含有哪些屬性和方法，但是 "車子" 這個類別卻無法執行方法，因為它只是一種描述而已，實際上是不存在的，只有由 "車子" 類別所衍生出來的物件(腳踏車、越野車、三輪車、轎車、公車等)才可以真正執行方法。從程式設計的觀點來看，類別只是一種抽象的資料型別，而物件則是屬於該種資料型別的實體變數。例如：在 C# 的 int 可以看做是整數類別，卻無法直接用 int 類別來做加減運算(方法)，例如：

```
int A;        // 宣告變數 A 是一個整數
int B;        // 宣告變數 B 是一個整數
A = 10;       // 正確
B = A + 5;    // 正確
int = 20;     // 錯誤
```

由上面的程式片段得知：類別(int)可透過宣告來衍生出物件(A)和物件(B)，但是類別本身卻不是物件，也不可用來執行。假設腳踏車物件和摩托車物件都是由同一類別(車子)衍生而來，卻是代表不同的個體。

6.3　物件導向程式設計的特性

在開始使用物件導向觀念來設計程式之前，除了要先瞭解物件和類別彼此間的關係外，也必須先了解物件導向程式設計到底有哪些特性，方能寫出符合需求的物件導向程式。物件導向程式設計的特性包含：

1. 抽象化 (Abstraction)
2. 封裝 (Encapsulation)
3. 繼承 (Inheritance)
4. 多形 (Polymorphism)
5. 動態繫結 (Dynamic binding)

6.3.1 抽象化

抽象化(Abstraction)顧名思義,若以它的動詞 Abstract (萃取) 來思考或許會更加清楚。人們在思考物件時,往往是以抽象化來處理複雜的事物,而不是鑽牛角尖朝物件的實體來思考。例如:對於電腦 (物件),只在乎的是它的功能:搬移、複製檔案… (抽象化),而不是去深入了解電腦內部的線路、元件…(實體)構造;而我們對於燈光的使用只在乎如何營造出美好的氣氛 (抽象化),而不去深入了解燈炮如何構成 (實體)。

一般的高階語言都將變數抽象化,利用資料抽象化可使資料隱藏,抽象化只注重物件和外界溝通的行為,而與資料內部執行細節沒有關係。例如:單價以 price 當作變數名稱,而不以 A、B 這種無意義的方式來進行資料處理。在物件導向程式設計中,更將抽象化擴展到物件上,程式設計者可以直覺方式針對 Car1 (汽車) 物件,以 Car1.Weight 代表汽車的重量、Car1.Start()啟動汽車方法,而不用 GetWeight (Car1)函式來取得汽車的重量、用 Start(Car1)函式來啟動汽車。

在電腦程式設計領域中,程式設計師所面對的挑戰其實只有一個,那就是如何使用程式語言來描述並解決真實世界的問題,現以範例 WinAbstractionDemo1.sln 來說明。

📥 **範例**:WinAbstractionDemo1.sln

設計一個 Draw 方法,依據傳入 Draw 方法的「vType」參數在視窗應用程式的表單上畫出形狀不同的圖形。

執行結果

程式分析

由於本例會使用 GDI+繪圖類別在表單上進行繪圖,因此先介紹基本的繪圖技巧:

① 在表單上建立畫布物件 g 及建立畫筆物件 p,且畫筆物件可繪製紅色線段:

```
Graphics g ;                        // 宣告畫布 g
Pen p = new Pen(Color.Red);         // 建立紅色的畫筆 p
g = this.CreateGraphics();          // 建立畫布 g，即將目前表單當成畫布
```

② 將畫布物件清成白色畫布：

```
g.Clear(Color.White);
```

③ 畫布物件上使用紅色畫筆在兩點座標(50,50)、(200,50)繪製一條水平線段：

```
g.DrawLine(p, 50, 50, 200, 50) ;     //左上座標(50,50),右下座標(200,50)
```

④ 畫布物件上使用紅色畫筆在座標(0,0)、(90,90) 所構成四方框內繪製內切橢圓：

```
g.DrawEllipse(p, 0, 0, 90, 90);      //左上座標(0,0),長 90 寬 90
```

⑤ 畫布物件上使用紅色畫筆在座標(150,0)、(240,90) 所構成四方框內繪製一條
0º~270º 的圓弧：

```
g.DrawArc(p, 150, 0, 90, 90, 0, 270);    //左上座標(150,0),長 90 寬 90
```

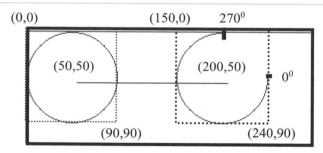

操作步驟

Step 01 新增「Windows Forms App(.NET Framework)」視窗應用程式專案(之後稱為
Windows Forms App 專案)，專案名稱為「WinAbstractionDemo1」。

Step 02 Form1 表單上建立下圖輸出入介面：

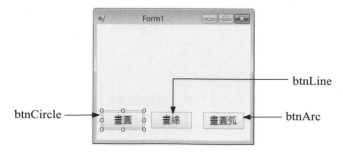

Step 03 撰寫程式碼：

程式碼 FileName: Form1.cs

```
01 namespace WinAbstractionDemo1
02 {
03     public partial class Form1 : Form
04     {
05         public Form1()
06         {
07             InitializeComponent();
08         }
09         // 定義 Draw() 方法用來在表單上繪製圖形
10         // 若 vType=0 則畫圓，vType=1 則畫線，vType= 2 則畫弧形
11         private void Draw(int vType)
12         {
13             Graphics g;
14             Pen p = new Pen(Color.Red);    // 建立一支紅色的筆
15             g = this.CreateGraphics();     // 取得畫布
16             g.Clear(Color.White);          // 清除畫布
17             switch (vType)
18             {
19                 case 0:
20                     g.DrawEllipse(p, 90, 30, 90, 90);       // 畫圓
21                     break;
22                 case 1:
23                     g.DrawLine(p, 90, 50, 180, 100);        // 畫線
24                     break;
25                 case 2:
26                     g.DrawArc(p, 90, 30, 90, 90, 0, 250);   // 畫弧形
27                     break;
28             }
29         }
30         // 按 <畫圓> 鈕執行 btnCircle_Click 事件處理函式
31         private void btnCircle_Click(object sender, EventArgs e)
32         {
33             Draw(0);
34         }
35         // 按 <畫線> 鈕執行 btnLine_Click 事件處理函式
```

36	**private void btnLine_Click(object sender, EventArgs e)**
37	**{**
38	Draw(1);
39	**}**
40	// 按 <畫圓弧> 鈕執行 btnArc_Click 事件處理函式
41	**private void btnArc_Click(object sender, EventArgs e)**
42	**{**
43	Draw(2);
44	**}**
45	**}**
46	**}**

說明

1. 第 11-29 行：為 Draw()自定方法，會根據 vType 參數的值來繪製圖形：
   ① 第 33 行：呼叫 Draw(0)方法即將參數 0 傳給第 11 行 vType 參數用來畫圓。
   ② 第 38 行：呼叫 Draw(1)方法即將參數 1 傳給第 11 行 vType 參數用來畫線。
   ③ 第 43 行：呼叫 Draw(2)方法即將參數 2 傳給第 11 行 vType 參數用來畫圓弧。

2. 第 31-34 行：當在 <畫圓> 按鈕上按一下，會執行 btnCircle_Click()事件函式。當第 33 行呼叫 Draw(0)方法，將參數 0 傳給第 11 行 vType 參數，滿足第 19 行的 Case 敘述，執行第 20 行畫圓的動作，接著執行第 21 行 break 敘述，離開 Draw()方法，返回原呼叫 Draw()的下一行敘述即第 34 行，結束 btnCircle_Click()事件處理函式。

3. 第 36-39 行：當在 <畫線> 按鈕上按一下，會執行 btnLine_Click()事件處理函式。操作方式同 2。

4. 第 41-44 行：當在 <畫圓弧> 按鈕上按一下，會執行 btnArc_Click()事件處理函式。操作方式同 3。

Draw()方法中的參數 0、1、2 是沒意義的數字，無法直接從數字本身了解到底是代表什麼，可讀性不高易出錯。若將這些參數改用下例 enum 列舉名稱方式，程式的可讀性就變高了。

範例：WinAbstractionDemo2.sln

延續上例，建立 Shape 列舉名稱擁有 Circle、Line、Arc 三個成員，其列舉常數值依序為 0、1、2，接著再將 Draw()方法所傳入的參數型別改為 Shape 列舉型別，此時執行 Draw(Shape.Circle);敘述會在表單上畫圓、執行 Draw(Shape.Line);敘述會在表單上畫線、執行 Draw(Shape.Arc); 敘述會在表單上畫圓弧。本例執行結果與上一個範例相同。

操作步驟

Step 01　新增 Windows Forms App 專案，專案名稱為「WinAbstractionDemo2」。本例 Form1 表單的輸出入介面與上一個範例相同。

Step 02　撰寫程式碼，下列粗體字為修改的程式敘述。

程式碼 FileName: Form1.cs

```
01 namespace WinAbstractionDemo2
02 {
03     public partial class Form1 : Form
04     {
05         public Form1()
06         {
07             InitializeComponent();
08         }
09         // 定義 Shape 列舉內含 Circle、Line、Arc 用來表示要畫的圖形
10         enum Shape:int
11         {
12             Circle = 0, Line = 1, Arc = 2
13         }
14
15         // 定義 Draw() 方法用來在表單上繪製圖形
16         // 若 vType 等於 0 則畫圓，vType 等於 1 則畫線，vType 等於 2 則畫弧形
17         private void Draw(Shape vType)    ← vType 是一種 Shape 型別的參數
18         {
19             Graphics g;
20             Pen p = new Pen(Color.Red);    // 建立一支紅色的筆
21             g = this.CreateGraphics();     // 取得畫布
22             g.Clear(Color.White);          // 清除畫布
23             switch (vType)
24             {
25                 case Shape.Circle :
26                     g.DrawEllipse(p, 90, 30, 90, 90);    // 畫圓
27                     break;
28                 case Shape.Line :
```

```
29                    g.DrawLine(p, 90, 50, 180, 100);          // 畫線
30                    break;
31                case Shape.Arc :
32                    g.DrawArc(p, 90, 30, 90, 90, 0, 250);     // 畫弧形
33                    break;
34            }
35        }
36        // 按 <畫圓> 鈕執行 btnCircle_Click 事件處理函式
37        private void btnCircle_Click(object sender, EventArgs e)
38        {
39            Draw(Shape.Circle);
40        }
41        // 按 <畫線> 鈕執行 btnLine_Click 事件處理函式
42        private void btnLine_Click(object sender, EventArgs e)
43        {
44            Draw(Shape.Line);
45        }
46        // 按 <畫圓弧> 鈕執行 btnArc_Click 事件處理函式
47        private void btnArc_Click(object sender, EventArgs e)
48        {
49            Draw(Shape.Arc);
50        }
51    }
52 }
```

本例程式中的 Shape.Circle 就代表 0、Shape.Rectangle 代表 1、Shape.Arc 代表 2，這樣不是變得清楚多了嗎？在第二章談過 enum (列舉) 其實是一個資料型別，通常是用來將一組無意義的資料用有意義的方式來表現出來，例如：

```
enum WeekDays : int
{
    Monday = 1,      // 星期一
    Tuesday = 2,     // 星期二
    Wednesday = 3,   // 星期三
    Thursday = 4,    // 星期四
    Friday = 5,      // 星期五
    Saturday = 6,    // 星期六
    Sunday = 7       // 星期日
};
```

這樣就可以用 WeekDays.Friday 來表示 5 這個數字了，例如：

```
int Today = (int) WeekDays.Friday;        // 相當於設定 Today=5
```

這就是所謂的「抽象資料型態」(Abstract Data Type 簡稱 ADT)，除了 enum 外，另一個最常見的 ADT 就是結構 struct，例如：我們要依照學生的國文成績由大到小來排序學生資料 (學號、姓名、計概)，如果不使用結構陣列，而是使用一般的三個不同的陣列來做的話，每次交換時都要使用兩個欄位逐一交換，每個欄位互換需 3 行敘述，3 個欄位共需 9 行敘述。如果改用結構陣列來做，可以使用整個結構互換，兩個結構互換只需 3 行敘述。如此就不用擔心結構內的欄位太多導致程式過長和維護上的問題。

是不是清楚多了呢？這就是所謂的抽象化(Abstraction)了，換句話說：在程式語言中就是使用 **ADT** 將眾多資料的一般化規則 Abstract (萃取、抽) 出來，以達到程式語言抽象化的特性，或許你已經看出一些端倪了，沒錯！之前所介紹的類別 (Class) 其實也是一種更為抽象的 **ADT**，這個部份我們稍後再談。

6.3.2 封裝

每個人都有自己的隱私，若喪失了隱私，就讓別人一覽無遺，毫無祕密可言。資料的封裝就有如人類的隱私。物件也是一樣，或多或少都有屬於物件內部的私有部份 (屬性、方法…)，而這些部份必須是外界無法直接存取，如此才能保有物件的完整性。例如：對於一般人來說，XBox One 遊戲機 (物件) 只是學習如何透過面板來操控 (方法)遊戲，對於 XBox One 內部的元件構造 (實體) 並不需要去了解，若一時好奇打開遊戲機盒自行拆解 (破壞封裝)，那麼有可能弄壞遊戲機，而無法恢復原來的功能。因此物件必須將私有的部份封裝在物件的內部，而使用者只能藉由物件所提供的方法、屬性來操控物件，以保持物件的完整性，這就是封裝的特性。

至於物件導向程式語言，將資料結構和用來操作該資料結構的所有方法都封裝在物件的類別定義中。外界無法直接存取該物件內部的資料結構，僅能透過物件開放的存取介面來進行存取，因此可以保護物件的完整性。譬如：使用提款機提款，提款人只能經由提款機所提供的螢幕與按鈕，經過密碼確認後便可進行提款作業，無法自行直接由提款機內部存取現金，如此便可以確保提款程序的正確性。

物件是活的，資料成員的內容會隨著狀態與時間的不同而改變；至於資料是死的，除非有人去更動它，否則都不會改變。所以類別主要任務就是把資料和相關的函式封裝起來，告訴電腦此物件含有哪些資料成員與成員函式，外界欲存取物件內的屬性，必須透過成員函式而達到資料封裝(Encapsulation)的特性。所以，程式就是透過類別來完成某個特定程式設計的工作。

例如：在 C# 視窗應用程式中，我們可使用 textBox1.Text 來存取 textBox1 文字方塊控制項的 Text 屬性值以及使用 textBox1.Clear() 來呼叫 Clear() 方法，將文字方塊內的文字清除掉，但是除了這些公開的介面(包含屬性、方法、事件) 外，我們是無法直接存取 textBox1 物件中的其他內部資料，這就是所謂的「封裝」。

近幾年來受到大家廣泛討論的「軟體 IC」其實就包含了封裝的概念，在資訊硬體領域中，不論是多複雜的電子產品，都是由小小的 IC 所組成，不管每一顆 IC 內部電路設計有多複雜，你只要瞭解每一個 IC 接腳 (介面) 所代表的功能，就可以組合出不同的產品 (例如網路卡、音效卡、主機板…)，將這個概念應用在軟體設計上，就是物件的概念了，因此「封裝」這個特性可以有效隱藏物件複雜的內部設計，只將有用的介面提供給外部來使用，就像 IC 一樣，可以大幅度提昇軟體的生產力，若使用以往傳統 Windows SDK 來設計只有一個空白表單的程式，少說要也一、二百行程式碼，現在用 Visual C# 來設計卻一行程式也不用寫，這就是「資訊封裝」的具體成就。

6.3.3 繼承

在真實世界中，有許多物件的特徵和行為很類似，而這些性質相似的物件往往都是經由繼承而來。譬如：兒子長得像父親，主要是由於兒子遺傳了父親的諸多特性 (髮色、膚色…)，但是兒子會因外在因素而產生一些新的特性，這是父親所沒有的，像是兒子會電腦而父親不會…等等，但是基本上兒子的大部份特性都是由父親所遺傳下來的。所以，一個物件 A 得到另一個物件 B 特性的過程稱為「A 繼承(Inheritance)B」，物件 B 則屬於父類別 (Super class)或稱基礎類別(Base Class)，物件 A 則屬於子類別(Subclass)或稱衍生類別(Derived Class)，其中 Derived 這個字是「衍生」的意思，也就是以 Base class 為基礎所「衍生」出來的類別。

父類別中的資料或方法在子類別中的物件就可繼承使用，子類別往下延伸的次子類別物件也可繼承使用。由於物件具有繼承的特性，使得物件導向程式設計具可再用 (Reused)和擴充性。例如一部新型汽車可以繼承柴油汽車的大部份特性：方向盤、輪子、汽車座椅…，而改用噴射引擎、ABS、四輪傳動系統…，就可以造出一部功能更強、跑得更快的新車了。所以，物件有了繼承的特性，就可以不用完全重新製作一個新的物件。

以往的結構化程式設計中，程式設計者如果要對於原來的程式庫做功能上的增減，就必須修改原始碼或重新撰寫程式庫。在物件導向程式設計中，程式設計者只要重新設計一個新的類別，並繼承舊有的類別，就可以在不更動舊有程式庫的情況下，增減物件的功能。例如下圖的 RaceCar (賽車) 物件繼承自 Car (汽車) 物件，並新增了 Turbo 方法：

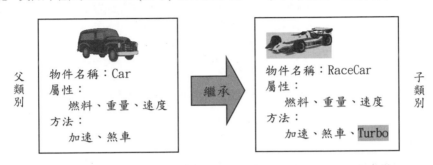

如此只要在新的 RaceCar 類別中新增一個 Turbo 的方法就可以了，其餘 Car 類別所有的屬性 (Fuel、Weight、Speed) 和方法 (Accelerate、Break) 都可以延用 (繼承)。就好像改裝車子一樣，只要加裝 Turbo 裝置，改裝後的車子就可以跑得更快。

6.3.4 多型

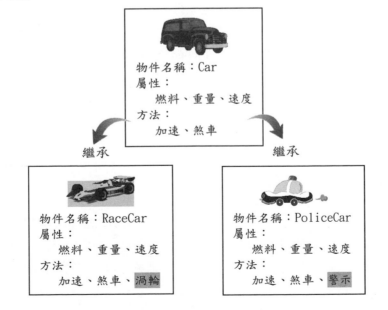

多形(Polymorphism)又稱「同名異式」。所謂「多形」就是物件可使用相同功能(方法)介面,來操作不同類型的物件,而產生不同行為的一種機制,簡言之就是「一個介面,多個方法」。例如:一個人 (物件) 要去看電影 (方法),那麼他到底會看哪類的電影 (方法執行的結果) 呢?這就要看這個人是誰了,如果是小明就會去看卡通片、如果是爸爸就會去看武俠片,方法雖相同,但會因不同的物件而產生不同的結果。物件有了多形的特性,可以簡化很多物件處理的過程。也就是說物件允許它的方法名稱相同,卻依參數個數或參數資料型別的不同而產生多個方法。程式執行時會選擇合適的方法來執行,例如上圖中,RaceCar (賽車) 和 PoliceCar (警車) 都繼承自 Car 物件類別:

假設 A 是 RaceCar 物件、B 是 PoliceCar 物件,C 是 Car 物件,若執行下列敘述後,則 C.Accelerate(加速) 所執行的是哪個物件的 Accelerate()方法呢?這就要看所繫結的物件為何了,譬如:

```
C = A;              // 表示 C 指向物件 A
C.Accelerate();     // 執行 RaceCar 物件的 Accelerate()方法
```

反之

```
C = B;              // 表示 C 指向物件 B
C.Accelerate();     // 執行 PolicCar 物件的 Accelerate()方法
```

由此可知,我們可以使用相同的敘述執行不同的物件中的相同方法,這就叫做多型(Polymorphism),這也是物件導向中的技術精華所在,至於如何能達成多型的特性,就必須透過另一個物件導向程式的特性:動態繫結 (Dynamic binding)來達成。

6.3.5 動態繫結

一般在呼叫物件方法,有兩種與物件的繫結方式,一種是靜態繫結(Static binding)另一種方式是動態繫結(Dynamic binding)。

一. 靜態繫結

同一類別的物件,在程式執行時必須能夠清楚辨別到底是存取哪個物件的屬性或執行哪個物件方法,否則程式執行時無法分辨出是哪個物件的屬性或方法。譬如:要命令一號車前進、二號車後退,就必須在下達命令時,能夠分辨出到底對哪個物件下達命令。

譬如：下面兩個敘述分別使用 Car1 和 Car2 當一號車和二號車的物件名稱，Forward()和 Backward()為兩個物件的方法，哪個物件使用哪個方法，中間使用點號隔開就能清楚地識別，此時 C# 對不同 Car1 和 Car2 物件會分別配置不同記憶體空間來使用。

二. 動態繫結

「動態連結」是指編譯器在進行編譯程式的階段時不將物件與方法繫結在一起，而是將物件方法的位址建立成一個虛擬表格 (Virtual table)，在程式執行階段時，再由虛擬表格去判斷該呼叫哪個物件的方法。例如：執行 A.DoIt()時，先判斷 A.DoIt()是哪一個物件的 DoIt()方法，再由虛擬表格中找出該方法的位址，再進行方法呼叫，因此它可以做到物件多型 (Polymorphism)。

不同程式語言在處理動態繫結所使用的 Virtual table 技術不見得相同 (例如方法的命名方式)，就連同樣是 C++語言，在不同編譯器 (Visual C++、Dev C++ …) 下就有不同的內部處理方式，不過這並不會影響程式設計的方式，因為低階的部份已經完全由編譯器處理掉了。

6.4 物件與類別的建立

6.4.1 如何建立類別

在 C# 中使用 class{…}來定義一個類別，要特別注意的是這個類別的定義哪裡都可以放，就是不能放在方法(函式)中，當然包含事件，也不能放在 namespace{…}區域外面，也就是類別定義一定是全域性的宣告。

下面範例使用 class 定義一個空白的類別 MyFirstClass，並且使用這個類別來建立物件名稱為 A 的物件。執行結果如下圖：

執行結果

程式碼 FileName: ConsoleMyFirstClass.sln

```
01  namespace ConsoleMyFirstClass
02  {
03      class MyFirstClass        //定義類別，名稱為 MyFirstClass
04      {
05
06      }
07
08      class Program
09      {
10          static void Main(string[] args)
11          {
12              Console.WriteLine("\n  建立一個屬於 MyFirstClass 類別的物件 A ...");
13              MyFirstClass A = new MyFirstClass();
14              /*
15                  上述一行敘述也可以改成如下兩行
16                  MyFirstClass A ;        //宣告物件 A 屬於 MyFirstClass 類別
17                  A=new MyFirstClass();//使用 new 敘述建立物件 A 為 MyFirstClass 類別
18              */
19              Console.WriteLine("\n  物件 A 已建立完成 !!");
20              Console.WriteLine("\n  請按 <Enter>鍵 結束 ...");
21              Console.Read();
22          }
23      }
24  }
```

説明

1. 第 3-6 行：定義一個空白的類別，該類別名稱為 MyFirstClass。

2. 第 13 行：使用 MyFirstClass A = new MyFirstClass(); 敘述來建立出一個屬於 MyFirstClass 類別的新物件 A。

6.4.2 命名空間

　　命名空間(Namespace)可以有效地將眾多物件根據它的功用有效地分類，也可以避免不同廠商採用相同名稱的困擾。假設我們要在同一個 C# 程式檔(*.cs)中宣告兩個名稱一模一樣的類別，C# 編譯器一定會因為名稱重覆而出現錯誤，此時可利用命名空間來解決這個問題。例如 IBM 和 Apple 兩家國際電腦公司都生產 Notebook (筆記型電腦)，這時候就可以用 namespace{ … } 來定義 IBM 和 Apple 兩個不同的命名空間，然後在各自的命名空間中定義一個 Notebook 類別，如此程式中便可使用 IBM.Notebook 和 Apple.Notebook 來區分出是屬於哪家筆電的 Notebook 類別名稱。

程式碼 FileName: ConsoleNamespace.sln

```
01 namespace IBM      // 定義 IBM 命名空間
02 {
03     class Notebook
04     {
05
06     }
07 }
08 namespace Apple     // 定義 Apple 命名空間
09 {
10     class Notebook
11     {
12
13     }
14 }
15 namespace ConsoleNamespace
16 {
17     class Program
18     {
19         static void Main(string[] args)
20         {
21             // 使用 IBM 命名空間下的 Notebook 類別建立 A 物件
22             IBM.Notebook A = new IBM.Notebook();
23             // 使用 Apple 命名空間下的 Notebook 類別建立 B 物件
24             Apple.Notebook B = new Apple.Notebook();
25         }
26     }
27 }
```

IBM.NoteBook 表示 IBM 命名空間裡面的那個 Notebook 類別，而 Apple.Notebook 就表示 Apple 命名空間裡面的那個 Notebook 類別了，這樣就可以避免宣告出 AppleNotebook 和 IBMNotebook 這種太長而且不具分類的類別名稱了，這又是另種抽象化概念的具體實現。這裡有一點要特別注意的,那就是 namespace{…}敘述只能放在檔案層級,也就是說不可以放在方法(函式)或 class 宣告中,不過 namespace 中還是可以有其他 "子命名空間"。譬如:延續上例 IBM 公司又細分成台灣 IBM 和日本 IBM,如此要區別這兩家分公司的 Notebook 類別名稱,就需要如下面敘述使用巢狀的 namespace 來定義 "子命名空間":

程式碼　FileName: ConsoleSubNamespace.sln

```
01  namespace IBM
02  {
03      namespace Taiwan              // 子命名空間 Taiwan
04      {
05          class Notebook
06          {
07          }
08      }
09      namespace Japan               // 子命名空間 Japan
10      {
11          class Notebook
12          {
13          }
14      }
15  }
16
17  namespace Apple
18  {
19      class Notebook
20      {
21      }
22  }
23
24  namespace ConsoleSubNamespace
25  {
26      class Program
27      {
28          static void Main(string[] args)
29          {
30              // 使用 IBM 的 Taiwan 子命名空間下的 Notebook 類別建立 A 物件
31              IBM.Taiwan.Notebook A = new IBM.Taiwan.Notebook();
32              // 使用 IBM 的 Japan 子命名空間下的 Notebook 類別建立 A 物件
```

33	`        IBM.Japan.Notebook B = new IBM.Japan.Notebook();`
34	`        // 使用 Apple 命名空間下的 Notebook 類別建立 C 物件`
35	`        Apple.Notebook C = new Apple.Notebook();`
36	`    }`
37	`  }`
38	`}`

最常使用到 namespace 的時機就是，如果你想要定義一個類別叫做 Graphics，可是 .NET Framework 中早就有 System.Drawing.Graphics 這個類別了，名稱重覆怎麼辦？這時候只要將自定的 Graphics 類別放在一個自定的 namespace 中，然後宣告物件時指名 namespace 就可以了，例如下面寫法：

> MyNamespace.Graphics A = new MyNamespace.Graphics();

6.4.3 如何建立屬性

建立屬性的方式大致上可以分成下面兩種方法：

1. 直接在類別中宣告 public 變數。

2. 使用 get 及 set 存取子。

一. 如何使用 public 變數建立物件屬性

下面範例直接在類別中宣告 public 變數。譬如定義類別名稱為 Car 的類別，此類別內含一個整數資料型別的變數 Speed(用來表示車子的速度)，在變數加上 public 變成公用變數，這樣 Car 類別就有一個屬性了。此種做法是不是和使用 struct 定義結構欄位變數差不多呢？類別是由結構的觀念而來，也就是說類別除了欄位(或稱屬性)外還包括方法(或稱函式)。

程式碼 FileName: ConsoleProperty1.sln

01	`namespace ConsoleProperty1`
02	`{`
03	`    class Car`
04	`    {`
05	`        public int Speed;        // 宣告 Speed 為 public 公用變數`
06	`    }`

```
07    class Program
08    {
09        static void Main(string[] args)
10        {
11            Car Benz = new Car();
12            Benz.Speed = 100;        // 物件建立之後可直接使用「.」存取該屬性
13            Console.WriteLine($"\n Benz.Speed = {Benz.Speed} ");
14            Console.Read();
15        }
16    }
17 }
```

執行結果

二. 使用 public 變數的潛在缺點

　　直接在 class 中宣告 public 變數雖然是建立屬性最快速的方式，但是對於這類型屬性的存取並無法做任何的額外控制，例如我們要為 Car 類別加上一個 Speed (速度) 屬性，但是希望 Speed 屬性的值能夠限制在 0 到 200 之間，若採 public 變數來做會發現，Speed 屬性的值可以隨便設，設成負數都可以，是其缺點。

```
class Car
{
    public int Speed ;
}
class Program
{
    static void Main(string[] args)
    {
        Car Benz = new Car() ;
        Benz.Speed = 500 ;  // 屬性值超過 200
    }
}
```

　　由此可知，如果希望對於屬性的存取都能做一些額外的處理時，例如控制屬性值的範圍，就必須使用方法(函式)或存取子敘述來定義屬性。

三. 如何使用方法或存取子建立屬性

　　若希望對於屬性的存取都能做一些屬性值的範圍控制,使其具有物件封裝的特性,可以將速度屬性由 public 改成 private 變數,以_speed 代替 Speed 公用變數,用來存放 Speed 屬性的值,由於_speed 是 private 的,因此在 Car 上不可以使用_speed 做為屬性,下面範例改以定義一個 GetSpeed()方法用來取得_speed 屬性值,另一個 SetSpeed()方法用來設定_speed 屬性值,限制速度是在 0~200 之間來解決上例發生的問題。

程式碼 FileName: ConsoleAccseesor1.sln

```
01 namespace ConsoleAccseesor1
02 {
03    class Car
04    {
05       // 宣告_speed 為私有變數,表示該變數只能在 Car 類別內使用
06       private int _speed;
07       // 定義 GetSpeed()方法用來傳回_speed
08       public int GetSpeed()
09       {
10          return _speed;
11       }
12       // 定義 SetSpeed()方法用來設定_speed
13       public void SetSpeed(int vSpeed)
14       {
15          if (vSpeed < 0) vSpeed = 0;         // 設定速度不得低於 0
16          if (vSpeed > 200) vSpeed = 200; // 設定速度不得高於 200
17          _speed = vSpeed;
18       }
19    }
20    class Program
21    {
22       static void Main(string[] args)
23       {
24          Car Benz = new Car();
25          Benz.SetSpeed(500);  // 速度值超過 200
26          // 顯示速度最大值 200
27          Console.WriteLine($"\n  Benz.GetSpeed() = {Benz.GetSpeed()}");
28          Console.Read();
```

```
29        }
30    }
31 }
```

執行結果

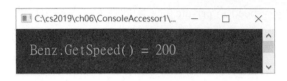

使用這種方式有一個小缺點,那就是在設定屬性時必須用呼叫方法加參數的方式:**Benz.SetSpeed(500);**,而不能直接使用指定屬性值的方式:**Benz.Speed = 500;**,因此並不是很方便,不過以往在 C++ 中就是使用這種方式來設定屬性值的。

C# 提供 get 及 set 存取子敘述來定義屬性。您可以使用 get 存取子來取得物件的屬性值和使用 set 存取子來設定物件的屬性值。譬如:使用 get 取得_speed 屬性值;set 設定_speed 屬性值介於 0~200 間,若速度小於 0,則_speed 設為 0;若速度大於 200,則_speed 設為 200。其程式寫法如下:

```
public int Speed
{
    get
    {
        return _speed;
    }
    set
    {
        if (value < 0) value = 0;        // 速度不得低於 0
        if (value > 200) value = 200;    // 速度不得高於 200
        _speed = value ;                 // 設定屬性值
    }
}
```

接著我們來看看如何使用 get 及 set 存取子敘述來修改上一個範例的結果:

程式碼 FileName: ConsoleProperty2.sln

```
01 namespace ConsoleProperty2
02 {
03    class Car        // 定義 Car 類別
04    {
```

05	// 宣告 _speed 為私有變數，表示該變數只能在 Car 類別內使用
06	private int _speed;
07	// 宣告 Speed 為公開屬性
08	public int Speed
09	{
10	get // get 存取子可傳回屬性值
11	{
12	return _speed; // 傳回屬性值
13	}
14	set // set 存取子可設定屬性值
15	{
16	if (value < 0) value = 0; // 速度不得低於 0
17	if (value > 200) value = 200; // 速度不得高於 200
18	_speed = value; // 設定屬性值
19	}
20	}
21	}
22	
23	class Program
24	{
25	static void Main(string[] args)
26	{
27	Car Benz = new Car();
28	**Benz.Speed = 500;** // 速度值超過 200
29	Console.WriteLine($"\n Benz.Speed = {**Benz.Speed**}");
30	Console.Read();
31	}
32	}
33	}

説明

1. 第 8-20 行：在 Car 類別中定義一個 Speed 屬性，整體的宣告方式有點類似方法(函式)，在這裡一併可以定義屬性的型別(本例為 int 型別)。

2. 第 10-13 行：在 Speed 屬性敘述區段中，使用 get 存取子來定義屬性值取得的方式，在 get {…} 中可以使用 return 敘述將屬性值傳回。

3. 第 14-19 行：在 Speed 屬性敘述區段中，使用 set 存取子來定義屬性值設定的方式，在 set {…} 中可以使用 value 敘述取得要設定的屬性值。

執行結果

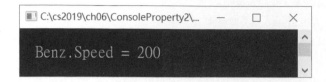

當我們使用「Benz.Speed = 500;」來設定 Speed 屬性時，程式會執行 public int Speed 中的 set {…} 區段，而 value 所代表的就是要設定的屬性值 500，因此就可以檢查並限制 value 的值在 0 到 200 之間，最後再將值設定到內部變數_speed。而當我們要取得 Benz.Speed 屬性值時，程式會執行 public int Speed 中的 get {…} 區段，只要在這個區段 中使用 return _speed; ，將內部代表屬性的變數值_speed 傳回去即可。

四. 如何建立唯讀屬性

要建立一個唯讀(ReadOnly)屬性 (也就是不能修改的屬性)，第一種方式就是在上述 Speed 屬性的 set {…} 區段中不要加入任何程式碼，或者只加入顯示錯誤訊息的程式，這樣的確可以做出唯讀的屬性，但是在程式編譯階段，C# 編譯器並不會對於 Benz.Angle = 180; 之類的設定屬性敘述，出現任何錯誤或警告訊息，因為語法並沒有任何錯誤，因此標準的作法是在屬性的定義中只能出現 get {…} 區段，絕對不能加入 set {…} 區段。如下範例程式碼：

程式碼 FileName: ConsoleProperty3.sln

```
01 namespace ConsoleProperty3
02 {
03    class Car        // 定義 Car 類別
04    {
05        private int _angle = 10; // 私有_angle 變數初值為 10
06        public int Angle          // 定義 Angle 唯讀屬性
07        {                          // Angle 屬性只有 get 區段沒有 set 區段
08            get
09            {
10                return _angle;
11            }
12        }
13    }
14  class Program
```

```
15  {
16    static void Main(string[] args)
17    {
18      Car Benz = new Car();
19      Console.WriteLine($"\n Benz.Angle={Benz.Angle}");//Angle 能讀不能寫
20      Console.Read();
21    }
22  }
23 }
```

執行結果

　　由於 Angle 屬性宣告中只有 get {…}區段，因此如果使用「Benz.Angle = 100;」之類的設定屬性敘述，就屬於不正確的語法，C# 編譯器是不會接受的。

五. 如何建立唯寫屬性

　　同理，如果要做出唯寫(Write)屬性 (只能修改、不能讀取)，做法就是在屬性設定區段裡面只出現 set {…}，絕對不能加入 get {…} 區段。如下範例：

程式碼 FileName: ConsoleProperty4.sln

```
01 namespace ConsoleProperty4
02 {
03    class Car     // 定義 Car 類別
04    {
05      private bool _turbo = false;
06      public bool Turbo        // 定義 Turbo 唯寫屬性
07      {                        // Turbo 屬性只有 set 區段沒有 get 區段
08        set
09        {
10          _turbo = value;
11        }
12      }
13    }
```

```
14
15      class Program
16      {
17          static void Main(string[] args)
18          {
19              Car Benz = new Car();
20              Benz.Turbo = true;   // Turbo 屬性只能寫不能讀
21          }
22      }
23  }
```

六. 自動屬性實作

在類別內使用 get 及 set 存取子來定義屬性最大的優點即是可以隱藏實作以及驗證程式碼，以達物件導向資料封裝；另外使用 get 及 set 存取子來定義類別屬性，該屬性即可與控制項屬性進行資料繫結。若使用 public 公用變數當做類別屬性，即無法達到資料封裝，且該屬性也不能和控制項屬性進行資料繫結，因此建議將 public 公用變數改使用 public 公用屬性來表示。

Visual C# 2005 之前的版本若是將所有 public 公用變數全部改成使用屬性來表示，那將會是大工程。而且像學生姓名這種單純是字串型別的變數並不需要進行資料封裝，若改以屬性表示，就要先建立私有變數來存放學生姓名內容，再透過 get 存取子來取得學生姓名屬性，最後透過 set 存取子來設定學生姓名屬性，如此是多麼麻煩的一件事。譬如下面簡例在 Student 學生類別內宣告私有變數 _StuID 及_StuName 用來存放學生的學號及姓名，再透過 get 及 set 存取子來定義公用的 StuID 編號及 StuName 姓名屬性，其寫法如下：

```
class Student        // 定義學生類別
{
    // 宣告私有變數_StuID 可存放學號, 宣告私有變數_StuName 可存放姓名
    private string _StuID, _StuName;
    public string StuID                // 定義 StuID 學號屬性
    {
        get{return _StuID;}         // 取得 StuID 學號屬性
        set{_StuID = value; }       // 設定 StuID 學號屬性
    }
    public string StuName // 定義 StuName 姓名屬性
    {
```

```
          get{return _StuName;}      // 取得 StuName 姓名屬性
          set{_StuName = value; }  // 設定 StuName 姓名屬性
       }
       ……
    }
```

由 Visual C# 2008 版本開始提供「自動屬性實作」讓屬性的定義更為明確，且使用 get 及 set 存取子來定義屬性即不需要重複宣告存放屬性的私有變數，這些存放屬性的私有變數會由編譯器自動建立，因此上面簡例，可修改成下面寫法，結果發現程式碼變得非常精簡。

```
class Student// 定義學生類別
{
    public string StuID{ get; set; }        // 定義 StuID 學號屬性
    public string StuName{ get; set;}       // 定義 StuName 姓名屬性
    ……
}
```

6.4.4 如何建立方法

一. 如何建立方法

物件的方法 (也有人稱之為成員函式 Member Function) 其實就是定義在類別內的函式，而方法的參數也不過就是函式的參數罷了，例如我們要替 Car 類別定義一個 Move() 方法，其範例程式碼如下：

程式碼 FileName: ConsolMemMethod1.sln

```
01 namespace ConsolMemMethod1
02 {
03    class Car          // 定義 Car 類別
04    {
05        // 宣告私有變數_x, _y 用來表示目前車子的 X, Y 座標位置
06        private int _x, _y;
07        // 定義 Movie 方法，用來設定目前車子的 X, Y 座標位置
08        public void Move(int vX, int vY)
09        {
10            _x = vX;
11            _y = vY;
```

```
12          }
13      }
14   class Program
15   {
16       static void Main(string[] args)
17       {
18           Car Benz = new Car();
19           Benz.Move(100, 200);
20       }
21   }
22 }
```

延續 ConsoleProperty2.sln 範例再定義一個加速的方法 Accelerate()，此方法可將車子的目前速度加 1。例如下面範例：

程式碼 FileName: ConsoleCallPropertyFunction1.sln

```
01 namespace ConsoleCallPropertyFunction1
02 {
03   class Car    // 定義 Car 類別
04   {
05       // 宣告_speed 私有變數用來存放車子的速度值
06       private int _speed = 0;
07       // 定義 Speed 速度屬性
08       public int Speed
09       {
10           get
11           {
12               return _speed;    // 傳回目前的速度
13           }
14           set
15           {
16               if (value < 0) value = 0;        // 速度不可小於 0
17               if (value > 200) value = 200;    // 速度不可大於 200
18               _speed = value;                  // 設定速度
19           }
20       }
21       // 定義 Accelerate()方法，用來指定目前車子速度+1
22       public void Accelerate()
23       {
```

24	Speed++;　// 速度 + 1；Speed 屬性會執行 8~20 行設定速度介於 0~200 之間
25	}
26	}
27	
28	class Program
29	{
30	static void Main(string[] args)
31	{
32	Car Benz = new Car();
33	Benz.Speed = 199;
34	Console.WriteLine($"\n 1. 現在速度:{Benz.Speed}");
35	Console.WriteLine("\n　　加速 ...");
36	Benz.Accelerate();
37	Console.WriteLine($"\n 2. 現在速度:{Benz.Speed}");
38	Console.WriteLine("\n　　加速 ...");
39	Benz.Accelerate();
40	Console.WriteLine($"\n 3. 現在速度:{Benz.Speed}");
41	Console.Read();
42	}
43	}
44	}

執行結果

二. 如何呼叫自身類別的屬性與方法

可將上述範例 Accelerate() 方法中的程式碼改成下面這樣子：

```
// ************ ConsoleCallPropertyFunction2.sln *******
public void Accelerate()
{
```

```
    this.Speed ++;
}
// *****************************************************
```

其中 this 表示物件自己本身，也就是使用物件本身的 Speed 屬性，會自動先呼叫 Speed 屬性的 get 存取子取得目前的值，加上 1 之後再自動呼叫 Speed 屬性的 set 存取子設定新屬性值，由於在 set 存取子中本來就設計了處理屬性範圍的程式碼，因此將來呼叫 Accelerate()方法來加速時，速度最高只能到 200，不會超出範圍。

當然如果要在物件中呼叫自己的方法也可以，例如要呼叫物件自己的 Move()方法，就用 this.Move(100, 200); 敘述，而參考物件內部的變數也是一樣，例如 this._speed。

那麼不加 this 可不可以？其實在這個範例是可以省略 this，直接用 Speed++;即可，不過萬一在方法(函式)中有另一個區域變數名稱也叫做 Speed，那就一定要加上 this，否則指的是區域變數 Speed，而不是物件屬性 Speed，例如：

```
// *********************************************************
public void Accelerate()
{
    int Speed;      // 定義區域變數 Speed
    Speed ++;       // 指的是區域變數 Speed
    this.Speed++;   // 指的是物件 Speed 屬性
}
// *********************************************************
```

因此只要是要參考到物件自己的方法、屬性或變數，最好在前面加上 this，比較妥當。

三. 方法多載

假設我們希望 Car 類別中的 Accelerate()方法能夠有多種加速的方式，例如：

```
Accelerate();           // 速度加 1
Accelerate(50);         // 速度加 50
Accelerate("STOP");     // 停車
```

這時候由於上述兩種 Accelerate()方法的參數個數與資料型別並不一樣，因此就可以使用多載(Overloading)來達成：

程式碼 FileName: ConsoleOverloading1.sln

```
01 namespace ConsoleOverloading1
02 {
03     class Car    // 定義 Car 類別
04     {
05         private int _speed = 0;   //欄位變數
06         public int Speed           //屬性
07         {
08             get
09             {
10                 return _speed;
11             }
12             set
13             {
14                 if (value < 0) value = 0;
15                 if (value > 200) value = 200;
16                 _speed = value;
17             }
18         }
19         // 第一種加速方法
20         public void Accelerate()
21         {
22             this.Speed++;
23         }
24         // 第二種加速方法
25         public void Accelerate(int addSpeed)
26         {
27             this.Speed += addSpeed;
28         }
29         // 第三種加速方法
30         public void Accelerate(string S)
31         {
32             if (S == "STOP") this.Speed = 0;
33         }
34     }
35
36     class Program
37     {
```

38	`        static void Main(string[] args)`
39	`        {`
40	`            Car Benz = new Car();`
41	`            Console.WriteLine($"\n 1. 現在速度 : {Benz.Speed}");`
42	`            Console.WriteLine("     加速 ...");`
43	`            Benz.Accelerate();         // 執行第一種加速方法`
44	`            Console.WriteLine($"\n 2. 現在速度 : {Benz.Speed}");`
45	`            Console.WriteLine("     加速 10 ...");`
46	`            Benz.Accelerate(10);       // 執行第二種加速方法`
47	`            Console.WriteLine($"\n 3. 現在速度 : {Benz.Speed}");`
48	`            Console.WriteLine("     停車 ...");`
49	`            Benz.Accelerate("STOP");  // 執行第三種加速方法`
50	`            Console.WriteLine($"\n 4. 現在速度 : {Benz.Speed}");`
51	`            Console.Read();`
52	`        }`
53	`    }`
54	`}`

執行結果

　　也就在使用 Accelerate()方法時，可以有多種參數可供選擇。因此多載(Overloading)指的就是讓參數資料型別或個數不同的方法可以使用相同的方法名稱，例如上述範例中的 Accelerate()方法即是。

四. 建構函式與解構函式

　　每個類別都有建構函式簡稱「建構式」(Constructor Function)，它是擁有與類別相同名稱的方法。根據類別定義建立物件時，會呼叫此建構函式。建構函式通常用來設定類別中所定義變數的初值。若是數值資料型別的初始值設為零、布林資料型別的初始值要設為 false，或參考型別的初始值要設為 null，則建構函式就不一定會設定初始值，因為這些資料型別都會自動進行初始化。您可定義含有參數的建構函式。我們將不帶任何參數的建構函式稱為「預設建構函式」(Default Constructor)。

　　由上可知，建構式是在建立物件時用來做物件初始化的工作。例如：開啟資料檔案、配置記憶體…，當程式執行到 Car Benz = new Car(); 時，由於加上了 new 敘述，因此會去執行物件中的建構式即呼叫 Car()。C# 允許你在定義類別中擁有一個以上的建構式，以應因建立物件時有不同初始化的方式，建構式的名稱一定要和類別名稱相同，編譯器會根據所傳入參數個數及資料型別來呼叫所對應的建構式，若定義類別中未加入建構式，當程式建立物件時，編譯器會自動提供一個不做任何事的預設建構式(Default Constructor)。

　　譬如：定義一個 Student 類別擁有兩個建構式，一個傳入一個參數，一個傳入兩個參數來做建立物件初始化的工作，其寫法如下：

```
01    class Student{
02      private int _Height, _Weight;
03      // Student 類別的建構式，須設定一個引數
04      public Student(int w){
05        _Weight = w;              // 初始化_Weight 欄位
06        _Height = 160;            // 初始化_height 欄位的值為 160
07      }
08      // Student 類別的建構式，須設定兩個引數
09      public Student(int w, int h){
10        _Weight = w;
11        _Height = h;
12      }
13    }
14    class Program{
15      static void Main(string[] args){
16        Student David = new Student(56);        // 呼叫第 4-7 行
17        Student Mary = new Student(48, 150);    // 呼叫第 9-12 行
18      }
19    }
```

　　建構式中可以用來做一些物件的初始化動作，而當物件消滅時，就會執行物件的「解構式」(Destructor)。在解構式中可做一些物件結束的動作，譬如：關閉資料檔案、釋放所配置的記憶體…等工作。類別中允許建立參數多樣化的建構式，但是解構式只能有一個，建構式的名稱一定要和類別名稱相同，可以根據所傳入的引數來呼叫不同的建構

式,而解構式名稱則是在類別名稱之前加上「~」。例如:上面 Student 類別的解構式名稱即為「~Student」。建立物件時使用建構式與解構式時應注意下列事項:

1. 若類別中未定義建構式,會自動提供一個不做任何事的預設建構式。
2. 建構式的名稱必須與類別名稱同名。
3. 建構式也可以多載,其做法和多載方法一樣,是使用不同的引數串列的個數和引數串列的資料型別來加以區隔建構式。
4. 建構式和解構式沒有傳回型別,即使是 void 也不需要。
5. 解構式的名稱必須和類別一樣,且解構式名稱之前要加上「~」符號。
6. 解構式是無接受參數的方法,且只能有一個,因此解構式無法多載。
7. 解構式無法直接呼叫,只有在物件被破壞時才會執行。

前例在類別中都未定義建構式,但這並不表示在建立物件時不會執行建構式,如果在類別中沒有定義建構式,C# 會自動產生一個空的建構式稱為「預設建構式」。因此,雖然有呼叫預設建構式,但是卻沒有做物件的屬性初值設定。現在使用「Console Constructor1.sln」這個範例來說明建構式的使用方式,此範例的 Student 類別內定義了三個建構式用來做 Weight 體重和 Height 身高的設定。下圖是範例的執行結果:

執行結果

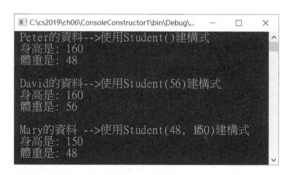

程式碼 FileName: ConsoleConstructor1.sln

```
01 namespace ConsoleConstructor1
02 {
03     class Student
04     {
05         private int _Height, _Weight;
06         public Student()
07         {
```

```
08              _Weight = 48;
09              _Height = 160;
10          }
11      // Student 類別的建構式，須設定一個引數
12      public Student(int w)
13      {
14              _Weight = w;                    // 初始化_Weight 欄位
15              _Height = 160;                  // 初始化_Height 欄位的值為160
16          }
17      // Student 類別的建構式，須設定兩個引數
18      public Student(int w, int h)
19      {
20              _Weight = w;
21              _Height = h;
22          }
23      // Student 類別的GetShow()方法，可顯示學生的身高和體重
24      public void GetShow()
25      {
26              Console.WriteLine($" 身高是：{_Height} ");
27              Console.WriteLine($" 體重是：{_Weight} \n");
28          }
29      }
30
31  class Program
32  {
33      static void Main(string[] args)
34      {
35          Student Peter = new Student();
36          Console.WriteLine("\n 1.Peter 的資料--> 使用 Student ()建構式");
37          Peter.GetShow();
38          Student David = new Student(56);
39          Console.WriteLine("\n 2.David 的資料--> 使用 Student (56)建構式");
40          David.GetShow();
41          Student Mary = new Student(48, 150);
42          Console.WriteLine("\n 3.Mary 的資料-->用 Student (48,150)建構式");
43          Mary.GetShow();
44          Console.Read();
45      }
```

| 46 | } |
| 47 | } |

說明

1. 第 3-29 行：定義了一個名稱為 Student 類別，這個類別有三個建構式(6-22 行)以及 GetShow()方法(24-28 行)。

2. 第 6-10 行：為建構式，它用來將_Weight 初始化為 48，_Heigth 初始化為 160。

3. 第 12-16 行：為建構式，使用時必須傳入一個參數，所傳入的參數用來初始化 _Weight 的值，_Height 初始化為 160。

4. 第 18-22 行：為建構式，使用者必須傳入二個參數，所傳入的參數用來初始化_Weight 和_Height 的值。

5. 第 24-28 行：GetShow()方法可以顯示 _Weight 和 _Height 的值。

6. 第 35 行：建立 Peter 物件，會使用 6-10 行的建構式。

7. 第 38 行：建立 David 物件，會使用 12-16 行的建構式。

8. 第 41 行：建立 Mary 物件，會使用 18-22 行的建構式。

不過這裡要注意一件事。定義類別時若沒有撰寫建構式時，C# 會自動產生一個預設建構式(Default Constructor)，這表示物件產生時，所有的資料成員都不必進行初始化的動作。若有定義建構式時，預設建構式會自動消失，若想要在程式中使用到 Student Fred=new Student(); 會產生下圖錯誤。例如把本例第 6-10 行程式碼刪除，或加上註解也可參考「ConsoleConstructor2」，然後重新編譯一次時，則會出現如下圖的錯誤清單：

解決這個問題的方法就是在 Student 類別中加上下列程式碼，也就是說在 public Student(){ … } 建構式內不要撰寫任何程式碼，即將第 8-9 行加上註解：

```
public Student()
{
    //  Weight = 48;
    //  Height = 160;
}
```

如此一來，表示 Student 類別中也具有預設建構式，這樣子就不會出錯了。可參考書附範例「ConsoleConstructor3.sln」的程式碼，下圖是該範例的執行結果：

執行結果

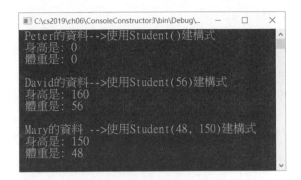

至於解構式(Destructor)是用來解構類別的執行個體。當物件被終止時，系統會自動執行解構式，用來將物件佔用的記憶體釋放掉。

現在透過下面範例來說明建構式與解構式的使用。在 Car 類別加上兩個建構式，用來設定速度的初始值。並且加上 Car 類別的解構式用來顯示 "車子物件消滅了…" 一行訊息，其中一個建構式不需傳入參數；另一個建構式必須傳入一個整數。

執行結果

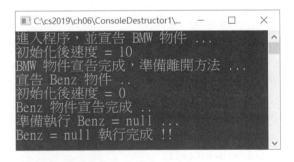

程式碼　FileName: ConsoleDestructor1.sln

```
01 namespace ConsoleDestructor1
02 {
03    class Car   // 定義 Car 類別
04    {
05        private int _speed = 0;
06        // 物件的建構式 #1
07        public Car()
```

6-39

```
08          {
09              _speed = 0;
10              Console.WriteLine($"初始化後速度 = {_speed}" );
11          }
12          // 物件的建構式 #2
13          public Car(int vSpeed)
14          {
15              _speed = vSpeed;
16              Console.WriteLine($"初始化後速度 = {_speed}");
17          }
18          // 物件的解構式
19          ~Car()
20          {
21              Console.WriteLine("車子物件消滅了 ...");
22          }
23      }
24
25  class Program
26  {
27      static void DoSomething()
28      {
29          Console.WriteLine("\n 進入程序，並宣告 BMW 物件 ...");
30          Car BMW = new Car(10);
31          Console.WriteLine("\n BMW 物件宣告完成，準備離開方法 ...");
32      }
33      static void Main(string[] args)
34      {
35          DoSomething();
36          Console.WriteLine("\n 宣告 Benz 物件 ..");
37          Car Benz = new Car();
38          Console.WriteLine("\n Benz 物件宣告完成 ..");
39          Console.WriteLine("\n 準備執行 Benz = null ...");
40          Benz = null;
41          Console.WriteLine("\n Benz = null 執行完成 !!");
42          Console.Read();
43      }
44  }
45 }
```

由執行結果可知，BMW 物件是在 DoSomething()方法中宣告的區域物件，而 Benz 物件則是在 Main() 方法中宣告的。結果是不是令人大失所望，程式似乎根本就沒有執行到物件解構式 ~Car，為什麼會這樣子呢？

原來解構式在物件消滅時是一定會執行的，但是你無法預期它什麼時候執行，唯一能確定的是，.NET Framework 一定會在之後的某一個時間執行它。至於為什麼 .NET Framework 對於解構式的執行要設計成這樣呢？這與 .NET Framework 內部的垃圾收集 (Garbage Collection 簡稱 GC) 機制有關，為了程式執行的效率，.NET Framework 中的 Garbage Collection Process 會在記憶體不足或程式結束時才會回收物件的記憶體，Benz=null; 敘述只是將 Benz 這個物件的參考(reference)釋放掉，並不見得會回收 Benz 原本所指的物件。所以當你結束執行本範例時，如下圖主控台視窗會顯示兩行「車子物件消滅了…」的訊息，接著再關掉主控台視窗。(參閱 ch06\ConsoleDestructor2.sln 範例)

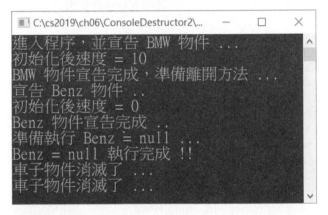

如果想要強制回收物件的記憶體，只要使用 GC.Collect(); 敘述就可以了，您可參考範例 ConsoleDestructor2.sln，如下面範例程式在 ConstructorDestructor1.sln 的 Main()主程式中第 41-42 行之間插入 GC.Collect(); 敘述，就可強制執行記憶體回收機制。

```
// FileName : ConsoleDestructor2.sln

            (部分同 ConsoleDestructor1.sln 第 1-32 行)

static void Main(string[] args)
{
    DoSomething();
    Console.WriteLine("\n 1. 宣告 Benz 物件 ..");
    Car Benz = new Car();
    Console.WriteLine("\n    -- Benz 物件宣告完成 ..");
```

```
        Console.WriteLine("\n 2. 準備執行 Benz = null ...");
        Benz = null;
        Console.WriteLine("\n    ** Benz = null 執行完成 !!");
        GC.Collect();      // 強制執行記憶體回收機制
        Console.Read( );
    }
// ********************************************************
```

五. 物件初始設定式

當使用 new 建立物件時會呼叫指定的建構函式，假若欲設定初始化物件的屬性很多，那就要定義多載建構函式。譬如：會員類別擁 Id 帳號、Pwd 密碼、Name 姓名、Tel 電話、Address 住址等五個屬性，若希望建立會員物件同時可以初始化會員物件 0~5 個屬性值，此時最少就要定義 6 個 Member 建構函式，如下：

```
public class Member               //定義 Member 類別
{
    public string Id { set; get; }
    public string Pwd { set; get; }
    public string Name { set; get; }
    public string Tel { set; get; }
    public string Address { set; get; }
    public Member (){}                         //建構函式#1
    public Member (string vId){Id=vId ;}        //建構函式#2
    public Member (string vId, string vPwd){    //建構函式#3
        Id=vId ;    Pwd=vPwd ;
    }
    ......
    public Member (string vId, string vPwd,     //建構函式#5
        string vName, string vTel, int vAddress){
        Id=vId ;    Pwd=vPwd;          Name=vName ;
        Tel=vTel ; Address=vAddress;
    }
}
```

上例透過類別建構函式來初始化物件的屬性值很麻煩，在 C# 提供「物件初始設定式」可用來初始化物件的欄位或屬性值，使用「物件初始設定式」並不需要明確呼叫建構函式即可進行物件屬性或欄位初始化的動作。如下寫法使用物件初始設定式來初始化 Member 物件的 Id 帳號, Pwd 密碼, Name 姓名, Tel 電話, Address 住址的屬性值，其寫法比建構函式的方式更加簡單。

```
public class Member                    //定義 Member 類別
{
    public string Id { set; get; }
    public string Pwd { set; get; }
    public string Name { set; get; }
    public string Tel { set; get; }
    public string Address { set; get; }
// Main 主程式，即程式執行進入點
    static void Main(string[] args)
    {
        //Jasper 物件設定帳號為"Jasper"
        Member Jasper = new Member {Id="Jasper"};

        //Anita 物件設定帳號為 "Anita", 密碼為 "123", 姓名為 "愛尼塔"
        Member Anita = new Member
            {Id="Anita", Pwd="123", Name="愛尼塔"};
        //Aliya 物件初始化帳號, 密碼, 姓名, 住址, 電話
        Member Aliya = new Member
            { Id="Aliya", Pwd="456" , Name="愛麗雅" ,
            Address="台北市忠山路 1 號",  Tel="02-22551133"};
    }
}
```

6.4.5 如何建立事件

　　事件(Event)的定義與處理流程算是截至目前為止最複雜的部份了，在此之前得要先了解如何在類別中宣告事件，我們曾經介紹過，事件其實有點類似方法，唯一的差別是方法中我們必須事先定義好所需執行的程式碼，而事件則是在宣告物件時才由程式設計師針對自己的需要來撰寫事件，例如 button1 物件原本就有 Move()方法，因為 Move()方法是在 Button 類別中早就事先定義好的，而 button1_Click 事件則是必須自行在類別之外 (不是在類別中定義) 撰寫相關的程式碼，也就是說在類別中僅僅定義事件的名稱與參數，至於事件 (事件函式)則是在物件使用時才加以定義的。

　　延用之前的 Car 類別，假設我們希望當物件的 Speed 屬性值超過 200 時，物件能夠透過事件通知我們，並且將目前的速度當成事件的參數，以便我們在事件中可以知道目前的速度。現在以範例 ConsoleEvent1.sln 介紹如何定義事件的步驟：

一. 建立 delegate 委派型別

　　delegate (委派)型別擁有類似 C++中的函式指標,它可以指向方法的參考指標,也就是說透過 delegate 型別可以呼叫物件(執行個體)的方法,以傳回特定的資訊,在 C# 中 delegate 型別最常應用在事件處理上。本例使用下面敘述定義事件 delegate 型別,其名稱為 DangerEvent,事件傳入的參數為一個 int 整數型別。(參考第 3 行程式)

```
delegate void DangerEvent(int vSpeed);
```

二. 建立 event 敘述宣告事件

　　接著可以在類別中宣告一個事件如下:(參考第 9 行程式)

```
public event DangerEvent Danger;
```

　　這個事件的名稱叫做 Danger,屬於 DangerEvent delegate 型別,而且有一個整數參數 vSpeed,事件的定義就是這麼簡單。

三. 如何觸動事件

　　那麼當物件發覺 Speed 屬性值超過 200 時,要怎樣才能觸動這個事件呢?你只要在 Speed 屬性 set {…} 區段 (設定屬性值時會執行到) 中,直接呼叫事件即可。本例使用下面敘述,若 Danger 有指向一個方法的參考(Danger != null),則馬上呼叫事件。(參考第 21 行程式)

```
if (Danger!=null) Danger(value);
```

　　也就是將新的 Speed 屬性設定值 value 當做參數來呼叫 Danger 事件,有點像在呼叫一般的方法(函式)一樣。

四. 如何定義事件

　　回憶一下之前幾章所介紹的控制項事件,當我們在 button1 按鈕上按一下時,不是會觸動 Click 事件嗎?於是我們就必須將所要執行的程式寫在button1_Click 事件處理函式中,在自己定義的物件中也是差不多的,我們就在 Program 類別中設計了一個靜態(static)的 TooFast()方法,用來當做自己定義事件處理函式,既然是事件處理函式,當然參數就要和 Car 類別中的 Danger 事件定義一樣才可以,也就是都有一個 vSpeed 的整數參數,用來表示目前的速度 (參考第 30~33 行程式) 。

五. 指定物件發生事件所要處理的方法

當 Speed 屬性設定超過 200 時，物件會呼叫 Danger 事件，然後我們的事件處理方法(函式)是 TooFast…，好像沒這麼順利不是嗎？類別中所執行的是 Danger 事件，跟我們後來定義的 TooFast()方法根本一點干係都沒有，因此我們還要清楚定義「呼叫 Danger 事件其實就是呼叫 TooFast()方法」這項重要的事，在宣告出 Benz 這個 Car 物件後必須再使用 new 關鍵字來建立屬於 DangerEvent delegate 型別的實體，然後將 Benz 物件中的 Danger 事件對應到 TooFast()方法：(第 38 行)

```
Benz.Danger += new DangerEvent(TooFast);
```

當我們將 Benz 的 Speed 屬性設定成 300，Benz 物件的 Speed 屬性就會執行 Danger 事件，而由於定義了 Benz 物件的 Danger 事件就是 TooFast 事件方法(事件處理函式)，於是就會執行 TooFast 事件方法(事件處理函式)了。

完整範例程式碼：

程式碼 FileName: ConsoleEvent1.sln

```
01 namespace ConsoleEvent1
02 {
03     delegate void DangerEvent(int vSpeed);        // 宣告 delegate 型別
04
05     class Car
06     {
07         private int _speed;
08
09         public event DangerEvent Danger;          // 宣告事件
10
11         public int Speed           // 定義 Speed 屬性
12         {
13             get
14             {
15                 return _speed;
16             }
17             set
18             {
19                 if (value > 200)
20                 {
```

```
21                     if (Danger != null) Danger(value); // 啟動事件
22                 }
23              _speed = value;
24          }
25      }
26  }
28  class Program
29  {
30      static void TooFast(int vSpeed)//TooFast 是 Danger 事件的事件處理函式
31      {
32          Console.WriteLine
                ($"\n 你的目前的速度是 {vSpeed},超過 200，請減速 !!!");
33      }
34      static void Main(string[] args)
35      {
36          Car Benz = new Car();
37          // 指定 Danger 事件由 TooFast 方法來處理
38          Benz.Danger += new DangerEvent(TooFast);
39          Benz.Speed = 300;
40          Console.Read();
41      }
42  }
43  }
```

執行結果

6.5 實例 - 堆疊

堆疊(stack)是一個有序串列(Ordered list)，它是演算法中最常使用的資料結構。資料的新增及刪除都是在最頂端(TOP)進行，堆疊就像一個有底的袋子，永遠只會有一個出入口。如圖一，當資料從頂端加入的動作則稱為壓入(Pushing)；如圖二，資料由堆疊頂端取出(刪除)資料的動作則稱為彈出(Poping)。由上述這些特性可以知道，最後放入堆疊的資料一定是最先被取出的，我們稱為「後進先出」(Last-in First-out：LIFO)。

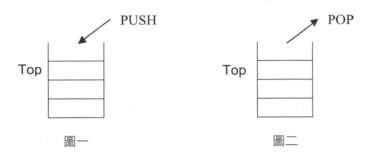

圖一   圖二

⊙ **範例**：ConsoleStackDemo.sln

建立 Stack 堆疊類別。本例使用功能選單呼叫 Stack 堆疊類別的 Push()、Pop()、PrintStack()三個方法，其功能是分別將資料置入堆疊、由堆疊提取資料、依序顯示堆疊裡面的資料。輸出入介面按照下面六張畫面設計。

執行結果

1. 輸入堆疊物件可存放多少個元素

2. 選 "5"-超出範圍錯誤畫面

3. 選 "1"-將輸入的資料放入堆疊畫面

4. 選 "3"-顯示目前堆疊內容畫面

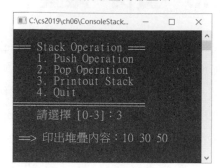

5. 選 "1"-堆疊滿時畫面提示

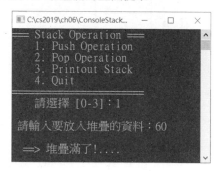

6. 選 "2"-將資料由堆疊中拿出畫面

程式分析

1. 定義一個 Stack 類別可用來建立可存放整數的堆疊物件。該類別的成員如下說明，右圖即為範例的類別圖表，🔒 的成員為 private 私有欄位，🔷 的成員為 public 公用方法：

① _aryData()整數陣列：該陣列用來存放堆疊內的元素。

② _top：指向目前堆疊最上面的資料。

③ Stack(int n)建構式：用來建立可存放 n 個元素的_aryData()整數陣列。

④ Pop()方法：用來取出_aryData 陣列堆疊中的一個元素並顯示出來，若無元素，則顯示「堆疊空了」的訊息。

⑤ Push(int n)方法：可將 n 值放入到 _aryData 陣列堆疊中，若堆疊已滿則顯示「堆疊已滿」的訊息。

⑥ PrintStack()方法：印出堆疊內所有的元素。

2. Main() 方法演算法

① 讓使用者輸入堆疊的大小。

② 使用 do{…}while(true); 無窮迴圈，迴圈內透過 if…else if…else…敘述作一個功能表目錄，利用數字(0-3)提供選擇，依數字呼叫指定的物件方法。

③ 選 "1" 呼叫 Push()方法，將輸入值存入堆疊中。

④ 選 "2" 呼叫 Pop()方法，由堆疊中取資料出來。

⑤ 選 "3" 呼叫 PrintStack()方法，顯示堆疊內的所有資料。

⑥ 選 "4" 結束程式。

⑦ 其他數字顯示 "Error input(0-3)!!" 錯誤訊息，重回功能表再選擇一次。

3. Stack 類別建構式的演算法

① 呼叫建構式必須傳入欲配置堆疊大小的值，在建構式內建立 _aryData 整數陣列的大小，即表示配置堆疊的大小。

② _top 用來指向目前堆疊存放的位置，請將 _top 設為 0，表示目前指向堆疊的底部。

4. Stack 類別的 Push()方法的演算法

① 判斷 _top 是否已到堆疊最頂部？如果 _top 等於 _aryData.Length 表示已到堆疊最頂部，則顯示 "堆疊滿了" 並離開 Push 方法。

② 將鍵入的資料存入目前 _top 所指的 _aryData 陣列元素。

③ 由於 _top 是指到目前堆疊中最上面的資料，要再存入下一個資料，必須先將 _top 往下一個陣列元素移動，即 _top+=1。

④ 顯示 "壓入 xx 到堆疊內"。

5. Stack 類別的 Pop()方法的演算法

① 判斷 _top 是否已到堆疊最底部？如果 _top 等於 0 表示已到堆疊最底部，則顯示 "堆疊空了" 並離開 Pop 方法。

② 先將 _top 往前一個元素移動，即 _top-=1。

③ 將 _top 目前所指的元素取出後並顯示在畫面上。

6. Stack 類別的 PrintStack()方法的演算法

① 判斷_top 是否已到堆疊最底部？如果_top 等於 0 表示已到堆疊最底部，
則顯示 "堆疊內沒有資料" 並離開 Pop 方法。

② 使用迴圈將目前堆疊內的所有資料印出。

程式碼 FileName: ConsoleStackDemo.sln

```
01  namespace ConsoleStackDemo
02  {
03      class Stack
04      {
05          private int[] _aryData;
06          private int _top;
07          // 建構式
08          public Stack(int n)
09          {
10              _aryData = new int[n];
11              _top = 0;
12          }
13          // 將資料放入堆疊
14          public void Push(int n)
15          {
16              if (_top == _aryData.Length)
17              {
18                  Console.WriteLine("\n  ==> 堆疊滿了!....");
19                  return;
20              }
21              _aryData[_top] = n;
22              _top += 1;
23              Console.WriteLine($"\n ==> 壓入{n}到堆疊內....");
24          }
25          //將堆疊的資料拿出
26          public void Pop()
27          {
28              if (_top == 0)
29              {
30                  Console.WriteLine(" ==> 堆疊空了 ! ....");
31                  return;
```

```
32                 }
33             _top -= 1;
34             Console.WriteLine($"\n  ==> 由堆疊彈出資料：{_aryData[_top]}");
35         }
36     //印出堆疊的所有資料
37     public void PrintStack()
38     {
39         if (_top == 0)
40         {
41             Console.WriteLine("\n  ==> 堆疊內沒有資料！....");
42             return;
43         }
44         Console.Write("\n ==> 印出堆疊內容：");
45         for (int i = 0; i < _top; i++)
46         {
47             Console.Write($"{_aryData[i]} ");
48         }
49         Console.WriteLine();
50     }
51 }
52
53 class Program
54 {
55     static void Main(string[] args)
56     {
57         Console.Write("\n 請輸入堆疊可存放的數量：");
58         int num = int.Parse(Console.ReadLine());
59         Stack s = new Stack(num);
60         int sel, input;
61         do
62         {
63             Console.WriteLine();
64             Console.WriteLine("=== Stack Operation ===");
65             Console.WriteLine("    1. Push Operation ");
66             Console.WriteLine("    2. Pop Operation ");
67             Console.WriteLine("    3. Printout Stack");
68             Console.WriteLine("    4. Quit");
69             Console.WriteLine("========================");
70             Console.Write("    請選擇 [0-3]：");
```

```
71              sel = int.Parse(Console.ReadLine());
72              if (sel == 1)
73              {
74                  Console.Write("\n 請輸入要放入堆疊的資料：");
75                  input = int.Parse(Console.ReadLine());
76                  s.Push(input);
77              }
78              else if (sel == 2)
79              {
80                  s.Pop();
81              }
82              else if (sel == 3)
83              {
84                  s.PrintStack();
85              }
86              else if (sel == 4)
87              {
88                  Console.WriteLine("    離開系統");
89                  return;
90              }
91              else
92              {
93                  Console.WriteLine("    === Error input(0-3)!!");
94              }
95          } while (true);
96          Console.ReadLine();
97      }
98   }
99 }
```

繼承、多型、介面

7.1 繼承

7.1.1 類別繼承

物件導向程式設計中的繼承類似真實世界的遺傳,例如:兒子會遺傳爸爸或媽媽的特色(屬性或方法),且兒子會再擁有自己新的特色。透過繼承的機制可以讓新的類別可以延伸出更強的功能,通常我們將被繼承的類別稱為基底類別(Base Class)、父類別(Parent Class)或超類別(Super Class),而繼承的類別稱為衍生類別(Derived Class)、子類別(Child Class)或次類別(Sub Class)。當子類別繼承自父類別後,子類別擁有父類別所有的成員(屬性、方法、欄位)。C# 繼承的語法如下:

語法

```
class 子類別:父類別 // 子類別繼承自父類別
{
    ......
}
```

[例] Employee 類別含有屬性 A1 和方法 A1,Manager 類別含有屬性 B1 和方法 B2。
　　 Manager 類別繼承自 Emplyee 類別,兩者的類別定義方式:

```
// 定義 Employee 員工類別
class Employee
{
    屬性 A1
    方法 A2

}
// Manager 經理類別繼承自 Employee 員工類別
class Manager : Employee
{
    屬性 B1
    方法 B2

}
```

Manager 類別：
　屬性 B1
　方法 B2

Employee 類別：
　屬性 A1
　方法 A2

7.1.2 類別成員的存取限制

在前一章已介紹有關類別的成員存取修飾詞,除了可使用 private 和 public 之外,還可以使用 protected,我們再對這三個常用的修飾詞加以說明:

1. public
    public 成員的存取沒有限制,允許在類別、子類別或宣告的物件中使用 public 成員,是屬於公開層級。

2. private
    private 成員只能在自身類別內做存取的動作,是屬於私有層級,外界無法使用。

3. protected
    protected 成員除了可讓自身類別存取外,也可讓子類別做存取,是屬保護層級。

下面範例定義 Employee 員工類別含有 Salary 薪資屬性,使用 get & set 設定屬性值,屬性值設定介於 20,000~40,000 元之間,若薪資低於 2 萬元,以 2 萬元計;高於 4 萬元以 4 萬元計。然後再定義一個繼承自 Employee 員工類別的 Manager 經理類別,並在經理類別中新增一個 Bonus 獎金屬性以及顯示實領薪資的 ShowTotal()方法。因為 Manager 經理類別繼承自 Employee 員工類別,所以 Manager 類別擁有 Employee 類別的所有成員 (屬性及方法),因此 Manager 類別也可以使用 Salary 屬性。假設 Tom 為員工、Peter 為經理,兩人薪資都設為 50,000 元。完整程式碼如下:

程式碼 FileName: ConsoleInherits1.sln

```
01 namespace ConsoleInherits1
02 {
```

```
03    class Employee          // 定義 Employee 員工類別
04    {
05      private int _salary;   // Employee 員工類別有 Salary 薪水屬性
06      public int Salary       // 薪水介於 20000~40000 之間
07      {
08        get
09        {
10          return _salary;
11        }
12        set
13        {
14          if (value < 20000)       // 薪水最少 20000
15            _salary = 20000;
16          else if (value > 40000)   // 薪水最多 40000
17            _salary = 40000;
18          else
19            _salary = value;
20        }
21      }
22    }
23    //Manager 經理類別繼承自 Employee 員工類別
24    class Manager : Employee
25    {
26
27      public int Bonus{get;set;}        // 加入 Bonus 獎金屬性
28      public void ShowTotal()            // 加入顯示實領獎金方法
29      {
30        Console.WriteLine($"\n 實領薪水：{(Bonus + Salary).ToString("0,0")}");
31      }
32    }
33
34    class Program
35    {
36      static void Main(string[] args)
37      {
38      Employee tom = new Employee(); // 建立 Employee 員工類別的 tom 物件
39      tom.Salary = 50000;            // 設定薪水
40      Console.WriteLine($"\n Tom 員工薪水 :{tom.Salary.ToString("0,0")}");
```

```
41          Console.WriteLine("=====================");
42          Console.WriteLine();
43          Manager peter = new Manager();   // 建立 Manager 經理類別 peter 物件
44          peter.Salary = 50000;            // 設定薪水
45          Console.WriteLine($" Peter 經理薪水:{peter.Salary.ToString("0,0")}");
46          peter.Bonus = 30000;             // 設定 peter 的獎金 30000
47          Console.WriteLine($" Peter 經理獎金:{peter.Bonus.ToString("0,0")}");
48          peter.ShowTotal();               // 呼叫第 28 行顯示 peter 實領薪水
49          Console.Read();
50      }
51   }
52 }
```

執行結果

7.2 靜態成員

7.2.1 靜態成員的使用

在類別中除了上述 private、protected、public 三種不同等級存取修飾詞的成員宣告方式外,在某些特殊狀況下還可以使用 static 敘述來宣告「靜態成員」(Static Members)。使用 static 宣告出來的成員是不需要經過 new 敘述來建立物件實體就可以直接透過類別來使用。static 成員在記憶體中只會儲存一份,且該類別所產生的物件都可以一起共用此 static 成員。

例如:下例在 Car 類別中宣告 Total 靜態屬性用來記錄車子物件的總數,當建立 Car 物件執行建構式時,Total 即馬上加上 1;在 Car 類別內定義名稱為 ShowTotalCars() 靜態方法用來顯示目前共產生幾部車子，呼叫此方法可直接使用 Car. ShowTotalCars(); 敘述，不用建立 Car 物件。完整程式碼如下：

程式碼 FileName: ConsoleStaticMember.sln

```
01 namespace ConsoleStaticMember
02 {
03    public class Car
04    {
05        public  int No { get; set; }          // No 屬性用來記錄是第幾部車
06        public static int Total { get; set; }// Total 靜態屬性，記錄車子總數
07        public static void ShowTotalCars()    // static 方法
08        {
09            Console.WriteLine($" 現在共有 { Total } 部車子");
10            Console.WriteLine(" ==================================\n);
11        }
12        public void ShowMe(string vCarName)
13        {
14            Console.WriteLine($" { vCarName } 是第 { No } 部車。");
15        }
16        public Car()                // Car 類別建構式
17        {
18            Total += 1;
19            No = Total;             // 記錄車號
20        }
21        ~Car()                      // Car 類別解構式
22        {
23            Total -= 1;             // 當物件消滅時，將 Total 減 1，表示車子總數減 1
24        }
25    }
26
27    class Program
28    {
29        static void Main(string[] args)
30        {
31            Console.WriteLine();
32            Car.ShowTotalCars();
33            Car Benz = new Car();          // 建立第一部新車,自動執行 16-20 行
```

34	`Console.WriteLine($" Benz 是第 { Benz.No } 部車");`
35	`Car.ShowTotalCars();`
36	`Car BMW = new Car();`　　　// 建立第二部新車,自動執行 16-20 行
37	`Car Ford = new Car();`　　　// 建立第三部新車,自動執行 16-20 行
38	`BMW.ShowMe("BMW");`
39	`Ford.ShowMe("Ford");`
40	**`Car.ShowTotalCars();`**
41	**`Car MyCar;`**　　　　　　　// 宣告一個 Car 的參考
42	**`Car.ShowTotalCars();`**
43	`MyCar = BMW;`　　　　　　// 將 MyCar 指向 BMW
44	`MyCar.ShowMe("MyCar");`
45	`Console.Read();`
46	}
47	}
48	}

執行結果

現在共有 0 部車子

Benz 是第 1 部車
現在共有 1 部車子

BMW 是第 2 部車。
Ford 是第 3 部車。
現在共有 3 部車子

現在共有 3 部車子

MyCar 是第 2 部車。

　　　您可以直接使用 Car.Total 來存取 Total 這個 static 靜態屬性,也可以直接使用
Car.ShowTotalCars() 來執行 ShowTotalCars()這個 static 靜態方法,由於 Total 是 static 成
員,因此不管是在這個類別的哪一個物件實體中,看到的都是同一個 Total 屬性,所以
可以用來累加,而 No 則是物件中的屬性,是每一個物件實體中各有一份的。要注意的
是 static 方法中只能存取類別中定義的 static 成員,不能存取非 static 成員。

7.2.2 .NET Framework 的記憶體配置

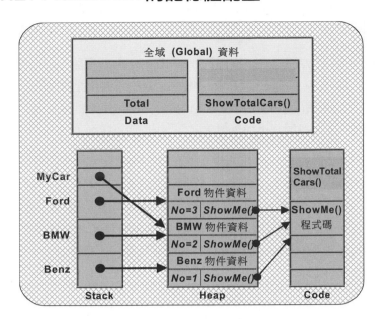

為了更明白解釋 static 靜態成員的角色，有必要來瞭解上圖 .NET Framework 中的記憶體配置方式，其中每一個程式的行程 (Process) 中都配置有一個全域的記憶體區域，用來存放全域的程式碼與變數資料，這個部份是所有同一個行程所共用，其中類別中宣告的 static 成員也是存放在這個區域，所以就算 Car 類別還沒用來宣告任何物件，實際上 Car.Total 早就存在記憶體中，也能夠直接存取。所以，在 Car 類別中的建構式 Car() 中，我們使用 Total += 1 來累加數目，也就是當第一個 Car 類別的物件建立後，Total 會等於 1，第二個 Car 類別的物件建立後，Total 會等於 2，以此類推。

另外一區是是堆疊 (Stack) 區，此區是用來放置區域變數的。例如上述 Main() 方法內所宣告的變數 Benz、BMW…都是放在這個區域，當執行 Car Benz = new Car(); 時會把 Benz 物件變數 (只是一個 Reference) 放在 Stack 區中，然後另外在 Heap 區中動態配置 Benz 這個物件的內容，例如 No、ShowMe()方法指標，而 ShowMe()程式碼則是另外放在 Code 區，Heap 區中的 ShowMe() 指標則是指向 Code 區的 ShowMe()程式碼。隨後的 BMW 和 Ford 物件由於也是用 new 敘述建立的，因此也會在 Heap 區中配置記憶體，不過 ShowMe() 方法的程式碼則是共用的。

最後宣告的 MyCar 物件變數，由於沒有使用 new 敘述來建立，因此並不會在 Heap 區中配置記憶體，但是當執行 MyCar = BMW; 敘述後，MyCar 就指向 BMW 在 Heap 中的物件記憶體區，所以這時候的 MyCar 和 BMW 其實都是指到同一個物件 (No = 2)。

當物件的生命週期結束之後，譬如執行 BMW = null; 或離開 Main() 方法，則 .NET Framework 中的 Garbage Collection Process 會在適當的時機執行物件的解構式 ~Car()，並回收物件在 Heap 中所佔用的記憶體，這個部份介紹物件的建構式與解構式中已經大致說明過，相信經上面解說應更加清楚。

還要注意的是，由於 MyCar 和 BMW 都是指向 Heap 中的同一個物件，因此如果單單執行 BMW = null; ，Garbage Collection Process 是不會回收物件在 Heap 中所佔的記憶體，因為該物件仍然有 MyCar 這個物件變數參考到它，因此必須在「MyCar = null;」敘述執行後，會在適當的時機回收沒有使用的記憶體(由於 MyCar 是區域變數，所以離開 Main() 方法時也相當於執行 MyCar = null)。關於記憶體回收時機如下：

1. 程式結束時。
2. 記憶體不足時。
3. 執行 GC.Collect()時。

7.3　多型

「多型」(Polymorphism)又稱同名異式，它是透過動態繫結的方式讓開發人員在程式執行時期可以動態決定物件參考所要執行的方法。多型允許在程式中使用名稱相同的方法或屬性，但不需考慮當時使用的物件型別是什麼。若要設計多型，子類別就必須先覆寫父類別同名稱的方法或屬性，接著再使用父類別的物件參考來選擇所要執行子類別物件實體的方法。由於多型的使用上會在類別中建立名稱相同的成員(屬性或方法)，多載和覆寫也可以建立名稱相同的成員，因此有必要釐清這兩者的概念：

1. 多載成員

可接受不同個數的參數或不同資料型別的參數，用來提供不同版本的屬性或方法。

2. 覆寫成員

子類別的成員可用來取代父類別中不適用的成員，子類別覆寫父類別的成員時，子類別與父類別的成員必須接受相同個數的參數與相同的資料型別。

接著透過下面小節介紹，讓您一步步體會覆寫與多型的設計方式。

7.3.1 覆寫

如果子類別想要重新定義父類別的方法或屬性(覆寫)，首先必須將父類別的方法或屬性宣告為 virtual，表示父類別允許被子類別同名的方法覆蓋；而子類別要覆蓋父類別同名稱的方法，必須將子類別的方法或屬性宣告為 override(覆寫)，表示要重新定義父類別的方法。

一般來說員工和經理的底薪一定不相同，在 ConsolePolymorphism1.sln 範例中將 Employee 員工類別的 Salary 屬性宣告為 virtual 可被覆寫，且員工 Salary 薪水屬性介於 20,000~40,000 元之間；Manager 經理類別的 Salary 薪水屬性宣告為 override 來覆寫父類別的 Salary 屬性，且重新定義 Manager 經理類別的 Salary 薪水屬性介於 30,000~60,000 元。若薪資低於 3 萬元，以 3 萬元計；高於 6 萬元以 6 萬元計完整程式碼如下：

程式碼 FileName: ConsolePolymorphism1.sln

```
01 namespace ConsolePolymorphism1
02 {
03    class Employee   // 定義 Employee 員工類別當父類別
04    {
05        // _salary 宣告為保護層級,此欄位可以在子類別中使用
06        protected int _salary;
07        // 宣告 Salary 薪水屬性為 virtual,因此該屬性在子類別可被覆寫
08        public virtual int Salary   // 父類別的屬性
09        {
10            get
11            {
12                return _salary;
13            }
14            set
15            {
16                //薪資低於 2 萬元,以 2 萬元計;高於 4 萬元以 4 萬元計
17                if (value < 20000)
18                    _salary = 20000;
19                else if (value > 40000)
20                    _salary = 40000;
21                else
22                    _salary = value;
23            }
```

```
24              }
25          }
26
27    class Manager : Employee   // Manager 經理類別繼承自 Employee 員工類別
28    {
29        // 增加 Bounds 獎金屬性
30        public int Bonus { get; set; }
31        // Manager 經理子類別覆寫 Employee 員工父類別 Salary 屬性
32        public override int Salary   //子類別的屬性
33        {
34            get
35            {
36                return _salary;   // 使用父類別的_salary
37            }
38            set
39            {
40                //薪資低於 3 萬元，以 3 萬元計；高於 6 萬元以 6 萬元計
41                if (value < 30000)
42                    _salary = 30000;
43                else if (value > 60000)
44                    _salary = 60000;
45                else
46                    _salary = value;
47            }
48        }
49        public void ShowTotal()    // 子類別方法
50        {
51            Console.WriteLine($"\n 實領的薪資：{(Bonus + Salary):0,0}元");
52        }
53    }
54
55    class Program
56    {
57        static void Main(string[] args)
58        {
59            Manager peter = new Manager();
60            peter.Salary = 70000;
61            Console.WriteLine($"\n Peter 經理的薪資：{peter.Salary:0,0}元");
```

62	`peter.Bonus = 30000;`
63	`Console.WriteLine($"\n Peter 經理的獎金 : {peter.Bonus:0,0}元");`
64	**`peter.ShowTotal();`**
65	`Console.Read();`
66	`    }`
67	`  }`
68	`}`

執行結果

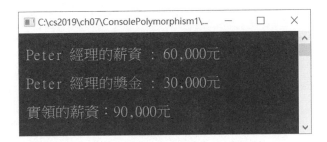

7.3.2　子類別如何存取父類別的方法或屬性

　　如果子類別只是要加強父類別方法而已，在子類別方法中並不需要再重新撰寫和父類別方法中相同的程式，只要在子類別的方法中呼叫父類別的方法，然後在子類別方法內加上新的功能即可。在 C# 可以使用 base 這個關鍵字來呼叫父類別的屬性或方法。寫法如下：

> base.方法([引數串例])　⇐ 呼叫父類別的方法
> base.屬性　　　　　　 ⇐ 呼叫父類別的屬性

　　下面範例 Employee 父類別有自己的 ShowTotal()方法來顯示底薪，而 Manager 子類別另提供自己的 ShowTotal()方法，除了可呼叫 Employee 父類別的 ShowTotal()方法來顯示底薪外，還可顯示(薪水+獎金)的總額。因此在 Manager 類別 ShowTotal()方法中只需要使用 base.ShowTotal()來呼叫 Employee 的 ShowTotal()方法，然後再加上要顯示 (薪水+獎金) 的程式敘述就可以了。

程式碼 FileName: ConsolePolymorphism2.sln

```
01 namespace ConsolePolymorphism2
02 {
03     class Employee // 定義 Employee 員工類別
04     {
05         //_salary 宣告為 Protected 保護層級,此欄位可以在子類別中使用。
06         protected int _salary;
07         public virtual int Salary
08         {
09             get
10             {
11                 return _salary;
12             }
13             set
14             {
15                 // 薪資低於 2 萬元,以 2 萬元計;高於 4 萬元以 4 萬元計
16                 if (value < 20000)
17                     _salary = 20000;
18                 else if (value > 40000)
19                     _salary = 40000;
20                 else
21                     _salary = value;
22             }
23         }
24         public virtual void ShowTotal() //ShowTotal 方法允許被覆寫
25         {
26             Console.WriteLine($"\n 底薪:{Salary}元");
27         }
28     }
29     // 定義 Manager 經理子類別繼承自 Employee 員工父類別
30     class Manager : Employee
31     {
32         public int Bonus { get; set; }
33         public override int Salary
34         {
35             get
36             {
37                 return _salary; //使用父類別的_salary
38             }
```

```
39          set
40          {
41              // 薪資低於 3 萬元，以 3 萬元計；高於 6 萬元以 6 萬元計
42              if (value < 30000)
43                  _salary = 30000;
44              else if (value > 60000)
45                  _salary = 60000;
46              else
47                  _salary = value;
48          }
49      }
50      public override void ShowTotal()//覆寫 Employee 的 ShowTotal 方法
51      {
52          base.ShowTotal();     //呼叫父類別 Employee 的 ShowTotal 方法
53          Console.WriteLine($"\n 薪水+獎金共：{(Bonus + Salary):0,0}元");
54      }
55  }
56
57  class Program
58  {
59      static void Main(string[] args)
60      {
61          Employee tom = new Employee();
62          tom.Salary = 40000;
63          Console.WriteLine($"\n Tom 員工薪資：{tom.Salary:0,0}元");
64          tom.ShowTotal();
65          Console.WriteLine(" =============================");
66          Console.WriteLine();
67          Manager peter = new Manager();
68          peter.Salary = 70000;
69          Console.WriteLine($"\n Peter 經理薪資：{peter.Salary:0,0}元");
70          peter.Bonus = 30000;
71          Console.WriteLine($" Peter 經理獎金：{peter.Bonus:0,0}元");
72          peter.ShowTotal();
73          Console.Read();
74      }
75  }
76 }
```

執行結果

Employee 類別的
ShowTotal()方法

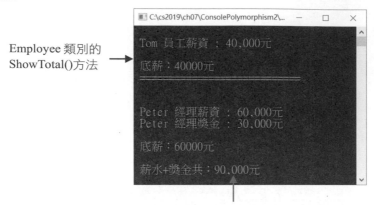

在 Manager 類別 ShowTotal()方法內使用 base.ShowTotal() 呼叫
Employee 類別的 ShowTotal()方法，然後再加上顯示(薪水+獎金)的敘述

7.3.3 動態繫結

一般程式編譯階段時，物件參考即會決定自己要執行的方法；動態繫結(Dynamic Binding)是程式進入執行階段時，物件參考才決定所要執行的方法，做法是使用父類別的物件參考來選擇所要執行子類別物件實體的方法，透過此技巧才可做到真正的多型。

下面這個範例模擬使用者可以選擇駕駛車子及飛機共前進幾公里。範例中 Traffic 交通工具類別中包含 _miles 共用成員用來記錄已前進的公里數，且還有一個空的 SpeedUp() 加速方法，子類別 Car 和 Airplane 類別分別繼承了 Traffic(車子和飛機都是交通工具)且覆寫了 Traffic 父類別 SpeedUp()方法，Car 類別的 SpeedUp()方法每一次加速是前進 2 公里；Airplane 類別的 SpeedUp()方法每一次加速是前進 15 公里。

在 Main() 方法中設定一個無窮迴圈讓使用者選擇要駕駛車子或飛機，若按 "1" 選擇車子即將 Traffic 的參考物件 r 指向 Car 的 myCar 物件實體，此時執行 r.SpeedUp 即會呼叫 Car 類別的 SpeedUp()方法。若按 "2" 選擇飛機即將 Traffic 的參考物件 r 指向 Airplane 的 myAirplane 物件實體，此時執行 r.SpeedUp()會呼叫 Airplane 的 SpeedUp()方法。

程式碼 FileName: ConsolePolymorphism3.sln

```
01 namespace ConsolePolymorphism3
02 {
03     // 定義 Traffic 交通工具類別
04     class Traffic
```

```
05        {
06            protected static int _miles;    // _miles 用來記錄前進的公里數
07            public virtual void SpeedUp()    //  SpeedUp 是空白，允許被子類別覆寫
08            {
09
10            }
11        }
12        // 定義 Car 車子類別繼承自交通工具類別
13        class Car : Traffic
14        {
15            public override void SpeedUp()    // 覆寫父類別的 SpeedUp 方法
16            {
17                _miles += 2;
18                Console.WriteLine($"\n 駕駛車子, 加速中, 前進{_miles }公里 .");
19                Console.WriteLine("-------------------------------------");
20            }
21        }
22        // 定義 Airplane 飛機類別繼承自交通工具類別
23        class Airplane : Traffic
24        {
25            public override void SpeedUp()    // 覆寫父類別的 SpeedUp 方法
26            {
27                _miles += 15;
28                Console.WriteLine($"\n 駕駛飛機, 加速中, 前進{_miles }公里 .");
29                Console.WriteLine("-------------------------------------");
30            }
31        }
32        class Program
33        {
34            static void Main(string[] args)
35            {
36                Traffic r;                // r 是 Taffic 類別的物件參考
37                // myCar 是 Car 類別的物件實體, 同時繼承 Traffic 類別
38                Car myCar = new Car();
39                // myAirplane 是 Airplane 類別的物件實體, 同時繼承 Traffic 類別
40                Airplane myAirplane = new Airplane();
41                int input;
42                while (true)
```

43	{
44	Console.Write("請問要駕駛->1.車子　2.飛機　其他.離開：");
45	input = int.Parse(Console.ReadLine());
46	if (input == 1)
47	{
48	r = myCar; //開車子,r 參考指向 myCar 物件實體
49	}
50	else if (input == 2)
51	{
52	r = myAirplane; //開飛機,r 參考指向 myAirplane 物件實體
53	}
54	else
55	{
56	break;
57	}
58	r.SpeedUp(); // 呼叫 r 參考指向物件實體的 SpeedUp()方法
59	Console.WriteLine();
60	}
61	Console.Read();
62	}
63	}
64	}

執行結果

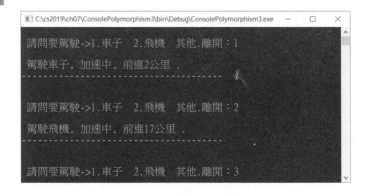

說明

1. 由這個例子可以知道父類別的參考都可以動態的指向同一類別的物件實體或子
類別的物件實體，進而操作參考所指向物件實體的方法或屬性。這就是「多型」。

2. 第 48 行：當執行此行敘述讓 r 參考指向 myCar 物件實體，此時 r 即可以操作 myCar 物件和 r 相同的屬性或方法。記憶體配置圖如下：

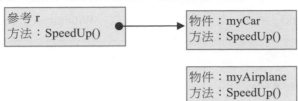

3. 第 52 行：當執行此行敘述讓 r 參考指向 myAirplane 物件實體，此時 r 即可以操作 myAirplane 物件和 r 相同的屬性或方法。記憶體配置圖如下：

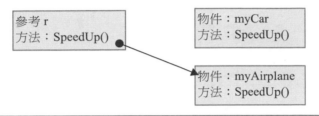

7.3.4 抽象類別

　　什麼是抽象類別呢？它無法使用 new 關鍵字來建立實體物件，抽象類別可定義抽象方法或存取子，最常應用的地方就是抽象類別中的某些功能可以繼承給子類別(衍生類別)，然後再由子類別對所繼承的抽象類別中的抽象方法或存取子進行實作，若要宣告抽象類別、抽象方法可以使用 abstract 修飾詞。若使用 abstract 修飾詞宣告方法或屬性，即表示此方法或屬性並沒有包含實作的部分。例如：下面敘述的 Answer()方法沒有程式主體，只有方法宣告及「( )」和「；」一行敘述結束而已。

```
public abstract void Answer();
```

　　使用 abstract 來定義抽象類別及抽象方法，而抽象方法不包含實作程式碼，因此必須在繼承的子類別中以 override(覆寫)修飾詞定義新的方法功能。接著我們來看看下面兩個範例，練習如何使用抽象類別：

多型 - 範例一

建立一個專案名稱為「WinFormPolymorphism4」的 Windows Forms App 應用程式，並且將所有的類別定義全部放在獨立的 Class1.cs 類別檔中，操作步驟如下：

Step 01 進入 VS 整合開發環境並執行功能表的【檔案(F)/新增(N)/專案(P)…】指令開啟「建立新專案」視窗，請依下圖步驟建立 C#的「Windows Forms App (.NET Framework)」專案，並將專案名稱命名為「WinFormsPolymorphism4」。

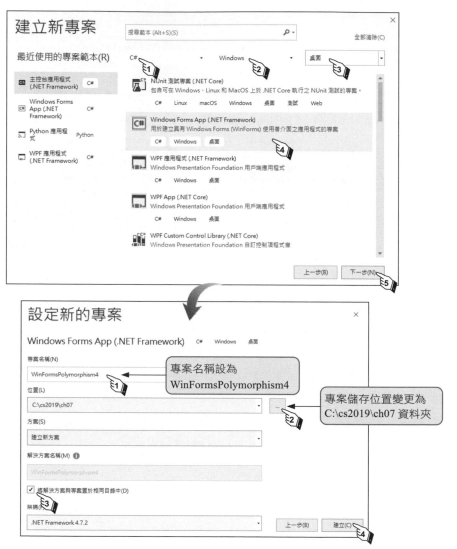

Step 02 執行功能表的【專案(P)/加入類別(F)】指令開啟下圖「加入新項目」視窗，接著依下圖操作，新增檔名為「Class1.cs」的類別檔 2，最後按 新增(A) 鈕完成 Class1.cs 類別檔的建立。

設定類別檔名為 Class1.cs

獨立的類別檔

Step 03 切換到 `Class1.cs` 標籤頁中撰寫下列程式碼：

程式碼 FileName: Class1.cs

```
01 namespace WinFormPolymorphism4
02 {
03     class Class1
04     {
05     }
06 // 定義 Cal 抽象類別，抽象類別無法實體化（即無法使用抽象類別建立物件）
07 public abstract class Cal
08 {
09         public int X { get; set; }  // X 屬性
10         public int Y { get; set; }  // Y 屬性
11         // 定義 Cal 抽象類別的 Answer()抽象方法
12         public abstract double Answer();
```

```
13        }
14        // 定義 CalAdd 類別繼承自 Cal 類別
15        public class CalAdd : Cal
16        {
17            // 覆寫 Cal 父類別的 Answer 抽象方法，傳回 X, Y 兩數相加
18            public override double Answer()
19            {
20                return X + Y;
21            }
22        }
23        // 定義 CalSub 類別繼承自 Cal 類別
24        public class CalSub : Cal
25        {
26            // 覆寫 Cal 父類別的 Answer 抽象方法，傳回 X, Y 兩數相減
27            public override double Answer()
28            {
29                return X - Y;
30            }
31        }
32        // 定義 CalMul 類別繼承自 Cal 類別
33        public class CalMul : Cal
34        {
35            // 覆寫 Cal 父類別的 Answer 抽象方法，傳回 X, Y 兩數相乘
36            public override double Answer()
37            {
38                return X * Y;
39            }
40        }
41        // 定義 CalDiv 類別繼承自 Cal 類別
42        public class CalDiv : Cal
43        {
44            // 覆寫 Cal 父類別的 Answer 抽象方法，傳回 X, Y 兩數相除
45            public override double Answer()
46            {
47                return X / Y;
48            }
49        }
50  }
```

說明

1. 第 7 行：使用 abstract 修飾詞定義 Cal 類別為抽象類別，即表示此類別無法使用 new 關鍵字來建立物件實體(執行個體)。

2. 第 12 行：使用 abstract 修飾詞定義 Cal 抽象類別中的 Answer()為抽象方法，此方法沒有實作程式碼。

3. 第 15~49 行：CalAdd、CalSub、CalMul、CalDiv 類別繼承自 Cal 抽象類別，而 CalAdd、CalSub、CalMul、CalDiv 類別中皆使用 override 修飾詞重新實作 Answer()方法。

| Step 04 | 選取 `Form1.cs [設計]` 切換到表單設計標籤頁，然後使用工具箱的 `A Label` 標籤控制項、`Button` 按鈕控制項、`TextBox` 文字方塊控制項、`RadioButton` 選項按鈕控制項在表單建立輸出入介面，各控制項屬性依下圖設定。

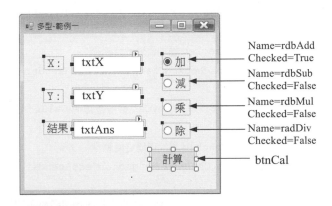

| Step 05 | 選取 `Form1.cs` 切換到表單程式檔標籤頁，接著撰寫第 10 行至第 57 行相關控制項的事件處理函式的完整程式碼：

程式碼 FileName: Form1.cs

```
01 namespace WindowsFormsPolymorphism4
02 {
03     public partial class Form1 : Form
04     {
05         public Form1()
06         {
07             InitializeComponent();
08         }
09
```

10	`Cal myCal;   // 宣告 Cal 類別物件 myCal`
11	`CalAdd myCalAdd = new CalAdd();   // 建立 CalAdd 類別物件 myCalAdd`
12	`CalSub myCalSub = new CalSub();   // 建立 CalSub 類別物件 myCalSub`
13	`CalMul myCalMul = new CalMul();   // 建立 CalMul 類別物件 myCalMul`
14	`CalDiv myCalDiv = new CalDiv();   // 建立 CalDiv 類別物件 myCalDiv`
15	`// 表單載入時執行`
16	`private void Form1_Load(object sender, EventArgs e)`
17	`{`
18	`    myCal = myCalAdd;   // myCal 參考指向 myCalAdd 物件`
19	`    txtAns.ReadOnly = true;`
20	`}`
21	`// 當 [加] 選項按鈕 Checked 屬性值變更時執行`
22	`private void rdbAdd_CheckedChanged(object sender, EventArgs e)`
23	`{`
24	`    myCal = myCalAdd;   // myCal 參考指向 myCalAdd 物件`
25	`}`
26	`// 當 [減] 選項按鈕 Checked 屬性值變更時執行`
27	`private void rdbSub_CheckedChanged(object sender, EventArgs e)`
28	`{`
29	`    myCal = myCalSub;   // myCal 參考指向 myCalSub 物件`
30	`}`
31	`// 當 [乘] 選項按鈕 Checked 屬性值變更時執行`
32	`private void rdbMul_CheckedChanged(object sender, EventArgs e)`
33	`{`
34	`    myCal = myCalMul;   // myCal 參考指向 myCalMul 物件`
35	`}`
36	`// 當 [除] 選項按鈕 Checked 屬性值變更時執行`
37	`private void rdbDiv_CheckedChanged(object sender, EventArgs e)`
38	`{`
39	`    myCal = myCalDiv;   // myCal 參考指向 myCalDiv 物件`
40	`}`
41	`// 當按下 [計算] 鈕時執行`
42	`private void btnCal_Click(object sender, EventArgs e)`
43	`{`
44	`    try`
45	`    {`
46	`        myCal.X = int.Parse(txtX.Text);`

47	myCal.Y = int.Parse(txtY.Text);
48	// 執行 Answer 方法進行 X, Y 兩數的加, 減, 乘或除法
49	// 並將結果顯示在 txtAns 文字方塊上
50	txtAns.Text = myCal.Answer().ToString();
51	}
52	catch (Exception ex)
53	{
54	// MessageBox.Show 方法可顯示對話方塊
55	MessageBox.Show(ex.Message);
56	}
57	}
58	}
59	}

Step 06 執行功能表的【偵錯(D)/開始偵錯(G)】指令編譯並執行程式，結果如下：

　　當使用者選取任何一個 RadioButton(選項按鈕)時就會觸動 CheckedChanged 事件，在每一個 RadioButton 的 CheckedChanged 事件中，我們將 myCal 動態繫結到對應的物件，例如按 ⊙加 rdbAdd 選項按鈕，使該 RadioButton 控制項被選取，此時就執行 myCal = myCalAdd，由於 myCal 會根據使用者所選取的 RadioButton 而有不同的繫結對象，因此在 計算 btnCal 按鈕的 Click 事件中，我們只要設定 myCal 的 X、Y 屬性，然後呼叫 myCal.Answer()方法來傳回計算結果即可。

　　這樣子做最大的好處在於，如果將來有其他的計算方式要加入，例如：加入一個計算 X 的 Y 次方的功能，我們只要再一次繼承 Cal 類別，建立一個 Answer()方法用來計算次方的子類別，然後在程式中宣告一個對應的物件變數，最後只要再新增一個 RadioButton，並且在 CheckedChanged 事件中動態繫結 myCal 到計算次方的物件即可， 計算 按鈕的 Click 事件中的程式完全不用修改，這比起使用 if … else if… else…來一一檢查每一個 RadioButton 的選取狀態，再加以計算要來得有彈性多了。

多型 - 範例二

建立如下圖 WinFormsPolymorphism5.sln 範例。表單上分別放入工具箱中的
🔲 ComboBox 下拉式清單、🔲 Button 按鈕、🔺 LinkLabel 連結標籤、☑ CheckBox 核
取方塊共四個控制項，當在 comboBox1 上按一下，再按 向右移動 鈕時，comboBox1
會向右移動 10 點，當在 button1 上按一下，然後再按 向右移動 鈕時，button1 會向右
移動 10 點，以此類推。

▲按下拉式清單再按 向右移動 鈕
　使下拉式清單向右移動

▲按 checkBox1 再按 向右移動 鈕
　使 checkBox1 向右移動

此範例的製作原理：

　　如果要利用多型的特性來做，勢必要宣告出一個物件變數的參考(Reference)，接著
在各個控制項的 Click 事件中再動態繫結到對應的控制項變數，然後再將 Left 屬性加上
10 就可以了，問題是這些控制項都繼承自哪個類別呢？沒錯！所有 .NET Framework 中
的控制項都繼承自 Control 控制項類別，所以我們可以宣告一個 Control 類別的物件變數
參考(Reference)，變數名稱為 objToMove，其寫法如下：

```
Control objToMove;
```

請依下列步驟實作本範例：

Step 01 新增 Windows Forms App 應用程式專案，專案名稱為「WinFormsPolymor
phism5」。

Step 02 使用工具箱的 🔲 ComboBox 下拉式清單控制項、🔲 Button 按鈕控制項、
🔺 LinkLabel 連結標籤控制項、☑ CheckBox 核取方塊控制項建立下面表
單，各控制項 Name 物件名稱屬性請依下圖設定。

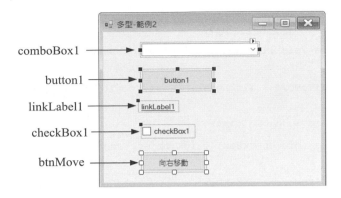

Step 03 選取 `Form1.cs` 切換到表單程式檔標籤頁,接著撰寫第 10 行至第 41 行相關控制項的事件處理函式的完整程式碼:

程式碼 FileName: Form1.cs

```
01 namespace WinFormsPolymorphism5
02 {
03     public partial class Form1 : Form
04     {
05         public Form1()
06         {
07             InitializeComponent();
08         }
09         // 宣告 Control 類別的參考物件變數 objToMove
10         Control objToMove;
11         // 表單載入時執行
12         private void Form1_Load(object sender, EventArgs e)
13         {
14             objToMove = comboBox1;        // objToMove 參考指向 comboBox1
15         }
16         // 按一下 comboBox1 時執行
17         private void comboBox1_Click(object sender, EventArgs e)
18         {
19             objToMove = comboBox1;        // objToMove 參考指向 comboBox1
20         }
21         // 按一下 button1 時執行
22         private void button1_Click(object sender, EventArgs e)
23         {
24             objToMove = button1;          // objToMove 參考指向 button1
```

25		}
26		// 按一下 linkLabel1 時執行
27		private void linkLabel1_Click(object sender, EventArgs e)
28		{
29		objToMove = linkLabel1 ; // objToMove 參考指向 linkLabel1
30		}
31		// 按一下 checkBox1 時執行
32		private void checkBox1_Click(object sender, EventArgs e)
33		{
34		objToMove = checkBox1 ; // objToMove 參考指向 checkBox1
35		}
36		// 按一下 btnMove1(向右移動鈕) 時執行
37		private void btnMove_Click(object sender, EventArgs e)
38		{
39		// 目前 objToMove 參考指向的控制項往右移動 10 Pixel
40		objToMove.Left += 10;
41		}
42	}	
43	}	

▌Step 04 執行功能表的【偵錯(D)/開始偵錯(G)】指令編譯並執行程式,然後再測試程式執行的結果。

7.4 介面與實作

C# 所提供的繼承機制只能單一繼承某個父類別,未提供多重繼承,其解決方案可透過「介面」來解決。

在物件導向技術中,介面 (Interface) 是比類別還要抽象的概念。我們可經由繼承的機制,使得子類別得以使用 override 的方式來修改父類別中事先定義好的成員的功能,也就是說我們可以新增所需要的功能,也能透過類似 base.方法() 的方式來使用父類別原有的成員,進而使用多型的機制。

介面是物件的某些操作集合。例如:汽車可以有駕駛的介面 (左轉、右轉、加速、減速),對於駕駛人來說,只要任何交通工具具有駕駛的介面,就可以駕駛它 (多型),

但是對於加油站的加油員來說，只要任何交通工具有加油的介面 (開油箱蓋、加油、關油箱蓋)，他都可以為它加油 (多型)，因此汽車由於具有加油的介面，所以到加油站去加油員可以為它加油。因此介面的使用焦點是放在操作物件這件事上，而類別繼承則是將焦點放在屬性與方法的重複使用這件事上。

在物件導向程式設計中，物件可以具有多種型別，要使物件具有多種型別可以透過繼承來達成。例如 Car 物件就同時具有 Car(車子)和 Traffic(交通工具)兩種資料型別(類別)。由於 C# 只能使用單一繼承的方式，假若 Car 類別本身具有 SpeedUp(加速)功能，也希望能像 Bird(鳥)類別擁有 Fly(飛)的功能的話，因為 Car 與 Bird 這兩種不相關的型別(類別)，就無法使用繼承方式來加強類別的功能。

一. 如何使用介面

C# 可以使用介面來解決上面的問題，介面和類別很像，類別可以定義屬性、方法和事件，但介面和類別不同的是，介面只宣告方法、屬性和事件成員，且介面所宣告的成員皆會自動成為 public 公開成員。介面最主要是用來宣告一組可操作的方法，它就代表一種方法的合約，當類別實作(Implements)某介面之後，該介面所宣告的方法要在類別重新實作過。介面語法如下：

```
語法 1
    interface 介面名稱
    {
        資料型別  介面方法([引數串列]);
        ......
    }
```

為方便在程式中識別介面，介面名稱以大寫字母 I 開頭。例如 Car 本身擁有 SpeedUp 方法，現在想再加上 Fly 方法，首先可以使用 interface 關鍵字定義 IFly 介面，該介面內宣告 Fly 方法，寫法如下：

```
interface IFly        ⇦ 定義 IFly 介面
{
    void Fly(int n);   ⇦ 宣告 Fly 方法
}
```

接著在 Car 類別就可以使用「:」符號來指定要實作 IFly 介面，並為 Car 類別加上 Fly() 方法。其寫法如下：

```
class Car : IFly      ⇦ Car 類別實作 IFly 介面
{
    public void SpeedUp(int n)
    {
            Console.WriteLine($"車子加速前進 {n} 公里");
    }
    //Car 類別的 Fly 方法實作 IFly 介面的 Fly 方法
    public void Fly(int n)
    {
            Console.WriteLine($"車子飛上天前進 {n} 公里");
    }
}
```

下面 ConsoleInterface1.sln 範例，在 Car 類別具有 SpeedUp() 加速方法，Bird 類別具有 Eat() 吃的方法，若希望 Car 類別和 Bird 類別同時擁有 Fly() 飛的方法，在這裡定義 IFly 介面內宣告 Fly() 方法，一旦 Car 類別和 Bird 類別實作 IFly 介面的 Fly() 方法，此時 Car 類別和 Bird 類別的物件即可以呼叫 Fly() 方法。完整程式碼：

程式碼 FileName: ConsoleInterface1.sln

```
01 namespace ConsoleInterface1
02 {
03     interface IFly              // 定義 IFly 介面
04     {
05         void Fly(int n);       // 宣告 Fly 方法
06     }
07     class Car : IFly               // Car 類別實作 IFly 介面
08     {
09         public void SpeedUp(int n)
10         {
11             Console.WriteLine($"\n 車子加速前進 {n} 公里");
12         }
13         // Car 類別的 Fly 方法實作 IFly 介面的 Fly 方法
14         public void Fly(int n)
15         {
16             Console.WriteLine($"\n 車子飛上天前進 {n} 公里");
17         }
18     }
19     class Bird : IFly          // Bird 類別實作 IFly 介面
20     {
```

21	public void Eat(int n)
22	{
23	Console.WriteLine($"\n 小鳥吃了 {n} 公斤的飼料");
24	}
25	// Bird 類別的 Fly 方法實作 IFly 介面的 Fly 方法
26	public void Fly(int n)
27	{
28	Console.WriteLine($"\n 小鳥飛上天前進 {n} 公里");
29	}
30	}
31	class Program
32	{
33	static void Main(string[] args)
34	{
35	Car BMW = new Car();
36	BMW.Fly(30);
37	Console.WriteLine();
38	Bird bird1 = new Bird();
39	bird1.Fly(5);
40	Console.Read();
41	}
42	}
43	}

執行結果

二. 如何使用介面 – System.Array 類別為例

Array 類別中有一個 Sort()方法，可以用來排序一維陣列的資料，例如排序一個整數陣列：

```
int[ ] Scores = new int[ ] {89, 65, 31, 89, 92, 46} ;
Array.Sort(Scores);
```

但是如果想要排序不是內建型別 (int, long …) 的陣列，Sort()方法就不支援了，這時候該怎麼辦呢？

在 Array 類別中引用了一個 IComparable 的介面 (介面的名稱前面一般都採大寫字母 I 開頭來表示)，在這個介面中定義了一個 CompareTo()的方法用來比較物件的大小：

```
interface IComparable
{
    int CompareTo(Object obj) ;
}
```

CompareTo()方法的規則是：如果引用 IComparable 介面的物件比 obj 參數小，則傳回一個負數；如果相等則傳回 0；如果大於 obj 參數，則傳回一個正數。

在 Array.Sort()方法中進行排序動作時，會呼叫 CompareTo()這個方法來比較陣列中兩個元素的大小，因此，只要我們實作出 CompareTo()這個方法來讓 Array.Sort 方法呼叫，那麼就可以排序自定型別的資料了。在以下的這個範例中，為了達到上述的目的，我們定義了一個 Vector 的類別，並且在類別宣告時指名在這個類別中要實作出 IComparable 介面：

```
class Vector : IComparable
```

然後在類別中定義 CompareTo()方法，並且指明這個方法就是用來實作出 IComparable 介面中的 CompareTo()方法的實體：

```
int IComparable.CompareTo(object obj)
{
    Vector v = (Vector) obj;
    return (X * X + Y * Y) - (v.X * v.X + v.Y * v.Y);
}
```

也就是說，經上面兩個步驟的處理，就可以讓我們的 Vector 類別變成一個可以支援 IComparable 介面的類別，也就是說這樣就可以讓 Array.Sort 方法在進行排序的時候，呼叫 Vector 陣列 (vecArray) 中每一個 Vector 物件中的 CompareTo()方法來進行排序：

```
Array.Sort(vecArray);
```

程式碼 FileName: ConsoleInterface2.sln

```
01 namespace ConsoleInterface2
```

```
02 {
03       // 宣告一個使用 IComparable 介面的類別 Vector
04       public class Vector : IComparable
05       {
06           public int X { get; set; } // 定義 X 屬性
07           public int Y { get; set; } // 定義 Y 屬性
08
09           public Vector()
10           {
11               X = 0;
12               Y = 0;
13           }
14           public Vector(int vX, int vY)
15           {
16               X = vX;
17               Y = vY;
18           }
19           public void Show()        // 用來顯示向量座標 (X,Y)
20           {
21               Console.Write($"({X},{Y})  ");
22           }
23           //實作 IComparable 介面中的 CompareTo() 方法
24           int IComparable.CompareTo(object obj)
25           {
26               Vector v = (Vector)obj;
27               return (X * X + Y * Y) - (v.X * v.X + v.Y * v.Y);
28           }
29       }
30
31   class Program
32   {
33       static void Main(string[] args)
34       {
35           // 定義一個內含五個向量的陣列
36           Vector[] vecArray = {new Vector(20, 10),
                     new Vector(50, 20),
                     new Vector(90, 40),
                     new Vector(10, 10),
```

	new Vector(40, 30)};
37	Console.Write("\n 1. 排序前 : ");
38	for (int i = 0; i <= vecArray.GetUpperBound(0); i++)
39	{
40	vecArray[i].Show();
41	}
42	Console.WriteLine();
43	Console.WriteLine();
44	
45	Array.Sort(vecArray); // 呼叫 System.Array 類別的 Sort()方法
46	
47	Console.Write("\n 2. 排序後 : ");
48	for (int i = 0; i <= vecArray.GetUpperBound(0); i++)
49	{
50	vecArray[i].Show();
51	}
52	Console.Read();
53	}
54	}
55	}

執行結果

```
C:\cs2019\ch07\ConsoleInterface2\bin\Debug\ConsoleInterface2.exe        —  □  ×

1. 排序前 : (20,10)   (50,20)   (90,40)   (10,10)   (40,30)

2. 排序後 : (10,10)   (20,10)   (40,30)   (50,20)   (90,40)
```

三. 如何使用介面 – 模擬 System.Array 類別

上一個範例中，我們僅僅了解執行 Array.Sort(vecArray)時，Sort()方法可以呼叫 vecArray 陣列中每一個元素的 CompareTo()方法來進行元素大小比較，然後進行排序，然而在 Sort()方法中究竟是如何做的呢？為了再深入了解介面的定義方式，我們就來模擬 System.Array 物件中有關 Sort()方法的技術。

在下面的程式碼中，定義了一個 IMyComparable 介面，這個介面中僅有一個方法(函式)MyCompareTo()，方法的規格和 IComparable 介面的 CompareTo()方法一模一樣，另外也比照 Array 類別定義了一個 MyArray 類別，這個類別中只有一個 static 方法

MySort()，在 MySort()中使用最簡單的汽泡排序法來針對參數 obj 陣列進行排序，在比較陣列元素大小時，就直接呼叫 MyCompareTo()方法來做比較，因此要做為 MySort() 方法參數的 obj 物件 (Vector 類別) 一定要事先實作出 ImyComparable()介面的 MyCompareTo 方法才可以。

程式碼 FileName: ConsoleInterface3.sln

```
01 namespace ConsoleInterface3
02 {
03     // 定義 IMyComparable 介面
04     public interface IMyComparable
05     {
06         // 宣告 IMyComparable 介面的 MyCompareTo 方法
07         int MyCompareTo(object obj);
08     }
09
10     class MyArray
11     {
12         public static void MySort(IMyComparable[] obj)
13         {
14             // 使用氣泡排序法來排序陣列
15             for (int i = 0; i <= obj.Length - 2; i++)
16             {
17                 for (int j = i + 1; j <= obj.Length - 1; j++)
18                 {
19                     // 如果 obj[j] 比 obj[i] 小的話就交換
20                     if (obj[j].MyCompareTo(obj[i]) < 0)
21                     {
22                         // 進行兩數交換
23                         IMyComparable tmp = obj[j];
24                         obj[j] = obj[i];
25                         obj[i] = tmp;
26                     }
27                 }
28             }
29         }
30     }
31     // 定義一個使用 IMyComparable 介面的類別 Vector
```

```
32      class Vector : IMyComparable
33      {
34          public int X { get; set; }        // 定義 X 屬性
35          public int Y { get; set; }        // 定義 Y 屬性
36
37          public Vector()
38          {
39              X = 0;
40              Y = 0;
41          }
42
43          public Vector(int vX, int vY)
44          {
45              X = vX;
46              Y = vY;
47          }
48
49          public void Show()                 // 用來顯示向量座標 (X,Y)
50          {
51              Console.Write($"({X},{Y})   ");
52          }
53
54          // 實作出 IMyComparable 介面中的 MyCompareTo 方法
55          int IMyComparable.MyCompareTo(object obj)
56          {
57              Vector v = (Vector)obj;
58              return (X * X + Y * Y) - (v.X * v.X + v.Y * v.Y);
59          }
60      }
61
62      class Program
63      {
64          static void Main(string[] args)
65          {
66              // 建立一個內含五個向量的陣列物件 vecArray
67              Vector[] vecArray = {
                    new Vector(20, 10),
                    new Vector(50, 20),
                    new Vector(90, 40),
```

	new Vector(10, 10),
	new Vector(40, 30) };
68	Console.WriteLine("排序前 ...");
69	for (int i = 0; i <= vecArray.GetUpperBound(0); i++)
70	{
71	vecArray[i].Show();
72	}
73	Console.WriteLine();
74	Console.WriteLine();
75	
76	MyArray.MySort(vecArray);　　//呼叫 System.Array 類別的 Sort 方法
77	
78	Console.WriteLine("排序後 ...");
79	for (int i = 0; i <= vecArray.GetUpperBound(0); i++)
80	{
81	vecArray[i].Show();
82	}
83	Console.Read();
84	}
85	}
86	}

執行結果

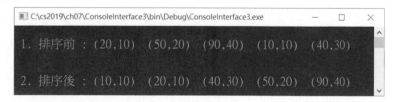

7.5 　delegate 委派型別

　　委派(delegate)是用來儲存方法位址的資料型別。資料型別可以用來宣告變數或物件，例如 int 型別宣告出來的變數可以儲存數字、string 型別宣告出來的變數可以儲存文字。委派也是一種資料型別，只是這種資料型別宣告出來變數所儲存的是方法的位址，一個儲存了方法位址的委派變數，可以用來呼叫該位址的方法，由於委派變數的內容可以動態改變，因此只要將該變數內容改變為另一個方法的位址，該委派變數呼叫的就會是另一個方法。在定義物件的事件時，由於無法預期未來使用這個物件事件的事件處理函式(即方法)的位址，因此在物件中就必須使用委派來宣告事件委派變數，以便可以動態的將事件委派變數指向事件處理函式，物件就可以動態使用事件的委派變數來呼叫外部的事件處理函式。

　　因此方法(函式)也可以當做一種型別，例如在陣列排序的例子中，如果我們希望 MySort()方法排序的方式可以由大排到小，也可以由小排到大，因此在 MySort()方法中多加一個參數 CompareMethod，指明比較陣列元素大小的方法，由於 CompareMethod 參數的型別是一種方法(函式)，這時候就可以使用 delegate 來定義方法的型別 (參數個數、參數順序、傳回值型別)，首先必須先使用 delegate 敘述定義出方法的格式與委派型別名稱為 CompareFunc：

```
delegate bool CompareFunc(int X, int Y);
```

將來這個 CompareFunc 就可以當成型別來做參數或變數宣告，例如：

```
static void MySort(int[] obj, CompareFunc CompareMethod)
```

這樣 MySort 中就可以直接呼叫傳進來的 CompareMethod 方法來進行陣列元素大小的比較：

```
if (CompareMethod(obj[j], obj[i])) {...}
```

這種型別的委派變數其實就是指向函式或方法的位址，例如可以用以下程式來取得 IsSmaller 方法的位址：

```
CompareFunc CompareIt;
CompareIt = new CompareFunc(IsSmaller);
```

也就是說經過上述程式取得 IsSmaller 方法的位址之後，下面這兩行指令其實都是呼叫 IsSmaller 方法：

```
if (IsSmaller(15, 20)) { ... }
if (CompareIt(15, 20)) { ... }
```

程式碼 FileName: ConsoleDelegate1.sln

```
01 namespace ConsoleDelegate1
02 {
03     delegate bool CompareFunc(int X, int Y);
04
05     class Program
06     {
07         static bool IsSmaller(int X, int Y)
08         {
09             return X < Y;
10         }
11         static bool IsBigger(int X, int Y)
12         {
13             return X > Y;
14         }
15         static void MySort(int[] obj, CompareFunc CompareMethod)
16         {
17             for (int i = 0; i <= obj.Length - 2; i++)
18             {
19                 for (int j = i + 1; j <= obj.Length - 1; j++)
20                 {
21                     if (CompareMethod(obj[j], obj[i]))
22                     {
23                         int tmp = obj[j];
24                         obj[j] = obj[i];
25                         obj[i] = tmp;
26                     }
27                 }
28             }
29         }
30         static void Show(int[] obj)
31         {
32             for (int i = 0; i <= obj.Length - 1; i++)
33             {
34                 Console.Write($"{obj[i]}, ");
35             }
36             Console.WriteLine();
37         }
38
39         static void Main(string[] args)
```

40	{
41	`int[] IntArray = { 34, 21, 54, 32, 12 };`
42	CompareFunc CompareIt;
43	CompareIt = new CompareFunc(IsSmaller);
44	`Console.Write("\n 由小到大排序 ： ");`
45	`MySort(IntArray, CompareIt);`
46	`Show(IntArray);`
47	`Console.WriteLine();`
48	`Console.Write("\n 由大到小排序 ： ");`
49	`MySort(IntArray, new CompareFunc(IsBigger));`
50	`Show(IntArray);`
51	`Console.Read();`
52	}
53	}
54	}

執行結果

```
C:\cs2019\ch07\ConsoleDelegate1\bin\Debug\...    —    □    ✕

 由小到大排序  ：   12, 21, 32, 34, 54,

 由大到小排序  ：   54, 34, 32, 21, 12,
```

7.6 結構與類別的關係

結構 (Structure) 是一種型別，除了不支援繼承之外，C# 的結構和類別相似，此外，因為結構是實值型別 (Value Type)，一般來說它可以比類別更快速地建立。如果您具有大量資料結構在其中建立的緊密迴圈，就應該考慮使用結構而不是類別。由於很多方面都和類別相似，類別可視為結構的延伸。傳統 C 的結構只能有資料項目(或稱欄位)；至於 C++或 C# 的類別則是由資料成員(Data Member)和成員函式(Member Function)所組合而成，其中資料成員是由多個資料項目所構成，它相當於結構的欄位，用來代表這個物件的性質或稱屬性；至於類別內的成員函式(或稱方法)是由函式所組成的，一個函式相當於一種物件本身的行為或方法，用來處理由外界送進的訊息加以處理並回應之。由此看來，結構就是類別的一個特例。結構和類別的差異如下：

1. 結構宣告內不能初始化欄位，除非將其宣告為 const 或 static。

2.　結構不可宣告預設建構函式 (沒有參數的建構函式) 或解構函式。

3.　結構無法繼承自類別或其他結構。

4.　結構是在指派時複製的。當指派結構給新變數時，就會複製所有資料，而新變數所做的任何修改都不會變更原始複本的資料。

5.　結構為實值型別，而類別則是參考型別。

6.　與類別不同的是，結構不需使用 new 運算子就能執行個體化。

7.　結構可以宣告含有參數的建構函式。

8.　結構無法從另一個結構或類別繼承而來，且它不能成為類別的基底。所有結構都是由 System.Object 的 System.ValueType 直接繼承而來。

9.　結構可實作介面。

10.　結構可以用來當做可為 Null 的型別，而且可以對其指派 null 值。

7.7　List 泛型類別

　　「集合物件」相當於一個物件的容器，透過它可用來處理一些不定數量的資料。簡言之，集合物件就是物件導向程式的資料結構。集合物件就是一組相關物件的集合，可將這組物件的集合視為單一物件，我們將集合物件內的物件稱為元素(Elements)，集合物件有很多種，儲存的元素允許重複，有些集合物件的元素自動會進行排序。主要的集合物件：有 Collection、List、Set、Map，此處介紹較基本的 List，待第八章再介紹常用的集合物件。實作 List 介面的集合物件可以擁有重複元素，元素是以循序方式存入，即以類似陣列索引方式來存取元素。在.NET Framework 的 System.Collections.Generic 命名空間內建了許多泛型類別可讓開發人員處理各種資料型別的集合物件，常用的泛型類別如：List、Queue、Stack…等類別。本節只介紹 List 內建泛型類別，List 物件主要用來存放串列的資料，其串列可動態新增或刪除，因此使用上比陣列更具有彈性。其語法如下：

> **語法**
>
> ```
> List<T> 物件 = new List<T>();
> ```

說明

上述語法中的 T 可代表任何資料型別,也就是所建立的 List 串列物件可存放 T 指定型別的資料。寫法:

1. List<int> list1= new List<int>();　　　　⇐ list1 可存放整數資料
2. List<string> list2= new List<string>();　　⇐ list2 可存放字串資料
3. List<Member> list3= new List<Member>(); ⇐ list3 可存放 Member 物件資料

下列是 List 常用的屬性與方法:

屬性/方法	說明
Count 屬性	取得 List 中包含的元素數目。
Item 屬性	取得或設定指定索引中的項目。
Add 方法	將物件加入到 List 的最後面。
Clear 方法	將所有元素從 List 中移除。
Contains 方法	判斷元素是否在 List 中。
Find 方法	搜尋符合指定的元素,並傳回整個 List 中第一個相符合的項目。
IndexOf(T) 方法	搜尋指定的物件,並傳回整個 List 中第一個相符合項目的索引。
Insert 方法	將指定項目插入 List 中指定索引位置。
Remove 方法	從 List 移除特定物件的第一個相符合的項目。
RemoveAt 方法	移除 List 中指定索引的項目。
Reverse 方法	反向整個 List 中元素的順序。
Sort 方法	使用預設比較子來排序在整個 List 中的項目。

在下面的程式碼中,建立 listInt 和 listMember 串列物件,listInt 串列物件依序放入 123、789 整數資料,接著再 listInt 串列索引 1 位置放入 456,最後印出 listInt 內所有元素。listMember 串列物件可存放 Member 物件,先在 listMember 內放入三筆 Member 物件,接著刪除索引 1 位置的 Member 物件,最後再印出 listMember 內所有元素。請觀察 listInt 和 listMember 串列物件所有元素輸出的結果。

程式碼 FileName: ConsoleGenerics1.sln

```
01  using System.Collections.Generic;   // List 類別置於此命名空間中
02
03  namespace ConsoleGenerics1
04  {
05      //定義 Member 類別有 Id 和 Name 屬性
06      class Member
07      {
08          public string Id { get; set; }
09          public string Name { get; set; }
10      }
11
12      class Program
13      {
14          static void Main(string[] args)
15          {
16              //建立 listInt 串列物件可存放整數資料
17              List<int> listInt = new List<int>();
18              listInt.Add(123);            // 存放 123
19              listInt.Add(789);            // 存放 789
20              listInt.Insert( 1,456);      // 在索引 1 放入 456
21              Console.WriteLine("=int 整數串列=");
22              // 將 listInt 串列中的元素印出
23              for (int i=0; i <listInt.Count; i++)
24              {
25                  Console.WriteLine($"  listInt[{i}]={listInt[i]}");
26              }
27              Console.WriteLine();
28
29              // 建立 listMember 串列物件可存放 Member 物件資料
30              List<Member> listMember =new List<Member>();
31              // 存放三筆 Member 物件
32              listMember.Add(new Member() { Id = "M01", Name = "小明" });
33              listMember.Add(new Member() { Id = "M02", Name = "小華" });
34              listMember.Add(new Member() { Id = "M03", Name = "阿龍" });
35              // 刪除索引 1 位置的 Member 物件，即刪除 Id 為 M02 這筆 Member 物件
36              listMember.RemoveAt (1);
37              Console.WriteLine("=Member 會員串列=");
```

38	// 將 listMember 串列中的元素印出
39	for (int i = 0; i < listMember.Count; i++)
40	{
41	Console.WriteLine($" listMember[{i}] => " + $"帳號:{listMember[i].Id}, 姓名:{listMember[i].Name}");
42	}
43	Console.Read();
44	}
45	}
46	}

執行結果

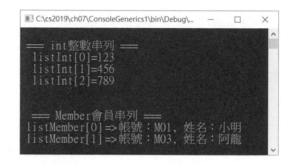

7.8 視窗應用程式

　　在第五章使用「Windows Forms App」應用程式專案(視窗應用程式)並透過拖拉的方式來建立表單及控制項的配置與事件處理函式,在本節將介紹使用「主控台應用程式」來建立 Windows Forms App 應用程式。在 .NET Framework 的類別程式庫是以類別繼承架構而來,因此我們可以自行設計一個類別,然後繼承自 System.Windows.Forms.Form 類別,該類別即擁有表單的屬性及方法,接著再自行延伸所要的功能即可。

範例:ConsoleWinForm1.sln

　　使用主控台應用程式建立視窗應用程式。程式執行時出現左下圖視窗,視窗中內含一個 "姓名" 標籤、 確定 按鈕和文字方塊,當您在文字方塊內輸入姓名並按 確定 鈕,接著會出現對話方塊並顯示「XXX 您好!」的訊息。

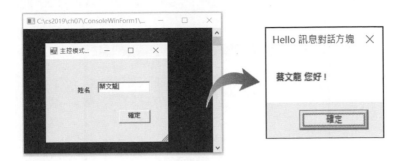

Step 01 新增「主控台應用程式(.NET Framework)」，專案名稱設為「ConsoleWin Form1」。

Step 02 執行功能表的【專案(P)/加入參考(R)...】指令開啟「加入參考」視窗，並依下圖步驟加入 System.Windows.Forms 命名空間。

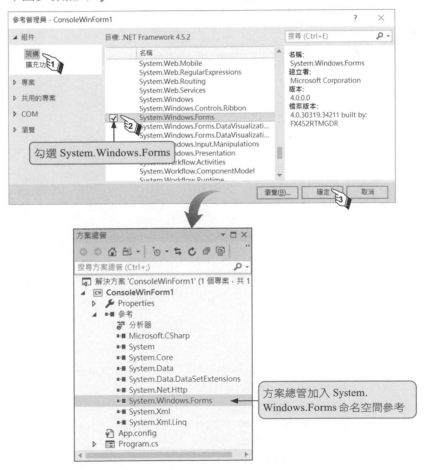

切換至下圖程式碼編輯視窗：

```
Program.cs ⊕ ✕
ConsoleWinForm1 ▾  ⚛ ConsoleWinForm1 ▾  ⚛ Main(string[] args)          ▾
  1 ⚡ ⊟using System;                                                    ⊞
  2    using System.Collections.Generic;
  3    using System.Linq;
  4    using System.Text;
  5    using System.Threading.Tasks;
  6
  7   ⊟namespace ConsoleWinForm1
  8    {
  9   ⊟   class Program
 10       {
 11   ⊟      static void Main(string[] args)
 12          {
 13          }
 14       }
 15    }
```

完整程式碼（注意！下面敘述灰底部分為插入的敘述）：

程式碼 FileName: Program.cs

```
01 // 引用 System.Windows.Forms 命名空間
02 // 如此才能使用較簡潔的物件名稱來使用 Form, Button, TextBox, Label...等類別
03 using System.Windows.Forms;
04
05 namespace ConsoleWinForm1
06 {
07     // 定義 Form1 繼承 System.Windows.Forms 命名空間下的 Form 類別
08     class Form1 : Form
09     {
10         // 宣告 System.Windows.Forms 命名空間下的 Label 標籤
11         Label lblName;   // 物件名稱為 lblName
12         // 宣告 System.Windows.Forms 命名空間下的 Button 按鈕
13         Button btnOk;    // 物件名稱為 btnOk
14         // 宣告 System.Windows.Forms 命名空間下的 TextBok 文字方塊
15         TextBox txtName; // 物件名稱為 txtName
16
17         public Form1()   // Form1 類別的建構式
18         {
19             //建立 lblName 為 Label 標籤物件名稱，並設定屬性
20             lblName = new Label();
21             lblName.Text = "姓名";
22             lblName.AutoSize = true;
23             lblName.Visible = true;
24             lblName.Left = 60;
```

```
25          lblName.Top = 55;
26          //建立 btnOk 為 Button 按鈕物件名稱,並設定屬性
27          btnOk = new Button();
28          btnOk.Text = "確定";
29          btnOk.Width = 60;
30          btnOk.Height = 25;
31          btnOk.Visible = true;
32          btnOk.Left = 140;
33          btnOk.Top = 100;
34          //建立 txtName 為 TextBox 文字方塊物件名稱,並設定屬性
35          txtName = new TextBox();
36          txtName.Width = 100;
37          txtName.Height = 30;
38          txtName.Visible = true;
39          txtName.Left = 100;
40          txtName.Top = 45;
41          // 設定表單大小和建立相關控制項
42          this.Width = 250;      //表單寬設為 250
43          this.Height = 200;     //表單高設為 200
44          this.Controls.Add(lblName);        //表單放入 lblNam 標籤
45          this.Controls.Add(btnOk);          //表單放入 btnOK 按鈕
46          this.Controls.Add(txtName);        //表單放入 txtName 文字方塊
47          this.Text = "主控模式的視窗程式";       //表單標題欄文字
48          //指定 btnOk.Click 事件的事件處理函式為 btnOk_Click
49          // 即當使用者在 btnOk 按一下時會執行 btnOk_Click 事件處理函式
50          btnOk.Click += new EventHandler(btnOk_Click);
51      }
52
53      // 當按 <確定>鈕 時執行
54      private void btnOk_Click(object sender, EventArgs e)
55      {
56      //使用 System.Windows.Forms 命名空間下的 MessageBox.Show()方法顯示對話方塊
57          MessageBox.Show($"{txtName.Text} 您好 !,","Hello 訊息對話方塊");
58      }
59  }
60
61  class Program
62  {
63      static void Main(string[] args)
64      {
```

65		`        Form1 f = new Form1();`	`        //建立 f 表單物件為 Form1 類別`
66		`        f.ShowDialog();`	`        //呼叫 f.ShowDialog()方法使視窗顯示`
67		`    }`	
68	`}`		
69	`}`		

Step 03　程式分析

1. 定義 Form1 類別

　① 第 3 行：引用 System.Windows.Forms 命名空間，如此才能使用較簡潔的物件名稱來使用 Label、Button、TextBox...等類別。

　② 第 8 行：定義 Form1 類別繼承自 System.Windows.Forms.Form 類別，也就是說 Form1 類別擁有表單物件的所有屬性與方法。

　③ 第 11,13,15 行：在 Form1 類別內宣告 lblName 物件變數屬於 Label 標籤類別；宣告 btnOk 物件變數屬於 Button 按鈕類別；宣告 txtName 物件變數屬於 TextBox 文字方塊類別。

　④ 第 20-40 行：在 Form1 類別內建立 lblName 標籤、btnOk 按鈕與 txtName 文字方塊，並設定該物件的相關屬性。

　⑤ 第 42-43 行：將 Form1 類別的表單寬設為 250，高設為 200。

　⑥ 第 44-46 行：將 lblName 標籤、btnOk 按鈕及 txtName 文字方塊放入 Form1 類別表單。

　⑦ 第 47 行：將表單的標題設為 "主控模式的視窗程式"。

　⑧ 第 54-58 行：使用 EventHandler 類別新增 btnOk 按鈕 Click 事件的事件處理函式為 btnOk_Click 方法(第 50 行)；此時按下 btnOk 鈕會執行 btnOk_Click 事件處理函式(即方法)。

2. 在 Main() 方法使用 Form1 類別呼叫 Form1 表單

　① 第 65 行：建立 f 表單物件屬於 Form1 類別。

　② 第 66 行：System.Windows.Forms.Form 類別有 ShowDialog() 方法可用來顯示表單，因為 Form1 類別繼承自 System.Windows.Forms.Form 類別，因此可呼叫 ShowDialog()方法將 f 表單物件顯示出來。

　　由上例可知，也可以自行撰寫類別然後繼承自 .NET Framework 的類別並加以延伸。關於 Windows Forms App 應用程式開發與控制項及事件的應用，請參閱第 10-15 章。

列舉器與集合

8.1 使用列舉器瀏覽陣列內容

資料結構(Data structure)是資料在電腦中的儲存和組織方式,設計程式時我們可依據資料的特性選擇合適的資料結構,以得到高效率的處理方式。資料結構在電腦進行大量的資料處理時佔有很重要的地位,所以目前程式語言執行環境的標準程式庫中都包含了多種資料結構,例如:C++ 標準程式模板庫中的容器、Java 集合框架以及微軟的 .NET Framework 都有支援。常用到的資料結構如:陣列、串列(List)、堆疊(Stack)、佇列(Queue)、鏈結串列(Linked List)、樹(Tree)、圖形(Graph)和雜湊表(Hashtable) 即 C# 的 Dictionay(字典),儘管這些資料結構在內部實作與外部使用的介面上各有不同,基本上都希望這些資料結構,能夠提供走訪(Traverse)資料的能力。所謂「走訪」就是能逐一瀏覽該資料結構內所有的元素或稱節點。譬如:串列走訪是從第一個節點開始,一直到走訪到最後一個節點,每個節點都有走訪到。

IEnumerator 介面支援非泛型集合上的簡單反覆運算,用於逐一查看集合,是所有非泛型列舉值的基底介面(Interface)。任何實作此類別的物件才能使用 foreach 來列舉讀取集合中的元素,但是無法用來修改基礎集合。 foreach 敘述可對物件的每個屬性(Property)或陣列/集合的每個元素,逐一執行一個或多個敘述。其語法如下:

語法
```
foreach ([var] variable in {object | array | collection})
{
    statement block;
}
```

C# 語言的 foreach 敘述會隱藏列舉值的複雜度,建議使用 foreach 而不直接使用列舉值。foreach 其實是取得物件的列舉器(Enumerator),透過呼叫列舉器的下列方法和屬性來存取集合內的元素。IEnumerator 介面包含下列兩個方法以及一個屬性:

1. MoveNext()方法:將指標往下移一個位置,並回傳布林值告知指標下移是否成功?若該位置存放集合中的物件,傳回值為 true;若該位置已無資料,傳回值為 false。

2. Current 屬性:回傳目前指標指向值的內容。

3. Reset()方法 :用來將指標移到資料的最開頭。

下圖以集合(或陣列)中含有三個物件(元素)為例,來說明上面方法和屬性三者關係:

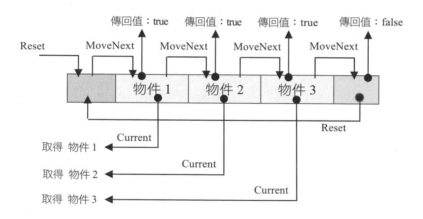

列舉器一開始會位於集合物件(含陣列)中第一個物件(元素)的前面,Reset()方法也會將列舉值帶回這個位置,在這個位置上未定義 Current 屬性。因此,在讀取 Current 屬性值之前,必須先呼叫 MoveNext()方法,將指標後移至集合的第一個元素。接著讀取 Current屬性,此時若未再呼叫 MoveNext()方法,將指標後移至下一個元素,若一直讀取Current屬性,將會傳回相同元素,直到呼叫 MoveNext()方法或 Reset()方法為止。所以,MoveNext()方法會將 Current屬性值設為下一個元素。

如果 MoveNext()方法超出集合物件的範圍,則會將指標置於集合的最後一個元素,然後 MoveNext()方法會傳回 false。指標位於這個位置時,後續 MoveNext() 呼叫也會傳回 false。所以,只要MoveNext ()傳回 false,則表示集合內的元素已讀取完畢,此時 Current未再定義。若要將 Current屬性值再次設定為集合的第一個元素,可先呼叫 Reset()方法,將指標移到集合第一個元素的前面,然後再呼叫 MoveNext()。只要集合的內容保持不變,列舉程式將保持有效。如果對集合進行變更,如:新增、修改或刪除元素,列舉程式將失效且無法復原。

　　任何物件都必須實作 IEnumerator 和 IEnumerable 的兩個介面,其中實作 IEnumerable 是物件序列,必須實作 GetEnumerator()回傳實作 IEnumerator 的物件來進行列舉。這些宣告都在 IEnumerable 及 IEnumerator 這兩個介面,要支援 foreach 只要實作 IEnumerable 即可。兩個介面說明如下:

1. IEnumerable(可列舉的)

　　是用來瀏覽集合內容的介面,透過 GetEnumerator()方法傳回 IEnumerator 的具備迭加器(Iterator)特性的瀏覽物件。

2. IEnumerator(列舉器)

　　是用來取得集合的元素,需實作兩個公開(用)的方法:MoveNext() 和 Reset() 及一個公開(用)屬性:Current。

　　System.Collections 命名空間提供 GetEnumerator()來走訪顯示集合物件內的元素。程式中使用此方法,必須在程式開頭使用 using System.Collections 引用此命名空間。譬如:使用下面敘述會巡訪 myAry 陣列內所有陣列元素的內容。

```
IEnumerator myEnumerator = myAry.GetEnumerator();
while (( myEnumerator.MoveNext() ) && ( myEnumerator.Current != null ))
    Console.WriteLine( "[{0}] {1}", i++, myEnumerator.Current );
```

📥 **範例** :ConsoleCreateInstance1D.sln

使用 Array 類別提供的 CreateInstance()方法,來建立含有五個陣列元素的一維整數陣列。接著使用 SetValue()方法設定陣列元素的初值,其作法是將陣列的註標值乘以 10 再加 10 當初值,依序為 10、20、30、40、50。採用 IEnumerator 介面的 GetEnumeraotr()方法、MoveNext()方法以及 Current 屬性來依序顯示陣列內所有元素,依照下圖格式來顯示所有陣列元素的初值。

執行結果

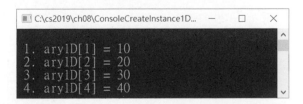

程式碼 FileName : ConsoleCreateInstance1D.sln

```
01 using System.Collections;   // 若此行有寫入，第 16 行 System.Collections.可省略
02
03 namespace ConsoleCreateInstance1D
04 {
05   class Program
06   {
07     static void Main(string[] args)
08     {
09         // 產生一個含有五個陣列元素的整數陣列
10         Array ary1D = Array.CreateInstance(typeof(Int32), 5);
11         // 設定陣列初值依序為:10,20,30,40,50
12         for(int i=ary1D.GetLowerBound(0); i<=ary1D.GetUpperBound(0); i++)
13             ary1D.SetValue(10+i*10 , i);
14
15         // 顯示陣列初值
16         //System.Collections.IEnumerator myEnumerator = ary1D.GetEnumerator();
17         IEnumerator myEnumerator = ary1D.GetEnumerator();
18         int k = 0;
19         int cols = ary1D.GetLength(ary1D.Rank - 1);
20         while (myEnumerator.MoveNext())
21         {
22             if (k < cols)
23             {
24                 k++;
25             }
26             else
27             {
28                 Console.WriteLine();
29                 k = 1;
30             }
31             Console.Write(" {0}. ary1D[{1}] = {2} \n",k,k,myEnumerator.Current);
32         }
33         Console.Read();
34     }
35   }
36 }
```

📥 **範例** ： ConsoleGetEnumerator.sln

使用 Array 類別提供的 CreateInstance()方法，來建立含有四個陣列元素的一維
字串陣列。接著使用 SetValue()方法設定陣列元素的初值，依序為："VR 虛擬
實境"、 "AR 擴增實境"、"MR 混合實境"、"2020 為 5G 元年"。採 IEnumerator
介面的 GetEnumeraotr()方法、MoveNext()方法以及 Current 屬性來依序顯示陣
列內所有元素，依照下圖格式來顯示所有陣列元素的初值。

執行結果

程式碼 FileName : Program.cs

```
01  using System.Collections; // 此行有寫入，System.Collectios.可省略

02

03  namespace ConsoleGetEnumerator

04  {

05    class Program

06    {

07      static void Main(string[] args)

08      {

09          // 宣告並建立含有10 個字元的字串陣列

10          String[] myAry = new String[10];

11          // 設定陣列初值

12          myAry[0] = " VR 虛擬實境";

13          myAry[1] = " AR 擴增實境";

14          myAry[2] = " MR 混合實境";

15          myAry[3] = "2020 為 5G 元年";

17          // 顯示陣列的內容

18          int i = 0 ;

19          // 實作名稱 myEnumerator 列舉器，透過 GetEnumerator 方法來讀取 myAry

20          // 此時指標指到 myAry 陣列第一個陣列元素的前面

21          IEnumerator myEnumerator = myAry.GetEnumerator();

22
```

23	Console.WriteLine("\n myAry 字串陣列元素內容如下 ：\n");
24	// 依序透過 MoveNext 方法指標下移一個項目，current 屬性讀取陣列元素
25	while((**myEnumerator.MoveNext()**)&&(**myEnumerator.Current != null**))
26	Console.WriteLine(" myAry[{0}] = {1}",i++,myEnumerator.Current);
27	Console.Read();
28	}
29	}
30	}

範例：ConsoleCreateInstance2D.sln

使用 Array 類別提供的 CreateInstance()方法建立 **2x3** 二維字串陣列，接著使用 SetValue()方法設定陣列元素的初值，依序為下圖各元素的註標值，譬如：ary2D[0,1] 陣列元素的內容為 "註標 0,1" …以此類推。採 IEnumerator 介面的 GetEnumeraotr()方法、MoveNext()方法以及 Current 屬性來顯示陣列內容，依照下圖來顯示二維陣列元素的初值。

執行結果

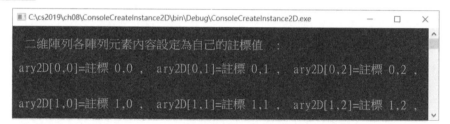

程式碼 FileName：Program.cs

01	**using System.Collections;** // 若此行有寫入，System.Collectios.可省略
02	
03	namespace ConsoleCreateInstance2D
04	{
05	class Program
06	{
07	static void Main(string[] args)
08	{
09	// 產生 2x3 字串陣列並設定初值
10	Array ary2D = Array.CreateInstance(typeof(String), 2, 3);
11	
12	for (int i = ary2D.GetLowerBound(0); i <= ary2D.GetUpperBound(0); i++)

```
13              for (int j = ary2D.GetLowerBound(1); j <= ary2D.GetUpperBound(1); j++)
14                  ary2D.SetValue("註標 " + i + "," + j, i, j);
15
16          // 顯示陣列的資料
17          Console.WriteLine("二維陣列各陣列元素內容設定為自己的註標值 :");
18
19          System.Collections.IEnumerator myEnumerator =
                ary2D.GetEnumerator();
20
21          int r = 0;   // row 列
22          int c = 0;   // col 欄
23
24          int cols = ary2D.GetLength(ary2D.Rank - 1);
25
26          while (myEnumerator.MoveNext() && (myEnumerator.Current != null))
27          {
28              if (r > cols || c >= 3)
29              {
30                  Console.WriteLine();
31                  r++; c = 0;
32              }
33              Console.Write(" ary2D[{0},{1}]={2} , ", r, c++,
                    myEnumerator.Current);
34          }
35          Console.Read();
36      }
37  }
38 }
```

8.2　集合類別

　　同性質的資料以陣列方式集合在一起雖好用，由於陣列內的元素是存放在連續的記憶體空間，元素彼此間透過註標(索引)值呈線性排列彼此緊密連接在一起，欲插入一個元素到陣列指定位置，該位置後面的所有元素都要往後移動一個元素的位置；要刪除元素時，必須從刪除位置，將被刪除元素後面所有元素往前移動一個陣列元素的位置；若要改變陣列的大小，必須新建一個新陣列，再將舊陣列中所有元素複製到新陣列，最後將陣列名稱指向新陣列，因此在存取陣列資料的動作都受到限制。微軟 .NET Framework 的 System.Collections 命名空間提供 Collection 類別，其主要功能是用來將儲存的資料以某種資料結構組成，再以特定方式來走訪或稱巡訪(Traverse)這些資料，以提高資料的存取效率。由於 Collection 類別內的元素的型別都是物件，所以基本的集合類別元素的存取或回傳都是以物件方式進行。現比較整數陣列和物件陣列兩者在記憶體中配置上的差異如下：

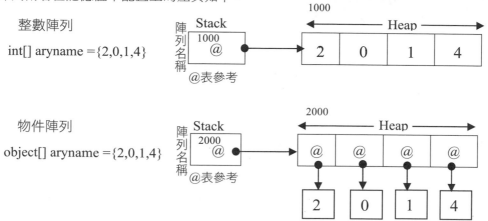

8.3　泛型與非泛型集合類別實作

　　泛型(Generic) 為 NET Framwork 2.0 引入的型別參數 (Type Parameter)的概念，設計類別和方法時，無法知道使用者會使用什麼資料型別的參數，可能是 string、也可能是 int，如使用泛型就不必擔心程式被呼叫時還得考慮傳入的資料型別，只要專心開發功能即可。譬如使用型別參數 T，寫一個名稱為 List1<T>的 List 串列集合類別，可以使用 List1<int>、List1<string>、List1<myClass>，這樣可避免進行型別轉換或裝箱(Boxing)操作的代價和風險。泛型類別和泛型方法由於具有重複性、型別安全和高效率於一身，不是非泛型集合類別所能及的。泛型廣泛應用於集合(Collection)和對集合操作的方法中。泛型和非泛型集合類別在觀念和功能上是有差異的，非泛型集合類別在取值時需做型別轉換工作，當集合的元素為實值型別時會引起 Boxing(裝箱)和 Unboxing(拆箱)的動作。所謂 Boxing 處理是將實值型別轉換成 object 型別，或是任何由這個實值型別實作的介面型別。Unboxing 處理則會從物件擷取實值型別。使用泛型集合(Collection)可以得到型別安全的立即好處，而不需衍生自基底集合型別及實作型別特定的成員。當集合的元素為實值型別時，泛型集合型別通常會比非泛型集合型別有較理想的效能，也優於衍生自非泛型基底集合型別的型別,有了泛型就不需將這些元素進行 Boxing 處理。由於泛型類別和方法將重複使用性、型別安全和高效率三者結合在一起,發揮了非泛型的類別和方法所無法提供的功能,所以,泛型最常搭配在某種指定型別上操作的集合和方法使用。

.NET Framework 2.0 類別庫中的 System.Collections.Generic 命名空間開始支援泛型功能,其中包含多個以泛型為基礎的新集合類別,該命名空間包含會定義泛型集合的介面和類別,可讓使用者建立強化型別(Stronged Type)的集合,提供比非泛型強化型別集合使用的 System.Collections 命名空間有更佳的型別安全和效能。

.NET Framework 內有提供用於儲存和擷取資料的特製化類別,這些類別可支援堆疊、佇列、清單和雜湊資料表(Hashtable)。大部分的 Collection 類別都會實作相同的介面,而這些介面可加以繼承來建立新的 Collection 類別,符合進一步的特定資料儲存需求。非泛型 Collection 類別定義於 System.Collections 命名空間,主要包括:ArrayList、Stack、Queue、Hashtable、SortedList 等集合類別。至於泛型集合主要定義於 System.Collections.Generic 命名空間中,常用包括:List<T>、LinkedList<T>、 Stack<T>、Queue<T>、Dictionary<TKey,TValue>、SortedList<TKey,TValue>等集合類別。這些都是最常見且最基本的資料結構。下表為常用泛型和非泛型集合類別對照表:

非泛型集合類別	泛型集合類別	功能說明
ArrayList	List<T>	表示具有動態大小的物件陣列
Stack	Stack<T>	為後進先出(LIFO)佇列具壓入和彈出功能
Queue	Queue<T>	為先進先出(FIFO)佇列
Hashtable	Dictionary<TKey,TValue>	由鍵值成對組成的集合
SortedList	SortedList<TKey,TValue>	和字典相似具有排序功能的集合

目前 Visual Studio 已升級至 Visual Studio 2019,所提供的 .NET Framework 升級到 4.7.2 版,將來的版本還會更高更新。若使用 .NET Framework 2.0 (含)以後版本來開發應用程式,建議使用 System.Collections.Generic 命名空間中的泛型集合類別,比使用 System.Collections 命名空間中的非泛型的對應的集合類別有更好的型別安全和效率。大部分的集合類別都是衍生自 ICollection、IComparer、IEnumerable、IList、IDictionary 和 IDictionary Enumerator 等介面及其泛型對等用法。泛型集合類別除提供更高的型別安全外,而且在某些情況下,尤其是在儲存實值型別時,還可以提供更佳的效能。

8.3.1 ArrayList 與 List<T>集合類別實作

由於 ArrayList 和 List<T> 串列都可很容易來調整元素的位置，和走訪串列中的元素，可解決上述一般陣列插入、刪除、複製元素所發生的問題。兩者 Collction 類別提供下列屬性方法，讓開發人員能靈活操作串列：

屬性/方法	說明
Count 屬性	取得 ArrayList1/List1 串列內存放元素的總個數。 語法：int n1=ArrayList1.Count; 　　　int n2=List1.Count;
Add 方法	插入新元素到 ArrayList1/List1 串列中的最後面，串列會自動調整大小來容納插入的元素。 語法：ArrayList1.Add (item) ; 　　　List1.Add(item);
AddRange	新增多個相同或不同資料型別的元素到 ArrayList1/List1 串列的最後面。 語法：ArrayList1.AddRange(new string[] { "張三", 90}); 　　　List1.AddRange(new string[] { "張三", 90});
Insert 方法	插入一個新元素到 ArrayList1/List1 串列內指定元素的索引處，原索引位置元素全部往後移動一個索引位置，自動調整大小來容納插入的元素。 語法：ArrayList1.Insert(index, 欲插入的元素); 　　　List1.Insert(index, 欲插入的元素);
Remove 方法	移除 ArrayList1/List1 串列中某個的元素，接在被移除元素後面的元素會自動往前移動一個索引位置。 語法：ArrayList1.Remove(欲刪除的元素); 　　　List1.Remove(欲刪除的元素);
RemoveRange 方法	將 ArrayList1/List1 串列中指定 index 索引值後面 n 個元素移除，接在後面的元素自動全部往前移。 語法：ArrayList1.RemoveRange(index , n); 　　　List1.RemoveRange(index , n);
RemoveAt 方法	將 ArrayList1/List1 串列中指定 index 對應的元素移除，接在後面的元素自動全部往前移。 語法：ArrayList1.RemoveAt(index); 　　　List1.RemoveAt(index);
Clear 方法	將 ArrayList /List1 串列中所有元素清除。寫法： 語法：ArayList1.Clear(); 　　　List1.Clear();
Sort 方法	將 ArrayList1/List1 串列由大而小做遞增排序。 語法：ArrayList1.Sort(); 　　　List1.Sort();

屬性/方法	說明
Reverse 方法	將 ArrayList1/List1 串列由小而大做遞減排序。 語法：ArrayList1.Reverse(); 　　　List1.Reverse();

以上常用屬性與方法完整範例程式請參考書附範例 ch08\ConsolArrayList1\ ConsoleArrayList1.sln 和 ch08\ConsoleArrayList2\ ConsoleArrayList2.sln。輸出結果如下：

```
1.設定 AryLst串列內初值
  目前 AryLst串列內所有元素 :
    第1個元素 : Jack
    第2個元素 : 20
    第3個元素 : True

2.插入 "大學" 到串列的最後面
  目前 AryLst串列內所有元素 :
    第1個元素 : Jack
    第2個元素 : 20
    第3個元素 : True
    第4個元素 : 大學

3.插入"台北", "101" 兩個元素到串列的最後面 :
  目前 AryLst串列內所有元素 :
    第1個元素 : Jack
    第2個元素 : 20
    第3個元素 : True
    第4個元素 : 大學
    第5個元素 : 台北
    第6個元素 : 101

4.插入 "Wu" 到串列的第2個元素後面
  目前 AryLst串列內所有元素 :
    第1個元素 : Jack
    第2個元素 : Wu
    第3個元素 : 20
    第4個元素 : True
    第5個元素 : 大學
    第6個元素 : 台北
    第7個元素 : 101
```

```
5.移除串列中元素為 Wu
  目前 AryLst串列內所有元素 :
    第1個元素 : Jack
    第2個元素 : 20
    第3個元素 : True
    第4個元素 : 大學
    第5個元素 : 台北
    第6個元素 : 101

6.移除串列中第3個元素
  目前 AryLst串列內所有元素 :
    第1個元素 : Jack
    第2個元素 : 20
    第3個元素 : 大學
    第4個元素 : 台北
    第5個元素 : 101

7.移除串列中從第3個元素開始共兩個元素
  目前 AryLst串列內所有元素 :
    第1個元素 : Jack
    第2個元素 : 20
    第3個元素 : 101

8.移除串列中所有元素
  目前 AryList 串列元素總個數 : 0
```

⬆ ConsoleArrayList1.sln 輸出畫面

```
1. 顯示串列初值設定內容(排序前) :
    第1個元素 : Jack
    第2個元素 : Ford
    第3個元素 : Bob
    第4個元素 : David

2. myAryLst.Sort()由小而大做遞增排序 :
    第1個元素 : Bob
    第2個元素 : David
    第3個元素 : Ford
    第4個元素 : Jack

3. myAryLst.Reverse()由大而小做遞減排序 :
    第1個元素 : Jack
    第2個元素 : Ford
    第3個元素 : David
    第4個元素 : Bob
```

⬆ ConsoleArrayList2.sln 輸出畫面

ArrayList 和 List 串列內允許使用不同資料型別的元素，至於一般陣列則不允許。串列可用一般陣列的註標，指向 ArrayList/List 串列中某個元素。可透過 foreach 反複運算，來走訪 ArrayList/List 串列內所有元素。若 ArrayList/List 串列內元素的資料型別不一致，foreach 內的資料型別必須設為 Object 物件資料型別；若串列內都是字串，則設為 string 字串資料型別；若都是整數，則設為 int 整數資料型別，其他以此類推。ArrayList 串列集合類別的定義和宣告置於 System.Collections 命名空間內，至於 List 串列集合類別的定義和宣告置於 System.Collections.Generic 命名空間內。程式中若有使用到此類別，必須分別在程式開頭使用 using 來引用 System.Collections. Generic 命名空間：

using System.Collections ; ⟸ 使用 ArrayList 串列

using System.Collections.Generic; ⟸ 使用 List<T> 串列

現定義類別名稱為 Course 的類別，含有姓名(Name)、是否本系生(Status)、計概成績(Score)屬性以及一個強迫覆寫轉換字串 ToString()方法，分別來介紹如何對非泛型和泛型集合類別的初始化、元素初值設定以及如何走訪集合內所有的元素。Course 類別定義如下：

```
class Course
{
    public string Name { get; set; }        // 姓名屬性
    public bool Status { get; set; }         // 本系生屬性
    public int Score { get; set; }           // 計概成績屬性
    public override string ToString()        // 覆寫類別 ToString()方法
    {
        return string.Format ("姓名：{0} \t 本系生：{1} \t 計概成績：{2} \n " , Name ,
                        Status ? "是" : "非" , Score.ToString ());
    }
}
```

1. 初始化：建立具有 ArrayList/List 集合類別的 bcc 串列物件實體

    ① ArrayList 非泛型串列初始化

    ArrayList bcc = new ArrayList();

    ② List<T> 泛型串列初始化

    List <Course> bcc = new List<Course>();

2. 元素初值設定：

　　ArrayList 非泛型串列和 List<T> 泛型串列物件初值設定寫法相同：

```
bcc.Add(new Course() { Name = "David", Statust = true, Score = 85 });
bcc.Add(new Course() { Name = "Mary", Status = false, Score = 95 });
bcc.Add(new Course() { Name = "Tom", Status = true, Score = 75 });
bcc.Add(new Course() { Name = "Jack", Status = true, Score = 80 });
```

3. 走訪集合內所有元素並依序顯示串列內所有元素：

　　① ArrayList 非泛型串列操作需強制轉換

```
foreach (var item in bcc)   // var 必須使用在序列中的元素是anonymous 匿名型別
{
    if (item is Course)
        Console.WriteLine("{0} ", item.ToString());
    else
        Console.WriteLine("{0} ", (string)item);
}
```

　　② 泛型 List<T> 串列操作不需強制轉換

```
foreach (var item in bcc)
{
    Console.WriteLine ("姓名：{0} \t 本系生：{1} \t 計概成績：{2} \n " , item.Name ,
                    item.Status ? "是":"非", item.Score.ToString ());
    // Console.WriteLine(item.ToString());   // 執行此行呼叫override類別 ToString()方法
}
```

　　有關上面非泛型 ArrayList 串列集合類別和泛型 List<T> 串列集合類別的完整範例實作，分別置於書附範例 ch08\ConsoleArrayList\ConsoleArrayList.sln 和 ch08\ConsoleList\ConsoleList.sln，兩者輸出畫面如下所示：

▲檔名：ConsoleArrayList.sln

▲檔名：ConsoleList.sln

8.3.2 Stack 與 Stack<T>集合類別

Stack(堆疊)是一種資料結構，採後進先出(Last In
First Out：LIFO)的機制，也就是說此種串列加入資料
(Push)和移出資料(Pop)都是從堆疊的最上面存取。就像
廚房裡的成疊的盤子，剛洗的盤子疊在最上面，要拿盤
子也是從最上開始拿，最下面的盤子會最少用到，堆疊
有如一個有底的袋子，元素存取只有最上面一個開口。

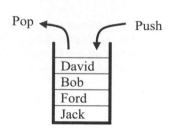

製作非泛型堆疊集合類別或是泛型堆疊集合類別的定義和宣告，分別置於
System.Collections 命名空間和 System.Collections.Generic 命名空間內，程式中若有使用
到該類別，必須分別在程式開頭使用 using 來引用對應的命名空間：

using System.Collections ;　　　　⇦ 使用 Stack 非泛型堆疊

using System.Collections.Generic ; ⇦ 使用 Stack<T>泛型堆疊

下列為堆疊集合類別常用的屬性和方法說明：

屬性/方法	說明
Count 屬性	取得 Stack1 堆疊內存放元素的總數。 語法：Stack1.Count ;
Push 方法	將 item 資料置入 Stack1 堆疊的最上面。 語法：Stack1.Push(item); [例] 將 ary 字串陣列，使用 foreach 將陣列元素依序 　　　置入 Stack1 堆疊內。寫法： 　　　string [] ary = { "Jack", "Ford", "Bob", "David" }; 　　　foreach (string name in ary) 　　　　　Stack1.Push(name);
Pop 方法	移除堆疊中最上面的資料。 語法：Stack1.Pop();
Peek 方法	取得堆疊最上面的資料，未移除資料。 語法：Stack1.Peek();
Contain 方法	檢查堆疊中是否有指定的資料存在？ 語法：Stack1.Contains(item); [例] 檢查堆疊中是否有 "David" 存在，若不存在，顯示 " 堆疊 　　　內無 David 資料!"。若存在顯示 " 堆疊內有 David 資料!" 　　　if (! Stack1.Contains("David")) 　　　　　Console.WriteLine(" 堆疊內無 David 資料!");

屬性/方法	說明
	else 　　Console.WriteLine(" 堆疊內有 David 資料!");
Clear 方法	將 Stack1 堆疊內的資料全部清除，成為空堆疊。 語法：Stack1.Clear();

以上常用屬性與方法完整範例程式請參考書附範例 ch08/ConsoleStack0/ConsoleStack0.sln。

```
1.目前堆疊內所有元素：
  第1個元素 ：David
  第2個元素 ：Bob
  第3個元素 ：Ford
  第4個元素 ：Jack
1.目前堆疊內元素的總個數: 4
---------------------------
2.將 Mary 置入堆疊
2.目前堆疊內所有元素：
  第1個元素 ：Mary
  第2個元素 ：David
  第3個元素 ：Bob
  第4個元素 ：Ford
  第5個元素 ：Jack
2.目前堆疊內元素的總個數: 5
---------------------------
3.查詢堆疊最上面資料：Mary
3.目前堆疊內元素的總個數: 5
```

```
4.取出堆疊最上面的資料：Mary
4.目前堆疊內所有元素：
  第1個元素 ：David
  第2個元素 ：Bob
  第3個元素 ：Ford
  第4個元素 ：Jack
4.目前堆疊內元素的總個數: 4
---------------------------
5.檢查堆疊內是否有 David 這個資料？
5.堆疊內有此資料!
---------------------------
6.清除堆疊內的所有資料
6.堆疊內資料的個數: 4
  第1個元素 ：David
  第2個元素 ：Bob
  第3個元素 ：Ford
  第4個元素 ：Jack
```

⬆ ch08\ConsoleStack0\ConsoleStack0.sln

延續使用上節所定義的 Course 類別，介紹非泛型 Stack 集合類別和泛型 Stack<T>集合類別的初始化、元素初值設定以及如何走訪集合內的所有元素。

1. 初始化：建立具有 Stack 集合類別的 mStack 堆疊物件實體

　① Stack 非泛型串列初始化

　　Stack mStack = new Stack();

　② Stack<T> 泛型串列初始化

　　Stack <Course> mStack = new Stack<Course>();

2. 元素初值設定：

　Stack 非泛型堆疊和 Stack<T> 泛型堆疊設定 mStack 集合物件初值設定寫法相同：

　　mStack.Push (new Course() { Name = "David", Status = true, Score = 85 });
　　mStack.Push (new Course() { Name = "Mary", Status = false, Score = 95 });
　　mStack.Push (new Course() { Name = "Tom", Status = true, Score = 75 });
　　mStack.Push (new Course() { Name = "Jack", Status = true, Score = 80 });

3. 走訪集合內所有元素並依序顯示串列內所有元素

① 非泛型 Stack 串列操作需強制轉換

```
while(mStack.Count >0)
{
    Console.WriteLine ("{0} ", (Couese )mStack.Pop ());
}
```

② 泛型 Stack<T> 串列操作不需強制轉換

```
while(mStack.Count >0)
{
    Console.WriteLine ("{0} ", mStack.Pop());
}
```

有關上面非泛型 Stack 堆疊集合類別和泛型 Stack<T> 堆疊集合類別的完整範例實作，分別置於書附範例 ch08\ConsoleStack1\ConsoleStack1.sln 和 ch08\ConsoleStack2\ConsoleStack2.sln，兩者輸出畫面如下所示：

▲檔名：ConsoleStack1.sln　　　　　▲檔名：ConsoleStack2.sln

8.3.3 Queue 與 Queue<T>集合類別

Queue(佇列)是資料結構中串列的一種，是採先進先出(First In First Out : FIFO)的機制，也就是說此種串列加入資料(EnQueue)是從串列的最後面，和取出資料(DeQueue)是從串列的另一端即最前端開始移出。佇列有如一個兩邊都有開口的袋子，最早置入佇列的資料，最早被移出；最晚置入的資料，最晚移出。

移出 ⇦ | Jack | Ford | Bob | David | ⇦ 插入

製作非泛型佇列集合類別和泛型佇列集合類別的定義和宣告，分別置於 System. Collections 命名空間和 System.Collections.Generic 命名空間內，程式中若有使用到該類別，必須分別在程式開頭使用 using 來引用對應的命名空間：

using System.Collections ; ⇦ 使用 Queue 非泛型佇列

using System.Collections.Generic ; ⇦ 使用 Queue<T>泛型佇列

下列為佇列常用屬性和方法說明：

屬性/方法	說明
Count 屬性	取得 Queue1 佇列內存放元素的總數。 語法：Queue1.Count ;
Enqueue 方法	將 item 資料置入 Queue1 佇列的最後面。 語法：Queue1.Enqueue(item); [例] 將 ary 字串陣列，使用 foreach 將陣列元素依序置入 　　 Queue1 堆疊內。寫法： 　　 string [] ary = { "Jack", "Ford", "Bob", "David" }; 　　 foreach (string name in ary) 　　　　 Queue1.Enqueue(name);
Dequeue 方法	移除 Queue1 佇列中最前面的資料。 語法：Queue1.Dequeue();
Peek 方法	取得佇列最前面的元素。不做移除的動作，資料仍在 Queue1 佇列中。 語法：Queue1.Peek();
Contain 方法	檢查佇列中是否有指定的資料存在？ 語法：Queue1.Contains(item);
Clear 方法	將 Queue1 佇列內的資料全部清除。 語法：Queue1.Clear();

以上參考書附範例ch08\ConsoleQueue0\ConsoleQueue0.sln。輸出結果如右下：

🔺檔名：ConsoleQueue0.sln

延續上節所定義的 Course 類別，介紹非泛型 Queue 佇列集合類別和泛型 Queue<T> 佇列集合類別的初始化、元素初值設定以及如何走訪集合內的所有元素。

1. 初始化：建立具有 Queue 集合類別的 mQueue 佇列物件實體

    ① Queue 非泛型佇列初始化

    Queue mQueue = new Queue();

    ② 泛型 Queue<T> 非泛型佇列初始化

    Queue <Course> mQueue = new Queue<Course>();

2. 元素初值設定：

    非泛型 Queue 佇列和泛型 Queue<T> 物件初值設定寫法相同：

    mQueue.Enqueue (new Course() { Name = "David", Status = true, Score = 85 });
    mQueue.Enqueue (new Course() { Name = "Mary", Status = false, Score = 95 });
    mQueue.Enqueue (new Course() { Name = "Tom", Status = true, Score = 75 });
    mQueue.Enqueue (new Course() { Name = "Jack", Status = true, Score = 80 });

3. 走訪佇列集合內所有元素並依序顯示佇列內所有元素

    ① 非泛型 Queue 佇列操作需強制轉換

    ```
    while(mQueue.Count >0)
    {
        Console.WriteLine ("{0} ", ((Course)mQueue.Dequeue()).ToString());
    }
    ```

    ② 泛型 Queue<T> 佇列操作不需強制轉換

    ```
    while(mQueue.Count >0)
    {
        Console.WriteLine ("{0} ",  (mQueue.Dequeue().ToString()));
    }
    ```

    有關上面非泛型 Queue 佇列集合類別和泛型 Queue<T> 佇列集合類別的完整範例實作，分別置於書附範例 ch08\ConsoleQueue1\ConsoleQueue1.sln 和 ch08\ConsoleQueue2\ConsoleQueue2.sln，兩者輸出畫面如下所示：

<table>
</table>

　　↑檔名：ConsoleQueue1.sln　　　　　↑檔名：ConsoleQueue2.sln

8.3.4 Hashtable 與 Dictionary<TKey, TValue>集合類別

　　一般陣列和 ArrayList 串列所提供的機制，是把整數註標(索引)值置於中括號內來存取對應的一個元素。有時候應程式需求需用整數以外的資料型別來當註標值，此種陣列稱為關聯陣列(Associative Array)。譬如：C# 的 Hashtable(雜湊表)類別屬於非泛型類別是 System.Collections 命名空間提供的一個容器，在 Hashtable 內含兩個物件陣列，其中一個物件陣列含有對應索引鍵(Key)當註標、另一個物件陣列含有對應值(Value)，將 Key&Value(鍵/值對)置入 Hashtable 內，它會自動維護這種以 Key&Value 的對應關係，使得 Hashtable 具有以 key 直接走訪 Value 的索引方式，加快了尋找的速度。由於 Hashtable 中的 key/value 均為 object 類型，所以 Hashtable 可以支援任何類型的 Key&Value。程式中若有使用到此類別，必須在程式開頭使用 using 來引用 System.Collections 命名空間。

　　Dictionary(字典)屬於泛型類別，其型式為 Dictionary<TKey, TValue>，含有兩個型別引數，其中 TKey、TValue 型別引數可為任何資料型別。和 HashTable 類別一樣提供一組索引鍵(key)及一組值(value)的對應，加入 Dictionary(字典)類別物件中的每一個項目都是由其關聯索引鍵和值所組成，使用其索引鍵擷取值的速度快。Dictionary <TKey, TValue> 中的每個索引鍵都必須是唯一，而且也不能是 null。Dictionary 泛型類別物件的屬性及方法的使用方式，和 Hashtable 雜湊表集合類別物件相近。

　　Dictionary<TKey,TValue>類別與 Hashtable 類別的功能相同。由於 Hashtable 的元素屬於 Object 類型，所以在儲存或檢索值類型時通常發生裝箱和拆箱操作。所以，大量資料插入時需花費比 Dictionary 較多的時間。以 for 迴圈方式可以快速地走訪 Hashtable 和 Dictionary。若以 foreach 方式走訪時，Dictionary 走訪速度會更快。

製作非泛型 Hashtable 集合類別和泛型 Dictionary 集合類別的定義和宣告，分別置於 System.Collections 命名空間和 System.Collections.Generic 命名空間內，程式中若有使用到該類別，必須分別在程式開頭使用 using 來引用對應的命名空間：

using System.Collections ;   ⇦ 使用 Hashtable 非泛型雜湊表
using System.Collections.Generic ;   ⇦ 使用 Dictionary<T> 泛型字典

下列為 Hashtable 物件常用屬性和方法說明：

屬性/方法	說明
Count 屬性	取得 Hashtable1 內存放元素的總數。 語法：int n=Hashtable1.Count ;
Add (Key, Value) 方法	將指定含有 Key&Value 元素加入 Hashtable1 中。Key 是要加入元素的索引鍵；Value 是要加入的元素值，此值可以是 null。簡介如下： Hashtable1.Add("iPhone 11", 32000); 或 Hashtable1["iPhone 12"] = 32000;
Remove(Key) 方法	將 Hashtable1 內指定的 item 鍵值的元素，連同對應 Value 值一起移除。 語法：Hashtable1.Remove(item);

ContainsKey(Key) 方法	檢查 Key 鍵是否在 Hashtable1 中，若存在傳回值為 true 表示該 Key&Value 存在；若不存在，傳回值為 false。
	string item = Console.ReadLine();
	if (!Hashtable1.ContainsKey(item))
	   Console.WriteLine(" {0} 不存在 !!" , item);
	else
	   Console.WriteLine("Key= {0} Value={1} " , item , Hashtable1[item]);

Clear 方法	將 Hashtable1 內所有元素全部移除。 語法：Hashtable1.Clear();

下表為 Hashtable 使用 Key&Value 的 Apple 單價表：

品名 (對應索引鍵-Key)	單價 (對應值-Value)
iPhone11	22,500元
iPhone11Plus	259,000 元
iPadMini	12,900元
iPadAir	15,900 元

【輸出畫面】

```
C:\cs2019\ch08\ConsoleHashTable0\bin\Debug\ConsoleHashTable0.exe   —   □   ×

1.置入四筆 Key & Value 鍵值到 HashTable 內.

   品名 (Key)            價格 (Value)
   iPhone11             22500
   iPhone11Plus                      25900
   iPadMini             12900
   iPadAir              15900

1.目前 HashTable 內元素總個數 : 4
-----------------------------------------

2.請輸入 Apple 產品名稱 : iPhone11
2.iPhone11單價 : 22500
-----------------------------------------

3.移除剛查詢鍵值 iPhone11

   品名 (Key)            價格 (Value)
   iPhone11Plus                      25900
   iPadMini             12900
   iPadAir              15900

3.目前 HashTable 內元素總個數 : 3
-----------------------------------------

4.移除 HashTable 內所有元素
4.目前 HashTable 內元素總個數 : 0
```

⬆ 完整範例程式參考書附範例 ch08\HashTable0\HashTable0.sln

延續使用上節所定義的 Course 類別，介紹非泛型 Hashtable<TKey, TValue>集合類別，和泛型 Dictionary<TKey, TValue> 集合類別的初始化、元素初值設定，以及如何走訪集合內的所有元素。

1. 初始化：建立具有 Hashtable/Dictionary 集合類別的 bcc 物件實體

   ① Hashtable 非泛型類別初始化

   Hashtable bcc = new Hashtable();

   ② Dictionary<TKey, TValue> 泛型初始化

   Dictionary<string, Course> bcc = new Dictionary<string, Course>(); // 泛型

2. 元素初值設定： 非泛型 Hashtable 和泛型 Dictionary<TKey, TValue> 寫法相同

   bcc.Add("David", new Course() { Name = "David", Status = true, Score = 85 });
   bcc.Add("Mary", new Course() { Name = "Mary", Status = false, Score = 95 });
   bcc.Add("Tom", new Course() { Name = "Tom", Status = true, Score = 75 });
   bcc.Add("Jack", new Course() { Name = "Jack", Status = true, Score = 80 });

3. 走訪雜湊表集合元素，並依序顯示雜湊表內所有元素：

   ① 非泛型 Hashtable 操作需強制轉換

```
foreach (DictionaryEntry item in bcc)
{
```

```
            Console.WriteLine((((Course)item.Value).ToString());
    }
```

② 泛型 Dictionary<TKey, TValue> 操作不需強制轉換

```
foreach (KeyValuePair<string, Course> item in bcc)
    {
        Console.WriteLine(" 姓名 :{0} \t 本系生: {1} \t 成績 : {2} \n", item.Key,
                        item.Value.Status ? "是": "非", item.Value.Score);
    }
```

有關上面非泛型 Hashtable 集合類別和泛型 Dictionary<T>集合類別的完整範例
實作，分別置於書附範例 ch08\ConsoleHashTable1\ConsoleHashTable1.sln 和 ch08\
ConsoleDictionary1\ConsoleDictionary1.sln，兩者輸出畫面如下所示：

●檔名：ConsoleHashTable1.sln   ●檔名：ConsoleDictionary1.sln

8.3.5 SortedList 與 SortedList<TKey, TValue>集合類別

SortedList 串列和 Hashtable 都屬 Key&Value(鍵-值)組合。上一小節 Hashtable 所介
紹的屬性和方法都可在 SortList 串列中使用，走訪 SortedList 串列內的元素亦需指定對
應索引鍵 (Key)。兩者間主要差異在將 Key&Value 組合置入到 SortedList 串列時，會先
排序對應索引鍵，在對應鍵陣列中找到正確的位置後，才將對應值置入對應值陣列中相
同對應位置。所以，對 SortedList 串列做新增或移除動作，鍵-值組合都會保持同步。要
注意 SortedList 串列和 Hashtable 一樣是不允許有重複的對應索引鍵。使用 foreach 重複
操作同樣會得到 DictionaryEntry 物件，且 DictionaryEntry 的順序是排序後的結果。

以上說明的完整範例程式請參考書附範例中 ch08\ConsoleSortedList0\
ConsoleSortedList0.sln。此範例先建立 SortedList 非泛型串列，分別對 SortedList 串列做
新增、查詢和刪除動作，並分別使用 for 和 foreach 迴圈操作，來顯示目前 SortedList 串
列內所有元素。下表為 Hashtable 使用 Key&Value 的 Apple 單價表：

品名 (對應索引鍵-Key)	單價 (對應值-Value)
iPhone11	22,500
iPhone11Plus	25,900
iPadMini	12,900
iPadAir	15,900

```
C:\cs2019\ch08\ConsoleSortedList0\bin\Debug\ConsoleSortedList0.exe        —    □    ×

1.置入四筆Key&Value鍵值到SortedList串列內

        對應鍵(Key)              對應值(Value)
        iPadAir                  15900
        iPadMini                 12900
        iPhone11                 22500
        iPhone11Plus             25900

1.目前 SortedList串列內元素總個數 : 4
-----------------------------------------

2.請輸入Apple產品名稱 : iPhone11

2.iPhone11單價 : 22500
-----------------------------------------
3.移除剛查詢鍵值 iPhone11
        對應鍵(Key)              對應值(Value)
        iPadAir                  15900
        iPadMini                 12900
        iPhone11Plus             25900

3.目前 SortedList串列內元素總個數 : 3
-----------------------------------------
4.移除 SortedList串列內所有元素
4.目前 SortedList串列內元素總個數 : 0
-----------------------------------------
```

⬆檔名：ConsoleSortedList0.sln

延續使用上節所定義的 Course 類別，介紹非泛型 SortedList 集合類別和泛型 SortedList<TKey, TValue> 集合類別的初始化、元素初值設定以及如何走訪集合內的所有元素。

1. 初始化：建立具有 SortedList 集合類別的 mb 物件實體
   ① Sortedlist 非泛型初始化

   SortedList bcc = new SortedList ();
   ② SortedList<TKey, TValue> 泛型初始化

   SortedList<string, Course> bcc = new SortedList <string, Course>();

2. 元素初值設定：非泛型 SortedList 和泛型 SortedList <TKey, TValue> 寫法相同

   bcc.Add("David", new Course() { Name = "David", Status = true, Score = 85 });
   bcc.Add("Mary", new Course() { Name = "Mary", Status = false, Score = 95 });
   bcc.Add("Tom", new Course() { Name = "Tom", Status = true, Score = 75 });
   bcc.Add("Jack", new Course() { Name = "Jack", Status= true, Score = 80 });

3. 走訪 SortedList 集合內所有元素，並依序顯示 SortedList 內所有元素：

① 非泛型 SortedList 操作需強制轉換

```
foreach (DictionaryEntry item in bcc)
{
    Console.WriteLine( ((Course)item.Value).ToString() );
}
```

② 泛型 SortedList <TKey, TValue> 操作不需強制轉換

```
foreach (KeyValuePair<string, Course> item in bcc)
{
    Console.WriteLine(" 姓名:{0} \t 本系生:{1} \t 計概成績:{2} \n", item.Key,
                        item.Value.Status ? "是": "非", item.Value.Score);
}
```

有關非泛型 SortedList 集合類別和泛型 SortedList<TKey, TValue>集合類別的範例實作，分別置於書範例 ch08\ConsoleSortedList1\ConsoletSortedList1.sln 和 ch08\ConsoleSortedList2\ConsoleSortedList2.sln。兩個程式的輸出畫面和完整程式碼如下：

▲檔名：ConsoleSortesList1.sln

▲檔名：ConsoleSortesList2.sln

1. 非泛型 SortedList 集合類別完整程式碼

程式碼 FileName : ConsoleSortedList1.sln

```
01 using System.Collections;
02
03 namespace ConsoleSortedList1
04 {
05     class Program
06     {
07         class Course
08         {
09             public string Name { get; set; }    // 姓名屬性
10             public bool Status { get; set; }     // 本系生屬性
```

11	`        public int Score { get; set; }        // 計概成績屬性`
12	
13	`        public override string ToString()    // 覆寫覆類別 ToString()方法`
14	`        {`
15	`            return string.Format(" 姓名 : {0} \t 本系生 :{1} \t 計概成績: {2} \n ",` `                Name, Status ? "是" : "非", Score.ToString());`
16	`        }`
17	`    }`
18	`    static void Main(string[] args)`
19	`    {`
20	`        SortedList bcc = new SortedList();   // 非泛型`
21	
22	`        bcc.Add("David", new Course()` `            { Name = "David", Status = true, Score = 85 });`
23	`        bcc.Add("Mary", new Course()` `            { Name = "Mary", Status = false, Score = 95 });`
24	`        bcc.Add("Tom", new Course()` `            { Name = "Tom", Status = true, Score = 75 });`
25	`        bcc.Add("Jack", new Course()` `            { Name = "Jack", Status = true, Score = 80 });`
26	`        //非泛型操作`
27	`        Console.WriteLine("=== 非泛型 SortedList 操作需強制轉換 .... \n");`
28	`        foreach (DictionaryEntry item in bcc)`
29	`        {`
30	`            Console.WriteLine( ((Course)item.Value).ToString() );`
31	`        }`
32	`        Console.Read();`
33	`    }`
34	`}`
35	`}`

2. 泛型 SortedList<TKey, TValue>集合類別完整程式碼

程式碼 FileName : ConsoleSortedList2.sln

01	`//using System.Collections;` 泛型不用引入
02	
03	`namespace ConsoleSortedList2`
04	`{`
05	`    class Program`

```
06     {
07         class Course
08         {
09             public string Name { get; set; }      // 姓名屬性
10             public bool Status { get; set; }      // 本系生屬性
11             public int Score { get; set; }        // 計概成績屬性
12
13             public override string ToString() // 覆寫覆類別 ToString()方法
14             {
15                 return string.Format("姓名 : {0} \t 本系生 :{1} \t 計概成績: {2} \n ",
                        Name, Status ? "是" : "非", Score.ToString());
16             }
17         }
18
19         static void Main(string[] args)
20         {
21             SortedList<string,Course> bcc =new SortedList<string,Course>();
22
23             bcc.Add("David",new Course()
                        {Name="David", Status=true, Score=85 });
24             bcc.Add("Mary",new Course()
                        {Name="Mary", Status=false, Score=95});
25             bcc.Add("Tom",new Course()
                        {Name="Tom", Status=true, Score=75 });
26             bcc.Add("Jack",new Course()
                        {Name="Jack", Status=true, Score=80 });
27             //泛型陣列操作
28             Console.WriteLine("=== 泛型 SortedList 操作不需強制轉換 .... \n");
29             foreach(KeyValuePair<string, Course> item in bcc)
30             {
31             // Console.WriteLine (" 姓名:{0} \t 本系生:{1}  \t  計概成績:{2}  \n",
                    // item.Key, item.Value.Status, item.Value.Score );
32                 Console.WriteLine(item.Value.ToString());
33             }
34             Console.Read();
35         }
36     }
37 }
```

例外與檔案處理

9.1　try{…} catch{…} finally{…} 語法

　　程式執行時，若發生問題或有異常狀況發生導致無法繼續執行，此時會由系統發出一個訊號稱為「例外」(Exception)。譬如，陣列索引超出範圍、數值碰到除以零…等都會產生例外，此時程式會自動結束。但有時應程式需求，不希望碰到這些例外就自動結束，希望能對這些例外加以處理。此時必須對這些例外撰寫程式碼做相關的處置，我們將此過程稱為「例外處理」(Exception Handle)。在早期的程式語言並未提供例外處理敘述，大都藉由偵測函式的傳回值或者給予一個旗標(Flag)來判斷，此種方式必須在可能發生例外的敘述後面都要插入例外處理程式碼，使得程式中到處都有例外處理程式碼，無形中程式變得冗長且不易維護。

　　所幸 C# 提供如下面的 try{…} catch{…} finally{…} 敘述，來解決處理例外的問題。在程式中可將這些可能容易發生錯誤而需做檢查的程式碼(tryStatements)，寫在 try{…} 的程式區塊內，只要程式區塊中有任一敘述發生例外，程式會如下面語法尋找相對應的例外類別。若滿足 exception1 例外類別，則執行 catchStatements1，接著跳到 finally 執行 finallyStatements；若不滿足 exception1 就繼續往下找尋。若滿足 exception2 例外類別，則執行 catchStatements2，接著跳到 finally 執行 finallyStatements…以此類推；若都沒有滿足的例外類別，最後也會執行 finallyStatements。其語法如下：

語法

```
try
{
    tryStatements;              //受監視的程式碼
}
catch (exception1 ex)          // 滿足 exception1 執行 catchStatements1
{
    catchStatements1 ;
}
catch (exception2 ex)          // 滿足 exception1 執行 catchStatements2
{
    catchStatements2 ;
}
 ......
catch (exceptionN ex)
{
    catchStatementsN ;
}
finally
{
    finallyStatements;    //最後都會執行的程式碼
}
```

語法說明

1. tryStatements：有可能發生錯誤的敘述區段。

2. catch：允許多個 catch 敘述區段，由上而下逐一檢查，當符合例外類別即執行 catchStatements 敘述區段，而下面的 catch 條件即不再處理。

3. ex：為自定的例外物件變數名稱，若發生執行時期的例外，則 ex 物件變數即被建立。

4. exception1~exceptionN 例外類別，用來篩選錯誤的例外類型。

5. finally：接在最後一個 catch 之後，不論是否有執行 catchStatements 都會執行 finallyStatements。

簡例 本例為檢查除法時，除數為 0 的例外處理程式：

  ① 若除數為 0，執行 catch 內的程式碼，顯示 "除數不可為零"。

  ② 若分母不為零，則不執行 catch 內的程式碼。

但不管有沒有滿足 catch 指定的例外(Exception)，兩者都會執行接在 finally 後面的敘述區段顯示 "已執行 finally 區塊..."。寫法：

```
// FileName : ConsoleTryCatchTest1.sln
01 namespace ConsoleTryCatchTest1
02 {
03    class Program
04    {
05      static void Main(string[] args)
06      {
07          int up, down, result;
08          up = 10;
09          down = 0;
10          try
11          {
12             result = up / down;
13          }
14          catch (System.DivideByZeroException   ex)
15          {
16             Console.WriteLine ("\n1. 除數不可為零...");
17          }
18          finally
19          {
20             Console.WriteLine("\n2. 已執行 finally 區塊...");
21          }
22          Console.Read();
23      }
24    }
25 }
```

上面例外發生時，採自己設計的提示訊息；若想改用系統提供的訊息當提示訊息，可以將第 14~17 行改成下面敘述：(FileName：ConsoleTryCatchTest2.sln)

```
14    catch (System.DivideByZeroException   ex)
15    {
16        Console.WriteLine($"\n1. {ex.ToString()}");
17    }
```

即可得到訊息：

程式碼不管有沒有滿足 catch 的 System.DivideByZeroException 例外類別，都會執行接在 finally 後面的敘述區段。

9.2 例外類別

在 .NET Framework 提供下表常用的例外類別，可以用來捕捉一些常用的例外，以便讓我們能輕易地處理這些常用的例外。

9.2.1 常用例外類別

下表列出幾個常會碰到的 Exception 例外類別：

類別	說明
ArgumentOutOfRangeException	當引數值超出呼叫方法所規定的範圍所產生的錯誤。
DivideByZeroException	除數為 0 時所產生的錯誤。
Exception	程式執行時期所產生的錯誤。可以捕捉所有的例外。
IndexOutOfRangeException	索引值超出陣列所允許範圍。
InvalidCastException	資料型別轉換所產生的錯誤，如將字母轉為數值。
OverFlowException	溢位時所產生的錯誤。

簡例 試寫一個能檢查陣列索引值超出陣列允許範圍的例外處理。先宣告並建立 score 整數陣列並給予初值，陣列元素為 score[0]~score[2]，欲顯示 score[3] 的內容，若索引值超出陣列所允許的範圍，則顯示系統提供的例外提示訊息。寫法如下：

```
// FileName : ConsoleTryCatchTest3.sln
01 namespace ConsoleTryCatchTest3
02 {
03   class Program
04   {
05     static void Main(string[] args)
06     {
07       int[] score = new int[] { 100, 86, 98 };
08       try
09       {
10         Console.WriteLine($"第 4 位學生的成績 { score[3]}");
11       }
12       catch (IndexOutOfRangeException ex)
13       {
14         Console.WriteLine(ex.ToString());
15       }
16       Console.Read();
```

```
17      }
18    }
19 }
```

即可得到下面訊息：

9.2.2 例外類別常用成員

　　下表列出幾個常用例外類別的屬性或方法，透過這些屬性或方法可以提供發生例外的資訊，讓開發人員瞭解：

成員	說明
GetBaseException 方法	取得該例外類別所繼承的父類別。
GetObjectData 方法	用於子類別中覆寫父類別的 GetObjectData()方法，藉以設定例外狀況的相關資訊。
GetType 方法	取得目前例外物件的型別。
ToString 方法	取得目前例外狀況的文字說明。
HelpLink 屬性	用來讀取或設定說明檔的路徑。
InnerException 屬性	用來取得造成目前例外的例外物件。
Message 屬性	取得例外的描述訊息。
Source 屬性	取得發生例外的來源物件。
StackTrace 屬性	取得發生例外的函式。
TargetSite 屬性	取得擲回 (throw) 目前例外狀況的方法。

簡例　介紹例外類別成員的使用。範例使用例外類別的 ToString()方法顯示狀況的文字說明，也可使用 HelpLink 以及 StackTrace 屬性來取得例外的描述結果。其寫法如下：

```
// FileName : ConsoleTryCatchTest4.sln
01 namespace ConsoleTryCatchTest4
02 {
03   class Program
04   {
05     static void Main(string[] args)
06     {
07       int[] score = new int[] { 100, 86, 98 };
08       try
09       {
10         Console.WriteLine($" 第 4 位學生的成績 {score[3]} " );
11       }
12       catch (IndexOutOfRangeException ex)
13       {
14         Console.WriteLine($"\n 1.{ex.ToString()}" );
15         Console.WriteLine();
16         Console.WriteLine($"\n 2.{ex.HelpLink}\n{ex.StackTrace}" );
17       }
18       Console.Read();
19     }
20   }
21 }
```

即可得到下面訊息：

📥 **範例**：ConsoleTryCatch1.sln

輸入兩個整數，將兩數相除求其商，若分母的輸入值為 0 時，程式會中斷執行且顯示錯誤訊息。

執行結果

程式碼 FileName:Program.cs

```
01 namespace ConsoleTryCatch1
02 {
03     class Program
04     {
05         static void Main(string[] args)
06         {
07             int a, b, c;
08             Console.Write("a = ");
09             // 使用 int.Parse() 方法將鍵盤所輸入的值轉成整數
10             a = int.Parse(Console.ReadLine());
11             Console.Write("b = ");
12             b = int.Parse(Console.ReadLine());
13             c = a / b;
14             Console.WriteLine($"a / b  = {c}");
15             Console.ReadLine();
16         }
17     }
18 }
```

説明

1. 第 10 行：若由鍵盤輸入 25，再按 ⏎ 鍵。

2. 第 12 行：若由鍵盤輸入 0，再按 ⏎ 鍵。

3. 第 13 行：由於 a= 25, b=0，分母(除數)為 0，程式會暫停執行並顯示上圖對話方塊告知錯誤訊息。若按【偵錯(D)/停止偵錯(E)】鈕，中止程式執行，回到整合開發環境。

🔽 **範例**：ConsoleTryCatch2.sln

延續上例，在程式執行時發生中斷處加入 try {…}catch {…} 例外處理機制。

執行結果

程式碼 FileName:Program.cs

```
01 namespace ConsoleTryCatch2
02 {
03    class Program
04    {
05        static void Main(string[] args)
06        {
07            int a, b, c = 0;
08            Console.Write("a = ");
09            a = int.Parse(Console.ReadLine());
10            Console.Write("b = ");
11            b = int.Parse(Console.ReadLine());
12            try
13            {
14                c = a / b;
15            }
16            catch (Exception ex)
17            {
18                Console.WriteLine($"\n {ex.ToString()}");
19            }
20            Console.WriteLine($"\na / b = {c}");
21            Console.Read();
```

22		}
23	}	
24}		

説明

1. 第 14 行：當 a=12, b=0 時，會產生嘗試除以零的錯誤，此時會讓 catch 敘述所宣告的例外來捕捉。

2. 第 16-19 行：當第 14 行產生除以零的錯誤時，接著讓第 16 行敘述的 Exception 例外捕捉，然後再執行第 18 行將錯誤訊息顯示出來。

3. 第 18,20 行：第 18 行將錯誤訊息顯示出來，然後繼續執行第 20 行，將 c 值顯示，由於 c=a/b 不能執行，因此 c 仍為預設值 0。

範例：ConsoleTryCatch3.sln

使用 try{…} catch{…} finally{…}來處理執行陣列索引值超出界限的錯誤。

執行結果

```
C:\cs2019\ch09\ConsoleTryCatch3\bin\Debug\ConsoleTryCatch3.exe
 score[0]=1
--> index = 0

 score[1]=2
--> index = 1

 score[2]=3
--> index = 2

 score[3]=

1. 例外處理類型    :System.IndexOutOfRangeException

2. 錯誤訊息        :索引在陣列的界限之外。

3. 程式或物件名稱  :ConsoleTryCatch3

4. 產生錯誤程序    :Main

5. 錯誤之處        :   於 ConsoleTryCatch3.Program.Main(String[] args) 於
C:\cs2019\ch09\ConsoleTryCatch3\Program.cs: 行 20

--> index = 3
```

程式碼 FileName:Program.cs

```
01 namespace ConsoleTryCatch3
02 {
03     class Program
04     {
05         static void Main(string[] args)
06         {
07             int i;
```

```
08              int[] score = new int[] { 1, 2, 3 };
09              for (i = 0; i <= 3; i++)
10              {
11                  Console.Write(" score[{0}]=", i.ToString());
12                  try
13                  {
14                      Console.WriteLine(score[i]);
15                  }
16                  catch (IndexOutOfRangeException ex)
17                  {
18                      Console.WriteLine();
19                      Console.WriteLine("\n 1. 例外處理類型    :{0}",
                            ex.GetType().ToString());
20                      Console.WriteLine("\n 2. 錯誤訊息        :{0}",
                            ex.Message);
21                      Console.WriteLine("\n 3. 程式或物件名稱  :{0}",
                            ex.Source);
22                      Console.WriteLine("\n 4. 產生錯誤程序    :{0}",
                            ex.TargetSite.Name);
23                      Console.WriteLine("\n 5. 錯誤之處        :{0}",
                            ex.StackTrace);
24                  }
25                  finally
26                  {
27                      Console.WriteLine(" -->index = {0}", i.ToString());
28                  }
29              }
30              Console.Read();
31          }
32      }
33 }
```

説明

1. 第 14 行：顯示陣列元素內容，因為 score 陣列只有三個元素，因此索引值為 0, 1, 2，當索引值超過 2 時，就會產生執行時期錯誤。

2. 第 16-24 行：只有陣列索引值超出範圍錯誤，才會執行此敘述區段，執行完此敘述區段即會跳到第 25-28 行敘述執行。

3. 第 25-28 行：本程式不論是否有執行第 16-24 行，都會執行 25-28 行的 finally 敘述區段。

📥 **範例**：ConsoleTryCatch4.sln

練習設計多個例外處理機制。為求 n!，能處理下列例外機制，並給予提示訊息：

① 資料型別不符發生 InvalidCastException 例外，提示訊息 "資料型態錯誤"。

② 數值超出最大值發生 OverflowException 例外，提示訊息 "溢位錯誤"。

③ 其他 Exception，提示訊息 "其他錯誤"。

執行結果

程式碼 FileName:Program.cs

```
01 namespace ConsoleTryCatch4
02 {
03     class Program
04     {
05         static void Main(string[] args)
06         {
07             int i = 1, n = 0, f = 0;
08             while (true)
09             {
10                 try
11                 {
12                     Console.Write("\n 求一整數 n 值的階乘　n = ");
13                     n = int.Parse(Console.ReadLine());
14                     f = 1;
```

```
15                      for (i = 1; i <= n; i++)
16                      {
17                          f = f * i;
18                      }
19                      break;
20                  }
21                  catch (InvalidCastException ex)
22                  {
23                      Console.WriteLine("\n   ==>資料型態錯誤");
24                  }
25                  catch (OverflowException ex)
26                  {
27                      Console.WriteLine("\n   ==>溢位錯誤");
28                  }
29                  catch (Exception ex)
30                  {
31                      Console.WriteLine("\n   ==>其他錯誤");
32                  }
33              }
34              Console.WriteLine($"\n   結果  :   {n} != {f}");
35              Console.ReadLine();
36          }
37      }
38 }
```

説明

1. 第 13 行：若輸入字母，會執行 29-32 行，並顯示 "其他錯誤"。

2. 第 17 行：當 f 值太大，超過 int 型別所允許最大整數時會執行 25-28 行，並顯示 "溢位錯誤"。

3. 第 21-24 行：若資料型別轉換失敗產生錯誤，會執行此敘述區段。

4. 第 15-19 行：沒有產生溢位時，會算出 f 值，然後才離開 try{...}敘述跳到第 34 行繼續往下執行。

注意

當有例外產生時，程式會從 try 敘述中第一個 catch 例外類別檢查是否有符合條件？

若有符合條件，則不再比較後面 catch 條件。因此若將 29-32 行置於第 21-24 行之前，表示 catch 敘述已經捕捉到 Exception 例外，而無法處理緊接下面敘述 InvalidCastException 或 OverFlowException 例外，因此會產生無法編譯的情形，所以必須將可以捕捉愈多的例外類別放在 try{…} catch{…}敘述的最後面。

9.3　自定例外處理 - 使用 throw 敘述

遇到特殊錯誤，系統並沒有提供此種判斷，自己也可以另外寫程式來處理特殊錯誤，使用 throw 敘述即可指定要用到哪個例外類別。現以下面範例介紹如何使用：

🔽 **範例**：ConsoleThrow1.sln

輸入成績 0~100 不發生錯誤；若輸入其他數字或字串資料，結果顯示 "不合理成績"。本例使用 throw 敘述指定要使用 ArgumentOutOfRangeException 例外類別。

執行結果

程式碼 FileName:Program.cs

```
01 namespace ConsoleThrow1
02 {
03     class Program
04     {
05         private static void KeyinScore(out int score)
06         {
07             Console.Write("\n 輸入成績( 0 - 100 ) :  ");
08             score  = int.Parse(Console.ReadLine());
09             if (score <= 0 || score >= 100)
```

```
10              {
11                  throw new ArgumentOutOfRangeException();
12              }
13              else
14                  Console.WriteLine("\n 輸入的成績合於限定範圍!成績傳送成功 ...");
15          }
16      static void Main(string[] args)
17      {
18          int score;
19          while (true)
20          {
21              try
22              {
23                  KeyinScore(out score);
24                  break;
25              }
26              catch (ArgumentOutOfRangeException ex)
27              {
28                  Console.WriteLine("\n 不合理成績\n");
29              }
30              catch (Exception ex)
31              {
32                  Console.WriteLine("\n 其他種錯誤\n");
33              }
34          }
35          Console.Read();
36      }
37  }
38 }
```

説明

1. 第 8-14 行：若 score 沒有介於 0~100 之間，此時會執行 throw 敘述指定使用 ArgumentOutOfRangeException 類別的物件當做不合理判斷的例外。當然也可以使用其他類別，或自己定一個新的類別。

2. 第 23 行：輸入 120 時執行第 26-29，會顯示 "不合理成績"。輸入字母時，會執行第 30-33 行，會顯示 "其他種錯誤"。

9.4 例外類別繼承

若 .NET Framework 所提供的例外類別不夠使用的話，開發人員可使用物件導向繼承的機制，將系統提供的例外類別加入延伸、增加功能，而且也可以覆寫原有系統例外類別的方法或屬性，或是增加新的方法或屬性。現以下例來介紹。

📥 **範例**：ConsoleInheritsException.sln

定義 Empolyee 員工類別，該類別擁有設定員工薪水的 Salary 屬性，若設定薪水屬性小於等於 0 時，即會產生 SalaryException 例外類別。SalaryException 例外類別是我們自定的，此類別繼承自 Exception 例外類別，SalaryException 類別覆寫 ToString() 方法及 Message 屬性，再新增 ShowMsg() 方法。

執行結果

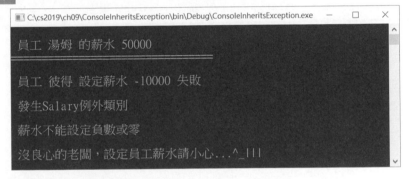

```
C:\cs2019\ch09\ConsoleInheritsException\bin\Debug\ConsoleInheritsException.exe   —   □   ×

員工 湯姆 的薪水 50000

員工 彼得 設定薪水 -10000 失敗

發生Salary例外類別

薪水不能設定負數或零

沒良心的老闆，設定員工薪水請小心...^_|||
```

程式碼 FileName:Program.cs

```
01 namespace ConsoleInheritException
02 {
03     // 定義 SalaryException 例外繼承自 Exception 例外類別
04     class SalaryException : Exception
05     {
06         public override String ToString()   // 覆寫 ToString()方法
07         {
08             return "\n 發生 Salary 例外類別";
09         }
10         // 覆寫 Message 屬性，該屬性是唯讀屬性
11         public override String Message
```

```
12          {
13              get
14              {
15                  return "\n 薪水不能設定負數或零";
16              }
17          }
18          public void ShowMsg()        // 新增  ShowMsg() 方法
19          {
20              Console.WriteLine("\n 沒良心的老闆，設定員工薪水請小心...^_|||");
21          }
22      }
23
24      class Empolyee               // 定義  Empolyee 員工類別
25      {
26          private string _name;     // 私有  _name 欄位
27          private int _salary;      // 私有  _salary 欄位
28          //  Empolyee 員工類別的建構式，用來設定員工姓名
29          public Empolyee(string name)
30          {
31              _name = name;
32          }
33          public int Salary        // 薪水屬性
34          {
35              get
36              {
37                  return _salary;
38              }
39              set
40              {
41                  // 如果薪水小於等於 0，則產生 SalaryException 例外類別物件
42                  if (value <= 0)
43                  {
44                      Console.WriteLine($"\n 員工 {_name} 設定薪水 {value} 失敗");
45                      // 產生 SalaryException 例外類別物件
46                      throw new SalaryException();
47                  }
48                  else
49                  {
```

```
50                  _salary = value;
51              }
52          }
53      }
54      public void ShowSalary()
55      {
56          Console.WriteLine($"\n 員工 {_name} 的薪水 {Salary}");
57      }
58  }
59
60  class Program
61  {
62      static void Main(string[] args)
63      {
64          try
65          {
66              Empolyee tom = new Empolyee("湯姆");
67              tom.Salary = 50000;
68              tom.ShowSalary();
69              Console.WriteLine("=================================");
70              Empolyee peter = new Empolyee("彼得");
71              // 設定 Peter 物件的薪水為負數，因此會產生 SalaryException 例外類別
72              peter.Salary = -10000;
73              peter.ShowSalary();
74          }
75          catch (SalaryException ex)  // 捕捉 SalaryException 例外
76          {
77              // 呼叫 SalaryException 的 ToString() 方法
78              Console.WriteLine(ex.ToString());
79              // 呼叫 SalaryException 的 Message 屬性
80              Console.WriteLine(ex.Message);
81              // 呼叫 SalaryException 的 ShowMsg()方法
82              ex.ShowMsg();
83          }
84          Console.Read();
85      }
86  }
87 }
```

1. 第 4 行：SalaryException 類別繼承自 Exception 例外類別。

2. 第 6-9 行：覆寫 ToString()方法。

3. 第 11-17 行：覆寫唯讀 Message 屬性。

4. 第 18-21 行：新增 ShowMsg()方法。

5. 第 33-53 行：當設定薪水小於等於 0 時，即指定產生 SalaryException 例外。

6. 第 72 行：設定薪水為-10000 時會產生 SalaryException 例外，執行第 75-83 行。

9.5 System.IO 命名空間常用類別介紹

.NET Framework 提供 System.IO.File 和 Sysem.IO.Directory 類別來管理檔案系統，透過這些類別讓開發人員能很容易對資料夾或檔案，做增刪、複製、搬移、重新命名等工作。System.IO 命名空間提供許多有關檔案存取的類別，下表僅列出常用來撰寫檔案系統時較核心的類別：

類別	說明
BinaryReader	以特定的編碼方式將基本資料型別以 Binary 格式讀取。
BinaryWriter	以 Binary 格式將基本資料型別寫入資料串流。
Directory	以靜態方式建立、搬移和顯示資料夾。
DirectoryInfo	以物件實體(Instance)方式建立、搬移和顯示資料夾。
File	以靜態方式建立、複製、刪除、搬移和開啟檔案。並協助 FileStream 物件的建立。
FileInfo	以物件實體(Instance)方式建立、複製、刪除、搬移和開啟檔案。並協助 FileStream 物件的建立。
FileStream	提供同步與非同步檔案讀取和寫入作業。
FileSystemInfo	為 DirectoryInfo 和 FileInfo 物件提供基底類別(Based Class)。
Path	以跨平台方式執行含有資料夾路徑或檔案資訊的字串實體。
StreamReader	以特定的編碼方式從 Byte 資料串流讀取字元的 TextReader。
StreamWriter	以特定的編碼方式將字元寫入 Byte 資料串流的 TextWriter。

在撰寫程式時要注意當有使用到上表各類別的敘述時，要記得在程式開頭要加上『using System.IO; 』敘述引用 System.IO 的命名空間，這樣才能使用較簡潔的物件名稱來撰寫程式。

DirectoryInfo 和 FileInfo 類別都是繼承 FileSystemInfo 抽象基底類別而來。FileSystemInfo 類別產生的物件可以表示檔案或目錄，因此可以做為 FileInfo 或 DirectoryInfo 物件的基礎。所以，有很多目錄(資料夾)和檔案類別的成員直接由 FileSystemInfo 基礎類別繼承而來，接下來介紹常用的檔案存取類別。

9.6 DirectoryInfo 類別

目錄相關資訊類別主要用來建立資料夾和搬移資料夾的工作。由上節列表可知有 Directory 和 DirectoryInfo 兩種類別，前者為靜態方式不必建立物件實體即可直接使用；後者就必須使用 new 建立物件實體才能來對目錄做維護。由於 DirectoryInfo 繼承 File SystemInfo 類別，所以，如下表除了擁有 FileSystemInfo 的屬性外，還有自己所屬的屬性。譬如:建立一個名稱為 dir 的 DirectoryInfo 物件實體,該物件操作的目錄是「D:\myDir」資料夾，其寫法如下：

```
DirectoryInfo dir;      // 宣告 dir 為 DirectoryInfo 類別物件
dir = new DirectoryInfo("D:\\myDir");    // 建立 dir 物件;
```

上述兩行可改成下面敘述

```
DirectoryInfo dir = new DirectoryInfo("D:\\myDir");
```

下表中 dir 代表指到 D 磁碟機根目錄下名稱為 myDir 資料夾：

DirectoryInfo 成員	說明
Attributes 屬性 (繼承自 FileSystemInfo)	取得或設定目前 FileSystemInfo 的檔案屬性。 ① Archive:檔案的保存狀態，用來標記該檔案是否需備份。 ② Compressed：檔案壓縮。 ③ Directory：為一目錄。 ④ Encrypted：目錄加密。 ⑤ Hidden：設成隱藏。 ⑥ Normal：設成正常且無其他屬性設定。 ⑦ Offline：設成離線。

DirectoryInfo 成員	說明
	⑧ ReadOnly：設成唯讀。 ⑨ System：設成系統檔。 ⑩ Temporary：設成暫時檔。 dir.Attributes = FileAttributes.Archive;　⇦ 設定 label1.Text = dir.Attributes.ToString() ;　⇦ 取得
CreationTime 屬性 (繼承自 FileSystemInfo)	取得或設定資料夾或檔案建立的日期和時間。程式中取得和設定時間寫法如下： ① dir.CreationTime = new DateTime(2020, 10, 15); ② label1.Text = dir.CreationTime.ToShortDateString();
Exists 屬性	檢查資料夾是否存在。
Extension 屬性 (繼承自 FileSystemInfo)	取得檔案的副檔名。
FullName 屬性 (繼承自 FileSystemInfo)	取得資料夾完整的路徑及檔案名稱。
LastAccessTime 屬性 (繼承自 FileSystemInfo)	取得或設定資料夾最近一次存取的時間。 label1.Text = dir.LastAccessTime.ToShortDateString();
LastWriteTime 屬性 (繼承自 FileSystemInfo)	取得或設定最近寫入目前指定目錄的時間。
Name 屬性	取得資料夾名稱。
Parent 屬性	取得指定子資料夾的上一層(父)資料夾。
Root 屬性	取得路徑中根目錄部分。 label1.Text = dir.Root.ToString();
Create 方法	建立資料夾。在 D 槽根目錄建立 myDir 資料夾： DirectoryInf dir = new DirectoryInfo("D:\\myDir"); dir.Create();
CreateSubdirectory 方法	在指定路徑上面建立子資料夾。在程式中目前 dir 所指定 myDir 資料夾下建立 cs1 和 cs2 兩個資料夾，其寫法如下： DirectoryInfo dir = new DirectoryInfo("D:\\myDir"); DirectoryInfo subdir1 = dir.CreateSubdirectory("cs1"); DirectoryInfo subdir2 = dir.CreateSubdirectory("cs2");
Delete 方法	刪除指定的資料夾。 dir.Delete(true);　⇦ 刪除 dir 指到的 myDir 資料夾 subdir1.Delete(true);　⇦ 刪除 subdir1 指到的 cs1 子資料夾

DirectoryInfo 成員	說明
GetDirectories 方法	取得目前指定目錄的子資料夾清單，會傳回一組 DirectoryInfo 型別的陣列。在 myDir 資料夾下建立 cs1 和 cs2 兩個子目錄，並將建好的子目錄顯示在 label1 控制項上，其寫法： DirectoryInfo dir = new DirectoryInfo("D:\\myDir"); DirectoryInfo subdir1 = dir.CreateSubdirectory("cs1"); ; DirectoryInfo subdir2 = dir.CreateSubdirectory("cs2"); DirectoryInfo[] diArr = dir.GetDirectories(); label1.Text = "子目錄 : "; foreach (DirectoryInfo showSubDir in diArr) label1.Text += showSubDir.Name + " ; "; [結果] 子目錄 ： cs1 ; cs2 ;
GetFiles 方法	取得目前指定資料夾下的檔案清單，會傳回一組 FileInfo 型別的陣列。可參考 9.7 節的 ConsoleFileInfo1.sln 範例。
MoveTo 方法	將 DirectoryInfo 物件實體所指的目錄搬移到新的路徑。將 D:\myDir 搬移到 D:\youDir 資料夾，寫法： dir.MoveTo("D:\\youDir");
Refresh 方法 (繼承自 FileSystemInfo)	重新整理 DirectoryInfo 物件實體所指的目錄。將 dir 指到的 myDir 目錄重新整理，寫法：dir.Refresh();

ToString 方法	傳回由使用者傳遞的原始路徑。
	label1.Text = dir.ToString();
	label2.Text = subdir1.ToString();

📥 **範例**：ConsoleDirectoryInfo1.sln

透過 DirectoryInfo 類別先判斷您的電腦是否有「d:\CSharp」資料夾，若無此資料夾則建立，接著再顯示該資料夾的建立時間、存取時間、資料夾名稱以及根目錄。最後會詢問您是否要刪除 d:\CSharp 資料夾。

執行結果

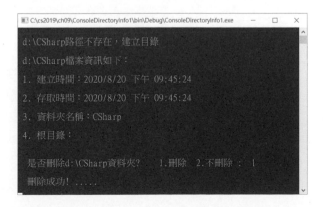

程式碼 FileName:Program.cs

```
01 using System.IO;      // 引用 System.IO 命名空間
02
03 namespace ConsoleDirectoryInfo1
04 {
05     class Program
06     {
07         static void Main(string[] args)
08         {   // 建立 DirectoryInfo 類別的 dir 物件，可用來操作資料夾目錄
09             DirectoryInfo dir = new DirectoryInfo("d:\\CSharp");
10             if (dir.Exists)
11             {   // 判斷目錄是否存在
12                 Console.WriteLine("\n d:\\CSharp 路徑存在，不建立目錄");
13             }
14             else
15             {
16                 Console.WriteLine("\n d:\\CSharp 路徑不存在，建立目錄");
17                 dir.Create();      // 建立目錄
18                 dir.Refresh();     // 重新整理目錄
19             }
20             Console.WriteLine($"\n {dir.FullName}檔案資訊如下：");
21             Console.WriteLine($"\n 1. 建立時間：{dir.CreationTime}" );
22             Console.WriteLine($"\n 2. 存取時間：{dir.LastAccessTime}" );
23             Console.WriteLine($"\n 3. 資料夾名稱：{dir.Name}" );
24             Console.WriteLine($"\n 4. 根目錄：{dir.Parent}");
25             Console.WriteLine();
26             Console.Write("\n 是否刪除 d:\\CSharp 資料夾？  1.刪除  2.不刪除 : ");
27             if (Console.ReadLine() == "1")
28             {
29                 try
30                 {
31                     dir.Delete();                // 刪除檔案
32                     Console.WriteLine("\n 刪除成功！....");
33                 }
34                 catch (Exception ex)     // 刪除檔案失敗會產生例外
35                 {
36                     Console.WriteLine("\n 刪除失敗！....");
```

37	Console.WriteLine(ex.Message); // 顯示例外訊息
38	}
39	}
40	Console.Read();
41	}
42	}
43	}

範例：ConsoleDirectoryInfo2.sln

透過 DirectoryInfo 類別先判斷您的電腦是否有您輸入的資料夾路徑。若無，則停止程式；若有，則顯示目前資料夾路徑下每一個子資料夾的完整路徑以及建立時間。

執行結果

程式碼 FileName:Program.cs

01	**using System.IO;** // 引用 System.IO 命名空間
02	
03	namespace ConsoleDirectoryInfo2
04	{
05	class Program
06	{
07	static void Main(string[] args)
08	{
09	Console.Write("\n 請輸入路徑 : ");
10	string fpath = Console.ReadLine();
11	DirectoryInfo dir = new DirectoryInfo(fpath);
12	if (!dir.Exists) //判斷路徑是否不存在
13	{

14	Console.WriteLine("\n 路徑不存在！.....");
15	Console.Read();
16	return;
17	}
18	Console.WriteLine("\n {0}資料夾下的子資料夾如下：", dir.FullName);
19	DirectoryInfo[] subdir = dir.GetDirectories();
20	foreach (DirectoryInfo r in subdir)
21	{
22	Console.WriteLine("\n 完整路徑：{0} \t 建立時間{1}", r.FullName, r.CreationTime);
23	}
24	Console.Read();
25	}
26	}
27	}

說明

1. 第 19 行：取得目前路徑的子資料夾清單，並指定給 DirectoryInfo 類別的 subdir 陣列。

2. 第 20-23 行：印出目前路徑下所有資料夾目錄的完整路徑以及建立時間。

9.7 FileInfo 類別

　　FileInfo 類別主要用來建檔、複製、搬移、刪除以及取得檔案屬性等工作。由上節列表可知有 File 和 FileInfo 兩種類別，前者為靜態方式不必建立物件實體，直接使用；後者就必須使用 new 建立物件實體才能對檔案做維護。由於 FileInfo 繼承 FileSystemInfo 類別，所以，如下表除了擁有 FileSystemInfo 的屬性外，還有自己所屬的屬性。下表各屬性內的敘述皆會用到下列宣告：

```
DirectoryInfo dir1 = new DirectoryInfo("D:\\myDir");
dir1.Create() ;     // 在 D 槽建立 myDir 資料夾

DirectoryInfo dir2 = new DirectoryInfo("D:\\youDir");
dir2.Create() ;     // 在 D 槽建立 youDir 資料夾
```

```
    // 在 D 槽的 myDir 資料夾下建立 cs1 子資料夾
    DirectoryInfo subdir1 = dir1.CreateSubdirectory("cs1") ;
    // 在 D 槽的 myDir 資料夾下建立 cs2 子資料夾
    DirectoryInfo subdir2 = dir1.CreateSubdirectory("cs2");
    // 在 D 槽的 myDir 資料夾下，建立 hw1.doc 新檔案
    FileInfo file1 = new FileInfo("D:\\myDir\\hw1.doc");
    // 在 D 槽的 myDir 資料夾下，建立 hw2.doc 新檔案
    FileInfo file2 = new FileInfo("D:\\myDir\\hw2.doc");
```

FileInfo 成員：

FileInfo 成員	說明
Attributes 屬性 (繼承自 FileSystemInfo)	取得或設定目前 FileSystemInfo 的檔案屬性，屬性值如下： ① Archive:檔案保存狀態，用來標記該檔案是否需要備分。 ② Compressed：檔案壓縮。 ③ Directory：為一目錄。 ④ Encrypted：目錄加密。 ⑤ Hidden：設成隱藏。 ⑥ Normal：設成正常且無其他屬性設定。 ⑦ Offline：設成離線。 ⑧ ReadOnly：設成唯讀。 ⑨ System：設成系統檔。 ⑩ Temporary：設成暫時檔。 　將 file1 所指到的 D:\myDir\cs1\hw1.doc 檔案的屬性設為 　Archive 可備份，其寫法如下： 　　　file1.Attributes = FileAttributes.Archive;
CreationTime 屬性 (繼承自 FileSystemInfo)	取得或設定檔案建立的日期和時間。 label1.Text = file1.CreationTime.ToShortDateString();
Directory 屬性	取得目前檔案物件實體的資料夾。 label1.Text = file1.Directory.ToString();
DirectoryName 屬性	以字串型別傳回目前指定檔案完整的路徑名稱。 label1.Text = file1.DirectoryName.ToString();

Exists 屬性	檢查指定的檔案是否存在。
	if (file1.Exists){
	　　// 檔案存在
	}else{
	　　// 檔案不存在
	}

FileInfo 成員	說明
Extension 屬性 (繼承自 FileSystemInfo)	取得檔案的副檔名。 label1.Text = file1.Extension;
FullName 屬性 (繼承自 FileSystemInfo)	取得檔案完整的路徑及檔案名稱。 label1.Text = file1.FullName;
LastAccessTime 屬性 (繼承自 FileSystemInfo)	取得或設定檔案最近一次存取的時間。 label1.Text = file1.LastAccessTime.ToString();
LastWriteTime 屬性 (繼承自 FileSystemInfo)	取得檔案最近寫入的時間。 label1.Text = file1.LastWriteTime.ToString();
Length 屬性	取得目前指定檔案的大小。 label1.Text = file1.Length.ToString();
Name 屬性	取得檔案名稱。 label1.Text = file1.Name.ToString();

AppendText 方法	建立一個 StreamWriter 類別 sw 的物件實體,透過 sw 物件將資料寫入到所指定的 D:\myDir\test.txt 檔案內資料的最後面(此檔案必須已經存在)。
	[參考 9.8 節範例 4]
	
	FileInfo fileInfo1 = new FileInfo("D:\\myDir\\test.txt");
	StreamWrite sw = fileInfo1.AppendText ();
	sw.Write(textBox1.Text); //寫入檔案內
	sw.Flush();　⇐ 清除資料流的緩衝區
	sw.Close();　⇐ 關閉檔案

CopyTo 方法	複製目前指定的檔案到新的檔案位置。 將 file2 所指的 D:\myDir\hw2.doc 檔案拷貝到 D:\myDir\cs2\ex2.doc,寫法: file2.CopyTo("D:\\myDir\\cs2\\ex2.doc") ;

Create 方法	建立檔案。在 D 槽 myDir 資料夾下建立 hw1.doc 和 hw2.doc 兩個新檔,其寫法如下:
	FileInfo file1 = new FileInfo("D:\\myDir\\hw1.doc");
	FileInfo file2 = new FileInfo("D:\\myDir\\hw2.doc");
	file1.Create(); // 建立 D:\myDir\hw1.doc
	file2.Create(); // 建立 D:\myDir\hw2.doc

CreateText 方法	建立一個 StreamWriter 物件實體,透過此物件將資料寫入到所指定的新檔案內。[請參考 9.8 節範例 1]

FileInfo 成員	說明
Delete 方法	刪除指定的檔案。[請參考 9.8 節範例 3]
MoveTo 方法	將指定的檔案搬移到新的位置，並提供指定新檔名的選項。將 D:\myDir\hw1.doc 搬移到 D:\myDir\cs1\ex1.doc，其寫法：file1.MoveTo("D:\\myDir\\cs1\\ex1.doc") ;
Open 方法	開啟指定的檔案，並利用所建立的 FileStream 物件來存取檔案的內容。[請參考 9.8 節範例 2]
OpenRead 方法	開啟指定的檔案，並建立一個唯讀的 FileStream 物件。
OpenText 方法	建立一個 StreamReader 物件來讀取文字檔的內容。
Refresh 方法 (繼承自 FileSystemInfo)	重新整理 DirectoryInfo 物件實體所指的目錄。
ToString 方法	將完整路徑當作字串傳回。

範例：ConsoleFileInfo1.sln

透過 DirectoryInfo 類別先判斷您的電腦是否有您輸入的資料夾路徑。若無，停止程式；若有，再使用 FileInfo 類別將目前資料夾路徑下每一個檔案的完整路徑、寫入時間以及檔案大小印出。

執行結果

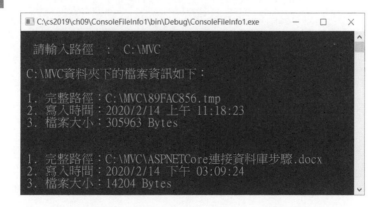

程式碼 FileName:Program.cs

```
01 using System.IO; // 引用 System.IO 命名空間
02 namespace ConsoleFileInfo1
03 {
04     class Program
05     {
06         static void Main(string[] args)
07         {
08             Console.Write("請輸入路徑->");
09             string fpath = Console.ReadLine();
10             DirectoryInfo dir = new DirectoryInfo(fpath);
11             if (!dir.Exists)    //判斷資料夾路徑是否不存在
12             {
13                 Console.WriteLine("路徑不存在");
14                 Console.Read();
15                 return;
16             }
17             Console.WriteLine($"\n {dir.FullName}資料夾下的檔案資訊如下：");
18             //傳回 FileInfo 物件陣列，並指定給 f 陣列
19             FileInfo[] f = dir.GetFiles();
20             foreach (FileInfo r in f)
21             {
22                 Console.WriteLine($"\n 1. 完整路徑：{r.FullName}");
23                 Console.WriteLine($" 2. 寫入時間：{r.LastWriteTime}");
24                 Console.WriteLine($" 3. 檔案大小：{ r.Length} Bytes");
25                 Console.WriteLine();
26             }
27             Console.Read();
28         }
29     }
30 }
```

説明

1. 第 19 行：取得目前資料夾路徑下的檔案清單，並指定給 FileInfo 類別的 f 陣列。

2. 第 20-26 行：印出目前路徑下所有檔案的完整路徑、寫入時間及檔案大小。

9.8 檔案讀寫

　　學會資料夾與檔案的操作之後，接著來學習資料檔寫入、讀出、刪除。要寫入資料檔可使用 StreamWriter 物件，此物件最簡單的建立方式就是由 FileInfo 類別的 CreateText()和 AppendText()方法產生；若要讀出資料檔的內容，可以使用 StreamReader 物件，該物件可透過 OpenText()方法來建立。

範例 1. 資料檔寫入

　　下面簡例示範將 "Visual C# 程式設計經典" 寫入到新建立的 D:\myDir\test.txt 檔案內，若 test.txt 檔案已存在，則新寫入的資料會覆蓋原有的資料。

```
FileInfo f = new FileInfo("D:\\myDir\\test.txt");      // 開新檔案
StreamWriter sw = f.CreateText();              // 產生 StreamWriter 的 sw 物件
sw.Write("Visual C# 程式設計經典");       // 寫入"Visual C# 程式設計經典"
sw.Flush();                    // 將存在 Buffer 緩衝區內的資料寫入指定的檔案內
sw.Close();                  // 關閉目前的資料流
```

範例 2. 資料檔讀出

　　將放在 D:\myDir 資料夾下檔案名稱為 test.txt 的內容，讀入到主控台應用程式的畫面上。其方式有下面三種：

方法 1　一次讀取檔案內所有資料

```
FileInfo f = new FileInfo("D:\\myDir\\test.txt");
StreamReader sr = f.OpenText();         // 產生 StreamReader 的 sr 物件
Console.WriteLine (sr.ReadToEnd()); // 由目前位置開啟並取到資料流的末端
sw.Close();                      // 關閉目前的資料流
```

方法 2　一次讀取檔案內一行資料

```
FileInfo f = new FileInfo("D:\\myDir\\test.txt");
StreamReader sr = f.OpenText();                 // 產生 StreamReader 的 sr 物件
while (sr.Peek()>= 0)                 // sr.Peek 可傳回下一個可讀取的字元
{                                     // 若傳回-1 表示沒有字元可讀取
  Console.WriteLine(sr.ReadLine());   // 由目前資料流開始讀取一行
}
sr.Close();                         // 關閉目前的資料流
```

方法 3　一次讀取檔案內一個字元

```
FileInfo f = new FileInfo("D:\\myDir\\test.txt");
StreamReader  sr = f.OpenText();   // 產生 StreamReader 的 sr 物件
while(sr.Peek()>= 0)               // sr.Peek 可傳回下一個可讀取的字元
 {                                 // sr.Peek 若傳回-1 表示沒有字元可讀取
   Console.Write((char)sr.Read()); // sr.Read()會往前移一個字元位置
                                   // 並取得目前一個字元的字元碼,
                                   // 接著再將字元碼轉成 char 型別
 }
sr.Close();                        // 關閉目前的資料流
```

範例 3. 資料檔刪除

檢查 C:\cs.txt 檔是否存在。若存在,則將該檔案刪除;若找不到,則顯示 "檔案找不到!" 的訊息。

```
FileInfo f = new FileInfo("C:\\cs.txt");
if (f.Exists)
{
   f.Delete();         // 刪除檔案
   Console.WriteLine("檔案已經被刪除成功!");
}
else
{
   Console.WriteLine("檔案找不到!");
}
```

範例 4. 將新資料附加在資料檔的最後

下面簡例示範將 "Visual C# 程式設計經典" 附加到 D:\myDir\test.txt 檔案內的最後面。

```
FileInfo f = new FileInfo("D:\\myDir\\test.txt");
StreamWriter sw = f.AppendText(); // 開啟舊檔產生 StreamWriter 的 sw 物件
sw.Write("Visual C# 程式設計經典");      // 將 "Visual C# 程式設計經典"
                                        // 附加在檔案的最後
sw.Flush();            // 將存在 Buffer 緩衝區內的資料寫入指定的檔案內
sw.Close();            // 關閉目前的資料流
```

範例：ConsoleReadWrite.sln

程式執行時先要求使用者輸入要讀寫檔案的路徑，接著出現 3 個功能項目讓使用者選擇，說明如下：

① 寫入：開啟新檔並寫入資料，若有同名的檔案，則新寫入的資料會覆蓋原來的資料。

② 附加：開啟舊檔並將新輸入的資料附加在舊檔的最後面。

③ 離開：離開系統，結束程式。

輸入資料後會印出所指定檔案內的所有資料。

執行結果

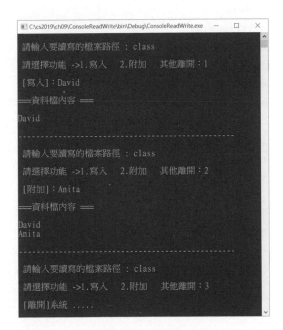

上圖 class 資料檔未指定資料夾路徑，該檔位置和專案執行檔路徑相同。

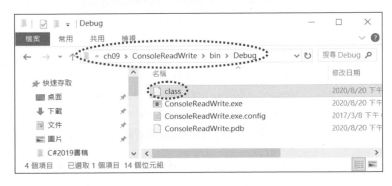

程式碼 FileName:Program.cs

```
01 using System.IO;    // 引用 System.IO 命名空間
02
03 namespace ConsoleReadWrite
04 {
05     class Program
06     {
07         static void Main(string[] args)
08         {
09             string input, sel, fname;
10             //宣告 StreamReader 的 sr 物件, 用來讀出資料
11             StreamReader sr;
12             //宣告 StreamWriter 的 sw 物件, 用來寫入資料
13             StreamWriter sw;
14             FileInfo f;
15             while (true)
16             {
17                 Console.Write("\n 請輸入要讀寫的檔案路徑->");
18                 fname = Console.ReadLine();
19                 try
20                 {
21                     f = new FileInfo(fname);
22                 }
23                 catch (Exception ex)
24                 {
25                     Console.WriteLine("\n 檔案路徑有錯!....");
26                     Console.WriteLine();
27                     continue;
28                 }
29                 Console.Write("\n 請選擇功能->1.寫入   2.附加      其他.離開：");
30                 sel = Console.ReadLine();
31                 if (sel == "1")
32                 {
33                     sw = f.CreateText();   // 開啟新檔
34                     Console.Write("\n[寫入]：");
35                     input = Console.ReadLine();
36                     // 將輸入的資料覆蓋原檔並重新寫入
37                     sw.WriteLine(input);
```

38	}
39	else if (sel == "2")
40	{
41	sw = f.AppendText(); //開啟舊檔
42	Console.Write("\n[附加]: ");
43	input = Console.ReadLine();
44	//將輸入的資料附加到資料檔的最後
45	sw.WriteLine(input);
46	}
47	else
48	{
49	Console.WriteLine("\n [離開]系統...");
50	break;
51	}
52	sw.Flush();
53	sw.Close();
54	sr = f.OpenText(); //以唯讀模式開檔
55	Console.WriteLine("\n===資料檔內容===\n");
56	Console.WriteLine(sr.ReadToEnd()); //讀出資料
57	sr.Close();
58	Console.WriteLine("--------------------------");
59	}
60	Console.Read();
61	}
62	}
63	}

9.9　Path 類別

　　此處的 Path 路徑類別是指含有提供檔案或目錄路徑資訊位置的字串實體。路徑並不一定指向磁碟機，可能是記憶體或裝置上的某個位置，而路徑的格式是由目前平台來決定的。Path 類別所有成員都是屬於靜態成員，因此不必建立物件實體便可直接呼叫使用。下表即是 Path 類別常用方法：

成員名稱	說明
ChangeExtension 方法	變更所指定路徑字串的副檔名。
GetDirectoryName 方法	取得目前指定路徑字串的目錄資訊。
GetExtension 方法	傳回指定路徑字串的副檔名。
GetFileName 方法	傳回指定路徑字串的檔名和副檔名。
GetFileNameWithoutExtension 方法	傳回不含副檔名指定路徑字串的檔名。
GetFullPath 方法	傳回指定路徑字串的絕對路徑。
GetPathRoot 方法	傳回指定路徑下根目錄資訊。
GetTempFileName 方法	按照指定檔名建立一個大小為 0 Byte 的暫存檔，並將暫時檔名傳回。
GetTempPath 方法	傳回目前系統暫時資料夾的路徑。

9.10 DriveInfo 類別

當開發人員想知道目前電腦磁碟上資訊，可使用 DriveInfo 類別。下表即是 DriveInfo 類別常用成員：

成員名稱	說明
GetDrives 方法	傳回目前電腦所有邏輯磁碟的磁碟名稱。
AvailableFreeSpace 屬性	指出磁碟上的目前可用空間大小。
DriveFormat 屬性	傳回檔案系統名稱，如 NTFS 或 FAT32。
DriveType 屬性	傳回磁碟的類型。
IsReady 屬性	判斷磁碟是否就緒。傳回 true 表磁碟就緒，傳回 false 表磁碟未就緒。
Name 屬性	傳回磁碟名稱。
TotalFreeSpace 屬性	傳回磁碟上可用空間總量。
TotalSize 屬性	傳回磁碟上儲存空間總大小。
VolumeLabel 屬性	傳回或設定磁碟的磁碟區標籤。

▼ **範例** ：ConsoleDriveInfo1.sln

　　試使用 DriveInfo 類別在主控台應用程式上顯示目前電腦磁碟的資訊。如目前電腦的磁碟名稱、磁碟類型、檔案系統名稱、可用空間、已使用空間、可儲存空間的總量。如下圖：

執行結果

程式碼 FileName:Program.cs

```
01 using System.IO;
02
03 namespace ConsoleDriveInfo1
04 {
05     class Program
06     {
07         static void Main(string[] args)
08         {
09             DriveInfo[] allDrives = DriveInfo.GetDrives();
10             foreach (DriveInfo d in allDrives)
11             {
12                 Console.WriteLine("\n 1. 磁碟名稱 {0}", d.Name);
13                 Console.WriteLine(" 2. 磁碟類型: {0}", d.DriveType);
14                 if (d.IsReady == true)
15                 {
16                     Console.WriteLine(" 3. 檔案系統名稱: {0}",
                          d.DriveFormat);
```

17	`Console.WriteLine(" 4. 目前可用空間量: \t{0, 15} bytes",`
	`d.AvailableFreeSpace);`
18	`Console.WriteLine(" 5. 可用空間總量: \t{0, 15} bytes",`
	`d.TotalFreeSpace);`
19	`Console.WriteLine(" 6. 可儲存空間總量: \t{0, 15} bytes ",`
	`d.TotalSize);`
20	`Console.WriteLine`
	`("----------------------------------------");`
21	`        }`
22	`      }`
23	`    Console.WriteLine("----------------------------------------");`
24	`    Console.Read();`
25	`  }`
26	`}`
27	`}`

⬇ **範例**：ConsoleCal-Eng.sln

讓使用者由鍵盤輸入擁有英文文章的檔案路徑,再逐一讀出檔案內的每一個英字母,並計算各英文字母出現的次數。

執行結果

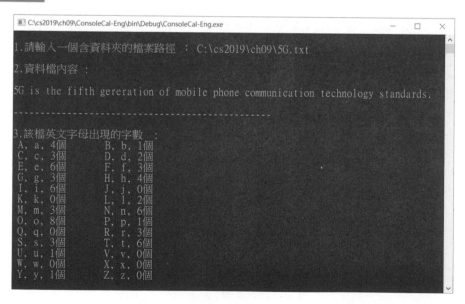

程式分析

Step 01　宣告相關變數並讓使用者輸入英文文章的檔案路徑：

① 宣告字串變數 fname，用來存放使用者所輸入的檔案路徑。(第 10 行)

② 建立 f 屬於 FileInfo 類別，f 物件主要用來操作使用者指定的檔案。(第 11 行)

③ 宣告 sr 屬於 StreamReader 類別，sr 物件可用來讀取指定檔案的內容。(第 12 行)

Step 02　透過 f.OpenText() 方法開啟檔案，並傳回可以讀取檔案內容的 sr 物件。使用 try{…}catch{...}例外處理，來監控檔案是否開啟成功。(第 13-22 行)

Step 03　宣告相關變數並讓使用者輸入英文文章的檔案路徑：

① 宣告陣列 letter[26]，用來存放 A~Z 英文字母的個數(letter[0] ~letter[25])。(第 23 行)

② 宣告整數變數 k，用來指定目前是第幾個英文字母，若為 0 表示 A、若為 1 表示 B…，以此類推。(第 24 行)

③ 宣告字元變數 ch，用來暫時存放由檔案中讀取出來的字元。(第 25 行)

Step 04　逐一讀取檔案內的每一個英文字母，並根據英文字母單字放入對應的 letter 陣列元素內。(第 27-41 行)

Step 05　顯示 letter[0] ~ letter[25] 的 A~Z 每個英文字母的個數。(第 45-53 行)

程式碼　FileName:Program.cs

```
01 using System.IO ;
02
03 namespace ConsoleCal_Eng
04 {
05   class Program
06   {
07     static void Main(string[] args)
08     {
09       Console.Write("\n1.請輸入一個含資料夾的檔案路徑 ： ");
10       string fname = Console.ReadLine();
11       FileInfo f = new FileInfo(fname);
12       StreamReader sr;
```

```
13      try
14      {
15        sr = f.OpenText();
16      }
17      catch (Exception ex)
18      {
19        Console.WriteLine(ex.Message);
20        Console.ReadLine();
21        return;
22      }
23      int[] letter = new int[26];
24      int k;
25      char ch;
26      Console.WriteLine("\n2.資料檔內容 : \n");
27      while (sr.Peek() >= 0)
28      {
29        ch = (char)sr.Read();
30        Console.Write("{0}", ch);
31        if (ch >= 'A' && ch <= 'Z')
32        {
33          k = (int)ch - 65;
34          letter[k]++;
35        }
36        else if (ch >= 'a' && ch <= 'z')
37        {
38          k = (int)ch - 97;
39          letter[k]++;
40        }
41      }
42      Console.WriteLine();
43      Console.WriteLine("-----------------------------------------");
44      Console.WriteLine("\n3.該檔英文字母出現的字數  :");
45      for (int i = 0; i < 26; i++)
46      {
47        if ((i % 2) == 0)
48        {
49              Console.Write(" {0}, {1}, {2}個", (char)(65 + i),
                      (char)(97 + i), letter[i]);
50              Console.Write("\t {0}, {1}, {2}個",(char)(65 + i+1),
```

```
                    (char)(97 + i+1), letter[i+1]);
51              }
52          Console.WriteLine();
53          }
54      sr.Close();
55      Console.ReadLine();
56      }
57  }
58 }
```

説明

1. 第 27-41 行：檢查是否為大小寫英文字母，若目前的英文字母為大寫 A~Z，則執行第 31-35 行；若是小寫 a~z，則執行第 36-40 行。

2. 第 33-34 行：將字元轉換成對應的 Ascii 碼，A 的 Ascii 碼為 65、B 的 Ascii 碼為 66…，其他以此類推。因此本例將取得的字元轉成 Ascii 碼並減 65 然後再指定給 k，當 k 為 0 且 letter[k]++，此時表示英文字母 A 的個數加 1；k 為 1 且 letter[k]++，此時表示英文字母 B 的個數加 1…，其他以此類推。

3. 第 38-39 行：將字元轉換成對應的 Ascii 碼，a 的 Ascii 碼為 97、b 的 Ascii 碼為 98…，其他以此類推。因此本例將取得的字元轉成 Ascii 碼並減 97 然後再指定給 k，當 k 為 0 且 letter[k]++，此時表示英文字母 a 的個數加 1；k 為 1 且 letter[k]++，此時表示英文字母 b 的個數加 1…，其他以此類推。

4. 第 45-53 行：將統計結果分兩行依字母順序逐列顯示。

表單與基礎控制項

10.1 Form 表單介紹

10.1.1 表單常用的屬性

當由工具箱中拖曳工具到表單上面就產生一個控制項(Control)元件或稱物件,表單以及表單上的每個控制項在屬性視窗中都有很多屬於自己的屬性,每個屬性皆有其預設值,建議除非對該屬性有了解,否則不要去隨意更動預設屬性值,以免引起不必要的狀況發生。欲查詢或修改屬性可透過屬性視窗的命令列 ▦ 分類和 ▦↓ 字母順序兩種方式。下表是表單常用的屬性說明:

分類	屬性	說明	預設值
Appearance (外觀)	Text(標題)	表單標題欄上的文字。	Form1
	BackColor 背景色	設定表單工作區背景色。	Control
	BackgroundImage 背景圖	設定表單內放置圖形檔檔名和路徑。	無
	Cursor(滑鼠指標)	設定在該控制項上滑鼠游標的形狀,有 25 種游標供您選擇。	Default

分類	屬性	說明	預設值
Appearance（外觀）	FormBorderStyle 邊界樣式	設定表單框線的樣式、標題列顯示方式以及標題列出現哪些按鈕，共七種格式，只能在執行時才會看到設定的結果： ① None（無框線、無標題列、大小固定） ② FixedSingle（單線、固定、有標題列） ③ Fixed3D（立體、固定、有標題列） ④ Sizable（大小可調整、有標題列） ⑤ FixedDialog（雙線、固定、標題列的對話方塊） ⑥ FixedToolWindow（立體、固定、只有結束按鈕，適用字型小的工具視窗） ⑦ SizableToolWindow（立體、可調、只有結束按鈕，適用字型小的工具視窗）	Sizable
	Font 字型	會顯示字型對話方塊，用來設定字型，字型樣式、大小與效果。	新細明體 9pt
	Font / Name 字型名稱	用來設定顯示字體的字型名稱，不同字型名稱會顯示不一樣效果的字體。	新細明體
	Font / Size 字體大小	字體大小最好選擇「12」以上，否則中文字看不清楚。	9
	Font / Unit 字體大小單位	字體大小的單位有下列六種： Word、Pixel（像素）、Point（點數）、Inch(英吋)、Document、Millimeter（公厘）	Point
	Font/Bold(粗體)	True(以粗體字顯示)、False(非粗體字)	False
	Font/Italic(斜體)	True(以斜體字顯示)、False(非斜體字)	False
	Font/Strikeout 刪除線	True：字體顯示時加刪除線。 False：不加刪除線。	False
	Font/Underline 底線	True：字體顯示時加底線。 False：不加底線。	False
	ForeColor 前景色	設定表單工作區的前景色。	Control Text
Behavior（行為）	AllowDrop 許可放置	控制項是否可接受使用者拖曳至其上的資料。	False
	Enable(有作用)	True：有作用，False：無效。	True

分類	屬性	說明	預設值
Layout (配置)	DockPadding 邊界距離	設定物件靠在表單邊界時所保持的距離。 有五個子選項：All、Left、Top、Right、Button。	
	Location 表單位置	物件靠在表單邊界時所保持的距離。	0,0
	Location/X 水平位置	表單距離螢幕左上角的水平位置。	0
	Location/Y 垂直位置	表單距離螢幕左上角的垂直位置。	0
	Size（表單大小）	表單大小。	300,320
	Size/Width 寬度	表單的水平寬度。	300
	Size/Height 高度	表單的垂直高度。	320
	StartPosition 初始化位置	表單初始化位置共有下列五種狀態： ①Manual(手動) ②CenterScreen(螢幕中央) ③WindowsDefaultLocation（預設位置） ④WindowsDefaultBounds（螢幕中央並調整邊界為適當大小） ⑤CenterParent（父視窗中央）	Windows Default Location
	WindowState 表單狀態	表單開始執行的初始狀態： 0 一般：表單為設計階段大小。 1 最小化：表單縮為圖示，置於工作列。 2 最大化：表單放大佔滿整個螢幕。	Normal
Design (設計)	(Name)物件名稱	物件名稱(供程式呼叫)	Form1
	DrawGrid 顯示格點	是否顯示定位格線。	False
	GridSize 格點大小	設定定位格線的大小。	8,8
	Locked(鎖定)	True：將表單中控制項位置鎖定無法移動和調整控制項的大小。 False：允許移動控制項和調整大小。	False
	SnapToGrid 貼齊格線	True：控制項貼齊格線。 False：控制項不必貼齊格線。	True

分類	屬性	說明	預設值
WindowStyle (視窗型態)	ControlBox 控制盒	True：標題列允許有控制鈕出現。 False：標題列不允許有控制鈕出現。	True
	HelpButton 求助按鈕	允許表單的標題列是否有說明按鈕。	True
	Icon(圖示)	設定表單縮小時所用的圖示。	(Icon)
	IsMDIContainer 多重文件視窗母件	設定此表單是否為多重文件視窗容器。	False
	MaximizeBox 最大化鈕	設定是否顯示最大化鈕。	True
	MinimizeBox 最小化鈕	設定是否顯示最小化鈕。	True
	ShowInTaskbar 顯示在工作列	在工作列顯示。	True
	TopMost 最上層	表單維持在最上層。	False

10.1.2 表單和螢幕的關係

一般都將螢幕的左上角座標設為原點其座標以(0,0)表示，由原點往右當作 X 軸、原點往下當作 Y 軸，採數學的第四象限來表示。下圖將螢幕的解析度設為 800x600 Pixels，若表單左上角座標位於(200,150)處，表單大小為 400 x 300 (Width 寬 x Height 高)，其表單與螢幕的相對位置如下圖所示：

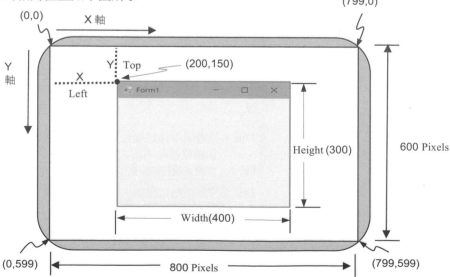

若要初始化表單第一次出現在螢幕上的位置，必須使用 StartPostion 屬性來完成。
StartPostion 屬性有下列五個屬性值供您選擇：

StartPosition 屬性值	說明
CenterScreen	當希望表單第一次預設出現在螢幕正中央時使用。
Manual	當希望表單預設出現的位置由表單的Location屬性來決定時使用。
WindowsDefaultBounds	表單的預設位置和大小由 Windows 系統本身來決定時使用。
WindowsDefaultLocation	表單的預設位置由 Windows 系統本身決定，但表單的大小另由 Size 屬性來決定時使用，此為 StartPosiotion 屬性的預設值。
CenterParent	當在 MDI 文件下，希望表單預設出現在父表單的中央時使用。

【說明】

1. 設定表單的左上角座標是使用 Top 和 Left 屬性。在程式中使用 this.Top 來設定表單左上角的 Y 座標以及使用 this.Left 來設定表單左上角的 X 座標(this 表示目前的表單物件)。Location 屬性(它含有 X 和 Y 兩個子屬性)也可以用來設定表單左上角的座標，欲使此屬性有效，必須先將 StartPosition 屬性值設為 Manual，Location 屬性的屬性值才能控制表單的左上角座標。若在程式中設定表單的左上角座標為(300,350)座標，其寫法如下：

   ```
   this.Location = new Point(300, 350);
   ```

2. 設定表單的大小是使用 Width(寬)和 Height(高)兩個屬性。在程式中使用 this.Width 來設定表單的寬度以及使用 this.Height 來設定表單的高度。Size 物件(它含有 Width 和 Height 兩個子屬性)也可以用來設定表單的大小。若在程式中設定表單的寬度為 200 和高度為 150，其寫法如下：

   ```
   this.Size = new Size(200, 150);
   ```

10.1.3 表單其他常用的屬性

下表為表單控制項其他常用的屬性說明：

屬性名稱	屬性功能說明	預設值
AutoScroll	決定如果控制項內容大於可見區域時，捲軸是否自動出現。	False
AutoScrollMargin	使用自動捲軸時，控制項周圍的邊界。	0,0
AutoScrollMinSize	自動捲動區域的最小邏輯大小。	0,0
MainMenuStrip	指定表單的主要 MenuStrip 元件。	(無)
Opacity	決定表單的透明度(單位：%)： 0：全透明　100：不透明	100%
TopMost	決定此表單是否在其他非最上層表單之上。	False
TransparencyKey	控制項中的顏色若和此屬性所設定顏色相同的地方會以透明顯示。	白色
ImeMode	設定作用控制項的輸入法狀態。	NoControl
ContextMenuStrip	當使用者在此控制項按一下滑鼠右鍵時所顯示的快顯功能表。	
AllowDrop	是否可接受使用者拖曳資料到表單上。	False
CausesValidation	表示此控制項是否引發驗證事件。	True
DataBinding	此集合保留此控制項屬性至資料來源所有繫結。	True
Tag	和控制項關聯的使用者定義資料。	
AcceptButton	表單若有 Button 按鈕控制項，可透過此屬性由清單中選取某個按鈕，當您在表單中沒有控制項的位置上面按 ⏎ 鍵，相當於在該鈕上按一下。	(無)
CancleButton	表單若有按鈕控制項，可透過此屬性由清單中選取某個按鈕，當您在表單中沒有控制項的位置上面按 Esc 鍵，相當於在該鈕上按一下。	(無)
KeyPreview	決定表單上控制項的鍵盤事件是否與表單一起登錄。	False
Language	目前可使用的當地化語系。	(預設)
Localizable	決定是否產生此物件的當地化語系代碼。	False
DynamicProperties	將應用程式 App.config 組態檔中<appSettings>區段中的值對應到此元件的屬性。	

10.1.4 表單常用的事件

在 .NET 的環境中可以開發 Windows Forms、Web Forms、WPF(Windows Presentation Foundation)等圖形化使用者介面(GUI)的應用程式。當你在整合開發環境的視窗平台上撰寫 GUI 的應用程式，GUI 的程式碼都是透過事件與使用者互動。我們將使用者所操作的每一個動作都視為「事件」，事件會被作業系統所攔截，並傳遞給應用程式的處理序來處理。

傳統 DOS 作業系統下，所設計出來的程式都會按照既定流程執行，下次執行流程亦是如此；在 Windows 作業系統下的程式則採用事件驅動(Event-Driven)的觀念。所謂「事件驅動」是指程式執行時，程式會不斷地等待操作者觸發事件，再根據系統所判斷出的事件，執行該事件處理函式內所撰寫的程式碼，由於程式執行時的流程是由操作者決定，因此每次執行流程未必一樣。有如玩電動遊戲每次出現的場景會因操作方式的不同，而有不同的流程。

至於觸發事件的來源有很多，如：在按鈕上按滑鼠左鍵一下，在文字方塊內輸入資料或資料被改變、在清單中選取某項目、按一下鍵盤等都會觸發事件。因為事件驅動較符合使用者的習慣且和系統連結部份廠商已設計好，程式設計人員不用費心，只要專注於觸發該事件應撰寫的程式碼，可減輕開發程式的時間，所以成為目前程式設計的主流。

當一個表單被開啟時，會按照操作者的動作陸續觸動表單上各物件所提供的事件，但要注意各物件所提供的事件是不盡相同。下列介紹有關表單一些常用的事件：

事件	說明
Click	當在表單中無控制項的地方按一下滑鼠左鍵，就會執行撰寫於表單 Click 事件處理函式內的程式碼一次。
Load	當表單第一次載入開啟時，會執行放在此事件函式內的程式碼一次，接著一直到表單關閉都不會再執行。一般用來設定變數或屬性的初值。
Resize	調整表單大小時會執行此事件處理函式內的程式碼一次。
Activated	表單第一次載入時，此事件緊跟在 Load 事件後被執行。若程式執行時，有 Form1、Form2 兩個表單同時被打開，而 Form2 疊在 Form1 的下面，當點選 Form2 時會將 Form2 放到 Form1 的上面，此時 Form2 變成作用表單時，會執行 Form2 的 Activated 事件處理函式。此事件處理函式在程式中不只執行一次。
Paint	若 Form1 遮住 Form2 時，當 Form1 移走時，會執行放在 Form2 的 Paint 事件處理函式內的程式區段一次。

10.2 Label 標籤控制項

Label 標籤控制項是設計輸出入介面時最常用的工具之一。譬如：在表單上，對輸入的文字給予提示訊息、將執行的中間結果或最後結果顯示在表單上都是最佳的使用時機。由於 Label 控制項不像 TextBox 控制項可以在該控制項鍵入資料，只能顯示無法修改，因此許多控制項都需藉助 Label 控制項來當提示說明或顯示結果。

當你在工具箱「通用控制項」的 Label 標籤工具上按一下選取，接著移動滑鼠到表單指定位置壓滑鼠左鍵並拖曳拉出標籤控制項的大小，便可在表單上建立物件名稱為 label1 控制項。當然也可以直接在 Label 工具上快按兩下，會在表單的左上角顯示 label1 控制項，接著使用滑鼠拖曳到指定位置，再調整控制項的大小。若重複在表單建立第二個 Label 控制項，表單會出現 label2 控制項依此類推。下表列出 Label 控制項常用屬性說明以及在程式中的寫法，至於有些和 Form 表單相同的屬性，不再贅述請參考表單的屬性說明：

成員名稱	說明
Name 屬性 (預設值 label1)	為控制項的名稱，以供程式呼叫使用。(所有的控制項都有此屬性，以後不再列出)
Text 屬性 (預設值 label1)	用來設定標籤控制項上面所顯示的文字。可以在設計階段直接設定初值；也可在程式執行中使用下面敘述設定： label1.Text = "C# 新境界";
TextAlign 屬性 (預設值 TopLeft)	用來設定文字在控制項內顯示的位置，共有九種設定方式： ① ContentAlignment.TopLeft (預設值) ② ContentAlignment.TopCenter ③ ContentAlignment.TopRight ④ ContentAlignment.MiddleLeft ⑤ ContentAlignment.MiddleCenter ⑥ ContentAlignment.MiddleRight ⑦ ContentAlignment.BottomLeft ⑧ ContentAlignment.BottomCenter ⑨ ContentAlignment.BottomRight 要注意控制項的大小要比放入的文字大，較易看出效果。若在程式中將放在 label1 控制項的文字置於控制項的正中央，其寫法如下： label1.TextAlign = ContentAlignment.MiddleCenter;

AutoSize 屬性 (預設 True)	用來設定控制項的寬度是固定或隨文字長度縮放。屬性值： ①True：控制項隨文字寬度自動調整。 ②False：控制項寬度固定。 要注意 AutoSize 屬性，只對不做換行的文字標籤控制項有效。 欲在程式執行中才設定 label1 控制項能隨顯示文字長度自動調整其寬度，其寫法： lable1.AutoSize = true;
ForeColor 屬性	用來設定標籤控制項內文字的顏色。程式中設定文字顏色為紅色，寫法： label1.ForeColor = Color.Red; Color 為一個結構，撰寫程式碼時，當鍵入「Color.」後，IDE 會出現顏色下拉清單提供設定顏色。
BackColor 屬性	用來設定標籤控制項的背景顏色。下例為程式中設定背景色為黃色：label1.BackColor = Color.Yellow;
Font 屬性	用來設定標籤控制項內文字的相關設定。當在屬性視窗中選取此屬性，在出現的 <kbd>...</kbd> 圖示上按一下，打開字型對話方塊提供設定。於程式中設定 Font 屬性寫法如下： label1.Font = new Font("標楷體", 24, FontStyle.Underline); ① 第 1 個引數為字型種類 ② 第 2 個引數為字型大小 ③ 第 3 個引數為字型樣式
BorderStyle 屬性 (預設 None)	用來設定控制項四周是否出現框線。提供三種選項： ① None：表示控制項無框線出現。 ② FixedSingle：表示控制項四周出現單線框。 ③ Fixed3D：表示控制項四周出現立體凹框。 若在程式中欲將 label1 控制項的邊框設成立體凹框，其寫法如下： 　　label1.BorderStyle = BorderStyle.Fixed3D;
Location 屬性	用來設定此控制項左上角座標和表單左上角的距離。 　　label1.Location = new Point (X,Y) ;

Dock 屬性
(預設值 None)
	當要指定某個控制項貼齊邊界或是控制項填滿整個表單時使用。測試時最好將 AutoSize 屬性設為 False，較易分辨。若選 None 表示恢復原狀。若在程式中將放在 label1 控制項的影像檔置於控制項的適當位置，其寫法如下：
	① label1.Dock = DockStyle.Top;　　　//此控制項貼齊表單上邊界
	② label1.Dock = DockStyle.Bottom; //此控制項貼齊表單下邊界
	③ label1.Dock = DockStyle.Left;　　//此控制項貼齊表單左邊界
	④ label1.Dock = DockStyle.Right ; //此控制項貼齊表單右邊界
	⑤ label1.Dock = DockStyle.Fill;　　//填滿整個表單

Locked 屬性 (預設值 False)	① 若為 True，表示該控制項在設計階段固定在表單上無法搬移以及調整控制項大小。 ② 若為 False，表示該控制項可任意搬移和調整大小。 　一般表單上的控制項，若位置已設定完成不再更改，為避免在編

	輯階段該控制項被移動，便可使用此參數來固定。要注意此屬性僅能在設計階段中使用；程式執行階段是無提供此屬性。
ImageAlign 屬性 (預設值 MiddleCenter)	當 Image 屬性有放入影像檔時，ImageAlign 屬性才有效。用來設定影像檔放在此控制項的位置。和 TextAlign 屬性一樣共有九種放置方式。但要注意控制項的大小要比放入的影像檔大，效果較易看出。若在程式中欲將放在 label1 控制項的影像檔置於控制項的正中央，其寫法如下： label1.ImageAlign = ContentAlignment.MiddleCenter;
FlatStyle 屬性 (預設 Standard)	用來設定當滑鼠經過該控制項時和按一下時控制項的顯示方式。其設定值如下： ① Flat：控制項是平面的。 ② Popup：控制項先顯示平面，一直到滑鼠移至該控制項的上面，控制項才變成 3D 顯示。 ③ Standard：控制項為 3D 顯示。(預設值) ④ System：控制項的外觀是由使用者的作業系統決定。 　若欲在程式中，當滑鼠越過 label1 控制項上面時，以 Popup 方式顯示，寫法： 　label1.FlatStyle = FlatStyle.Popup ;
TabIndex 屬性	在表單上連續按 Tab 鍵，游標會隨著開發人員在表單建立控制項的順序依序切換。若要改變按 Tab 鍵時所選取控制項的次序，表單上控制項的 TabIndex 由 0 開始按照建立先後次序編號，欲改變選取控制項的次序，可移動滑鼠到該控制項的 TabIndex 屬性中更改其編號，若修改時編號有重複是無法更改。若只要更改表單中視覺化控制項不包括非視覺化控制項的索引編號可透過功能表的 [檢視(V)/定位順序(B)] 命令來更改，更改完畢再執行功能表的 [檢視(V)/定位順序(B)] 命令一次即可。在執行階段時按 Tab 鍵無法對 Label 和 PictureBox 控制項產生作用。程式執行階段欲取得 textBox1 控制項的索引編號，將其索引編號於 label1 控制項中顯示，寫法： 　label1.Text = textBox1.TabIndex.ToString();
Anchor 屬性 (預設值 Top，Left)	當希望表單上某個控制項，在執行時不會因表單大小的調整而影響到該控制項與表單某個邊界所設定的間距時使用。譬如在左下圖移動滑鼠選取左邊界和上邊界，此時表單上 Label 控制項和左邊界和上邊界的間距便被固定住，執行時不管表單如何縮放，Label 控制項與表單左邊界和上邊界的間距都保持不變，但下邊界和右邊界則可調整。若四個方向如右下圖都被選取，控制項和表單四周保持固定間距，因此控制項會隨表單的大小縮放。  

ImageList/
ImageIndex
屬性 (預設值無)
	當你有使用工具箱的  影像清單工具，將此控制項置入表單中，而且在此 ImageList 控制項的 Images 屬性有設定多個影像檔置入影像清單中，此時選取 Label 控制項中的 ImageList 屬性，按 ▼ 下拉鈕選取該影像清單控制項名稱，此時便可以透過 Label 控制項的 ImageIndex 屬性的 ▼ 下拉鈕，來選取影像檔清單中某個影像檔放入 Label 控制項內，接著再使用 ImageAlign 屬性來調整該影像在控制項中的位置。以上是在程式設計階段將 ImageList 控制項設定給 Label 控制項的 ImageList 和 ImageIndex 屬性，當然也可由程式中來設定，其寫法如下(至於有關影像清單控制項的建立，請參考第十二章有詳述)：
	// 將 imageList1 影像清單控制項指定給 label1 控制項
	label1.ImageList = imageList1 ;
	// 將 imageList1 影像清單中索引編號為 2 的圖檔置入 label1 控制項內
	label1.ImageIndex = 2 ;

範例：WinFormFirst.sln

表單載入時會先觸動 Load 事件，將表單的背景色改為紅色，表單上面標籤控制項字體為標楷體，大小為 14 粗體字(Bold)+斜體字(Italic)，上面顯示 "表單載入時…" 訊息；若在表單按一下會觸動表單的 Click 事件，此事件的動作將表單的背景色由原來的紅色變為黃色，並在標籤控制項上顯示 "按一下表單…" 訊息；若在表單按兩下會觸動表單的 DoubleClick 事件，此事件的動作將表單的背景色設為淺藍色，並在標籤控制項上顯示 "按兩下表單…" 訊息。執行結果如下三圖：

執行結果

▲表單載入時　　　　▲按一下表單時　　　　▲按兩下表單時

操作步驟

Step 01 新增「Windows Forms App」應用程式專案，專案名稱為「WinFormFirst」，儲存路徑為「c:\cs2019\ch10」。

Step 02 將工具箱的 [A Label] 工具放入 Form1 表單內，使 Form1 表單內新增一個物件名稱為 label1 的標籤控制項(即 Name = label1)。

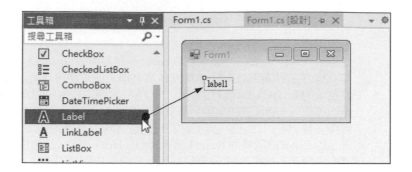

Step 03 本例希望 Form1 表單載入時 label1 標籤字體大小能設為 14，Text 屬性設為 "表單載入時…"，Form1 表單背景色彩設為紅色，因此上面程式的設定必須撰寫在 Form1_Load 事件處理函式內。請依下列步驟在 Form1_ Load 事件處理函式內撰寫相關的程式碼。

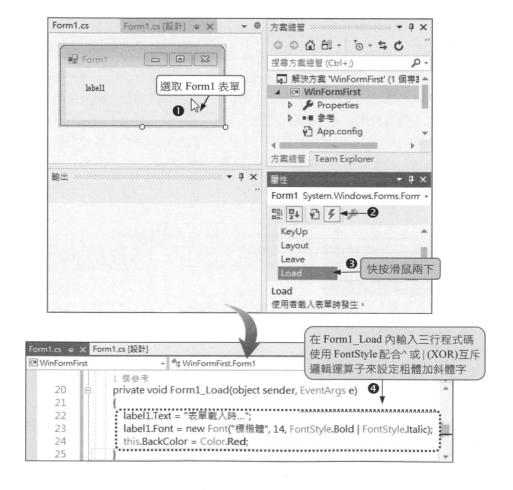

Step 04 依序在 Form1 的 Click 及 DoubleClick 事件處理函式內撰寫下列指定的程式碼。完整程式碼如下：

程式碼 FileName:Form1.cs

```
01 namespace WinFormFirst
02 {
03     public partial class Form1 : Form
04     {
05         public Form1()
06         {
07             InitializeComponent();
08         }
09         // 表單載入時執行
10         private void Form1_Load(object sender, EventArgs e)
11         {
12             label1.Text = "表單載入時...";
13             label1.Font = new Font
                        ("標楷體",14,FontStyle.Bold | FontStyle.Italic);
14             this.BackColor = Color.Red; //this 為目前表單，背景色設為紅色
15         }
16         // 按一下表單時執行
17         private void Form1_Click(object sender, EventArgs e)
18         {
19             label1.Text = "按一下表單...";
20             this.BackColor = Color.Yellow; // 表單背景色彩為黃色
21         }
22         // 按兩下表單時執行
23         private void Form1_DoubleClick(object sender, EventArgs e)
24         {
25             label1.Text = "按兩下表單...";
26             this.BackColor = Color.Aqua;    // 表單背景色彩為淺藍色
27         }
28     }
29 }
```

10.3 LinkLabel 連結標籤控制項

連結標籤(LinkLabel)控制項是標籤控制項的延伸。除了具有標籤的屬性外,還增加多個有關網頁超連結的屬性,讓開發人員很輕易地在視窗上建立 Web-Style Links。所謂「Web-Style Link」即是瀏覽網頁常看到的文字超連結(藍色加底線)或圖形超連結。當移動滑鼠到網頁的文字超連結或圖形超連結上時會出現 🖑 手指狀,此時按下滑鼠左鍵再放開滑鼠按鍵文字都會變色,螢幕會切換到指定超連結的地方去執行。

由於 LinkLabel 控制項大部分屬性和 Label 相同,此處將不再贅述,本節只介紹該控制項特有的成員,說明如下:

成員名稱	說明
Text 屬性 (預設值 linkLabel1)	用來顯示超連結文字。一般都以網站的中文或英文名稱當超連結文字。若此屬性為空白則無超連結效果。
LinkColor 屬性 (預設值為藍色)	設定未發生超連結之前的文字顏色。
LinkVisited 屬性 (預設值為 False)	用來設定是否將超連結過(已瀏覽過)的文字變色,以和未超連結過的文字有所區隔。若設為 True 表示會變色,至於瀏覽過文字的顏色是由 VisitedLinkColor 屬性來設定。若設為 False,表示不變色。要注意,此屬性設為 True 時要配合 VistedLinkColor 屬性一起使用。
ActiveLinkColor 屬性(預設值紅色)	當使用者在超連結文字上按一下滑鼠左鍵未放開時所指定的顏色。
VisitedLinkColor 屬性 (預設值紫色)	當使用者在超連結文字上按一下再放開滑鼠時所指定的顏色。當 LinkVisited = True 時,此屬性才有效。
LinkBehavior 屬性	設定超連結標籤是否要加底線。
LinkArea 屬性 (預設值整個字串)	用來設定文字超連結的範圍。也就是說,當超連結的文字不是整個字串而是部份字串時才使用。表單上 LinkLabel 控制項上所顯示的文字超連結的字串是存放在此控制項的 Text 屬性中。若只要做部分字串超連結,在 LinkArea 屬性中會先顯示 Text 屬性中的整個字串,此時在 LinkArea 屬性欄中按 ⋯ 鈕,再由出現的「LinkArea 編輯器」對話方塊中反白欲做超連結的文字,完成後在表單上未做文字超連結的字串會以黑色顯示,設成超連結的字串會以預設的藍色加底線顯示。譬如反白『基峰』,設定完成只有『基峰』變成藍色加底線有連結功能:

成員名稱	說明
	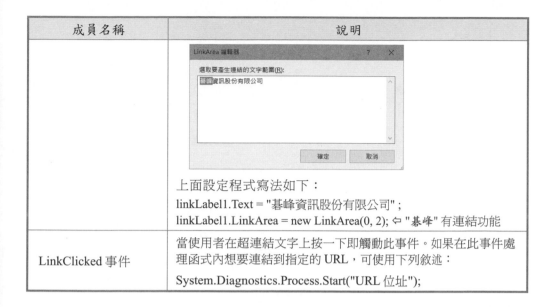 上面設定程式寫法如下： linkLabel1.Text = "碁峰資訊股份有限公司"； linkLabel1.LinkArea = new LinkArea(0, 2); ⇦ "碁峰" 有連結功能
LinkClicked 事件	當使用者在超連結文字上按一下即觸動此事件。如果在此事件處理函式內想要連結到指定的 URL，可使用下列敘述： System.Diagnostics.Process.Start("URL 位址");

10.4 ToolTip 提示控制項

當移動滑鼠游標到下圖 Visual Studio 整合開發環境視窗的標準工具列的 存檔 圖示上停留一會兒，會出現一個 全部儲存 (Ctrl+Shift+S) 小方框提示訊息，用來提供簡短文字說明給該圖示，我們將這個文字小方框稱為「ToolTip」。

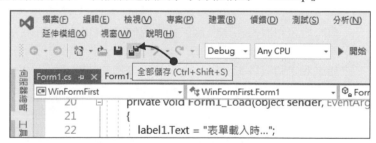

在工具箱的 ToolTip 工具提示控制項，讓開發人員很輕易地在表單上某個控制項產生 ToolTip。ToolTip 工具提示控制項和一般的控制項不一樣，當在表單上拉出 toolTip1 控制項時，除了 ToolTip 本身所擁有的屬性外，還自動在表單上每個控制項的屬性視窗中新增一個「ToolTip 於 toolTip1」屬性，這個新增的屬性就是用來存放該控制項的 ToolTip 的文字內容。若想讓滑鼠移到 確定 鈕時即出現「送出資料」提示訊息，其做法如下：

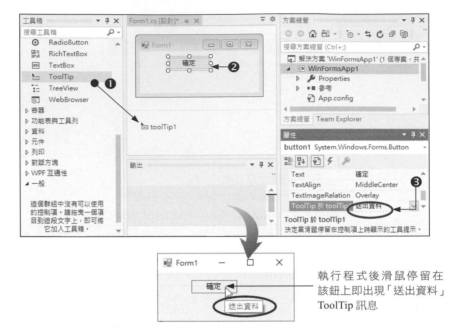

執行程式後滑鼠停留在
該鈕上即出現「送出資料」
ToolTip 訊息

下表為 ToolTip 常用成員：

成員名稱	說明
Active 屬性 (預設 True)	若設為 True 表示該控制項的工具提示有作用；若要停用工具提示將 Active 屬性設為 False。
AutoMaticDelay 屬性 (預設 500 毫秒)	用來設定或取得工具提示延遲多久(單位：毫秒)才出現的時間。
AutoPopDelay 屬性 (預設 5000 毫秒)	用來設定和取得工具提示保持出現的時間(單位：毫秒)。
InitialDelay 屬性 (預設 True)	用來設定和取得工具提示出現前所經過的時間。
IsBalloon 屬性 (預設 False)	設定工具提示是否使用汽球的形式。如圖：
ReShowDelay 屬性 (預設 100 毫秒)	用來設定和取得當滑鼠由一個控制項移到另一個控制項，在下一個工具提示出現之前所經過的時間。
ShowAlways 屬性 (預設 False)	True 表示讓(Active = True)工具提示控制項，不管表單或容器是否有作用都能使用工具提示。
BackColor 屬性	用來設定和取得工具提示的背景色。
ForeColor 屬性	用來設定和取得工具提示的前景色。
ToolTipTitle 屬性	用來設定和取得工具提示的標題。

ToolTipIcon 屬性	用來設定和取得工具提示的 Icon 圖示。其寫法如下： ①toolTip1.ToolTipIcon = ToolTipIcon.None;　　⇦ 無圖示 ②toolTip1.ToolTipIcon = ToolTipIcon.Error;　　⇦ 錯誤圖示 ❌ ③toolTip1.ToolTipIcon = ToolTipIcon.Info;　　⇦ 資訊圖示 ⓘ ④toolTip1.ToolTipIcon = ToolTipIcon.Warning; ⇦ 警告圖示 ⚠
UseAnimation 屬性 (預設 True)	設定工具提示是否使用動畫效果。
UseFading 屬性 (預設 True)	設定工具提示是否使用淡出效果。
RemoveAll()方法	用來移除所有目前與 ToolTip 工具提示控制項相關的工具提示文字。譬如：欲在程式執行時，將工具提示文字移除，其寫法如下： toolTip1.RemoveAll();
SetToolTip()方法	用來建立工具提示與控制項之間的關連。譬如：欲在程式執行時，才將工具提示文字 "這是標籤控制項" 訊息放入 label1 控制項，其寫法如下： toolTip1.SetToolTip(label1, "這是標籤控制項");

⬇ **範例**　：WinToolTip1.sln

使用 LinkLabel 和 ToolTip 製作下面指定的提示訊息。程式要求如下：

① 當滑鼠游標移到 "碁峯資訊" 超連結文字時會顯示「碁峯提供好書」的提示訊息。提示標題為「碁峯給您快樂學習」、工具提示使用 Icon 圖示 ⓘ 以汽球型式呈現，若按此超連結會連結到「http://www.gotop.com.tw」碁峯資訊網站。

② 當滑鼠游標移到「請聯絡我們」超連結文字時會顯示「歡迎讀者來信」訊息，此超連結只有「聯絡」兩個中文字具有超連結功能，按此連結文字後會開啟 Outlook 郵件軟體讓您可以寄發 mail 到「wltasi@yahoo.com.tw」電子信箱。

執行結果

▲ 滑鼠移到　碁峯資訊

▲ 滑鼠移到　聯絡

操作步驟

Step 01 設計表單輸出入介面：

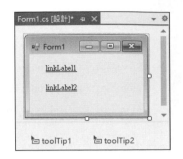

Step 02 撰寫程式碼

程式碼 FileName:Form1.cs

```
01 namespace WinToolTip1
02 {
03   public partial class Form1 : Form
04   {
05     public Form1()
06     {
07       InitializeComponent();
08     }
09     // 表單載入時執行
10     private void Form1_Load(object sender, EventArgs e)
11     {
12       linkLabel1.Text = "碁峯資訊";
13       toolTip1.IsBalloon = true;                    // 使用汽球的型式
14       toolTip1.ToolTipIcon = ToolTipIcon.Info;      // 顯示資訊圖示 Icon
15       toolTip1.ToolTipTitle = "碁峯給您快樂學習";    // 設定工具提示標題
16       toolTip1.SetToolTip(linkLabel1, "碁峯提供好書");
17       linkLabel2.Text = "請聯絡我們";
18       linkLabel2.LinkArea=new LinkArea(1, 2);// 設定「聯絡」可以超連結
19       toolTip2.SetToolTip(linkLabel2, "歡迎讀者來信");
20     }
21     // 按下 "碁峯資訊" 執行
22     private void linkLabel1_LinkClicked(object sender,
                                 LinkLabelLinkClickedEventArgs e)
23     {
24       // 連結到碁峯網站
25       System.Diagnostics.Process.Start("http://www.gotop.com.tw");
26     }
27     // 按下 "聯絡" 執行
```

28	private void linkLabel2_LinkClicked(object sender,
	LinkLabelLinkClickedEventArgs e)
29	{
30	// 開啟郵件軟體連結 wltasi@yahoo.com.tw
31	System.Diagnostics.Process.Start("mailto:wltasi@yahoo.com.tw");
32	}
33	}
34	}

説明

1. 第 10-20 行：本例不使用屬性視窗設定 toolTip1 的提示文字，而是程式執行時直接在 Form1_Load 事件處理函式中設定。

2. 第 16 行：使用 toolTip1 的 SetToolTip() 方法設定 linkLabel1 的提示文字為 "碁峯提供好書"。

3. 第 19 行：執行方式同 16 行。

10.5 Button 按鈕控制項

工具箱的 Button 按鈕工具是在設計輸出入畫面時常用到的控制項之一。譬如：在表單上面看到 開始 、 取消 … 等按鈕，都是使用按鈕工具製作出來的。按鈕有如開關一樣，主要是用來執行當使用滑鼠在某個按鈕上按一下，馬上會觸動該按鈕所對應的 Click 事件處理函式，將放在該事件處理函式內的敘述區段執行一次。下表為 Button 常用的成員：

成員名稱	說明
Text 屬性 預設值(button1)	用來設定按鈕上面所顯示的文字。若欲在程式中將 button1 按鈕控制項上面的文字設成 傳送 ，寫法： button1.Text = "傳送";
Visible 屬性 預設值(True)	用來設定按鈕的顯現或隱藏。True：顯示按鈕。False：隱藏按鈕。欲在程式中將按鈕設成隱藏看不見，寫法： button1.Visible = false;
Enabled 屬性 預設值(True)	True：按鈕有作用；False：按鈕無效 傳送 。欲在程式中將按鈕設成失效無法選取，寫法： button1.Enabled=false;

成員名稱	說明
AllowDrop 屬性 預設值(False)	設定控制項是否允許使用者拖放上來的資料。

Image 屬性	設定或取得控制項使用的影像。下列寫法皆是指定 C 碟的
	cs.jpg 圖檔來當 button1 的影像。
	button1.Image = new Bitmap("C:\\cs.jpg");
	button1.image = Image.FormFile("C:\\cs.jpg");
	button1.image = Image.FormFile(@"C:\cs.jpg");
	button1.image = Image.FormFile("C:/cs.jpg");

DialogResult 屬性 預設值(None)	強制回應表單中按鈕按一下所產生對話方塊的結果。有： None、OK、Cancel、Abort、Retry、Yes、No。欲在程式中， 按下 button1 鈕時，指定傳回 DialogResult.OK 列舉資料，其寫 法如下： button1.DialogResult = DialogResult.OK;
FlatStyle 屬性 預設值(Standard)	當滑鼠越過和按一下按鈕所顯示的方式。有： ① Standard：按鈕設為立體 3D 顯示。 ② Flat：按鈕設為平面的。 ③ PopUp：按鈕開始時設為平面，當滑鼠移至按鈕上面，按鈕 　　變成 3D 立體顯示。 ④ System：按鈕的外觀是由使用者的作業系統決定。

📥 **範例**：WinButton1.sln

使用 Button 與 Label 控制項製作找雪人圖示(snowman.jpg)的遊戲。程式執行時
會隨機產生亂數 1-3，產生 1 表示 snowman.jpg 放在 button1 按鈕、2 表示
snowman.jpg 放在 button2 按鈕、3 表示 snowman.jpg 放在 button3 按鈕。當按下
button1~button3 其中之一找 snowman.jp g 雪人圖示時，其他兩個按鈕馬上失效。
按 重玩 鈕表示重新產生亂數並開始重新玩遊戲，按 離開 鈕結束程式執行。

執行結果

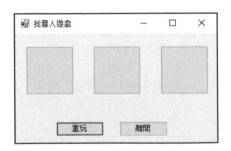

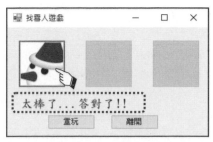
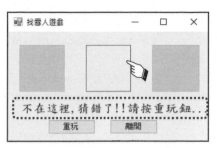

▲ 按 button1 找到雪人的畫面　　　▲ 按 button2 找不到雪人的畫面

操作步驟

Step 01　將書附範例 ch10 資料夾下的 snowman.jpg 影像圖放到目前專案的 bin/Debug 資料夾下。

Step 02　設計表單的輸出入介面：

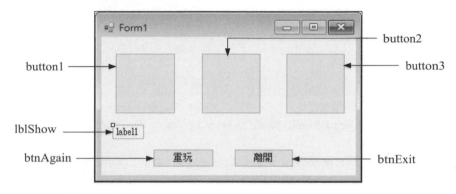

Step 03　撰寫程式碼

程式碼　FileName:Form1.cs

```
01 namespace WinButton1
02 {
03     public partial class Form1 : Form
04     {
05         public Form1()
06         {
07             InitializeComponent();
08         }
09         //共用成員變數
10         int guess;       // 要猜的數字，即電腦產生的亂數，亂數範圍 1-3
```

11	// CheckAns 方法用來判斷答案是否正確
12	**void CheckAns(int ans)**
13	{
14	// 如果 guess (電腦產生的亂數) 等於 ans (使用者的答案)
15	if (guess == ans)
16	{
17	lblShow.Text = "太棒了...答對了!!";
18	// 如果 ans 等於 1 即 button1 顯示 snowman.jpg 影像圖
19	if (ans == 1) button1.Image = new Bitmap("snowman.jpg");
20	// 如果 ans 等於 2 即 button2 顯示 snowman.jpg 影像圖
21	if (ans == 2) button2.Image = new Bitmap("snowman.jpg");
22	// 如果 ans 等於 3 即 button3 顯示 snowman.jpg 影像圖
23	if (ans == 3) button3.Image = new Bitmap("snowman.jpg");
24	}
25	else
26	{
27	lblShow.Text = "不在這裡,猜錯了!!請按重玩鈕...";
28	}
29	}
30	// 表單載入時執行
31	**private void Form1_Load(object sender, EventArgs e)**
32	{
33	// 呼叫 btnAgain_Click 事件處理函式,產生 1-3 的亂數並指定給 guess
34	btnAgain_Click(sender, e);
35	this.Text = "找雪人遊戲";
36	// 設定 lblShow 字型大小為 14
37	lblShow.Font = new Font("標楷體", 14, FontStyle.Regular);
38	}
39	// 按 <重玩> 鈕執行
40	**private void btnAgain_Click(object sender, EventArgs e)**
41	{
42	Random r = new Random(); // 建立 Random 亂數物件 r
43	guess = r.Next(1, 4); // 產生 1-3 亂數並指定給 guess
44	lblShow.Text = "請問雪人在哪個按鈕";
45	// 設定 button1, button2, button3 三個按鈕有效
46	button1.Enabled = button2.Enabled = button3.Enabled = true ;
47	// 設定 button1, button2, button3 三個按鈕不顯示影像圖示

```
48            button1.Image = button2.Image = button3.Image = null;
49        }
50        // 按 <離開> 鈕執行
51        private void btnExit_Click(object sender, EventArgs e)
52        {
53            Application.Exit();
54        }
55        // 按 <button1> 鈕表示指定答案 1
56        private void button1_Click(object sender, EventArgs e)
57        {
58            CheckAns(1);   // 呼叫 CheckAns 方法，並傳入答案 1
59            button2.Enabled = false;
60            button3.Enabled = false;
61        }
62        // 按 <button2> 鈕 表示指定答案 2
63        private void button2_Click(object sender, EventArgs e)
64        {
65            CheckAns(2);    // 呼叫 CheckAns 方法，並傳入答案 2
66            button1.Enabled = false;
67            button3.Enabled = false;
68        }
69        // 按 <button3>鈕 表示指定答案 3
70        private void button3_Click(object sender, EventArgs e)
71        {
72            CheckAns(3);     // 呼叫 CheckAns 方法，並傳入答案 3
73            button1.Enabled = false;
74            button2.Enabled = false;
75        }
76    }
77 }
```

10.6　TextBox 文字方塊控制項

　　表單上的 Label 控制項只能顯示訊息，卻無法對資料做輸入或修改的動作。若希望控制項能在某些條件下允許輸入資料、修改資料、僅能顯示資料或是輸入密碼時鍵入的資料以星號顯示等功能，此時就必須使用工具箱所提供的 TextBox 文字方塊工具來達成。所以 TextBox 控制項也是在設計輸出入介面時常用的基本工具。

10.6.1　TextBox 常用成員

　　TextBox 的屬性和 Form、Label、Button...等有許多相同的屬性，為節省篇幅相同的屬性不再贅述，下表只介紹不相同且常用的成員：

成員名稱	說明
Enabled 屬性 (預設值 True)	True：表示啟用該控制項，textBox1 顯示。 False：表示不啟用此控制項，textBox2 呈灰底顯示。
ImeMode 屬性 (預設值 NoControl)	當選取該控制項時所設定輸入法狀態： ① On：開啟輸入法　　　② Off：關閉輸入法 ③ Disable：暫時關閉輸入法，此時使用者無法從鍵盤 　　　　　　開啟輸入法而且將輸入法浮動視窗隱藏。
MaxLength 屬性 (預設值 32767)	設定 TextBox 控制項內文字輸入的最大寬度。若設定為 0，表示文字的長度不受限制。
PasswordChar 屬性(預設值空白)	設定由鍵盤輸入字元時，以所設定的字元如 * 星號取代所輸入的字元，可避免別人在螢幕上看到所輸入的密碼。
ReadOnly 屬性 (預設值 False)	設定 TextBox 控制項內的文字是否允許修改。屬性值： ① True：表示不允許修改，只能對文字做選取、捲動和顯示 　　　　　的功能，相當於 Label 控制項。 ② False：表示該控制項允許修改。若程式中欲將 textBox1 　　　　　控制項的 ReadOnly 屬性設成唯讀，寫法： 　　　　　　　textBox1.ReadOnly=true;
Text 屬性 (預設值 textBox1)	在設計階段 Text 屬性若有輸入資料，在表單上該控制項上面馬上顯示所輸入的資料。若將此控制項的 ReadOnly 屬性設為 False，那麼在程式的執行過程中也能在此控制項內由鍵盤輸入資料，所輸入的資料會以字串方式放入此控制項的 Text 屬性中。因此在設計或執行階段只要 Text 屬性內容有異動，表單上對應的 TextBox 控制項內的資料亦跟著異動。若程式中欲將 textBox1 控制項的 Text 屬性清成空白，其寫法如下： 　　textBox1.Text="";

成員名稱	說明
CharacterCasing 屬性(預設值 Normal)	當此屬性設成 Upper 表示所輸入的字母不管大小寫一律改成大寫顯示,並存入 Text 屬性中;若設成 Lower 表示以小寫顯示和儲存;若輸入的大小寫保持不變,則設成 Normal。若程式中欲將 textBox1 控制項所輸入字母變成大寫顯示,其寫法如下: textBox1.CharacterCasing = CharacterCasing.Upper;
MultiLine 屬性(預設值 False)	由於此屬性預設為 False,表示只能單行輸入資料。若將此屬性設為 True 便能夠多行輸入。
WordWrap 屬性(預設值 True)	當 MultiLine 屬性為 True 才有效。當 Multiline= True 而且 WordWrap=True 時,若輸入的文字寬度超過控制項邊寬會自動換行。譬如下例程式片段,執行時會將 textBox1 控制項充滿整個表單,整個表單有如一個記事本: textBox1.Dock = DockStyle.Fill; textBox1.Multiline = true ; textBox1.WordWrap = true ;
AcceptsReturn 屬性(預設值 False)	表示是否接受將 Return 字元當作對多行編輯控制項的輸入字元。
AcceptsTab 屬性(預設值 False)	表示是否接受將 Tab 鍵(定位字元)當作對多行編輯控制項的輸入字元。
ScrollBar 屬性(預設值 None)	當多行編輯時,設定欲使用哪些捲軸。屬性值如下: ①None:表示此控制項不出現捲軸。 ②Vertical:表示此控制項出現垂直捲軸。 ③Horizontal:表示此控制項出現水平捲軸。 ④Both:表示此控制項出現垂直和水平捲軸。 若在程式中欲將 textBox1 控制項設定多行輸入出現垂直捲軸,寫法: 　textBox1.ScrollBars = ScrollBars.Vertical;
Lines 屬性	以字串陣列方式取得或設定文字方塊控制項中的文字行數。 [例] 分別將字串陣列的第一個元素 "Visual C#" 和第二個陣列元素 "程式設計經典" 置入文字方塊內的第一行和第二行,寫法: (先將 textBox1 的 Multiline 屬性設為 True 多行顯示) string[] str1 = new string[] { "Visual C#", "程式設計經典" }; textBox1.Lines = str1;　⇦ 字串陣列置入文字方塊內並分兩行顯示 label1.Text=textBox1.Lines[0];⇦ 將文字方塊第一行內容 "Visual C#" 　　　　　　　　　　　　　　置入 label1 標籤控制項內 label2.Text = textBox1.Lines[1];　⇦ 將文字方塊第二行內容 　　　　　　　　　　　　　　"程式設計經典" 置入 label2 控制項
TextChanged 事件	當文字方塊內的資料有變化時會觸動此事件。一般使用在當某個控制項有變化時,其他控制項亦會跟著改變時使用。

當使用 TextBox 文字方塊控制項來輸入資料時，當資料輸入完畢必須按 ⟦ 確定 ⟧ 鈕才透過按鈕事件去更新資料，在操作上不方便。TextBox 控制項提供 TextChanged 事件，只要在該控制項上面的資料有異動，馬上會觸動 TextChanged 事件，只要在該事件的事件處理函式內寫入要處理的敘述區段，便可省掉按 ⟦ 確定 ⟧ 鈕的動作。

10.6.2 自動完成輸入功能

自動完成輸入功能是當使用者在文字方塊輸入欲篩選的詞句，接著會由指定的輸入來源篩選出符合條件的資料並自動填入或彈出相符的詞句清單提供選取，透過自動完成功能可提升使用者操作文字方塊輸入資料的效率。如下圖，當使用者在下圖文字方塊上輸入「C:\Pr...」檔案路徑時，會自動篩選出符合輸入字元的資料夾下所有的子資料夾與檔案名稱，並將篩選結果置入彈出的清單供您選取，如此可提升文字方塊篩選資料的便利性。

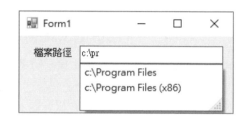

TextBox 與 ComboBox 控制項同時具備自動完成功能，兩者用法相同。欲讓 TextBox 擁有自動完成功能，必須了解 AutoCompleteSource、AutoCompleteMode 與 AutoComplete CustomSource 這三個屬性的用法：

一. AutoCompleteSource 屬性

該屬性提供下拉式清單列出的列舉屬性值當做自動完成(即篩選)輸入功能的來源，此篩選來源包括：URL、檔案、文字資料等。

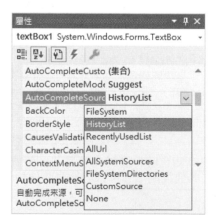

AutoCompleteSource 常用屬性值說明如下：

① HistoryList

以 URL 中的歷史清單做為自動完成輸入功能的來源。

程式寫法：

```
textBox1.AutoCompleteSource = AutoCompleteSource.HistoryList;
```

② RecentlyUsedList

以 URL 中的歷史清單和最近瀏覽過的 URL 做為自動完成輸入功能的來源。程式寫法：

```
textBox1.AutoCompleteSource = AutoCompleteSource.RecentlyUsedList;
```

③ AllUrl

以最近瀏覽過的 URL 做為自動完成輸入功能的來源。程式寫法：

```
textBox1.AutoCompleteSource = AutoCompleteSource.AllUrl;
```

④ FileSystem

以檔案系統做為自動完成輸入功能
的來源。如圖：

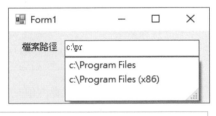

程式寫法：

```
textBox1.AutoCompleteSource = AutoCompleteSource.FileSystem;
```

⑤ FileSystemDirectories

以磁碟和目錄(不包含檔案名稱)做為自動完成輸入功能的來源。程式寫法：

```
textBox1.AutoCompleteSource = AutoCompleteSource.FileSystemDirectories;
```

⑥ AllSystemSources

以 AllUrl 和 FileSystem 做為自動完成輸入功能的來源。程式寫法：

```
textBox1.AutoCompleteSource = AutoCompleteSource.AllSystemSources;
```

⑦ None

取消自動完成輸入功能的來源。程式寫法：

```
textBox1.AutoCompleteSource = AutoCompleteSource.None;
```

⑧ CustomSource

以自訂的詞句做為自動完成輸入功能的來源，當 AutoCompleteSource 設為 CustomeSouce 時，還必須透過 AutoCompleteCustomeSource 屬性來設定自訂詞句。程式寫法：

```
textBox1.AutoCompleteSource = AutoCompleteSource.CustomSource;
```

二. AutoCompleteMode 屬性

此屬性可用來設定自動完成輸入功能的模式，此屬性值必須設為 AutoComplete Mode 所提供的列舉名稱屬性值。此屬性若設為 None，則 AutoCompleteSource 自動完成屬性無效。

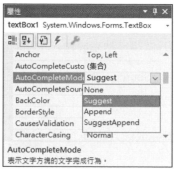

AutoCompleteMode 常用屬性值功能說明如下：

① Append

將最可能相符之候選字串其餘部分附加到現有字串之後，並反白顯示附加的字元。如圖：

程式寫法如下：

```
textBox1.AutoCompleteMode = AutoCompleteMode.Append;
```

② Suggest

將最可能相符之候選字串填入下拉式清單，以提供使用者選取。如圖：

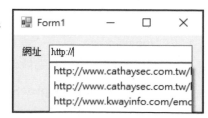

程式寫法如下：

```
textBox1.AutoCompleteMode = AutoCompleteMode.Suggest;
```

③ SuggestAppend

同時擁有 Suggest 和 Append 的功能。
當 AutoCompleteSource 屬性值設為
AllUrl，且 AutoCompleteMode 屬性值設為
SuggestAppend。結果如圖：

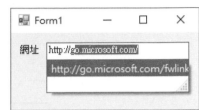

程式寫法如下：

```
textBox1.AutoCompleteMode = AutoCompleteMode.SuggestAppend;
```

④ None

停用自動完成輸入功能。其程式寫法如下：

```
textBox1.AutoCompleteMode = AutoCompleteMode.None;
```

三. AutoCompleteCustomSource 屬性

當 AutoCompleteSource 屬性值設為 CustomSouce 時，才可以使用 AutoComplete
CustomSource 屬性來設定使用自訂詞句集合。記得同時將 AutoCompleteMode 的屬性值
設成 Sugget 或 SuggerstAppend 才自動顯示或輸入符合條件的資料設定：

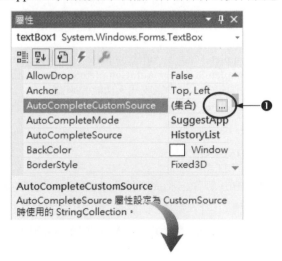

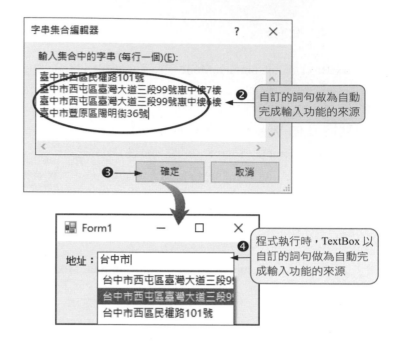

上面操作設定可改成如下寫法，也可達到相同效果：

```
// 建立 address 陣列，並給予 address[0]~address[3] 陣列元素初值
string[] address = new string [] {"台中市西屯區台灣大道三段 99 號惠中樓 7 樓",
                                  "台中市西屯區台灣大道三段 99 號惠中樓 6 樓",
                                  "台中市西區民權路 101 號",
                                  "台中市豐原區陽明街 36 號" };
// 建立 AutoCompleteStringCollection 集合類別物件 myAdd
AutoCompleteStringCollection myAdd = new AutoCompleteStringCollection();

// 將 address 陣列加入 myAdd 物件
myAdd.AddRange(address);
textBox1.AutoCompleteMode = AutoCompleteMode.SuggestAppend;
textBox1.AutoCompleteSource = AutoCompleteSource.CustomSource;
// 以 myAdd 內的詞句做為自動完成輸入功能的來源
textBox1.AutoCompleteCustomSource = myAdd ;
```

範例：WinTextBox1.sln

請按下圖使用 TextBox 製作自動完成輸入功能程式。機構名稱輸入欄位允許自由輸入，地址文字方塊請先自行輸入三個住址台中市開頭做為自動完成輸入之來源，備註文字方塊使用 FileSystem 清單當做自動完成輸入來源。

執行結果

1. 住址文字方塊自動完成輸入功能，
   如右圖：

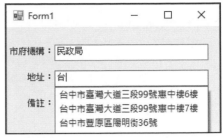

2. 備註文字方塊自動完成輸入功能，
   如右圖：

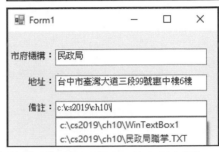

3. 當輸入機構名稱、地址、備註資料
   後按下 ┌─確定─┐ 鈕，馬上顯示對話
   方塊並顯示您輸入的資料，如右
   圖：

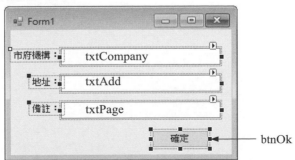

註　欲顯示對話方塊可使用 MessageBox.Show()方法，關於 MessageBox.Show()方
法請參閱下節 10.7 節說明。

操作步驟

│ Step 01 │　設計表單的輸出入介面：

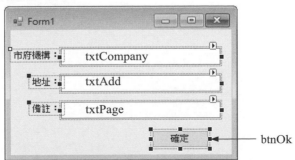

Step 02　撰寫程式碼：

程式碼 FileName:Form1.cs

```
01 namespace WinTextBox1
02 {
03     public partial class Form1 : Form
04     {
05         public Form1()
06         {
07             InitializeComponent();
08         }
09         // 表單載入時執行
10         private void Form1_Load(object sender, EventArgs e)
11         {
12             string[] address = new string[]{
                     "台中市臺灣大道三段99號惠中樓6樓",
                     "台中市臺灣大道三段99號惠中樓7樓", "台中市豐原區陽明街36號"};
13             AutoCompleteStringCollection myAdd =
                             new AutoCompleteStringCollection();
14             myAdd.AddRange(address);
15             txtAdd.AutoCompleteCustomSource = myAdd;
16             txtAdd.AutoCompleteMode = AutoCompleteMode.Suggest;
17             txtAdd.AutoCompleteSource = AutoCompleteSource.CustomSource;
18             txtPage.AutoCompleteMode = AutoCompleteMode.SuggestAppend;
19             txtPage.AutoCompleteSource = AutoCompleteSource.FileSystem;
20         }
21         // 按下 <確定> 鈕時執行
22         private void btnOk_Click(object sender, EventArgs e)
23         {
24             // 在對話方塊上顯示使用者輸入的名稱, 住址, 網站資訊
25             MessageBox.Show($"市府機構：{txtCompany.Text}\n 地址：" +
                     $"{txtAdd.Text}\n 備註：{txtPage.Text}");
26         }
27     }
28 }
```

10.7 MessageBox.Show 顯示對話方塊方法

當在執行視窗應用程式時，若發生錯誤的操作，經常會在桌面上出現相關錯誤或警告訊息的對話方塊，以提醒使用者注意。在 C# 可使用 .NET Framework 類別庫中的 MessageBox.Show()方法來製作可顯示訊息的對話方塊，等待使用者按下按鈕，電腦會傳回一個整數值指示使用者按下哪個按鈕以作為程式流程的依據。譬如：下圖就是 Word 的訊息對話方塊。當您離開 Word 未做存檔的動作所產生的對話方塊，若按 儲存(S) 鈕則可以執行存檔；若按 取消 鈕，則離開不存檔。

MessageBox 類別所提供的 Show()方法可產生一個包含訊息、按鈕、特殊符號的對話方塊，用來告知和提示使用者。其語法如下：

> **語法**
> MessageBox.Show([Object], Message, Caption, MessageButtons,
>   MessageBoxIcon, MessageBoxDefaultButton, MessageBoxOptions)

【說明】

1. Object：在指定物件前面顯示訊息方塊，可省略不寫。
2. Message：用來顯示警告或提示使用者的文字。
3. Caption：為訊息方塊標題欄上的名稱。
4. MessageButtons 用來指定哪種按鈕要顯示在訊息方塊中：

MessageBoxIcon 小圖示列舉常數(Enumeration)	說明
MessageBoxButtons.OK	確定
MessageBoxButtons.OKCancel	確定 、 取消
MessageBoxButtons.AbortRetryIgnore	中止(A) 、 重試(R) 、 略過(I)
MessageBoxButtons.YesNoCancel	是(Y) 、 否(N) 、 取消

10-33

MessageBoxIcon 小圖示列舉常數(Enumeration)	說明
MessageBoxButtons.YesNo	是(Y) 、 否(N)
MessageBoxButtons.RetryCancel	重試(R) 、 略過(I)

5. MessageBoxIcon

   指定下列哪種小圖示顯示在訊息方塊中：

MessageBoxIcon 列舉常數(Enmeration)	顯示圖示
MessageBoxIcon.Asterisk	
MessageBoxIcon.Error	
MessageBoxIcon.Exclamation	
MessageBoxIcon.Hand	
MessageBoxIcon.Information	
MessageBoxIcon.None	無圖示
MessageBoxIcon.Question	
MessageBoxIcon.Stop	
MessageBoxIcon.Warning	

6. MessageBoxDefaultButton

   指定訊息方塊使用哪個按鈕為預設按鈕：

MessageBoxDefaultButton	說明
MessageBoxDefaultButton.Button1	將 MessageBox 中第一個按鈕設成預設按鈕，該鈕四周會出現虛框。
MessageBoxDefaultButton.Button2	將 MessageBox 中第二個按鈕設成預設按鈕，該鈕四周會出現虛框。
MessageBoxDefaultButton.Button3	將 MessageBox 中第三個按鈕設成預設按鈕，該鈕四周會出現虛框。

7.　MessageBoxOptions

指定訊息方塊使用的顯示及關聯的選項：

MessageBoxOptions	說明
MessageBoxOptions.DefaultDeskTopOnly	訊息方塊僅顯示在預設的桌面。
MessageBoxOptions.RightAlign	標題欄文字靠右對齊。
MessageBoxOptions.RtlReading	訊息方塊的文字是以從右向左的讀取順序顯示。
MessageBoxOptions.ServiceNotification	訊息方塊僅顯示在使用中的桌面上。

8.　傳回值

為按鈕傳回值。當呼叫 MessageBox.Show()方法時，由出現的對話方塊中，在下表中按其中一個按鈕時，會以下表的 DialogResult 列舉型別傳回。您可宣告一個變數具有 DialogResult 型別，再將 MessageBox.Show 方法的按鈕結果指定給此變數，並判斷使用者是按下對話方塊的哪個按鈕，其寫法如下：

```
DialogResult result;
result = MessageBox.Show(…);
if (result==DialogResult.Yes) {
        // 按 [ 是(Y) ] 鈕執行此程式區段
}else {
        // 按其他按鈕執行此程式區段
}
```

MessageBox.Show 方法 傳回列舉值(Enumeration)	傳回值	按鈕
DialogResult.OK	1	按 [確定] 鈕
DialogResult.Cancel	2	按 [取消] 鈕
DialogResult.Abort	3	按 [中止(A)] 鈕
DialogResult.Retry	4	按 [重試(R)] 鈕
DialogResult.Ignore	5	按 [略過(I)] 鈕
DialogResult.Yes	6	按 [是(Y)] 鈕

MessageBox.Show 方法 傳回列舉值(Enumeration)	傳回值	按鈕
DialogResult.No	7	按 [否(N)] 鈕
DialogResult.None		訊息方塊未傳回任何東西

📥 範例：WinGuess.sln

製作下圖猜數字遊戲，程式會隨機產生 1~99 的亂數讓玩家猜，當在文字方塊中輸入要猜的數字並按 [確定] 鈕，此時會顯示共猜了幾次的訊息，以及顯示對話方塊並告知要猜的亂數是 "再大一點 ...."，或 "再小一點 ...." 的訊息。若猜中亂數之後 [確定] 鈕即無法使用，且出現對話方塊並顯示 "賓果" 訊息。按 [結束] 鈕可重新開始玩猜數字遊戲。

執行結果

1. 程式開始執行的初始畫面

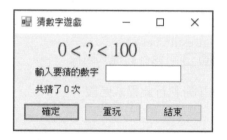

2. 若所猜的數字太大，會透過對話方塊提示 "再小一點"，將輸入值當最大值。

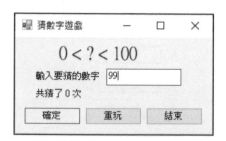

3. 若所猜的數字太小，會透過對話方塊提示 "再大一點"，將輸入值當最小值。

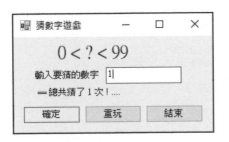 

4. 若猜中透過對話方塊提示「賓果! 猜對了 ...!」，且設定 確定 鈕無法使用，可再按 重玩 鈕來重玩猜數字遊戲。

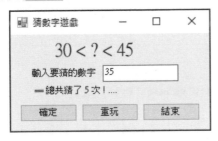 

5. 若按 結束 鈕即出現下圖對話方塊詢問使用者是否離開遊戲。若按 取消 鈕則繼續玩猜數字遊戲，若按 確定 鈕則結束程式並離開遊戲。

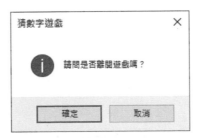

操作步驟

Step 01　建立表單的輸出入介面：

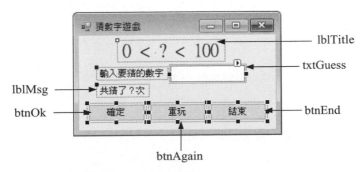

Step 02 撰寫程式碼

程式碼 FileName:Form1.cs

```
01 namespace WinGuess
02 {
03     public partial class Form1 : Form
04     {
05         public Form1()
06         {
07             InitializeComponent();
08         }
09         //共用成員變數
10         int guess, count, min, max;
11         // 表單載入時 執行此事件
12         private void Form1_Load(object sender, EventArgs e)
13         {
14             Random r = new Random();      // 產生亂數物件 r
15             guess = r.Next(1, 100);       // 產生 1-99 亂數當被猜數置入 guess
16             min = 0;
17             max = 100;
18             count = 0;
19             lblTitle.Text = $"{min} < ? < {max}";
20             lblMsg.Text = $"共猜了 {count} 次";
21             btnOk.Enabled = true;         // 按鈕允許被按
22             txtGuess.Text = "";
23         }
24         // 按 <確定>鈕 執行此事件
25         private void btnOk_Click(object sender, EventArgs e)
26         {
27             count += 1;
28             int myguess = 0;
29             if (int.TryParse(txtGuess.Text, out myguess))   //判斷輸入值
30             {
31                 if (myguess >= 1 && myguess < 100)
32                 {
33                     if (myguess == guess)
34                     {
35                         MessageBox.Show(" == 賓果! 猜對了...... ");
36                         btnOk.Enabled = false;
```

```
37                          }
38                      else if (myguess > guess)
39                      {
40                          max = myguess;    // 將輸入值取代最大值
41                          MessageBox.Show(" ==  再小一點！....");
42                          txtGuess.Text = "";
43                      }
44                      else if (myguess < guess)
45                      {
46                          min = myguess;    // 將輸入值取代最小值
47                          MessageBox.Show(" == 再大一點！....");
48                          txtGuess.Text = "";
49                      }
50                  }
51                  else
52                  {
53                      MessageBox.Show(" == 輸入提示範圍內的數字…");
54                  }
55              }
56              else
57              {
58                  MessageBox.Show("請輸入數字…");
59              }
60              lblMsg.Text = $" == 總共猜了 {count} 次！....";
61              lblTitle.Text = $"{min} < ? < {max}";
62          }
63          // 按 <重玩>鈕 執行此事件
64          private void btnAgain_Click(object sender, EventArgs e)
65          {
66              Form1_Load(sender, e);   // 執行時呼叫 Form1 表單的 Load 事件
67          }
68           // 按 <結束>鈕 執行此事件
69          private void btnEnd_Click(object sender, EventArgs e)
70          {
71              // 顯示對話方塊，並判斷使用者是否按下對話方塊的 [確定] 鈕
72              if (MessageBox.Show("請問是否離開遊戲嗎？", "猜數字遊戲",
                      MessageBoxButtons.OKCancel, MessageBoxIcon.Information)
                      == System.Windows.Forms.DialogResult.OK )
73          {
```

```
74                Application.Exit();
75            }
76        }
77    }
78 }
```

説明

1. 第 10 行：guess 用來存放電腦產生的亂數；count 存放猜數字的次數；min 為猜數字的最小值；max 為猜數字的最大值。

2. 第 12-23 行：Form1 表單載入後執行 Form1_Load 事件處理函式，並產生 1-99 之間的亂數指定給 guess。

3. 第 25-62 行：按 確定 鈕會執行 btnOk_Click 事件處理函式。

4. 第 27 行：count 使用者猜數字的次數加一。

5. 第 29 行：將由 txtGuess 文字方塊內輸入的數值指定給 myguess。

6. 第 31 行：判斷 myguess 是否介於 1~99 之間，若成立則執行第 33-49 行，否則執行第 53 行。

7. 第 33 行：判斷 myguess 是否等於 guess，若成立則執行第 35-36 行開啟對話方塊顯示 "賓果" 訊息。

8. 第 38 行：判斷 myguess 是否大於 guess，若成立則執行第 40-42 行開啟對話方塊顯示 "再小一點" 訊息。

9. 第 44 行：判斷 myguess 是否小於 guess，若成立則執行第 40-42 行開啟對話方塊顯示 "再大一點" 訊息。

10. 第 64-67 行：按 重玩 鈕呼叫 Form1_Load 事件處理函式，再重新設定猜數字遊戲的初值。

11. 第 72-75 行：顯示對話方塊詢問使用者是否離開遊戲？若按 確定 鈕則執行第 74 行結束程式並離開遊戲。

常用控制項(一)

11.1 RadioButton 選項按鈕控制項

按鈕工具除了上節所介紹的 [Button] 按鈕工具外，Visual C#另外提供可單選的 [RadioButton] 選項按鈕工具以及可複選的 [CheckBox] 核取方塊工具兩者供選擇使用。RadioButton 工具可用文字或圖形顯示，也可用文字及圖形同時顯示。由於 RadioButton 選項按鈕控制項本身具有互斥現象，也就是說同一時間只允許其中一個 RadioRutton 控制項被選取，其他的 RadioButton 控制項都會被設成未選取。所以，一個表單中若有不同性質的 RadionButton 控制項，就必須使用 [GroupBox] 群組或 [Panel] 面板工具來加以分隔為群組，若不加以區隔即使這些控制項分散在表單各處，Visual C# 仍視為是同一群組選項。同一群組的選項按鈕控制項，同一時間只能允許其中一個 RadioButton 控制項被選取。下表為選項按鈕控制項的常用成員介紹：

成員名稱	說明
Text 屬性 (預設值 radioButton1)	設定選項鈕上面欲顯示的文字，用來當做該按鈕的提示訊息。配合 TextAlign 屬性可用來改變文字的顯示位置。
Image 屬性 (預設值無)	在選項按鈕控制項上顯示指定的圖像。欲在程式執行時，將 C 磁碟機 cs 資料夾的 show.bmp 圖片載入到此選項按鈕上顯示，其寫法： radioButton1.Image = Image.FromFile("c:\\cs\\show.bmp") ;
Enabled 屬性 (預設值 True)	用來設定按鈕是否有效。若屬性值為 True 表示此選項按鈕有作用可被選取；若屬性值設為 False 表示此選項按鈕失效，呈現 [radioButton1]。在程式中，要將 radioButton1 控制項設成按鈕失效，其寫法如下： radioButton1.Enabled=false ;

成員名稱	說明
Checked 屬性 (預設值 False)	當程式執行時，在該選項鈕按一下，會將此控制項的 Checked 屬性設為 True，同時將同群組的其他選項按鈕都設成 False。在程式中，對 radioButton1 選項按鈕控制項判斷是否有被選取，其寫法如下： 　if (radioButton1.Checked==true) 　{ 程式敘述 }
AutoCheck 屬性 (預設值 True)	① AutoCheck=True，表示在程式執行時，若該選項按鈕有被按下去會自動變更狀態，也就是說使得 Checked 屬性有作用。 ② 若 AutoCheck=False，則程式執行中的 Checked 屬性無法自動變更。
CheckAlign 屬性 (預設值 MiddleLeft)	① 若 Appearance=Button，則此屬性失效。 ② 若 Appearance=Normal 時，用來設定小圓形按鈕在該控制項內的位置，共有九個位置可點選。 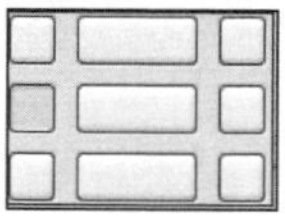

TextAlign 屬性
 	
(預設值 MiddleLeft)
	設定在該控制項上欲顯示文字的位置，其設定方式同 CheckAlign 屬性。
	[例 1] 下圖選項按鈕設定是
	　　　文字靠左置中(選中左即 TextAlign=MiddleLeft)
	　　　按鈕靠右置中(選中右即 CheckAlign= MiddleRight) 

	[例 2] 下圖將 CheckAlign 屬性設成 TopCenter (上方置中)，
	　　　TextAlign 屬性將文字設為 MiddleCenter(中間置中)。 

	上圖 radioButton1 控制項的程式片段，其寫法如下：
	radioButton1.Text = "單價";
	radioButton1.CheckAlign=ContentAlignment.TopCenter;
	radioButton1.TextAlign=ContentAlignment.MiddleCenter;
	[例 3] 若文字靠右置中、選項按鈕也靠右置中，則控制項內的文字會緊靠按鈕圖示，其寫法如下：
	radioButton1.CheckAlign= ContentAlignment.MiddleRight;
	radioButton1.TextAlign= ContentAlignment.MiddleRight; 

成員名稱	說明
Appearance 屬性 (預設值 Normal)	用來設定 RadioButton 控制項的顯現形狀： ① 若設為 Normal，表示選項按鈕在表單是以 ⊙ radioButton1 小圓鈕顯現。 ② 若設為 Button，表示選項按鈕是以 radioButton1 選項按鈕的方式顯現。 [寫法] radioButton1.Appearance=Appearance.Button ；　⇦按鈕 radioButton1.Appearance =Appearance.Normal;　⇦正常
Click 事件	當在此選項按鈕上按一下會觸動此事件。
CheckedChanged 事件	當 Checked 屬性值有變更時會觸動此事件。

11.2 CheckBox 核取方塊控制項

當在設計使用者輸出入介面時，若希望選項清單具有複選或都不選時，☑ CheckBox 核取方塊是最佳的選擇工具。CheckBox 和 RadioButton 控制項的功能大同小異，兩者都用來從一串選項清單中來做選取的動作，唯一的不同處在於 RadioButton 控制項具有互斥性只能單選，CheckBox 控制項允許單選、多選或不選。表單上面的 CheckBox 控制項亦允許以文字、影像顯現或兩者同時顯現。CheckBox 除具有上一節 RadioButton 控制項的 Appearance、CheckAlign、Text、TextAlign、Image、Enabled、Checked、AutoCheck 等常用屬性外，另外多出下列屬性：

成員名稱	說明
ThreeState 屬性 (預設值 False)	用來設定該核取方塊是否支援雙態或三態。雙態是指勾選或不勾選；三態是指勾選、不勾選、不定狀態。 若設為 True，表示核取方塊有三種狀態，當該控制項被勾選或不定狀態時，會將 True 傳給 Checked 屬性；未勾選時，會傳 False 給 Checked 屬性。程式中設為 False 寫法： checkBox1.ThreeState=false;
CheckState 屬性 (預設值 Normal)	用來存放核取方塊目前是處於被勾選(Checked)、未勾選(UnChecked)以及不定狀態(InDeterminate)。當 ThreeState 屬性設為 True，允許該控制項有三種狀態供開發人員設定。 若 ThreeState 設為 False，表示只允許勾選和未勾選兩種狀態供開發人員設定。CheckState 和 ThreeState 屬性是相關的。
Click 事件	當在此選項鈕上按一下會觸動此事件。
CheckedChanged 事件	當 Checked 屬性的值有變更時會觸動此事件。

⬇ **範例**：WinRadiobtnChkBx.sln

使用 RadioButton 及 CheckBox 控制項製作隨選視訊的點閱程式。若操作者選取戲劇頻道選項鈕，則戲劇頻道的「大醫院小醫生」、「通靈少女」、「魂囚西門」三個核取方塊允許被勾選，其他核取方塊失效；若選取兒少頻道，則兒少頻道的「下課花路米」、「青春代言人」、「一字千金」三個核取方可被勾選，其他核取方塊失效；節目選取完畢後按 確定 鈕會出現對話方塊並顯示使用者所選取的頻道及節目。

執行結果

1. 先選取頻道的選項鈕。

▲選取 戲劇頻道 的畫面　　　　　　▲選取 兒少頻道 的畫面

2. 如下圖，先選取頻道類別選項鈕，接著再勾選兒少頻道的「青春代言人」核取方塊並按 確定 鈕，接著會出現對話方塊顯示操作者收視的頻道及節目。

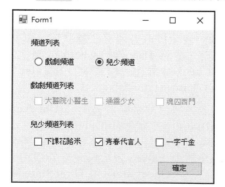 

操作步驟

Step 01 設計表單輸出入介面

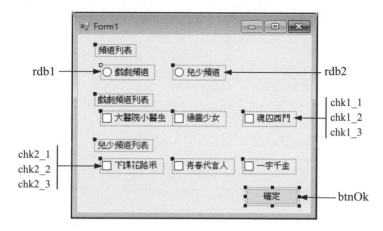

Step 02 撰寫程式碼：

程式碼 FileName:Form1.cs

```
01 namespace WinRadiobtnChkbx
02 {
03     public partial class Form1 : Form
04     {
05         public Form1()
06         {
07             InitializeComponent();
08         }
09         // 表單載入時執行
10         private void Form1_Load(object sender, EventArgs e)
11         {
12             rdb1.Checked = true; // 預設 <戲劇頻道> 被點選
13         }
14         // 按 <戲劇頻道> 選項鈕執行
15         private void rdb1_CheckedChanged(object sender, EventArgs e)
16         {
17             chk1_1.Enabled = true;
18             chk1_2.Enabled = true;
19             chk1_3.Enabled = true;
20             chk2_1.Enabled = false;
```

```
21            chk2_2.Enabled = false;
22            chk2_3.Enabled = false;
23         }
24      // 按 <兒少頻道> 選項鈕執行
25      private void rdb2_CheckedChanged(object sender, EventArgs e)
26      {
27            chk1_1.Enabled = false;
28            chk1_2.Enabled = false;
29            chk1_3.Enabled = false;
30            chk2_1.Enabled = true;
31            chk2_2.Enabled = true;
32            chk2_3.Enabled = true;
33         }
34       // 按 <確定> 鈕執行
36      private void btnOk_Click(object sender, EventArgs e)
37         {
38            string str = "謝謝您收看-- ";
39            if (rdb1.Checked)          // 判斷 <戲劇頻道> 是否被選取
40            {
41                str += $"{rdb1.Text}\n";
42                if (chk1_1.Checked)
43                {
44                    str += $"\t{chk1_1.Text}\n";
45                }
46                if (chk1_2.Checked)
47                {
48                    str += $"\t{chk1_2.Text}\n";
49                }
50                if (chk1_3.Checked)
51                {
52                    str += $"\t{chk1_3.Text}\n";
53                }
54            }
55            else if (rdb2.Checked)          // 判斷<兒少頻道> 是否被選取
56            {
57                str += $"{rdb2.Text}\n";
58                if (chk2_1.Checked)
59                {
```

60	`                        str += $"\t{chk2_1.Text}\n";`
61	`                    }`
62	`                    if (chk2_2.Checked)`
63	`                    {`
64	`                        str += $"\t{chk2_2.Text}\n";`
65	`                    }`
66	`                    if (chk2_3.Checked)`
67	`                    {`
68	`                        str += $"\t{chk2_3.Text}\n";`
69	`                    }`
70	`                }`
71	`                // 出現對話方塊顯示使用者所收視的頻道及節目`
72	`                MessageBox.Show(str);`
73	`            }`
74	`    }`
75	`}`

11.3 容器控制項

11.3.1 GroupBox 群組方塊控制項

　　當一個表單有多個控制項，可利用 GroupBox 群組方塊(或稱框架)工具將同性質的控制項框住成為群組(Group)。群組方塊控制項除了可對控制項進行分門別類，而且使得整個畫面變得整齊而有條理，這種可以將控制項區隔的控制項稱為「容器」(或稱收納器 Container)。譬如：Form、GroupBox、Panel 控制項都是屬於容器。當移動 GroupBox 控制項時，放在 GroupBox 內的控制項亦會跟著移動，使得畫面的調整工作更加容易。若表單中有兩個 GroupBox 控制項，裡面各包含多個 RadioRadio 選項按鈕控制項，則兩組按鈕彼此不互相影響，且可設定兩個個別的選項值。若兩組性質不同的 RadioButton 控制項，在表單上未使用 GroupBox 控制項分別框起來，即使分散放在表單上不同位置，仍視為同一群組來處理。只有包含在 GroupBox 控制項內的控制項可被選取或接收焦點 (Focus)。至於整個 GroupBox 本身是無法被選取或接收焦點。

如左下圖，未使用 GroupBox 將五個選項鈕進行分組，使得男、女、高中、大學、研究所選項鈕變成五選一。右下圖，使用 GroupBox 將選項鈕分為性別及學歷兩個群組，性別 GroupBox 有男及女選項鈕，學歷 GroupBox 有高中、大學、研究所三個選項鈕。

▲未使用 GroupBox 使 5 個選項鈕變成一組　　▲使用 GroupBox 將選項鈕分成性別及學歷兩組

下表是 GroupBox 控制項常用的屬性及方法：

成員名稱	說　　明
Text 屬性 (預設 groupBox1)	群組控制項的標題名稱。
Enabled 屬性 (預設 True)	True：設成作用控制項。 False：控制項失效。
SnapToGrid 屬性 (預設 True)	在 GroupBox 內的控制項是否貼齊格線。屬性值： True：是；False：否
Controls.Add 方法	在程式執行階段，將控制項加入到此群組控制項內成為同一群組。譬如：將 radioButton1 選項按鈕加到 groupBox1 群組控制項內，寫法： 　RadioButton radiobutton1 = new RadioButton(); 　groupBox1.Controls.Add(radiobutton1);

💧 **範例**：WinGroupBox.sln

　　延續上例使用 GroupBox 控制項將頻道類型、戲劇節目、兒少節目的選項鈕及核取方塊進行分組，如此欲對同一群組內的控制項進行屬性設定較方便。例如：欲對戲劇節目 GroupBox 控制項內的所有核取方塊設定可勾選，只要將該 GroupBox 的 Enabled 屬性設為 true；反之，欲使兒少節目 GroupBox 控制項內的核取方塊失效，只要將該 GroupBox 的 Enabled 屬性設為 false。

執行結果

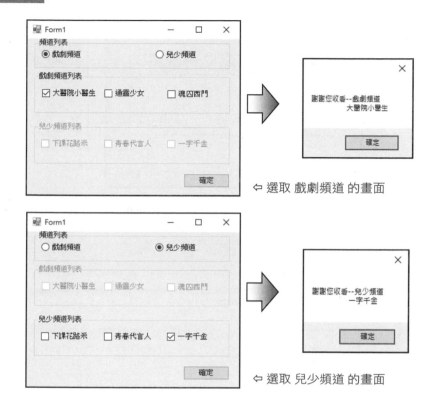

⇦ 選取 戲劇頻道 的畫面

⇦ 選取 兒少頻道 的畫面

操作步驟

Step 01 表單輸出入介面如下圖：

將戲劇頻道及兒少頻道選項鈕放入頻道類別 GroupBox 內；將「大醫院小醫生」、「通靈少女」、「魂囚西門」放入戲劇頻道列表 GroupBox 內；將「下課花路米」、「青春代言人」、「一字千金」放入兒少頻道列表 GroupBox 內。

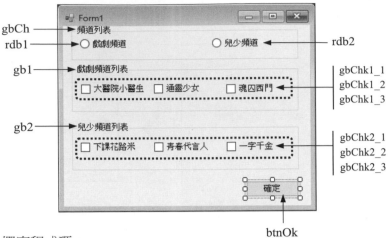

Step 02 撰寫程式碼：

程式碼 FileName:Form1.cs

```
01 namespace WinGroupBox
02 {
03     public partial class Form1 : Form
04     {
05         public Form1()
06         {
07             InitializeComponent();
08         }
09         // 表單載入時執行
10         private void Form1_Load(object sender, EventArgs e)
11         {
12             rdb1.Checked = true;   // 預設<戲劇頻道>選項鈕被選取
13         }
14         // 按 <戲劇頻道> 選項鈕執行
15         private void rdb1_CheckedChanged(object sender, EventArgs e)
16         {
17             gb1.Enabled = true;    // 戲劇頻道群組方塊可點選
18             gb2.Enabled = false;   // 兒少頻道群組方塊失效
19         }
20         // 按 <兒少頻道> 選項鈕執行
21         private void rdb2_CheckedChanged(object sender, EventArgs e)
22         {
23             gb1.Enabled = false;   // 戲劇頻道群組方塊失效
```

24	gb2.Enabled = true;　// 兒少頻道群組方塊可點選
25	}
26	// 按 <確定> 鈕執行
27	private void btnOk_Click(object sender, EventArgs e)
28	{
29	string str = "謝謝您收看--";
30	if (rdb1.Checked)
31	{
32	str += $"{rdb1.Text}\n";
33	if (gbChk1_1.Checked)
34	{
35	str += $"\t{gbChk1_1.Text}\n";
36	}
37	if (gbChk1_2.Checked)
38	{
39	str += $"\t{gbChk1_2.Text}\n";
40	}
41	if (gbChk1_3.Checked)
42	{
43	str += $"\t{gbChk1_3.Text}\n";
44	}
45	}
46	else if (rdb2.Checked)
47	{
48	str += $"{rdb2.Text}\n";
49	if (gbChk2_1.Checked)
50	{
51	str += $"\t{gbChk2_1.Text}\n";
52	}
53	if (gbChk2_2.Checked)
54	{
55	str += $"\t{gbChk2_2.Text}\n";
56	}
57	if (gbChk2_3.Checked)
58	{
59	str += $"\t{gbChk2_3.Text}\n";
60	}
61	}
62	// 出現對話方塊顯示使用者所收視的頻道及節目

63		`MessageBox.Show(str);`
64		`}`
65	`}`	
66	`}`	

說明

1. 第 17 行：將 gb1(GroupBox)的 Enabled 設為 true，因此 gb1 內的 gbChk1_1、gbChk1_2、gbChk1_3 三個核取方塊可啟用。

2. 第 18 行：將 gb2(GroupBox)的 Enabled 設為 false，因此 gb2 內的 gbChk2_1、gbChk2_2、gbChk2_3 三個核取方塊不啟用(失效)。

11.3.2 Panel 面板控制項

　　 Panel 面板控制項和 GroupBox 群組方塊控制項非常類似，都可以做為容器(Container)來安置其他物件。所以，面板控制項也可以當作框架來使用，兩者在執行時大小是固定無法調整。但面板和框架最大的不同，就是面板沒有 Text 屬性，所以不能顯示面板的標題文字，但面板控制項具有捲軸，而 GroupBox 控制項沒有，因此面板較不佔表單的空間。Panel 面板控制項和 GroupBox 控制項一樣有如一個容器，可以將其他的控制項放在該控制項內。由於 GroupBox 控制項大小固定，當裡面的控制項太多時較佔表單的空間，但面板控制項是由 ScrollableControl 類別延伸而來的，具有 AutoScroll 自動捲軸屬性。因此，在設計階段可先拉大面板，將欲放入面板的所有控制項都在面板上安置妥當，接著將 AutoScroll 屬性設為 True，將面板縮小至希望的大小，執行時便會出現捲軸，較不佔表單的空間。下表是 Panel 控制項常用的成員：

成員名稱	說明
AutoScroll 屬性 (預設值 False)	用來設定當物件大小超過面板大小時，是否自動顯示捲軸。若將此屬性設為 True，當將面板縮到比所有控制項範圍小時會出現捲軸。若設為 False 表示縮小面板範圍時不出現捲軸。
BorderStyle1 屬性 (預設值 None)	用來設定面板邊框的樣式。若屬性值為 None 表示此面板無邊框、FixedSingle 設成固定單線框、Fixed3D 設成固定立體框。

Enabled 屬性 (預設值 True)	當此屬性設為 False 時，使得面板控制項以及放在面板裡面的控制項失效無作用。
AutoScrollMargin 屬性(預設值 0,0)	當 AutoScroll=True 有設定自動捲軸時，透過此屬性可用來設定面板四周邊界的大小。
AutoScrollMinSize 屬性(預設值 0,0)	自動捲動區域的最小邏輯大小。

如下圖，有多個控制項放入 Panel 控制項內，並調整 Panel 控制項內其他控制項的位置，當 textBox 超出 Panel 控制項的範圍時，會出現水平捲軸供使用者捲動，此時顯示的資料不佔用表單太大的位置。

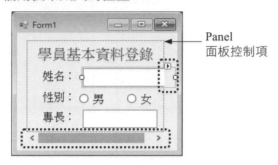

Panel
面板控制項

11.3.3 TabControl 標籤頁控制項

當設計表單時，若表單上有很多控制項時，開發人員可以使用 GroupBox 控制項加以分類；也可使用 Panel 面板控制項以捲軸方式來配置；另外一種方式就是使用 　TabControl　標籤頁工具在表單中建立標籤頁(TabPage)，將同一性質的控制項放在同一標籤頁，以多個標籤頁在視窗中相同的區域做切換顯示，不但省空間且整齊不混亂。

一. TabControl 標籤頁控制項的建立

譬如：欲快速建立右圖人事、薪資、產品三個標籤頁。

1. 建立 TabControl 控制項

   先選取工具箱的 TabControl 工具，接著在表單拉出標籤控制項的大小，此時 TabControl 控制項 Name 屬性預設為 tabControl1。

2. 進入「TabPages 集合編輯器」

   先選取 TabControl 控制項，接著移動滑鼠到 TabControl 控制項所屬的屬性視窗，選取 TabPages 集合屬性，在該屬性值內的 ⋯ 圖示上按一下，進入「TabPages 集合編輯器」視窗。

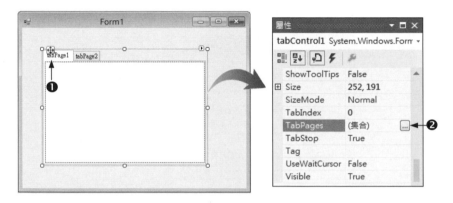

3. 進入「TabPages 集合編輯器」視窗後，tabControl1 控制項預設內含 tabPage1 及 tabPage2 兩個標籤頁物件，請選取第一個 tabPage1，接著將 tabPage1 標籤頁的 Text 屬性設為「人事」。

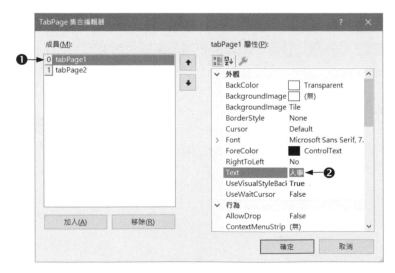

11-14

4. 同樣方式選取第二個 tabPage2，將 tabPage2 標籤頁的 Text 屬性設為「薪資」。

5. 如下圖按 [加入(A)] 鈕加入 tabPage3 標籤頁，接著將 tabPage3 標籤頁的 Text 屬性設為「產品」。如果想要移除標籤頁可按 [移除(R)] 鈕，按 [↑] 或 [↓] 鈕可調整標籤頁的順序。

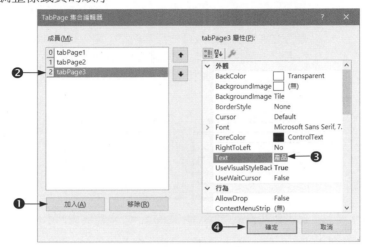

6. 完成相關設定，按 [確定] 鈕離開。

二. TabControl 標籤頁控制項常用成員

成員名稱	說明
TabPages 屬性	在此屬性右邊的 [...] 圖示上按一下進入 TabPages 集合編輯器。相關操作在上節已介紹過。
TabStop 屬性 (預設值 True)	是否允許操作者使用 [Tab] 鍵，將焦點放在控制項上。
HotTrack 屬性 (預設值 False)	當滑鼠經過索引標籤頁時，索引標籤是否可變更其外觀。預設為 False 表示不變更其外觀。
Appearance 屬性 (預設值 Normal)	用來設定索引標籤頁的形狀。預設 Normal。有下列三種設定： ① Normal　　　　　② Buttons 會員　產品　　　　　會員　產品

成員名稱	說明
	③ FlatButtons  會員 ✕ ｜ 產品 ｜
MultiLine 屬性 (預設值 False)	是否允許當多個標籤頁一行容納不下時，可否如左下圖改多行顯示。預設為單行，若標籤頁一行放不下時右上角會出現  ◀ ▶ 圖示供你移動標籤頁。若設為 True，當標籤頁超過一行改多行顯示。 ① MultiLine=True　　② MultiLine=False 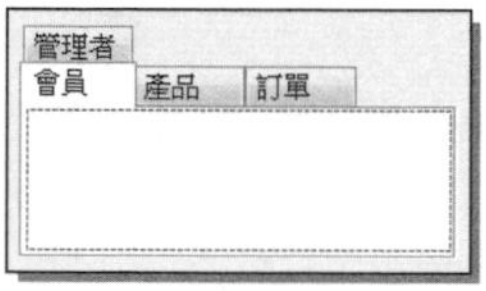 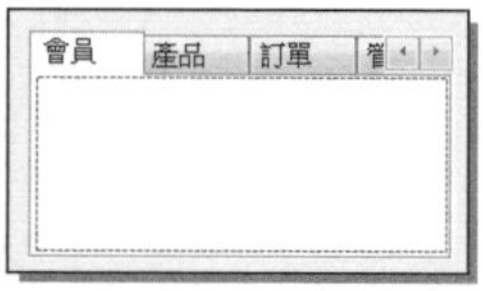 管理者 會員 ｜ 產品 ｜ 訂單 ｜　　　會員 ｜ 產品 ｜ 訂單 ｜ 管 ◀ ▶
Click 事件	當滑鼠在標籤頁無控制項處按一下，會觸發此事件。
SelectedIndexChagned 事件	當標籤頁切換時會觸發此事件。

範例：WinTabControl.sln

使用 TabControl 控制項建立「新增會員」及「會員列表」標籤頁。定義 Member 會員類別擁有 ID、Name、Gender、IsMarry 四個屬性分別用來表示會員的編號、姓名、性別、婚姻狀態。程式執行時使用 List 來存放 Member 會員物件，透過「新增會員」標籤頁內的輸出入介面逐一新增每一位會員，並存放到 List 串列中；新增幾位會員之後可切換到「會員列表」標籤頁，該標籤頁可檢視目前 List 串列中所有會員資料。

執行結果

▲新增會員標籤頁畫面

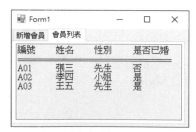

▲會員列表標籤頁畫面

操作步驟

Step 01 設計表單的輸出入介面：

① 表單內新增 tabControl1 控制項，在此控制項內新增「新增會員」及「會員列表」兩個標籤頁，接著將 tabControl1 的 Dock 屬性設為 Fill，使 tabControl1 填滿整個表單。

② 請在會員新增標籤頁內置入 txtId 及 txtName 文字方塊、rdbM 及 rdbF 選項按鈕、chkIsMarry 核取方塊、btnAdd 按鈕。如下圖：

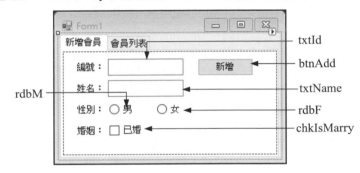

③ 請在會員列表標籤頁內置入 txtShow 文字方塊。如下圖：

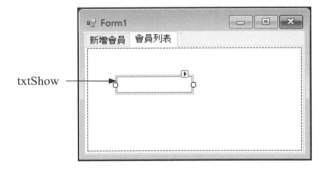

Step 02 撰寫程式碼：

程式碼 FileName:Form1.cs

```
01 namespace WinTabControl
02 {
03     public partial class Form1 : Form
04     {
05         public Form1()
06         {
07             InitializeComponent();
```

11-17

```
08          }
09          // 定義 Member 會員類別
10          class Member
11          {
12              public string ID { get; set; }       // 編號屬性
13              public string Name { get; set; }      // 姓名屬性
14              public string Gender { get; set; }    // 性別屬性
15              public bool IsMarry { get; set; }     // 婚姻屬性
16          }
17          // 建立 emp 串列物件用來存放 Employee 物件資料
18          List<Member> members = new List<Member>();
19          // 表單載入時執行
20          private void Form1_Load(object sender, EventArgs e)
21          {
22              txtShow.Dock = DockStyle.Fill; // txtShow 文字方塊填滿整個標籤頁
23              // txtShow 字型大小 11
24              txtShow.Font = new Font
                     (txtShow.Font.FontFamily, 11, FontStyle.Regular);
25              txtShow.ReadOnly = true;
26              txtShow.Multiline = true;
27              rdbF.Checked = true;       // 預設選取
28          }
29          private void btnAdd_Click(object sender, EventArgs e)
30          {
31              string gender = "";
32              if (rdbM.Checked)
33              {
34                  gender = "先生";
35              }
36              else
37              {
38                  gender = "小姐";
39              }
40              //   在 emp 串列物件內放入使用者輸入的 Member 物件資料
41              members.Add(new Member()
42              {
43                  ID = txtId.Text,
44                  Name = txtName.Text,
45                  Gender = gender,
```

46	IsMarry = chkIsMarry.Checked
47	});
48	MessageBox.Show("會員新增成功");
49	// 還原預設值
50	txtId.Text = "";
51	txtName.Text = "";
52	rdbF.Checked = true;
53	chkIsMarry.Checked = false;
54	}
55	private void tabControl1_SelectedIndexChanged 　　　　(object sender, EventArgs e)
56	{
57	// 判斷是否切換到「會員列表」標籤頁
58	if (tabControl1.SelectedIndex == 1)
59	{
60	// 在 txtShow 文字方塊內顯示已新增的員工資料
61	txtShow.Text = "編號\t 姓名\t 性別\t 是否已婚" + 　　　　　　　　Environment.NewLine;
62	txtShow.Text += "================================" + 　　　　　　　　Environment.NewLine;
63	for (int i = 0; i < members.Count; i++)
64	{
65	txtShow.Text += $"{members[i].ID}\t" + 　　　　　　　　　$"{members[i].Name}\t{members[i].Gender}\t" + 　　　　　　　　　$"{(members[i].IsMarry ? "是" : "否")}" 　　　　　　　　　+ Environment.NewLine;
66	}
67	}
68	}
69	}
70	}

説明

1. 第 10-16 行：本例定義 Member 會員類別用來存放每一位會員的資料。

2. 第 61,62,65 行：在 C#中 TextBox 文字方塊控制項若要進行換行，則必須使用 Environment.NewLine 屬性，'\n' 換行字元無效，在此請注意。

11.4 清單控制項

工具箱的清單工具提供 ListBox 控制項、 ComboBox 控制項和 CheckedListBox 控制項三種供開發人員程式設計時依需求使用。

11.4.1 ListBox 清單控制項

ListBox 控制項用來提供一串列的文字項目清單供你選擇，除了可設定單選或多選外，也可以透過該控制項 Items 集合屬性的 Add 和 Remove 方法在程式執行中來新增或刪除串列中的項目。由於 ListBox 控制項大小固定，當串列中的項目超過控制項的大小時會自動出現捲軸。當項目很多時，當然也可以透過 MultiColumn 屬性設成多欄顯示，以免選取時捲軸必須捲得太久。

一. ListBox 清單控制項的建立

1. 建立 ListBox 清單控制項。先透過工具箱中的 ListBox 清單工具，在表單上建立 Name 屬性為 listBox1 的清單控制項。

2. 字串集合編輯器。先選取 listBox1 清單控制項，接著在屬性視窗中選取 Items 集合屬性，在該屬性輸入框內的 … 圖示上按一下進入「字串集合編輯器」視窗。

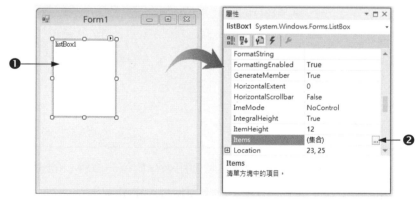

3. 在左下圖「字串集合編輯器」輸入一些相關的項目，輸入完畢按 確定 鈕離開，此時如右下圖便可在表單上的 listBox1 控制項顯示所輸入的項目。

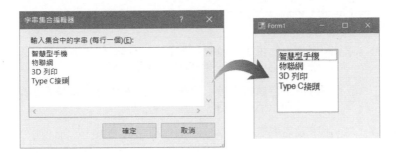

4. 當在右上圖 listBox1 控制項高度往上拉，使其項目超過控制項的高度，此時會自動出現垂直捲軸。欲多行顯示需將 MultiColumn 設為 True 即可。

二. ListBox 清單控制項常用成員

ListBox 成員名稱	說明
Text 屬性	編輯階段無此屬性，限程式中使用。當清單某個項目被選取時，會將該項目的內容放入 Text 屬性內。
ColumnWidth 屬性 (預設值 0)	當清單方塊以多欄顯示時，每一個欄位的寬度，單位為 Pixels。若 ColumWidth=0，表示每個資料項目都使用預設的寬度。 如果 MultiColumn=True，ColumnWidth 將傳回清單中所有資料行的目前寬度。透過此屬性可以確保多行清單內所有資料行都能正確地顯示自己的項目。
MultiColumn 屬性 (預設值 False)	用來設定該清單是否允許多欄顯示。若欲將清單設成多欄顯示，除了必須將 MultiColumn 屬性設為 True 外，必須將設定欄位寬度的 ColumnWidth 屬性設成比輸入資料的寬度還大一些，才不會疊在一起。當輸入項目超過清單的長度時，才會以多欄顯示。
Items 屬性 (預設值 False)	用來存放清單方塊內的項目集合。在程式編輯階段，選取 Item 屬性會出現 ⋯ 圖示，在該圖示上按一下出現「字串集合編輯器」，便可直接輸入預設的清單項目。當然也可以透過 Add() 方法在執行階段新增項目到清單內。
DisplayMember 屬性	用來取得或設定字串，指定要顯示其內容之 DataSource 屬性。
HorizontalExtent 屬性 (預設值 0)	當 HorizontalScrollBars=True 此屬性才有效。用來取得或設定出現水平捲軸時可以左右捲動的寬度。(單位為 Pixels)

11-21

ListBox 成員名稱	說明
HorizontalScrollBars 屬性(預設 False)	設定是否出現水平捲軸。當設為 True 時,若項目寬度比清單控制項的寬度還寬時才出現水平捲軸。
IntegralHeight 屬性	取得或設定數值,指示控制項是否應該重新調整大小以避免僅顯示部份項目。
ItemHeight 屬性	用來設定或取得清單控制項內項目的高度。
ScrollAlwayVisible 屬性(預設值 False)	無論清單有多少項目是否永遠顯示垂直捲軸。
SelectionMode 屬性(預設值 One)	用來設定一次可從清單選取多少個項目,有四種: ①None:無法由清單中選取項目。 ②One:只能由清單中選取一個項目(預設)。 ③MultiSimple:可由清單中不連續點選多個項目。在項目上面按滑鼠一下選取,若在該項目上再按一下取消選取。按 Ctrl 每次只選取一個項目。 ④MultiExtended:可由清單中連續範圍點選多個項目。可先用滑鼠選取某個項目不放再拖曳滑鼠;或滑鼠點選某個項目後放開滑鼠,按 ⇧ Shift 鍵後再移動滑鼠到另個項目上會將選取範圍由之前選取的項目擴展至目前的項目。先按 Ctrl 鍵再拖曳滑鼠可選取不連續區塊項目,程式中設定只能由清單中點選一個項目的寫法如下: listBox1.SelectionMode = SelectionMode.One;
Sort 屬性 (預設值 False)	若設為 True 表示將清單控制項內的選項以字母順序排序。
SelectedItems 屬性	編輯階段無此屬性,限用於程式中使用。取得目前清單中被選取項目的集合。
SelectedItem 屬性	編輯階段無此屬性,限程式中使用。此屬性用來取得或設定目前在清單中被選取的項目。 label1.Text=listBox1.SelectedItem.ToString();
SelectedIndex 屬性	在清單方塊中被選取項目的索引編號。第一個項目索引編號為 0;第二個為 1 以此類推…。 label1.Text=listBox1.SelectedIndex.ToString();
Remove 方法	用來刪除清單中某個項目。譬如:將表單上 textBox1 文字控制項所鍵入的項目由 listBox1 清單控制項中刪除,其寫法如下: listBox1.Items.Remove(textBox1.Text);

ListBox 成員名稱	說明
FindString 方法	傳回清單中找到第一個以指定字串為開頭項目的索引編號。若有找到傳回該項目的索引編號；若未找到相符則傳回-1。由 textBox1 文字方塊鍵入欲找尋的項目，透過 FindString()方法將該項目索引編號傳給 SelectedIndex 屬性，使得該項目在清單中被選取(反白)，寫法： listBox1.SelectedIndex = listBox1.FindString(TextBox1.Text);
Count 屬性	用來計算清單中選項的數目。譬如：計算 listBox1 清單控制項內共有多少個選項，並將結果顯示在表單的 label1 標籤控制項，其寫法如下： label1.Text = listBox1.Items.Count.ToString();
Clear 方法	用來清除清單中所有的選項。譬如：將 listBox1 清單控制項內所有項目清除，其寫法如下： listBox1.Items.Clear();
Add 方法	用來新增一個項目到清單中。譬如：將表單上 textBox1 文字方塊控制項所鍵入的文字，放入 listBox1 清單控制項內的最後面，其寫法如下： listBox1.Items.Add(textBox1.Text)；
SelectedIndexChanged 事件	當清單中被選取的選項有改變時會觸動此事件。清單方塊在程式執行時，提供使用者選取選項，而當使用者選取了其中一個選項時，就會觸發 SelectedIndexChanged 事件。因此，可將選取選項後想讓系統做出哪種反應的程式碼寫在 SelectedIndexChanged 事件處理函式中。

11.4.2　ComboBox 下拉式清單控制項

[ComboBox] 下拉式清單控制項為 ListBox 控制項的延伸，此控制項類似一個右邊含有下拉鈕的 TextBox 控制項，當按下拉鈕時會出現下拉式清單。如下拉縮放式窗簾，按一下窗簾往下彈出，選取完畢自動彈回。下表是 ComboBox 常用成員：

ComboBox 成員	說明
MaxLength 屬性 (預設值 0)	用來設定下拉式清單中每個選項所允許的最大寬度。
MaxDropDownItems 屬性(預設值 8)	用來設定下拉式清單中顯示項目的最大數量。
ItemHeight 屬性 (預設值 12)	用來設定下拉式清單中每個選項的高度(以 Pixel 為單位)。

ComboBox 成員	說明
IntegralHeight 屬性 (預設值 True)	若設為 True 表示清單控制項會自動調整大小,以避免僅顯示項目的某個部分。如果希望根據表單需要的空間決定所使用清單控制項的原始大小,必須將此屬性設為 False。若是空的清單控制項,此屬性無效。
DropDownWidth 屬性	用來設定下拉式清單方塊的寬度。
DropDownStyle 屬性 (預設 DropDown)	用來設定下拉式清單的樣式,共有下列三種方式: ① DropDown [註] ② DropDownList [註] ③ Simple [註] 若在程式中設成組合式下拉式清單方塊的寫法如下: comboBox1.DropDownStyle = ComboBoxStyle.DropDown;
Update()方法	更新清單方塊的內容。其寫法如下: comboBox1.Update();
SelctedIndexChanged 事件	當下拉式清單中被選取的選項有改變時會觸動此事件。下拉式清單在程式執行時,提供使用者選取選項,而當使用者選取了其中一個選項時,就會觸發 SelectedIndexChanged 事件。因此,可將選取選項後想讓系統做出哪種反應的程式敘述寫在 SelectedIndexChanged 事件處理函式中。

註 DropDownStyle 屬性的屬性值:

DropDown (預設值) 組合下拉式清單方塊	DropDownList 下拉式清單方塊	Simple 組合式清單方塊
執行時清單方塊隱藏,按下拉鈕清單方塊才會顯示。可直接在文字方塊輸入選項文字,或由拉出清單方塊中選取選項。	執行時清單方塊隱藏,按下拉鈕清單方塊才會顯示。只能從清單方塊中選取選項,無法由文字方塊中輸入文字。	清單方塊一直顯示著,其大小在設計階段時就得在表單中拖曳時決定。執行時,可在文字方塊輸入文字,或從清單方塊中選取選項。

📥 **範例**：WinListCombo.sln

製作學員基本資料新增、查詢作業。利用一個清單控制項放置社團選項、選項按鈕放置性別、四個下拉式清單一個放置姓名可輸入姓名資料、其他三個放置出生的年、月、日。在姓名欄中由鍵盤輸入姓名、出生年月日、選取性別及社團後，按 新增 鈕時會檢查該姓名是否已存在 SortedList 串列中。若存在，則顯示該筆資料，並出現 "資料已存在!" 的訊息；若不存在，則將該筆資料置入SortedList 串列中。

執行結果

1. 如左下圖使用者透過表單畫面輸入學員基本資料，每一位學員資料會存放在 SortedList 學員串列物件 m 中。如右下圖使用者可以透過姓名下拉式清單項目當 Key 鍵值來查詢每一位學員的基本資料。

2. 根據使用者的操作情形，會出現對話方塊來顯示回應訊息，如下圖說明。

▲學員新增成功　　▲姓名下拉式清單空白　▲串列內有該名學員　▲生日日期格式不符合

操作步驟

Step 01　設計表單輸出入介面：

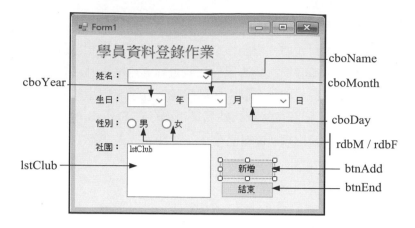

Step 02 撰寫程式碼

程式碼 FileName:Form1.cs

```
01 namespace WinListCombo
02 {
03     public partial class Form1 : Form
04     {
05         public Form1()
06         {
07             InitializeComponent();
08         }
09
10         // 定義 Member 類別，此類別建立的物件可用來存放學員資料
11         class Member
12         {
13             public string Name { get; set; }        // 姓名屬性
14             public DateTime BirthdDay { get; set; }   // 生日屬性
15             public string Sex { get; set; }          // 性別屬性
16             public string Club { get; set; }         // 社團屬性
17         }
18
19         // 建立 SortedList 串列物件 m 用來存放 Member 學員物件
20         // Key 鍵值為 string 型別即學員姓名，Value 對應值為 Member 學員物件
21         SortedList<string,Member> m =new SortedList<string,Member>();
22
23         // 表單載入時執行
```

```
24        private void Form1_Load(object sender, EventArgs e)
25        {
26            // 年下拉式清單預設值為 15 年前
27            cboYear.Text = $"{(DateTime.Now.Year - 15)}";
28            cboMonth.Text = "1"; // 月下拉式清單預設值 1
29            cboDay.Text = "1";    // 日下拉式清單預設值 1
30            // 年下拉式清單的範圍 100 年前~今年
31            for (int i=DateTime.Now.Year-100; i<=DateTime.Now.Year; i++)
32            {
33                cboYear.Items.Add($"{i}");
34            }
35            for (int i = 1; i <= 12; i++) // 月下拉式清單的範圍是 1-12
36            {
37                cboMonth.Items.Add($"{i}");
38            }
39            for (int i = 1; i <= 31; i++) // 日下拉式清單的範圍是 1-31
40            {
41                cboDay.Items.Add($"{i}");
42            }
43            rdbM.Checked = true;  // 男性為預設選項
44            // 建立 Club 字串陣列用來存放社團
45            String[]Club = new String[]
                    { "管樂隊", "啦啦隊", "服務隊", "電研社", "演辯社", "其他" };
46            lstClub.Items.AddRange(Club); // lstClub 清單放入 Club 陣列內容
47            lstClub.SelectedIndex = 0;    // lstClub 清單預設第 1 個選項被選取
48        }
49
50    // 按 <新增> 鈕執行
51        private void btnAdd_Click(object sender, EventArgs e)
52        {
53            if (cboName.Text == "")   // 檢查姓名是否為空字串
54            {
55                MessageBox.Show("請輸入姓名");
56                return;    // 離開此事件處理函式
57            }
58            // 使用 ContainsKey 方法檢查學員的鍵值(姓名)是否在 m 串列物件中
59            if (m.ContainsKey(cboName.Text))
```

60	`            {`
61	`                cboName_SelectedIndexChanged(sender, e); // 顯示該鍵值資料`
62	`                MessageBox.Show("資料已存在!");`
63	`                return;  // 離開此事件處理函式`
64	`            }`
65	`        else`
66	`            {`
67	`                // 建立日期物件用來存放學員的生日`
68	`                DateTime myBirthDay = new DateTime();`
69	`                // 使用 TryParse 來判斷日期是否在合理範圍`
70	`                if (!DateTime.TryParse($"{cboYear.Text}/{cboMonth.Text}" +`
71	`                    $"/{cboDay.Text}", out myBirthDay))`
72	`                {`
73	`                    MessageBox.Show("生日有誤");`
74	`                    return;   // 如果生日有誤即離開此事件處理函式`
75	`                }`
76	`                // 將姓名下拉式清單所輸入的值放入下拉式清單的選項內`
77	`                cboName.Items.Add(cboName.Text);`
78	`                // 將 Member 學員物件新增至 m 串列內`
79	`                // Key 鍵值為學員姓名,Value 對應值為 Member 學員物件`
80	`                m.Add(cboName.Text, new Member()`
81	`            { Name = cboName.Text, BirthdDay = myBirthDay,`
82	`              Sex = rdbF.Checked ? "男" : "女",`
83	`              Job = lstJob.SelectedItem.ToString() });`
84	`                MessageBox.Show("學員新增成功");`
85	`            }`
86	`    }`
87	
88	`    // 姓名下拉式清單被選取時執行`
89	`    private void cboName_SelectedIndexChanged`
	`        (object sender, EventArgs e)`
90	`    {`
91	`        // 取得姓名下拉式清單的學員姓名`
92	`        // 該學員姓名為 m 串列中的 Key 鍵值,透過鍵值可找到 m 串列中的某筆學員資料`
93	`        // 再將找到的學員資料指定給 sm 物件參考`
94	`        Member sm = m[cboName.Text];`
95	`        // 透過 Member 學員物件參考 sm,將找到的學員資料顯示在表單的各控制項上`

```
96          cboYear.Text = sm.BirthdDay.Year.ToString ();
97          cboMonth.Text = sm.BirthdDay.Month.ToString();
98          cboDay.Text = sm.BirthdDay.Day.ToString();
99          if (sm.Sex == "男")
100         {
101             rdbF.Checked = true;
102         }
103         else
104         {
105             rdbM.Checked = true;
106         }
107         int ClubIndex = lstClub.FindString(sm.Club);
108         lstClub.SelectedIndex = ClubIndex;
109     }
110     private void btnEnd_Click(object sender, EventArgs e)
111     {
112         Application.Exit();
113     }
114 }
115 }
```

説明

1. 第 10-17 行：定義 Member 學員類別，該類別有 Name、BirthDay、Sex、Club 四個屬性，依序用來存放學員的姓名、生日、性別、社團資料。

2. 第 21 行：宣告 SortedList 類別的 m 串列物件用來存放 Member 物件，其 Key 鍵值為學員姓名，Key 所對應的 Value 為 Member 物件。將 m 物件宣告在事件處理函式之外，以方便所有事件共用。

3. 第 24-48 行：在表單載入時執行的 Form1_Load 事件處理函式內設定生日的預設初值為 15 年前的 1 月 1 日，年份範圍 100 年前~今年、月範圍(1~12)、日範圍(1~31)；社團清單項目("管樂隊", "啦啦隊", "服務隊", "電研社", "演辯社", "其他")，第 1 項為預設值。

4. 第 51-86 行：按 新增 鈕時會觸動此事件處理函式，首先會檢查輸入的資料是否為空字串，若是，則離開此事件處理函式，若非空字串則再使用 ContainsKey()方法檢查該學員姓名(Key 鍵值)是否在 m 串列物件中？若存在，則顯示該筆學員資料的相關屬性，並出現對話方塊顯示「資料已存在！」訊息；若找不到，視為新資料，將該筆資料加入 m 串列物件中。

5. 第 89-109 行：當在姓名下拉式清單上按一下拉出姓名清單，點選時會觸動此事件處理函式，透過所取得的學員姓名當 Key 鍵值來查詢 m 串列中指定的學員資料，接著再將該筆學員資料的相關屬性顯示在表單上。

6. 第 110-113 行：當按 結束 鈕會觸動此事件處理函式，結束程式。

11.4.3 CheckedListBox 核取清單方塊控制項

由於 CheckedListBox 核取方塊清單控制項是由 ListBox 類別繼承過來的，因此兩者的屬性大致一樣，差異處是 CheckedListBox 控制項清單內的每個選項前面多一個核取方塊。

一. CheckedListBox 核取清單方塊控制項的建立

若將上一節 listBox1 控制項的清單項目改用 CheckedListBox 控制項來放置，出現左下圖核取方塊清單控制項。兩者差異在每個項目名稱前多一個核取方塊。

▲MultiColumn=False

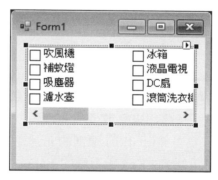
▲MultiColumn=True

若設 MultiColumn=True，會如右上圖以多行顯示；若將 CheckOnClick=True 時，允許在核取方塊只按一下選取，再按一下取消選取，否則選取時必須快按兩下。

二. CheckedListBox 核取清單方塊控制項常用成員

下表將 CheckedListBox 控制項較 ListBox 控制項多出的屬性列出：

成員名稱	說明
CheckOnClick 屬性 (預設值 False)	用來設定當第一次選取該項目時是否馬上打勾。 ① CheckOnClick=True，表示在該選項上按一下馬上打勾， 　若再按一下勾號取消。 ② CheckOnClick=False，表示必須在該選項按兩下才打勾。
ColumnWidth 屬性 (預設值 0)	設定或取得多欄清單方塊中每一欄的寬度。

CheckState 屬性	用來將目前選取的選項設成打勾。譬如：檢查 textBox1.Text 所鍵入的資料是否在 checkedListBox1 清單有被勾選？若沒有則加入；否則在 label1 控制項顯示 "該項目已經存在!..."，寫法如下：
	
	if (! checkedListBox1.CheckedItems.Contains(textBox1.Text)) {
	　checkedListBox1.Items.Add(textBox1.Text, CheckState.Checked);
	}else{
	　label1.Text = "該選項已存在 !...";
	}

SetItemChecked 方法	將核取清單中第 i 個項目勾號取消，寫法： checkedListBox1.SetItemChecked(i, false);

GetItemChecked
方法
	傳回核取清單中第 i 個項目(由 0 算起)是否打勾。若傳回 true 表示該項目有打勾；若傳回 false 該項目未打勾。在程式中欲檢查 checkedListBox1 控制項，第 i 個項目是否有打勾，程式寫法如下：
	
	if (checkedListBox1.GetItemChecked(i)) {
	　label1.Text="該項目有被選取";
	}else {
	　label1.Text="該項目未被選取";
	}

範例：WinChkLstBx.sln

使用 CheckedListBox 核取清單方塊製作可讓使用者投注大樂透的程式。表單載入時即產生 1-49 之間不重複的 6 個號碼並存放到 pcLot 陣列內，使用者可由核取清單方塊勾選 6 個大樂透號碼。若使用者未在核取清單方塊中勾選 6 個號碼並按 對獎 鈕，此時會出現對話方塊並顯示 "請選擇 6 個號碼!" 訊息；若使用者所選的 6 個號碼與電腦產生的大樂透號碼相同，則在標籤上顯示 "恭禧你中大獎了..."，反之顯示標籤顯示 "沒中，請再接再厲..."；當按 清除 鈕可將核取清單方塊 1~49 選項設為不勾選。(本例僅比對頭獎，其他獎項，不做比對)

執行結果

▲起始畫面

▲沒中獎畫面

程式分析

本例設計了 SetLot()方法，此方法可傳回 1~49 之間的 6 個不重複的號碼，6
個不重複號碼會放入陣列物件並傳回。寫法如下：

```
int[] SetLot()
{
    int[] lot = new int[49];        //陣列元素為 lot[0]~lot[48]
    int[] winlot = new int[6];      //陣列元素為 winlot[0]~winlot[5]，為中獎號碼
    int index, count = lot.Length;
    for (int i = 0; i < lot.Length; i++)
    {
        lot[i] = i + 1;             //將 lot[0]~lot[48]逐一指定為 1~49
    }
    Random rndObj = new Random();   // 建立亂數物件 rndObj
    // 隨機由 lot[0]~lot[48]取出 6 個元素並放入 winlot[0]~winlot[5]
    for (int i = 0; i < winlot.Length; i++)
    {
        index = rndObj.Next(0, count);
        winlot[i] = lot[index];
        lot[index] = lot[count - 1];
        count--;
    }
    return winlot;  //6 個不重複號碼會放入陣列物件傳回
}
```

操作步驟

Step 01　設計表單的輸出入介面：

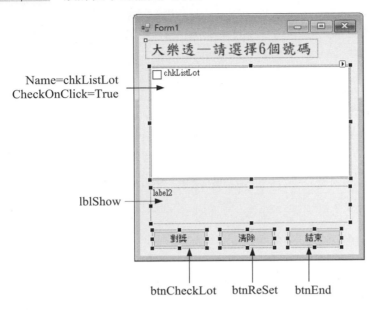

Name=chkListLot
CheckOnClick=True

lblShow

btnCheckLot　　btnReSet　　btnEnd

Step 02　撰寫程式碼：

程式碼 FileName : Form1.cs

```
01 namespace WinChkLstBx
02 {
03     public partial class Form1 : Form
04     {
05         public Form1()
06         {
07             InitializeComponent();
08         }
09         // SetLot()方法可傳回 1~49 之間的 6 個不重複的號碼
10         // 6 個不重複號碼會放入陣列物件傳回
11         int[] SetLot()
12         {
13             int[] lot = new int[49];  //陣列元素為 lot[0]~lot[48]
14             int[] winlot=new int[6];  //陣列元素為 winlot[0]~winlot[5]，為中獎號碼
15             int index, count = lot.Length;
16             for (int i = 0; i < lot.Length; i++)
```

```
17              {
18                      lot[i] = i + 1; //將 lot[0]~lot[48]逐一指定為 1~49
19              }
20              Random rndObj = new Random();   // 建立亂數物件 rndObj
21              // 隨機由 lot[0]~lot[48]取出 6 個元素並放入 winlot[0]~winlot[5]
22              for (int i = 0; i < winlot.Length; i++)
23              {
24                      index = rndObj.Next(0, count);
25                      winlot[i] = lot[index];
26                      lot[index] = lot[count - 1];
27                      count--;
28              }
29              return winlot;     //6 個不重複號碼會放入陣列物件傳回
30          }
31
32      private void Form1_Load(object sender, EventArgs e)
33      {
34          chkListLot.MultiColumn = true;        // chkListLot 水平欄顯示
35          chkListLot.ColumnWidth = 45;          // chkListLot 水平欄寬 45
36          // 在 chkListLot 核取清單方塊加入 1- 49 大樂透號碼,可讓使用者勾選
37          for (int i = 1; i <= 49; i++)
38          {
39              chkListLot.Items.Add(i.ToString());
40          }
41          lblShow.Text = "請選擇 6 個號碼!";
42      }
43
44      // 按 <[對獎>  鈕執行
45      private void btnCheckLot_Click(object sender, EventArgs e)
46      {
47          // 宣告 count 變數,用來記錄使用者勾選大樂透幾個號碼
48          int count = 0;
49          // 使用 for 迴圈記錄目前共勾選幾個號碼
50          for (int i = 0; i < chkListLot.Items.Count; i++)
51          {
52              if (chkListLot.GetItemChecked(i))
53              {
54                  count++;
```

55	}
56	}
57	// 如果沒有勾選 6 個號碼就離開此事件處理函式
58	if (count != 6)
59	{
60	MessageBox.Show("請選擇 6 個號碼!");
61	return;　　　// 離開此事件處理函式
62	}
63	// 呼叫 SetLot()方法， 產生本期大樂透 6 個號碼並放入 pcLot 陣列內
64	int[] pcLot = SetLot();
65	// 將 pcLot 陣列內的大樂透號碼進行遞增排序，以方便比對是否中獎
66	Array.Sort(pcLot);
67	// 宣告 myNumStr 變數用來存放使用者所選的號碼字串
68	// 宣告 pcNumStr 變數用來存放本期大樂透號碼字串
69	string myNumStr = "", pcNumStr = "";
70	// 將本期大樂透號碼逐一指定給 pcNumStr 字串變數
71	// 以便將來和使用者所選號碼 myNumStr 字串比對
72	for (int i = 0; i <= pcLot.GetUpperBound(0); i++)
73	{
74	pcNumStr += $"{pcLot[i]}, ";
75	}
76	// 將使用者在 chkListLot 所選號碼逐一指定給 myNumStr 字串變數
77	// 以便將來和大樂透號碼 pcNumStr 字串比對
78	for (int i = 0; i < chkListLot.Items.Count; i++)
79	{
80	if (chkListLot.GetItemChecked(i))
81	{
82	myNumStr += $"{chkListLot.Items[i]}, ";
83	}
84	}
85	// lblShow 顯示本期開獎號碼
86	lblShow.Text = $" 本期大樂透號碼如下 : \n {pcNumStr}\n";
87	// 判斷是否中獎
88	if (pcNumStr == myNumStr)
89	{
90	lblShow.Text += " 恭禧你中大獎了! ....";
91	}

```
92              else
93              {
94                      lblShow.Text += " 沒中，請再接再厲！...";
95              }
96          }
97
98          // 按 <清除> 鈕執行
99          private void btnReSet_Click(object sender, EventArgs e)
100         {
101             // 將 chkListLot 核取清單方塊所有項目設為不勾選
102             for (int i = 0; i < chkListLot.Items.Count; i++)
103             {
104                     chkListLot.SetItemChecked(i, false);
105             }
106             lblShow.Text = "請選擇 6 個號碼!";
107         }
108
109         // 按 <結束> 鈕執行
110         private void btnEnd_Click(object sender, EventArgs e)
111         {
112             Application.Exit();
113         }
114     }
115 }
```

常用控制項(二)

12.1 圖片控制項

12.1.1 PictureBox 圖片方塊控制項

當希望將副檔名為點陣圖(BMP)、GIF、JPEG、Metafile 或圖示格式的圖片檔顯示在表單上，便需要使用到工具箱中的 ▣ PictureBox 圖片方塊控制項來達成。圖片可以在設計階段先使用 Image 屬性先載入到此控制項中，再透過 Visible 屬性設定是否隱藏，此種方式主要用來製作動畫，不必等到執行時才載入圖片，以節省載入時間使得動畫更加順暢。當然也可以在程式執行的過程才使用 Image.FromFile ("檔名")方法，由指定磁碟機的資料夾中載入圖片到 PictureBox 控制項上面。

一. PictureBox 圖片方塊控制項常用成員

成員名稱	說明
BackColor 屬性	用來設定 PictureBox 控制項的背景色。程式寫法如下： pictureBox1.BackColor = Color.Yellow;
BackgroundImage 屬性 (預設值 Normal)	用來設定 PictureBox 控制項的背景圖片。程式寫法如下： pictureBox1.BackgroundImage = Image.FromFile("圖檔路徑");

成員名稱	說明
SizeMode 屬性 (預設值 Normal)	用來設定載入的圖片，在 PictureBox 控制項的擺放方式，有下列四種設定： ① Normal (正常)　　　　② StretchImage 　由控制項的左上角放起。　圖片隨控制項大小伸縮。 ③ AutoSize　　　　　　④ CenterImage 　控制項隨圖片大小伸縮。　放在控制項的正中央。
Image 屬性 (預設值 無)	在此屬性值右邊的 ⋯ 圖示鈕上按一下進入下圖「選取資源」對話方塊再按 匯入(M)… 鈕，由指定磁碟機、資料夾以及指定檔案類型下選取需要的圖形檔，便可將此圖形的檔名放入 Image 屬性中並將該圖片顯示在表單中的 PictureBox 控制項上。 【注意】 ① 按 確定 鈕，將選取圖檔存入目前指定專案資料夾的 Resource 子資料夾內。 ② 欲取消目前 Image 屬性內設定的圖形檔，只要在右圖 Image 屬性上壓滑鼠右鍵選取 [重設(R)] 便清掉。
Hide 方法	將放在控制項內的圖形隱藏。 pictureBox1.Hide();

二. PictureBox 圖片方塊控制項程式中屬性的設定方式

1. 將放在 pictureBox1 控制項的圖片，設成隨著控制項大小縮放：

   ```
   pictureBox1.SizeMode = PictureBoxSizeMode.StretchImage;
   ```

2. 將 C 槽 Windows 資料夾下的 Waves.bmp 圖片載入到 pictureBox1
   控制項內：

   ```
   pictureBox1.Image = Image.FromFile("C:\\Windows\\Waves.bmp");
   ```

   或

   ```
   pictureBox1.Image = new Bitmap("C:\\Windows\\Waves.bmp");
   ```

3. 將 pictureBox1 控制項的圖形清除：

   ```
   pictureBox1.Image=null;
   ```

📥 **範例**：WinPictureBox.sln

製作秀圖程式。表單載入時將 "企鵝"、"沙漠"、"無尾熊"、"菊花"、"鬱金香" 選
項文字放入下拉式清單內，當使用者選取下拉式清單某一選項時，如下圖圖片
方塊即顯示對應的圖。例如在下拉式清單選取 "無尾熊"，此時圖片方塊顯會顯
示 "無尾熊.jpg" 圖檔，其他以此類推。

執行結果

▲下拉式清單選取無尾熊畫面　　▲下拉式清單選取鬱金香畫面

操作步驟

Step 01　將圖檔與執行檔放在相同路徑下

　　　　請將書附範例 ch12/images 資料夾下的 "企鵝.jpg"、"沙漠.jpg"、"無尾

熊.jpg"、"菊花.jpg"、"鬱金香.jpg" 五張圖複製到目前專案的 bin/Debug
資料夾下，使上述圖檔能與專案產生的執行檔在相同路徑下，以方便程
式撰寫與讀取。

1.企鵝.jpg　　2.沙漠.jpg　　3.無尾熊.jpg　　4.菊花.jpg　　5.鬱金香.jpg

Step 02　設計表單輸出入介面：

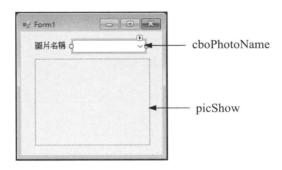

Step 03　撰寫程式碼

程式碼 FileName:Form1.cs

01	namespace WinPictureBox
02	{
03	public partial class Form1 : Form
04	{
05	public Form1()
06	{
07	InitializeComponent();
08	}
09	// ===　表單載入時執行
10	**private void Form1_Load(object sender, EventArgs e)**
11	{
12	// 建立 photo 陣列用來存放圖片名稱
13	string[] photo = new string[] 　　　　　　　　　　{ "企鵝", "沙漠", "無尾熊", "菊花", "鬱金香" };
14	// 將 photo 陣列所有元素放入 cboPhotoName 清單內當清單的選項
15	cboPhotoName.Items.AddRange(photo);

16	cboPhotoName.SelectedIndex = 0;　// 清單預設顯示第 1 個選項
17	picShow.BorderStyle =　BorderStyle.Fixed3D ;
18	// 圖片隨控制項大小伸縮
19	**picShow.SizeMode = PictureBoxSizeMode.StretchImage;**
20	}
21	// === 當清單被選取時執行
22	**private void cboPhotoName_SelectedIndexChanged** 　　　　　　　　　　　**(object sender, EventArgs e)**
23	{
24	// 圖片方塊顯示清單項目所選的圖片
25	picShow.Image = new Bitmap(cboPhotoName.Text + ".jpg");
26	}
27	}
28	}

12.1.2　ImageList 影像清單控制項

　　工具箱中的 [ImageList] 影像清單工具是用來將一些點陣圖、小圖示、或中繼檔放入此控制項中，構成一個圖形庫清單，以供工具箱中其他具有 ImageList 屬性的控制項使用。ImageList 控制項是一個非視覺化的控制項(幕後執行)，在 VS 工具箱中含有 ImageList 屬性的控制項有：Label、Button、RadioButton、CheckBox、TabControl、ToolBar、TreeView、ListView 等控制項。一旦您在表單上建好一個名稱 imageList1 影像清單控制項時，這些控制項內才會自動新增一個 ImageList 屬性，在 ImageList 屬性右邊的下拉式清單中都會出現一個名稱為 imageList1 影像清單供您選取使用。若找不到 ImageList 屬性表示目前表單中尚未建立 ImageList 控制項。

一. ImageList 影像清單控制項的建立

1. 建立 ImageList 影像控制項

   先透過工具箱中的 [ImageList] 影像清單工具，在表單上建立 Name 屬性為 imageList1 的影像清單控制項。

2. 進入影像集合編輯器

   由其屬性視窗中選取 Images 屬性中的 […] 鈕，出現右下圖「影像集合編輯器」視窗。

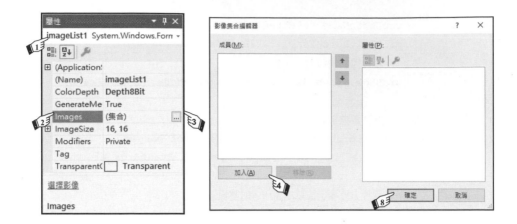

在右上圖按 加入(A) 鈕，出現下圖「開啟」對話方塊，並依圖示操作選取需要的影像檔。若沒有自己儲存的小圖示，可從書附範例 ch12/Icon 資料夾下選取小圖示。

3. 在上圖按 開啟(O) 鈕，回到「影像集合編輯器」對話方塊，會在「成員(M)」清單中加入該圖示。連續此步驟兩次，便如下圖產生了三個成員。

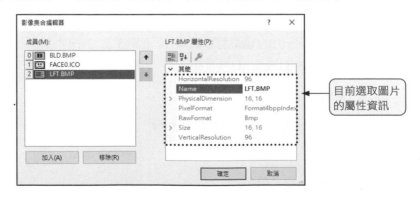

畫面說明

① 　加入(A)　：按此鈕新增圖示。

② 　移除(R)　：將目前被選取的圖示刪除。

③ ｜↑｜　｜↓｜：將目前選取圖示的位置上 / 下移。

④ 　確定　：按此鈕完成圖片加入工作。

4. 如何將小圖示置於 button1 按鈕控制項上面：

　① 先選取 button1 按鈕控制項成為作用控制項。

　② 在屬性視窗 ImageList 屬性的下拉鈕按一下，選取 imageList1 影像清單控制項，表示 button1 按鈕控制項上的小圖示由此清單中選取。

　③ 切換到屬性視窗的 ImageIndex 屬性，按 ｜∨｜ 下拉鈕，於索引圖示清單中選取要設定的小圖示，即會將被選取的小圖示置於 button1 按鈕控制項上面。

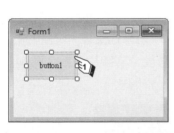  

二. ImageList 影像清單控制項常用成員

成員名稱	說明
Images 屬性	用來建立影像清單圖庫的集合。
ColorDepth 屬性 (預設值 Depth8Bit)	用來設定呈現影像的色彩數目。有： Depth4Bit、Depth8Bit、Depth16Bit、Depth24Bit、Depth32Bit
TransparentColor 屬性 (預設值 白色)	用來指定某個顏色為透明色。

成員名稱	說明
ImageSize 屬性 預設值(16,16)	用來設定影像清單中個別影像的大小,寬與高的最大值為256。
Images.Add 方法	用來將指定的圖檔加入到控制項內。譬如將 C 槽 cs 資料夾下的 OK.GIF 檔加到 imageList1 控制項內,此時該圖所代表控制項的 ImageIndex 屬性索引為 0,第二個加入的圖其 ImageIndex 屬性索引為 1…,其他以此類推。 imageList1.Images.Add(new Bitmap("c:\\cs\\OK.GIF"));
Images.RemoveAt 方法	用來刪除 imageList1 控制項內的圖檔。譬如將影像清單中的第一個圖像刪除: imageList1.Images.RemoveAt(0);
Images.Clear 方法	將影像清單中所有影像全部清除: imageList1.Images.Clear();

範例：WinImageList.sln

使用 ImageList 影像清單控制項製作可巡覽的秀圖程式。表單載入時將 "企鵝.jpg"、"沙漠.jpg"、"無尾熊.jpg"、"菊花.jpg"、"鬱金香.jpg" 五張圖放入 imageList1 影像清單控制項內,接著可透過提供的按鈕來巡覽圖片。按 第一張 鈕可切換到第一張圖片;按 最末張 鈕可切換到最後一張圖片;按 上一張 鈕可切換到上一張圖片;按 下一張 鈕可切換到下一張圖片。

第 1 張-企鵝.jpg　第 2 張-沙漠.jpg　第 3 張-無尾熊.jpg　第 4 張-菊花.jpg　第 5 張-鬱金香.jpg

執行結果

操作步驟

Step 01　將圖檔與執行檔放在相同路徑下

請將書附範例 ch12/images 資料夾下的 "企鵝.jpg"、"沙漠.jpg"、"無尾熊.jpg"、"菊花.jpg"、"鬱金香.jpg" 五張圖複製到目前專案的 bin/Debug 資料夾下，使上述圖檔能與專案產生的執行檔在相同路徑下，以方便程式撰寫與讀取。

Step 02　表單輸出入介面如下圖：

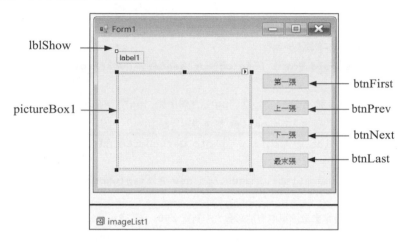

Step 03　撰寫程式碼

程式碼　FileName:Form1.cs

```
01 namespace WinImageList
02 {
03     public partial class Form1 : Form
04     {
05         public Form1()
06         {
07             InitializeComponent();
08         }
09         // 宣告 num 共用成員整數變數用來記錄目前的圖片索引編號，0 表示第 1 張
10         int num = 0;
11
12         // 建立共用成員 photo 字串陣列用來存放照片的名稱
13         // 陣列元素索引範圍 photo[0]~photo[4]
```

```
14        string[] photo = new string[]
                { "企鵝", "沙漠", "無尾熊", "菊花", "鬱金香" };
15
16    // 定義 ShowPic()方法，可在 pictureBox1 顯示目前的圖片
17    // 在 lblShow 顯示目前的圖片名稱
18    void ShowPic()
19    {
20        // 在 pictureBox1 上顯示 imageList1 內第 num 張圖片
21        pictureBox1.Image = imageList1.Images[num];
22        lblShow.Text = "圖片名稱：" + photo[num];
23    }
24    // ===  表單載入時執行
25    private void Form1_Load(object sender, EventArgs e)
26    {
27        //將"企鵝.jpg", "沙漠.jpg", "無尾熊.jpg", "菊花.jpg", "鬱金香.jpg"
28        // 五張圖放入 imageList 影像清單控制項內
29        for (int i = 0; i <= photo.GetUpperBound(0); i++)
30        {
31            imageList1.Images.Add(new Bitmap(photo[i] + ".jpg"));
32        }
33        // 設定影像清單中個別影像大小為寬 250, 高 180
34        imageList1.ImageSize = new Size(250, 180);
35        // 設定影像的色彩數目為 Depth32Bit，以便呈現較佳的畫質
36        imageList1.ColorDepth = ColorDepth.Depth32Bit;
37        // 呼叫 ShowPic()方法，以便在 pictureBox1 顯示目前的圖片
38        ShowPic();
39    }
40    // ===  按 <第一張> 鈕執行
41    private void btnFirst_Click(object sender, EventArgs e)
42    {
43        num = 0;
44        ShowPic();
45    }
46    // ===  按 <上一張> 鈕執行
47    private void btnPrev_Click(object sender, EventArgs e)
48    {
49        num--;  // num 圖片索引編號減 1，表示顯示上一張
```

50	// 若 num 圖片索引編號小於 1，則另 num 由最後一張開始
51	if (num < 0)
52	{
53	num = photo.GetUpperBound(0);
54	}
55	**ShowPic();**
56	}
57	// === 按 <下一張> 鈕執行
58	**private void btnNext_Click(object sender, EventArgs e)**
59	{
60	num++;　// num 圖片索引編號加 1，表示顯示下一張
61	// 若 num 圖片索引編號大於最後一張圖的索引編號
62	// 則另 num 為 0，表示由第一張開始顯示
63	if (num > photo.GetUpperBound(0))
64	{
65	num = 0;
66	}
67	**ShowPic();**
68	}
69	// === 按 <最末張> 鈕執行
70	**private void btnLast_Click(object sender, EventArgs e)**
71	{
72	// 另 num 由最後一張索引編號開始
73	num = photo.GetUpperBound(0);
74	**ShowPic();**
75	}
76	}
77	}

12.2　上下按鈕控制項

工具箱中提供兩種可微調某個範圍的控制項(簡稱上下按鈕控制項)：

1. **NumericUpDown** 數字上下按鈕控制項。利用上下鈕來選取指定範圍的數值。

2. 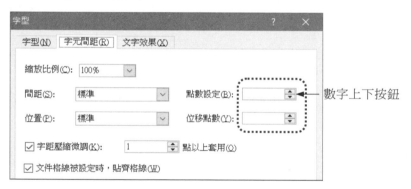 範圍上下按鈕控制項。利用上下鈕來選取字串項目。

當需要由清單中選取某個項目,並希望不佔用表單太多的空間,或避免使用者輸入資料超出範圍或鍵入的文字拼錯等,都可使用此種控制項來達成。

12.2.1 NumericUpDown 數字上下按鈕控制項

範圍上下按鈕控制項允許在表單上建立一個如下圖可以按上下鈕便可設定數值的控制項,而且可設定是否允許在編輯區鍵入數值以及設定按鈕每次的增減值。此種控制項不但可設定輸入數值的最大和最小範圍、一般適用在希望數值僅能由按上、下鈕來改變數值時使用,以避免由鍵盤輸入的數值超出設定範圍。此種控制項佔用空間較小。

下表是 NumericUpDown 數字上下按鈕控制項常用的成員。

成員名稱	說明
Value 屬性 (預設值 0)	用來設定或取得該控制項的值。譬如:欲在程式中將 numericUpDown1 控制項目前的設定值顯示在 label1 控制項上面,其寫法如下: label1.Text = $"目前數值為:{ numericUpDown1.Value }";
Increment 屬性 (預設值 1)	用來設定該控制項每按一次上/下鈕的增/減值。欲在程式中設定每按上/下鈕一次增減 2,其寫法如下: numericUpDown1.Increment = 2;
Maximum 屬性 (預設值 100)	用來設定該控制項的最大值。欲在程式中設定可選取的最大值為 100,其寫法如下: numericUpDown1.Maximum = 100;

成員名稱	說明
Minimum 屬性 (預設值 0)	用來設定該控制項的最小值。欲在程式中設定可選取的最小值為 10，其寫法如下： numericUpDown1.Minimum = 10;
ReadOnly 屬性 (預設值 False)	用來設定該控制項是否允許由鍵盤輸入數值。若此屬性設為 True 表示不能直接由鍵盤鍵入數值，必須透過上、下鈕直接選取。
Locked 屬性 (預設值 False)	用來設定該控制項是否在設計階段允許移動或調整控制項的大小。 numericUpDown1.Locked = true;
DecimalPlaces 屬性 (預設值 0)	用來設定該控制項內所顯示數值的小數點後面出現多少位數。此屬性與 Increment 屬性有關。譬如：程式中設定小數位數有三位，其寫法如下： numericUpDown1.DecimalPlaces=3;
HexaDecimal 屬性 (預設值 False)	用來設定該控制項內的數值以十六進制顯示。程式寫法如下： numericUpDown1.HexaDecimal=true; 如果要顯示十進位數，只要將 DecimalPlaces 屬性設為 0 並將 ThousandsSeperator 設為 True 或 False 即可。
ThousandsSeperator 屬性(預設值 False)	用來設定該控制項內是否允許加千位分隔符號。若設為 True 表示允許使用千位分隔符號。程式寫法如下： numericUpDown1.ThousandSeperator=true;
InterceptArrowKeys 屬性(預設值 False)	當將插入點移到該控制項上面時，用來設定該控制項是否能使用鍵盤的向上鍵和向下鍵來選取值。
UpButton 方法	呼叫此方法，按照 Increment 屬性指定的增值增加。程式中呼叫此方法相當於按向上鈕，其寫法如下： numericUpDown1.UpButton();
DownButton 方法	呼叫此方法，按照 Increment 屬性指定的增值減少。程式中呼叫此方法相當於按向下鈕，其寫法如下： numericUpDown1.DownButton();
ValueChanged 事件	當此控制項的值有改變時會觸動此事件。

12.2.2 DomainUpDown 範圍上下按鈕控制項

當需要在表單設計一個文字方框，藉由在文字方框左邊或右邊的 ⬍ 上下鈕，來選取由 Items 集合屬性所設定清單中的一個選項，可透過工具箱中的 ⊞ DomainUpDown 範圍上下按鈕控制項來完成。若將 ReadOnly 屬性設為 False，便可在該文字框內直接鍵入文字 (輸入的字串必須符合所要接受集合中的項目)。當項目已選取，物件可轉換成字串值以便能顯示在上下按鈕控制項中。

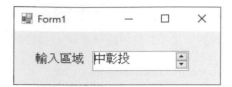

下表是 DomainUpDown 範圍上下按鈕控制項常用的成員：

成員名稱	說明
Text 屬性 (預設 domainUpDown1)	用來設定或取得在該控制項上面所顯示的文字。譬如：欲在程式中將目前在 domainUpDown1 控制項顯示的字串，顯示在 label1 控制項上面，其寫法如下： label1.Text = $"目前字串為:{ domainUpDown1.Text }";
SelectedIndex 屬性	在設計階段無此屬性，僅用於程式中取得目前選取項目中的索引值，其寫法如下： label1.Text=domainUpDown1.SelectedIndex.ToString();
SelectedIItem 屬性	在設計階段無此屬性，僅用於程式中取得目前選取項目的字串，其寫法如下： label1.Text=domainUpDown1.SelectedItem.ToString();
TextAlign 屬性 (預設值 Left)	用來設定控制項上面文字的對齊方式。
Sorted 屬性 (預設值 False)	設定是否依字母順序排序清單中的項目。程式中欲將項目清單中的字串做遞增排序，其寫法如下： domainUpDown1.Sorted = true;
UpDownAlign 屬性 (預設值 Right)	設定上下鈕置放的位置。 Right: DomainUpDown1 Left: DomainUpDown1
Items 屬性 (集合屬性)	在設計階段用來建立或刪除清單中的項目。
Wrap 屬性 (預設值 False)	設定當捲動項目清單到達最後一個或第一個項目時，清單是否分別從第一個或最後一個重新開始，循環顯示。
ReadOnly 屬性 (預設值 Fasle)	是否將此控制項設成唯讀。欲在程式中將此控制項設成唯讀，無法輸入字串，其寫法如下： domainUpDown1.ReadOnly = true;
InterceptArrowKey 屬性 (預設值 False)	當將插入點移到該控制項上面時，用來設定該控制項是否能使用鍵盤的向上鍵和向下鍵來選取值。

成員名稱	說明

Items.Add 方法	使用此方法是將項目加入清單的最後面。欲在程式中當 ReadOnly=False 時允許在該控制項輸入字串，將輸入的字串加入到清單的最後面。其寫法如下：
	domainUpDown1.Items.Add(domainUpDown1.Text);
	欲在程式中，將 textBox1 的內容放到此清單控制項的最後面，其寫法如下：
	domainUpDown.Items.Add(textBox1.Text);

Items.AddRange 方法	將陣列或集合的所有項目加入控制項中。
Items.Remove 方法	使用此方法將項目由清單中移除。 domainUpDown1.Items.Remove(textBox1.Text);
ValueChanged 事件	當此控制項的值有改變時會觸動此事件。

範例：WinNumericUpDn.sln

使用 NumericUpDown 數字上下按鈕控制項製作數字英文單字學習程式。當數字上下鈕切換到 1 時，標籤即顯示 "英文：One "；當數字上下鈕切換到 2 時，標籤即顯示 "英文：Two"，…其他以此類推。執行結果如下：

執行結果

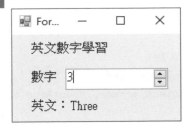

操作步驟

Step 01　設計表單的輸出入介面：

Step 02　撰寫程式碼

程式碼 FileName:Form1.cs

```
01 namespace WinNumericUpDn
02 {
03     public partial class Form1 : Form
04     {
05         public Form1()
06         {
07             InitializeComponent();
08         }
09         // 宣告 engNum 陣列，用來存放數字的英文單字
10         // "one"索引 0, "two"索引 1...其他以此類推
11         string[] engNum = new string[] { "one", "two", "three", "four",
                "five", "six", "seven", "eight", "nine", "ten" };
12
13         // ===   表單載入時執行
14         private void Form1_Load(object sender, EventArgs e)
15         {
16             numericUpDown1.Minimum = 1;   // 數字上下鈕最小值為 1
17             numericUpDown1.Maximum = 10;  // 數字上下鈕最小值為 10
18             numericUpDown1.Value = 5;     // 設定初值為 5
19         }
20         // ===   當數字上下按鈕的值改變時會執行
21         private void numericUpDown1_ValueChanged
                                    (object sender, EventArgs e)
22         {
23             // 將數字上下鈕的值減 1 即取得 engNum 陣列的索引
24             int n = int.Parse(numericUpDown1.Value.ToString()) - 1;
25             // 在 lblShow 標籤上顯示數字上下鈕對應的英文單字
26             lblShow.Text = "英文：" + engNum[n];
27         }
28     }
29 }
```

12.3 捲軸控制項

大部分的控制項（如 TextBox、ListBox、ComboBox…等）這些控制項內的文字或項目超過控制項的大小時，自己本身都會自動出現捲軸，以方便操作。但有些控制項（如 PictureBox…等）本身未具有捲軸效果的控制項、或是一些需要由鍵盤鍵入有範圍限制數值的時候，便需要使用此種控制項。程式中使用捲軸的好處，由於捲軸能夠(粗/細)調數值，只能由滑鼠和方向鍵設定數值無法由鍵盤鍵入數值，以避免操作者輸入錯誤的資料或超出設定範圍。

12.3.1 HScrollBar 與 VScrollBar 捲軸控制項

在 Windows Forms App 應用程式專案提供了兩種捲軸工具，一為 ⬜ HScrollBar 水平捲軸工具；另一為 ⬜ VScrollBar 垂直捲軸工具。

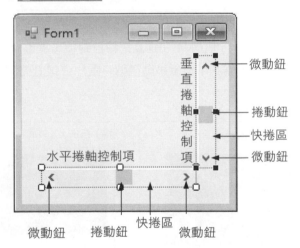

當「捲軸」控制項的捲軸正在移動時會觸動「Scroll」事件。至於「ValueChanged」事件是當捲軸移動放開滑鼠按鍵後才會觸動。若希望在移動捲軸時能馬上看到數值的變化，必須將這些會影響數值的敘述寫在「Scroll」事件的事件處理函式中。下表為 HScrollBar 與 VScrollBar 控制項常用的成員：

HScrollBar/VScrollBar 成員名稱	說明
Enabled 屬性(預設值 False)	設定該捲軸是否可作用(有效)。
LargeChange 屬性(預設值 10)	當使用者按快捲區時,設定捲動鈕移動的距離,屬於粗調。
Locked 屬性(預設值 False)	用來設定捲軸在程式設計階段可否移動或調捲軸的大小。
Maximum 屬性(預設值 100)	用來設定捲軸的最大值範圍。
Minimum 屬性(預設值 0)	用來設定捲軸的最小值範圍。
SmallChange 屬性(預設值 1)	當使用者按微動鈕時,設定捲動鈕移動的距離,屬於微調。
Value 屬性(預設值 False)	目前捲動鈕所在位置的值。
ValueChanged 事件	當捲軸的設定值有改變時會觸動此事件。
Scroll 事件	當捲軸捲動時會觸動此事件。

 範例 ：WinVHScrollBar.sln

製作圖片縮放程式。利用水平和垂直捲軸控制項,調整圖片方塊控制項內的 "無尾熊.jpg" 圖片檔,當利用滑鼠移動捲軸時圖片會跟著縮放。執行結果如下圖：

執行結果

操作步驟

Step 01　將圖檔與執行檔放在相同路徑下。

先將書附範例 ch12/images 資料夾下的 "無尾熊.jpg" 複製到目前專案的 bin/Debug 資料夾下，使此圖檔能與專案產生的執行檔在相同路徑下，以方便程式撰寫與讀取。

Step 02　設計表單的輸出入介面：

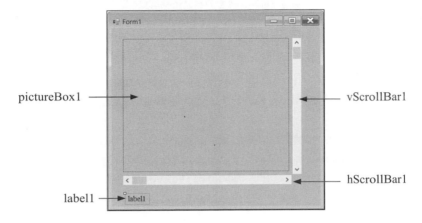

pictureBox1

vScrollBar1

hScrollBar1

label1

Step 03　撰寫程式碼

程式碼 FileName:Form1.cs

```
01 namespace WinVHScrollBar
02 {
03     public partial class Form1 : Form
04     {
05         public Form1()
06         {
07             InitializeComponent();
08         }
09         // === 表單載入時執行此事件
10         private void Form1_Load(object sender, EventArgs e)
11         {
12             // pictureBox1 顯示 "無尾熊.jpg"
13             pictureBox1.Image = new Bitmap("無尾熊.jpg");
14             pictureBox1.SizeMode = PictureBoxSizeMode.StretchImage;
15             pictureBox1.BorderStyle = BorderStyle.Fixed3D ;
16             // 圖片方塊寬度指定給水平捲軸最大值
17             hScrollBar1.Maximum = pictureBox1.Width;
18             // 圖片方塊寬度指定給水平捲軸的值
```

19	hScrollBar1.Value = pictureBox1.Width ;
20	// 圖片方塊高度指定給垂直捲軸最大值
21	vScrollBar1.Maximum = pictureBox1.Height ;
22	// 圖片方塊高度指定給垂直捲軸的值
23	vScrollBar1 .Value = pictureBox1.Height ;
24	// label1 顯示目前水平捲軸與垂直捲軸的值
25	label1.Text = $"寬：{hScrollBar1.Value} " + $"高：{vScrollBar1.Value}"
26	}
27	// === 當 vScrollBar1 垂直捲軸捲動時會執行此事件
28	**private void vScrollBar1_Scroll(object sender, ScrollEventArgs e)**
29	{
30	// 圖片的高度依目前垂直捲軸的值調整
31	pictureBox1.Height = vScrollBar1.Value;
32	label1.Text = $"寬：{hScrollBar1.Value} " + $"高：{vScrollBar1.Value}";
33	}
34	// === 當 hScrollBar1 水平捲軸捲動時會執行此事件
35	**private void hScrollBar1_Scroll(object sender, ScrollEventArgs e)**
36	{
37	// 圖片的寬度依目前水平捲軸的值調整
38	pictureBox1.Width = hScrollBar1.Value;
39	label1.Text = $"寬：{hScrollBar1.Value} " + $"高：{vScrollBar1.Value}";
40	}
41	}
42	}

12.3.2 TrackBar 滑桿控制項

在 Windows Forms App 應用程式專案的工具箱中提供 TrackBar 滑桿控制項，它的功能和捲軸控制項類似，透過它所提供的 Maximum 和 Minimum 屬性設定滑桿在某個範圍內捲動，用來設定或調整輸入值，以防止操作者輸入的數值超出範圍。垂直或水平捲軸的高度和寬度均可調整，但滑桿只允許調整其寬度，高度是固定的。

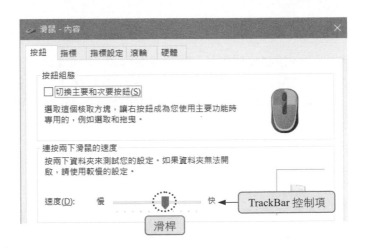

下表是 TrackBar 滑桿控制項常用的成員：

成員名稱	說明
TickFrequency 屬性 (預設值 1)	滑桿刻度之間的距離，其值是正整數，不可為小數。
Maximum 屬性 (預設值 10)	設定 TrackBar 上滑桿滑動範圍的最大值。
Minimum 屬性 (預設值 0)	設定 TrackBar 上滑桿滑動範圍的最小值。
Orientation 屬性 (預設值 Horizontal)	設定 TrackBar 以水平(Horizontal)或垂直(Vertical)顯示。
LargeChange 屬性 (預設值 5)	設定滑鼠在滑動軸上按一下或按 PgDn / PgUp 鍵一次滑桿移動的數值。此種動作為粗調。
SmallChange 屬性 (預設值 1)	設定當使用滑鼠拖曳滑桿所移動的數值。此種動作為細調。
Value 屬性 (預設值 0)	傳回目前滑桿的位置。
TickStyle 屬性 (預設值 BottomRight)	設定滑桿的形狀和刻度顯示位置，各屬性值和形狀如下： None　　TopLeft BottomRight　　Both
Scroll 事件	當滑桿有捲動時會觸動此事件。

📥 **範例**：WinTrackBar.sln

使用 TrackBar 滑桿控制項製作可巡覽的秀圖程式。表單載入時將 "企鵝"、"沙漠"、"無尾熊"、"菊花"、"鬱金香" 五張圖片的名稱 (不含副檔名.jpg)放入 photo[0]~ photo[4] 字串陣列元素內，當滑桿捲動時 PictureBox 圖片方塊控制項即會顯示對應的圖片。

執行結果

操作步驟

Step 01 將圖檔與執行檔放在相同路徑下

請將書附範例 ch12/images 資料夾下的 "企鵝.jpg"、"沙漠.jpg"、"無尾熊.jpg"、"菊花.jpg"、"鬱金香.jpg" 五張圖複製到目前專案的 bin/Debug 資料夾下，使上述圖檔能與專案產生的執行檔在相同路徑下，以方便程式撰寫與讀取。

Step 02 表單輸出入介面如下圖：

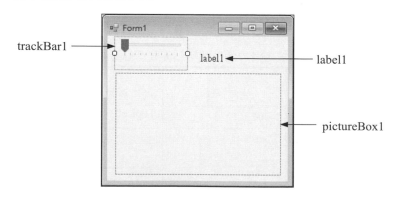

Step 03　撰寫程式碼

程式碼　FileName:Form1.cs

```
01 namespace WinTrackBar
02 {
03     public partial class Form1 : Form
04     {
05         public Form1()
06         {
07             InitializeComponent();
08         }
09         // 建立 photo 陣列用來存放圖片名稱
10         string[] photo = new string[]
               { "企鵝", "沙漠", "無尾熊", "菊花", "鬱金香" };
11         // ===  表單載入時執行
12         private void Form1_Load(object sender, EventArgs e)
13         {
14             pictureBox1.BorderStyle = BorderStyle.Fixed3D;
15             // 圖片隨控制項大小伸縮
16             pictureBox1.SizeMode = PictureBoxSizeMode.StretchImage;
17             // 圖片控制項顯示 photo[0]元素的圖檔
18             pictureBox1.Image = new Bitmap(photo[0] + ".jpg");
19             label1.Text = "圖片名稱:" + photo[0];
20             // 指定滑桿的最小值，剛好為陣列索引下限
21             trackBar1.Minimum = 0;
22             // 指定滑桿的最大值，剛好為陣列索引上限
23             trackBar1.Maximum = photo .GetUpperBound (0);
24         }
25         // ===  滑桿捲動時會執行
26         private void trackBar1_Scroll(object sender, EventArgs e)
27         {
28             int index = trackBar1.Value;  // 取得滑桿的位置值，用來當陣列索引
29             // 顯示 photo 陣列中第 index 張圖片
30             pictureBox1.Image = new Bitmap(photo[index] + ".jpg");
31             label1.Text = "圖片名稱:" + photo[index];
32         }
33     }
34 }
```

12.4 計時器與日期時間控制項

在 VS 整合開發環境中的工具箱提供月曆(MonthCalendar)工具，使開發人員很容易在表單上顯示月曆。如果希望從月曆選取或設定特定日期，可使用日期挑選(DateTime Picker) 工具。此外本節還介紹 Timer 計時器控制項。

12.4.1 Timer 計時器控制項

當編寫程式碼時，要控制時間的長短或每隔一段時間將目前的時間顯示出來，或是讓一張圖片能夠每隔固定時間移動位置，若使用傳統的 BASIC 語言必須使用迴圈，不斷在迴圈中判斷是否時間已到了，且不同 CPU 執行迴圈時間不一很難調整。基於此因，Windows Forms App 應用程式提供 ⏱ Timer 計時器工具來控制延遲時間。計時器控制項在編輯程式階段是看得到，且放在表單的下方；由於計時器控制項在程式執行階段是幕後執行，所以程式執行階段該控制項在表單上是看不到的，此類的控制項稱為「非視覺化」控制項。若該控制項在設計和執行階段都看得到稱為「視覺化」控制項。非視覺化控制項的屬性視窗中是沒有 Height 或 Width 之類的屬性，所以無法改變控制項物件的大小。Timer 控制項常用成員如下表：

成員名稱	說明
Enabled 屬性 (預設值 False)	設定計時器是否啟動。若 Enabled 屬性設為 True，計時器便啟動。False 表示不啟動。
Interval 屬性 (預設值 100)	用來設定每次間隔多少時間觸動該計時器事件一次。此屬性的單位為毫秒(10^{-3}秒)。若希望每兩秒觸動 Timer 事件，必須將 Interval 屬性值設為 2,000，此時若 Enabled 屬性設為 True 便開始計時；若 Enabled 屬性為 False 即使 Interval 屬性設為 2,000 仍是無效的。要記得 Interval 的屬性值只允許是大於 0 的正整數。
Tick 事件	當 Enabled=True 時才有效。每隔 Interval 所設定的時間便觸發此事件一次。單位為毫秒(10^{-3}秒)。

⬇ **範例** ：WinTimer.sln
_____

使用 PictureBox 及 Timer 控制項製作圖片展示程式。程式執行時圖片方塊會在表單中央逐漸放大，放至最大後會停留 1 秒鐘；依此順序，不斷的持續播放，直到按 │ 結束 │ 鈕結束程式。本例顯示的圖檔為 gotop.jpg。

執行結果

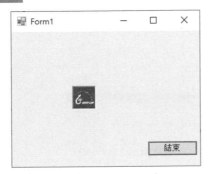

操作步驟

▎Step 01 將圖檔與執行檔放在相同路徑下

請將書附範例 ch12/images 資料夾下的 "gotop.jpg" 圖檔複製到目前專案的 bin/Debug 資料夾下，使上述圖檔能與專案產生的執行檔在相同路徑下，以方便程式撰寫與讀取。

▎Step 02 表單輸出入介面如下圖：

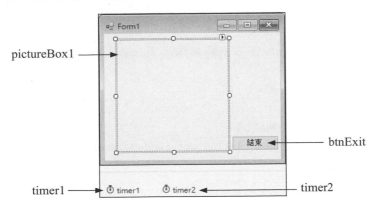

Step 03 撰寫程式碼

程式碼 FileName:Form1.cs

```
01 namespace WinTimer
02 {
03    public partial class Form1 : Form
04    {
05       public Form1()
06       {
07            InitializeComponent();
08       }
09       // ===  表單載入時執行
10       private void Form1_Load(object sender, EventArgs e)
11       {
12          timer1.Tag = 0;
13          pictureBox1.BorderStyle = BorderStyle.Fixed3D;
14          // 圖片隨控制項大小伸縮
15          pictureBox1.SizeMode = PictureBoxSizeMode.StretchImage;
16          pictureBox1.Size = new Size(18, 18);
17          pictureBox1.Location = new Point(101, 91);
18          // 設定跑馬燈圖片方塊為 gotop.jpg
19          pictureBox1.Image = new Bitmap("gotop.jpg");
20          timer1.Interval = 100;       // 設定計時器每 0.1 秒執行 Tick 事件一次
21          timer1.Enabled = true;       // 啟動計時器
22          timer2.Interval = 1000;      // 設定計時器每 1 秒執行 Tick 事件一次
23       }
24       // ===  按 <結束> 鈕執行
25       private void btnExit_Click(object sender, EventArgs e)
26       {
27          Application.Exit();
28       }
29       // === 每 0.1 秒便觸動此事件
30       private void timer1_Tick(object sender, EventArgs e)
31       {
32          int zoom = (int)timer1.Tag;
33          zoom++;
34          pictureBox1.Size = new Size(zoom * 18, zoom * 18);
35          pictureBox1.Location = new Point((10 - zoom) * 9 + 20,
```

	(10 - zoom) * 9 + 10);
36	if (zoom == 10)
37	{
38	timer2.Enabled = true;
39	timer1.Enabled = false;
40	zoom = 0;
41	}
42	timer1.Tag = zoom;
43	}
44	// === 每 1 秒便觸動此事件
45	private void timer2_Tick(object sender, EventArgs e)
46	{
47	timer2.Enabled = false;
48	timer1.Enabled = true;
49	}
50	}
51	}

說明

1. 第 12 行：本例利用控制項的 Tag 屬性來儲存圖片的縮放大小值，Tag 屬性通常用來儲存與控制項密切相關聯的資料。

2. 第 32 行：控制項的 Tag 屬性，在使用時要以強制轉型，轉換成指定的資料型別。

3. 第 33-35 行：根據變數 zoom 值，計算 picureBox1 圖片方塊的 Size 與 Location，如此會產生由小變大的效果。

4. 第 36-41 行：變數 zoom 值等於 10 時，啟用第 2 計時器，讓圖形停住 1 秒鐘，並將變數 zoom 歸零。

5. 第 32 行：將新的 zoom 值，儲存於 Tag 屬性，以利後續使用。

12.4.2 MonthCalendar 月曆控制項

　　月曆的建立是先在工具箱中選取 🗓 MonthCalendar 月曆工具，接著在表單內適當位置，壓左鍵並拖曳滑鼠拉出如右圖月曆物件的大小，最後再透過下表說明的方法來設定月曆的屬性。

下表是 MonthCalendar 月曆控制項常用的成員：

成員名稱	說明
AnnuallyBoldedDates 屬性 (預設值 DateTime[]陣列)	用來設定一年之中哪些日期要以粗體字顯示。當選取此屬性時會出現下圖 DateTime 集合編輯器，先按 ❴加入(A)❵ 鈕，選左窗格成員，再按右窗格 Value 視窗的下拉鈕由月曆中挑選日期：
BackColor 屬性 (預設值 Windows)	設定欲顯示在月份中的背景顏色。
BoldedDates 屬性 (預設值 DateTime[]陣列)	取得或設定 DateTime 物件的陣列，決定哪些非循環日期要以粗體顯示。功能和 AnnuallyBoldedDates 屬性相同。
CalendarDimensions 屬性(預設值 1,1)	取得或設定所顯示月份的行數和列數。欲在程式中將月曆控制項一次顯示左右兩個月份，其寫法如下： monthCalendar1.CalendarDimensions = new Size(2, 1);
Enabled 屬性 (預設值 True)	是否設成作用控制項。 monthCalendar1.Enabled =true;
FirstDayOfWeek 屬性 (預設值 Default)	取得或設定月曆以星期幾當作一週的第一天。預設為星期日。欲在程式中設定星期一為月曆每週的第一天，其寫法： monthCalendar1.FirstDayOfWeek = Day.Monday;
Font 屬性 (預設值新細明體 9 pt)	取得或設定控制項顯示之文字字型。
ForeColor 屬性 (預設值 WindowsText)	用來顯示月份內文字的顏色。

成員名稱	說明
Locked 屬性 (預設值 False)	設定是否可以移動或調整控制項的大小。
MaxDate 屬性(預設值 9998/12/31)	設定月曆可供選取的最大日期。欲在程式中設定最大日期為 "2020/5/20"，其寫法如下： monthCalendar1.MaxDate = new DateTime(2020,5,20);
MaxSelectionCount 屬性 (預設值 7)	設定可供月曆控制項連續選取的最多天數。最大值 180 天。
MinDate 屬性 (預設值 1753/1/1)	設定月曆可供選取的最小日期。欲在程式中設定最小日期為 "2021/5/30"，其寫法如下： monthCalendar1.MinDate = new DateTime(2021,5,30);
MonthlyBoldedDates 屬性 (預設值 DateTime[]陣列)	設定要以粗體字表示一個月份中的哪些日期。其操作方式與 AnnuallyBoldedDates 屬性相同。
ScrollChange 屬性 (預設值 0)	用來設定當你在 monthCalendar1 控制項的月份調整左右鈕上按一下時，一次移動多少個月份。譬如若目前的月曆控制項顯示三月份，當你將此屬性設為 2 時，此時當你按下月份調整右鈕時，會切換到 5 月份。

SelectionRange 屬性 (預設值：今天日期,今天日期)	用來設定在月曆控制項所選取的日期範圍，程式執行可以使用滑鼠拖曳圈選，此屬性可配合 MaxSelectionCount 屬性來設定所選取日期的最大範圍。預設圈選範圍其寫法如下：
	monthCalendar1.SelectionStart = new DateTime(2020, 6, 10);
	monthCalendar1.SelectionEnd = new DateTime(2020, 6, 20);
	程式執行中如何將圈選日期的起訖範圍分別顯示在 label1 和 label2 控制項上，其寫法如下：
	label1.Text = monthCalendar1.SelectionStart.ToString();
	label2.Text = monthCalendar1.SelectionEnd.ToString();

ShowToday 屬性 (預設值 True)	用來設定在月曆底部是否顯示今天日期。 ①True 顯示今天日期。 ②False 不顯示今天日期。 下圖將 ShowToday=True

成員名稱	說明
ShowTodayCircle 屬性(預設值 True)	此屬性設為 True，表示會將今天日期以線框起來。
TitleBackColor 屬性 (預設 Active Caption)	用來設定月曆控制項標頭的背景顏色。(預設藍色)
TitleForeColor 屬性 (預設 Active Caption Text)	用來設定月曆控制項標頭文字的顏色。(預設白色)
ShowWeekNumbers 屬性 (預設值 False)	用來設定是否在每一週的前面加上是今年第幾週(1-52)。如下寫法是在每一週之前加上今年是第幾週： monthCalendar1.ShowWeekNumbers = true; ◀　　　　2020年6月　　　　▶ 　　週日 週一 週二 週三 週四 週五 週六 23　31　1　2　3　4　5　6 24　7　8　9　10　11　12　13 25　14　15　16　17　18　19　20 26　21　22　23　24　25　26　27 27　28　29　**30**　1　2　3　4 28　5　6　7　8　9　10　11 　　　☐ 今天: 2020/6/30

TodayDate 屬性 (預設值今天日期)	設定目前日期。下列敘述用來取得和設定今天日期：
	label1.Text = monthCalendar1.TodayDate.ToString();
	monthCalendar1.TodayDate=new DateTime(2020, 4, 10);

TrailingForeColor 屬性 (預設 Gray Text)	用來設定月曆控制項中非本月份（即上月份和下月份）日期的文字顏色。(預設為灰色)
SetDate 方法	使用此方法切換到指定月份及日期。其程式寫法如下： monthCalendar1.SetDate(new DateTime(2020, 10, 25));

12.4.3　DateTimePicker 日期時間挑選控制項

　　Windows Forms App 應用程式提供一個非常方便且不佔太大空間用來設定日期的 DateTimePicker 工具。當在 DateTimePicker 控制項的下拉鈕上按一下，會出現如右下圖月曆控制項供使用者來挑選日期，當挑選完畢月曆控制項會消失，將挑選的日期放入文字框內。

成員名稱	說明
CalendarFont 屬性 (預設 細明體 9 pt)	設定下拉式月曆內所顯示的字型。
CalendarForeColor 屬性 (預設黑色)	設定目前顯示月份內文字的顏色。 dateTimePicker1.CalendarForeColor = Color.Aqua;
CalendarMonthBackGround 屬性 (預設值白色)	設定月份內的背景顏色。 dateTimePicker1.CalendarForeColor = Color.Red;
CalendarTitleForeColor 屬性(預設白色)	設定日曆標頭內文字的顏色。 dateTimePicker1.CalendarForeColor = Color.Blue;
CalendarTitleBackColor 屬性(預設藍色)	設定日曆標題的背景顏色。 dateTimePicker1.CalendarForeColor = Color.Yellow;
CalendarTrailingForeColor 屬性(預設灰色)	用來設定月曆中目前顯示月份之前或之後月份日期的顏色。程式寫法如下： dateTimePicker1.CalendarForeColor = Color.Green;
Checked 屬性(預設 True)	當 ShowCheckBox=True 時才有效。
DropDownAlign 屬性 (預設 Left)	設定控制項和下拉式月曆是靠左或靠右對齊。
Enabled 屬性 (預設 True)	是否將此控制項變成作用控制項。 dateTimePicker1.Enabled = true;
Font 屬性 (預設 細明體 9 pt)	設定控制項內所顯示文字的字型設定。若 CalendarFont 屬性未設定，下拉式月曆的字型會跟著此屬性改變；若 CalendarFont 屬性有更改字型，則不受 Font 屬性影響。
Format 屬性 (預設 Long)	設定日期和時間顯示是否使用標準或自訂格式。 ① Custom：以自訂格式來顯示日期時間值。 ② Long：以 User 的作業系統所設定的長日期格式來顯示日期和時間值。 ③ Short：以 User 的作業系統所設定的短日期格式來顯示日期和時間值。 ④ Time：以 User 的作業系統所設定的時間格式來顯示日期和時間值。 [寫法] dateTimePicker1.Format = dateTimePickerFormat.Time;
MaxDate 屬性 (預設 9998/12/31)	可設定最大日期。當在下拉式月曆中，所選取的日期若超過 MaxDate 的設定值，滑鼠是無法選取該日期。欲在程式中設定最大日期為 "2020/10/25"，其寫法如下： dateTimePicker1.MaxDate = new DateTime(2020, 10,25);
MinDate 屬性 (預設 1753/1/1)	可設定最小日期。當在下拉式月曆中，所選取的日期若小於 MinDate 設定值，滑鼠是無法選取該日期。欲在程式中將 MinDate 的設定值置於 label1 控制項，寫法：

成員名稱	說明
	label1.Text = dateTimePicker1.MinDate.ToString()；
ShowCheckBox 屬性 (預設值 False)	True：日期前面出現核取方塊；False：不出現。 ☑ 2020年 6月30日 ∨　　　2020年 6月30日 ▦▾
ShowUpDown 屬性 (預設 False)	① True：使用上下鈕選取日期，先在控制項選取年、月、 　　日之一，再按上下鈕調整即可。 2020年 6月30日 ▲▼ ② False：表示使用下拉鈕以日曆方式設定日期。 2020年 6月30日 ▦▾

Value 屬性
(預設今天日期)
	用來設定和取得目前日期／時間值。
	① 設定日期寫法如下：
	　　dateTimePicker1.Value = new DateTime(2020, 12, 1);
	② 取得日期寫法如下：
	　　label1.Text = dateTimePicker1.Value.ToString();

範例：WinMonthCalendar.sln

製作簡易家電預購系統。程式執行時，先由核取清單方塊控制項中複選預購的家電產品，接著在月曆控制項上指定取貨日期範圍(先選擇月份，接著在該月份的日期上壓左鍵拖曳滑鼠選取取貨日期範圍，最多圈選七天)。當預購完畢按　確定　鈕，會將所預購的家電產品顯示在文字方塊控制項上面；若按　重選　鈕，會將核取清單方塊控制項所有選項設為不勾選，並且將文字方塊控制項上面顯示的資料清除；按　結束　鈕，結束程式。

執行結果

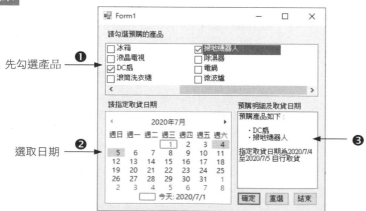

操作步驟

設定表單輸出入介面：

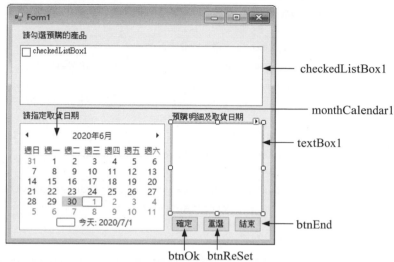

撰寫程式碼

程式碼 FileName：Form1.cs

```csharp
01 namespace WinMonthCalendar
02 {
03    public partial class Form1 : Form
04    {
05        public Form1()
06        {
07            InitializeComponent();
08        }
09        // 表單載入時執行
10        private void Form1_Load(object sender, EventArgs e)
11        {
12            // 建立 Product 陣列用來存放產品
13            string[] Product = new string[] { "吹風機","補蚊燈","吸塵器",
                "濾水壺","冰箱","液晶電視","DC扇","滾筒洗衣機","掃地機器人",
                "除濕器","電鍋","微波爐" };
14            // 將 Product 陣列的所有選項放入 checkedListBox1 內
15            checkedListBox1.Items.AddRange(Product);
16            checkedListBox1.MultiColumn = true; // 核取清單方塊設為多欄
17            checkedListBox1.ColumnWidth = 150;  // 核取清單方塊欄寬150
18            monthCalendar1.MinDate=DateTime.Now;//日曆控制項最小可選日期為今日
```

```
19              checkedListBox1.CheckOnClick = true;   // 只按一下選取
20          }
21      // 按 <確定> 鈕執行
22      private void btnOk_Click(object sender, EventArgs e)
23      {
24          textBox1.Text = "預購產品如下:" +
                  Environment.NewLine + Environment.NewLine;
25          // 逐一檢查每一個核取方塊是否被選取
26          for (int i = 0; i < checkedListBox1.Items.Count; i++)
27          {
28              // 若第 i 個核取方塊被選取,即將該產品顯示在 textBox1
29              if (checkedListBox1.GetItemChecked(i))
30              {
31                  textBox1.Text += $"  ‧{checkedListBox1.Items[i]}"
                          + Environment.NewLine;
32              }
33          }
34          // 在 textBox1 上顯示取貨日期的範圍
35          textBox1.Text +=  Environment.NewLine + "指定取貨日期為"+
                  monthCalendar1.SelectionRange.Start.ToShortDateString()+
                  "至" + monthCalendar1.SelectionRange.End.
                  ToShortDateString() + " 自行取貨" ;
36      }
37      // 按 <重選> 鈕執行
38      private void btnReSet_Click(object sender, EventArgs e)
39      {
40          // 設定所有核取方塊不勾選
41          for (int i = 0; i < checkedListBox1.Items.Count; i++)
42          {
43              checkedListBox1.SetItemChecked (i, false);
44          }
45          textBox1.Text = "";
46      }
47      // 按 <結束> 鈕執行
48      private void btnEnd_Click(object sender, EventArgs e)
49      {
50          Application.Exit();
51      }
52  }
53 }
```

豐富文字方塊與 工具列

13.1 RichTextBox 豐富文字方塊控制項

由於 `abl TextBox` 文字方塊工具無法處理具有格式的文字，此時就必須使用 `RichTextBox` 豐富文字方塊工具。RichTextBox 控制項是繼承至 TextBox 控制項，因此具有 TextBox 所有屬性和方法，還提供更進階的格式化功能，例如：字型和顏色的設定、存取 Rich Text 格式檔 (簡稱 RTF 檔)…等。使用 TextBox 控制項的應用程式只要稍加修改，就可以改用 RichTextBox 控制項。

RichTextBox 控制項提供一些屬性，可以將格式套用於控制項內選取的字元或段落。若要變更某部分字元或段落的格式，只要先選取該部分文字，就能套用指定格式，而且設定後輸入的文字都會沿用相同的格式，一直到變更設定或者選取控制項文件中的不同區段為止。另外，RichTextBox 控制項不像 TextBox 控制項受到 64K 字元容量的限制。下表是 RichTextBox 控制項常用的成員：

成員名稱	說　明
AutoWordSelection 屬性 (預設值 False)	True：表示只要使用者在控制項內，有文字的任何部分快按兩下，就可以自動選取整個字(Word)。
SelectionBullet 屬性 (限執行階段使用)	是否要建立項目符號清單。如右圖所示。 richTextBox1.SelectionBullet = true; • 第一章 • 第二章 • 第三章
SelectionFont 屬性 (限執行階段使用)	可設定或取得選取文字的字型樣式(如：標準、粗體、斜體…等)，也可以設定字型大小和字型。

成員名稱	說　明
SelectionColor 屬性 (限執行階段使用)	可設定或取得選取文字的色彩。
DetectUrls 屬性	如果 RichTextBox 控制項內的文字含有和網站相連的文字超連結時，可將屬性值設為 True, 會將控制項的超連結文字以藍色加底色的格式顯示。使用者點按超連結文字時，會觸發 LinkClicked 事件。
SelectionIndent 屬性 (限執行階段使用)	調整段落的格式，此屬性設定段落左邊縮排的距離。相當於 Word 尺規的左邊縮排尺標。(以 Pixel 為單位)
SelectionHangingIndent 屬性(限執行階段使用)	調整段落的格式，此屬性設定段落首行縮排的距離。相當於 Word 尺規的首行凸排尺標。(以 Pixel 為單位)
SelectionRightIndent屬性 (限執行階段使用)	調整段落的格式，此屬性設定段落右邊縮排的距離。相當於 Word 尺規的右邊縮排尺標。(以 Pixel 為單位)
Copy 方法	將控制項中選取的文字複製到「剪貼簿」中。
Cut 方法	將控制項中選取的文字剪下，並複製到「剪貼簿」中。
Paste 方法	將「剪貼簿」中的文字複製到控制項中。
LoadFile 方法	將現有的 RTF 或 ASCII 文字檔載入控制項。 [例] 將 ASCII 文字檔載入到 richTextBox1 內： 　　richTextBox1.LoadFile("C:\\My\\Testdoc.txt", 　　　RichTextBoxStreamType.PlainText) ; [例]將 RTF 文字檔載入到 richTextBox1 內： 　　richTextBox1.LoadFile("C:\\My\\Testdoc.rtf", 　　　RichTextBoxStreamType.RichText);
SaveFile 方法	可將控制項中文字與格式，以指定檔案儲存為 RTF 或 ASCII 文字格式，其用法和 LoadFile()方法類似。
Find 方法	用來在該控制項的文字內尋找指定的字串。若有找到，傳回找到字串第一個字元的索引位置，並反白顯示找到的文字；若找不到傳回 -1。
Clear 方法	將控制項內的文字全部刪除。
LinkClicked 事件	用來執行和連結相關聯的工作。 [例] 連結到指定的網站或網頁： 　　System.Diagnostics.Process.Start(e.LinkText) ;
TextChagned 事件	當該控制項的內容有任何改變都會觸發此事件，將此事件內的程式區段執行一次。

13.2 ToolStrip 工具列控制項

在視窗應用程式環境下，會將常用的功能以按鈕圖示組合成一個工具列，掛在功能表的下方以方便快速選取，譬如 Visual Studio 整合開發環境(IDE)的標準工具列就是如此。透過工具箱中的 ▣ ToolStrip 工具便可輕易做出自訂工具列，ToolStrip 控制項預設放在表單的標題欄正下方，可以在此工具列設定圖示及文字。

一. ToolStrip 工具列容器內功能項目常用成員

ToolStrip 工具列控制項是一個容器，是由一些按鈕、標籤、下拉式按鈕、文字方塊所組合而成的集合。執行階段若要在工具列新增選項，可透過 Items.Add()方法來達成。譬如欲在 toolStrip1 工具列控制項後面新增三個文字按鈕，其寫法如下：

```
toolStrip1.Items.Add("開檔");
toolStrip1.Items.Add("存檔");
toolStrip1.Items.Add("離開");
```

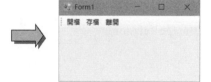

ToolStrip 工具列容器中的控制項，例如按鈕、標籤、下拉式清單…等控制項，其常用成員說明如下：

成員名稱	說明
Alignment 屬性	設定工具圖示由左或右開始排起。預設值：Left。
AutoToolTip 屬性	決定是否使用 Text 或 ToolTipText 當工具列的提示。
Checked 屬性	表示 ToolStripButton 是已按下或未按下。
Enabled 屬性	設定該工具圖示是否有效，預設值為 True。

成員名稱	說明
DisplayStyle 屬性	① None:空白圖示。 ② Text：只顯示文字當圖示。 ③ Image：只顯示影像當圖示(預設值)。 ④ ImageAndText：同時顯示文字與圖像當圖示。
Image 屬性	當 DisplayStyle 屬性有 Image 屬性設定時，Image 屬性才有效。
ImageScaling 屬性	用來設定所選取的圖像是否要調整和 ToolStrip 一樣大小。預設值為 SizeToFit 會縮成和 ToolStrip 一樣大小。None：不做調整。
ImageTransparentColor 屬性	將指定的顏色設成透明。
RightToLeft 屬性	用來表示是否使用 RTL 語言方式由右至左繪製。 ① 預設值為 No，表示按照預設方式先圖後文字。 ② 若設為 Yes，表示先文字後圖。
Text 屬性	若 DisplayStyle 屬性有 Text 設定時，此屬性才有效。
TextDirection 屬性	用來設定文字顯示的方向： ① Horizontal： (預設值) ② Vertical 90： ③ Vertical 270：
TextImageRelation 屬性	用來設定圖片相對於文字的相對位置： ① ：ImageBeforeText(預設值) ② ：TextBeforeImage ③ ：TextAboveImage ④ ：TextAboveImage
ToolTipText 屬性	設定當滑鼠移到該工具圖示上時欲顯示的提示訊息。

二. ToolStrip 工具列容器內控制項的建立

當在工具箱的 [ToolStrip] 工具上快按兩下，會在表單標題欄的正下方產生一個空白的工具列，如下圖所示，ToolStrip 工具列內有些控制項可供選用。

【工具選項說明】

工具選項	說明
Button 按鈕工具圖示	產生按鈕控制項，按鈕上可有影像、文字、影像和文字並存。
Label 標籤工具圖示	產生標籤控制項，標籤上可有影像、文字、影像和文字並存。
SplitButton 分隔鈕工具圖示	產生標準按鈕和下拉按鈕的組合。
DropDownButton 下拉按鈕工具圖示	產生按鈕的下拉選項，可指定 DropDownItem 屬性值來顯示清單項目。
Seperator 分隔線	產生分隔線，用來將同性質工具加以區隔。
ComboBox 下拉式清單	產生下拉式清單控制項。
TextBox 文字方塊	產生文字方塊控制項。
ProgressBar 進度棒	產生進度棒控制項。

接著練習如何在工具列上建立按鈕、標籤、下拉式清單、分隔鈕…等控制項。

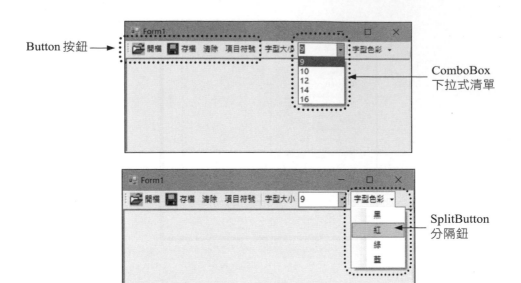

Button 按鈕 ⟶

ComboBox
下拉式清單

SplitButton
分隔鈕

操作步驟

Step 01　在工具箱的 ⌨ ToolStrip 工具上快按兩下，加入物件名稱(Name 屬性)為
toolStrip1 工具列控制項。

Step 02　在 toolStrip1 工具列內新增含有影像和文字的 ☞ 開檔 按鈕
　① 先選取 toolStrip1 的 ⊡⌄ 下拉鈕，接著再由清單中選取「Button」，
　　表示使用按鈕控制項當工具列的第一個圖示按鈕。

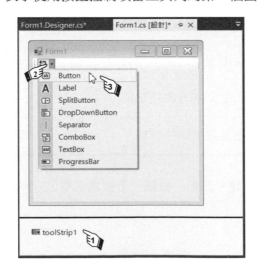

② 依照下圖數字順序操作，將 toolStrip1 工具列的第一個按鈕圖示改成 圖示。(OPEN.BMP 置於書附範例 ch13/Icon 資料夾下)

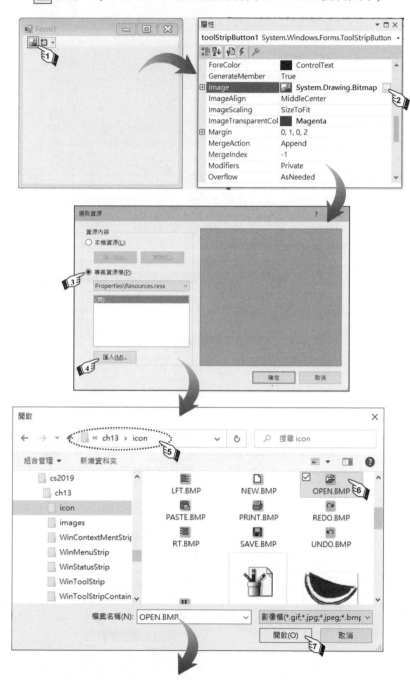

③ 在下圖選取 toolStrip1 中的 ⬀ 按鈕，透過屬性視窗將此按鈕控制項的
DisplayStyle 屬性設為「ImageAndText」，讓該按鈕上面可同時顯示
文字及圖示。

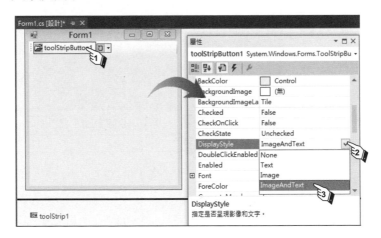

④ 在下圖選取 toolStrip1 中的 ⬀ 按鈕，透過屬性視窗將此按鈕控制項的
Text 屬性設為「開檔」，讓該按鈕以 ⬀開檔 顯示。

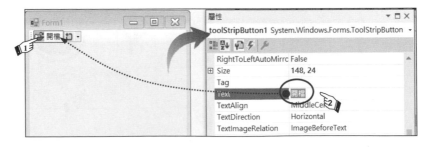

⑤ 選取 toolStrip1 中的 📂開檔 按鈕，透過屬性視窗將此按鈕控制項的 Name 屬性(物件名稱)更名為「tsbOpen」。

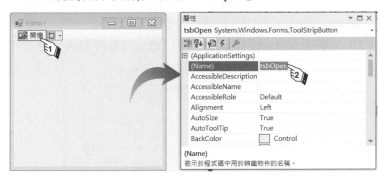

Step 03 重複 Step 02，在 toolStrip1 工具列內新增含有影像和文字的 💾存檔 按鈕

① 在 toolStrip1 新增「Button」按鈕控制項當工具列的第二個圖示按鈕。

② 將 toolStrip1 工具列的第二個按鈕圖示改成 💾 圖示(SAVE.BMP)。

③ 將 toolStrip1 中 💾 按鈕的 DisplayStyle 屬性設為「ImageAndText」，讓該按鈕上面可同時顯示文字及圖示。

④ 將 toolStrip1 中 💾 按鈕的 Text 屬性設為 "存檔"，讓該按鈕以 💾存檔 顯示。

⑤ 將 toolStrip1 中的 💾存檔 按鈕的 Name 屬性(物件名稱)更名為「tsbSave」。

Step 04 重複 Step 02，在 toolStrip1 工具列內新增「清除」文字按鈕

① 在 toolStrip1 新增「Button」按鈕控制項當工具列的第三個按鈕。

② 選取 toolStrip1 的第三個按鈕，將該按鈕的 DisplayStyle 屬性設為「Text」，使該按鈕以文字顯示。

③ 選取 toolStrip1 的第三個按鈕，將該按鈕的 Text 屬性設為 "清除"。

④ 選取 toolStrip1 的第三個按鈕，將該按鈕的 Name 屬性(物件名稱)設為「tsbCls」。

Step 05 重複 Step 02，在 toolStrip1 工具列內新增「項目符號」文字按鈕

① 在 toolStrip1 新增「Button」按鈕控制項當工具列的第四個按鈕。

② 選取 toolStrip1 的第四個按鈕，將該按鈕的 DisplayStyle 屬性設為「Text」，使該按鈕以文字顯示。

③ 選取 toolStrip1 的第四個按鈕，將該按鈕的 Text 屬性設為 "項目符號"。

④ 選取 toolStrip1 的第四個按鈕,將該按鈕的 Name 屬性(物件名稱)設為
「tsbBullet」。

Step 06 在 toolStrip1 工具列內新增「字型大小」標籤。

① 先選取 toolStrip1 的 下拉鈕,接著再由清單中選取「Label」,表
示在 toolStrip1 內加入一個標籤控制項。

② 將此標籤的 Text 屬性設為 "字型大小"。

Step 07 在 toolStrip1 工具列內新增下拉式清單,清單項目有 9、10、12、14、16。

① 先選取 toolStrip1 的 下拉鈕,接著再由清單中選取「ComboBox」,
表示在 toolStrip1 工具列加入下拉式清單。

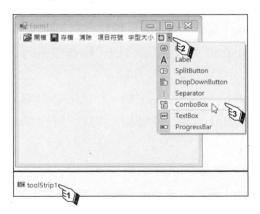

② 選取 toolStrip1 的下拉式清單,將該清單的 Text 屬性設為 "9",表示該
下拉式清單預設項目為「9」。

③ 選取 toolStrip1 的下拉式清單，然後按下下拉式清單 Items 屬性的 `...` 鈕開啟「字串集合編輯器」視窗，然後依序建立下拉式清單的項目有 9、10、12、14、16。

④ 選取 toolStrip1 中的下拉式清單，透過屬性視窗將此下拉式清單控制項的 Name 屬性(物件名稱)更名為「cboSize」。

⑤ 如下圖操作，若 toolStrip1 的下拉式清單太寬，可將該控制項 Size 子屬性 Width 設為「75」。

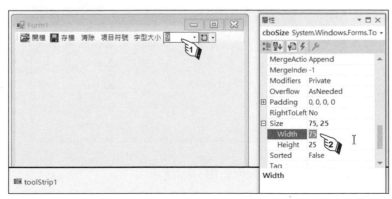

Step 08 在 toolStrip1 工具列內新增 SplitButton 分隔鈕。

① 如下圖，先選取 toolStrip1 的 下拉鈕，接著再由清單中選取「SplitButton」，表示在 toolStrip1 內加入 SplitButton 分隔鈕。

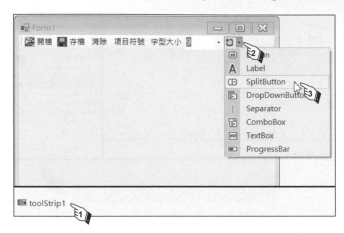

② 選取 toolStrip1 中的 SplitButton，將此控制項的 Name 屬性(物件名稱)更名為「tsbFontColor」。

③ 選取 toolStrip1 中的 SplitButton(即 tsbFontColor 分隔鈕)，將此控制項的 DisplayStyle 屬性設為「Text」，讓該按鈕上面可同時顯示文字。

④ 選取 toolStrip1 中的 SplitButton(即 tsbFontColor 分隔鈕)，將此控制項的 Text 屬性設為 "字型色彩"。

⑤ 選取 toolStrip1 中的 "字型色彩" 分隔按鈕，接著依序在 在這裡輸入 上輸入「黑」、「紅」、「綠」、「藍」四個功能項目。

Step 09 在 toolStrip1 工具列內新增分隔圖示。

① 如下圖，先選取 toolStrip1 的 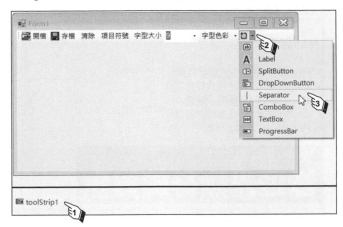 下拉鈕，接著再由清單中選取「Separator」，即在 toolStrip1 內加入 Separator 分隔圖示。

② 重複上述動作，在 toolStrip1 內再新增一個 Separator 分隔圖示。

③ 使用滑鼠分別將分隔圖示，拖曳到「字型大小」和「字型色彩」圖示的左邊，如下圖指定的位置。

範例：WinToolStrip.sln

使用豐富文字方塊與本節所建立的工具列，加上下列功能設計一個簡易的文書編輯程式。各工具按鈕功能說明如下：

① 開檔：將 GOTOP.rtf 檔的內容載入到豐富文字方塊內。(將書附檔案 GOTOP.rtf 檔複製到目前專案的 bin\Debug 資料夾下)

② 存檔：將豐富文字方塊的內容寫回 GOTOP.rft 檔內。

③ 清除：將豐富文字方塊的內容全部清除。

④ 項目符號：將選取的文字建立項目符號清單。

⑤ 字型大小下拉式清單：依下拉式清單設定選取文字的字型大小。

⑥ 字型色彩分隔鈕：設定選取文字的前景色彩。

執行結果

操作步驟

Step 01　設計表單的輸出入介面：

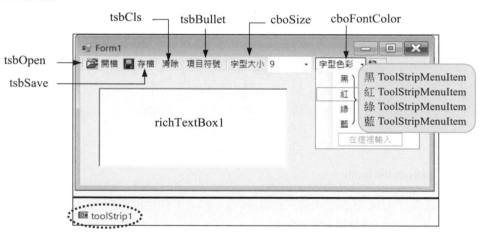

Step 02　撰寫程式碼

程式碼 FileName:Form1.cs

```
01 namespace WinToolStrip
02 {
03     public partial class Form1 : Form
04     {
05         public Form1()
06         {
```

```
07              InitializeComponent();
08          }
09          // ===   表單載入時執行
10          private void Form1_Load(object sender, EventArgs e)
11          {
12              // 豐富文字方塊填滿整個表單
13              richTextBox1.Dock = DockStyle.Fill;
14          }
15          // ===   按工具列的 <開檔> 鈕時執行
16          private void tsbOpen_Click(object sender, EventArgs e)
17          {
18              // 使用 try{...}catch{...}來補捉沒有檔案可能發生的例外
19              try
20              {
21                  // 將 GOTOP.rtf 檔的內容載入到 richTextBox1 豐富文字方塊內
22                  richTextBox1.LoadFile("GOTOP.rtf",
                            RichTextBoxStreamType.RichText);
23              }
24              catch (Exception ex)
25              {
26                  MessageBox.Show(ex.Message);
27              }
28          }
29          // ===   按工具列的 <存檔> 鈕時執行
30          private void tsbSave_Click(object sender, EventArgs e)
31          {
32              // 將 richTextBox1 豐富文字方塊內的資料儲存到 GOTOP.rtf 檔
33              richTextBox1.SaveFile("GOTOP.rtf",
                        RichTextBoxStreamType.RichText);
34          }
35          // ===   按工具列的 <清除> 鈕時執行
36          private void tsbCls_Click(object sender, EventArgs e)
37          {
38              richTextBox1.Clear();           //執行 Clear()方法
39          }
40          // ===   按下工具列的 <項目符號> 鈕時執行
41          private void tsbBullet_Click(object sender, EventArgs e)
42          {
```

```
43              richTextBox1.SelectionBullet = !richTextBox1.SelectionBullet;
44          }
45      // === 字型下拉式清單 SelectedIndex 屬性值改變或選取下拉式清單時執行
46      private void cboSize_SelectedIndexChanged
                (object sender, EventArgs e)
47      {
48          // 設定選取字型的樣式
49          richTextBox1.SelectionFont =
                new Font(richTextBox1.Font.FontFamily.ToString(),
                float.Parse(cboSize.Text), richTextBox1.Font.Style);
50      }
51      // === 按 [黑] 項目時執行
52      private void 黑ToolStripMenuItem_Click(object sender, EventArgs e)
53      {
54          // richTextBox1 豐富文字方塊被選取部份字型色彩設為黑色
55          richTextBox1.SelectionColor = Color.Black;
56      }
57      // === 按 [紅] 項目時執行
58      private void 紅ToolStripMenuItem_Click(object sender, EventArgs e)
59      {
60          // richTextBox1 豐富文字方塊被選取部份字型色彩設為紅色
61          richTextBox1.SelectionColor = Color.Red;
62      }
63      // === 按 [綠] 項目時執行
64      private void 綠ToolStripMenuItem_Click(object sender, EventArgs e)
65      {
66          // richTextBox1 豐富文字方塊被選取部份字型色彩設為綠色
67          richTextBox1.SelectionColor = Color.Green ;
68      }
69      // === 按 [藍] 項目時執行
70      private void 藍ToolStripMenuItem_Click(object sender, EventArgs e)
71      {
72          // richTextBox1 豐富文字方塊被選取部份字型色彩設為藍色
73          richTextBox1.SelectionColor = Color.Blue;
74      }
75  }
76 }
```

13.3 ToolStripContainer 工具列容器控制項

當 ToolStrip 工具列、MenuStrip 功能表或 StatusStrip 狀態列控制項想要放在表單的上、下、左、右位置，或是想要 ToolStrip 工具列可以在表單的上、下、左、右位置浮動定位時，可用 ▣ ToolStripContainer 工具列容器控制項來達成。ToolStripContainer 控制項的上、下、左、右方都有面板，可放置 ToolStrip、MenuStrip、StatusStrip，中間的 ToolStripContentPanel 容器可放置 Button、Label…等控制項。

延續上節 WinToolStrip.sln 範例，製作能使表單中的 ToolStrip 工具列可以放置在表單的上、下、左、右位置。

📥 **範例** ： WinToolStripContainer.sln

延續上例的方案檔，練習使用 ToolStripContainer 控制項，使表單中的 ToolStrip 工具列可以放置在表單的上、下、左、右邊界位置。

執行結果

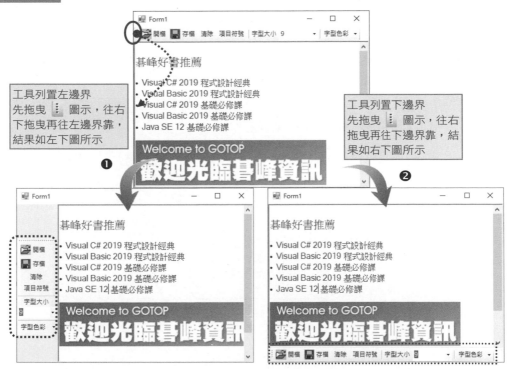

13-17

操作步驟

Step 01 延續上例，先開啟「ch13\WinToolStripContainer 範例練習檔」資料夾下的「WinToolStripContainer.sln」方案檔。

Step 02 在表單置入 toolStripContainer1 工具列容器控制項，請按照下圖手指順序操作該控制項。

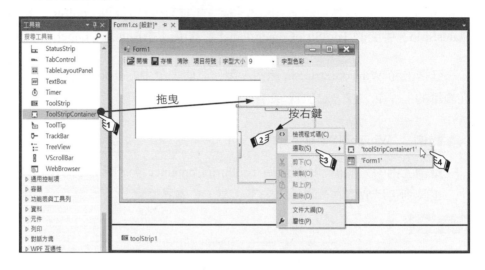

Step 03 按 toolStripContainer1 的 ▶ 智慧標籤鈕，將允許放置工具列面板的上、下、左、右位置勾選。

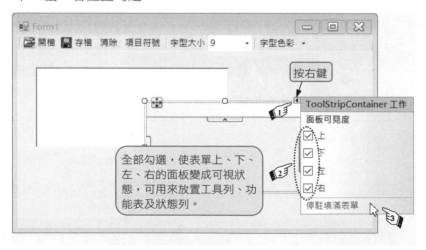

Step 04　在上圖的「停駐填滿表單」按一下，使 toolStripContainer1 工具列容器控制項填滿整個表單，此時原來放置在 Form1 表單上面的 richTextBox1 豐富文字方塊控制項會被 toolStripContainer1 控制項覆蓋在下面看不到。

Step 05　在上圖的【重設控制項父代】指令按一下，使得 toolStripContainer1 變成 Form1 表單最上層的容器，此時原來置於 Form1 表單上被蓋住的 richTextBox1 豐富文字方塊控制項會被放在 toolStripContainer1 控制項中間的 toolStripContentPanel1 容器內。

Step 06　執行【偵錯(D) / 開始偵錯(S)】指令，請測試 toolStrip1 工具列是否允許拖曳到表單的上、下、左、右邊界位置。

13-19

13.4 StatusStrip 狀態列控制項

Windows Form 應用程式時常使用 StatusStrip 狀態列控制項，來顯示目前程式執行的情形。StatusStrip 狀態列控制項通常放在視窗的最下方，此控制項中常使用 ToolStripStatusLabel 物件，該物件可以顯示文字、圖示，或文字和圖示兩者皆顯示。在 StatusStrip 控制項內也可以放入 ToolStripDropDownButton、ToolStripSplitButton、ToolStripProgressBar…等控制項。透過工具箱的 StatusStrip 狀態列工具，即可輕易地設計出狀態列。

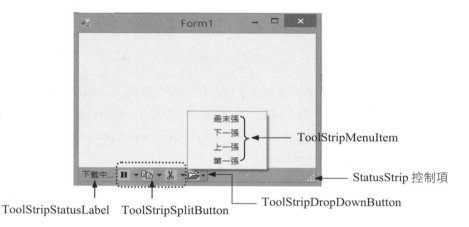

一. StatusStrip 狀態列控制項常用成員

StatusStrip 成員名稱	說明
RenderMode 屬性 (預設值 System)	取得或設定 StatusStrip 的樣式。其屬性值： ① System：下載中… 狀態列以系統預設的灰色顯示 ② Professional：下載中… 狀態列以藍色顯示。
SizingGrip 屬性 (預設值 True)	若設為 True 表示該狀態列的右下角會出現框底 圖示，供調整大小的底框；若屬性值為 False 則無。

二. StatusStrip 狀態列控制項的建立

StatusStrip 是各種狀態列控制項的容器，狀態列上面的各種狀態顯示訊息可由 StatusLabel、DropDownButton、SplitButton 及 ProgressBar 組成。StatusStrip 建立方式與 ToolStrip 相同，按照下列步驟即能在表單上建立自訂狀態列：

操作步驟

| Step 01 透過工具箱的 StatusStrip 狀態列工具，在表單上建立一個 Name 屬性為 statusStrip1 控制項，該控制項預設建立在表單的正下方。

| Step 02 在 statusStrip1 內新增 toolStripStatusLabel1 標籤控制項，其 Text 屬性為 "下載中…"。

① 如下圖選取 statusStrip1 中的 下拉鈕，再由清單中選取「Status Label」，表示建立 toolStripStatusLabel1 當做狀態列的第一個標籤。

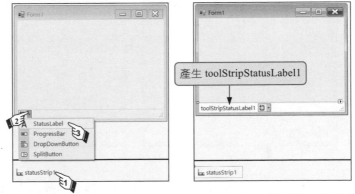

② 選取「toolStripStatusLabel1」物件，接著透過「屬性」視窗將該物件的 Text 屬性更改為 "下載中…"。

| Step 03 在 statusStrip1 內新增第二個 toolStripDropDownButton1 下拉按鈕工具圖示

① 如下圖，先選取 statusStrip1 的 下拉鈕，接著再由清單中選取「DropDownButton」，表示在狀態列內建立 toolStripDropDownButton1 下拉圖示按鈕。

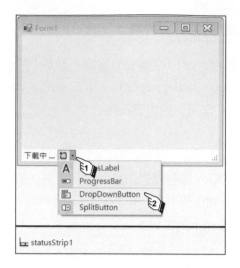

② 接著依下圖操作在下拉按鈕圖示加入「第一張」功能選項。

 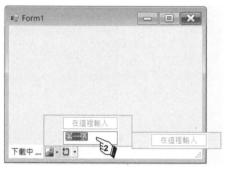

③ 重複上面步驟，繼續在 [在這裡輸入] 圖示內輸入「上一張」、「下一張」、「最末張」功能選項。結果如下圖：

④ 依下圖操作將預設的下拉按鈕圖示 改為 圖示。

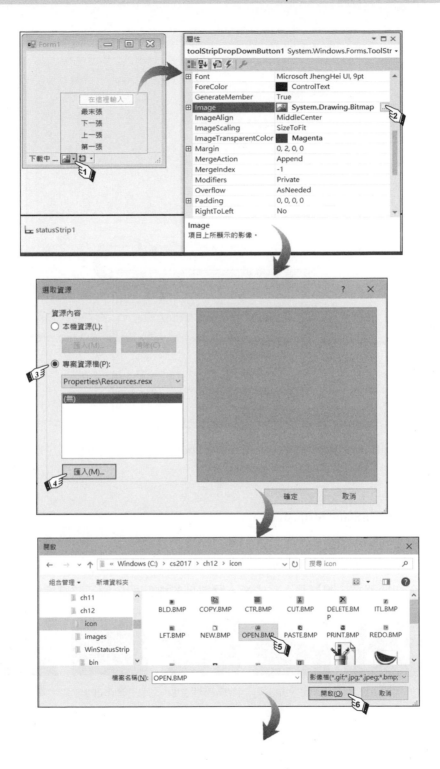

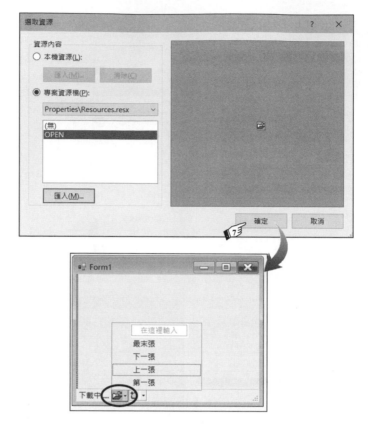

ToolStripProgressBar 和 ToolStripSplitButton 的建立方式也相同，所以就不再重複說明。

📥 **範例**：WinStatusStrip.sln

使用上面製作的狀態列來設計一個可切換圖片的程式。由狀態列的 📂 圖示開啟選項，接著點選「第一張」、「上一張」、「下一張」、「最末張」功能選項來切換圖檔。圖檔載入完成後，狀態列的標籤即會顯示該圖檔的名稱。

企鵝.jpg

沙漠.jpg

無尾熊.jpg

菊花.jpg

鬱金香.jpg

執行結果

按此圖示出現功能選項進行圖片切換

操作步驟

Step 01　先開啟「ch13\WinStatusStrip 範例練習檔」資料夾下的「WinStatusStrip.sln」方案檔。接著將書附範例 ch13\images 圖片資料夾下的「企鵝.jpg」、「沙漠.jpg」、「無尾熊.jpg」、「菊花.jpg」、「鬱金香.jpg」五張圖複製到目前專案的 bin\Debug 資料夾下，使上述圖檔能與專案產生的執行檔置於相同的路徑下，以方便程式撰寫與讀取。

Step 02　表單輸出入介面如下圖：

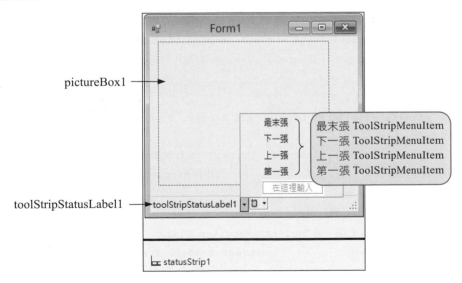

Step 03　撰寫程式碼

程式碼 FileName:Form1.cs

```
01 namespace WinStatusStrip
02 {
03    public partial class Form1 : Form
04    {
05        public Form1()
06        {
07            InitializeComponent();
08        }
09        // 宣告 num 整數變數用來記錄目前的圖片索引編號，0 表示第 1 張
10        int num = 0;
11
12        // 建立 photo 字串陣列用來存放照片的名稱
13        // 陣列元素索引範圍 photo[0]~photo[4]
14        string[] photo = new string[]
                { "企鵝", "沙漠", "無尾熊", "菊花", "鬱金香" };
15
16        // === 定義 ShowPic()方法，可在 pictureBox1 顯示目前的圖片
17        // 在 toolStripStatusLabel1 顯示目前的圖片名稱
18        void ShowPic()
19        {
20            // 在 pictureBox1 上顯示 photo[num]陣列元素的圖檔
21            pictureBox1.Image = new Bitmap(photo[num] + ".jpg");
22            toolStripStatusLabel1 .Text = $"圖片名稱：{photo[num]};
23        }
24        // === 表單載入時執行
25        private void Form1_Load(object sender, EventArgs e)
26        {
27            pictureBox1.SizeMode = PictureBoxSizeMode.StretchImage;
28            ShowPic();    // 呼叫 ShowPic 方法在 pictureBox1 顯示圖片
29        }
30        // === 按 [第一張] 執行
31        private void 第一張ToolStripMenuItem_Click
                            (object sender, EventArgs e)
32        {
33            num = 0;
```

```
34          ShowPic();
35      }
36      // === 按［上一張］執行
37      private void 上一張ToolStripMenuItem_Click
                            (object sender, EventArgs e)
38      {
39          num--;   // num 圖片索引編號減 1，表示顯示上一張
40          // 若 num 圖片索引編號小於 1，則另 num 由最後一張開始
41          if (num < 0)
42          {
43              num = photo.GetUpperBound(0);
44          }
45          ShowPic();
46      }
47      // === 按［下一張］執行
48      private void 下一張ToolStripMenuItem_Click
                            (object sender, EventArgs e)
49      {
50          num++;   // num 圖片索引編號加 1，表示顯示下一張
51          // 若 num 圖片索引編號大於最後一張圖的索引編號
52          // 則另 num 為 0，表示由第一張開始顯示
53          if (num > photo.GetUpperBound(0))
54          {
55              num = 0;
56          }
57          ShowPic();
58      }
59      // === 按［最末張］執行
60      private void 最末張ToolStripMenuItem_Click
                            (object sender, EventArgs e)
61      {
62          // 另 num 由最後一張索引編號開始
63          num = photo.GetUpperBound(0);
64          ShowPic();
65      }
66  }
67 }
```

13.5 MenuStrip 功能表控制項

Windows Forms App 應用程式工具箱內提供兩個和功能表相關的工具，分別是 MenuStrip 功能表和 ContextMenuStrip 快顯功能表，兩者都繼承至 ToolStrip 工具列控制項。其中 MenuStrip 功能表控制項能讓程式設計者可以輕鬆建立功能表，此功能表與 Microsoft Office 中所提供的功能表類似，將功能分門別類置於下拉式清單中，需要時才取用非常節省版面空間。MenuStrip 和表單一樣是一個容器控制項，各功能選項圖示可依需求由下列中選取：

1. MenuItem：此種選項前面可加勾選圖示、選項後面可加快速鍵，可建立多層功能選項。子選項可加分隔線來區隔選項。
2. ComboBox：此種選項可建立下拉式清單，只可建立一層清單選項。
3. TextBox：允許輸入文字。

一. MenuStrip 功能表內功能項目常用成員

成員名稱	說明
Checked 屬性 (預設值 False)	項目前面是否以勾號顯示，如下圖： 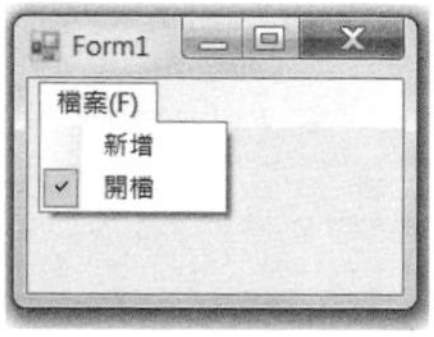 若為 False 表示不顯示勾號，若為 True 則顯示勾號。
ShowShortcutKey 屬性 (預設值 True)	設定是否顯示快捷鍵。
ShortcutKey 屬性	用來設定功能表項目右邊的快速鍵。快速鍵由 Ctrl 、 ⇧ Shift 、 Alt 鍵配合清單中指定的按鍵組合而成。譬如：[檔案/開檔] 是按 Alt + F 鍵相當於用滑鼠點選 [檔案/開檔]功能選項，此快捷鍵有效必須先將 ShortCut 屬性設為 True。設定方式如下：

成員名稱	說明
	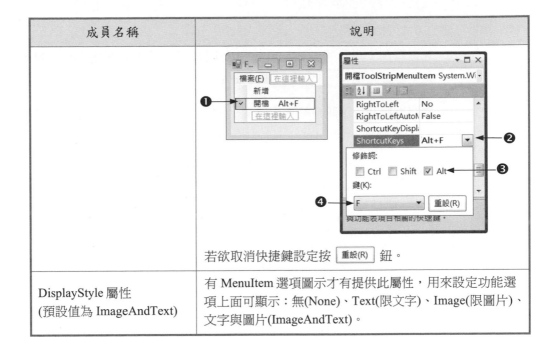 若欲取消快捷鍵設定按 [重設(R)] 鈕。
DisplayStyle 屬性 (預設值為 ImageAndText)	有 MenuItem 選項圖示才有提供此屬性，用來設定功能選項上面可顯示：無(None)、Text(限文字)、Image(限圖片)、文字與圖片(ImageAndText)。

二. MenuStrup 功能表控制項的建立

操作步驟

Step 01　在工具箱中 [▤ MenuStrip] 功能表工具上快按兩下，會在目前表單的正下方產生一個名稱為 menuStrip1 功能表控制項。

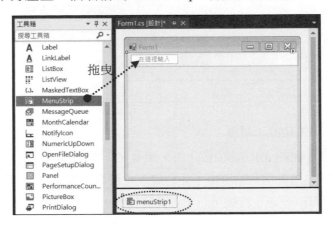

Step 02 建立功能表的項目：

① 先選取在上圖表單正下方 menuStrip1 控制項，此時位於表單標題欄的正下方會產生 在這裡輸入 提示訊息。

② 接著直接在提示訊息輸入「檔案」，此舉相當於更改物件屬性視窗中的 Text 屬性。

③ 完成上述設定之後，功能表選項物件的 Name 屬性會更名為「檔案 ToolStripMenuItem」，Text 屬性更改為「檔案」。

Step 03 建立檔案功能子選項：

① 在 [檔案] 功能選項按一下，接著在下方出現的 在這裡輸入 上按一下，出現插入點游標，分別鍵入『新增(&N)』、『開檔(&N)』 兩子選項，「&」符號可將下一個字元加上底線。

② 欲設定 [檔案/新增] 功能子選項擁有 **Ctrl** + **N** 快速鍵，做法是先選取「新增」功能子選項，接著到屬性視窗的「ShortCutKeys」屬性上按一下，由出現的下拉鈕上按一下，勾選「Ctrl」，按鍵選『N』。

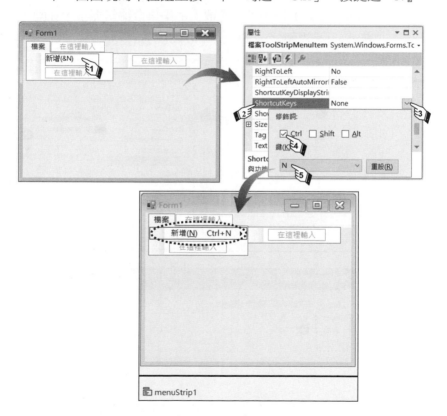

在功能表內加入 ComboBox 下拉式清單功能表項目。

① 依照下面圖示操作，先在下拉鈕按一下，由出現的清單中選取「ComboBox」選項，此時會出現 ComboBox 下拉式清單。

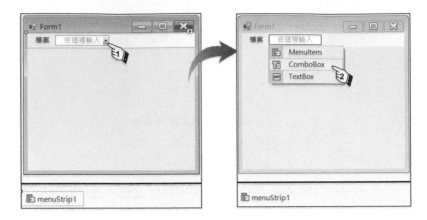

② 選取新產生的下拉式清單，由對應的屬性視窗中，在 Items 屬性(集合)
右邊的 ⋯ 鈕上按一下，開啟「字串集合編輯器」，在輸入框中輸入
「剪下」、「複製」、「貼上」，最後按 確定 鈕完成清單項目設定。

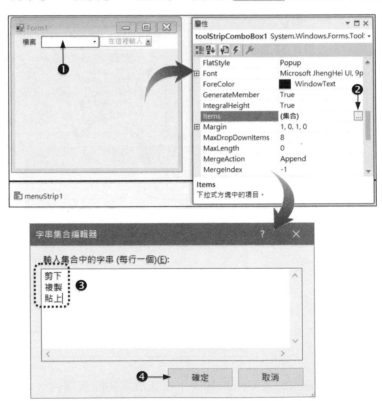

③ 將下圖下拉式清單 Text 屬性設為 "編輯"。由於下拉式清單寬度太寬，
透過 Size 屬性將寬度調窄，由原本的(121,20)改成(75,27)。

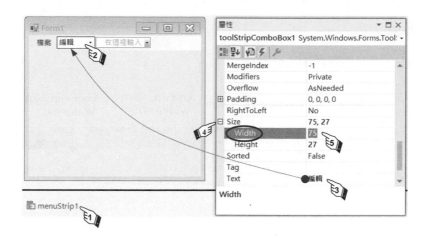

📥 **範例** ：WinMenuStrip.sln

使用豐富文字方塊與 MenuStrip 功能表控制項製作下列記事本程式，功能說明：

① [檔案(F)/開檔]：將 GOTOP.rtf 檔的內容載入到豐富文字方塊內。

② [檔案(F)/存檔]：將豐富文字方塊的內容寫回 GOTOP.rft 檔內。

③ [檔案(F)/清除]：將豐富文字方塊的內容全部清除。

④ [檔案(F)/結束]：結束程式。

⑤ [項目符號] ：將選取的文字建立項目符號清單。

⑥ 字型大小下拉式清單：定選取文字的字型大小，有 9(預設)、10、12、14、16 字型大小可供選擇。

⑦ 字型色彩下拉式清單：設定選取文字前景色有黑(預設)、紅、綠、藍四種。

執行結果

操作步驟

Step 01 設計表單輸出入介面：

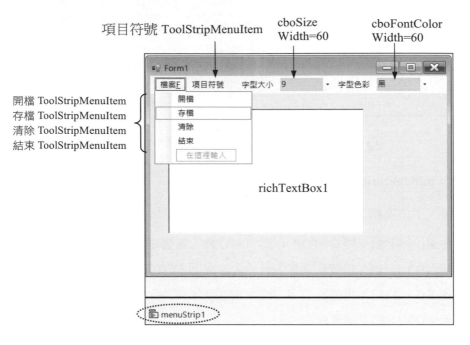

Step 02 撰寫程式碼

程式碼 FileName:Form1.cs

```
01 namespace WinMenuStrip
02 {
03     public partial class Form1 : Form
04     {
05         public Form1()
06         {
07             InitializeComponent();
08         }
09         // ===  表單載入時執行
10         private void Form1_Load(object sender, EventArgs e)
11         {
12             // 豐富文字方塊填滿整個表單
13             richTextBox1.Dock = DockStyle.Fill;
14         }
```

```
15          // ===  執行功能表的 ［檔案/開檔］ 指令執行
16          private void 開檔ToolStripMenuItem_Click(object sender, EventArgs e)
17          {
18              // 使用 try{...}catch{...}來補捉沒有檔案可能發生的例外
19              try
20              {
21                  // 將 test.rtf 檔的內容載入到 richTextBox1 豐富文字方塊內
22                  richTextBox1.LoadFile("GOTOP.rtf",
                            RichTextBoxStreamType.RichText);
23              }
24              catch (Exception ex)
25              {
26                  MessageBox.Show(ex.Message);
27              }
28          }
29          // ===  執行功能表的 ［檔案/存檔］ 指令執行
30          private void 存檔ToolStripMenuItem_Click(object sender, EventArgs e)
31          {
32              // 將 richTextBox1 豐富文字方塊內的資料儲存到 test.rtf 檔
33              richTextBox1.SaveFile("GOTOP.rtf", RichTextBoxStreamType.RichText);
34          }
35          // ===  執行功能表的 ［檔案/清除］ 指令執行
36          private void 清除ToolStripMenuItem_Click(object sender, EventArgs e)
37          {
38              richTextBox1.Clear();
39          }
40          // ===  執行功能表的 ［檔案/結束］ 指令執行
41          private void 結束ToolStripMenuItem_Click(object sender, EventArgs e)
42          {
43              Application.Exit();
44          }
45          // 執行功能表的 ［項目符號］ 指令執行
46          private void 項目符號ToolStripMenuItem_Click(object sender, EventArgs e)
47          {
48              richTextBox1.SelectionBullet = !richTextBox1.SelectionBullet;
49          }
50          // ===  字型大小下拉式清單 SelectedIndex 屬性改變時即選取清單時執行
51          private void cboSize_SelectedIndexChanged    (object sender, EventArgs e)
```

```
52          {
53              // 設定選取字型的樣式
54              richTextBox1.SelectionFont =
                        new Font(richTextBox1.Font.FontFamily.ToString(),
                            float.Parse(cboSize.Text), richTextBox1.Font.Style);
55          }
56      // === 字型色彩下拉式清單 SelectedIndex 屬性值改變即選取下拉式清單時執行
57      private void cboFontColor_SelectedIndexChanged(object sender,EventArgs e)
58          {
59              if (cboFontColor.Text == "黑")
60              {
61                  richTextBox1.SelectionColor = Color.Black;
62              }
63              else if (cboFontColor.Text == "紅")
64              {
65                  richTextBox1.SelectionColor = Color.Red ;
66              }
67              else if (cboFontColor.Text == "綠")
68              {
69                  richTextBox1.SelectionColor = Color.Green ;
70              }
71              else if (cboFontColor.Text == "藍")
72              {
73                  richTextBox1.SelectionColor = Color.Blue ;
74              }
75          }
76      }
77 }
```

13.6 ContextMenuStrip 快顯功能表控制項

當使用 Windows 應用程式時，常可在某個物件上壓滑鼠右鍵出現快顯功能表，快顯功能表中會列出該物件相關功能供快速選取。各種物件因性質不同，可以有不同的快顯功能表。使用工具箱內的 ContextMenuStrip 工具，可以來製作快顯功能表。當在表單中建立 ContextMenuStrip 控制項後，可以將該控制項繫結到表單中具有 ContextMenuStrip 屬性的控制項(例如 Label、TextBox、Form…等)。同一表單中允許建立多個不同的 ContextMenuStrip 控制項,其他控制項可以從 ContextMenuStrip 屬性的的下拉式清單中,選取對應的 ContextMenuStrip 控制項,執行時就可顯示快顯功能表。ContextMenuStrip 和 MenuStrip 控制項一樣是個容器,是由 MenuItem、ComboBox、Seperator、TextBox 等物件所組成,這些物件即是構成 ContextMenuStrip 快顯功能表架構中的各子功能項目。

在 Windows Forms App 應用程式的某些控制項上壓滑鼠右鍵,會出現快顯功能表。譬如欲對一個 TextBox 文字方塊控制項建立一個具有刪除、複製、貼上功能的快顯功能表,其建立方式如下:

操作步驟

Step 01　建立快顯功能表控制項

在工具箱中的 □ ContextMenuStrip 工具上快按兩下,會在目前表單的正下方產生一個名稱為 contextMenuStrip1 的控制項。

Step 02　編輯快顯功能表的功能項目

① 當使用滑鼠選取 contextMenuStrip1 控制項時,在表單標題欄正下方會產生「ContextMentStrip」提示訊息,在其下方會出現 在這裡輸入 ,當移動滑鼠到 在這裡輸入 上面會變成 在這裡輸入▾ ,在下拉鈕上按一下會出現如 ToolStrip 和 MenuStrip 一樣的設定功能選項的類別清單。

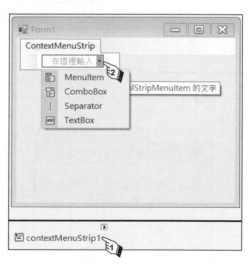

② 比照 MenuStrip 的操作方式，在 contextMenuItem1 內建立剪下、複製、貼上三個功能選項。

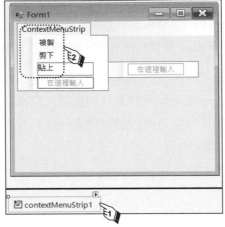

③ 在表單上建立 textBox1 控制項，並在 textBox1 控制項的屬性視窗中選取 ContextMenuStrip 屬性，接著按下拉鈕從出現的清單中選取 contextMenuStrip1，使 textBox1 控制項連結到 contextMenuStrip1。

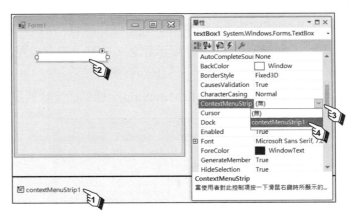

④ 執行結果如下：

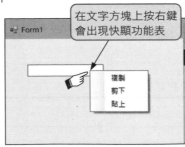

📥 **範例**：WinContextMenuStrip.sln

延續 WinMenuStrip.sln 範例，當在 richTextBox1 豐富文字方塊上按滑鼠右鍵時會出現快顯功能表，此功能表有剪下、複製、貼上的功能選項。

執行結果

操作步驟

Step 01 設計表單的輸出入介面

延續上一範例，開啟「ch13\WinContextMenuStrip 範例練習檔」資料夾下的 WinContextMenuStrip.sln 方案檔，在表單上面新增 contextMenuStrip1 快顯功能表，然後新增「複製」、「貼上」、「剪下」功能選項。

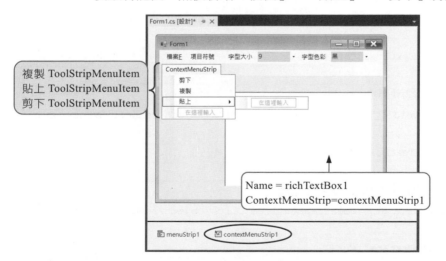

接著將 richTextBox1 豐富文字方塊控制項的 ContextMenuStrip 屬性設為 contextMenuStrip1，使得 richTextBox1 與 contextMenuStrip1 兩者產生關聯。

Step 02 撰寫程式碼

延續 WinMenuStrip.sln，新增「複製」、「貼上」、「剪下」功能選項的
Click 事件處理函式。下列程式碼只列新增的部分，加在原來程式後面。

程式碼 FileName:Form1.cs

原 WinMenuStrip.sln 程式碼

```
01      // === 執行快顯功能表 [複製] 指令
02      private void 複製ToolStripMenuItem_Click(object sender, EventArgs e)
03      {
04          richTextBox1.Copy();
05      }
06      // === 執行快顯功能表 [貼上] 指令
07      private void 貼上ToolStripMenuItem_Click(object sender, EventArgs e)
08      {
09          richTextBox1.Paste();
10      }
11      // === 執行快顯功能表 [剪下] 指令
12      private void 剪下ToolStripMenuItem_Click(object sender, EventArgs e)
13      {
14          richTextBox1.Cut();
15      }
```

滑鼠鍵盤與共用事件

14.1 鍵盤事件

　　目前個人電腦的主要輸入工具不外是滑鼠與鍵盤。滑鼠是能在螢幕上做選取和快速定位的工具，至於鍵盤主要是用來輸入文字資料。程式中靈活運用滑鼠與鍵盤所提供事件，可使得程式生動不少。譬如：在應用程式中對 TextBox 文字方塊控制項操作鍵盤，可以判斷是按下哪個按鍵；或是用較特殊的按鍵、組合按鍵、或按上、下、左、右鍵來移動物件。以及按空白鍵不放開時發射子彈，放開按鍵時結束發射子彈。以上這些動作，都必須透過鍵盤事件來處理。C# 提供下面三個常用的鍵盤事件，可輕易地完成鍵盤的處理工作：

事件名稱	說明
KeyPress	在指定物件上收到由鍵盤按下的字鍵。僅能回應按鍵動作，無法判斷目前按鍵是否按住或放開。
KeyDown	在指定物件上偵測到鍵盤有鍵被按住。
KeyUp	在指定物件上偵測到鍵盤上被按住的鍵已放開。

 要使某個物件(或稱控制項)產生 KeyDown 事件、KeyUp 事件或 KeyPress 事件，先要讓該物件取得駐點(或稱控制權)，即變成作用物件，才能接受鍵盤事件。

14.1.1 KeyPress 事件

當在鍵盤上做按鍵的動作時，若該按鍵是屬於非字元按鍵(Non-character Keys)是無法觸動 KeyPress 事件。但空白鍵、倒退鍵、Enter 鍵…等雖然是非字元按鍵，仍允許觸動 KeyPress 事件，由於字元按鍵(Character Keys)具有 KeyAscii 碼，所以允許觸動 KeyPress 事件。要注意在指定物件上按下字元按鍵，會觸動該物件的 KeyPress 事件，但是 KeyPress 事件僅能偵測按到哪個按鍵，無法判斷該按鍵是否按住或放開，此時必須透過 KeyDown 和 KeyUp 事件才能處理。所以欲處理非字元按鍵，可透過 KeyDown 和 KeyUp 事件。下表是允許觸動 KeyPress 事件的有效按鍵：

有效的字元按鍵	KeyAscii 碼
可顯示(有效)的鍵盤字元	33 ~ 126
Ctrl + A 至 Ctrl + Z	1 ~ 26
Enter↵ 和 Ctrl + Enter↵	13 和 10
Backspace 和 Ctrl + Backspace	8(倒退鍵) 和 127
空白鍵	32

注意

1. 字元按鍵 (ASCII 碼：33 ~126)：

   !、"、#、$、%、&、'、(、)、*、+、,、-、.、/、0~9、:、;、<、=、>、?、@、A~Z、[、\、]、^、-、`、a~z、{、|、}、~ 共計 94 個字元按鍵。

2. KeyPress 事件無法偵測到下列的非字元按鍵：

   TAB、INSERT 、DELETE、HOME、END、PGUP、PGDN、F1 ~F12 功能鍵 ALT、 上、下、左、右鍵。

KeyPress 事件的語法：

語法
```
private void 物件_KeyPress(object sender, KeyPressEventArgs e)
{
      ⋮
}
```

語法說明

1. 在 .NET 應用程式控制項的所有事件處理函式，都必須傳入兩個引數，第一個傳入的 sender 引數，是代表觸發事件的物件，以便在函式中知道觸發來源；第二個傳入的 e 引數用來存放該事件的相關資料。各種控制項所傳入的事件引數可能不同，例如 KeyPress 事件的寫法引數，就和表單 Load 事件不同。

2. 在 KeyPress 事件處理函式中，透過 e.KeyChar 可取得按鍵字元的鍵值，其資料型別為字元(char)。當按下 A 鍵時，會透過 e.KeyChar 傳回小寫 a；按 ⇧ Shift + A 則傳回大寫 A。透過(byte)e.KeyChar 敘述，傳回該按鍵的 ASCII 值分別為 97 和 65。(檔名：WinKeyPressTest.sln)。

   MessageBox.Show($"{e.KeyChar}字元的ASCII值為{(byte)e.KeyChar}");

3. 在 KeyPress 事件處理函式中，可以利用 e.Handled 屬性來設定是否接受鍵盤在該控制項所輸入的字元。若將 e 的 e.Handled 屬性值設為 true 時，表示不接受輸入的字元。

4. 當在文字方塊鍵入一個字元，會先觸動該文字方塊的 KeyPress 事件，接著才會觸動 TextChanged 事件。所以可藉由事件發生的先後，先在 KeyPress 事件內檢查輸入的字元是否正確。若不正確就設 e.Handled=true，便可使得該輸入的字元失效，游標返回原處，該字元不會顯示在文字方塊內。此時文字方塊的內容被視為未改變，所以不會觸發 TextChanged 事件。若輸入的字元正確，文字方塊的內容有改變，會在執行完鍵盤事件後才執行 TextChange 事件。

簡例

1. 如何在 KeyPress 事件中判斷所輸入的字元是 <Enter>鍵，有下列三種寫法：

   ```
   if (e.KeyChar == (char)13)
   if (e.KeyChar == 13)
   if (e.KeyChar == (char)Keys.Enter)
   ```

2. 如何在 KeyPress 事件中判斷所輸入的字元是數字 0~9

   ```
   if (e.KeyChar >= '0' && e.KeyChar <= '9')
   ```

3. 如何在 KeyPress 事件中判斷所輸入的字元不是數字 0~9

   ```
   if (e.KeyChar < '0' || e.KeyChar > '9')
   ```

⊙ **範例** ：WinKeyPress.sln

設計輸入產品資料的程式，其中 TextBox 文字方塊控制項必須能過濾字元。「產品編號」的文字方塊只能輸入六個字元，且具有過濾字元的功能。除允許倒退鍵外，第一個字元限輸入英文字母(自動轉為大寫)，第 2~5 個字元只限輸入文數字。「單價」和「數量」文字方塊，僅限輸入數字 0~9 和倒退鍵。

執行結果

操作步驟

| Step 01 | 表單輸出入介面如下圖：

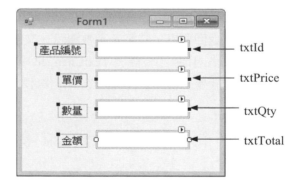

| Step 02 | 撰寫程式碼

程式碼 FileName:Form1.cs

```
01 namespace WinKeyPress
02 {
03     public partial class Form1 : Form
04     {
05         public Form1()
```

06	{
07	InitializeComponent();
08	}
09	// ===　表單載入時執行
10	private void Form1_Load(object sender, EventArgs e)
11	{
12	txtPrice.Text = "0";
13	txtQty.Text = "0";
14	txtTotal.Text = "0";
15	txtTotal.ReadOnly = true;
16	}
17	// txtId 產品編號文字方塊的 Text 屬性改變時執行
18	private void txtId_TextChanged(object sender, EventArgs e)
19	{
20	int Loc = txtId.SelectionStart;　　　// 儲存目前游標位置
21	// 當字母轉成大寫指定給 txtId.Text 時游標移到字串最後
22	txtId.Text = txtId.Text.ToUpper();
23	txtId.SelectionStart = Loc;　　　　// 將游標還原到原來位置
24	}
25	// ===　在 txtId 產品編號文字方塊按鍵後再放開時執行
26	private void txtId_KeyPress(object sender, KeyPressEventArgs e)
27	{
28	if (txtId.Text.Length < 6)//檢查輸入的產品編號長度是否超過六個字元
29	{
30	if (txtId.SelectionStart == 0)//檢查輸入的第一個字元是否為字母
31	{　//將輸入的字母轉成大寫
32	string S = e.KeyChar.ToString().ToUpper();
33	if (S.CompareTo("A") < 0 || S.CompareTo("Z") > 0)
34	{
35	// 若輸入的第一個字元不是字母,取消輸入字元不顯示,游標停在原處
36	e.Handled = true;
37	}
38	}
39	else // 若輸入的字元是第 2 個(含)以後的字元執行此段程式碼
40	{
41	if (e.KeyChar.CompareTo('0') < 0 || e.KeyChar.CompareTo('9') > 0)
42	{

```
43                      if (e.KeyChar!='\b')//若輸入的字元非數字且不是倒退鍵
44                      {
45                          e.Handled=true;//取消輸入字元不顯示,游標停在原處
46                      }
47                  }
48              }
49          }
50          else     //若輸的字元的長度超過6個字元執行此區段程式碼
51          {
52              if (e.KeyChar!='\b')//若是倒退鍵,取消輸入字元不顯示,游標停在原處
53              {
54                  e.Handled = true;
55              }
56          }
57      }
58      // ===  txtPrice 單價文字方塊的 Text 屬性改變時執行
59      private void txtPrice_TextChanged(object sender, EventArgs e)
60      {
61          try
62          {
63              int price = int.Parse(txtPrice.Text);
64              int qty = int.Parse(txtQty.Text);
65              txtTotal.Text = $"{price * qty}";
66          }
67          catch b    //若輸入的資料有誤執行此空區段程式碼,不處理所發生的錯誤
68          { }
69      }
70      // === 在 txtPrice 單價文字方塊按鍵後再放開時執行
71      private void txtPrice_KeyPress(object sender, KeyPressEventArgs e)
72      {
73          //若輸入的字元是非數字且不是倒退鍵
74          if ((e.KeyChar < '0' || e.KeyChar > '9') && (e.KeyChar != '\b'))
75          {
76              e.Handled = true;   //取消輸入字元不顯示,游標停在原處
77          }
78      }
79      // === txtQty 數量文字方塊的 Text 屬性改變時執行
80      private void txtQty_TextChanged(object sender, EventArgs e)
```

81	{
82	try
83	{
84	int price = int.Parse(txtPrice.Text);
85	int qty = int.Parse(txtQty.Text);
86	txtTotal.Text = $"{price * qty}";
87	}
88	catch
89	{ }
90	}
91	// === 在 txtQty 數量文字方塊按鍵後再放開時執行
92	private void txtQty_KeyPress(object sender, KeyPressEventArgs e)
93	{
94	if ((e.KeyChar < '0' || e.KeyChar > '9') && (e.KeyChar != '\b'))
95	{
96	e.Handled = true; // 輸入不合法字元游標停留原處
97	}
98	}
99	}
100	}

説明

1. 第 20 行：使用 SelectionStart 屬性取得文字方塊內插入點的位置，插入點在最左的位置會傳回 0，在第 1,2 個字中間會傳回 1，在第 2,3 的字中間會傳回 2…，其他以此類推。

2. 第 26-57 行：在 txtId 產品編號文字方塊內按鍵，會觸動 KeyPress 事件。

3. 第 28 行：判斷輸入 txtId 產品編號文字方塊的字數是否小於 6。若成立則執行第 30-48 行程式；若不成立則執行第 52-55 行程式。

4. 第 30-48 行：使 txtId 產品編號文字方塊第一個字必須輸入英文，第二至第五個字必須輸入數字。

5. 第 32 行：將第一個鍵入的英文字母轉成大寫的英文字母。

6. 第 41-47 行：若 txtId 產品編號文字方塊已經輸入一個英文字，接著會執行此行，判斷使用者是否輸入 0~9 或倒退鍵('\b')？若不是輸入 0~9 或倒退鍵('\b')，則設定 e.Handled=true，使得所鍵入的字元不會置入 txtId 產品編號文字方塊中。

7. 第 59-69 行：在 txtPrice 單價文字方塊輸入字元是數字時，會觸動 txtPrice 的 TextChanged 事件，將目前單價和數量相乘結果顯示在 txtTotal 文字方塊控制項。

14.1.2 KeyDown 和 KeyUp 事件

在電腦射擊遊戲中，當按下某個按鍵不放時用來發射子彈；當放開按鍵時停止發射子彈。像這樣完成一個按鍵動作就會做兩件事情，所以必須將發射子彈的程式寫在 KeyDown 事件內；而將停止發射子彈的程式寫在 KeyUp 事件中。KeyDown 與 KeyUp 事件的功能說明如下：

> **語法**
>
> ```
> private void 物件_KeyDown(object sender, KeyEventArgs e)
> ```
> 當按下鍵盤某個按鍵不放時會觸動 KeyDown 事件。

> **語法**
>
> ```
> private void 物件_KeyUp(object sender, KeyEventArgs e)
> ```
> 當放開目前被按下的按鍵時會觸動 KeyUp 事件。

語法說明

在 KeyDown 與 KeyUp 事件處理函式中，若按下或放開按鍵能被偵測到，即表示該按鍵擁有鍵值碼 KeyCode。可以透過事件處理函式內的第二個引數 e 來取得該按鍵的相關訊息。譬如：使用 e.KeyCode 來取得按鍵的鍵值。也可透過 e.KeyValue 來取得該字元的 KeyCode。

[例 1] 判定是否按<Enter>鍵？

```
if (e.KeyCode == Keys.Enter)
```

[例 2] 判定是否按數字鍵？

```
if (e.KeyCode >= Keys.D0 && e.KeyCode <= Keys.D9)
```

[例 3] 判定是否按非數字鍵？

```
if (e.KeyCode < Keys.D0 || e.KeyCode > Keys.D9)
```

[例4] 如何偵測是否同時按 <Alt> 鍵和 <Q> 鍵

```
if (e.Alt && e.KeyCode == Keys.Q)
```

[例5] 在txtKeyDown文字方塊控制項上按任意鍵，會觸動該控制項的KeyDown事件，在該事件內設在lblKey標籤控制項上顯示該按鍵的Keys 列舉常數和對應的KeyValue鍵值。(檔名：WinKeyDownTest.sln)

```
private void txtKeyDown_KeyDown(object sender, KeyEventArgs e)
{
    lblKey.Text=($"現在按 <{e.KeyCode}> 鍵，KeyCode:{e.KeyValue}");
}
```

可透過下表 Keys 列舉常數來表示該字元：

常用按鍵字元	KeyValue 鍵值	Keys.列舉常數
A ～ Z (大小寫字母)	65 ～ 90	Keys.A ～ Keys.Z
0 ～ 9 (上方數字鍵)	48 ～ 57	Keys.D0 ～ Keys.D9
0 ～ 9 (右側數字鍵)	96 ～ 105	Keys.NumPad0 ～ Keys.NumPad9
F1 ～ F12	112 ～ 123	Keys.F1 ～ Keys.F12
↑、↓	38、40	Keys.Up、Keys.Down
←、→	37、39	Keys.Left 、Keys.Right
Enter↵	13	Keys.Enter
空白鍵	32	Keys.Space
⇧ Shift	16	Keys.ShiftKey
Ctrl	17	Keys.ControlKey
Alt	18	Keys.AltKey
Esc	27	Keys.Escape
Backspace	8	Keys.Back
Home	36	Keys.Home
End	35	Keys.End
PgUp、PgDn	33、34	Keys.PageUp、Keys.PageDown
Ins	45	Keys.Insert
Del	46	Keys.Delete
Caps Lock	20	Keys.Capital
Num Lock	144	Keys.NumLock

註

1. KeyUp 和 KeyDown 事件處理函式能處理 KeyPress 事件所無法處理的按鍵，例如功能鍵、編輯鍵和組合鍵。

2. KeyPress 事件可以傳回一個字元的 ASCII 鍵碼，但無法得知目前鍵盤是持續按著，還是按一下就放開。

3. 在鍵盤上鍵入一個字元完畢，會觸動上面三個事件，其發生順序為：KeyDown 事件，接著為 KeyPress 事件，最後是 KeyUp 事件。

簡例

如何在textBox1文字方塊控制項上面輸入資料，當按下 <Enter> 鍵，就將插入點游標移到button1按鈕控制項上面，並自動執行(觸動) button1 按鈕控制項的 Click事件。其寫法如下：

```
// 檔名：WinKeyDownGoToClick.sln
// 當文字方塊鍵入資料時會觸動此事件
private void textBox1_KeyDown(object sender, KeyEventArgs e)
{
    if (e.KeyCode == Keys.Enter)    // 另種寫法 if (e.KeyCode.ToString() == "Return")
    {
        button1.Focus();            // 將插入點游標(駐點)移到 button1按鈕控制項上
        button1_Click(sender, e);   // 執行 button1按鈕的 Click 事件
    }
}
// button1按鈕 被按下時觸動此事件
private void button1_Click(object sender, EventArgs e)
{
    MessageBox.Show(" Hi, Hello!");
}
```

範例：WinKeyUpDn.sln

利用上、下、左、右鍵來控制坦克圖片的移動。透過按鍵盤的 ↑ 、 ↓ 、 ← 、 → 方向鍵，來控制坦克圖片上、下、左、右移動的方向，當坦克圖片移動超過表單上、下、左、右邊界時，即會從相反的邊界進入。此外在表單的左下角會以英文字 Up、Down、Left、Right 來提示目前所按的方向鍵，並顯示該方向鍵的掃描碼。

執行結果

1. 在上圖按 → 鍵，圖片向右移動，並在左下角顯示 Right 鍵和其掃描碼 39。

2. 當坦克圖片移動超出表單上、下、左、右邊界時會從相反的邊界移入。例如：坦克圖片移動到表單右邊界外時，馬上會從左邊界出現往右移動。

3. 若放開方向鍵，則圖片立即返回起始位置。

4. 若所按的鍵不是 ⬆️ 、⬇️ 、⬅️ 、➡️ 鍵時，只要該按鍵具有掃描碼，會在左下角顯示該按鍵的鍵值。

操作步驟

Step 01　設計表單的輸出入介面：

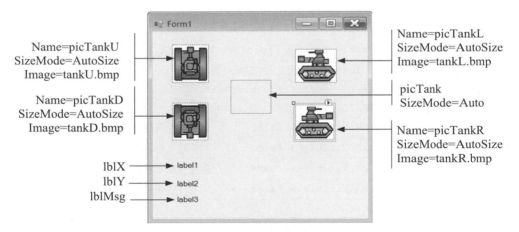

> 註　將書附範例 ch14 資料夾下的 tankU.bmp、tankD.bmp、tankL.bmp、tankR.bmp 四個坦克圖檔指定給 picTankU、picTankD、picTankL、picTankR 圖片方塊控制項的 Image 屬性。

Step 02	撰寫程式碼

程式碼 FileName : Form1.cs

```
01 namespace WinKeyUpDn
02 {
03     public partial class Form1 : Form
04     {
05         public Form1()
06         {
07             InitializeComponent();
08         }
09
10         // 宣告 locX, locY 用來存放坦克車開始的座標
11         int locX, locY;
12
13         // ===   表單載入時執行
14         private void Form1_Load(object sender, EventArgs e)
15         {
16             // 取得 picTank 的 X, Y 座標並指定給 locX, locY
17             locX = picTank.Location.X;
18             locY = picTank.Location.Y;
19             lblX.Text = $"X 座標:{picTank.Location.X}";
20             lblY.Text = $"Y 座標:{picTank.Location.Y}";
21             lblMsg.Text = "請按上下左右鍵控制坦克！";
22             picTank.SizeMode = PictureBoxSizeMode.AutoSize;
23             picTank.Image = picTankU.Image;
24             picTankU.Visible = false;   // 坦克往上圖隱藏
25             picTankD.Visible = false;   // 坦克往下圖隱藏
26             picTankL.Visible = false;   // 坦克往左圖隱藏
27             picTankR.Visible = false;   // 坦克往右圖隱藏
28         }
29         // ===   在表單按下鍵盤不放時執行
30         private void Form1_KeyDown(object sender, KeyEventArgs e)
31         {
32             switch (e.KeyCode)
33             {
34                 case Keys.Up:        // 判斷是否按鍵盤上鍵
35                     picTank.Image = picTankU.Image;
```

```
36              if ((picTank.Top + picTank.Height) <= 0)
37              {
38                  picTank.Top = this.Height;
39              }
40              else
41              {
42                  picTank.Top -= 10;
43              }
44              break;
45          case Keys.Down:        // 判斷是否按鍵盤下鍵
46              picTank.Image = picTankD.Image;
47              if (picTank.Top >= this.Height)
48              {
49                  picTank.Top = 0 - picTank.Height;
50              }
51              else
52              {
53                  picTank.Top += 10;
54              }
55              break;
56          case Keys.Left:        // 判斷是否按鍵盤左鍵
57              picTank.Image = picTankL.Image;
58              if (picTank.Width + picTank.Left <= 0)
59              {
60                  picTank.Left = this.Width;
61              }
62              else
63              {
64                  picTank.Left -= 10;
65              }
66              break;
67          case Keys.Right:       // 判斷是否按鍵盤右鍵
68              picTank.Image = picTankR.Image;
69              if (picTank.Left >= this.Width)
70              {
71                  picTank.Left = 0 - picTank.Width;
72              }
73              else
74              {
```

75	`                    picTank.Left += 10;`
76	`                }`
77	`                break;`
78	`        }`
79	`        lblX.Text = $"X 座標:{picTank.Location.X}";`
80	`        lblY.Text = $"Y 座標:{picTank.Location.Y}";`
81	`        lblMsg.Text = = $"現在按下{e.KeyCode}鍵,鍵值為:{e.KeyValue}!!";`
82	`    }`
83	`    // === 在表單放開鍵盤的按鍵時執行`
84	`    private void Form1_KeyUp(object sender, KeyEventArgs e)`
85	`    {`
86	`        lblX.Text = $"X 座標:{picTank.Location.X}";`
87	`        lblY.Text = $"Y 座標:{picTank.Location.Y}";`
88	`        lblMsg.Text = "請按上下左右鍵控制坦克!";`
89	`    }`
90	`}`
91	`}`

說明

1. 第 11 行:宣告 locX,locY 用來存放坦克車開始的座標。

2. 第 14-28 行:表單載入時執行 Form1_Load 事件處理函式,此時即將 picTank 圖片距視窗左邊的距離(picTank.Left)與距視窗上方的距離(picTank.Top)分別存至 lblX 與 lblY 標籤中,接著第 23 行將砲口朝上的坦克圖片(picTankU)置入 picTank 圖片方塊中。第 24-27 行將載入的四個方向的坦克隱藏。

3. 第 30-82 行:當按下鍵盤的按鍵不放時,因為在表單上沒有可取得駐點(或稱控制權)的物件,所以會觸動表單的 Form1_KeyDown 事件處理函式。由 e.KeyCode 屬性取得被按下鍵的掃描碼,並透過 e.KeyCode 來判斷 picTank 坦克車應向上、向下、向左或向右移動,且每次移動 10 點。

4. 第 34-44 行:判斷坦克是否超過表單的最上邊界。若成立,則坦克車由表單最下邊界跑出繼續往上移動,若不成立,則坦克由目前所在的位置繼續往上移動。

5. 第 45-55 行:判斷坦克是否超過表單的最下邊界。若成立,則坦克車由表單最上邊界出現往下移動,若不成立,則坦克由目前所在的位置繼續往下移動。

6. 第 56-66 行：判斷坦克是否超過表單的最左邊界。若成立則坦克車由表單最右邊界出現往左移動；若不成立則坦克由目前所在的位置繼續往左移動。

7. 第 67-77 行：判斷坦克是否超過表單的最右邊界。若成立則坦克車由表單最左邊界出現往右移動；若不成立則坦克由目前所在的位置繼續往右移動。

8. 第 81 行：按下鍵盤的意義可由 e.KeyCode 屬性讀取。而 e.KeyValue 屬性可讀取掃描碼的數值資料。

9. 第 84-89 行：當放開被按下的按鍵時，馬上執行表單的 Form1_KeyUp 事件處理函式，並在標籤上顯示 "請按上下左右鍵控制坦克！"。

10. Keys.Up、Keys.Down、Keys.Left、Keys.Right 為系統內定的按鍵掃描碼常數，其常數值分別為 38、40、37、39。

14.2 滑鼠事件

14.2.1 滑鼠事件簡介

在 Windows Forms App 應用程式的環境下，使用滑鼠操作可讓使用者能很輕易地點取各種選項和按鈕、移動物件的圖示和插入點、編輯文件或是執行各種應用程式。這些動作都可以交由下列八個滑鼠事件來處理：

事件名稱	說明
Click	在物件上按滑鼠左鍵一下。
DoubleClick	在物件上快按滑鼠左鍵兩下。
MouseDown	在物件上偵測到有滑鼠鍵被按住。
MouseEnter	滑鼠指標進入物件的範圍內會觸發此事件。
MouseHover	滑鼠指標停駐在物件上會觸發此事件。
MouseLeave	滑鼠指標離開物件時會觸發此事件。
MouseMove	在物件上偵測到滑鼠正在移動。
MouseUp	在物件上偵測到已按住之滑鼠鍵被放開。

當移動滑鼠游標到表單的控制項上面，若有操作上表的滑鼠動作，便會觸動該控制項所對應的滑鼠事件；反之，若滑鼠在表單沒有控制項的地方，則會觸動表單所對應的滑鼠事件。譬如：滑鼠指標移到 btnOk 按鈕控制項上按下滑鼠左鍵時，會觸動 btnOK 鈕的 MouseDown 事件，此時會執行 btnOK_MouseDown 事件處理函式。當將被按下的滑鼠左鍵放開時，會觸動 btnOK 的 MouseUp 及 Click 事件，此時會先執行 btnOK_MouseUp 事件處理函式，接著再執行 btnOK_Click 事件處理函式。所以按一下滑鼠左鍵，MouseDown、MouseUp 及 Click 事件處理函式內的程式碼都會被執行。

14.2.2 Click 與 DoubleClick 事件

當按下滑鼠左鍵再放開滑鼠的動作，就會觸動 Click（按一下）事件。例如：按一下「命令按鈕」來啟動相關的功能；亦可在表單中或任何型態的控制項上按一下來表示選取該「表單」或「控制項」。Click 事件的使用時機有下列三種：

1. 用來選取物件

   例如移動滑鼠指標到某個圖示上按一下，使圖示名稱反白，或從清單方塊中的某選項上按一下使該選項反白。

2. 使物件獲得控制權，以利由鍵盤鍵入資料

   例如移動滑鼠指標到文字方塊內，按一下滑鼠左鍵，使文字方塊內出現閃爍的插入點游標。

3. 執行指令

   例如按命令按鈕、圖示鈕或功能表內功能選項。

當快速按下滑鼠左鍵再放開滑鼠的動作連續兩次，就稱為 DoubleClick(按兩下)事件。DoubleClick 事件的使用時機如下：

1. 開啟資料夾視窗

   例如移動滑鼠到「我的電腦」圖示上快按滑鼠左鍵兩下，開啟「我的電腦」視窗。

2. 執行應用程式

   例如在資料夾視窗中有程式檔圖示與文件檔圖示。若用滑鼠指標在該程式檔圖示上快按兩下，即會執行該程式檔而開啟該程式視窗。若用滑鼠指標在該

文件檔圖示上快按兩下，則會開啟能處理該資料檔的程式視窗，並將該文件檔的資料顯示在程式視窗的編輯區內。

3. 快速選取清單方塊選項

例如在「開啟舊檔」對話方塊中，在某檔案名稱上快按滑鼠左鍵兩下，則可直接開啟該檔案，而不必按 開啟(O) 鈕。

14.2.3 MouseDown、MouseUp 與 Click 事件

若在滑鼠任一鍵上按下不放，會馬上觸動 MouseDown 事件。當滑鼠鍵由按下的狀態放開，馬上觸動 MouseUp 事件。當按下滑鼠左鍵再放開，會依序觸動 MouseDown、MouseUp 和 Click 三個事件。無論滑鼠是否有被按下，只要移動滑鼠會觸動 MouseMove 事件。在滑鼠事件中透過 e.Button 來判斷按下哪個滑鼠鍵，說明如下：

1. 若是按滑鼠左鍵，則 e.Button == MouseButtons.Left
2. 若是按滑鼠中鍵，則 e.Button == MouseButtons.Middle
3. 若是按滑鼠右鍵，則 e.Button == MouseButtons.Right

滑鼠指標的位置是由 e.X 與 e.Y 取得。當滑鼠指標位於表單的控制項上，則由 e.X 與 e.Y 取得的滑鼠指標的位置，是指在該控制項上的位置，即以該控制項的左上角為滑鼠指標的原點，X 座標向右為正、Y 座標向下為正。若滑鼠不在表單的控制項上，則由 e.X 與 e.Y 取得的滑鼠指標的位置，是指在表單上的位置，即以表單的左上角為滑鼠指標的原點。

💾 **範例** ：WinMouseEvent.sln

使用功能表與圖片方塊控制項製作簡易的繪圖程式。本例以圖片方塊當畫布，當按滑鼠左鍵拖曳滑鼠時，透過滑鼠事件即可在畫布上繪圖寫字。放開滑鼠即提筆不畫。程式提供的功能表選項說明如下：

執行結果

1. 執行功能表的 【檔案/開檔】可將目前專案 bin/Debug 資料夾下的 myPic.jpg 圖檔置入圖片方塊控制項中顯示。

2. 執行功能表的【檔案/存檔】可將在圖片方塊(本例使用圖片方塊當繪圖畫布)的圖形以 myPic.jpg 檔名，儲存到目前專案 bin/Debug 資料夾下。

3. 執行功能表的【檔案/清除】可將圖片方塊畫布清成白色，以便讓使用者重新繪圖。

4. 執行功能表的【檔案/結束】可結束程式。

5. 功能表的【畫筆粗細】有 1 Pixels、2 Pixels、3 Pixels 功能選項可用來設定畫筆的粗細。

6. 功能表的【畫筆顏色】有 黑、紅、綠、藍功能選項可用來設定畫筆的顏色。

程式分析

為配合本例介紹如何使用滑鼠在 PictureBox 圖片方塊控制項上面繪圖，先介紹基本繪圖要領：

1. 先建立圖形物件 bmp，接著使用 bmp 來當做畫布，圖形大小指定為 320 x 210，畫布名稱設為 g。

```
Bitmap bmp = new Bitmap(320, 210);          // 建立 bmp 圖形物件
Graphics g = Graphics.FromImage(bmp) ;      // 使用 bmp 來當畫布 g
```

2. 將畫布 g 清成白色畫布。

```
g.Clear(Color.White);
```

3. 將畫布(即圖形物件 bmp)貼到 pictureBox1 圖片控制項上面。

```
pictureBox1.Image = bmp;
```

4. 在畫布上兩點座標(50,50)、(100,100) 繪製一條畫筆寬度為 1 Pixels 紅色線段：

```
int PenPixel = 1;                       // 畫筆寬度
Pen p1 = new Pen(Color.Red, PenPixel); // 建立寬度為1 pixel的紅色畫筆
g.DrawLine(p1, 50, 50, 100, 100);       // 在畫布上畫一條直線
picShow.Image = bmp ;
```

5. 清畫布變成黃色畫布：

```
g.Clear(Color.Yellow);
PicShow.Refresh();
```

操作步驟

Step 01　設計表單的輸出入介面：

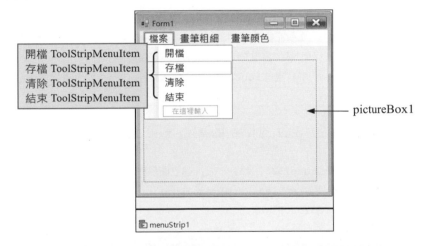

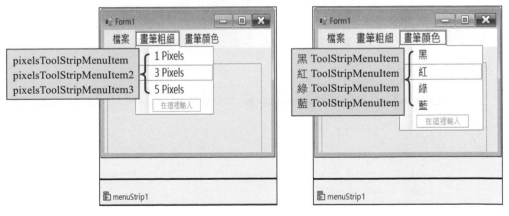

Step 02　撰寫程式碼

程式碼 FileName:Form1.cs

```
01 // 本例需要使用檔案物件來存取圖片，因此請引用 System.IO 命名空間
02 using System.IO;
03
04 namespace WinMouseEvent
05 {
06   public partial class Form1 : Form
07   {
08     public Form1()
09     {
10       InitializeComponent();
11     }
12
13     Bitmap bmp;              // 宣告圖形物件
14     int oldX, oldY;         // 記錄滑鼠指標 X、Y 座標
15     int PenPixel;           // 宣告 PenPixel 表示畫筆粗細
16     Color PenColor;         // 宣告 PenColor 表示畫筆顏色
17
18     // === 表單載入時執行
19     private void Form1_Load(object sender, EventArgs e)
20     {
21         bmp = new Bitmap(320, 210);   //建立圖形物件大小 320*210
22         Graphics g = Graphics.FromImage(bmp);   // 建立畫布物件 g
23         PenColor = Color.Black;
24         PenPixel = 3;
25         g.Clear(Color.White);    // 將畫布清為白色
26         pictureBox1.Image = bmp;// 畫布貼到 pictureBox1 圖片方塊控制項上
27         pictureBox1.Refresh();   // 更新 pictureBox1 圖片方塊控制項
28     }
29     // === 執行 [檔案/開檔] 指令執行
30     private void 開檔 ToolStripMenuItem_Click (object sender, EventArgs e)
31     {
32       try
33       {
34           FileStream f = new FileStream("myPic.jpg", FileMode.Open);
35           bmp = new Bitmap(f);
```

```
36              f.Close();
37              pictureBox1.Image = bmp;
38          }
39          catch (Exception ex)
40          {
41              MessageBox.Show("目前專案無圖檔，請先繪圖後再存檔");
42          }
43      }
44      // ===   執行 [檔案/存檔] 指令執行
45      private void 存檔ToolStripMenuItem_Click(object sender, EventArgs e)
46      {
47          bmp.Save("myPic.jpg");
48      }
49      // ===   執行 [檔案/清除] 指令執行
50      private void 清除ToolStripMenuItem_Click(object sender, EventArgs e)
51      {
52          Graphics g = Graphics.FromImage(bmp);   // 建立畫布物件 g
53          g.Clear(Color.White);                   // 將畫布清為白色
54          pictureBox1.Image = bmp;
55      }
56      // ===   執行 [檔案/結束] 指令執行
57      private void 結束ToolStripMenuItem_Click(object sender, EventArgs e)
58      {
59          Application.Exit();
60      }
61      // ===   在 pictureBox 圖片方塊上按滑鼠鍵
62      private void pictureBox1_MouseDown(object sender, MouseEventArgs e)
63      {
64          oldX = e.X;
65          oldY = e.Y;
66      }
67      // ===   在 pictureBox 圖片方塊移動滑鼠會執行
68      private void pictureBox1_MouseMove(object sender, MouseEventArgs e)
69      {
70          //   判斷是否按下滑鼠左鍵
71          if (e.Button == MouseButtons.Left)
72          {
73              Graphics g = Graphics.FromImage(bmp);
```

```
74              Pen p = new Pen(PenColor, PenPixel);
75              g.DrawLine(p, oldX, oldY, e.X, e.Y);//在 bmp 畫布上畫一條直線
76              pictureBox1.Image=bmp;// 畫布貼到 pictureBox1 圖片方塊控制項上
77              oldX = e.X;              // 將目前畫筆座標當作下次畫筆的起點
78              oldY = e.Y;
79          }
80      }
81      // === 設定畫筆粗細為 1 Pixel
82      private void pixelsToolStripMenuItem_Click(object sender, EventArgs e)
83      {
84          PenPixel = 1;
85      }
86      // === 設定畫筆粗細為 3 Pixel
87      private void pixelsToolStripMenuItem2_Click(object sender,EventArgs e)
88      {
89              PenPixel = 3;
90      }
91      // === 設定畫筆粗細為 5 Pixel
92      private void pixelsToolStripMenuItem3_Click(object sender,EventArgs e)
93      {
94              PenPixel = 5;
95      }
96      // === 設定畫筆顏色為黑色
97      private void 黑 ToolStripMenuItem_Click(object sender, EventArgs e)
98      {
99              PenColor = Color.Black;
100     }
101     // === 設定畫筆顏色為紅色
102     private void 紅 ToolStripMenuItem_Click(object sender, EventArgs e)
103     {
104             PenColor = Color.Red;
105     }
106     // === 設定畫筆顏色為綠色
107     private void 綠 ToolStripMenuItem_Click(object sender, EventArgs e)
108     {
109         PenColor = Color.Green;
110     }
111     // === 設定畫筆顏色為藍色
```

```
112        private void 藍ToolStripMenuItem_Click(object sender, EventArgs e)
113        {
114            PenColor= Color.Blue;
115        }
116    }
117 }
```

說明

1. 第 22 行：宣告 g 為畫布，畫布的來源為 bmp。

2. 第 23-24 行：建立畫筆顏色為黑色、畫筆粗細為 3。

3. 第 25 行：將畫布清為白色。

4. 第 26 行：指定 pictureBox1 的圖形為 bmp。

5. 第 27 行：使用 Refresh()方法更新 pictureBox1 的畫面。

6. 第 62-66 行：在 pictureBox1 控制項上按下滑鼠鍵，會執行 pictureBox1 _MouseDown 事件處理函式，此時可以取得目前滑鼠指標的 X、Y 座標。

7. 第 68-80 行：在 pictureBox1 控制項移動滑鼠指標，會執行 pictureBox1_ MouseMove 事件處理函式。

8. 第 71-79 行：在 pictureBox1_MouseMove 事件處理函式中，當滑鼠左鍵被按下時，就會執行 DrawLine()方法畫線。

14.3　控制項共用事件

　　假設表單上某些控制項的事件處理函式內的程式碼相似，若逐一對每個控制項撰寫相同的程式碼，不但增加程式的長度而且難以維護，這樣豈不是很沒效率嗎？此時可以建立一個方法即共用事件處理函式，讓控制項的事件彼此共用(享)來解決這個問題。至於建立共用事件有下列兩種方式：

1. 在設計階段，透過屬性視窗工具列的 ⚡ 事件圖示鈕來建立。

2. 在程式執行階段，透過程式碼來增刪控制項的共用事件。

14.3.1 如何使用屬性視窗建立共用事件

在設計階段可以點選「屬性」視窗工具列的 ⚡ 事件圖示鈕，由屬性清單切換到事件清單，然後指定共用的事件。譬如：欲將 btn2~btn3 兩個按鈕的 Click 事件被觸發時，兩者都會執行 btn1_Click 事件處理函式，其操作方式如下：

Step 01 首先在程式編碼視窗寫好 btn1_Click 事件處理函式內的程式碼，用來當作 btn2 和 btn3 按鈕控制項的共用事件。

```
private void btn1_Click(object sender, EventArgs e)
{
    ⋮
}
```

Step 02 將 btn2 的 Click 事件指到 btn1_Click 事件處理函式。

在表單中點選 btn2 按鈕成為作用控制項，移動滑鼠到屬性視窗中，點選工具列中的 ⚡ 事件圖示鈕切換到事件清單。接著點選 Click 事件，然後由下拉鈕清單中選取 btn1_Click 事件處理函式當作共用事件。

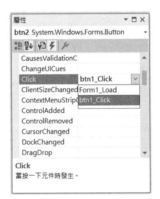

Step 03 將 btn3 的 Click 事件也指到 btn1_Click() 事件處理函式操作方式同上一步驟。

⬇ **範例**：WinEventHandler.sln

練習建立按鈕事件的共用事件處理函式。程式會根據所按的按鈕，在標籤控制項上顯示所按下按鈕的物件名稱，本範例三個按鈕之一被按下時，皆觸發 按鈕1 的 btn1_Click 事件處理函式。

執行結果

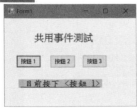
▲ 按 <按鈕 1>

▲ 按 <按鈕 2>

▲ 按 <按鈕 3>

操作步驟

Step 01 設計表單的輸出入介面:

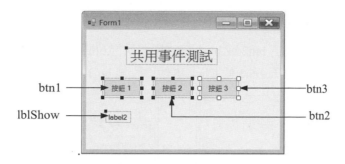

Step 02 撰寫程式碼

程式碼 FileName:Form1.cs

```
01 namespace WinEventHandler
02 {
03     public partial class Form1 : Form
04     {
05         public Form1()
06         {
07             InitializeComponent();
08         }
09         // 表單載入時執行
10         private void Form1_Load(object sender, EventArgs e)
11         {
12             lblShow.Text = "";
13             lblShow.BackColor = Color.Aqua;     // 背景色設為寶藍色
14             lblShow.Font = new Font("標楷體",14,FontStyle.Underline);
15         }
16         // === <按鈕1> 被按下時會執行
17         private void btn1_Click(object sender, EventArgs e)
18         {
19             Button btnHit;      // 宣告 btnHit 為 Button 類別物件
20             // 將 sender 轉型成 Button 類別物件,接著再指定給 btnHit
21             // 此時 btnHit 即代表是使用者按下的按鈕
22             btnHit = (Button)sender;
23             lblShow.Text = $" 目前按下 < {btnHit.Text} >";
```

14-25

24		}
25	}	
26	}		

Step 03 指定共用事件

本例希望當按下 btn2 或 btn3 鈕時皆會執行 btn1_Click 事件處理函式。做法即是將 btn2 及 btn3 的 Click 事件均設為 btn1_Click。

Step 04 執行程式：

① 若 按鈕1 被按下，會顯示 "目前按下 <按鈕 1> "。

② 若 按鈕2 被按下，會顯示 "目前按下 <按鈕 2 >"。

③ 若 按鈕3 被按下，會顯示 "目前按下 <按鈕 3 >"。

14.3.2 如何新增和刪除控制項的事件

C# 在程式執行階段中可以透過 EventHandler 型別，來新增或移除當控制項的事件被觸發時所要執行的事件處理函式。該事件必須符合一般定義事件處理函式的引數規則才有效，譬如自行定義一個 MyEvent 事件處理函式，其寫法如下：

```
private void MyEvent(object sender, EventArgs e)
{
    ⋮
}
```

在程式執行階段中，可以將 btn1 的 Click 事件委託給上面定義的 MyEvent 事件處理函式執行。若使用「+=」來指定，表示新增事件處理；若使用「－=」來指定，表示移除事件處理，兩者寫法如下：

1. 指定當 btn1 的 Click 事件被觸發時，會執行 MyEvent 自定事件處理函式

   btn1.Click ＋= new EventHandler(MyEvent);

2. 將處理 btn1 的 Click 事件的 MyEvent 自定事件處理函式移除

   btn1.Click －= new EventHandler(MyEvent);

範例：WinAddRemoveEvent.sln

當表單中兩個 TextBox 控制項的 TextChanged 事件被觸發時，會執行 MyText Changed 自定事件處理函式。MyTextChanged 事件處理函式，可進行兩數相加並將其結果顯示在標籤控制項中。若按下 移除事件 鈕時，兩個 TextBox 控制項的 TextChanged 事件所指定的 MyTextChanged 事件處理函式會被移除，此時在 TextBox 控制項輸入資料，將無法進行兩數自動相加，改變相加結果。若按下 新增事件 鈕時，兩個 TextBox 控制項輸入改變時指定 MyTextChanged 為 TextChanged 事件的處理函式，此時在等號左邊兩個 TextBox 文字方塊控制項上面輸入的資料即可進行兩數相加，將相加結果立即顯示在等號右邊的標籤控制項上面。

執行結果

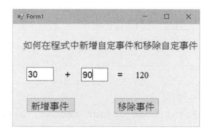

操作步驟

Step 01 表單輸出入介面如下圖：

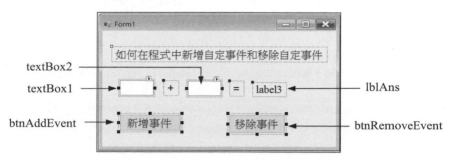

Step 02 撰寫程式碼

程式碼 FileName:Form1.cs

```
01 namespace WinAddRemoveEvent
02 {
03     public partial class Form1 : Form
04     {
05         public Form1()
06         {
07             InitializeComponent();
08         }
09         // 自定 MyTextChanged 事件處理函式
10         private void MyTextChanged(object sender, EventArgs e)
11         {
12             try
13             {
14                 int n1, n2;
15                 n1 = int.Parse(textBox1.Text);
16                 n2 = int.Parse(textBox2.Text);
17                 lblAns.Text = $"{n1 + n2}";
18             }
19             catch (Exception ex)
20             {
21             }
22         }
23         // === 表單載入時執行
24         private void Form1_Load(object sender, EventArgs e)
25         {
26             lblAns.Text = "0";
27             textBox1.TextChanged +=new EventHandler(MyTextChanged);
28             textBox2.TextChanged +=new EventHandler(MyTextChanged);
29         }
30
31         // === 按下 <新增事件> 鈕執行
32         private void btnAddEvent_Click(object sender, EventArgs e)
33         {
34             textBox1.TextChanged += new EventHandler(MyTextChanged);
35             textBox2.TextChanged += new EventHandler(MyTextChanged);
36         }
```

37	// === 按下 <移除事件> 鈕執行
38	**private void btnRemoveEvent_Click(object sender, EventArgs e)**
39	{
40	textBox1.TextChanged -= new EventHandler(MyTextChanged);
41	textBox2.TextChanged -= new EventHandler(MyTextChanged);
42	}
43	}
44	

説明

1. 第 10-22 行：建立 MyTextChanged 事件處理函式，將 textBox1 及 textBox2 控制項的值做兩數相加的動作，並由 lblAns 控制項來顯示相加的結果。

2. 第 24-29 行：表單載入時指定 textBox1 及 textBox2 的 TextChanged 事件的處理函式為 MyTextChanged。

3. 第 32-36 行：按下 btnAddEvent 鈕時指定 textBox1 及 textBox2 的 TextChanged 事件的處理函式為 MyTextChanged。

4. 第 38-42 行：按下 btnRemoveEvent 鈕時將 textBox1 及 textBox2 的 TextChanged 事件的 MyTextChanged 事件處理函式移除。

對話方塊與多表單應用

15.1 FontDialog 字型對話方塊控制項

在 Windows 環境下編輯文字時，會提供如下圖統一的字型對話方塊，方便對所選取的文字做各種設定。在 IDE 整合開發環境下，是由工具箱提供 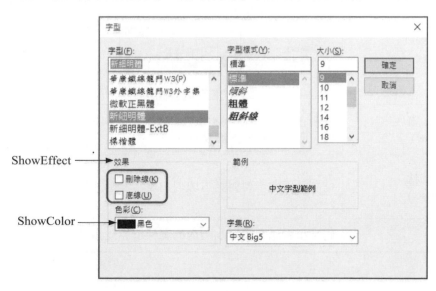 FontDialog 字型對話方塊工具來完成。字型對話方塊和 Timer 計時器控制項一樣都是屬於幕後執行的控制項，建立該控制項時會位於表單的正下方。程式執行時必須透過 ShowDialog() 方法才能開啟字型對話方塊，接著透過字型對話方塊控制項所提供的相關屬性依需求來做設定，最後將設定的結果傳回給對應的控制項。

下表是 FontDialog 字型對話方塊常用的成員功能說明：

成員名稱	說明
AllowVectorFonts 屬性 (預設值 True)	用來設定是否允許選取向量字型。
AllowVerticalFonts 屬性 (預設值 100)	用來設定是否允許選取垂直字型。
Color 屬性 (預設值 Black)	用來取得在字型對話方塊中所選取的色彩。
FixedPitchOnly 屬性 (預設值 False)	控制是否僅能選取固定字幅(Fixed-Pitch)的字型。
FontMustExist 屬性 (預設值 False)	如果所選取的字型不存在時，是否回應有錯誤發生。
MaxSize/MinSize 屬性 (預設值 0/0)	用來設定字型對話方塊內『大小(S)』欄內可被選取的最大和最小點數大小(0 表示停用)。
ScriptOnly 屬性 (預設值 False)	設定是否排除非 OEM、Symbol 和 ANSI 字元集的字型。
ShowApply 屬性 (預設值 False)	控制是否在字型對話方塊內出現 套用(A) 鈕。
ShowColor 屬性 (預設值 False)	控制是否在字型對話方塊內的「效果」框架內出現字體色彩下拉清單。
ShowEffects 屬性 (預設值 True)	控制在字型對話方塊內的「效果」框架是否出現加底線、刪除線核取方塊功能。
ShowHelp 屬性 (預設值 False)	控制是否在字型對話方塊內出現 說明(H) 鈕。
Reset 方法	將字型對話方塊控制項內的屬性還原成預設值。

成員名稱	說明

ShowDialog 方法	顯示字型對話方塊。例如：先將 fontDialog1 字型對話方塊對話方塊控制項顯示出來，接著再判斷使用者是否按下 確定 鈕？若是，再將字型對話方塊所選取的字型樣式指定給 lblShow 標籤控制項的 Font 屬性。其寫法如下：
	if (fontDialog1.ShowDialog() == DialogResult.OK)
	{
	    lblShow.Font = fontDialog1.Font ;
	}

15.2 ColorDialog 色彩對話方塊控制項

　　當希望在表單上出現色彩對話方塊，以方便對所選取的控制項或表單的前景色或背景色做設定時，可透過 ColorDialog 色彩對話方塊控制項來完成。在設計階段此控制項和字型對話方塊控制項一樣是放在表單的正下方，都是屬於幕後執行的控制項，程式執行時才透過 ShowDialog()方法開啟如下圖的色彩對話方塊，做完相關屬性設定後，再將設定結果傳回給對應的控制項。

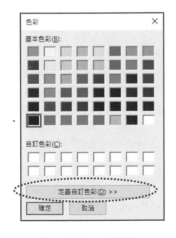
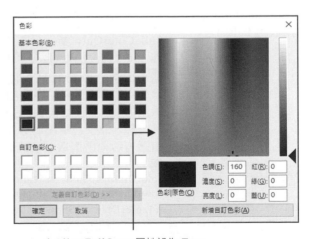

▲AllowFullOpen 屬性設為 True

下表是 ColorDialog 色彩對話方塊控制項常用成員的功能說明：

成員名稱	說明
AllowFullOpen 屬性 (預設值 True)	設定 ColorDialog 對話方塊內是否顯示如下圖的 [定義自訂色彩(D) >>] 功能。
AnyColor 屬性 (預設值 False)	控制是否顯示「基本色彩」中的所有可用色彩。
Color 屬性 (預設值 Black)	用來設定或取得對話方塊中使用者所選取的色彩。
FullOpen 屬性 (預設值 False)	ColorDialog 一開始時，是否馬上顯示「自訂色彩(C)」區段。 當 AllowFullOpen 為 False 時此屬性無效。 ▲FullOpen=False　　　　　▲FullOpen=True
ShowHelp 屬性 (預設值 False)	設定是否顯示 [說明(H)] 鈕。
SolidColorOnly 屬性 (預設值 False)	設定是否僅能選取純色，此屬性可配合 256 色或較少色彩的系統。True 表示只能選取純色，ColorDialog 不允許使用者設定自訂的色彩，但允許顯示整套的基本色彩。當將 SolidColorOnly 屬性設為 False 時，它就可顯示由系統上其他 256 色 (含) 彩度以下的色彩組合。

ShowDialog 方法	顯示指定的 ColorDialog 控制項。
	譬如：先將 txtShow 控制項的前景色傳給 colorDialog1 色彩對話方塊，當作色彩對話方塊預設的顏色。接著開啟色彩對話方塊，最後判斷使用者是否按 [確定] 鈕，若是就將色彩對話方塊內所選取的色彩回傳給 txtShow 控制項，程式寫法如下：
	colorDialog1.Color=textShow.ForeColor;
	colorDialog1.ShowDialog();
	if (colorDialog1.ShowDialog() == DialogResult.OK) {
	　// 將所選取的色彩指定給某個控制項的色彩屬性
	　　txtShow.ForeColor = colorDialog1.Color ;
	}

成員名稱	說明
Reset 方法	將指定的 colorDialog1 控制項的設定值重新恢復成預設值 其寫法如下： colorDialog1.Reset()

範例：WinFontColorDialog.sln

使用功能表、豐富文字方塊、字型與色彩對話方塊製作一個簡易記事本程式，透過[字型]、[色彩/前景色]、[色彩/背景色]三個功能選項做相關的設定。

執行結果

1. 執行功能表的 [字型] 指令出現字型對話方塊，將選取的字型和顏色傳回給豐富文字方塊控制項中選取文字的字型樣式與前景色彩。

2. 執行功能表的 [色彩/前景色] 指令出現色彩對話方塊，將選取的顏色傳回給豐富文字方塊控制項中選取的文字顏色(即前景色)。

3. 執行功能表的 [色彩/背景色] 指令出現色彩對話方塊，將選取的顏色傳回給豐富文字方塊控制項中選取文字的背景色。

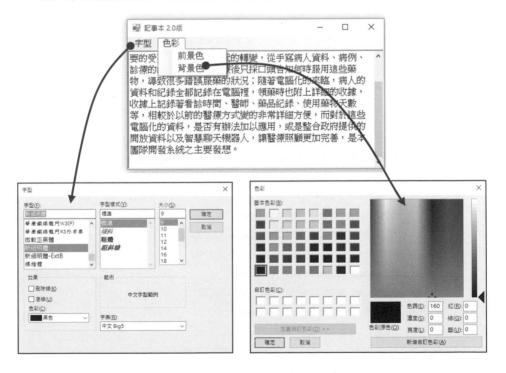

操作步驟

Step 01　設計表單的輸出入介面：

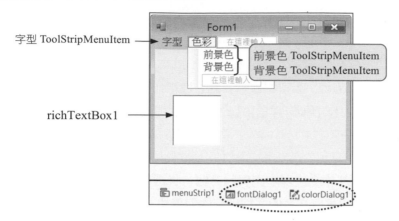

Step 02　撰寫程式碼

程式碼　FileName:Form1.cs

```
01 namespace WinFontColorDialog
02 {
03   public partial class Form1 : Form
04   {
05     public Form1()
06     {
07       InitializeComponent();
08     }
09
10     // === 表單載入時執行
11     private void Form1_Load(object sender, EventArgs e)
12     {
13       this.Text = "記事本 2.0 版";
14       // 使 richTextBox1 填滿整個表單
15       richTextBox1.Dock = DockStyle.Fill;
16       // 使 fontDialog1 預設出現色彩下拉式清單
17       fontDialog1.ShowColor = true;
18       // 使 colorDialog1 預設出現自訂色彩區段
19       colorDialog1.FullOpen = true;
20     }
21
```

```
22          // ===   執行功能表的〔字型〕指令時執行此事件處理函式
23          private void 字型ToolStripMenuItem_Click(object sender, EventArgs e)
24          {
25              // ===   判斷開啟字型對話方塊時是否按 <確定> 鈕
26              if (fontDialog1.ShowDialog() == DialogResult.OK)
27              {
28                  // 將字型對話方塊選取的字型樣式指定給 richTextBox1 中選取文字
29                  richTextBox1.SelectionFont = fontDialog1.Font;
30                  // ===   將選取色彩指定給 richTextBox1 中選取的文字色彩(即前景色)
31                  richTextBox1.SelectionColor  = fontDialog1.Color;
32              }
33          }
34
35          // ===   執行功能表的〔色彩/前景色〕指令時執行此事件處理函式
36          private void 前景色ToolStripMenuItem_Click
                                    (object sender, EventArgs e)
37          {
38              // 判斷開啟色彩對話方塊時是否按 <確定> 鈕
39              if (colorDialog1.ShowDialog() == DialogResult.OK)
40              {
41                  // 將色彩對話方塊選取的色彩指定給 richTextBox1 中選取文字的前景色
42                  richTextBox1.SelectionColor = colorDialog1.Color;
43              }
44          }
45
46          // ===   執行功能表的〔色彩/背景色〕指令時執行此事件處理函式
47          private void 背景色ToolStripMenuItem_Click
            (object sender, EventArgs e)
48          {
49              // 判斷開啟色彩對話方塊時是否沒有按 <消取> 鈕
50              if (colorDialog1.ShowDialog() != DialogResult.Cancel )
51              {
52                  // 將色彩對話方塊選取的色彩指定給 richTextBox1 中選取文字的背景色
53                  richTextBox1.SelectionBackColor = colorDialog1.Color;
54              }
55          }
56      }
57 }
```

說明

1. 第 23-33 行：當執行功能表的 [字型] 指令時執行此事件處理函式，先使用 ShowDialog()方法打開字型對話方塊，並判斷使用者是否按下 $\boxed{\text{確定}}$ 鈕？若是，則將字型對話方塊所選取的字型與顏色指定給 richTextBox1 豐富文字方塊控制項所選取的文字樣式與前景色；若按 $\boxed{\text{取消}}$ 鈕則保留原狀。

2. 第 36-44 行：當執行功能表的 [色彩/前景色] 指令時執行此事件處理函式，先使用 ShowDialog()方法打開色彩對話方塊，並判斷使用者是否按下 $\boxed{\text{確定}}$ 鈕，若是則將色彩對話方塊所選取的顏色指定給 richTextBox1 豐富文字方塊控制項選取文字的前景色；若按 $\boxed{\text{取消}}$ 鈕則保留原狀。

3. 第 47-55 行：當執行功能表的 [色彩/背景色] 指令時執行此事件處理函式，先使用 ShowDialog()方法打開色彩對話方塊，並判斷使用者是否未按下 $\boxed{\text{取消}}$ 鈕，若未按下 $\boxed{\text{取消}}$ 鈕則將色彩對話方塊所選取的顏色指定給 richTextBox1 豐富文字方塊控制項所選取文字的背景色；若按 $\boxed{\text{取消}}$ 鈕則保留原狀。

15.3 檔案對話方塊

　　檔案對話方塊(FileDialog)是 Windows Forms App 應用程式，所提供許多通用對話方塊之一。它是屬於抽象類別，而且無法直接被執行實體化。FileDialog 類別可細分成 OpenFileDialog 和 SaveFileDialog 兩種類別，由於兩者都是繼承 FileDialog 而來，因此兩者的屬性和方法相近。在表單上欲建立開啟或儲存檔案的對話方塊，就必須使用 $\boxed{\text{📷 OpenFileDialog}}$ 開啟檔案對話方塊工具或是 $\boxed{\text{💾 SaveFileDialog}}$ 儲存檔案對話方塊工具來完成。

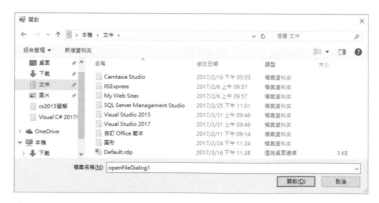

　　至於 OpenFileDialog 控制項允許由對話方塊中選取要開啟的檔案、一次選取多個檔案、篩選檔案類別、設定是否唯讀等功能。相反地，當希望將資料寫入到指定的磁碟機和指定的資料夾和檔案時，可以透過 SaveFileDialog 控制項，藉由開啟的存檔對話方塊中選取指定磁碟機、資料夾以及設定欲儲存的檔案名稱。至於 OpenFileDialog 和 SaveFileDialog 控制項常用的屬性、方法和事件相似，各成員的說明如下表：

成員名稱	說明
AddExtension 屬性	設定在檔案名稱後面是否自動加上副檔名。預設值為 True 表示自動加上。程式中寫法如下： openFileDialog1.AddExtension = true;
CheckFileExists 屬性	在對話方塊將選取檔案傳回前，先檢查檔案是否存在。預設為 True，表示先檢查。
CheckPathExists 屬性	在對話方塊將選取檔案傳回前，先檢查檔案路徑是否存在。預設值為 True，表示先檢查。
DefaultExt 屬性	預設的副檔名。當輸入檔名時未加上副檔名，則將此副檔名加在檔名的後面。預設值為空字串。
FileName 屬性	第一次顯示在開啟檔案對話方塊中檔案名稱輸入框內的檔案或是最後一次所選取的檔名。預設值為空字串。程式中寫法如下： openFileDialog1.FileName = "test.rtf";
Filter 屬性	對話方塊中所顯示檔案的篩選條件。預設值為空字串。
FilterIndex 屬性	對話方塊中檔案篩選條件所選取的索引，預設值為 1。
InitialDirectory 屬性	用來設定對話方塊內起始資料夾位置，預設值為空白。 openFileDialog1.InitialDirectory = "D:\\myDir" ;
MultiSelect 屬性	允許是否可同時選取多個檔案，預設值為 False。SaveFileDialog 控制項無此屬性。
ReadOnlyChecked 屬性	若設為 True，表示檔案以唯讀模式開啟(SaveFileDialog 控制項無此屬性)。預設值為 False。
ShowReadOnly 屬性	在對話方塊中是否出現唯讀核取方塊(SaveFileDialog 控制項無此屬性)。預設值為 False。
RestoreDirectory 屬性	設定離開對話方塊時，是否需要還原目前的目錄。

成員名稱	說明
Title 屬性 (預設值為空字串)	用來設定顯示在對話方塊標題列上面的名稱,寫法: openFileDialog1.Title = "選取檔案";
ValidateNames 屬性 (預設值為 True)	是否要確認檔名未包含無效的字元或逸出字元。預設值為 True,表示要確認。
OpenFile 方法	以唯讀方式開啟所選取的檔案,並將檔名以 Stream 物件方 式傳回。
Reset 方法	將所有屬性重新設成預設狀態。
ShowDialog 方法	顯示對話方塊。程式寫法如下: openFileDialog1.ShowDialog();
FileOK 事件	在對話方塊中按 開啟(O) 、 存檔(S) 鈕時觸發的事件。

範例 : WinOpenSaveDialog.sln

延續 WinFontColorDialog.sln 範例,並在該例新增 OpenFileDialog 及 SaveFile
Dialog 控制項,使本例擁有可開啟舊檔、儲存檔案之功能。

執行結果

1. 執行功能表的【檔案/開啟舊檔】指令出現開啟舊檔對話方塊,選取欲開啟的
   檔案之後會將檔案的內容放入豐富文字方塊內。

2. 執行功能表的【檔案/儲存檔案】指令出現另存新檔對話方塊,可將豐富文字
   方塊的內容寫入到指定路徑下。

3. 執行功能表的【檔案/清除】指令可將豐富文字方塊的所有內容清除。

4. 執行功能表的【檔案/結束】指令可結束程式。

執行 [檔案/儲存❶
檔案] 開啟另存
新檔對話方塊進
行存檔

　　將修改過的檔案存入 WinOpenSaveDialog\bin\Debug 資料夾下，檔案名稱設為「vs2019.rtf」。

操作步驟

Step 01　開啟上例 ch15/WinFontColorDialog 資料夾下的「WinFontColorDialog.sln」方案檔。

Step 02　先在表單內建立 openFileDialog1、saveFileDialog1 控制項，並在主功能表的「字型」功能表前面新增「檔案」功能表，並在「檔案」功能表下新增「開啟舊檔」、「儲存檔案」、「清除」、「結束」四個子功能表選項，表單的輸出入介面如下圖所示：

Step 03　撰寫程式碼：

延續上例，撰寫如下 WinFontColorDialog.sln 開啟舊檔、儲存檔案、清除、結束等功能選項的 Click 事件處理函式。即在 WinFontColorDialog.sln 插入下列敘述。(完整程式請直接開啟 WinOpenSaveDialog.sln)

程式碼　FileName:Form1.cs

此部份是 WinFontColorDialog.sln 專案檔程式碼

```
01   // ===  執行功能表的 [檔案/開啟舊檔] 指令時執行此事件處理函式
02   private void 開啟舊檔 ToolStripMenuItem_Clickobject sender, EventArgs e)
03   {
04       // 打開開啟舊檔對話方塊並判斷是否按下 [確定] 鈕
05       if (openFileDialog1.ShowDialog() == DialogResult.OK)
06       {
07           // 使用 richTextBox1 的 LoadFile 方法載入開啟舊檔對話方塊指定的檔案
08           richTextBox1.LoadFile(openFileDialog1.FileName,
                    RichTextBoxStreamType.RichText);
09       }
10   }
11
12   // ===  執行功能表的 [檔案/儲存檔案] 指令時執行此事件處理函式
13   private void 儲存檔案 ToolStripMenuItem_Click(object sender, EventArgs e)
14   {
15       // 打開另存新檔對話方塊並判斷是否按 <確定> 鈕
16       if (saveFileDialog1.ShowDialog() == DialogResult.OK)
17       {
18           // 使用 richTextBox1 的 SaveFile 方法將 richTextBox1 內的資料
19           // 存入另存新檔對話方塊指定的檔案內
20           richTextBox1.SaveFile(saveFileDialog1.FileName,
                    RichTextBoxStreamType.RichText);
21       }
22   }
23
24   // ===  執行功能表的 [檔案/清除] 指令時執行此事件處理函式
25   private void 清除 ToolStripMenuItem_Click(object sender, EventArgs e)
26   {
```

27	richTextBox1.Text = "";
28	}
29	
30	// ===　執行功能表的 ［檔案/結束］ 指令時執行此事件處理函式
31	private void 結束ToolStripMenuItem_Click(object sender, EventArgs e)
32	{
33	Application.Exit();
34	}

15.4　多表單開發

　　前面章節所討論的都是在一個表單的架構下設計出來的程式。一個具有規模的應用程式，其專案所使用表單往往不會只有一個，且多個表單可能會共用一些變數、結構、列舉、方法或是呼叫自定的類別，上述共用的變數、結構、方法及類別…等可定義在獨立的類別檔內，以提供給多個表單呼叫使用。如果要在應用程式內加入類別檔、表單(Windows Forms)或其他的檔案資源，可以執行功能表的【專案(P)/加入新項目(W)…】，開啟下圖「加入新項目」視窗來選擇所要加入的檔案資源。

　　若專案內有多個表單，常需要在程式執行階段開啟其他的表單。若要開啟其他表單首先必須先建立該表單的物件實體，接著再透過表單類別所提供的方法來對表單進行一些操作，如表單隱藏或顯示…等等。

下面簡例示範如何建立表單物件：

```
Form1 f1 = new Form1();          // 建立 f1 表單物件為 Form1 類別
frmMain f = new frmMain();       // 建立 f 表單物件為 frmMain 類別
```

透過下面表單所提供的方法，可以顯示或隱藏表單：

```
f.Show();              // 顯示 f 表單物件
f.ShowDialog();        // 以對話方塊強制回應形式顯示 f 表單物件
f.Hide();              // 隱藏 f 表單物件
```

　　如果欲存取其他表單的成員，如控制項的屬性或類別方法，其做法就是將該成員宣告成 public 成員，然後就可以直接呼叫該表單內所有 public 成員。接著透過下面範例，來體驗如何製作擁有兩個表單檔(即*.cs 類別檔)的應用程式。

範例：WinMultiForm.sln

　　製作擁有多表單的專案。程式執行時開啟 frmMain 表單，要求使用者輸入本金、利率、幾年後領回等的資訊。接著按下 ［開啟試算］ 鈕即會開啟 frmCal 表單，讓使用者透過選項按鈕選擇利息的計算方式，是採「每年計息」或「每月計息」。計算完成後，會將結果傳回 frmMain 表單在 lblShow 標籤顯示出來。使用者也可以按下 frmMain 表單的 ［使用小算盤］ 鈕，開啟 Windows 提供的小算盤應用程式來做試算。

　　① 每年計息公式：本金×(1+年利率)^{年數}

　　② 每月計息公式：本金×(1+年利率/12)^{年數*12}

執行結果

1. 程式執行時出現左下圖視窗，讓使用者輸入本金、年利率、幾年後領回的資料。接著按下 ［開啟試算］ 鈕，由出現的「選擇計息」視窗選擇利息的計算方式，是採「每年計息」或「每月計息」。最後按下「選擇計息」視窗的 ［×］ 鈕之後，如右下圖即返回原視窗並顯示利息計算結果。

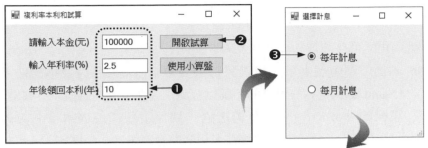

表單名稱(Name 屬性)為 frmMain　　　　表單名稱(Name 屬性)為 frmCal

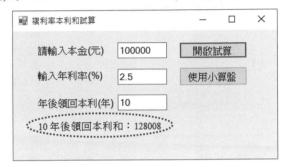

表單名稱(Name 屬性)為 frmMain

2. 若本金、年利率、幾年後領回的資料非數值資料時，進行試算時會出現右圖對話方塊，並顯示 "請輸入正確的數值資料"。

3. 按 [使用小算盤] 鈕，即可開啟右圖 Windows 所提供的小算盤程式。

操作步驟

Step 01　建立 frmCal.cs 選擇利息計算方式表單

① 本例用到兩個表單，建議將每個表單檔(.cs)檔名與表單物件名稱 (Name 屬性)另取有意義的名稱以茲識別。在下圖先選取「方案總管」 視窗的 Form1.cs，接著再透過「屬性」視窗將表單檔名更改為 「frmCal.cs」，此時表單物件名稱同時會更名為「frmCal」。

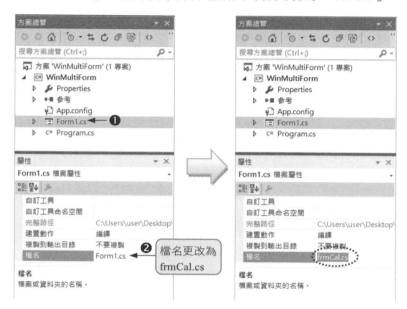

當更名完畢時，出現下圖詢問畫面，請按 是(Y) 鈕，將檔名和物件名稱 (Name 屬性)一起更名。

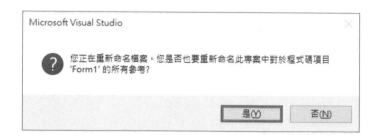

 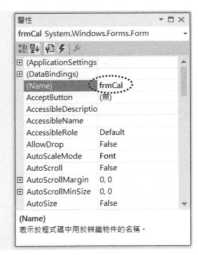

② 請在下圖 frmCal 表單放置兩個 RadioButton 選項按鈕控制項：

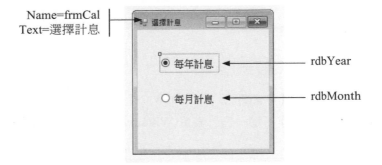

③ 請在 frmCal 表單撰寫 public 的 Cal 方法，此方法會依據使用者所選擇的每年計息(radYear)或每月計息(radMonth)之選項按鈕，來計算配息方式，並傳回配息後的本利和。程式碼如下：

程 式 碼 FileName: frmCal.cs

```
01 namespace WinMultiForm
02 {
03     public partial class frmCal : Form
04     {
05         public frmCal()
06         {
07             InitializeComponent();
08         }
```

09	
10	//Cal 方法可計算配息方式
11	**public int Cal(int vMoney, int vYear, double vRate)**
12	{
13	if (rdbYear.Checked)
14	{
15	// 每年計息一次
16	return (int)(vMoney * Math.Pow(1 + vRate, vYear));
17	}
18	else
19	{
20	//每月計息一次
21	return (int)(vMoney * Math.Pow(1 + (vRate) / 12, vYear * 12));
22	}
23	}
24	}
25	}

Step 02　建立 frmMain.cs 程式主表單

1. 執行功能表的【專案(P)/加入新項目(W)…】開啟下圖「加入新項目」視窗，然後依下圖操作新增一個「表單(Windows Forms)」(表單檔)，其檔名為「frmMain.cs」。

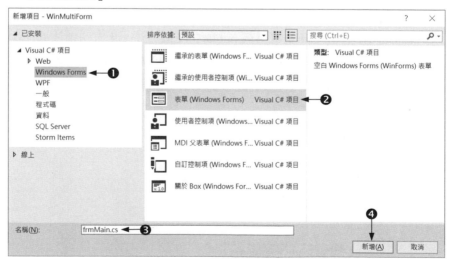

2. 開啟 frmMain 表單，接著在表單建立下圖指定的控制項。

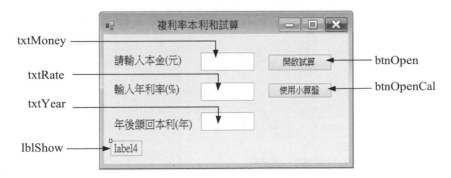

3. 在 frmMain 表單撰寫程式：

① 按 開啟試算 btnOpen 鈕時執行 btnOpen_Click 事件處理函式，在此事件處理函式先判斷本金、利率、幾年後領回的資料是否符合數值，接著建立 f 物件為 frmCal 表單類別並開啟 f 表單物件，最後呼叫 f.Cal()方法計算配息的結果並顯示在 frmMain 表單的 lblShow 標籤上。

② 按 使用小算盤 btnOpenCal 鈕時執行 btnOpenCal_Click 事件處理函式，在此事件處理函式內撰寫開啟小算盤應用程式的敘述。

frmMain.cs 表單完整程式碼：

程式碼 FileName: frmMain.cs

```
01 namespace WinMultiForm
02 {
03   public partial class frmMain : Form
04   {
05     public frmMain()
06     {
07       InitializeComponent();
08     }
09     // === 表單載入時執行
10     private void frmMain_Load(object sender, EventArgs e)
11     {
12       lblShow.Text = "";
13     }
14     // === 按 <開啟試算> 鈕執行
```

```
15      private void btnOpen_Click(object sender, EventArgs e)
16      {
17          int myMoney = 0, myYear = 0;
18          double myRate = 0;
19          try
20          {
21              myMoney = int.Parse(txtMoney.Text);
22              myYear = int.Parse(txtYear.Text);
23              myRate = double.Parse(txtRate.Text) / 100;
24          }
25          catch (Exception ex)
26          {
27              MessageBox.Show("請輸入正確的數值資料");
28              return;
29          }
30          frmCal f = new frmCal(); //宣告並建立 frmCal 表單類別的 f 物件
31          //使用 ShowDialog()方法使 f 以強制回應形式顯示表單
32          f.ShowDialog();
33          //呼叫 frmCal 的 Cal 方法以計算配息方式
34          lblShow.Text = $"{myYear} 年後領回本利和：
                            {f.Cal(myMoney, myYear, myRate)}";
35      }
36      // ===   按 <使用小算盤> 鈕執行
37      private void btnOpenCal_Click(object sender, EventArgs e)
38      {
39          // 開啟小算盤應用程式
40          System.Diagnostics.Process.Start
                            ("C:\\WINDOWS\\system32\\calc.exe");
41      }
42  }
43 }
```

説明

1. 第 19-29 行：使用 try{…}catch{…} 敘述來監控 frmMain 表單的文字方塊輸入的
   值是否為數值，若不是數值會發生例外，發生例外時會執行第 27-28 行，由出現
   的對話方塊顯示 "請輸入正確的數值資料"。

2. 第 21 行：使用 int.Parse()方法將 txtMoney 文字方塊的值轉成整數，然後再指定給
   myMoney 變數。

3. 第 22,23 行：執行方式同第 21 行。

4. 第 30,32 行：建立 f 為 frmCal 表單類別，接著使用 ShowDialog()方法開啟 f 表單物件。

5. 第 34 行：呼叫 f 表單的 Cal 方法，以便將計算配息的結果顯示在 lblShow 標籤上。

| Step 03 | 設定啟動表單為 frmMain 主表單

當視窗應用程式內有兩個以上的表單，C# 預設會以第一個建立的表單當作程式的啟動表單(本例預設啟動表單是 frmCal.cs)。若要將 frmMain.cs 第二個建立的表單設定為本程式的啟動表單，可以如下圖開啟 Program.cs 檔，並修改 Application.Run()方法內欲指定的啟動表單物件即可。在「方案總管」視窗的 Program.cs 檔案上快按滑鼠兩下，開啟 Program.cs 檔，接著將 Application.Run()方法中的參數改為「new frmMain()」就可以了。

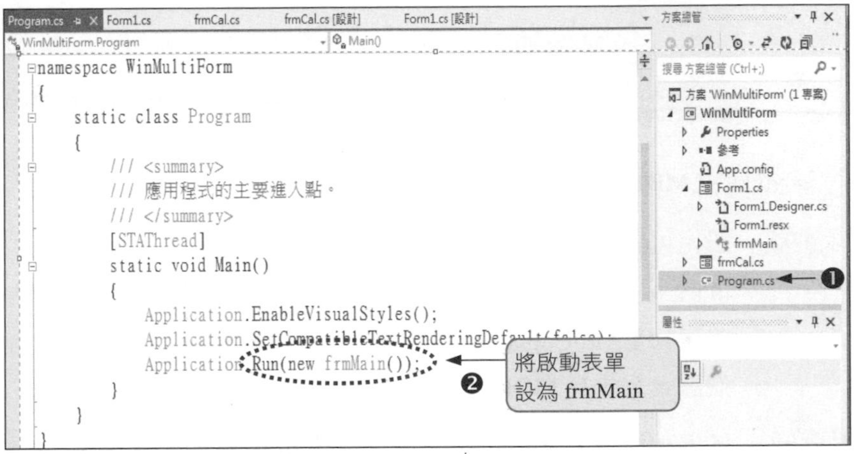

15.5 MDI 多表單開發

　　上一節學習開發多表單的應用程式，由於一次只能開啟一份表單(即一份文件介面)，此種程式稱為單一文件介面(SDI-Single Document Interface)，SDI 所開啟的表單(或稱文件)可放置在任何位置。在 Windows Forms App 應用程式中允許開發多重文件介面 (MDI-Multiple Document Interface) 應用程式，能夠在一個父表單容器內同時開啟多個子表單。子表單皆置於父表單的工作區域內，父表單通常會擁有功能表選單來管理子表單的開啟、關閉、存檔…等動作。例如：Microsoft Excel 就是一個

MDI 多重文件應用程式的例子。在下圖 Microsoft Excel 內,同時開啟了 Book1.xls、Book2.xls 及 Book3.xls 三個活頁簿。

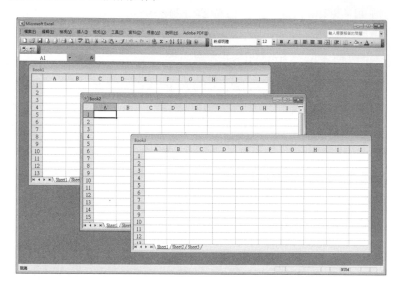

若欲建立 MDI 多重文件應用程式,步驟如下:

Step 01 設定可容納子表單的父表單容器

欲將 frmMain 表單設為可容納子表單的父表單容器,就必須將 frmMain 表單的 IsMdiContainer 屬性設為 true(IsMdiContainer 屬性預設為 false),使該表單成為 MDI 的容器。

Step 02 透過程式設定 frmBar 表單的父表單為 frmMain

假設目前操作表單為 frmMain(目前表單可用 this 表示),先建立 frmBar 表單物件 f。接著透過 MdiParent 屬性,指定表單物件 f 的父表單為 this(即 frmMain 表單)。最後使用 Show()方法,將表單物件 f 顯示於 frmMain 父表單內。其寫法如下:

```
frmBar f = new frmBar();// 建立 f 表單物件為 frmBar 表單類別
f.MdiParent = this;    // 設定 f 表單的父表單為 frmMain
f.Show();              // 開啟 f 表單,此時 f 表單會置於 frmMain 內
```

⊙ **範例** ：MDIMultiFormEx.sln

製作擁有 MDI 多表單的應用程式。程式執行時開啟 frmMain 表單，執行該表單功能表的 [遊戲種類/拉霸遊戲] 指令，即可開啟 frmBar 拉霸遊戲表單。若執行 [遊戲種類/記憶大考驗] 指令，即可開啟 frmMemory 記憶大考驗表單。執行 [結束] 指令，則關閉應用程式。

執行結果

操作步驟

| Step 01 | 開啟 MDIMultiFormEx.sln 方案檔練習

本例專案已建立好 frmBar 拉霸遊戲表單及 frmMemory 記憶大考驗遊戲表單，關於拉霸與記憶體大考驗遊戲的實作方式，可參閱《Visual C# 2019 基礎必修課》一書。在範例內也有對兩個遊戲的程式加上註解，以方便讀者閱讀。(本例完成程式請參閱 MDIMultiFormDemo.sln)

| Step 02 | 建立 frmMain.cs 父表單

1. 執行功能表的【專案(P) / 加入新項目(W)...】開啟下圖「加入新項目」視窗，然後依下圖操作新增一個「表單(Windows Forms)」，其檔名為「frmMain.cs」。

2. 開啟 frmMain 表單，接著在表單上建立下圖功能表控制項。

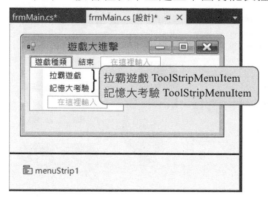

3. 在 frmMain 主表單撰寫程式：

① 表單載入時將目前表單 this 的 IsMdiContainer 屬性設為 true，使目前的表單成為 MDI 的容器。

② 在按 【遊戲種類/拉霸遊戲】項目的事件處理函式內，建立 f 表單物件屬於 frmBar 拉霸遊戲表單。接著設定 f 表單的父表單為目前表單 this，最後再透過 Show()方法開啟 f 表單。

③ 在按 【遊戲種類/記憶大考驗】項目的事件處理函式內，建立 f 表單物件屬於 frmMemory 記憶大考驗遊戲表單。接著設定 f 表單的父表單為目前表單 this，最後再透過 Show()方法開啟 f 表單。

frmMain.cs 表單完整程式碼：

程式碼 FileName:frmMain.cs

```
01 namespace MDIMutilFormDemo
02 {
03     public partial class frmMain : Form
04     {
05         public frmMain()
06         {
07             InitializeComponent();
08         }
09
10         // 表單載入時執行此事件處理函式
11         private void frmMain_Load(object sender, EventArgs e)
12         {
13             // 指定目前表單為 MDI 表單的容器
14             this.IsMdiContainer = true;
15         }
16         // 執行功能表的 [遊戲種類/拉霸遊戲] 選項會執行此事件處理函式
17         private void 拉霸遊戲ToolStripMenuItem_Click
            (object sender, EventArgs e)
18         {
19             frmBar f = new frmBar();
20             f.MdiParent = this;   // f 表單的父表單為目前的 frmMain 表單
21             f.Show();
22         }
23         // 執行功能表的 [遊戲種類/記憶大考驗] 選項會執行此事件處理函式
24         private void 記憶大考驗ToolStripMenuItem_Click
                                    (object sender, EventArgs e)
25         {
26             frmMemory f = new frmMemory();
27             f.MdiParent = this;    // f 表單的父表單為目前的 frmMain 表單
28             f.Show();
29         }
30         // 執行功能表的 [結束] 選項會執行此事件處理函式
31         private void 結束ToolStripMenuItem_Click
                                    (object sender, EventArgs e)
32         {
33             Application.Exit();
34         }
```

35	}
36	}

Step 03　設定啟動表單為 frmMain 父表單

如下圖，本例設定「**frmMain**」為啟動表單，請先透過「方案總管」視窗
開啟 Program.cs 檔，接著將 Application.Run()方法中的參數改為「new
frmMain()」。

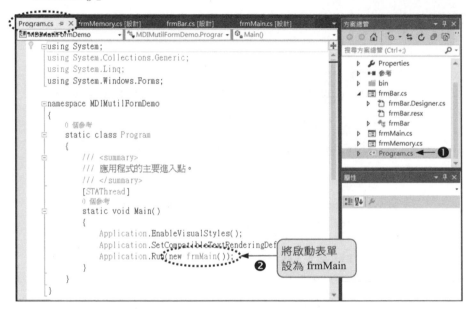

ADO.NET 簡介 與 SQLExpress 資料庫設計

16.1 資料庫概念

電腦主要是用來做資料處理的工具,然而當資料量增加時,如果只是隨便用幾個檔案(文字檔、Excel 檔…等等)來存放資料,在資料的維護上就會隨著資料量的增加而逐漸顯得捉襟見肘。例如:要在一個存放有數百萬行的文字檔中人工搜尋符合某個條件的資料,可能要花費數十秒、甚至數分鐘的時間;因此在資料處理的便利性與靈活性上,資料庫化是最佳選擇、也是必然的一個趨勢。

所謂「資料庫」(Database) 就是以一貫作業的方式,將一群相關的資料收集起來,在「資料庫管理系統」的控制下,達到統一管理的目的。至於「資料庫管理系統」則是一套用來管理與存取資料庫檔案的應用程式。一般而言,一個較具規模的公司為了便於管理,大都將公司分成數個部門,每個部門都有其個別的資料,各部門彼此間也有共同的資料。若該公司業務電腦化,各部門的資料是採各自獨立管理,某些共用的資料必須在各部門重複建檔,由於資料分散多處,將來資料有異動時,必須更改多處,一不小心常易造成資料的不一致,而且資料的安全性不高。因此,若能以資料庫的方式來建立資料,使得各部門間所建立的資料檔或資料表彼此間產生關聯,再透過資料庫管理程式 (可使用 VB、C#、Java、Python 或 ASP .NET、PHP 等技術來開發) 來處理資料便可達到資料集中管理的效果。

16.1.1 資料庫與資料表

資料表(DataTable)為二維資料結構，它由每一水平列(Row)稱為一筆記錄和每一垂直行(Column)為一組欄位資料所組成。舉例來說，一般資料庫(Database)最少會包含有一個資料表，資料表中包含了所需的資料欄位(Field)，如下圖：蒐集員工的資料構成一個「員工」資料表，該資料表每一筆記錄含有員工編號、姓名、性別和電話四個欄位，總共有五筆記錄(Record)的資料：

欄位(Column)

員工編號	姓名	性別	電話
E12345	大頭龍	男	04-12345671
E12346	小旬子	女	049-3698521
E12378	老鼠王	男	049-3214561
E74589	陽哥	男	02-14785231
E78965	黃大帥	男	04-98745611

記錄(Record)

多個資料表便可組成一個資料庫。小型的資料庫如 Access 資料庫，是將資料表儲存在一個副檔名為 *.mdb 資料庫檔案中，其優點是普遍且容易建立，缺點是不適合處理超大量的資料(例如數千萬筆以上的資料)，不過在一般中小企業的應用上已經綽綽有餘了。至於大型的資料庫如 Microsoft SQL Server 資料庫，則可以將資料庫分散在不同的硬碟、甚至是不同的電腦上，優點是執行效能高(數秒內就可以從數千萬筆資料中搜尋出所需要的資料)、適合用在處理超大量的資料上；至於缺點則是必須另外學習資料庫的管理與建置方法，以及購置資料庫軟硬體，因此一般較常使用在企業用途上。

16.1.2 關聯式資料庫

「關聯式資料庫」(Relational Database)主要是為了避免資料重複登錄，以及資料進行新增、修改、刪除時防止發生異常。關聯式資料庫必須有使資料表彼此間可以互相對應的欄位方能產生關聯。

譬如在一個「員工資料管理系統」中，若不考慮資料庫的正規化(Normalization)問題，則「員工」資料表的欄位與記錄如下：

員工編號	部門名稱	姓名	薪資	電話
E12345	資訊	大頭龍	60000	04-12345671
E12346	人事	歐小信	50000	049-3698521
E12378	人事	蔡小雲	40000	049-3214561
E74589	資訊	陽哥	35000	02-14785231
E78965	業務	黃大帥	45000	04-98745611
⋮	⋮	⋮	⋮	⋮
E14785	資訊	蔡小璇	50000	04-23458888

　　上面的員工資料表的主鍵為「員工編號」欄位，所謂主鍵(Primary Key)在資料表的所有記錄中必須是一個唯一不能有重複的資料，且主鍵欄位內的資料不可為空值(null)。若資料表沒有做正規化，操作資料時會發生新增、修改、刪除異常情形。說明如下：

1. 新增異常

　　若今天公司想要成立「設計」部門，但由於設計部門還沒有員工加入，此時便無法先行在部門名稱欄位輸入新加入的「設計」部門做預留資料，這是因為「員工編號」欄位為主鍵資料不可為空值，而形成資料無法輸入造成新增異常情形。

2. 修改異常

　　若公司今天想將「人事」部門改成「行政」部門，則必須將 "歐小信" 及 "蔡小雲" 的部門名稱欄位資料由「人事」更新為「行政」，若資料只有少數幾筆那還沒關係，當部門的員工多達 100 多人，則修改會顯得相當麻煩。

3. 刪除異常

　　若公想要廢除「資訊」部門，在沒有進行資料表的關聯下會發生下列情形：

① 刪除「資訊」部門時也需一併刪除資訊部門的所有員工記錄，若將 "大頭龍"、"陽哥"、"蔡小璇" 三筆員工記錄刪除,此時會造成三筆員工記錄消失，進而無法查到這三位員工的電話、薪資、姓名…等相關資料，發生刪除異常情形。

② 刪除「資訊」部門時，資訊部門的舊有員工可能會轉調到「業務」部門去，此時就必須將 "大頭龍"、"陽哥"、"蔡小璇" 的部門名稱欄位資料由「資訊」更新為「業務」，若資料只有少數幾筆還好，當員工一多時修改資料會顯得非當麻煩。

為防止資料表的資料記錄新增、修改、刪除發生異常情形，因此可透過正規化分析將資料表分割成「部門」及「員工」兩個資料表。如下圖所示：

部門編號	部門名稱
1	資訊
2	人事
3	業務
4	設計
……	

▲部門資料表

部門編號	員工編號	姓名	薪資	電話
1	E12345	大頭龍	60000	04-12345671
1	E74589	陽哥	35000	02-14785231
1	E14785	蔡小璇	50000	04-23458888
2	E12346	歐小信	50000	049-3698521
2	E12378	蔡小雲	40000	049-3214561
3	E78965	黃大帥	45000	04-98745611
⋮	⋮	⋮	⋮	⋮

▲員工資料表

　　上述「部門」與「員工」資料表使用「部門編號」欄位建立兩個資料表的關聯，其中部門資料表的「部門編號」欄位是主鍵(Primary Key)，主鍵的資料必須是唯一且不可為空值；員工資料表的「部門編號」欄位是外來鍵(Foreign Key)，外來鍵可參考其他關聯資料表的主鍵。結果發現部門及員工資料表的欄位資料沒有重複的值，此時即可防止操作資料時發生新增、修改、刪除的異常情形。一個部門可對應多個員工，即形成「一對多關聯性」(One-to-many Relationship, 1:N)。

　　關聯式資料庫設計(Relational Database Design)在開發資料庫應用程式之前是一項很重要的工作，如定義資料表的欄位、主鍵、外來鍵、檢視表…等資料，關聯式資料庫設計正確，程式碼會比較好撰寫。關於資料庫正規化分析與關聯式資料庫設計請自行參閱資料庫系統理論的相關書籍。

16.2　SQL Server Express LocalDB 資料庫介紹

16.2.1　SQL Server 簡介

　　Microsoft SQL Server 屬於大型的資料庫，該資料庫可分散在不同的磁碟、甚至是不同的電腦上，優點是可結合應用 XML、執行效能高(數秒內就可以從數千萬筆資料中搜尋出所需要的資料)、適合用在處理超大量的資料上，缺點則是必須另外學習資料庫的管理與建置方法，因此一般較常用在企業用途上。ADO.NET 可以存取 SQL Server，當安裝 Visual Studio 時，建議安裝 SQL Server Express LocalDB 版本(安裝步驟請參閱第一章)，該版本屬於 SQL Server 的精簡版，它涵蓋了 SQL Server 常用的功能，如資料表、檢視表、函式、預存程序或觸發器…等等。透過 Visual Studio 整合開發環境的「伺服器總管」視窗可以連接 SQL Server、SQL Server Express LocalDB 或是微軟雲端 Azure 平台的 SQL Database 資料庫，也可以透過「伺服器總管」視窗來管理資料表、檢視表、函式、預存程序或觸發器。本節只簡單介紹 SQL Server Express LocalDB 資料表、資料庫圖表、檢視表的設計。

16.2.2　如何新增 SQL Server Express LocalDB 資料庫

🔽 **範例**　：DB1.sln

　　練習使用 Visual Studio 整合開發環境建立 SQL Server Express LocalDB 的資料庫。

操作步驟

Step 01　新增「Windows Forms App(.NET Framework)」視窗應用程式專案，專案名稱設為「DB1」。

Step 02　執行功能表的【專案(P)/加入新項目(W)…】指令開啟「加入新項目」視窗，請依圖示操作選擇「服務架構資料庫」，接著將資料庫名稱命名為「MyDB.mdf」。

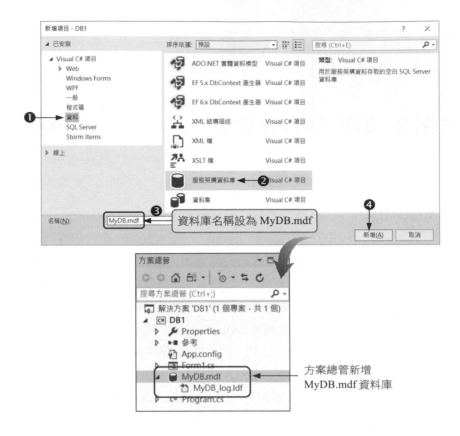

16.2.3 資料表欄位的資料型別

SQL Server 資料表欄位可使用的資料型別很多，本書只介紹下表常用的：

資料型別	使 用 時 機	有 效 範 圍
bit	用來儲存布林型別的資料。	0、1、NULL
int	用來儲存整數型別的資料。	-2,147,483,648～+2,147,483,647
float	用來儲存倍精確度的資料。	-1.79769313486231E+308 ～ -4.94065645841247E-324 +4.94065645841247E-324 ～ +1.79769313486231E+308
money	用來儲存貨幣資料。	-922337203685477.5808 ～ +922337203685477.5807
char(n)	用來儲存固定長度的字串資料，1個字為 1 Byte，未填滿的資料部份會自動補上空白字。	最大長度 8000 個字

資料型別	使用時機	有效範圍
varchar(n)	用來儲存不固定長度的字串資料，1 個字為 1 Byte，儲存多少個字就佔用多少空間。	最大長度 8000 個字
nchar(n)	用來儲存固定長度的 Unicode 字串資料，1 個字為 2 Bytes，未填滿的資料部份會自動補上空白字。	最大長度 4000 個字
nvarchar(n)	用來儲存不固定長度的 Unicode 字串資料，1 個字 2 Bytes，儲存多少個字就佔用多少空間。	最大長度 4000 個字
text	用來儲存不固定長度的字串資料。	最大長度為 $1\sim2^{31}-1$ 個字
ntext	用來儲存不固定長度的 Unicode 字串資料。	最大長度為 $1\sim2^{30}-1$ 個字
date	用來儲存日期的資料。	
datetime	用來儲存日期與時間的資料。	4 Bytes
image	用來儲存二進位的資料，常用來儲存圖片資料。	2GB

16.2.4 如何設計資料表

　　資料表在建立時，一定要先規畫好每一個欄位的資料型別與相關屬性，最後才進一步輸入資料表的記錄。接著依下面步驟建立「部門」以及「員工」兩個資料表，並分別設計這兩個資料表欄位的資料型別與屬性。

🔽 **範例**：DB1.sln

延續上例，使用「伺服器總管」視窗來連接 MyDB.mdf 資料庫，並在 MyDB.mdf 資料庫建立「部門」與「員工」兩個資料表。並指定「部門」資料表的部門編號與「員工」資料表的部門編號為一對多的關聯(因一個部門會有多個員工)，即「部門」的「部門編號」主索引鍵關聯到「員工」的「部門編號」參考鍵(外來鍵)。兩個資料表的欄位如下表：

資料表

資料表名稱 ： 部門			主鍵值欄位 ： 部門編號		
欄位名稱	資料型態	長度	允許 null	預設值	備註
部門編號	int		否		Primary Key 識別：是 識別值種子：1 識別值增量：1
部門名稱	nvarchar	20	否		

資料表名稱 ：員工			主鍵值欄位 ：員工編號		
欄位名稱	資料型態	長度	可為 null	預設值	備註
部門編號	int		否		Foreign Key
員工編號	nvarchar	6	否		Primary Key
姓名	nvarchar	10	否		
電話	nvarchar	10	是		
薪資	int		否		

關聯圖

操作步驟

Step 01　延續上例，開啟「DB1.sln」專案。

Step 02　執行功能表的【檢視(V)/伺服器總管(V)】開啟「伺服器總管」視窗，接著在「伺服器總管」的 ▷ 圖示按一下，讓伺服器總管連接到 MyDB.mdf 資料庫。完成後如右圖由原來的 ▷ 🗔 MyDB.mdf 縮起圖示變成 ◢ 🗔 MyDB.mdf 展開圖示。

Step 03 新增「部門」資料表

1. 在「資料表」按右鍵由快顯功能表執行【加入新的資料表(T)】指令。

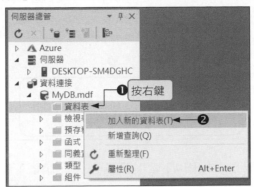

2. 接著出現下圖畫面,請依圖示新增「部門編號」欄位(即資料行名稱),
   其資料型別為「int」,並設定該欄位的值為自動編號的型式,每一次
   累加值為 1。

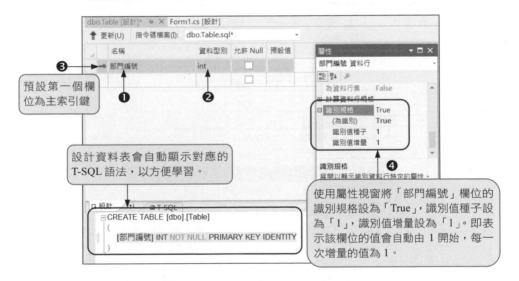

3. 依下圖操作,繼續新增「部門名稱」欄位,並設定該欄位的資料型別為
   nvarchar(20)。

16-9

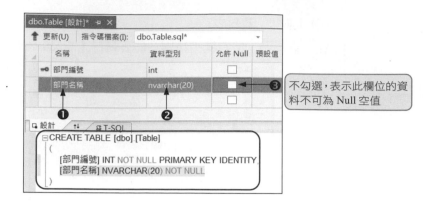

Step 04 若「部門編號」未出現主索引鍵圖示 ，請依下圖設定「部門編號」欄位為 Primary Key 即主索引欄位。

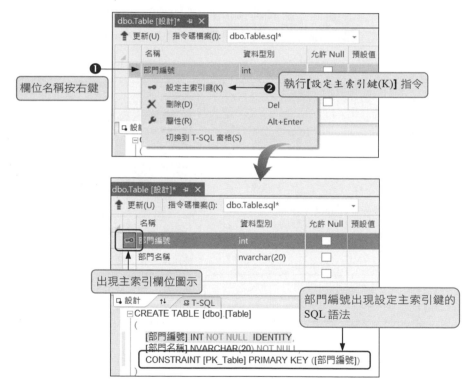

Step 05 將資料表名稱設為「部門」並按下 ⬆更新(U) 鈕，完成後接著在「伺服器總管」視窗按下 🔄 重新整理鈕，此時即會出現「部門」資料表與該資料表的欄位。

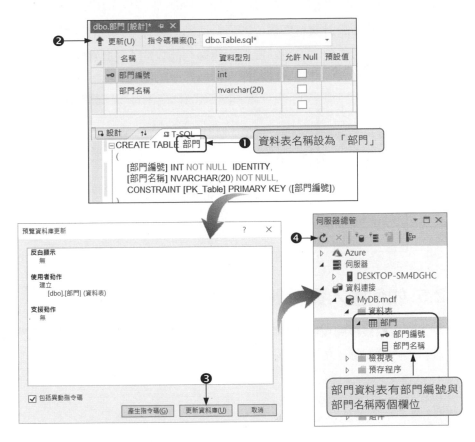

Step 06　重複 Step 02~05 步驟建立「員工」資料表，各欄位設定如下：

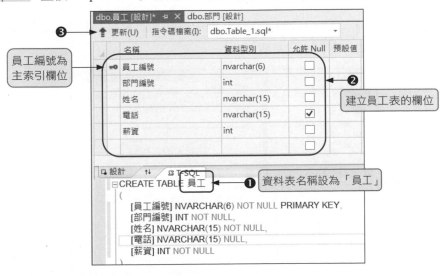

Step 07 若要重新設計資料表欄位的資料型別與屬性，其操作步驟如下：

在欲修改資料表上按右鍵執行快顯功能表的【開啟資料表定義(O)】，即可開啟資料表設計畫面讓開發人員做修改的動作。

16.2.5 如何輸入資料到資料表

建立好資料表後即可將資料記錄輸入到資料表內，或藉由程式來新增、刪除、修改資料表內的記錄。依下面操作，練習分別輸入資料到「部門」與「員工」資料表內。

操作步驟

Step 01 延續上例，開啟「DB1.sln」專案。

Step 02 在下圖的「部門」資料表上按右鍵由快顯功能表執行【顯示資料表資料(S)】指令開啟「部門」資料表。

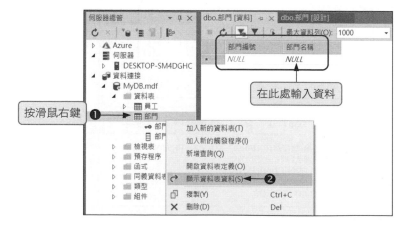

Step 03　如下圖，在「部門」資料表輸入部門名稱為「資訊」及「設計」兩筆記錄。由於部門編號欄位的識別屬性設為「True」，因此部門編號欄位會自動由 1 開始新增。「資訊」的部門編號為 1，「設計」的部門編號為 2。完成之後按 🔄 重新整理鈕即會顯示該資料表的所有記錄。

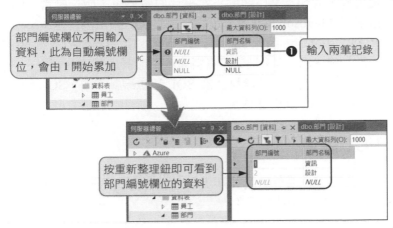

Step 04　如下圖，繼續在「員工」資料表內輸入五筆記錄，完成之後按 🔄 重新整理鈕。其中 IT001、IT002、IT003 的部門編號為 1，表示這三位員工屬於「資訊」部門；DA001、DA002 的部門編號為 2，表示這兩位員工屬於「設計」部門。

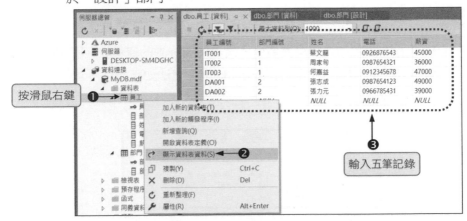

　　本節只簡單介紹 SQL Server 的資料庫、資料表及資料表輸入的操作，由於 SQL Server 的功能強大，尚有資料庫圖表、檢視表、觸發程序、自訂函數、預存程序及其他進階設計，關於預存程序請參考第十九章，其他議題有興趣可參閱 SQL Server 的相關書籍。

16.3　SQL 語法

　　結構化查詢語言(**S**tructured **Q**uery **L**anguage 簡稱 SQL)是一套標準的資料庫管理存取語言，它使用接近人類英文口語的方式來存取資料庫，而一般常見的 SQL Server 資料庫 (如微軟的 Microsoft SQL Server) 都支援 SQL 語法，就連 Access 資料庫也可以使用 SQL 語法來存取。因此 SQL 成為目前各類型資料庫中最為通用的資料庫存取語言。因此了解 SQL 語法是學習資料庫程式設計的首要課題之一，撰寫 SQL 語法要注意的是，單引號括住的資料會被 SQL 語法視為字串，SQL 語法沒有大寫小之分，下面介紹常用的 SQL 語法。

16.3.1　SELECT 敘述

　　SQL 語法中的 SELECT 敘述可根據 WHERE 子句所設定的條件式，對資料庫進行資料的查詢或排序工作，其語法如下：

> **語法**
>
> ```
> SELECT 欄位名稱1 [AS 別名], 欄位名稱2 [AS 別名], …, 欄位N [AS 別名N]
> FROM 資料表名稱
> WHERE <條件>
> ORDER BY 欄位名稱 [DESC]
> ```

語法說明

1. FROM 後面所連接的是資料表名稱，代表所要查詢的資料表。譬如將「成績單」資料表的全部欄位的所有記錄全部輸出。寫法如下：

   > SELECT * FROM 成績單

學號	姓名	國文	英文	數學
9096002	心怡	11	54	100
9096003	依倫	78	95	56
9096004	家旬	78	68	99
9096005	阿龍	89	50	68
9096006	志宏	98	77	58

2. SELECT 後面接的欄位名稱 1,欄位名稱 2,…欄位名稱 N 是設定資料表中的哪些欄位的內容要做輸出，欄位名稱間必須以逗號加以區隔。如下寫法表示只輸出「成績單」資料表中的姓名、國文、英文三個欄位的所有記錄：

   > SELECT 姓名, 國文, 英文 FROM 成績單

姓名	國文	英文
心怡	11	54
依倫	78	95
家旬	78	68
阿龍	89	50
志宏	98	77
秀娟	56	88
信丞	68	88

3. 別名：是欄位名稱的替代名稱，欄位名稱是供 SQL Server 辨識欄位用的。別名是給使用者看的。若省略別名，則欄位名稱就是別名。下面寫法，將成績單資料表的「姓名」欄名改為「同學姓名」、「國文」欄名改為「國文成績」、「英文」欄名改為「英文成績」、「數學」欄位改為「數學成績」。

> SELECT 姓名 AS 同學姓名, 國文 AS 國文成績, 英文 AS 英文成績,
> 數學 AS 數學成績 FROM 成績單

同學姓名	國文成績	英文成績	數學成績
心怡	11	54	100
依倫	78	95	56
家旬	78	68	99
阿龍	89	50	68
志宏	98	77	58
秀娟	56	88	100

4. TOP 用來指定要查詢的記錄筆數，TOP n 表示要查詢最前面的 n 筆記錄，若指定 TOP n PERCENT 表示要查詢最前面 n 百分比的記錄。下面寫法是查詢成績單的最前面三筆記錄。

> SELECT TOP 3 * FROM 成績單

學號	姓名	國文	英文	數學
9096002	心怡	11	54	100
9096003	依倫	78	95	56
9096004	家旬	78	68	99
NULL	*NULL*	*NULL*	*NULL*	*NULL*

下面寫法是查詢成績單的最前面 50 百分比(即 50%)的記錄。

> SELECT TOP 50 PERCENT * FROM 成績單

學號	姓名	國文	英文	數學
9096002	心怡	11	54	100
9096003	依倫	78	95	56
9096004	家旬	78	68	99
9096005	阿龍	89	50	68
9096006	志宏	98	77	58
9096007	秀娟	56	88	100
9096008	信丞	68	88	89
9096009	姿玲	78	58	100

5. 欄位也可以進行運算。下面寫法,「總成績」欄位是由國文、英文、數學三個欄位相加計算得來的,「平均」欄位是由國文、英文、數學相加後除於 3 計算得來的。

```
SELECT  學號, 姓名, 國文, 英文, 數學, (國文 + 英文 + 數學)
AS 總成績, (國文 + 英文 + 數學)/ 3 AS 平均
FROM  成績單
```

學號	姓名	國文	英文	數學	總成績	平均
9096002	心怡	11	54	100	165	55
9096003	依倫	78	95	56	229	76
9096004	家旬	78	68	99	245	81
9096005	阿龍	89	50	68	207	69
9096006	志宏	98	77	58	233	77
9096007	秀娟	56	88	100	244	81

6. 若查詢的資料是有條件的篩選,就必須加上 WHERE 子句。接在 WHERE 子句後面必須是一個條件式,它會將符合條件的記錄篩選輸出。我們可以使用關係運算子如(=、<、>、<>、LIKE…)等來設定所要查詢的條件式,多個關係運算式連在一起就必須加上邏輯運算子(AND、OR、NOT) 來設定多個查詢;如果省略 WHERE 子句,將傳回所有記錄。如下寫法,可查詢「成績單」資料表「平均」大於 70 分且「英文」大於 80 分的記錄。

```
SELECT  學號, 姓名, 國文, 英文, 數學, (國文 + 英文 + 數學)/3 AS 平均
FROM    成績單
WHERE   ((國文 + 英文 + 數學) / 3 > 70) AND (英文 > 80)
```

學號	姓名	國文	英文	數學	平均
9096003	依倫	78	95	56	76
9096007	秀娟	56	88	100	81
9096008	信丞	68	88	89	81
9096012	淑惠	99	88	77	88
9096015	富民	57	98	87	80
NULL	NULL	NULL	NULL	NULL	NULL

下面寫法用來查詢「會員」資料表「帳號」欄位的值等於 "Tasi" 而且「密碼」欄位的值等於 "6036" 的記錄。要注意的是,單引號括住的資料會被 SQL 語法視為字串;若欄位資料存放的是 Unicode 字串資料,如 nchar、nvarchar、ntext 資料型態,則在字串之前必須加上「N」。

```
SELECT * From 會員 WHERE 帳號 = N'Tasi' And 密碼 =N'6036'
```

7. WHERE 子句可以使用 LIKE 來進行萬用字元查詢。在 SQL Server 使用 % 代表萬用字元，Access 必須使用 * 代表萬用字元。下面示範 SQL Server 與 Access 兩種寫法。可用來查詢「員工」資料表住在「北平東路」的員工。

> SQL Server：SELECT ＊FROM 員工 WHERE （地址 LIKE N'%北平東路%'）
>
> Access 　　：SELECT ＊FROM 員工 WHERE （地址 LIKE N'*北平東路*'）

員工編號	姓名	雇用日期	是否結婚	地址
1	張瑾雯	1992/1/5 上午 12:00:00	False	北市仁愛路二段56號
12	賴俊良	1995/12/6 上午 12:00:00	True	北市北平東路24 號3 樓之一
13	何大樓	1993/12/6 上午 12:00:00	True	北市北平東路24 號3 樓之一
14	王大德	1994/12/14 上午 12:00:00	True	北市北平東路24 號3 樓之一
2	陳季暄	1992/8/14 上午 12:00:00	False	北市敦化南路一段1號
3	趙飛燕	1992/4/1 上午 12:00:00	False	北市忠孝東路四段4 號
4	林美麗	1993/5/3 上午 12:00:00	False	北市南京路三段3號
5	劉天王	1993/10/17 上午 12:00:00	True	北市北平東路24號
6	黎國明	1993/10/17 上午 12:00:00	True	北市中山北路六段88號
7	郭國號	1994/1/2 上午 12:00:00	True	北市師大路67號
8	蘇涵蘊	1994/3/5 上午 12:00:00	False	北市紹興南路99號
9	孟庭亭	1994/11/15 上午 12:00:00	False	北市信義路二段120號

員工編號	姓名	雇用日期	是否結婚	地址
12	賴俊良	1995/12/6 上午 12:00:00	True	北市北平東路24 號3 樓之一
13	何大樓	1993/12/6 上午 12:00:00	True	北市北平東路24 號3 樓之一
14	王大德	1994/12/14 上午 12:00:00	True	北市北平東路24 號3 樓之一
5	劉天王	1993/10/17 上午 12:00:00	True	北市北平東路24號
*	NULL	NULL	NULL	NULL

查詢住在北平東路的員工

8. WHERE 子句可以使用 IN 找出符合項目的值，使用 NOT IN 找出不符合項目的值。譬如：使用 IN 找出「成績單」資料表中姓名欄位符合 '家旬'、'阿龍'、'富民' 的記錄。寫法：

> SELECT ＊FROM 成績單 WHERE 姓名 IN (N'家旬', N'阿龍', N'富民')

學號	姓名	國文	英文	數學
9096004	家旬	78	68	99
9096005	阿龍	89	50	68
9096015	富民	57	98	87
*	NULL	NULL	NULL	NULL

9. ORDER BY 後面所連接的欄位名稱為排序的主索引依據，若省略 DESC 則輸出的資料由小排到大做遞增排序；若加上 DESC，表示將輸出的資料由大排

到小做遞減排序，若省略 ORDER BY 將不做排序。譬如：以「成績單」資料表將國文、英文、數學相加後除於 3 的「平均」欄位做遞減排序，並取出排序後的前三筆資料。寫法：

```
SELECT  TOP 3 學號,姓名,國文,英文,數學, (國文+英文+數學)/3 AS 平均
FROM    成績單
ORDER BY  平均 DESC
```

	學號	姓名	國文	英文	數學	平均
▶	9096012	淑惠	99	88	77	88
	9096004	家旬	78	68	99	81
	9096007	秀娟	56	88	100	81
*	NULL	NULL	NULL	NULL	NULL	NULL

上面寫法會有一個問題，如果遇到所要顯示的資料有相同的情形時，則只會顯示指定的筆數，但如果本例要下達的查詢是要找出「成績單」資料表平均成績是前三名的記錄，則必須在 TOP n 後面加上「WITH TIES」，成績同分亦列出。寫法：

```
SELECT  TOP 3 WITH TIES 學號, 姓名, 國文, 英文, 數學,
(國文 + 英文 + 數學) / 3 AS 平均
FROM    成績單
ORDER BY  平均 DESC
```

	學號	姓名	國文	英文	數學	平均
▶	9096012	淑惠	99	88	77	88
	9096004	家旬	78	68	99	81
	9096007	秀娟	56	88	100	81
	9096008	信丞	68	88	89	81
*	NULL	NULL	NULL	NULL	NULL	NULL

10. LEFT JOIN 可用來建立左外部連接(以左邊資料表為主進行兩個資料表交叉查詢)。SELECT 敘述中使用 LEFT JOIN 會使左側資料表 (產品類別) 的所有記錄都加入到查詢結果中，若右側資料表 (產品資料) 中的欄位沒有符合的資料會以空值呈現。譬如：查詢產品類別對應的產品資料，顯示欄位為產品編號、類別名稱、產品、單價、庫存、庫存量。寫法：

```
SELECT 產品編號,類別名稱,產品,單價,庫存量 FROM 產品類別
LEFT JOIN 產品資料
ON 產品類別.類別編號 = 產品資料.類別編號
```
◀ 查詢條件是產品類別的類別編號等於產品資料的類別編號欄位

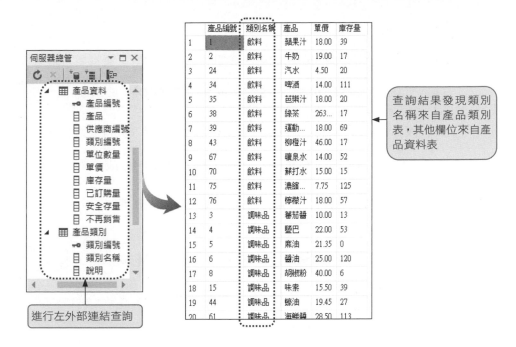

查詢結果發現類別名稱來自產品類別表,其他欄位來自產品資料表

進行左外部連結查詢

11. 譬如:查詢有哪些客戶沒有訂單,顯示欄位為客戶編號、公司名稱, 連絡人、訂單號碼。寫法:

> **SELECT** 客戶.客戶編號, 公司名稱, 連絡人, 訂單號碼 **FROM** 客戶
> **LEFT JOIN** 訂貨主檔
> **ON** 客戶.客戶編號 = 訂貨主檔.客戶編號

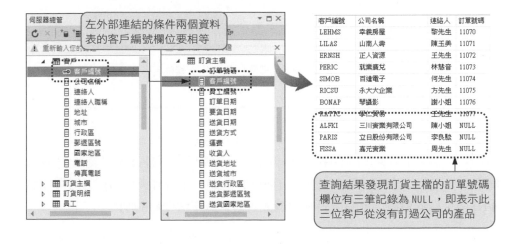

左外部連結的條件兩個資料表的客戶編號欄位要相等

查詢結果發現訂貨主檔的訂單號碼欄位有三筆記錄為 NULL,即表示此三位客戶從沒有訂過公司的產品

16-19

12. 聚合函數

① SUM：取得某個欄位的加總。譬如計算「成績單」資料表全班國文總分。

SELECT SUM(國文) AS 全班國文加總 FROM 成績單	 全班國文加總
	▶ 968

② AVG：取得某個欄位的平均。譬如計算「成績單」資料表國文成績的平均。

SELECT AVG(國文) AS 全班國文平均 FROM 成績單	 全班國文平均
	▶ 69

③ MAX：取得某個欄位的最大值。譬如：取得「成績單」資料表國文成績的最高分。

SELECT MAX(國文) AS 國文最高分 FROM 成績單	 國文最高分
	▶ 99

④ MIN：取得某個欄位的最小值。譬如：取得「成績單」資料表國文成績的最低分。

SELECT MIN(國文) AS 國文最低分 FROM 成績單	 國文最低分
	▶ 11

⑤ COUNT：取得資料筆數。如下寫法取得「成績單」資料表的總筆數。

SELECT COUNT(*) AS 筆數 FROM 成績單	 筆數
	▶ 14

16.3.2 INSERT 敘述

SQL 語法的 INSERT 敘述可新增一筆記錄到指定資料表的最後面，其語法如下：

語法
```
INSERT INTO 資料表名稱(欄位名稱1, 欄位名稱2, …,欄位名稱N)VALUES
(資料1, 資料2, …, 資料N)
```

語法說明

上述 SQL 語法在指定資料表中新增一筆記錄，該筆記錄內將新增[資料1]放入
[欄位名稱1]內、新增[資料2]放入[欄位名稱2]…新增[資料N]放入[欄位名
稱N]內…以此類推，根據所對應的欄位名稱來做新增資料的動作。

如下寫法在「產品」資料表內新增一筆記錄，編號為 'A01 '(字串須加上單引號)、品名為 'PS3'、單價為 9000、數量為 3；若欄位資料存放的 Unicode 字串資料，如 nchar、nvarchar、ntext 資料型態，則在字串之前必須加上「N」。

> INSERT INTO 產品(編號, 品名, 單價, 數量) VALUES
> (N'A01', N'PS3', 9000, 3)

16.3.3 DELETE 敘述

SQL 提供了 DELETE 敘述用來刪除所指定的記錄，其語法如下：

語法

```
DELETE FROM 資料表名稱 WHERE <條件>
```

語法說明

DELETE FROM 根據指定的資料表，找出符合 WHERE 條件的記錄並刪除。

1. 刪除「產品」資料表「編號」欄位值等於 "R001" 的記錄：

> DELETE FROM 產品 WHERE 編號 = N'R001'

2. 刪除「產品」資料表「單價」欄位的值大於 5000 且「數量」欄位的值小於 10 的記錄：

> DELETE FROM 產品 WHERE 單價 > 5000 AND 數量 < 10

16.3.4 UPDATE 敘述

當某個資料表的某筆記錄內容需要做修改時，可以透過 SQL 所提供的 UPDATE 敘述來修改指定的欄位資料，其語法如下：

語法

```
UPDATE 資料表名稱 SET 欄位 1 = 資料 1, 欄位 2 = 資料 2, … ,欄位 N = 資料 N
WHERE <條件>
```

語法說明

1. SET 是將資料指定給特定的欄位。

2. WHERE 根據所設定的條件式，修改指定欄位資料。

3. 修改「產品」資料表「編號」欄位的值等於 'B123' 的記錄，將該筆記錄「品名」欄位的值修改為 '主機板'，「單價」欄位的值修改為 4000。寫法如下：

> UPDATE 產品 SET 品名= N'主機板',單價 = 4000 WHERE 編號 = N'B123'

設計資料庫應用程式時 SQL 語法是最常使用的，本章只介紹常用的 SQL 語法，尚還有更複雜的 SQL 語法沒有介紹，建議可參閱有關 SQL 語法的書籍，以提升資料庫程式設計的能力。

16.4 ADO.NET 簡介

16.4.1 ADO.NET 簡介

ADO.NET 是微軟新一代 .NET 資料庫的存取架構，ADO 是 **A**ctiveX **D**ata **O**bjects 的縮寫。ADO.NET 它是資料庫應用程式和資料來源間溝通的橋樑，主要提供一個物件導向的資料存取架構，用來開發資料庫應用程式。ADO.NET 是在 .NET Framework 上存取資料庫的一組類別程式庫，它包含了 .NET Framework Data Provider (.NET Framework 資料提供者)以進行資料庫的連接與存取，透過 ADO.NET，資料庫程式設計人員能夠很輕易地使用各種物件，來存取符合自已需求的資料庫內容。換句話說，ADO.NET 定義了一個資料庫存取的標準介面，讓提供資料庫管理系統的各個廠商可以根據此標準，開發對應的 .NET Framework Data Provider，如此撰寫資料庫應用程式人員不必了解各類資料庫底層運作的細節，只要學會 ADO.NET 所提供物件的架構，便可輕易地存取所有支援 .NET Framework Data Provider 的資料庫。

ADO.NET 是應用程式和資料庫來源之間溝通的橋樑。透過 ADO.NET 提供的物件，再配合 SQL 語法(Structured Query Language 結構化查詢語言)就可以用來存取資料庫內的資料，而且凡是經由 ODBC 或 OLEDB 介面所能存取的資料庫(如：DBase、Excel、Access、SQL Server、Oracle…等)，也可透過 ADO.NET 物件來存取。

ADO.NET 可以將資料庫內的資料以 XML 格式傳送到用戶端(Client)的 DataSet 物件中，此時用戶端可以和資料庫伺服器端離線，當用戶端程式對資料進行新增、修改、刪除等動作後，再和資料庫伺服器連線，將資料送回資料庫伺服器端完成更新的動作。如此一來，就可以避免用戶端一直佔用資料庫伺服器的連線資源。此種架構使得資料處理從相互連接的雙層架構，朝離線式多層式架構發展。

使用 ADO.NET 處理的資料可以透過 HTTP 通訊協定來傳遞。在 ADO.NET 架構中也特別針對分散式資料存取提出了多項變革，以及為了因應網際網路的資料交換，ADO.NET 不論是內部運作或是與外部資料交換的格式，有許多都是採用 XML 格式，因此能很輕易地直接透過 HTTP 通訊協定來傳遞資料，而不必擔心防火牆的問題，而且對於異質性(不同類型)資料庫的整合，也有著最直接的支援。

ADO.NET 的架構主要是希望能夠使得資料在做處理的同時，不要一直和資料庫連線，而發生一直佔用系統資源的現象。為了解決此問題，ADO.NET 將存取資料和資料處理的部份分開，以達到離線存取資料的目的，使得資料庫能夠執行其他工作。因此將 ADO.NET 架構分成 .NET Framework Data Provider(指資料來源提供者)和 DataSet 資料集(資料處理的核心)兩大主要部分，如下圖。

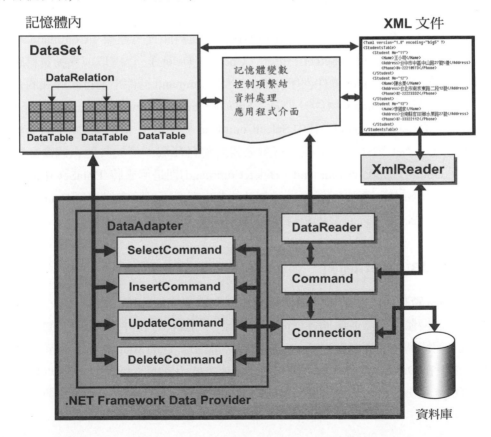

16.4.2 .NET Framework Data Provider 簡介

.NET Framework Data Provider(.NET Framework 資料提供者)是指存取資料來源的一組類別程式庫，主要是為了統一對於各類型資料庫來源的存取方式而設計出來的一套高效能類別程式庫。如上圖，在 .NET Framework Data Provider 中包含了下表四種物件：

物件	說明
Connection	提供和資料來源的連接功能。
Command	提供執行存取資料庫命令，並傳送資料或修改資料的功能，例如執行 SQL 命令、預存程序。
DataAdapter	擔任 DataSet 物件和資料來源間的橋樑。DataAdapter 使用四個 Command 物件來執行查詢、新增、修改、刪除的 SQL 命令，把資料載入 DataSet，或者把 DataSet 內的資料更新回資料來源。
DataReader	透過 Command 物件執行 SQL 查詢命令取得資料流，以便進行高速、唯讀的資料瀏覽功能。

在上圖中，透過 Connection 物件可與指定的資料庫進行連接；Command 物件用來執行相關的 SQL 命令(Select、Insert、Update、Delete)，以讀取或異動資料庫中的資料。透過 DataAdapter 物件內所提供的四個 Command 物件來進行離線式的資料存取，這四個 Command 物件分別為：SelectCommand、InsertCommand、UpdateCommand、DeleteCommand，其中 SelectCommand 物件是用來將資料庫中的資料讀出並放到 DataSet 物件中，以便進行離線式的資料存取，至於其他三個命令物件(InsertCommand、UpdateCommand、DeleteCommand)則是用來將 DataSet 中的資料異動寫回資料庫中；透過 DataAdapter 物件的 Fill 方法可以將資料讀到 DataSet 中；透過 Update 方法則可以將 DataSet 物件的資料更新到指定的資料庫中。

16.4.3 DataSet 簡介

DataSet(資料集)是在 ADO.NET 離線資料存取架構中的核心物件，主要的使用時機是在記憶體中暫存並處理各種從資料來源中所讀取的資料。DataSet 其實就是一個存放在記憶體中的資料暫存區，這些資料必須透過 DataAdapter 物件與資料庫做資料交換。在 DataSet 內部允許同時存放一個或多個不同的資料表(DataTable)物件。這些資料表是由資料列和資料欄所組成的，並包含有主索引鍵、外部索引鍵、資料表間的關聯(Relation)資訊以及資料格式的條件限制(Constraint)。DataSet 就像記憶體中的資料庫管理系統，因此和資料庫離線時，DataSet 也能獨自完成資料的新增、修改、刪除、查詢等作業，而不必侷限在和資料庫連線時才能做資料維護工作。DataSet 可以用於存取多個不同的資料來源、XML 資料或做為應用程式暫存系統狀態的暫存區。

　　資料庫可以經由 Connection 物件來連接，便可以透過 Command 物件將 SQL 語法(如 INSERT、UPDATE、DELETE、SELECT 陳述式)交由資料庫引擎(例如 Microsoft SQL Server)去執行，並透過 DataAdapter 物件將資料查詢的結果存放到離線(記憶體內)的 DataSet 物件中，進行離線資料編修，對於降低資料庫連線負擔具有極大的助益。至於資料查詢部份，還可以透過 Command 物件設定 SELECT 查詢語法和 Connection 物件設定資料庫連接，執行資料查詢後取得 DataReader 物件，以唯讀的方式進行逐筆往下的資料瀏覽。右圖即為 DataSet 的物件模型。

【註】關於詳細的 ADO.NET 物件語法請參閱第十七、十八、十九章。

16.5　.NET Framework Data Provider

　　.NET Framework Data Provider 主要是用來連接資料來源、下達存取資料命令和擷取資料查詢結果，這些結果可能會直接經過處理、放入 DataSet、與來自多種資料來源的資料合併、或是在多層次架構下的各層間作資料傳遞。在對資料庫做資料存取時，首先要與資料庫取得連接(Connection)，連接最主要的目的是進行資料庫系統的連接、帳戶驗證與資料庫指定，接著下達查詢、新增、刪除、修改…等 SQL 命令來進行資料庫的管理。但在使用程式來管理資料庫之前，要先確定要使用哪個 Data Provider(資料提供者)來存取資料庫。Data Provider 是一組用來存取資料庫的物件，在 .NET Framework 中常用的四組 .NET Framework Data Providers 是 SQL、OLE

DB、ODBC、Oracle。其中 .NET Framework Data Provider for ODBC 和 .NET Framework Data Provider for Oracle 本書不做介紹。下面只說明 .NET Framework Data Provider for SQL Server 以及 .NET Framework Data Provider for OLE DB。

一. .NET Framework Data Provider for SQL Server

支援 Microsoft SQL Server 7.0、2000、2005、2008、2012、2014、2016 以上版本，由於它使用 SQL Server 原生的通訊協定並且做過最佳化，所以可以直接存取 SQL Server 資料庫，而不必使用 OLE DB 或 ODBC (開放式資料庫連接層)介面，因此執行效率較佳。若程式中是使用 .NET Framework Data Provider for SQL Server，則該 ADO.NET 物件名稱之前都要加上 Sql，如：SqlConnection、SqlCommand、SqlDataAdapter、SqlDataReader。

二. .NET Framework Data Provider for OLEDB

支援透過 OLE DB 介面來存取像 Dbase、FoxPro、Excel、Access、Oracle 以及 SQL Server…等各類型資料來源的存取。程式中若使用 .NET Framework Data Provider for OLE DB，則 ADO.NET 物件名稱之前要加上 OleDb，如 OleDb Connection、OleDbCommand、OleDbDataAdapter、OleDbDataReader。下圖即是 .NET Framework Data Provider for SQL Server 和 .NET Framework Data Provider for OLE DB 的比較。

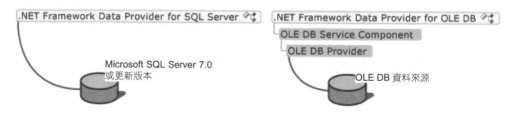

由上圖可知：使用 .NET Framework Data Provider for SQL Server 會使用 SQL Server 原生的通訊協定直接存取 SQL Server 資料庫，不用像 .NET Framework Data Provider for OLE DB 要透過 OLE DB Service Component (提供連接共用和交易服務)和 OLE DB Provider (提供資料來源)來存取 SQL Server 或其他資料來源。所以使用 .NET Framework Data Provider for SQL Server 直接存取 SQL Server 執行效率會比 .NET Framework Data Provider for OLE DB 來得好，而且可以使用 SQL Server 特有而 OLE DB 資料來源沒有的功能。若要存取像 Dbase、FoxPro、Excel、Access…等資料庫可以考慮使用.NET Framework Data Provider for OLE DB。

ADO.NET 資料庫存取(一)

17.1 如何引用 ADO.NET 命名空間

　　由上一章可知，在 .NET Framework 的架構中是由所使用的資料庫(資料來源)類型來決定是使用 .NET Framework Data Provider for SQL Server 或是使用 .NET Framework Data Provider for OLE DB。由於這兩者 Data Provider 分屬不同的命名空間(Namespace)。因此，必須使用 using 指示詞(Directive)來引用對應 ADO.NET 的命名空間，這樣才能在撰寫程式時，免去為每個類別指定命名空間的名稱，可使用較簡潔的類別名稱於所宣告的 ADO.NET 物件來存取資料庫。using 指示詞和 C 語言的 #include 類似，#include<filename> 會將指定的檔案內容載入記憶體內，但是 using 指示詞只是告知編譯器(Compiler)將類別名稱前面加上指定命名空間的名稱，不會把類別的程式碼載入。下面介紹 ADO.NET 常用相關命名空間。

一. System.Data

　　System.Data 命名空間是 ADO.NET 的核心，大部分是由構成 ADO.NET 架構的類別所組合而成的。這些類別是 Managed 應用程式用來存取各類型資料來源所共同使用的。它定義了 Tables、Rows、Columns、Constraints 和 DataSet 所代表的型別。由此可知 DataSet 類別是位於 System.Data 命名空間中，因此在撰寫程式時若有使用到 DataSet 類別，必須在程式最開頭使用 using 敘述來引用此命名空間，寫法如下：

```
using System.Data;  // 引用 ADO .NET 基礎物件
```

二. System.Data.OleDb

System.Data.OleDb 命名空間下的類別庫允許開發人員連接到 OLE DB 這類型的資料來源、接受 SQL 查詢和透過 Fill 方法將資料填入 DataSet 中，表示使用.NET Framework Data Provider for OLE DB 這組資料提供者。可連接的資料來源包括 Access、Excel、SQL Server 7.0 以上版本的資料庫…等。若在程式中使用這類型的資料來源，必須在程式的最開頭使用 using 敘述來引用此命名空間，其寫法如下：

```
using System.Data.OleDb;  // 引用 OLE DB 資料來源物件
```

若使用 .NET Framework Data Provider for OLE DB 這組資料提供者，則使用的 ADO .NET 物件名稱之前必須加上 OleDb，如：OleDbConnection、OleDbCommand、OleDbDataReader、OleDbDataAdapter…等。

三. System.Data.SqlClient

此命名空間下的類別庫允許開發人員直接連接 SQL Server 7.0(含)以上版本的資料庫，表示使用 .NET Framework Data Provider for SQL Server 這組資料提供者。若在程式中使用這組資料提供者來存取 SQL Server 資料庫，必須在程式的最開頭使用 using 敘述含入此命名空間，其寫法如下：

```
using System.Data.SqlClient;  // 引用 SQL Server 資料來源物件
```

若使用 .NET Framework Data Provider for SQL Server 這組資料提供者(Data Provider)，則使用的 ADO.NET 物件名稱之前必須加上 Sql，如：SqlConnection、SqlCommand、SqlDataReader、SqlDataAdapter…等。本書範例主要以 SQL Server 當資料庫，所以使用此命名空間。

下表即是 ADO.NET 在各所屬命名空間中各類別命名對照表：

物件 ＼ 命名空間	System.Data.SqlClient	System.Data.OleDb
Connection	SqlConnection	OleDbConnection
Command	SqlCommand	OleDbCommand
DataReader	SqlDataReader	OleDbDataReader
DataAdapter	SqlDataAdapter	OleDbDataAdapter
Parameter	SqlParameter	OleDbParameter

17.2 如何使用 Connection 物件

17.2.1 如何使用 Connection 物件連接資料庫

ADO.NET 提供的 Connection 物件，主要是用來與資料來源之間建立連接。下面介紹如何使用 Connection 物件來開啟或關閉連接 OLE DB 與 SQL Server 資料來源。

Case 01 引用 System.Data.OleDb 命名空間 (適用 Access&Excel 2003 等以上版本)

1. 引用命名空間

```
using System.Data.OleDb ;
```

2. 建立連接字串

宣告名稱為 cnStr 的字串變數，用來存放資料庫的連線字串，並指定資料庫所在的真實路徑。其寫法為：

```
string cnStr =
    "Provider=Microsoft.Jet.OLEDB.4.0;Data Source=資料庫真實路徑" ;
```

3. 宣告 cn 為 OleDbConnection 資料庫連接物件

```
OleDbConnection cn;
```

4. 建立 OleDbConnection 資料庫連接物件

建立 cn 為 OleDbConnection 物件並指定 cnStr 為資料庫的連接字串。寫法：

```
cn = new OleDbConnection(cnStr);
```

5. 使用 Open 方法開啟與資料庫的連接

```
cn.Open();
```

6. 完成資料庫存取後再使用 Close()方法關閉與資料庫的連接

```
cn.Close();
```

以上完整程式寫法如下：

```
01 using System.Data.OleDb;
    ⋮
02 OleDbConnection cn;
03 string cnStr = "Provider=Microsoft.Jet.OLEDB.4.0; Data Source=資料庫檔案路徑" ;
04 cn = new OleDbConnection(cnStr );
05 cn.Open();      // 開啟與資料庫的連接
    ⋮
06 cn.Close();     // 關閉與資料庫的連接
```

說明

① 第 2-4 行可以合併成下列一行敘述：

OleDbConnection cn = new OleDbConnection
　　　　("Provider=Microsoft.Jet.OLEDB.4.0;Data Source=資料庫檔案路徑");

② 若連接 Access 2007 或 Excel 2007 以上版本，可將連接字串改成下面敘述：

OleDbConnection cn = new OleDbConnection
　　　　("Provider=Microsoft.ACE.OLEDB.12.0;Data Source=資料庫檔案路徑");

Case 02 引用 System.Data.SqlClient 命名空間(適用 SQL Server 7.0 以上版本資料庫伺服器)

　　使用方式與上面寫法類似，先宣告 SqlConnection 物件，再建立 SqlConnection 物件並指定欲連接的資料庫，使用 Open()方法開啟與資料庫的連接，最後使用 Close() 方法關閉與資料庫連接。但 SqlConnection 及 OleDbConnection 物件的資料庫連線字串寫法不一樣。下面寫法示範如何連接至 SQL Server：

```
01 using System.Data.SqlClient;
    ⋮
02 SqlConnection cn ;
03 string cnStr = "Server=localhost; database=資料庫名稱 ; uid=sa; pwd=;" ;
04 cn = new SqlConnection(cnStr); //建立 SqlConnection 物件 cn
05 cn.Open() ;     // 開啟與資料庫的連線
    ⋮
06 cn.Close() ;    // 關閉與資料庫的連線
```

上面第 03 行敘述 SqlConnection 物件所連接 cnStr 字串參數的設定說明如下：

① server：可指定資料庫的伺服器名稱、IP 位址、localhost(代表本機)。

② database：SQL Server 資料庫的名稱。

③ uid：資料庫連接帳號，sa 表示使用 SQL Server 資料庫管理者帳號。

④ pwd：資料庫連接密碼。

⑤ 若 uid 與 pwd 都不加，可改用「Integrated Security=True」，表示使用目前登入系統的 Windows 帳號來連接 SQL Server。如果在 ASP .NET 網頁(Web Form)中，根據不同版本的 IIS 所使用的帳號會不一樣。譬如：IIS 5(Windows XP)是使用「ASPNET」帳號；IIS 6(Windows Server 2003)及 IIS 7(Windows Server 2008)是使用「NETWORK SERVICE」帳號。

[例] 設定連接到 SQL Server 伺服器名稱是「Server1」、使用者帳號是「sa」、密碼是「1234」、且開啟的資料庫為「Northwind」，其連接字串寫法：

```
string cnStr = "Server=Server1; database=Northwind; uid=sa; pwd=1234;";
```

Case 03 　引用 System.Data.SqlClient 命名空間，連接 SQL Server Express LocalDB 資料庫檔案。

　　由於 Visual Studio 可以建立 SQL Server Express LocalDB 版本資料庫檔案，因此本書範例皆採連接 SQL Server Express LocalDB 資料庫檔案為主，以方便初學者學習，其用法只有連接字串的設定不同而已。下面示範如何連接至 SQL Server Express LocalDB 的「Northwind.mdf」資料庫檔案的寫法：

```
01 using System.Data.SqlClient;

02 SqlConnection cn                    //宣告 SqlConnection 物件 cn
03 cn.ConnectionString =
          @"Data Source=(LocalDB)\MSSQLLocalDB;" +
          "AttachDbFilename=|DataDirectory|Northwind.mdf;" +
          "Integrated Security=True";
04 cn = new SqlConnection(cnStr); //建立 SqlConnection 物件 cn
05 cn.Open() ;       // 執行 Open()方法開啟與資料庫的連線

06 cn.Close() ;      // 執行 Close()方法關閉與資料庫的連線
```

上面第 03 行敘述 SqlConnection 物件所連接 cnStr 字串參數設定說明如下：

① Data Source：用來設定主機名稱。設定「**Data Source=(LocalDB)\MSSQL LocalDB;**」表示要連接本機的 SQL Server Express LocalDB 版本資料庫的實體。

② AttachDbFilename：用來指定資料庫檔名稱。「|DataDirectory|」表示目前的資料庫預設資料夾路徑，指定「**|DataDirectory|Northwind.mdf**」表示要連接和目前執行檔相同路徑下的 Northwind.mdf。

③ Integrated Security：用來指定是否使用 Windows 的帳號認證來連接資料庫；指定為 True 表示要使用 Windows 的帳號認證來連接資料庫。

17.2.2 Connection 物件常用成員

常用成員	功能
ChangeDatabase()方法	更改目前所連接的資料庫。
ChangePassword()方法	更改目前所連接的資料庫密碼。
Close()方法	關閉目前所連接的資料庫。
CreateCommand()方法	透過此方法可建立 Command 物件。
Open()方法	開啟目前所連接的資料庫。若資料庫已開啟連接再執行 Open()方法會產生 InvalidOperationException 例外。
ConnectionString 屬性	設定或取得資料庫的連接字串。
ConnectionTimeout 屬性	設定或取得資料庫連接的逾時秒數。
Database 屬性	設定或取得所連接的資料庫名稱。
DataSource 屬性	設定或取得所連接的資料來源名稱。
State 屬性	取得目前資料庫連接狀態。可用下面列舉常數表示： ① ConnectionState.Broken：目前 Connection 物件無法使用。 ② ConnectionState.Closed：已關閉連接。 ③ ConnectionState.Connecting：正在連接資料來源。 ④ ConnectionState.Executing：正在執行命令(Command)。 ⑤ ConnectionState.Fetching：正在資料來源擷取資料。 ⑥ ConnectionState.Open：已開啟連接。

📥 **範例**：ConnectionDemo1.sln

練習使用 SqlConnection 物件的屬性與方法(成員)。表單載入時 RichTextBox 會顯示資料庫連接字串、資料庫逾時秒數、資料庫名稱、資料來源名稱等資訊。使用者可透過按鈕切換資料庫目前的連接狀態。若目前是關閉資料庫連接則顯示 開啟 鈕，否則顯示 關閉 鈕。

執行結果

▲資料庫未連接畫面

▲資料庫已連接畫面

程式分析

1. System.Data.SqlClient 命名空間是存取 SQL Server 的 .NET Framework 資料提供
   者。本例使用 .NET Framework Data Provider for SQL Server 來連接 Northwind.mdf
   資料庫，因此必須在程式開頭引用 System.Data.SqlClient 命名空間。

   ```
   using System.Data.SqlClient;
   ```

2. Connection 物件會在表單的 Load 事件和按鈕的 Click 事件一起共用，必須在事
   件處理函式外面建立 SqlConnection 物件 cn。

   ```
   SqlConnection cn = new SqlConnection();
   ```

3. 表單載入時與按 開啟 鈕都會顯示資料庫連接字串、資料庫逾時秒數、資料庫
   名稱、資料來源名稱等資訊。因此請將這些相關資訊以字串合併方式顯示在
   rtbShow 多行文字方塊控制項上面並將顯示資訊的相關程式碼另獨立撰寫成名
   稱為 ShowConnection()自定方法，以方便共用呼叫。

```
void ShowConnection()
{
    rtbShow.Text = $"連接字串：{cn.ConnectionString}\n";
    rtbShow.Text += $"逾時秒數：{cn.ConnectionTimeout}\n";
    rtbShow.Text += $"　資料庫：{cn.Database}\n";
    rtbShow.Text += $"資料來源：{cn.DataSource}\n";
}
```

4. 在表單載入 Form1_Load 事件處理函式內建立 cn 物件的連接字串，並呼叫 ShowConnection()自定方法。

```
cn.ConnectionString = @"Data Source=(LocalDB)\MSSQLLocalDB;" +
                "AttachDbFilename=|DataDirectory|Northwind.mdf;" +
                "Integrated Security=True";
ShowConnection();
```

5. 開啟 和 開啟 是同時共用 btnCnState 按鈕，主要用來切換資料庫的連接與關閉。若目前是關閉資料庫連接，則顯示 開啟 鈕，否則顯示 關閉 鈕。必須在按鈕的 btnCnState_Click 事件處理函式內使用 Connection 物件的 State 屬性來判斷目前是否連接資料庫。若目前是關閉狀態，則執行 Open()方法，並將按鈕變更為 關閉 鈕；若目前是連接狀態，則執行 Close()方法，將按鈕變更為 開啟 鈕。

```
private void btnCnState_Click(object sender, EventArgs e)
{
    if (cn.State == ConnectionState.Closed)
    {
        cn.Open();
        btnCnState.Text = "關閉";
        rtbShow.Text += "目前狀態：資料庫已連接\n";
    }
    else if (cn.State == ConnectionState.Open)
    {
        cn.Close();
        btnCnState.Text = "開啟";
        rtbShow.Text += "目前狀態：資料庫已關閉\n";
    }
    ShowConnection();
}
```

操作步驟

Step 01　複製資料庫

將書附範例「資料庫」資料夾下的 Northwind.mdf 複製到目前製作專案的 bin\Debug 資料夾下，使得 Northwind.mdf 與範例執行檔在相同路徑下。

Step 02　建立表單輸出入介面：

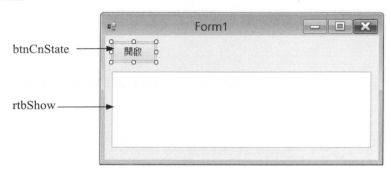

Step 03　撰寫程式碼

程式碼　FileName:Form1.cs

```
01  using System.Data.SqlClient;   // 引用此命名空間
02
03  namespace ConnectionDemo1
04  {
05      public partial class Form1 : Form
06      {
07          public Form1()
08          {
09              InitializeComponent();
10          }
11
12          SqlConnection cn = new SqlConnection(); //建立 SqlConnection 物件 cn
13          void ShowConnection()
14          {
15              rtbShow.Text = $"連接字串：{cn.ConnectionString}\n";
16              rtbShow.Text += $"逾時秒數：{cn.ConnectionTimeout}\n";
17              rtbShow.Text += $"  資料庫：{cn.Database}\n";
18              rtbShow.Text += $"資料來源：{cn.DataSource}\n";
```

```
19            }
20
21            private void Form1_Load(object sender, EventArgs e)
22            {
23                // 設定連接字串,用來連接 Northwind.mdf 資料庫
24                cn.ConnectionString = @"Data Source=(LocalDB)\MSSQLLocalDB;" +
                       "AttachDbFilename=|DataDirectory|Northwind.mdf;" +
                       "Integrated Security=True";
25                ShowConnection();   // 呼叫 ShowConnection 方法
26            }
27
28            private void btnCnState_Click(object sender, EventArgs e)
29            {
30                // 判斷目前是否為資料庫關閉連接狀態
31                if (cn.State == ConnectionState.Closed)
32                {
33                    cn.Open();
34                    btnCnState.Text = "關閉";
35                    rtbShow.Text += "目前狀態:資料庫已連接\n";
36                }
37                // 判斷目前是否為資料庫開啟連接狀態
38                else if (cn.State == ConnectionState.Open)
39                {
40                    cn.Close();
41                    btnCnState.Text = "開啟";
42                    rtbShow.Text += "目前狀態:資料庫已關閉\n";
43                }
44                ShowConnection();
45            }
46        }
47 }
```

17.2.3 如何使用 using 與 Connection 物件連接資料庫

　　上一個範例使用 Connection 的 Open()方法來開啟連接資料庫,當不再使用 Connection 物件時,必須明確使用 Close()方法來關閉連接資料庫,以方便釋放系統資源。有時我們可能會忘了使用 Close()方法,或不想明確的關閉連接資料庫,但又

想要釋放 Connection 的連接資源，此時就可以使用 using{...}敘述來達成。在 using{...}
敘述區塊內宣告並建立的物件，當離開 using{…} 敘述區塊時會自動執行 Dispose()
方法，以確保該物件所佔用的資源能完整釋放掉，若沒釋放這些無法自動釋放的資
源，很可能讓程式發生資源耗盡的情形。下面敘述就是將 Connection 物件建立在
using 子句中來處理資料庫連接的程式碼，以免該 Connection 物件可能在被釋放後
還有其他物件存取的情況而發生例外，還有離開 using 敘述時會隱含執行 Dispose()
方法，省去編寫 cn.Close()方法來關閉連接的資料庫。其寫法如下：

```
using(SqlConnection cn = new SqlConnection())    // 建立 cn 為 SqlConnection 物件
{
    cn.ConnectionString=@"Data Source=(LocalDB)\MSSQLLocalDB;"+
            "AttachDbFilename=|DataDiretory|Northwind.mdf;" +
            "Integrated Security=True";

    處理資料庫的敘述

    cn.Open();
}    // 當離開 using 區塊時，馬上執行 Dispose()方法釋放 cn 物件的所佔用的資源
```

ConnectionDemo2.sln 範例示範使用 using{…} 敘述區
塊。執行結果如右圖，當表單載入時即在 using 敘述建立
SqlConnection 物件 cn，並使用對話方塊顯示目前資料庫的連
接狀態，當離開 using{…} 敘述區塊時，cn 物件馬上被釋放掉。

Step 01 撰寫程式碼

程式碼 FileName:Form1.cs

```
01  using System.Data.SqlClient;
02
03  namespace ConnectionDemo2
04  {
05      public partial class Form1 : Form
06      {
07          public Form1()
08          {
09              InitializeComponent();
10          }
11
12          private void Form1_Load(object sender, EventArgs e)
```

```
13          {
14              using (SqlConnection cn = new SqlConnection())
15              {
16                  cn.ConnectionString=@"Data Source=(LocalDB)\MSSQLLocalDB;"+
17                      "AttachDbFilename=|DataDirectory|Northwind.mdf;" +
18                      "Integrated Security=True";
19                  cn.Open();
20                  if (cn.State == ConnectionState.Open)
21                  {
22                      MessageBox.Show("資料庫已連接", "目前狀態");
23                  }
24              }
25          }
26      }
27 }
```

17.2.4 如何使用應用程式組態檔存取資料庫的連接字串

前面兩個範例都將連接字串寫死在程式中，此種做法有很大的問題，若應用程式內有多個表單都必須連接到相同的資料庫，將來應用程式要安裝到使用者環境時，即要針對使用者的環境逐一重設每一個表單的資料庫連接字串，然後再重新編譯應用程式，如此既費時又費力。因此比較好的方式就是將資料庫連接字串設定在應用程式組態檔中，其好處是當連接字串有改變時，可透過文字檔直接修改連接字串就可以了，不需要再進入整合開發環境設定連接字串和重新編譯程式，應用程式組態檔的檔名必須設為 app.config。下面範例 ConnectionDemo3.sln 介紹如何在應用程式透過組態檔來儲存資料庫的連接字串。

📥 **範例**：ConnectionDemo3.sln

練習在 ConnectionDemo3 專案的應用程式組態檔 app.config 建立 connString 字串，此字串是用來連接目前專案 Northwind.mdf 資料庫的連接字串，ConnectionDemo3 專案有 Form1 與 Form2 兩個表單皆可使用 connString 來連接 Northwind.mdf 資料庫。執行 Form1 與 Form2 表單都會出現下圖對話方塊，告知目前皆連接到 Northwind.mdf 資料庫。

執行結果

操作步驟

Step 01　複製資料庫

將書附範例「資料庫」資料夾下的 Northwind.mdf 複製到目前製作專案的 bin\Debug 資料夾下，使 Northwind.mdf 與範例執行檔在相同路徑下。

Step 02　執行功能表的【專案(P) / 新增表單(Windows Forms)(F)…】指令開啟下圖 新增 Form2.cs 表單檔，此時專案下同時有 Form1 與 Form2 兩個表單。

Step 03　依下圖操作，在專案名稱上按右鍵執行快顯功能表的【屬性(R)】指令，接著選取「設定」標籤頁，然後設定 connString 連接字串，完成之後請按下 🖫 全部儲存鈕存檔，最後方案總管內會自動產生 app.config 應用程式組態檔。

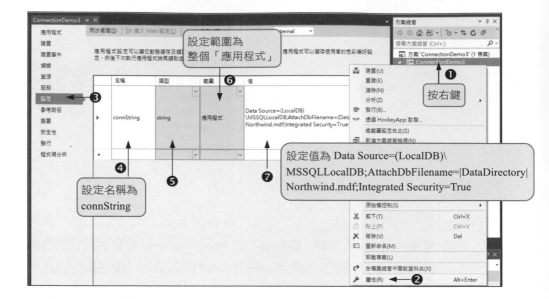

設定範圍為
整個「應用程式」

按右鍵

設定值為 Data Source=(LocalDB)\
MSSQLLocalDB;AttachDbFilename=|DataDirectory|
Northwind.mdf;Integrated Security=True

設定名稱為
connString

Step 04 　　上面步驟已經在應用程式組態檔 app.config 中設定 connString 連接字串，
　　若要在程式中使用此字串，只要書寫下面敘述就可以了。

```
Properties.Settings.Default.connString
```

Step 05 　　撰寫程式碼

　　請在 Form1 及 Form2 的 Load 事件處理函式內使用 Properties.Settings.
Default.connString 來取得連接字串，使得 Form1 及 Form2 表單載入時皆
可開啟連接資料庫，Form1.cs 與 Form2.cs 的完整程式碼如下：

程式碼　FileName:Form1.cs

```
01 using System.Data.SqlClient;
02
03 namespace ConnectionDemo3
04 {
05     public partial class Form1 : Form
06     {
07         public Form1()
08         {
09             InitializeComponent();
10         }
11
12         private void Form1_Load(object sender, EventArgs e)
```

```
13          {
14              using(SqlConnection cn =
                    new SqlConnection(Properties.Settings.Default.connString))
15              {
16                  cn.Open();
17                  MessageBox.Show("連接資料庫：" + cn.Database, "Form1 狀態");
18              }
19          }
20      }
21  }
```

程式碼 FileName : Form2.cs

```
01  using System.Data.SqlClient;
02
03  namespace ConnectionDemo3
04  {
05      public partial class Form2 : Form
06      {
07          public Form2()
08          {
09              InitializeComponent();
10          }
11
12          private void Form2_Load(object sender, EventArgs e)
13          {
14              using (SqlConnection cn =
                    new SqlConnection(Properties.Settings.Default.connString))
15              {
16                  cn.Open();
17                  MessageBox.Show("連接資料庫：" + cn.Database, "Form2 狀態");
18              }
19          }
20      }
21  }
```

▌Step 06　先後設定 Form1 和 Form2 為啟動表單，來觀察 Form1 與 Form2 的執行情形，結果發現兩個表單都能使用 Properties.Settings.Default.connString 來取得應用程式組態檔 app.config 的資料庫連接字串。

Step 07 　當專案經過編譯後會在與執行檔的相同路徑下產生一個與 app.config 內
容相同的應用程式組態檔,該檔命名為「[應用程式].exe.config」,以本
例來說該組態檔名稱為「ConnectionDemo3.exe.config」。

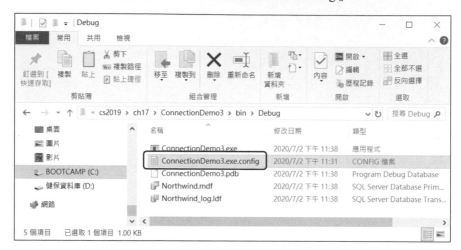

本程式執行時其實是讀取「ConnectionDemo3.exe.config」組態檔的內容,
若開發人員要修改連接字串也可直接開啟「ConnectionDemo3.exe.config」
檔,並修改如下<value>標記內灰底的連接字串就可以了。

```xml
<?xml version="1.0" encoding="utf-8" ?>
<configuration>
        ⋮
    <applicationSettings>
        <ConnectionDemo3.Properties.Settings>
            <setting name="connString" serializeAs="String">
                <value> Data Source=(LocalDB)\MSSQLLocalDB;AttachDbFilename=
                        |DataDirectory|Northwind.mdf;Integrated Security=True
                </value>
            </setting>
        </ConnectionDemo3.Properties.Settings>
    </applicationSettings>
</configuration>
```

也可在整合開發環境開啟下圖,重設連接字串後再編譯該專案即可。

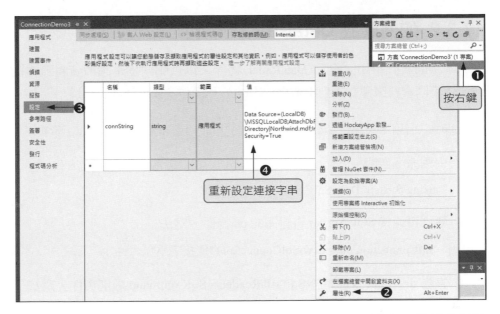

將應用程式的連接字串成功存放在組態檔 app.config 內,以方便日後維護與修改整個應用程式專案與資料庫的連接設定。

17.3 如何使用 DataReader 物件

17.3.1 DataReader 物件簡介

DataReader 物件可以由資料庫中採順向(Forward-only)逐筆讀取資料流中的資料列,由於並不是一次將所有資料傳向用戶端的記憶體中,因此能提升應用程式的效能和降低系統的負荷量,使得執行速度快且不佔用太多的記憶體資源。DataReader 物件讀取資料方式是先透過 Connection 物件和資料庫連接,再經由 Command 物件的 ExecuteReader()方法執行 SQL Select 查詢命令擷取出欲查詢的資料,再透過 DataReader 物件中所提供的屬性和方法,將擷取的資料以唯讀方式由記錄指標所指的資料列順向逐筆處理,將資料放入記憶體或直接顯示在表單上。但要注意在 DataReader 開啟時,必須和資料庫一直保持連接,此時 Connection 只能供 DataReader 使用,必須等到 DataReader 關閉後,才能允許執行 Connection 的任何命令。

17.3.2 如何建立 DataReader 物件

本小節將介紹如何建立 DataRader 物件，以供順向逐筆讀取資料流中的資料列。依不同資料來源有下列兩種操作方式，其操作步驟如下：

Case 01 引用 System.Data.SqlClient 命名空間(適用 SQL Server 7.0 以上資料庫)

1. 引用命名空間

```
using System.Data.SqlClient ;
```

2. 建立可連接 SQL Server 資料庫的 cn 物件。寫法：

```
SqlConnection cn = new SqlConnection("連接字串");
```

3. 宣告 dr、cmd 分別屬於 SqlDataReader、SqlCommand 類別物件。寫法：

```
SqlCommand cmd ;
Sqlreader dr ;
```

4. 建立 SqlCommand 物件 cmd，並設定該物件所要執行的 SQL 命令或預存程序名稱。寫法：

```
cmd = new SqlCommand("SQL 命令或預存程序名稱", cn);
```

5. 建立 DataReader 物件時必須先開啟與資料庫連接，接著再使用 SqlCommand 物件的 ExecuteReader()方法，執行所指定的 SQL 查詢命令以便建立 dr 物件，只要透過 dr 物件所提供的方法及屬性即可進行資料的瀏覽。寫法如下：

```
cn.Open();                    // 連接資料庫
dr = cmd.ExecuteReader();     // 使用 Command 的 ExecuteReader()方法
                              // 傳回 DataReader 記錄指標
```

6. 當資料庫讀取後再使用 Close()方法關閉與資料庫的連接，此時即會釋放 DataReader 物件資源。

```
cn.Close();
```

以上完整程式寫法如下：

```
01 using System.Data.SqlClient;
    …….
02 SqlConnection cn = new SqlConnection("連接字串");
```

```
03 SqlCommand cmd ;
04 SqlDataReader dr ;
05 cmd = new SqlCommand("SQL 命令或預存程序名稱", cn);
06 cn.Open();      // 開啟與資料庫的連接
07 dr = cmd.ExecuteReader();
   ……             // 使用 DataReader 物件讀取資料庫內容
08 cn.Close();     // 關閉與資料庫的連接
```

Case 02 引用 System.Data.OleDb 命名空間 (適用 SQL Server 6.5 以上、Access、Excel… 等版本的資料庫)

```
01 using System.Data.OleDb;
   ……
02 OleDbConnection cn = new OleDbConnection("連接字串");
03 OleDbCommand cmd ;
04 OleDbDataReader dr ;
05 cmd = new OleDbCommand("SQL 命令或預存程序名稱", cn);
06 cn.Open();      // 開啟與資料庫的連接
07 dr = cmd.ExecuteReader();
   ……             // 使用 DataReader 物件讀取資料庫內容
08 cn.Close();     // 關閉與資料庫的連接
```

17.3.3 DataReader 物件常用成員

透過 Command 物件的 ExecuteReader()方法執行 SQL 查詢命令即可建立 DataReader 物件，DataReader 物件內所存放的是查詢結果的資料串流，可以使用下表 DataReader 物件所提供的屬性與方法來逐一取得每筆記錄或相關欄位的資料。

成員名稱	說明
Read()方法	先將記錄指標移到下一筆，並判斷記錄指標是否指到 EOF(檔案結尾符號)。若記錄指標指到 EOF 則傳回 false；若記錄指標未指到 EOF，則傳回 true。 檔案開始符號　　　　　　　檔案結束符號 | BOF | 1 | 2 | 3 | 4 | 5 | EOF | 　　　　　　　　　　　最後一筆

成員名稱	說明
FieldCount 屬性	將目前 DataReader 由查詢結果所取得資料列(記錄)的欄位總數傳回。若傳回值為 5,表示該筆資料列(記錄)共有 5 個欄位,其欄位註標為 0~4 (欄位註標由 0 開始)。
Item[i] 集合	取得第 i 欄的資料內容,欄位註標起始值是由 0 開始算起。
Item["欄位名稱"] 集合	取得指定欄位名稱的欄位資料。
GetName(i)方法	取得第 i 欄的欄位名稱,欄位註標起始值是由 0 開始算起。
GetDataTypeName(i)方法	取得第 i 個欄位的資料型別,欄位註標起始值是由 0 開始算起。
GetOrdinal("欄位名稱") 方法	取得某個欄位的欄位編號。0 為第一欄、1 為第二欄、2 為第三欄…以此類推。
GetValue(i)方法	取得第 i 個欄位的資料內容,欄位註標起始值是由 0 開始算起。其傳回值為 object 資料型別。
IsDBNull(i)方法	判斷第 i 個欄位是否為資料庫 Null 值,欄位註標起始值是由 0 開始算起。
Close()方法	關閉 DataReader 物件。

17.3.4 如何使用 DataReader 物件讀取資料表記錄

若想透過 DataReader 物件來讀取由資料庫中所擷取出的查詢結果,可以使用重複結構來檢查記錄指標是否已經指到 EOF 檔案結尾符號,若記錄指標尚未指到 EOF 表示資料未讀完,便可利用上表 DataReader 所提供的方法和屬性,順向逐一取得每個欄位的名稱和該欄位內所存放的資料;若記錄指標指到 EOF 表示資料已經讀取完畢,便可結束讀取動作。

Case 01 如何透過 DataReader 物件取得資料列(記錄)的欄位名稱

可利用 FieldCount 屬性取得欄位總數,將此傳回值減 1 取得欄位註標的最大值,再利用 for 迴圈配合 GetName()方法分別取得各欄位的名稱,並將欄位名稱顯示在表單的 richTextBox1 多行文字方塊控制項上面。

```
for( i = 0 ; i< dr.FieldCount ; i++)
{
    richTextBox1.Text += dr.GetName(i) + "\t";
}
```

Case 02　如何透過 DataReader 物件來顯示各資料列欄位內的資料

有下列兩種方式，第一種方式的使用時機是當需要顯示所有欄位時使用，第二種方式是當僅顯示部分欄位內容時使用：

① 透過 while{…} 敘述判斷記錄指標是否指到 EOF 檔案結尾符號？若記錄指標尚未指到 EOF，表示資料列尚未讀完，此時透過 for{…} 敘述將記錄指標所指到的資料列(記錄)各欄位內容，顯示在表單的 richTextBox1 多行文字方塊控制項上面。

```
while (dr.Read())　// dr.Read()為 true 表示尚未指到 EOF
{
    for( i = 0 ; i < dr.FieldCount ;i++)
    {
        richTextBox1.Text += dr[i].ToString() + "\t";
    }
    richTextBox1.Text += "\n";
}
```

② 利用 while{…} 及 Read()方法判斷記錄指標是否指到 EOF(檔案結尾符號)，若沒有指到 EOF，則將目前 DataReader 指標所指向的記錄從資料庫讀出來並顯示在 richTextBox1 多行文字方塊控制項內。

```
while(dr.Read())
{
    richTextBox1.Text += dr["欄位名稱 1"].ToString() + "\t";
    richTextBox1.Text += dr["欄位名稱 2"].ToString() + "\t";
    richTextBox1.Text += dr["欄位名稱 3"].ToString() + "\t";
    …………
    richTextBox1.Text += dr["欄位名稱 N"].ToString() + "\n";
}
```

🔽 **範例** ：DataReaderDemo1.sln

使用 DataReader 物件將 Northwind.mdf 資料庫的產品資料表記錄顯示於 RichtTextBox 上。其中產品資料表顯示的欄位資料有產品編號、產品、單價與庫存量。

操作步驟

Step 01 複製資料庫

將書附範例「資料庫」資料夾下的 Northwind.mdf 複製到目前製作專案的 bin\Debug 資料夾下,使得 Northwind.mdf 與範例執行檔在相同路徑下。

Step 02 在表單上建立名稱為 richTextBox1 的多行文字方塊。

Step 03 撰寫程式碼:

程式碼 FileName:Form1.cs

```
01 using System.Data.SqlClient;
02
03 namespace DataReaderDemo1
04 {
05     public partial class Form1 : Form
06     {
07         public Form1()
08         {
09             InitializeComponent();
10         }
11
12         private void Form1_Load(object sender, EventArgs e)
13         {
14             using (SqlConnection cn = new SqlConnection())
15             {
16                 cn.ConnectionString=@"Data Source=(LocalDB)\MSSQLLocalDB;" +
                        "AttachDbFilename=|DataDirectory|Northwind.mdf;" +
                        "Integrated Security=True";
17                 cn.Open();
18                 SqlCommand cmd = new SqlCommand
                        ("SELECT 產品編號,產品,單價,庫存量 FROM 產品資料", cn);
19                 SqlDataReader dr = cmd.ExecuteReader();
20                 for (int i = 0; i < dr.FieldCount; i++)
21                 {
22                     richTextBox1.Text += dr.GetName(i) + "\t";
23                 }
24                 richTextBox1.Text += "\n===============================\n";
25                 while (dr.Read())
```

```
26                     {
27                         for (int i = 0; i < dr.FieldCount; i++)
28                         {
29                             richTextBox1.Text += dr[i].ToString() + "\t";
30                         }
31                         richTextBox1.Text += "\n";
32                     }
33                 }
34             }
35         }
36 }
```

說明

1. 第 14 行：在 using 中建立 SqlConnection 物件 cn，因此當離開 using 敘述區塊時，cn 物件會自動釋放資料庫連接資源。

2. 第 16 行：設定資料庫的連接字串。設定所連接的資料庫與執行檔在相同路徑下。

3. 第 17 行：使用 Open()方法來開啟連接的資料庫。

4. 第 18 行：建立 SqlCommand 物件 cmd 指定查詢「產品資料」表的產品編號、產品、單價、庫存量四個欄位，同時指定連接的資料來源為 cn 物件。

5. 第 19 行：使用 cmd 物件的 ExecuteReader()方法執行 SQL 語法並傳回查詢結果的 DataReader 物件 dr。

6. 第 20-23 行：使用 for 迴圈逐一取得「產品資料」表的產品編號、產品、單價、庫存量的欄位名稱並放入 richTextBox1 多行文字方塊控制項內。

7. 第 25-32 行：使用巢狀重覆結構配合 dr 物件的 FieldCount 屬性逐一取得「產品資料」表的欄位資料，並放入 richTextBox1 多行文字方塊控制項內。

8. DataReader 物件也可以指定欄位名稱，範例「ch17\DataReaderDemo2」就是使用此種寫法，如下：

```
while (dr.Read())
{
    richTextBox1.Text += dr["產品編號"].ToString() + "\t";
    richTextBox1.Text += dr["產品"].ToString() + "\t";
    richTextBox1.Text += dr["單價"].ToString() + "\t";
    richTextBox1.Text += dr["庫存量"].ToString() + "\n";
}
```

9. 上面寫法也可以改用 GetValue()方法，但要注意 GetValue()方法括號內接的
   參數不能指定欄位名稱。例如範例「ch17\DataRedaerDemo3」就是使用這種
   寫法如下：

```
while (dr.Read())
{
    for (int i = 0; i < dr.FieldCount; i++)
    {
        richTextBox1.Text += dr.GetValue(i).ToString() + "\t";
    }
    richTextBox1.Text += "\n";
}
```

17.3.5 如何提升 DataReader 物件的讀取效率

前三個範例都是使用索引與欄位名稱來讀取資料。以執行效率來說使用索引方
式會比使用欄位名稱還快，但透過上述的方法將資料讀取出來時，還要做轉型的動
作才能再做其他的資料處理，資料轉型的動作太過煩雜。幸好，DataReader 物件另
外提供 GetXXX 方法來解決，如 GetString()、GetInt16()…等方法，在讀取資料時
可以省略手動轉型的動作，以提升程式的執行效率。GetXXX 方法如下表：

方法	功能
GetBoolean	取得資料並轉成布林型別資料。
GetByte	取得資料並轉成位元組型別資料。
GetChar	取得資料並轉成字元型別資料。
GetDateTime	取得資料並轉成日期/時間型別資料。
GetDecimal	取得資料並轉成貨幣型別資料。
GetDouble	取得資料並轉成倍精確度型別資料。
GetFloat	取得資料並轉成單精確度型別資料。
GetInt16	取得資料並轉成短整數型別資料。
GetInt32	取得資料並轉成整數型別資料。
GetInt64	取得資料並轉成長整數型別資料。
GetString	取得資料並轉成字串型別資料。

將前面範例讀取資料的部份，修改成如下使用 GetXXX()方法，完整範例請參閱 DataReaderDemo4.sln。

```
while (dr.Read())
{
  richTextBox1.Text += dr.GetInt32(0).ToString() + "\t";      //讀取產品編號
  richTextBox1.Text += dr.GetString(1) + "\t";                //讀取產品
  richTextBox1.Text += dr.GetDecimal(2) .ToString() + "\t";   //讀取單價
  richTextBox1.Text += dr.GetInt16(3) .ToString()+ "\n";      //讀取庫存量
}
```

上例使用 GetXXX()方法指定索引才能取出指定欄位的資料，但使用索引方式對程式的可讀性不高，此時使用可使用 GetOrdinal()方法依指定欄位名稱取得該欄位的索引，寫法如下。完整範例請參閱 DataReaderDemo5.sln。

```
while (dr.Read())
{
  richTextBox1.Text += dr.GetInt32(dr.GetOrdinal("產品編號")).ToString() + "\t";
  richTextBox1.Text += dr.GetString(dr.GetOrdinal("產品")) + "\t";
  richTextBox1.Text += dr.GetDecimal(dr.GetOrdinal("單價")).ToString() + "\t";
  richTextBox1.Text += dr.GetInt16(dr.GetOrdinal("庫存量")).ToString() + "\n";
}
```

若開發人員是使用 SQL Server 7.0 以上的資料庫，則可以使用 GetSqlXXX()方法，因為 GetSqlXXX()方法底層是採用 SQL Server 的 TDS 格式交換資料，因此執行效率會比 GetXXX()方法更快。但如果是使用 Access、MySQL、Excel…等來當資料庫，則無法使用 GetSqlXXX()方法。將上例修改成如下使用 GetSqlXXX()方法，完整範例請參閱 DataReaderDemo6.sln。

```
while (dr.Read())
{
  richTextBox1.Text += dr.GetSqlInt32(dr.GetOrdinal("產品編號")).ToString() + "\t";
  richTextBox1.Text += dr.GetSqlString(dr.GetOrdinal("產品")).ToString() + "\t";
  richTextBox1.Text += dr.GetSqlMoney(dr.GetOrdinal("單價")).ToString() + "\t";
  richTextBox1.Text += dr.GetSqlInt16(dr.GetOrdinal("庫存量")).ToString() + "\n";
}
```

範例 ：DataReaderDemo7.sln

使用 LEFT JOIN 建立左外部連接來查詢所有產品類別中的產品資訊。其中左側資料表是「產品類別」，右側資料表是「產品資料」。查詢條件為產品類別的類別編號等於產品資料的類別編號，查詢結果為產品類別的類別名稱以及產品資料的產品編號、產品、單價、庫存量等欄位資料。

執行結果

資料表

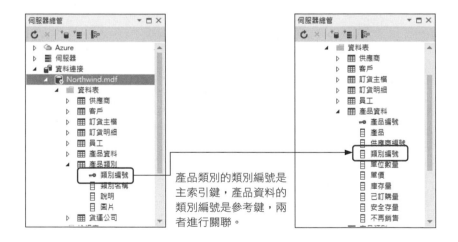

產品類別的類別編號是主索引鍵，產品資料的類別編號是參考鍵，兩者進行關聯。

操作步驟

Step 01 複製資料庫

將書附範例「資料庫」資料夾下的 Northwind.mdf 複製到目前製作專案的 bin\Debug 資料夾下，使得 Northwind.mdf 與範例執行檔在相同路徑下。

Step 02　建立表單的輸出入介面，在表單上建立名稱為 richTextBox1 的多行文字方塊。

Step 03　撰寫程式碼

程式碼 FileName:Form1.cs

```
01 namespace DataReaderDemo7
02 {
03     public partial class Form1 : Form
04     {
05         public Form1()
06         {
07             InitializeComponent();
08         }
09
10         private void Form1_Load(object sender, EventArgs e)
11         {
12             using (SqlConnection cn = new SqlConnection())
13             {
14                 cn.ConnectionString=@"Data Source=(LocalDB)\MSSQLLocalDB;" +
                        "AttachDbFilename=|DataDirectory|Northwind.mdf;" +
                        "Integrated Security=True";
15                 cn.Open();
16                 SqlCommand cmd = new SqlCommand
                        ("SELECT 產品編號,類別名稱,產品,單價,庫存量 FROM 產品類別 " +
                        "LEFT JOIN 產品資料 " +
                        "ON 產品類別.類別編號 = 產品資料.類別編號", cn);
17                 SqlDataReader dr = cmd.ExecuteReader();
18                 for (int i = 0; i < dr.FieldCount; i++)
19                 {
20                     richTextBox1.Text += dr.GetName(i) + "\t";
21                 }
22                 richTextBox1.Text += "\n";
23                 while (dr.Read())
24                 {
25                     //讀取產品資料的產品編號
26                     richTextBox1.Text += dr["產品編號"].ToString() + "\t";
27                     //讀取產品類別的類別名稱
28                     richTextBox1.Text += dr["類別名稱"].ToString() + "\t";
```

29	//讀取產品資料的產品
30	richTextBox1.Text += dr["產品"].ToString() + "\t";
31	//讀取產品資料的單價
32	richTextBox1.Text += dr["單價"].ToString() + "\t";
33	//讀取產品資料的庫存量
34	richTextBox1.Text += dr["庫存量"].ToString() + "\n";
35	}
36	}
37	}
38	}
39	}

說明

1. 第 16 行：SQL 敘述使用 LEFT JOIN 查詢所有產品類別與其產品狀況的資料。

17.4 使用 SQL 語法的注意事項

　　當透過 Command 或 DataAdapter 物件來執行 SQL 語法時，通常會在表單中的文字方塊(若名稱為 txtName)或其他控制項，指定條件來進行資料查詢，如下：

```
string sqlStr =
    "SELECT * FROM 會員 WHERE 姓名 = '" + txtName.Text + "'";
SqlCommand cmd = new SqlCommand(sqlStr , cn) ;
```

語法說明

1. 上述 txtName.Text 表示表單中 txtName 文字方塊所輸入的資料，txtName.Text 也就是資料表中搜尋姓名的條件(單引號括住的資料被 SQL 語法視為字串)。譬如：若 txtName.Text 的值為 "王小明" (字串)，則 SQL 語法轉換過程如下：

"SELECT * FROM 會員 WHERE 姓名 ='"+ txtName.Text + "'"

單引號是用來表示 SQL 命令中的字串值

"SELECT * FROM 會員 WHERE 姓名 ='"+ <u>"王小明"</u> + "'"

雙引號是用來表示 C#的字串，加
底線處轉成王小明

"SELECT * FROM 會員 WHERE 姓名 =' 王小明 '"

2. 由上圖 SQL 語法轉換過程可以瞭解，單引號包住的資料會被 SQL 視為字串，
雙引號包住的資料會被 C# 視為字串，這樣看起來是不是清楚多了呢。另外也
可以使用字串插值的方式，寫法如下：

$"SELECT * FROM 會員 WHERE 姓名 ='{txtName.Text}'"

 範例 ：SqlStringDemo1.sln

在姓名文字方塊輸入學生姓名，即可由 ch17DB.mdf 資料庫的「成績單」資料表
中查詢該位學生的成績。

執行結果

▲ 找到學生成績的畫面

▲找不到學生成績的畫面

操作步驟

Step 01　複製資料庫

將書附範例「資料庫」資料夾下的 ch17DB.mdf 複製到目前製作專案的
bin\Debug 資料夾下，使 ch17DB.mdf 與範例執行檔在相同路徑下。

Step 02　建立表單輸出入介面：

在表單建立名稱為 txtName 文字方塊，richTextBox1 多行文字方塊以及
btnSearch 按鈕。

txtName

btnSearch

richTextBox1

Step 03 撰寫程式碼

程式碼 FileName:Form1.cs

```
01 using System.Data.SqlClient;
02
03 namespace SqlStringDemo1
04 {
05     public partial class Form1 : Form
06     {
07         public Form1()
08         {
09             InitializeComponent();
10         }
11
12         //按 [查詢] 鈕執行
13         private void btnSearch_Click(object sender, EventArgs e)
14         {
15             // 使用 using 敘述建立 SqlConnection 物件 cn
16             using (SqlConnection cn = new SqlConnection())
17             {
18                 // 連接字串指定連接 ch17DB.mdf 資料庫
19                 cn.ConnectionString=@"Data Source=(LocalDB)\MSSQLLocalDB;" +
                        "AttachDbFilename=|DataDirectory|ch17DB.mdf;" +
                        "Integrated Security=True";
20                 cn.Open();  // 連接資料庫
21                 // 將輸入的姓名指定給 searchName 字串變數
22                 string searchName = txtName.Text;
23                 // SELECT 敘述的查詢條件為姓名等於 searchName
24                 string selectCmd =
```

```
                        $"SELECT * FROM 成績單 WHERE 姓名 = '{searchName}'";
25              // 建立 SqlCommand 物件 cmd
26              SqlCommand cmd = new SqlCommand(selectCmd, cn);
27              // 傳回查詢結果的 SqlDataRadedr 物件 dr
28              SqlDataReader dr = cmd.ExecuteReader();
29              if (dr.Read())    // 若有該筆記錄則執行下面敘述
30              {
31                  richTextBox1.Text = $"學號：{dr["學號"].ToString()}\n";
32                  richTextBox1.Text += $"姓名：{dr["姓名"].ToString()}\n";
33                  richTextBox1.Text += $"國文：{dr["國文"].ToString()}\n";
34                  richTextBox1.Text += $"英文：{dr["英文"].ToString()}\n";
35                  richTextBox1.Text += $"數學：{dr["數學"].ToString()}";
36              }
37              else    // 若沒有該筆記錄則執行 else 下面敘述
38              {
39                  richTextBox1.Text = "找不到這個學生的成績！";
40              }
41          }
42      }
43  }
44 }
```

說明

1. 第 22 行：透過 txtName 文字方塊來取得使用者輸入的學生姓名，接著再指定給 searchName 字串變數。

2. 第 24 行：將查詢的 SQL 語法與查詢條件 searchName 做字串合併。

3. 第 26 行：建立 SqlCommand 物件 cmd。

4. 第 28 行：宣告 SqlDataRader 物件 dr，並使用 cmd 的 ExecuteReader()方法將查詢結果的記錄指標傳給 dr。

5. 第 29-40 行：判斷 DataReader 物件 dr 的記錄指標是否指到檔案結尾(EOF)。若記錄指標未指到檔案結尾，則執行第 31-35 行，將學生成績顯示在 richTextBox1 多行文字方塊內；否則執行第 39 行，則 richTextBox1 多行文字方塊顯示「找不到這個學生的成績！」的訊息。

注意

範例 SqlStringDemo1.sln 的 txtName 文字方塊內輸入含有「'」(單引號)符號時按下 查詢 鈕，會發生執行時期的例外錯誤。例如：輸入「jack'wu」所出現的執行結果。

這是因為在『jack'wu』字串中加了一個單引號，還記得嗎？曾經介紹過 SQL 會將單引號括住的資料視為字串，而雙引號括住的資料，則被 C# 視為字串處理，譬如下列 SQL 語法：

字串 jack'wu

$"SELECT * FROM 成績單 WHERE 姓名 = '{searchName}'";

上述的 SQL 語法經過 C# 編譯後會變成如下：

SELECT * FROM 成績單 WHERE 姓名 = 'jack'wu'

上述 SQL 語法執行時，會將 jack 視為字串(因為 jack 被單引號括住)，而 wu'的資料因為前面少了一個單引號而發生錯誤，此種情形該如何解決呢？在 SQL 語法中將連續兩個單引號「''」視為一個單引號，所以可使用 string 字串類別的 Replace 方法將字串中的一個單引號取代為兩個單引號。請將範例 SqlString Demo1.sln 的第 24 行敘述：

```
string selectCmd =
   $"SELECT * FROM 成績單 WHERE 姓名 = '{searchName}'";
```

修改為下列敘述即可，例如範例 SqlStringDemo2.sln 就是使用這種方式。

```
string selectCmd =
   $"SELECT * FROM 成績單 WHERE 姓名= '{searchName.Replace("'", "''")}'";
```

上述寫法是將使用者所輸入的資料 searchName，有單引號的部分使用兩個單引號來取代，程式經過修改後，當輸入有單引號的資料時，便不會發生錯誤了。

ADO.NET
資料庫存取(二)

18.1　如何使用 DataSet 物件

18.1.1 DataSet 物件簡介

　　DataSet 物件可說是 ADO.NET 的主角，它像是一個記憶體中的資料庫，採用離線方式來存取資料庫。譬如一個資料庫應用程式與 SQL Server 資料庫分別安裝在不同的主機上，當資料庫應用程式向 SQL Server 資料庫要求取得資料時，SQL Server 資料庫會將所要擷取的全部資料傳送到執行該資料庫應用程式所在電腦的記憶體(DataSet)中，此時可與 SQL Server 資料庫中斷連線。當 DataSet 中的資料更新完畢後，再重新和 SQL Server 資料庫進行連線，將資料全部一次更新到 SQL Server 資料庫中。因此 DataSet 執行效率佳，適用於多用戶端資料存取，但此種方式須耗費較多的記憶體空間。在 DataSet 中可以包含一個以上的 DataTable 物件，DataTable 物件相當於記憶體中的一個資料表。DataAdapter 物件是資料庫和 DataSet 之間溝通的橋樑。DataAdapter 物件使用 Command 物件來執行 SQL 命令，將由 SQL Server 資料庫所擷取的資料送到 DataSet，此時便可使用 DataTable 物件來存取資料表，將 DataSet 裡面的資料經過處理後再一次寫回資料庫。下圖為.NET Framework Data Provider 與 DataSet 之間的架構圖：

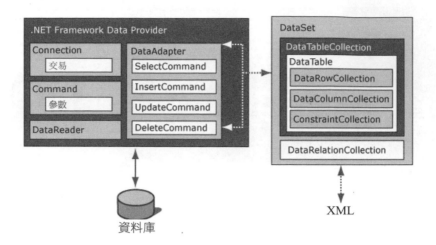

資料庫

XML

18.1.2 如何建立 DataSet 物件讀取資料表記錄

依下列步驟可產生名稱為「產品類別」與「產品資料」的 DataTable 物件,且這兩個 DataTable 物件是儲存在名稱為 ds 的 DataSet 物件內,我們可將 DataSet 物件視為儲存在記憶體內的資料庫。

Step 01 建立 ds 屬於 DataSet 物件。

```
DataSet ds = new DataSet() ;
```

Step 02 建立 SqlDataAdapter 類別物件 daCategory,並指定要查詢的是「產品類別」資料表,要連接的資料來源為「cn」物件。

```
SqlDataAdapter daCategory= new SqlDataAdapter
    ("SELECT * FROM 產品類別", cn);
```

Step 03 DataAdapter 物件的 Fill()方法可將查詢資料的結果放到 DataSet 物件中。此時 DataSet 物件中即會產生一個 DataTable 物件,該 DataTable 物件會以資料表的方式存放查詢資料的結果。如下寫法使用 daCategory 物件將產品類別表的資料放入 ds 物件的產品類別 DataTable 物件。

```
daCategory.Fill(ds, "產品類別");
```

使用 DataAdapter 物件的 Fill()方法並不需要呼叫 Connection 物件的 Open() 方法來連接資料庫,原因是當使用 Fill()方法時,DataAdapter 物件會自動與資料庫進行連接。

上述完整程式碼如下：

```
01  using(SqlConnection cn = new SqlConnection())
02  {
03      cn.ConnectionString=@"Data Source=(LocalDB)\MSSQLLocalDB;"+
            "AttachDbFilename=|DataDirectory|Northwind.mdf;" +
            "Integrated Security=True";
04      DataSet ds = new DataSet();
05      // 在 ds 物件中建立產品類別表 DataTable 物件
06      SqlDataAdapter daCategory= new SqlDataAdapter
                ("SELECT * FROM 產品類別", cn);
07      daCategory.Fill(ds, "產品類別");
08      // 在 ds 物件中建立產品資料表 DataTable 物件
09      SqlDataAdapter daProduct= new SqlDataAdapter
                ("SELECT * FROM 產品資料", cn);
10      daProduct.Fill(ds, "產品資料");
11  }
```

　　上述程式在 DataSet 類別物件 ds 中建立了「產品類別」及「產品資料」兩個 DataTable 物件。也可以透過 DataSet 物件所提供的 Tables 集合物件(由 DataTable 物件所構成)，來指定要取用哪一個 DataTable 物件。其寫法如下：

```
DataTable dtCategory, dtProduct; // 宣告 dtCategory, dtProduct 為 DataTable 物件
// dtCategory 物件設為 ds 物件內的產品類別表 DataTable 物件
dtCategory =ds.Tables["產品類別"];
// dtProduct 物件設為 ds 物件內的產品資料表 DataTable 物件
dtProduct =ds.Tables["產品資料"];
```

上述程式可改用索引來取得 DataTable 物件，Tables 集合物件的註標起始值為 0。

```
DataTable dtCategory, dtProduct; // 宣告 dtCategory, dtProduct 為 DataTable 物件
// dtCategory 物件設為 ds 物件內的第 1 個 DataTable 物件(即產品類別)
dtCategory = ds.Tables[0] ;
// dtProduct 物件設為 ds 物件內的第 2 個 DataTable 物件(即產品資料)
dtProduct = ds.Tables[1] ;
```

DataTable 物件的 TableName 屬性可用來設定或取得 DataTable 的表格名稱，TableCollection 集合物件的 Count 屬性可用來取得目前 DataSet 內共有多少個 DataTable 物件。其寫法如下：

```
int n = ds.Tables.Count ;              // 取得 DataSet 中 DataTable 的總數
string s = ds.Tables[i].TableName; // 取得第 i 個 DataTable 的表格名稱
```

若 DataTable 物件指定給 DataGridView 控制項的 DataSource 屬性，則目前表單上 DataGridView 控制項內會顯示該 DataTable 物件中所有記錄資料。欲在 dataGridView1 中顯示產品資料表 DataTable 物件的所有記錄，其寫法如下：

```
// 讓 dataGridView1 控制項顯示 DataSet 物件中的
//「產品資料」表示 DataTable 物件的所有記錄
dataGridView1.DataSource = ds.Tables["產品資料"];
```

工具箱中的 DataGridView 工具主要是以表格的方式來顯示資料，它是一項功能強大、有彈性的資料控制項。譬如 DataGridView 控制項可顯示資料表或物件集合的資料、也可以調整 DataGridView 的大小、更可以顯示資料量大的 DataSet 資料集、並對該 DataSet 做編輯或檢視。

範例：DataSetDemo1.sln

練習取得 Northwind.mdf 資料庫中的員工、客戶、產品類別資料表的內容，再將這三個資料表填入 DataSet 內的 DataTable 物件，並將這三個 DataTable 名稱依序設為員工、客戶、產品類別，然後再將 DataTable 表格名稱加入到 ComboBox 控制項內。此時只要透過 ComboBox 控制項並按下 查詢 鈕即可查詢該 DataTable 物件的所有記錄，並顯於 DataGridView 控制項上。

執行結果

▲查詢 [員工] 資料表

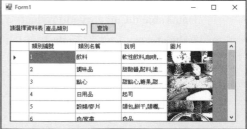

▲查詢 [產品類別] 資料表

程式分析

1. 因為表單載入 Load 事件與 　查詢　 鈕的 Click 事件會共用 DataSet 物件，因此建立 ds 為 DataSet 物件的敘述必須寫在所有事件處理函式外。

   ```
   DataSet ds = new DataSet();
   ```

2. 在表單載入的 Form1_Load 事件處理函式內設定做下列事情：
   建立名稱為 daEmp 的 SqlDataAdapter 物件，並透過此物件將「員工」資料表填入名稱為 ds 的 DataSet 物件內，並將 DataTable 資料表的名稱設為「員工」，最後使用 DataAdapter 物件的 Fill()方法將「員工」資料表填入到 ds 物件內。

   ```
   SqlDataAdapter daEmp=new SqlDataAdapter("SELECT * FROM 員工", cn);
   daEmp.Fill(ds, "員工");
   ```

3. 重複上述步驟，分別建立名稱為 daCust 和 daCategory 的 DataAdapter 物件，再透過 daCust 與 daCategory 分別將「客戶」與「產品類別」資料表填入到 ds 物件內。其寫法如下：

   ```
   SqlDataAdapter daCust=new SqlDataAdapter("SELECT * FROM 客戶", cn);
   daCust.Fill(ds, "客戶");
   SqlDataAdapter daCategory=new SqlDataAdapter
           ("SELECT * FROM 產品類別", cn);
   daCategory.Fill(ds, "產品類別");
   ```

4. 在表單載入時，必須先將「員工」、「客戶」、「產品類別」三個資料表名稱當作 cboTable 下拉式清單的選項，以選取哪個資料表顯示在 DataGridViw 控制項上面。所以在 Form_Load 事件事件處理函式內增加下面敘述：

   ```
   for (int i = 0; i < ds.Tables.Count; i++)
   {
       cboTable.Items.Add(ds.Tables[i].TableName);
   }
   ```

5. 在表單載入的 Form1_Load 事件處理函式撰寫如下敘述，使表單載入時 cboTable 下拉式清單預設以「員工」當選項；dataGridView1 預設顯示「員工」DataTable 所有記錄。

```
cboTable.Text = ds.Tables["員工"].TableName;
dataGridView1.DataSource = ds.Tables["員工"];
```

6. 按 查詢 鈕時，由於當 cboTable 下拉式清單被選取的選項會自動將選項名稱
   置入下拉式清單的輸入方塊即 cboTable.Text 屬性中，如此便可透過
   ds.Table[cboTable.Text] 取得 DataSet 中對應的資料表，最後將此選取的資料
   表指定給 dataGridView1 的 DataSource，便可將該資料表內所有記錄顯示到
   表單的 dataGridView1 物件上。所以必須在 btnSelect 的 Click 事件內撰寫下
   面敘述：

```
dataGridView1.DataSource = ds.Tables[cboTable.Text];
```

操作步驟

Step 01　複製資料庫

　　　　將書附範例「資料庫」資料夾下的 Northwind.mdf 複製到目前製作專案的
　　　　bin\Debug 資料夾下，使得 Northwind.mdf 與範例執行檔在相同路徑下。

Step 02　建立表單輸出入介面：

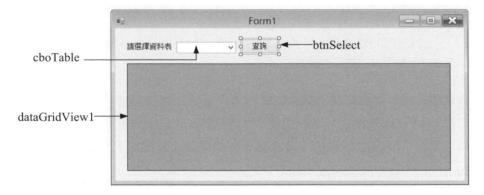

Step 03　撰寫程式碼

程式碼 Form1.cs

```
01 using System.Data;  // DataSet 置於此命名空間下,視窗應用程式預設會引用此命名空間
02 using System.Data.SqlClient;
03
04 namespace DataSetDemo1
05 {
```

```
06      public partial class Form1 : Form
07      {
08          public Form1()
09          {
10              InitializeComponent();
11          }
12          // 建立 DataSet 類別物件 ds
13          DataSet ds = new DataSet();
14          // 表單載入時執行此事件
15          private void Form1_Load(object sender, EventArgs e)
16          {
17              using (SqlConnection cn = new SqlConnection())
18              {
19                  cn.ConnectionString=@"Data Source=(LocalDB)\MSSQLLocalDB;"+
                        "AttachDbFilename=|DataDirectory|Northwind.mdf;" +
                        "Integrated Security=True";
20                  // 建立三個 DataAdapter 物件，用來取得員工, 客戶, 產品類別資料表
21                  // 再將三個資料表放入 ds(DataSet)物件中
22                  SqlDataAdapter daEmp = new SqlDataAdapter
                            ("SELECT * FROM 員工", cn);
23                  daEmp.Fill(ds, "員工");
24                  SqlDataAdapter daCust = new SqlDataAdapter
                            ("SELECT * FROM 客戶", cn);
25                  daCust.Fill(ds, "客戶");
26                  SqlDataAdapter daCategory = new SqlDataAdapter
                            ("SELECT * FROM 產品類別", cn);
27                  daCategory.Fill(ds, "產品類別");
28                  // 將 ds 物件內三個 DataTable 名稱放入 cboTable 下拉式清單內
29                  for (int i = 0; i < ds.Tables.Count; i++)
30                  {
31                      cboTable.Items.Add(ds.Tables[i].TableName);
32                  }
33                  // cboTable 下拉式清單顯示 "員工"
34                  cboTable.Text = ds.Tables["員工"].TableName;
35                  // dataGridView1 控制項上面顯示 ds 資料集中員工資料表所有記錄
36                  dataGridView1.DataSource = ds.Tables["員工"];
37              }
38          }
39          // 按 <查詢> 鈕 執行此事件處理函式
40          private void btnSelect_Click(object sender, EventArgs e)
```

41	{
42	dataGridView1.DataSource = ds.Tables[cboTable.Text];
43	}
44	}
45	}

18.1.3 如何建立 DataTable 物件讀取資料表記錄

由下圖的 DataSet 物件模型可知，DataSet 下包含很多子類別，例如 DataTable、DataColumn、DataRow…等。DataSet 是屬於在記憶體中的資料庫，可用來存放多個 DataTable 物件。DataTable 就好像是記憶體中的一個資料表，資料表內可用來存放性質相同的多筆記錄資料、每一筆記錄稱為 DataRow。DataRow 的集合稱為 DataRowCollection；DataTable 包含 DataColumnCollection 集合，集合中的項目稱為 DataColumn，DataColumn 用來表示每一個欄位的資訊與資料型別。

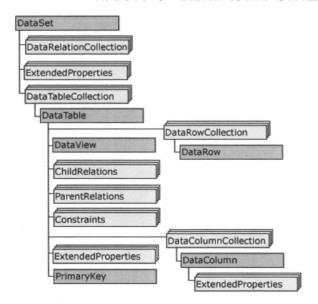

DataTable 物件的 Columns.Add()方法可在 DataTable 物件內加入 DataColumn（欄位）物件；DataTabe 物件的 Rows.Add()方法可以在 DataTable 物件內加入 DataRow 物件（一筆記錄）。譬如：想在名稱為 dt 的員工 DataTable 物件中定義編號、姓名、電話、性別四個 DataColumn 欄位物件；並在 DataTable 物件中新增三筆 DataRow 記錄物件，其寫法如下：

```
01  //建立記憶體 DataTable 物件 dt，用來存放員工記錄
02  DataTable dt = new DataTable();
03  //在 dt 定義編號、姓名、電話、性別 DataColumn 欄位物件
04  dt.Columns.Add(new DataColumn("編號"));
05  dt.Columns.Add(new DataColumn("姓名"));
06  dt.Columns.Add(new DataColumn("電話"));
07  dt.Columns.Add(new DataColumn("性別"));
08
09  DataRow row1 = dt.NewRow();//在 dt 內新增第一筆記錄 DataRow 物件
10  row1["編號"] = "E01";
11  row1["姓名"] = "蔡小龍";
12  row1["電話"] = "04-12345167";
13  row1["性別"] = "男";
14  //將 DataRow 物件新增至 dt 中
15  dt.Rows.Add(row1);
16
17  DataRow row2 = dt.NewRow();//在 dt 內新增第二筆記錄 DataRow 物件
18  row2["編號"] = "E02";
19  row2["姓名"] = "周小旬";
20  row2["電話"] = "02-36985214";
21  row2["性別"] = "女";
22  dt.Rows.Add(row2);
23
24  DataRow row3 = dt.NewRow();//在 dt 內新增第三筆記錄 DataRow 物件
25  row3["編號"] = "E03";
26  row3["姓名"] = "陳小信";
27  row3["電話"] = "049-2369851";
28  row3["性別"] = "男";
29  dt.Rows.Add(row3);
```

上述程式寫法對應的 DataTable 如下：

	Column[0]	Column[1]	Column[2]	Column[3]
	編號	姓名	電話	性別
Rows[0] →	E01	蔡小龍	04-12345167	男
Rows[1] →	E02	周小旬	02-36985214	女
Rows[2] →	E03	陳小信	049-2369851	男

　　若想要取得 DataTable 物件中的欄位數目、欄位名稱或某一欄某一列的資料內容，則可透過 DataColumn 或 DataRow 物件的屬性來取得，寫法如下：

1. 取得 DataTable 物件 dt 的欄位總數

> dt.Columns.Count

2. 取得 DataTable 物件 dt 的第 j 個的欄位名稱 (註標起始值為 0)

> dt.Columns[j].ColumnName

3. 取得 DataTable 物件 dt 的記錄資料總筆數

> dt.Rows.Count

4. 取得 DataTable 物件 dt 的第 i 列某一個欄位的資料內容

> dt.Rows[i]["欄位名稱"]

5. 取得 DataTable 物件 dt 的第 i 列第 j 欄的資料內容，註標起始值為 0

> dt.Rows[i][j]

瞭解 DataTable、DataColumn、DataRow 之間的物件關係，即可以透過下面寫法來逐一取出 DataTable 中每一筆記錄。

Case 01 取得 DataTable 物件的欄位名稱，寫法如下：

使用 Columns.Count 取得欄位的總數，然後再利用 for 配合 ColumnName 來取得第 i 欄的欄位名稱，並放入 richTextBox1 多行文字方塊控制項內。

```
for (int i = 0; i<dt.Columns.Count ; i++)
{
    richTextBox1.Text += $"{dt.Columns[i].ColumnName}\t";
}
```

Case 02 取得 DataTable 物件的欄位資料，有下列兩種方法：

① 使用巢狀迴圈來逐一取得名稱為 dt 的 DataTable 物件第 i 列第 j 欄的資料，並放入 richTextBox1 多行文字方塊控制項內，其寫法如下：

```
for (int i = 0; i < dt.Rows.Count; i++) {
    for (int j = 0; j < dt.Columns.Count ; j++)
    {
        richTextBox1.Text += $"{dt.Rows[i][j].ToString()}\t" ;
    }
    richTextBox1.Text += "\n";
}
```

② 使用巢狀迴圈來逐一取得名稱為 dt 的 DataTable 物件第 i 列某一個欄
位的資料，並放入 richTextBox1 多行文字方塊控制項內，其寫法如下：

```
for (int i = 0 ; i < dt.Rows.Count ; i++) {
    richTextBox1.Text += $"{dt.Rows[i]["欄位名稱 1"].ToString()}\t" ;
    richTextBox1.Text += $"{dt.Rows[i]["欄位名稱 2"].ToString()}\t" ;
    …………
    richTextBox1.Text += $"{dt.Rows[i]["欄位名稱 N"].ToString()}\n" ;
}
```

⬇ **範例**：DataTableDemo1.sln

練習使用 DataTable 物件逐筆取出「客戶」資料表的所有記錄，並將其結果顯示
在 RichTextBox 多行文字方塊控制項內。

執行結果

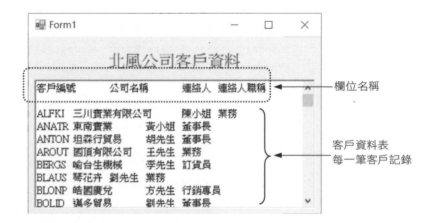

操作步驟

▌Step 01　複製資料庫

　　將書附範例「資料庫」資料夾下的 Northwind.mdf 複製到目前製作專案的
　　bin\Debug 資料夾下，使得 Northwind.mdf 與範例執行檔置於相同路徑下。

▌Step 02　表單內放入物件名稱為 richTextBo1 多行文字方塊控制項。

▌Step 03　撰寫程式碼：

程式碼 FileName:Form1.cs

```
01 using System.Data;    // DataSet 置於此命名空間下
```

```
02 using System.Data.SqlClient;
03
04 namespace DataTableDemo1
05 {
06     public partial class Form1 : Form
07     {
08         public Form1()
09         {
10             InitializeComponent();
11         }
12
13         private void Form1_Load(object sender, EventArgs e)
14         {
15             // 使用 using 敘述建立 SqlConnection 物件
16             using (SqlConnection cn = new SqlConnection())
17             {
18                 // 連接 Northwind.mdf 資料庫
19                 cn.ConnectionString=@"Data Source=(LocalDB)\MSSQLLocalDB;" +
                       "AttachDbFilename=|DataDirectory|Northwind.mdf;" +
                       "Integrated Security=True";
20                 DataSet ds = new DataSet();   // 建立 DataSet 物件 ds
21                 // 建立 SqlDataAdapter 物件 daCust 並取出客戶資料表
22                 SqlDataAdapter daCust =  new SqlDataAdapter
                       ("SELECT 客戶編號, 公司名稱,連絡人,連絡人職稱 FROM  客戶",cn);
23                 // 將客戶資料表所有記錄填入 ds 物件
24                 daCust.Fill(ds, "客戶");
25                 // 宣告 DataTable 物件 dt，該 dt 內存放 ds 中的客戶 DataTable
26                 DataTable dt = ds.Tables["客戶"];
27                 // 在 richTextBox1 內顯示客戶編號,公司名稱,連絡人,連絡人職稱欄位
28                 for (int i = 0; i < dt.Columns.Count; i++)
29                 {
30                     richTextBox1.Text += $"{dt.Columns[i].ColumnName}\t";
31                 }
32                 richTextBox1.Text += "\n\n";
33                 // 在 richTextBox1 內顯示客戶的所有記錄
34                 for (int i = 0; i < dt.Rows.Count; i++)
35                 {
36                     for (int j = 0; j < dt.Columns.Count; j++)
```

37	{
38	richTextBox1.Text += $"{dt.Rows[i][j].ToString()}\t";
39	}
40	richTextBox1.Text += "\n";
41	}
42	}
43	}
44	}
45	}

説明

1. 第 34-41 行：使用巢狀 for 迴圈逐一取得名稱為 dt 的 DataTable 物件的欄位資料。本例第 34-41 行也可以改寫為如下敘述，例如書附範例中的「ch18\ DataTableDemo2」就是使用如下寫法：

```
for (int i = 0; i < dt.Rows.Count - 1; i++)
{
    richTextBox1.Text += $"{dt.Rows[i]["客戶編號"].ToString()}\t";
    richTextBox1.Text += $"{dt.Rows[i]["公司名稱"].ToString()}\t";
    richTextBox1.Text += $"{dt.Rows[i]["連絡人"].ToString()}\t";
    richTextBox1.Text += $"{dt.Rows[i]["連絡人職稱"].ToString()}\n";
}
```

範例 ：DataTableDemo3.sln

練習使用 DataTable 物件來逐筆巡覽「成績單」資料表的所有記錄，程式執行時可透過 第一筆 、 上一筆 、 下一筆 、 最末筆 四個按鈕來進行巡覽每一筆記錄。

執行結果

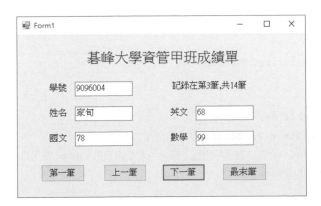

操作步驟

Step 01 複製資料庫

將書附範例「資料庫」資料夾下的 ch18DB.mdf 複製到目前製作專案的 bin\Debug 資料夾下,使得 ch18DB.mdf 與範例執行檔置於相同路徑下。

Step 02 建立輸出入介面:

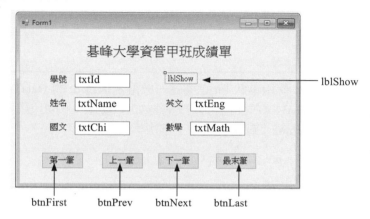

Step 03 撰寫程式碼

程式碼 FileName:Form1.cs

```
01 using System.Data;      // DataSet 與 DataTable 置於此命名空間下
02 using System.Data.SqlClient;
03
04 namespace DataTableDemo2
05 {
06    public partial class Form1 : Form
07    {
08       public Form1()
09       {
10          InitializeComponent();
11       }
12
13       DataTable dt;
14       int index = 0, count;
15       // ShowData 方法在文字方塊上顯示目前成績單第 index 筆記錄
16       void ShowData()
17       {
```

```
18    txtId.Text = dt.Rows[index]["學號"].ToString();

19    txtName.Text = dt.Rows[index]["姓名"].ToString();

20    txtChi.Text = dt.Rows[index]["國文"].ToString();

21    txtEng.Text = dt.Rows[index]["英文"].ToString();

22    txtMath.Text = dt.Rows[index]["數學"].ToString();

23    lblShow.Text = $"記錄在第{(index + 1)}筆,共{count}筆";

24    }

25

26    private void Form1_Load(object sender, EventArgs e)

27    {

28        // 使用 using 敘述建立 SqlConnection 物件

29        using (SqlConnection cn = new SqlConnection())

30        {

31            // 連接 ch18DB.mdf 資料庫

32            cn.ConnectionString=@"Data Source=(LocalDB)\MSSQLLocalDB;" +
                     "AttachDbFilename=|DataDirectory|ch18DB.mdf;" +
                     "Integrated Security=True";

33            DataSet ds = new DataSet();   // 建立 DataSet 物件 ds

34            // 建立 SqlDataAdapter 物件 daScore 並取出成績單資料表

35            SqlDataAdapter daScore = new SqlDataAdapter
                        ("SELECT * FROM 成績單", cn);

36            // 將成績單資料表所有記錄填入 ds 物件

37            daScore.Fill(ds, "成績單");

38            // 宣告 DataTable 物件 dt，該 dt 內存放 ds 中的成績單 DataTable

39            dt = ds.Tables["成績單"];

40            // count 成績單資料表所有筆數

41            count = dt.Rows.Count;

42            // 呼叫 ShowData()方法在文字方塊上顯示目前成績單第 index 筆記錄

43            ShowData();

44        }

45    }

46    // 按 <第一筆> 鈕

47    private void btnFirst_Click(object sender, EventArgs e)

48    {

49        index = 0;

50        ShowData();

51    }
```

```
52          // 按 <上一筆> 鈕
53          private void btnPrev_Click(object sender, EventArgs e)
54          {
55              index--;
56              if (index < 0)
57              {
58                  index = count-1;
59              }
60              ShowData();
61          }
62          // 按 <下一筆> 鈕
63          private void btnNext_Click(object sender, EventArgs e)
64          {
65              index++;
66              if (index >= count)
67              {
68                  index = 0;
69              }
70               ShowData();
71          }
72          // 按 <最末筆> 鈕
73          private void btnLast_Click(object sender, EventArgs e)
74          {
75              index = count - 1;
76              ShowData();
77          }
78      }
79 }
```

說明

1. 第 13 行：宣告名稱為 dt 的 DataTable 物件，此物件用來記錄「成績單」資料表所有記錄，因為 Form1_Load 以及 btnFirst、btnPrev、btnNext、btnLast 按鈕的事件處理函式皆會使用到，所以將 dt 物件宣告於所有事件處理函式外。

2. 第 14 行：宣告 index 用來表示目前成績單資料表記錄處於第幾筆，若為 0 表示在第一筆，若為 1 表示在第二筆…其他以此類推；宣告 count 用來表示成績單資料表共幾筆記錄。

3. 第 16-24 行：將目前成績單第 index 筆的記錄欄位資料顯示於指定的文字方塊，並在 lblShow 顯示目前「記錄在第幾筆,共幾筆」的資訊。

4. 第 39 行：指定 dt 物件的內容為 "成績單" 資料表。

5. 第 41 行：將成績單資料表的記錄筆數指定給 count 變數。

6. 第 43 行：呼叫 ShowData()方法在文字方塊上顯示目前成績單第 index 筆記錄。

7. 第 47-51 行：文字方塊內顯示成績單資料表第一筆記錄。

8. 第 53-61 行：成績單資料表往前移一筆記錄，若 index 小於 0，成績單資料即由最後一筆記錄開始顯示。

9. 第 63-71 行：成績單資料表往後移一筆記錄，若 index 大於等於 count，成績單資料即第一筆記錄開始顯示。

10. 第 73-77 行：文字方塊內顯示成績單資料表最後一筆記錄。

18.2　如何使用 Command 物件

18.2.1　Command 物件常用成員

　　Command 物件允許執行 SQL 命令與預存程序(Stored Procedure)、並且傳送或擷取參數資訊。Command 物件透過 SQL 命令可從資料來源擷取資料，也可以編輯資料來源的記錄。下表列出 Command 物件常用的屬性與方法：

常用成員	說明
Cancel 方法	取消 Command 物件的執行。
ExecuteNonQuery 方法	使用 Command 物件的 ExecuteNonQuery()方法，可進行新增、刪除、修改資料庫中的資料，也就是執行 SQL 語法中的 INSERT、DELETE、UPDATE 命令，執行成功會傳回受影響的記錄筆數。
ExecuteReader 方法	執行 Command 物件中所指定 SQL 語法的 SELECT 敘述，建立一個 DataReader 物件以進行資料的瀏覽。
ExecuteScalar 方法	適用於結果集只回傳一個資料列的第一欄，通常會和 SQL 聚合函數一起使用，如 COUNT()、MIN()、MAX()、SUM()、AVG()…等。
CommandText 屬性	設定或取得要執行的命令，可以指定 SQL 命令或預存程序的名稱。關於預存程序的使用請參閱第 19 章。
CommandTimeout 屬性	設定等候多少秒資料庫還未回應，則視為逾時存取。預設值為 30 秒。

常用成員	說明
CommandType 屬性	設定或取得 Command 的類型。預設值為 Text。 ① CommandText=Text：表示使用 SQL 命令。 ② CommandText=StoredProcedure：表示使用預存程序。若資料庫不是 SQL Server，則無法使用預存程序。
Connection 屬性	指定 Command 物件要連接的 Connection 物件。

 範例：CommandDemo1.sln

使用 Command、DataReader、DataSet、DataAdapter 物件取得 ch18DB.mdf 資料庫的「員工」資料表的所有記錄並計算員工總筆數、員工薪資加總、員工薪資平均、員工最高薪、員工最低薪。

執行結果

資料表

資料表名稱　：員工		主鍵值欄位　：編號			
欄位名稱	資料型態	長度	允許 null	預設值	備註
編號	int		否		Primary Key 識別：是 識別值種子：1 識別值增量：1
姓名	nvarchar	15	否		
職稱	nvarchar	15	否		
電話	nvarchar	15	否		
薪資	int		否	0	

程式分析

1. 在表單的 Form1_Load 事件處理函式內建立名稱為 daEmployee 的 DataAdapter 物件以及名稱為 ds 的 DataSet 物件,並透過 daEmployee 的 Fill() 方法將「員工」資料表的所有記錄填入 ds 物件內,最後指定 dataGridView1 的資料來源為 ds.Tables["員工"] ,使得 dataGridView1 控制項上能顯示「員工」資料表 的所有記錄。(第 18-21 行)

```
SqlDataAdapter daEmployee = new SqlDataAdapter
        ("SELECT * FROM 員工", cn);
DataSet ds = new DataSet();
daEmployee.Fill(ds, "員工");
dataGridView1.DataSource = ds.Tables["員工"];
```

2. 宣告 cmdCount、cmdSum、cmdAvg、cmdAax、cmdMin 為 SqlCommand 物件,分別用來取得員工資料總筆數、員工薪資加總、員工薪資平均、員工薪資最高薪、員工薪資最低薪。(第 22 行)

```
SqlCommand cmdCount, cmdSum, cmdAvg, cmdMax, cmdMin;
```

3. 建立 cmdCount 為 SqlCommand 物件,並使用 COUNT 函數設定查詢員工筆數的 SQL 語法,最後再透過 cmdCount.ExecuteScalar()方法取得員工總筆數並顯示在 lblCount 標籤上。(第 24-25 行)

```
cmdCount = new SqlCommand("SELECT COUNT(*) FROM 員工", cn);
lblCount.Text =
    $"員工資料表共 {cmdCount.ExecuteScalar().ToString()} 筆記錄";
```

4. 分別再建立 cmdSum、cmdAvg、cmdMax、cmdMin 為 SqlCommand 物件,並透過 ExecuteScalar()方法將薪資加總顯示在 lblSum 標籤上、將薪資平均顯示在 lblAvg 標籤上、最高薪顯示在 lblMax 標籤上、最低薪顯示在 lblMin 標籤上。(第 27-37 行)

```
cmdSum = new SqlCommand("SELECT SUM(薪資) FROM 員工", cn);
lblSum.Text =
    $"員工資料表薪資加總共 {cmdSum.ExecuteScalar().ToString()}";
cmdAvg = new SqlCommand("SELECT AVG(薪資) FROM 員工", cn);
lblAvg.Text =
    $"員工資料表薪資平均為 {cmdAvg.ExecuteScalar().ToString()}";
```

```
cmdMax = new SqlCommand("SELECT Max(薪資) FROM 員工", cn);
lblMax.Text = $"最高薪為 {cmdMax.ExecuteScalar().ToString()}";
cmdMin = new SqlCommand("SELECT Min(薪資) FROM 員工", cn);
lblMin.Text = $"最低薪為 {cmdMin.ExecuteScalar().ToString()}";
```

操作步驟

Step 01 複製資料庫

請將書附範例「資料庫」資料夾下的 ch18DB.mdf 複製到目前製作專案的 bin\Debug 資料夾下，使 ch18DB.mdf 與範例執行檔在相同路徑下。

Step 02 建立表單的輸出入介面：

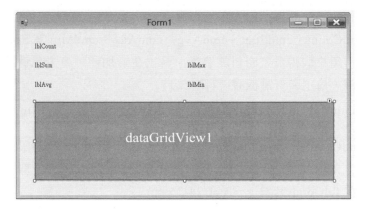

Step 03 撰寫程式碼

程式碼 FileName:Form1.cs

```csharp
01 using System.Data.SqlClient;
02
03 namespace CommandDemo1
04 {
05     public partial class Form1 : Form
06     {
07         public Form1()
08         {
09             InitializeComponent();
10         }
11
12         private void Form1_Load(object sender, EventArgs e)
```

```
13          {
14              using (SqlConnection cn = new SqlConnection())
15              {
16                  cn.ConnectionString=@"Data Source=(LocalDB)\MSSQLLocalDB;" +
                        "AttachDbFilename=|DataDirectory|ch18DB.mdf;" +
                        "Integrated Security=True";
17                  cn.Open();
18                  SqlDataAdapter daEmployee = new SqlDataAdapter
                        ("SELECT * FROM 員工", cn);
19                  DataSet ds = new DataSet();
20                  daEmployee.Fill(ds, "員工");
21                  dataGridView1.DataSource = ds.Tables["員工"];
22                  SqlCommand cmdCount, cmdSum, cmdAvg, cmdMax, cmdMin;
23                  //取員工資料筆數
24                  cmdCount = new SqlCommand("SELECT COUNT(*) FROM 員工", cn);
25                  lblCount.Text =
                        $"員工資料表共 {cmdCount.ExecuteScalar().ToString()} 筆記錄";
26                  //取薪資加總
27                  cmdSum = new SqlCommand("SELECT SUM(薪資) FROM 員工", cn);
28                  lblSum.Text =
                        $"員工資料表薪資加總共 {cmdSum.ExecuteScalar().ToString()}";
29                  //取薪資平均
30                  cmdAvg = new SqlCommand("SELECT AVG(薪資) FROM 員工", cn);
31                  lblAvg.Text =
                        $"員工資料表薪資平均為 {cmdAvg.ExecuteScalar().ToString()}";
32                  //取薪資最高薪
33                  cmdMax = new SqlCommand("SELECT Max(薪資) FROM 員工", cn);
34                  lblMax.Text = $"最高薪為 {cmdMax.ExecuteScalar().ToString()}";
35                  //取薪資最低薪
36                  cmdMin = new SqlCommand("SELECT Min(薪資) FROM 員工", cn);
37                  lblMin.Text = $"最低薪為 {cmdMin.ExecuteScalar().ToString()}";
38              }
39          }
40      }
41 }
```

18.2.2 如何使用 Command 物件編輯資料表記錄

認識第 16 章介紹的新增(INSERT)、刪除(DELETE)、修改(UPDATE)資料的 SQL 語法後，此時可配合 Command 物件的 ExecuteNonQuery()方法來編輯資料表的資料。其寫法有下面兩種方式：

Case 01 建立 Command 物件的同時即指定 SQL 語法與 Connection 連接物件。

```
SqlCommand  cmd = new SqlCommand("SQL 語法", cn );
cn.Open();              // 連接資料庫
cmd.ExecuteNonQuery();  // 使用 Command 物件的 ExecuteNonQuery()方法
                        //更新資料庫
```

Case 02 先建立 Command 物件，接著再透過 CommandText 屬性設定要執行的 SQL 語法，透過 Connection 屬性指定要連接的資料來源。

```
SqlCommand cmd = new SqlCommand();  // 建立 cmd 為 Command 物件
cmd.CommandText = "SQL 語法";   // 指定 SQL 語法
cmd.Connection = cn;            // 透過 Connection 屬性指定要連接的資料庫
cn.Open();                      // 連接資料庫
cmd.ExecuteNonQuery();          // 使用 Command 物件的 ExecuteNonQuery()方法
                                // 更新資料庫
```

🔽 **範例**：CommandDemo2.sln

使用 ch18DB.mdf 資料庫的「員工」資料表，製作一個可新增、刪除、修改「員工」資料表記錄的員工薪資系統。在姓名、電話、職稱、薪資文字方塊輸入資料並按 新增 或 修改 、 刪除 鈕，可新增、修改、刪除員工記錄；修改及刪除員工記錄是以姓名欄位為依據。

執行結果

程式分析

1. 建立 cnstr 連接字串變數用來連接 ch18DB.mdf 資料庫,並將此 cnstr 宣告在所有事件處理函式外,使 cnstr 可在所有事件處理函式中共用。(第 14 行)

```
string cnstr = @"Data Source=(LocalDB)\MSSQLLocalDB;" +
            "AttachDbFilename=|DataDirectory|ch18DB.mdf;" +
            "Integrated Security=True";
```

2. 表單載入、按 [新增]、[修改]、[刪除] 鈕時會將員工資料表更新後的所有記錄顯示在 dataGridView1 控制項上,因此請將 dataGridView1 上顯示員工資料表的程式撰寫成 ShowData()方法,以方便各控制項的事件進行呼叫。(第 15-25 行)

```
void ShowData()
{
    using (SqlConnection cn = new SqlConnection())
    {
        cn.ConnectionString =cnstr;
        SqlDataAdapter daEmployee = new SqlDataAdapter
                ("SELECT * FROM 員工 ORDER BY 編號 DESC", cn);
        DataSet ds = new DataSet();
        daEmployee.Fill(ds, "員工");
        dataGridView1.DataSource = ds.Tables["員工"];
    }
}
```

3. 在表單載入的 Form1_Load 事件處理函式內呼叫 ShowData()方法,使 dataGridView1 顯示員工資料表的所有記錄。(第 29 行)

```
ShowData();
```

4. 在 [新增] 鈕的 btnAdd_Click 事件處理函式內撰寫新增員工記錄的 INSERT 敘述,接著建立 SqlCommand 類別物件 cmd,並設定 cmd 物件執行新增員工記錄的 INSERT 敘述,最後再呼叫 ShowData() 方法使 dataGridView1 顯示更新後的員工資料表。因為員工資料表的編號欄位已設為自動編號的型式,因此新增一筆記錄時,該欄位的資料會自動新增。(第 36-43 行)

```
using (SqlConnection cn = new SqlConnection())
{
    cn.ConnectionString = cnstr ;
    cn.Open();
```

```
        string sqlStr = $"INSERT INTO 員工(姓名, 職稱, 電話, 薪資) VALUES
('{txtName.Text.Replace("'", "''")}','{txtPosition.Text.Replace("'",
"''")}','{txtTel.Text.Replace("'", "''")}',{int.Parse(txtSalary.Text)})";
        SqlCommand Cmd = new SqlCommand(sqlStr, cn);
        Cmd.ExecuteNonQuery();
    }
```

5. 新增 、 修改 、 刪除 鈕的 Click 事件處理函式的程式寫法類似,不同
   的地方只有 SQL 語法不一樣而已,修改是使用 UPDATE 敘述,刪除是使用
   DELETE 敘述。下面是 修改 鈕的 UPDATE 敘述的寫法:(第 60 行)

```
string sqlStr = $"UPDATE 員工 SET 職稱 = '{txtPosition.Text.Replace("'", "''")}',
電話 = '{txtTel.Text.Replace("'", "''")}', 薪資 = {int.Parse(txtSalary.Text)}
WHERE 姓名 = '{txtName.Text.Replace("'", "''")}'";
```

6. 下面是 刪除 鈕的 DELETE 敘述的寫法:(第 78 行)

```
string sqlStr = $"DELETE FROM 員工 WHERE 姓名 =
'{txtName.Text.Replace("'", "''")}'";
```

操作步驟

Step 01　複製資料庫

將書附範例資料庫資料夾下的 ch18DB.mdf 複製到目前製作專案的
bin\Debug 資料夾下,使得 ch18DB.mdf 與範例執行檔在相同路徑下。

Step 02　建立表單的輸出入介面:

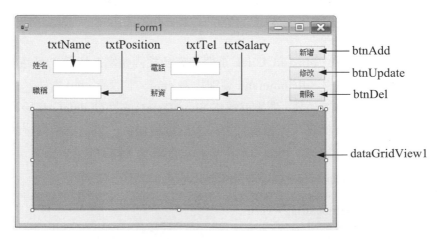

Step 03　撰寫程式碼

程式碼　FileName:Form1.cs

```
01 using System.Data;
02 using System.Data.SqlClient;
03
04 namespace CommandDemo2
05 {
06     public partial class Form1 : Form
07     {
08         public Form1()
09         {
10             InitializeComponent();
11         }
12
13         // 建立 cnstr 連接字串用來連接 ch18DB.mdf 資料庫
14         string cnstr = @"Data Source=(LocalDB)\MSSQLLocalDB;" +
                   "AttachDbFilename=|DataDirectory|ch18DB.mdf;" +
                   "Integrated Security=True";
15         void ShowData()
16         {
17             using (SqlConnection cn = new SqlConnection())
18             {
19                 cn.ConnectionString = cnstr;
20                 SqlDataAdapter daEmployee = new SqlDataAdapter
                       ("SELECT * FROM 員工 ORDER BY 編號 DESC", cn);
21                 DataSet ds = new DataSet();
22                 daEmployee.Fill(ds, "員工");
23                 dataGridView1.DataSource = ds.Tables["員工"];
24             }
25         }
26         // 表單載入時執行
27         private void Form1_Load(object sender, EventArgs e)
28         {
29             ShowData();
30         }
31         // 按下 [新增] 鈕執行
32         private void btnAdd_Click(object sender, EventArgs e)
33         {
```

```
34              try   //使用 try...catch...敘述來補捉異動資料可能發生的例外
35              {
36                  using (SqlConnection cn = new SqlConnection())
37                  {
38                      cn.ConnectionString = cnstr ;
39                      cn.Open();
40                      string sqlStr = $"INSERT INTO 員工(姓名, 職稱, 電話, 薪資)
VALUES('{txtName.Text.Replace("'", "''")}','{txtPosition.Text.Replace("'",
"''")}','{txtTel.Text.Replace("'", "''")}',{int.Parse(txtSalary.Text)})";
41                      SqlCommand Cmd = new SqlCommand(sqlStr, cn);
42                      Cmd.ExecuteNonQuery();
43                  }
44                  ShowData();
45              }
46              catch (Exception ex)
47              {
48                  MessageBox.Show(ex.Message + ", 新增資料發生錯誤");
49              }
50          }
51          // 按下 [更新] 鈕執行
52          private void btnUpdate_Click(object sender, EventArgs e)
53          {
54              try //使用 try...catch...敘述來補捉異動資料可能發生的例外
55              {
56                  using (SqlConnection cn = new SqlConnection())
57                  {
58                      cn.ConnectionString = cnstr ;
59                      cn.Open();
60                      string sqlStr = $"UPDATE 員工 SET 職稱 =
'{txtPosition.Text.Replace("'", "''")}',電話 = '{txtTel.Text.Replace("'",
"''")}', 薪資 = {int.Parse(txtSalary.Text)} WHERE 姓名 =
'{txtName.Text.Replace("'", "''")}'";
61                      SqlCommand Cmd = new SqlCommand(sqlStr, cn);
62                      Cmd.ExecuteNonQuery();
63                  }
64                  ShowData();
65              }
66              catch (Exception ex)
67              {
68                  MessageBox.Show(ex.Message + ", 修改資料發生錯誤");
```

69	}
70	}
71	// 按下 [刪除] 鈕
72	private void btnDel_Click(object sender, EventArgs e)
73	{
74	using (SqlConnection cn = new SqlConnection())
75	{
76	cn.ConnectionString = cnstr;
77	cn.Open();
78	string sqlStr = $"DELETE FROM 員工 WHERE 姓名 = '{txtName.Text.Replace("'", "''")}'";
79	SqlCommand Cmd = new SqlCommand(sqlStr, cn);
80	Cmd.ExecuteNonQuery();
81	}
82	ShowData();
83	}
84	}
85	}

18.2.3 如何使用具名參數與 SQL 語法

SQL 語法也可以使用具名參數。使用含有具名參數的 SQL 語法執行效能比執行 SQL 語法更好，而且不必將參數中有「'」單引號部份改為兩個「''」單引號。使用具名參數步驟如下：

Step 01　撰寫擁有具名參數的 SQL 語法，具名參數之前必須加上@符號。例如下面 SQL 語法會建立四個具名參數@name, @tel, @position, @salary。

```
sqlStr = "INSERT INTO 員工(姓名, 職稱, 電話, 薪資)"
        + "VALUES(@name, @position, @tel, @salary)" ;
```

Step 02　建立 Command 物件的同時即指定 SQL 語法與 Connection 連接物件。

```
SqlCommand cmd = new SqlCommand(sqlStr, cn);
```

Step 03　建立具名參數及參數的資料型別。例如建立@name, @position, @tel 三個參數為 Unicode 字串型別，@salary 參數為整數型別。其寫法如下：

```
cmd.Parameters.Add(new SqlParameter("@name", SqlDbType.NVarChar));
cmd.Parameters.Add(new SqlParameter("@position", SqlDbType.NVarChar));
```

```
cmd.Parameters.Add(new SqlParameter("@tel", SqlDbType.NVarChar));
cmd.Parameters.Add(new SqlParameter("@salary", SqlDbType.Int)) ;
```

Step 04 將資料指定給具名參數。如下寫法，將 "王彼得" 指定給@name，"技術副總" 指定給@position，"04-12345678" 指定給@tel，50000 指定給@salary。

```
cmd.Parameters["@name"].Value = "王彼得";
cmd.Parameters["@position"].Value = "技術副總";
cmd.Parameters["@tel"].Value = "04-12345678";
cmd.Parameters["@salary"].Value = 50000;
```

Step 05 使用 Command 物件的 ExecuteNonQuery() 方法執行 SQL 語法，使資料表更新。

```
cmd.ExecuteNonQuery() ;
```

上述步驟，完整程式片段如下：

```
01 string sqlStr ;
02 sqlStr = "INSERT INTO 員工(姓名, 職稱, 電話, 薪資)"
            + "VALUES(@name, @position, @tel, @salary)";
03 SqlCommand cmd = new SqlCommand(sqlStr, cn);
04 cmd.Parameters.Add(new SqlParameter("@name", SqlDbType.NVarChar));
05 cmd.Parameters.Add(new SqlParameter("@position", SqlDbType.NVarChar));
06 cmd.Parameters.Add(new SqlParameter("@tel", SqlDbType.NVarChar));
07 cmd.Parameters.Add(new SqlParameter("@salary", SqlDbType.Int));
08 cmd.Parameters["@name"].Value = "王彼得" ;
09 cmd.Parameters["@position"].Value = "技術副總" ;
10 cmd.Parameters["@tel"].Value = "04-12345678" ;
11 cmd.Parameters["@salary"].Value = 50000;
12 cmd.ExecuteNonQuery() ;
```

上述程式的第 4-7 行，必須指定 Parameters 參數的資料型別。下表是引用 System.Data.SqlClient 及 System.Data.OleDb 的 Parameters 參數的常用資料型別。

資料庫欄位型別	SqlDbType 設定值	OleDbType 設定值
布林資料	Bit	Boolean
長整數	Int	Integer
整數	SmallInt	SmallInt
貨幣	Decimal 或 Money	Decimal
日期	Date	Date
日期時間	DateTime	DBDate
字元	Char	Char
字串	VarChar	VarChar
Unicode 字串	NVarChar	VarWChar

🔽 **範例**：CommandDemo3.sln

將範例 CommandDemo2.sln 使用 SQL 語法編輯 ch18DB.mdf資料庫中「員工」資料表的方法，改使用具名參數的 SQL 語法達成。

下面程式為範例 CommandDemo3 專案的完整程式碼。本例表單物件的佈置與範例 CommandDemo2 專案相同，以下程式灰底部份是 CommandDemo3 專案與 CommandDemo2 專案不同的地方，在這個範例使用含有具名參數的新增、刪除、修改的 SQL 語法，因此本例不需要將使用者輸入的資料有「'」部份改為「''」。

程式碼 FileName:Form1.cs

```
01 using System.Data.SqlClient;
02
03 namespace CommandDemo3
04 {
05     public partial class Form1 : Form
06     {
07         public Form1()
08         {
09             InitializeComponent();
10         }
11
12         // 建立 cnstr 連接字串用來連接 ch18DB.mdf 資料庫
13         string cnstr = @"Data Source=(LocalDB)\MSSQLLocalDB;" +
                "AttachDbFilename=|DataDirectory|ch18DB.mdf;" +
                "Integrated Security=True";
14
15         // 定義 ShowData()方法將員工資料表所有記錄顯示於 dataGridView1 上
16         void ShowData()
17         {
18             using (SqlConnection cn = new SqlConnection())
19             {
20                 cn.ConnectionString = cnstr;
21                 SqlDataAdapter daEmployee = new SqlDataAdapter
                    ("SELECT * FROM 員工 ORDER BY 編號 DESC", cn);
22                 DataSet ds = new DataSet();
23                 daEmployee.Fill(ds, "員工");
24                 dataGridView1.DataSource = ds.Tables["員工"];
```

```
25              }
26          }
27          //  表單載入時執行此事件
28          private void Form1_Load(object sender, EventArgs e)
29          {
30              ShowData();
31          }
32          //  按 <新增> 鈕時執行此事件
33          private void btnAdd_Click(object sender, EventArgs e)
34          {
35              try //使用 try...catch...敘述來補捉異動資料可能發生的例外
36              {
37                  using (SqlConnection cn = new SqlConnection())
38                  {
39                      cn.ConnectionString = cnstr;
40                      cn.Open();
41                      string sqlStr = "INSERT INTO 員工(姓名, 職稱, 電話, 薪資)"
                            + "VALUES(@name, @position, @tel, @salary)";
42                      SqlCommand cmd = new SqlCommand(sqlStr, cn);
43                      cmd.Parameters.Add(new SqlParameter("@name",
                            SqlDbType.NVarChar));
44                      cmd.Parameters.Add(new SqlParameter("@position",
                            SqlDbType.NVarChar));
45                      cmd.Parameters.Add(new SqlParameter("@tel",
                            SqlDbType.NVarChar ));
46                      cmd.Parameters.Add(new SqlParameter("@salary",
                            SqlDbType.Int));
47                      cmd.Parameters["@name"].Value = txtName.Text;
48                      cmd.Parameters["@position"].Value = txtPosition.Text;
49                      cmd.Parameters["@tel"].Value = txtTel.Text;
50                      cmd.Parameters["@salary"].Value =
                            int.Parse(txtSalary.Text);
51                      cmd.ExecuteNonQuery();
52                  }
53                  ShowData();
54              }
55              catch (Exception ex)
56              {
57                  MessageBox.Show(ex.Message + " 新增資料發生錯誤");
```

```
58                    }
59              }
60        // 按 <更新> 鈕執行此事件
61        private void btnUpdate_Click(object sender, EventArgs e)
62        {
63              try //使用 try...catch...敘述來補捉異動資料可能發生的例外
64              {
65                    using (SqlConnection cn = new SqlConnection())
66                    {
67                          cn.ConnectionString = cnstr;
68                          cn.Open();
69                          string sqlStr = "UPDATE 員工 SET 職稱=@position,"
                                + "電話=@tel, 薪資=@salary WHERE 姓名=@name";
70                          SqlCommand cmd = new SqlCommand(sqlStr, cn);
71                          cmd.Parameters.Add(new SqlParameter("@name",
                                SqlDbType.NVarChar));
72                          cmd.Parameters.Add(new SqlParameter("@position",
                                SqlDbType.NVarChar));
73                          cmd.Parameters.Add(new SqlParameter("@tel",
                                SqlDbType.NVarChar));
74                          cmd.Parameters.Add(new SqlParameter("@salary",
                                SqlDbType.Int));
75                          cmd.Parameters["@name"].Value = txtName.Text;
76                          cmd.Parameters["@position"].Value = txtPosition.Text;
77                          cmd.Parameters["@tel"].Value = txtTel.Text;
78                          cmd.Parameters["@salary"].Value =
                                int.Parse(txtSalary.Text);
79                          cmd.ExecuteNonQuery();
80                    }
81                    ShowData();
82              }
83              catch (Exception ex)
84              {
85                    MessageBox.Show(ex.Message + " 修改資料發生錯誤");
86              }
87        }
88        // 按 <刪除> 鈕執行此事件
89        private void btnDel_Click(object sender, EventArgs e)
90        {
```

```
91              using (SqlConnection cn = new SqlConnection())
92              {
93                  cn.ConnectionString = cnstr;
94                  cn.Open();
95                  string sqlStr = "DELETE FROM 員工 WHERE 姓名 = @name";
96                  SqlCommand cmd = new SqlCommand(sqlStr, cn);
97                  cmd.Parameters.Add(new SqlParameter("@name",
                        SqlDbType.NVarChar ));
98                  cmd.Parameters["@name"].Value = txtName.Text;
99                  cmd.ExecuteNonQuery();
100             }
101             ShowData();
102         }
103     }
104 }
```

18.3 ADO.NET 交易處理

18.3.1 交易簡介

假設銀行的 X 帳號內有$10,000 元，Y 帳號有$20,000 元，當 X 帳號轉帳$2,000 元給 Y 帳號，此時 X 帳號即由原本的$10,000 元扣款$2,000 元變成$8,000 元，Y 帳號由原本的$20,000 元匯入$2,000 元變成$22,000 元，上面的處理作業簡單來說會包含一個以上的資料庫操作工作。如下圖所示：

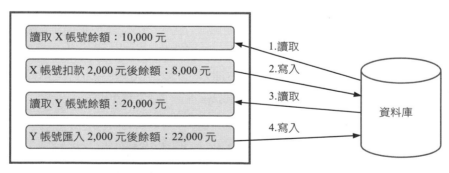

X 帳號轉帳 2,000 元給 Y 帳號作業成功情形

　　但實際上電腦在執行多個資料庫操作工作中，電腦可能會發生故障，而形成資料不一致的情形。例如，在進行轉帳過程中 X 帳戶已經進行轉帳 2,000 元，此時 X 帳號由原本的 10,000 元扣款 2,000 元變成 8,000 元，但因為電腦發生故障，導致未將 X 帳號的 2,000 元匯入 Y 帳號內，此時 Y 帳號還是只有 20,000 元，此時 X 帳號即平白無故的損失了 2,000 元。如下圖所示：

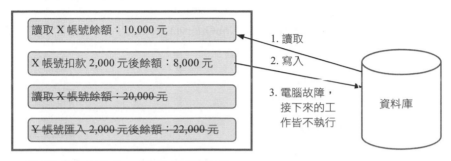

X 帳戶轉帳 2,000 元給 Y 帳戶作業失敗情形

　　為解決上述問題，可透過交易(Transaction)來達成。交易是指將一連串多個資料庫的操作工作視為一個邏輯單元來處理。當交易中的其中一個資料庫操作工作發生錯誤時，此時這份交易就應該消取，也就是說取消之前的資料庫操作工作，將它回復到執行交易之前的狀態，此作業稱為「回復交易」(Rollback)；若交易中的所有資料庫操作工作皆完成，沒有發生失敗情形，此時即將所有資料庫操作工作寫入資料庫中，此作業稱為「認可交易」(Commit)。

18.3.2　如何使用 ADO.NET 交易

　　交易的範圍只限於連接的資料來源，在 ADO.NET 中使用 Connection 物件來控制交易，開發人員可以使用 Connection 物件的 BeginTransaction()方法建立本機交易，如下為 ADO.NET 交易的處理方式：

Step 01　建立名稱為 cn 的 Connection 資料來源連接物件，接著呼叫該物件的 Begin
　　　　　Transaction()方法以便取得名稱為 tran 的 Transaction 交易物件。寫法如下：

```
SqlConnection cn  = new SqlConnection("連接字串");
cn.Open();
SqlTransaction tran = cn.BeginTransaction(); // 傳回 tran 交易物件
```

Step 02 建立一連串要執行資料庫操作工作的Command物件，並指定該Command
物件所要執行的 SQL 語法、cn 連接物件(Connection)以及 tran 交易物件。

```
SqlCommand cmd1 = new SqlCommand("SQL 語法 1", cn, tran);
SqlCommand cmd2 = new SqlCommand("SQL 語法 2", cn, tran);
      ⋮
SqlCommand cmdN = new SqlCommand("SQL 語法 N", cn, tran);
```

Step 03 使用 Command 物件的 ExecuteNonQuery()方法執行 SQL 語法，使多個資
料庫的操作工作能執行。寫法如下：

```
cmd1.ExecuteNonQuery() ;
cmd2.ExecuteNonQuery() ;
      ⋮
cmdN.ExecuteNonQuery() ;
```

Step 04 執行全部資料庫操作工作後，若沒有發生錯誤，則可使用 Transaction 物
件的 Commit()方法來認可此交易，此時即將所有 Command 物件所指定
的資料庫操作工作寫入資料庫中。寫法如下：

```
tran.Commit();
```

Step 05 若發生錯誤時，即執行 Transaction 物件的 Rollback()方法來回復交易，
使資料庫內容回復到執行交易之前的狀態。寫法如下：

```
tran.Rollback();
```

⊕ 範例：TransactionDemo1.sln

練習使用 Transaction 物件建立可模擬轉帳過程的交易程式。說明如下：

執行結果

1. 如下圖，在你的帳號輸入 "A001"，轉入帳號輸入 "A002"、轉入金額輸入 30000
   元，再按下 轉帳 鈕，此時出現對話方塊並顯示 "轉帳成功" 訊息，結果將帳
   號 "A001"的 30000 元轉入至帳號 "A002" 的戶頭。

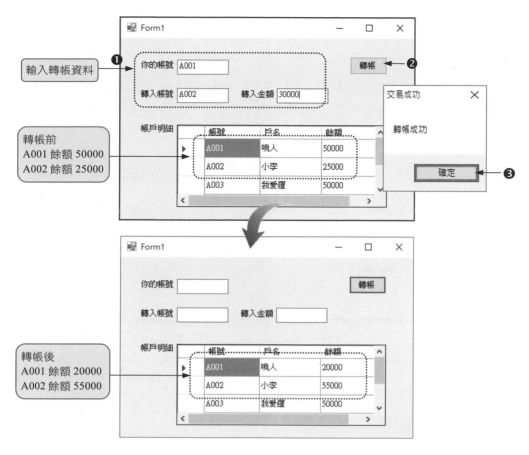

2. 當「銀行帳戶」資料表的帳號欄位找不到所輸入「你的帳號」及「轉入帳號」，此時即會出現對話方塊並顯示帳號錯誤訊息。

3. 當「轉入金額」輸入字串資料，此時即會出現對話方塊並顯示 "金額請輸入數值" 訊息。

4. 當交易失敗，此時即會出現對話方塊並顯示 "轉帳失敗" 訊息。

資料表

資料表名稱　：銀行帳戶			主鍵值欄位　：帳號		
欄位名稱	資料型態	長度	允許 null	預設值	備註
帳號	nvarchar	10	否		Primary Key
戶名	nvarchar	10	否		
餘額	int		否		

18-35

操作步驟

Step 01 複製資料庫

請將書附範例「資料庫」資料夾下的 ch18DB.mdf 複製到目前製作專案的 bin\Debug 資料夾下，使 ch18DB.mdf 與範例執行檔在相同路徑下。

Step 02 表單輸出入介面如下圖：

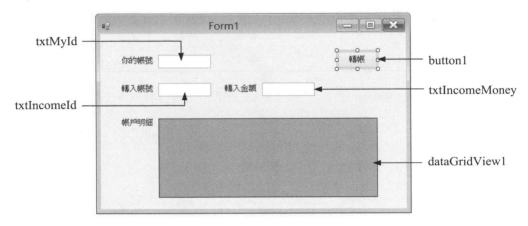

Step 03 撰寫程式碼

程式碼 Form1.cs

```
01 using System.Data;
02 using System.Data.SqlClient;
03
04 namespace TransactionDemo1
05 {
06     public partial class Form1 : Form
07     {
08         public Form1()
09         {
10             InitializeComponent();
11         }
12         // 建立 cnstr 連接字串用來連接 ch18DB.mdf 資料庫
13         string cnstr = @"Data Source=(LocalDB)\MSSQLLocalDB;" +
                   "AttachDbFilename=|DataDirectory|ch18DB.mdf;" +
                   "Integrated Security=True";
14
```

```
15          // 定義 ShowData() 方法將銀行帳戶資料表所有記錄顯示於 dataGridView1 上
16          void ShowData()
17          {
18              using (SqlConnection cn = new SqlConnection())
19              {
20                  cn.ConnectionString = cnstr;
21                  SqlDataAdapter daEmployee = new SqlDataAdapter
                        ("SELECT * FROM 銀行帳戶", cn);
22                  DataSet ds = new DataSet();
23                  daEmployee.Fill(ds, "銀行帳戶");
24                  dataGridView1.DataSource = ds.Tables["銀行帳戶"];
25              }
26          }
27          // 表單載入時執行此事件
28          private void Form1_Load(object sender, EventArgs e)
29          {
30              ShowData();
31          }
32          // 按下〔轉帳〕鈕執行此事件
33          private void button1_Click(object sender, EventArgs e)
34          {
35              using (SqlConnection cn = new SqlConnection())
36              {
37                  cn.ConnectionString = cnstr;
38                  cn.Open();
39                  // 建立 SqlCommand 物件 selectCmd1，用來查詢使用者帳號是否存在
40                  SqlCommand selectCmd1 = new SqlCommand
            ($"SELECT * FROM 銀行帳戶 WHERE 帳號='{txtMyId.Text.Replace("'", "''")}'", cn);
41                  // 建立 SqlCommand 物件 selectCmd1，用來查詢轉入帳號是否存在
42                  SqlCommand selectCmd2 = new SqlCommand
            ($"SELECT * FROM 銀行帳戶 WHERE 帳號='{txtIncomeId.Text.Replace("'", "''")}'", cn);
43                  // 宣告 SqlDataReader 物件 dr1 與 dr2
44                  SqlDataReader dr1, dr2;
45                  // 傳回 SqlDataReader 物件 dr1，用來查詢使用者帳號是否存在
46                  dr1 = selectCmd1.ExecuteReader();
47                  if (!dr1.Read())     // 使用者帳號不存在執行下列敘述
48                  {
```

49	`MessageBox.Show($"你的帳號 {txtMyId.Text } 錯誤");`
50	`return;`
51	`}`
52	`// 取得使用者的餘額並定給 myMoney`
53	`int myMoney = int.Parse(dr1["餘額"].ToString());`
54	`dr1.Close();  // 關閉 SqlDataRader 物件 dr1`
55	`// 傳回 SqlDataReader 物件 dr2，用來查詢轉入帳號是否存在`
56	`dr2 = selectCmd2.ExecuteReader();`
57	`if (!dr2.Read())   // 轉入帳號不存在執行下列敘述`
58	`{`
59	`MessageBox.Show($"轉入帳號 {txtIncomeId.Text } 錯誤");`
60	`return;`
61	`}`
62	`dr2.Close();  // 關閉 SqlDataRader 物件 dr2`
63	`try`
64	`{`
65	`// 若使用者餘額小於轉入金額，則執行下列敘述`
66	`if (myMoney < int.Parse(txtIncomeMoney.Text))`
67	`{`
68	`MessageBox.Show($"{txtMyId.Text} 帳號沒這麼多存款");`
69	`return;`
70	`}`
71	`}`
72	`catch (Exception ex)`
73	`{`
74	`MessageBox.Show("金額請輸入數值");`
75	`return;`
76	`}`
77	`// 建立 SqlTransaction 交易物件 tran`
78	**`SqlTransaction tran = cn.BeginTransaction();`**
79	`try`
80	`{`
81	`// 使用者帳號扣款的 SQL 語法`
82	`SqlCommand updateCmd1 = new SqlCommand($"UPDATE 銀行帳戶 SET 餘額=餘額-{txtIncomeMoney.Text } WHERE 帳號='{txtMyId.Text.Replace("'", "''")}'", cn, `**`tran`**`);`
83	`// 設定轉入帳號匯款的 SQL 語法`

```
84                   SqlCommand updateCmd2 = new SqlCommand($"UPDATE 銀行帳戶
SET 餘額=餘額+{txtIncomeMoney.Text } WHERE 帳號='{txtIncomeId.Text.Replace("'",
"''")}'", cn, tran);
85                   updateCmd1.ExecuteNonQuery();
86                   updateCmd2.ExecuteNonQuery();
87                   tran.Commit();          // 認可交易
88                   MessageBox.Show("轉帳成功", "交易成功");
89                   txtIncomeId.Text = "";
90                   txtIncomeMoney.Text = "";
91                   txtMyId.Text = "";
92              }
93         catch (Exception ex)
94         {
95                   tran.Rollback();         // 回復交易
96                   MessageBox.Show($"轉帳失敗\n{ex.Message}", "交易失敗");
97         }
98         ShowData();
99      }
100   }
101  }
102 }
```

説明

1. 第 40-62 行：建立 SqlDataRader 物件 dr1，用來查詢「銀行帳戶」的帳號欄位是否有 txtMyId.Text 的資料；建立 SqlDataRader 物件 dr2，用來查詢「銀行帳戶」的帳號欄位是否有 txtIncomeId.Text 的資料。

2. 第 66-70 行：若 myMoney(你的帳戶餘額)小於 txtIncomeMoney(轉入金額)，則會出現對話方塊並顯示 "帳號沒這麼多存款" 訊息。

3. 第 78 行：使用 Connection 物件的 BeginTransaction()方法傳回 SqlTransaction 交易物件 tran。

4. 第 82 行：建立使用者帳號扣款的 SqlCommand 物件 updateCmd1，並傳入扣款的 SQL 語法、cn 連接物件以及 tran 交易物件三個參數。

5. 第 84 行：建立轉入帳號匯款的 SqlCommand 物件 updateCmd2，並傳入匯款的 SQL 語法、cn 連接物件以及 tran 交易物件三個參數。

6. 第 87 行：若沒發生錯誤，則可使用 SqlTransaction 物件的 Commit()方法認可交易，此時即將所有 Command 物件所指定的資料庫操作工作寫入資料庫中。

7. 第 95 行：若發生錯誤時，即執行 Transaction 物件的 Rollback()方法來回復交易，使資料庫內容回復到執行交易之前的狀態。

8. 若想要模擬發生轉帳失敗的情形，您可在第 85-86 行之間加入如下「throw new Exception("電腦當機");」敘述使產生 Exception 例外物件，該例外物件的訊息設為 "電腦當機"，此時即會由 catch 補捉到例外並執行 95 行的「tran.Rollback();」敘述，使資料庫內容回復到執行交易之前的狀態。(請參閱 TransactionDemo2.sln 專案)

```
updateCmd1.ExecuteNonQuery();
throw new Exception("電腦當機");
updateCmd2.ExecuteNonQuery();
```

資料繫結與
預存程序的使用

19.1 資料繫結

　　.NET Framework 所提供的大部份控制項皆有資料繫結(DataBinding)的功能。例如 Label、TextBox、CheckBox、ComboBox、DataGridView…等控制項都具有資料繫結功能。當控制項做資料繫結的動作後，該控制項即會顯示所查詢的資料記錄。有關可供資料繫結的控制項分成下列三種類型來介紹：

Case 01 使用 Label、LinkLabel、Button、CheckBox、RadioButton、TextBox 控制項做資料繫結，一次只能在該控制項上面顯示一筆記錄中的某個欄位的內容。此種資料繫結的寫法如下：

> 控制項物件名稱.DataBindings.Add ("屬性", 資料來源, "資料成員") ;

① 屬性：指定所要繫結的控制項屬性。
② 資料來源：指定 DataSet、DataView 或 DataTable 物件資料來源。
③ 資料成員：指定要繫結的資料來源欄位。

譬如：使用 txtName 文字方塊控制項的 Text 屬性與 ds 中「員工」資料表的「姓名」欄位做資料繫結，使得表單上面的 txtName 文字方塊控制項會顯示「姓名」欄位的第一筆資料。其寫法如下：

> txtName.DataBindings.Add ("Text", ds, "員工.姓名") ;

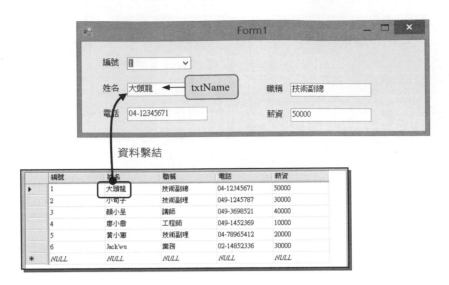

Case 02　使用 ComboBox、ListBox、CheckedListBox 控制項做資料繫結，可以顯示所有記錄的某一個欄位資料。資料繫結語法如下：

> 控制項物件名稱.DataSource = 資料來源；
> 控制項物件名稱.DisplayMember = 資料成員 ；

① 資料來源：指定 DataSet、DataView、DataTable 物件資料來源。

② 資料成員：指定要繫結的資料來源欄位。

譬如：使用名稱為 cboId 的下拉式清單和「員工」資料表的「編號」欄位做資料繫結，顯示「編號」欄位的所有資料，其寫法和關係圖如下：

> cboId.DataSource = ds;
> cboId.DisplayMember = "員工.員工編號";

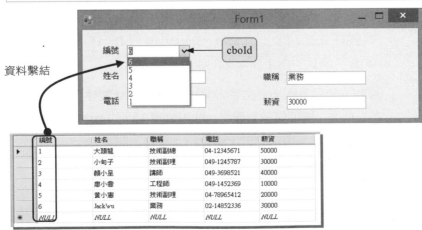

Case 03 使用 DataGridView 控制項做資料繫結可顯示所有記錄，資料繫結語法：

> 控制項物件名稱.DataSource = 資料來源；
> 控制項物件名稱.DataMember = 資料成員；

① 資料來源：指定 DataSet、DataView 或 DataTable 物件資料來源。
② 資料成員：指定要繫結的 DataTable。

若 DataGridView 控制項的 DataSource 屬性設定成 DataView 或 DataTable 物件，則 DataMember 屬性可以不用設定。譬如：使用 dataGridView1 控制項和 ds 資料集物件中的「員工」資料表做資料繫結，來顯示「員工」資料表的所有資料，其寫法如下：

```
dataGridView1.DataSource = ds；
dataGridView1.DataMember = "員工"；
```

上述兩行敘述可改寫成下面敘述：

```
dataGridView1.DataSource = ds.Tables["員工"];
```

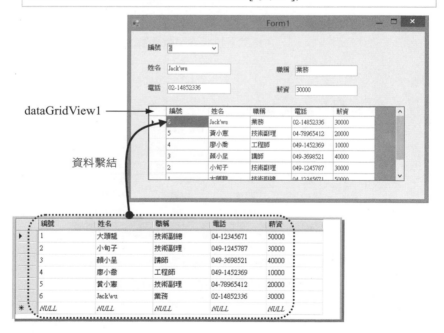

📥 **範例**： DataBindingDemo1.sln

練習將「員工」資料表的欄位記錄與 TextBox、ComboBox、DataGridView 控制項做資料繫結。如下圖，當選取「編號」下拉式清單控制項的編號時，會將該筆資料對應的欄位內容分別放入姓名、電話、職稱、薪資的文字方塊內。同樣地，當選取 DataGirdView 控制項中任何一筆記錄，則在編號下拉式清單，姓名、電話、職稱、薪資的文字方塊內會顯示 DataGirdView 控制項所選取的那一筆記錄。

執行結果

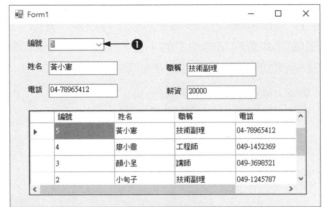

▲編號下拉式清單選編號 5 記錄的畫面

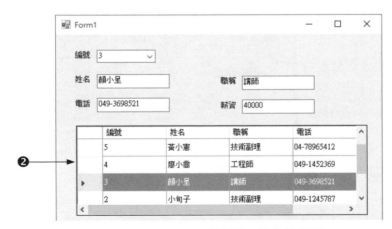

▲dataGridView1 選編號 3 記錄的畫面

操作步驟

| Step 01 | 複製資料庫 |

將本書範例「資料庫」資料夾下的 ch19DB.mdf 複製到目前專案的 bin\Debug 資料夾下，使 ch19DB.mdf 與範例執行檔置於相同路徑下。

Step 02 建立表單輸出入介面

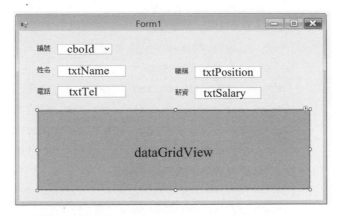

Step 03 撰寫程式碼

程式碼 FileName:Form1.cs

```
01 using System.Data;
02 using System.Data.SqlClient ;
03
04 namespace DataBindingDemo1
05 {
06     public partial class Form1 : Form
07     {
08         public Form1()
09         {
10             InitializeComponent();
11         }
12
13         private void Form1_Load(object sender, EventArgs e)
14         {
15
16             using (SqlConnection cn = new SqlConnection())
17             {
18                 cn.ConnectionString=@"Data Source=(LocalDB)\MSSQLLocalDB;"+
                    "AttachDbFilename=|DataDirectory|ch19DB.mdf;" +
                    "Integrated Security=True";
19                 SqlDataAdapter daEmployee = new SqlDataAdapter
                    ("SELECT * FROM 員工 ORDER BY 編號 DESC", cn);
20                 DataSet ds = new DataSet();
```

21	daEmployee.Fill(ds, "員工");
22	// ComboBox 控制項資料繫結
23	cboId.DataSource = ds;
24	cboId.DisplayMember = "員工.編號";
25	// TextBox 控制項資料繫結
26	txtName.DataBindings.Add("Text", ds, "員工.姓名");
27	txtTel.DataBindings.Add("Text", ds, "員工.電話");
28	txtPosition.DataBindings.Add("Text", ds, "員工.職稱");
29	txtSalary.DataBindings.Add("Text", ds, "員工.薪資");
30	// DataGridView 控制項資料繫結
31	dataGridView1.DataSource = ds;
32	dataGridView1.DataMember = "員工";
33	}
34	}
35	}
36	}

說明

1. 第 23-24 行：將 cboId 下拉式清單繫結至 ds 物件中「員工」DataTable 的「員工.編號」欄位。

2. 第 26-29 行：將 txtName、txtTel、txtPosition、txtSalary 文字方塊的 Text 屬性繫結至「員工」DataTable 的對應欄位。

3. 第 31-32 行：將 dataGridView1 控制項繫結到 ds 的「員工」DataTable 物件。

19.2 如何將 DataTable 進行關聯

本節將介紹如何使用 DataSet 物件的 Relations 集合，將記憶體 DataSet 內的多個 DataTable 進行關聯，以建立關聯式的資料庫應用程式，步驟如下：

Step 01 建立 DataSet 物件，再使用 DataAdapter 物件執行 SQL 語法，並使用 DataAdapter 物件的 Fill()方法將 DataTable 物件(查詢資料的結果)放到 DataSet 物件中。因為要製作關聯式資料庫，所以 DataSet 物件必須要有兩個以上的 DataTable 物件。寫法如下：

```
DataSet ds = new DataSet();
SqlDataAdapter  da1 = new SqlDataAdapter("SQL 語法 1", cn);
da1.Fill(ds, "dt1");            // ds 含有 DataTable 物件 dt1
SqlDataAdapter  da2 = new SqlDataAdapter("SQL 語法 2", cn);
da2.Fill(ds, "dt2") ;          // ds 含有 DataTable 物件 dt2
```

Step 02　使用 DataSet 物件的 Relations 集合物件的 Add()方法加入一個關聯物件，並且設定兩個 DataTable 物件中哪兩個欄位要進行關聯。寫法如下：

```
ds.Relations.Add("關聯名稱",
    ds.Tables["dt1"].Columns["dt1 要關聯的 Primary Key 欄位名稱"],
    ds.Tables["dt2"].Columns["dt2 要關聯的 Foreign Key 欄位名稱"] );
```

Step 03　接著將主資料表 dt1 繫結至 dataGridView1，而關聯物件「dt1.關聯名稱」繫結至 dataGridView2，此時只要選取 dataGridView1 中的某一筆記錄，則 dataGridView2 即會顯示對應的記錄。寫法如下：

```
dataGridView1.DataSource = ds;
dataGridView1.DataMember = "dt1";
dataGridView2.DataSource = ds;
dataGridView2.DataMember = "dt1.關聯名稱";
```

🔽 **範例**：RelationsDemo1.sln

製作可將記憶體內兩個 DataTable 關聯的資料庫應用程式。將 Northwind.mdf「產品類別」及「產品資料」兩個資料表放入兩個 DataTable 後，接著再將這兩個 DataTable 物件的「類別編號」欄位進行關聯，當選取上方 DataGridView 中產品類別的某一筆記錄時，則下方的 DataGridVeiw 即會顯示對應的產品資料所有記錄。

執行結果

▲上方產品類別 DataGridView 選取類別編號 2 記錄所顯示的畫面

▲上方產品類別 DataGridView 選取類別編號 5 記錄所顯示的畫面

操作步驟

Step 01　複製資料庫

將書附範例「資料庫」資料夾下的 Northwind.mdf 複製到目前製作專案的
bin\Debug 資料夾下，使 Northwind.mdf 與範例執行檔置於相同路徑下。

Step 02　建立表單輸出入介面

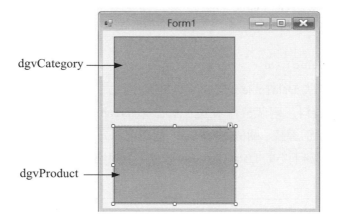

dgvCategory

dgvProduct

Step 03　撰寫程式碼

程式碼　FileName:Form1.cs

```
01 using System.Data;
02 using System.Data.SqlClient;
03
04 namespace RelationsDemo1
05 {
06     public partial class Form1 : Form
```

```
07      {
08          public Form1()
09          {
10              InitializeComponent();
11          }
12
13          private void Form1_Load(object sender, EventArgs e)
14          {
15              using (SqlConnection cn = new SqlConnection())
16              {
17                  cn.ConnectionString=@"Data Source=(LocalDB)\MSSQLLocalDB;"+
                        "AttachDbFilename=|DataDirectory|Northwind.mdf;" +
                        "Integrated Security=True";
18                  DataSet ds = new DataSet();
19                  SqlDataAdapter daCategory = new SqlDataAdapter
                            ("SELECT * FROM 產品類別", cn);
20                  daCategory.Fill(ds, "產品類別");
21                  SqlDataAdapter daProduct = new SqlDataAdapter
                            ("SELECT * FROM 產品資料", cn);
22                  daProduct.Fill(ds, "產品資料");
23                  ds.Relations.Add("FK_產品資料_產品類別",
                            ds.Tables["產品類別"].Columns["類別編號"],
                            ds.Tables["產品資料"].Columns["類別編號"]);
24                  dgvCategory.DataSource = ds;
25                  dgvCategory.DataMember = "產品類別";
26                  dgvCategory.Dock=DockStyle.Top;//dgvCategory 停駐在表單上方
27                  dgvProduct.DataSource = ds;
28                  dgvProduct.DataMember = "產品類別.FK_產品資料_產品類別";
29                  dgvProduct.Dock=DockStyle.Fill;//dgvProduct 填滿整個表單
30              }
31          }
32      }
33 }
```

説明

1. 第 19-20 行：建立 SqlDataAdapter 物件 daCategory，該物件用來查詢「產品類別」資料表所有記錄，並將查詢結果填入 ds 物件。

2. 第 21-22 行：建立 SqlDataAdapter 物件 daProduct，該物件用來查詢「產品資料」資料表所有記錄，並將查詢結果填入 ds 物件。

3. 第 23 行：將 ds 物件內的產品類別的「類別編號」(主鍵)關聯到產品資料的「類別編號」(外來鍵)，關聯物件名稱設為「FK_產品資料_產品類別」。

4. 第 28 行：將 dgvProduct 控制項的 DataMember 屬性設為「FK_產品資料_產品類別」關聯物件，因此該控制項會顯示對應的產品資料。

19.3 使用 BindingManagerBase 巡覽資料表記錄

透過 BindingManagerBase 物件的 BindingContext 集合物件可設定想要巡覽的資料記錄，例如下圖表單有 第一筆 上一筆 下一筆 最末筆 鈕，透過這四個按鈕可以動態巡覽每一筆記錄。

下面介紹如何使用 BindingManagerBase 物件

Step 01 宣告 bm 為 BindingManagerBase 物件，寫法：

```
BindingManagerBase bm ;
```

Step 02 建立 Binding 物件並指定所要資料繫結的控制項屬性、資料來源(DataSet 物件)及資料成員(DataTable 名稱與欄位名稱)。寫法：

```
Binding myBinding1 = new Binding("屬性", 資料來源, "資料成員");
Binding myBinding2 = new Binding("屬性", 資料來源, "資料成員");
…………
Binding myBindingN = new Binding("屬性", 資料來源, "資料成員");
```

Step 03　使用控制項 DataBindings 集合屬性的 Add() 方法加入 Binding 資料繫結物件。寫法：

```
控制項名稱 1.DataBindings.Add(myBinding1);
控制項名稱 2.DataBindings.Add(myBinding2);
            ⋮
控制項名稱 N.DataBindings.Add(myBindingN);
```

Step 04　使用控制項的 BindingContext() 方法建立 BindingManagerBase 物件，BindingContext() 方法必須傳入資料來源(DataSet 物件)及資料成員 (DataTable 名稱)。寫法：

```
bm = this.BindingContext(資料來源, "資料成員");
```

Step 05　完成上面設定之後，接著可透過下表 BindingManagerBase 物件所提供的成員來操作資料表記錄：

成員	說明
Position 屬性	取得目前記錄的位置 0 ~ Count - 1。
Count 屬性	取得資料記錄總筆數。
AddNew() 方法	加入一筆空記錄
RemoveAt(index) 方法	刪除第 index-1 筆資料記錄。
EndCurrentEdit() 方法	結束目前編輯，將控制項上的資料寫回 DataSet 內。

範例：BindingManagerBase1.sln

使用上面介紹的步驟，使用 BindingManagerBase 物件與各控制項做資料繫結，讓使用者可以動態巡覽 ch19DB.mdf 中「會員」資料表上一筆、下一筆的記錄。

執行結果

1. 表單有 第一筆　上一筆　下一筆　最末筆 鈕，透過這四個按鈕可動態巡覽每一筆會員記錄。

2. 左下圖是當會員記錄在第一筆時，則 第一筆 及 上一筆 鈕無法使用；右下圖是當會員記錄在最後一筆時，則 下一筆 、 最末筆 鈕無法使用。

資料表

資料表名稱 ：會員		主鍵值欄位：編號				
欄位名稱	資料型態	長度	允許 null	預設值	備註	
編號	nvarchar	10	否		Primary Key	
姓名	nvarchar	10	否			
電話	nvarchar	10	否			
性別	nvarchar	4	否			
入會日期	date		否		日期型別資料	
婚姻狀態	bool		否		需輸入 true/false	

操作步驟

Step 01 複製資料庫

將書附範例「資料庫」資料夾下的 ch19DB.mdf 複製到目前製作專案的 bin\Debug 資料夾下，使 ch19DB.mdf 與範例執行檔置於相同路徑下。

Step 02 建立表單輸出入介面

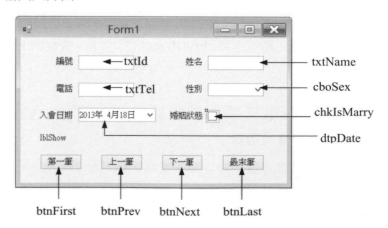

Step 03 撰寫程式碼

程式碼 FileName:Form1.cs

```
01 using System.Data;
02 using System.Data.SqlClient;
03
04 namespace BindingManagerBase1
05 {
06     public partial class Form1 : Form
07     {
08         public Form1()
09         {
10             InitializeComponent();
11         }
12
13         // 宣告 BindingManagerBase 物件 bm
14         // 使用此物件來巡覽會員資料表的記錄
15         BindingManagerBase bm;
16
17         // 定義 CheckBm() 方法，該方法用來顯示目前記錄的位置
18         // 使 第一筆 、上一筆 、下一筆 、最末筆 鈕是否可被使用
19         private void Checkbm()
20         {
21             if (bm.Position == 0)
22             {
23                 btnFirst.Enabled = false;
24                 btnPrev.Enabled = false;
25                 btnNext.Enabled = true;
26                 btnLast.Enabled = true;
27             }
28             else if (bm.Position == bm.Count - 1)
29             {
30                 btnFirst.Enabled = true;
31                 btnPrev.Enabled = true;
32                 btnNext.Enabled = false;
33                 btnLast.Enabled = false;
34             }
35             else
36             {
```

```
37                btnFirst.Enabled = true;
38                btnPrev.Enabled = true;
39                btnNext.Enabled = true;
40                btnLast.Enabled = true;
41            }
42            lblShow.Text =
               $"目前在第 {(bm.Position + 1)} 筆記錄，共 {bm.Count} 筆記錄";
43        }
44
45    private void Form1_Load(object sender, EventArgs e)
46    {
47        using (SqlConnection cn = new SqlConnection())
48        {
49            cn.ConnectionString=@"Data Source=(LocalDB)\MSSQLLocalDB;"+
                "AttachDbFilename=|DataDirectory|ch19DB.mdf;" +
                "Integrated Security=True";
50            // 建立 DataSet 物件 ds
51            // 在 ds 物件的 DataTable 內填入 [會員] 資料表的所有記錄
52            DataSet ds = new DataSet();
53            SqlDataAdapter daMember = new SqlDataAdapter
                   ("SELECT * FROM 會員", cn);
54            daMember.Fill(ds, "會員");
55            // 建立 Binding 物件，並繫結至對應的資料表欄位
56            Binding bindId = new Binding("Text", ds, "會員.編號");
57            Binding bindName = new Binding("Text", ds, "會員.姓名");
58            Binding bindTel = new Binding("Text", ds, "會員.電話");
59            Binding bindSex = new Binding("Text", ds, "會員.性別");
60            Binding bindDate = new Binding("Text",ds,"會員.入會日期");
61            Binding bindIsMarry = new Binding
                   ("Checked", ds, "會員.婚姻狀態");
62            // 將控制項與 Binding 物件做資料繫結
63            // 使控制項顯示資料表的欄位內容
64            txtId.DataBindings.Add(bindId);
65            txtName.DataBindings.Add(bindName);
66            txtTel.DataBindings.Add(bindTel);
67            cboSex.DataBindings.Add(bindSex);
68            dtpDate.DataBindings.Add(bindDate);
69            chkIsMarry.DataBindings.Add(bindIsMarry);
```

```
70              // 使用表單(this)的 BindingContext() 方法建立可巡覽會員記錄的 bm 物件
71              bm = this.BindingContext[ds, "會員"];
72          }
73          Checkbm();
74      }
75      // 按<第一筆>鈕 執行此事件，使移到第一筆記錄位置
76      private void btnFirst_Click(object sender, EventArgs e)
77      {
78          bm.Position = 0;
79          Checkbm();
80      }
81      // 按<上一筆>鈕 執行此事件，使移到上一筆記錄位置
82      private void btnPrev_Click(object sender, EventArgs e)
83      {
84          if (bm.Position > 0)
85          {
86              bm.Position -= 1;
87          }
88          Checkbm();
89      }
90      // 按<下一筆>鈕 執行此事件，使移到下一筆記錄位置
91      private void btnNext_Click(object sender, EventArgs e)
92      {
93          if (bm.Position < bm.Count - 1)
94          {
95              bm.Position += 1;
96          }
97          Checkbm();
98      }
99      // 按<最末筆>鈕 執行此事件，使移到最後一筆記錄位置
100     private void btnLast_Click(object sender, EventArgs e)
101     {
102         bm.Position = bm.Count - 1;
103         Checkbm();
104     }
105 }
106 }
```

> **説明**

1. 第 15 行：宣告 BindingManagerBase 類別物件 bm，使用此物件來巡覽會員資料表的記錄。

2. 第 19-43 行：定義 CheckBm()方法，該方法用來檢查目前會員記錄的位置，並判斷 第一筆 上一筆 下一筆 最末筆 鈕是否可被使用。

3. 第 21 行：判斷目前記錄是否在第一筆，若成立則執行第 23-26 行，使 第一筆 及 上一筆 鈕無法使用，使 下一筆 最末筆 鈕可以使用。

4. 第 28 行：判斷目前記錄是否在最後一筆，若成立則執行第 30-33 行，使 第一筆 上一筆 鈕可以使用，使 下一筆 及 最末筆 鈕無法使用。

5. 第 35-41 行：若記錄指標不在第一筆或最後一筆資料，則 第一筆 上一筆 下一筆 最末筆 鈕可以使用。

6. 第 52-54 行：建立 SqlDataAdapter 類別物件 daMember，此物件用來查詢「會員」資料表。透過 daMember 的 Fill()方法將取得的「會員」資料表所有記錄一次填入 ds 物件內的會員 DataTable。

7. 第 56-61 行：建立 6 個 Binding 物件，物件名稱依序為 bindId、bindName、bindTel、bindSex、bindDate、bindIsMarry，並繫結至控制項所對應的屬性。

8. 第 64-69 行：第 64 行將 txtId 與 bindId 物件進行資料繫結，使 txtId 顯示會員資料表編號欄位內容。第 65-69 行執行同第 64 行。

10. 第 71 行：使用表單控制項(this)的 BindingContext()方法建立 BindingManagerBase 類別物件 bm。

11. 第 73 行：呼叫 CheckBm()方法。

19.4 如何使用預存程序

　　預存程序(Stored Procedure)是指一些已經撰寫好的 SQL 敘述，且編譯完成並儲存在資料庫中的一個程序。開發人員可以直接呼叫預存程序並直接傳入參數即可得到所要的結果，如此可以節省重複撰寫 SQL 敘述，節省每一次要編譯 SQL 敘述的執行時間。因為預存程序已經事先編譯完成，其執行速度與效能會比從應用程式中傳遞 SQL 敘述還要快很多。預存程序可以接受傳入參數、輸出參數、傳回單一或多個結果集以及傳回值。使用預存程序的優點如下：

1. 在一個預存程序可以執行一系列的 SQL 敘述。

2. 可以在預存程序中再參考其它預存程序，以簡化複雜的 SQL 陳述式。

3. 預存程序建立完成，即會在資料庫伺服器上進行編譯，因此處理速度會比 SQL 敘述還快。

4. 預存程序可以設定存取權限。

19.4.1 如何建立與執行預存程序

開發人員可透過 Visual Studio 的「伺服器總管」直接連接 SQL Express 或 SQL Server 來設計預存程序。下面使用 StoredProcedure1.sln 範例，練習如何在 ch19DB.mdf (SQL Express 資料庫檔案)資料庫建立名稱為 GetEmployeeByName 的預存程序，此預存程序會依條件「姓名」等於@EmpName 傳入參數來取得對應的員工資料。

操作步驟

Step 01 新增 Windows Forms App 應用程式專案「StoredProcedure1」，將書附範例 [資料庫] 資料夾下的 ch19DB.mdf 複製到目前製作專案的「bin\Debug」資料夾下。ch19DB.mdf 資料庫的「員工」資料表欄位如下：

資料表名稱 ：員工		主鍵值欄位：編號				
欄位名稱	資料型態	長度	允許 null	預設值	備註	
編號	int		否		Primary Key 識別規則：是 識別值種子：1 識別值增量： 1 (自動編號欄位)	
姓名	nvarchar	15	否			
職稱	nvarchar	15	否			
電話	nvarchar	15	否			
薪資	int		否			

Step 02 按「方案總管」視窗的顯示所有檔案 鈕。接著在目前專案「bin\Debug」資料夾下的 ch19DB.mdf 資料庫快按兩下，此時在「伺服器總管」視窗會連接到 ch19DB.mdf 資料庫。

Step 03　如下圖，展開「預存程序」資料夾，若 ch19DB.mdf 資料庫內已經有名稱為 GetEmployeeByName 預存程序，請先選取「GetEmployeeByName」並按 Del 鍵將原本的 GetEmployeeByName 預存程序刪除。

Step 04　在下圖「預存程序」資料夾按右鍵由快顯功能表執行【加入新的預存程序(P)】指令新增預存程序。

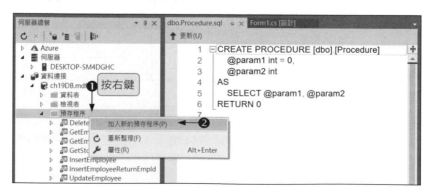

Step 05 撰寫預存程序將該預存程序名稱設為「GetEmployeeByName」；傳入參數名稱為「@EmpName」，參數型別為 nvarchar；查詢員工資料表中「姓名」欄位等於「@EmpName」的記錄。

Step 06 按 ⬆ 更新(U) 鈕儲存預存程序，若預存程序的語法正確，則不會出現錯誤。若以後要修改預存程序，只要在指定的預存程序快按滑鼠左鍵兩下即可進入該預存程序的編輯畫面讓開發人員進行修改的動作。

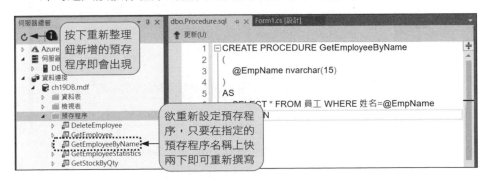

Step 07 在下圖「GetEmployeeByName」預存程序按右鍵，由出現的快顯功能表透過【執行(X)】指令來執行「GetEmployeeByName」預存程序。

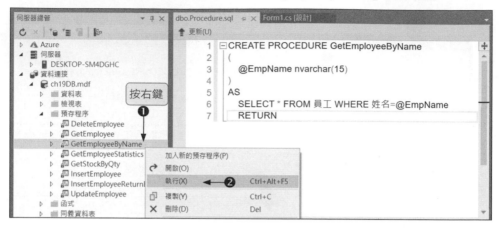

Step 08 先指定輸入參數值，然後按 ▢確定▢ 鈕即會顯示預存程序查詢的結果。

關於更多更複雜的預存程序語法可參閱有關 SQL Server 的書籍。

19.4.2　如何使用 Command 物件呼叫預存程序

　　透過 Command 物件呼叫預存程序的做法和直接執行 SQL 敘述差不多，差別在於呼叫預存程序時用戶端可能會設定一些參數，而這些參數依傳遞的方向可分為輸入參數(Input Parameter)、輸出參數(Output Parameter)、輸入輸出參數(InputOutput Parameter)以及傳回值(Return Value)。當執行預存程序時，除了會回傳資料集之外，也可以透過輸出參數或傳回值將運算後的結果傳回給用戶端的應用程式，輸出參數可以傳回一個或多個值給用戶端的應用程式，傳回值只能傳回一個值。開發人員可以透過 SqlParameterCollection 集合的 Direction 屬性來設定參數的傳遞方向。Direction 屬性可設定下面列舉成員，其說明如下：

1. ParameterDirection.Input：預設值，參數是輸入功能。

2. ParameterDirection.InputOutput：參數是雙向的，提供輸入和輸出的功能。

3. ParameterDirection.Output：參數是輸出功能。

4. ParameterDirection.ReturnValue：可傳回預存程序執行後的傳回值。

　　輸入參數、輸出參數及傳回值的使用方法不太相同，因此本節使用不同的範例來解說。在 19.4.2~19.4.4 的範例介紹如何使用輸入參數來得到資料集以及如何編輯資料表的資料，19.4.5 節的範例介紹如何取得預存程序的傳回值、19.4.6 節的範例介紹如何透過輸出參數來取得預存程序運算後所回傳的多個值。下面介紹如何使用 Command 物件呼叫預存程序與輸入參數的使用步驟：

Step 01　建立 Connection 類別物件 cn，建立 Command 類別物件 cmd，指定 cmd 的資料庫連接物件為 cn，使用 CommandText 屬性指定 cmd 物件所要呼叫的預存程序，最後再透過 cn 物件的 Open()方法與指定的資料庫進行連接。

```
SqlConnection cn = new SqlConnection("資料庫連接字串");
SqlCommand cmd = new SqlCommand();
cmd.Connection = cn;
cmd.CommandText = "預存程序名稱";
cn.Open();
```

上面五行敘述也可以改成下面寫法，在建立 Command 類別物件 cmd 的同時指定預存程序名稱及 Connection 類別物件 cn。

```
SqlConnection cn = new SqlConnection("資料庫連接字串");
SqlCommand cmd = new SqlCommand("預存程序名稱", cn);
cn.Open();
```

Step 02 Command 物件的 CommandType 屬性預設為 CommandType.Text 列舉成員，代表 Command 物件的 CommandText 屬性用來設定 SQL 敘述。若 Command 物件要呼叫預存程序，必須將 Command 物件的 CommandType 屬性設為 CommandType.StoredProcedure。寫法如下：

```
cmd.CommandType = CommandType.StoredProcedure;
```

Step 03 透過 SqlParameterCollection 集合的 Add()方法指定預存程序的輸入參數名稱與參數資料型別。寫法如下：

```
cmd.Parameters.Add(new SqlParameter("@參數名稱 1", 參數型別 1));
cmd.Parameters.Add(new SqlParameter("@參數名稱 2", 參數型別 1));
  ⋮
cmd.Parameters.Add(new SqlParameter("@參數名稱 N", 參數型別 1));
```

Step 04 透過 SqlParameterCollection 集合的 Value 屬性設定要傳入到預存程序的值。寫法如下：

```
cmd.Parameters["@參數名稱 1"].Value = 參數值 1;
cmd.Parameters["@參數名稱 2"].Value = 參數值 2;
  ⋮
cmd.Parameters["@參數名稱 N"].Value = 參數值 N;
```

如果呼叫預存程序時，並不需要輸入參數、輸出參數、輸入輸出參數或傳回值，則 Step3~Step4 則可以省略。

📥 **範例**：StoredProcedure1.sln

練習呼叫上一個範例所製作的 GetEmployeeByName 預存程序，呼叫時必須透過 Command 物件輸入@EmpName 參數，來查詢員工資料表中「姓名」欄位等於「@EmpName」參數的記錄。可透過「姓名」文字方塊來查詢指定的員工記錄。若找不到員工，如左下圖，則 RichTextBox 多行文字方塊控制項即顯示「找不到 XXX 這個員工」；若找到該名員工，如右下圖，則 RichTextBox 多行文字方塊控制項即顯示該名員工的編號、姓名、職稱、電話、薪資資料。

執行結果

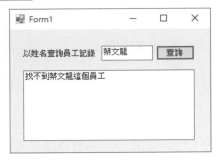

▲找不到員工的畫面　　　　　▲找到員工的畫面

程式分析

1. 將查詢員工資料的程式撰寫在 ［查詢］ 鈕的 Click 事件。

2. 建立 SqlConnection 類別物件 cn 用來連接 ch19DB.mdf 資料庫。

3. 建立 SqlCommand 類別物件 cmd，接著指定 cmd 要連接的是 cn 連接物件；指定 cmd 要呼叫的是 GetEmployeeByName 預存程序；指定 cmd 要執行的型態是預存程序。(第 24-27 行)

```
SqlCommand cmd = new SqlCommand();
cmd.Connection = cn;
cmd.CommandText = "GetEmployeeByName";
cmd.CommandType = CommandType.StoredProcedure;
```

4. 建立輸入參數的名稱為@EmpName，參數型別為 nvarChar，並指定輸入到預存程序的參數值為 txtName.Text。(第 28-29 行)

```
cmd.Parameters.Add(new SqlParameter
        ("@EmpName", SqlDbType.NVarChar ));
cmd.Parameters["@EmpName"].Value = txtName.Text;
```

5. 宣告 dr 為 SqlDataReader 物件，接著透過 cmd 的 ExecuteReader()方法傳回讀取資料表的記錄指標並指定給 dr，最後使用 dr 將查詢的結果顯示在 richTextBox1 多行文字方塊控制項上。(第 31-42 行)

```
SqlDataReader dr = cmd.ExecuteReader();
if (dr.Read())
{
    for (int i = 0; i < dr.FieldCount; i++)
    {
      richTextBox1.Text += $"{dr.GetName(i)}：{dr[i].ToString ()}\n";
```

19-23

```
        }
    }
    else
    {
        richTextBox1.Text = $"找不到 {txtName.Text} 這個員工";
    }
```

操作步驟

Step 01 延續上例，上例所設計的預存程序如下，此預存程序會依條件「姓名」等於@EmpName 輸入參數來取得對應的員工記錄。

```
ALTER PROCEDURE GetEmployeeByName
(
    @EmpName nvarchar(15)
)
AS
SELECT *FROM 員工
WHERE 姓名=@EmpName
RETURN
```

Step 02 表單輸出入介面如下圖

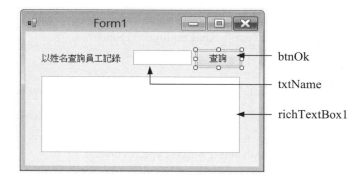

Step 03 撰寫程式碼

程式碼 FileName:Form1.cs

```
01 using System.Data;
02 using System.Data.SqlClient;
03
04 namespace StoredProcedure1
05 {
06     public partial class Form1 : Form
```

```
07    {
08        public Form1()
09        {
10            InitializeComponent();
11        }
12        // 按下 [查詢] 鈕執行
13        private void btnOk_Click(object sender, EventArgs e)
14        {
15            if (txtName.Text == "")
16            {
17                richTextBox1.Text = "請輸入欲查詢的員工姓名";
18                return;
19            }
20            using (SqlConnection cn = new SqlConnection())
21            {
22            cn.ConnectionString = @"Data Source=(LocalDB)\MSSQLLocalDB;" +
                    "AttachDbFilename=|DataDirectory|ch19DB.mdf;" +
                    "Integrated Security=True";
23            cn.Open();
24            SqlCommand cmd = new SqlCommand();
25            cmd.Connection = cn;
26            cmd.CommandText = "GetEmployeeByName";
27            cmd.CommandType = CommandType.StoredProcedure;
28            cmd.Parameters.Add
                    (new SqlParameter("@EmpName", SqlDbType.NVarChar));
29            cmd.Parameters["@EmpName"].Value = txtName.Text;
30            richTextBox1.Text = "";
31            SqlDataReader dr = cmd.ExecuteReader();
32            if (dr.Read())
33            {
34                for (int i = 0; i < dr.FieldCount; i++)
35                {
36                    richTextBox1.Text +=
                        $"{dr.GetName(i)}:{dr[i].ToString ()}\n";
37                }
38            }
39            else
40            {
41                richTextBox1.Text = $"找不到 {txtName.Text} 這個員工";
```

42	}
43	}
44	}
45	}
46	}

19.4.3 如何使用 DataAdapter 物件呼叫預存程序

DataAdapter 物件和 Command 物件一樣都可直接呼叫預存程序來查詢資料,若預存程序沒有參數,則直接在 DataAdapter 的建構式中傳入預存程序名稱和連接物件就可以了。如果預存程序有參數,則可以透過 Command 物件先設定參數名稱與參數值,接著再將 Command 物件指定給 DataAdapter 物件的 SelectCommand 屬性,當執行 DataAdapter 物件的 Fill()方法時,DataAdapter 物件即會呼叫預存程序,並將預存程序的查詢結果填入到指定的 DataSet 物件中。下面練習如何使用 DataAdapter 物件來呼叫預存程序。

⬇ **範例**:StoredProcedure2.sln

建立 GetStockByQty 預存程序,呼叫此預存程序必須輸入@QMin 與@QMax 兩個參數,此預存程序可用來查詢股票行情表成交量介於@QMin~@QMax 之間的記錄,且查詢結果會依成交量做遞減排序。接著建立 Command 物件與@QMin與@QMax 兩個輸入參數,並設定 Command 物件呼叫 GetStockByQty 預存程序,然後再將 Command 物件指定給 DataAdapter 物件的 SelectCommand 屬性,接著透過 Fill()方法,將取得的股票行情表的記錄填入 DataSet 中,最後將結果顯示在 DataGridView 控制項上。執行結果如下圖:

執行結果

資料表

資料表名稱：股票行情表			主鍵值欄位：編號		
欄位名稱	資料型態	長度	允許 null	預設值	備註
編號	int		否		Primary Key 識別規格：是 識別值種子：1 識別值增量：1 (自動編號欄位)
股票代號	nvarchar	20	否		
股票名稱	nvarchar	20	否		
最高價	int		否		
最低價	int		否		
成交量	int		否		

操作步驟

Step 01　複製資料庫

將書附範例「資料庫」資料夾下的 ch19DB.mdf 複製到目前製作專案的 bin\Debug 資料夾下，使得 ch19DB.mdf 與範例執行檔置於相同路徑下。

Step 02　開啟伺服器總管

按「方案總管」視窗的顯示所有檔案 🗐 鈕。接著在目前專案「bin\Debug」資料夾下的 ch19DB.mdf 快按兩下，此時在「伺服器總管」視窗會連接至 ch19DB.mdf 資料庫。

Step 03　建立預存程序

透過「伺服器總管」視窗在 ch19DB.mdf 資料庫內新增名稱為「GetStockByQty」的預存程序。呼叫此預存程序必須輸入 @QMin 及 @QMax 兩個參數，此預存程序用來查詢股票行情表內成交量介於 @QMin~@Max 的記錄，且依成交量做遞減排序。寫法如下：

```
CREATE PROCEDURE GetStockByQty
(
    @QMin int ,
    @QMax int
)
AS
    SELECT 股票代號, 股票名稱, 最高價, 最低價, 成交量
    FROM 股票行情表
```

WHERE 成交量 >= @QMin And 成交量 <=@QMax
ORDER BY 成交量 DESC
RETURN

Step 04 建立表單輸出入介面

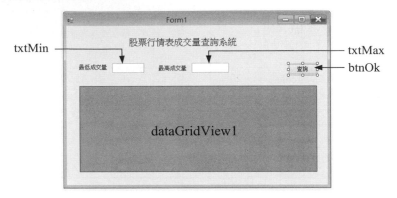

Step 05 撰寫程式碼

程式碼　FileName:Form1.cs

```
01 using System.Data;
02 using System.Data.SqlClient;
03
04 namespace StoredProcedure2
05 {
06     public partial class Form1 : Form
07     {
08         public Form1()
09         {
10             InitializeComponent();
11         }
12         // 按 <查詢> 鈕執行此事件
13         private void btnOk_Click(object sender, EventArgs e)
14         {
15             using (SqlConnection cn = new SqlConnection())
16             {
17                 try
18                 {
19                     cn.ConnectionString=@"Data Source=(LocalDB)\MSSQLLocalDB;"+
                        "AttachDbFilename=|DataDirectory|ch19DB.mdf;" +
```

```
                        "Integrated Security=True";
20              SqlCommand cmd = new SqlCommand();
21              cmd.Connection = cn;
22              cmd.CommandText = "GetStockByQty";
23              cmd.CommandType = CommandType.StoredProcedure;
24              cmd.Parameters.Add(new SqlParameter
                         ("@QMin", SqlDbType.NVarChar));
25              cmd.Parameters.Add(new SqlParameter
                         ("@QMax", SqlDbType.NVarChar));
26              cmd.Parameters["@QMin"].Value=int.Parse(txtMin.Text);
27              cmd.Parameters["@QMax"].Value=int.Parse(txtMax.Text);
28              SqlDataAdapter daStock = new SqlDataAdapter();
29              daStock.SelectCommand = cmd;
30              DataSet ds = new DataSet();
31              daStock.Fill(ds, "股票行情表");
32              dataGridView1.DataSource = ds.Tables["股票行情表"];
33          }
34          catch (Exception ex)
35          {   MessageBox.Show(ex.Message);   }
36      }
37    }
38  }
39 }
```

說明

1. 第 20-23 行：建立 SqlCommand 類別物件 cmd，並指定 cmd 呼叫 GetStockByQty 預存程序。

2. 第 24-27 行：建立輸入參數@QMin 與@QMax，並設定輸入參數@QMin 的值為 txtMin.Text；設定輸入參數@QMax 的值為 txtMax.Text。

3. 第 28-31 行：建立 SqlDataAdapter 物件 da，並設定 da 的 SelectCommand 屬性為 cmd 物件，即表示 da 執行 Fill()方法時會呼叫「GetStockByQty」預存程序，將所查詢的資料填入 DataSet 物件。

19.4.4 如何呼叫預存程序編輯資料表記錄

前兩個範例皆是呼叫內含 SELECT 查詢敘述的預存程序，並得到查詢的資料集。若在預存程序中建立 INSERT、UPDATE、DELETE 敘述，則可以透過呼叫預存程序來編輯資料表的記錄，此種做法的好處是可以提升執行效能，以及增加資料庫的安全性。

📥 **範例**：StoredProcedure3.sln

製作一個可新增、刪除、修改「員工」資料表的員工薪資系統。新增員工記錄必須呼叫 InsertEmployee 預存程序；刪除員工記錄必須呼叫 DeleteEmployee 預存程序；修改員工記錄必須呼叫 UpdateEmployee 預存程序；查詢員工資料所有記錄必須呼叫 GetEmployee 預存程序。

執行結果

1. 程式執行時表單中的 DataGridView 控制項，會顯示「員工」資料表的所有記錄。

2. 在姓名、電話、職稱、薪資文字方塊輸入員工記錄並按 新增 或 修改 、刪除 鈕，可新增、修改、刪除員工記錄；修改及刪除員工記錄是以「姓名」欄位為依據。

操作步驟

Step 01　複製資料庫

將書附範例「資料庫」資料夾下的 ch19DB.mdf 複製到目前製作專案的 bin\Debug 資料夾下，使得 ch19DB.mdf 與範例執行檔置於相同路徑下。

Step 02　開啟伺服器總管

按「方案總管」視窗的顯示所有檔案 📄 鈕。接著在目前專案「bin\Debug」資料夾下的 ch19DB.mdf 快按兩下，此時在「伺服器總管」視窗會連接至 ch19DB.mdf 資料庫。

Step 03　透過「伺服器總管」視窗在 ch19DB.mdf 資料庫內新增四個預存程序

① 建立 GetEmployee 預存程序，用來查詢員工資料表的所有記錄，查詢員工資料表依「編號」做遞減排序。

```
CREATE PROCEDURE GetEmployee
AS
 SELECT 姓名, 職稱, 電話, 薪資 FROM 員工
 ORDER BY 編號 DESC
RETURN
```

② 建立 InsertEmployee 預存程序，此預存程序用來新增一筆員工記錄，呼叫時必須輸入 @name、@position、@tel、@salary 四個參數。

```
CREATE PROCEDURE InsertEmployee
 (
 @name nvarchar(15),
 @position nvarchar(15),
 @tel nvarchar(15),
 @salary int
 )
AS
   INSERT INTO 員工(姓名, 職稱, 電話, 薪資)
   VALUES(@name, @position, @tel, @salary)
RETURN
```

③ 建立 UpdateEmployee 預存程序，此預存程序用來修改「員工」資料表姓名欄位等於 @name 參數的記錄，呼叫時必須輸入 @name、@position、@tel、@salary 四個參數。

```
CREATE PROCEDURE UpdateEmployee
 @name nvarchar(15),
```

```
   @position nvarchar(15),
   @tel nvarchar(15),
   @salary int
 AS
  UPDATE 員工 SET 職稱=@position, 電話=@tel, 薪資=@salary
  WHERE 姓名=@name
 RETURN
```

④ 建立 DeleteEmployee 預存程序，此預存程序用來刪除「員工」資料表
  姓名欄位等於@name 參數的記錄，呼叫時必須輸入@name 個參數。

```
CREATE PROCEDURE DeleteEmployee
 (
 @name nvarchar(15)
 )
AS
 DELETE FROM 員工
  WHERE 姓名=@name
RETURN
```

Step 04　建立表單輸出入介面

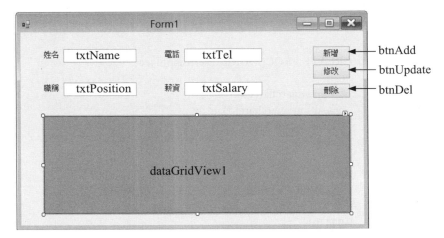

Step 05　撰寫程式碼

程式碼 FileName:Form1.cs

```
01 using System.Data;
02 using System.Data.SqlClient;
03
```

```
04  namespace StoredProcedure3
05  {
06      public partial class Form1 : Form
07      {
08          public Form1()
09          {
10              InitializeComponent();
11          }
12          // 宣告 cnStr 用來存放連接 ch19DB.mdf 的連接字串
13          string cnStr = @"Data Source=(LocalDB)\MSSQLLocalDB;" +
                    "AttachDbFilename=|DataDirectory|ch19DB.mdf;" +
                    "Integrated Security=True";

15          // 定義 ShowData() 方法
16          // 此方法用來將員工資料表的所有記錄顯示於 dataGridView1 上
17          private void ShowData()
18          {
19              using (SqlConnection cn = new SqlConnection())
20              {
21                  cn.ConnectionString = cnStr;
22                  SqlDataAdapter daEmployee =
                        new SqlDataAdapter("GetEmployee", cn);
23                  DataSet ds = new DataSet();
24                  daEmployee.Fill(ds, "員工");
25                  dataGridView1.DataSource = ds.Tables["員工"];
26              }
27          }
28          // 表單載入時執行
29          private void Form1_Load(object sender, EventArgs e)
30          {
31              ShowData();
32          }
33          // 按<新增>鈕 時執行
34          private void btnAdd_Click(object sender, EventArgs e)
35          {
36              try
37              {
38                  using (SqlConnection cn = new SqlConnection())
```

19-33

```
39                      {
40                          cn.ConnectionString = cnStr;
41                          cn.Open();
42                          SqlCommand cmd = new SqlCommand("InsertEmployee", cn);
43                          cmd.CommandType = CommandType.StoredProcedure;
44                          cmd.Parameters.Add(new SqlParameter
                                ("@name", SqlDbType.NVarChar));
45                          cmd.Parameters.Add(new SqlParameter
                                ("@position", SqlDbType.NVarChar));
46                          cmd.Parameters.Add(new SqlParameter
                                ("@tel", SqlDbType.NVarChar));
47                          cmd.Parameters.Add(new SqlParameter
                                ("@salary", SqlDbType.Int));
48                          cmd.Parameters["@name"].Value = txtName.Text;
49                          cmd.Parameters["@position"].Value = txtPosition.Text;
50                          cmd.Parameters["@tel"].Value = txtTel.Text;
51                          cmd.Parameters["@salary"].Value =
                                int.Parse(txtSalary.Text);
52                          cmd.ExecuteNonQuery();
53                      }
54                      ShowData();
55                  }
56              catch (Exception ex)
57              {
58                  MessageBox.Show(ex.Message);
59              }
60          }
61      // 按<修改>鈕 時執行
62      private void btnUpdate_Click(object sender, EventArgs e)
63      {
64          try
65          {
66              using (SqlConnection cn = new SqlConnection())
67              {
68                  cn.ConnectionString = cnStr;
69                  cn.Open();
70                  SqlCommand cmd = new SqlCommand("UpdateEmployee", cn);
71                  cmd.CommandType = CommandType.StoredProcedure;
72                  cmd.Parameters.Add(new SqlParameter
```

```
                                   ("@name", SqlDbType.NVarChar));
73          cmd.Parameters.Add(new SqlParameter
                                   ("@position", SqlDbType.NVarChar));
74          cmd.Parameters.Add(new SqlParameter
                                   ("@tel", SqlDbType.NVarChar));
75          cmd.Parameters.Add(new SqlParameter
                                   ("@salary", SqlDbType.Int));
76          cmd.Parameters["@name"].Value = txtName.Text;
77          cmd.Parameters["@position"].Value = txtPosition.Text;
78          cmd.Parameters["@tel"].Value = txtTel.Text;
79          cmd.Parameters["@salary"].Value =
                                   int.Parse(txtSalary.Text);
80          cmd.ExecuteNonQuery();
81       }
82       ShowData();
83     }
84     catch (Exception ex)
85     {
86         MessageBox.Show(ex.Message);
87     }
88   }
89  // 按<刪除>鈕 執行
90     private void btnDel_Click(object sender, EventArgs e)
91     {
92       try
93       {
94         using (SqlConnection cn = new SqlConnection())
95         {
96           cn.ConnectionString = cnStr;
97           cn.Open();
98           SqlCommand cmd = new SqlCommand("DeleteEmployee", cn);
99           cmd.CommandType = CommandType.StoredProcedure;
100          cmd.Parameters.Add(new SqlParameter
                                   ("@name", SqlDbType.NVarChar));
101          cmd.Parameters["@name"].Value = txtName.Text;
102          cmd.ExecuteNonQuery();
103        }
104        ShowData();
105      }
```

106	catch (Exception ex)
107	{
108	MessageBox.Show(ex.Message);
109	}
110	}
111	}
112	}

説明

1. 第 17-27 行：表單載入、按 新增 、 修改 、 刪除 鈕時會將員工資料表更新後的所有記錄顯示在 dataGridView1 控制項上，因此請將 dataGridView1 上顯示員工資料表的程式撰寫成 ShowData()方法，以方便各控制項的事件處理函式呼叫。ShowData()方法使用 DataAdapter 物件呼叫 GetEmployee 預存程序來取得員工資料表的所有記錄。

2. 第 34-60 行：在 新增 鈕的 btnAdd_Click 事件處理函式內建立 Command 物件 cmd，指定 cmd 物件呼叫 InsertEmployee 預存程序用來新增一筆員工記錄，呼叫此預存程序時須輸入@name、@position、@tel、@salary 這四個參數，並設定這四個參數的值。

3. 第 62-88 行：在 修改 鈕的 btnUpdate_Click 事件處理函式內建立 Command 物件 cmd，指定 cmd 物件呼叫 UpdateEmployee 預存程序用來修改指定的員工記錄，呼叫此預存程序時須輸入@name、@position、@tel、@salary 這四個參數，並設定這四個參數的值，而修改員工資料是使用@name 參數為依據。

4. 第 90-110 行：在 刪除 鈕的 btnDel_Click 事件處理函式內建立 Command 物件 cmd，指定 cmd 物件呼叫 DeleteEmployee 預存程序用來刪除指定的員工記錄，呼叫此預存程序時須輸入@name 參數的值，而刪除員工資料是使用@name 參數為依據。

19.4.5 如何呼叫預存程序並取得傳回值

    Command 物件已指定執行預存程序時，當執行 Command 物件的 ExecuteNonQuery()或 ExecuteReader()方法時即會呼叫指定的預存程序，當預存程序執行完成後即會將輸出參數與傳回值結果回傳給用戶端應用程式。下面介紹如何呼叫預存程序並取得值回值。操作步驟如下：

Step 01　預存程序的傳回值只能傳回一個值，因此只要將傳回值參數名稱的傳遞方向設為「ParameterDirection.ReturnValue」就可以了。

```
// 指定參數名稱與參數型別
cmd.Parameters.Add (new SqlParameter("@參數名稱", 參數型別));
// 指定參數名稱傳遞方向為傳回值
cmd.Parameters["@參數名稱"].Direction =
    ParameterDirection.ReturnValue;
```

Step 02　當執行 Command 物件的 ExecuteQuery()或 ExecuteReader()方法之後，預存程序即會將傳回值結果放入參數內，此時可以透過下面寫法來取得預存程序的傳回值。

```
變數 = cmd.Parameters["@參數名稱"].Value;
```

範例 ： StoredProcedure4.sln

延續上例，使用 InsertEmployeeReturnEmpId 預存程序新增員工資料，該預存程序執行完成會傳回自動編號的員工編號欄位最新值。執行結果如下：

執行結果

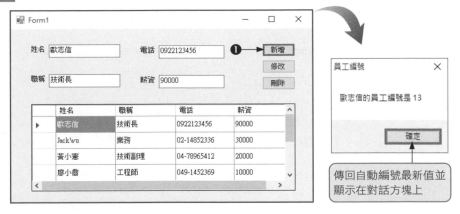

傳回自動編號最新值並顯示在對話方塊上

操作步驟

Step 01　延續上例。

Step 02　透過「伺服器總管」視窗在 ch19DB.mdf 資料庫內新增 InsertEmployeeReturnEmpId 預存程序，此預存程序用來新增一筆員工資料，呼叫時必須

輸入@name、@position、@tel、@salary 四個參數，執行完成會透過RETURN
傳回目前自動編號的值，scope_Identity()可取得目前自動編號的值。

```
CREATE PROCEDURE InsertEmployeeReturnEmpId
  (
    @name nvarchar(15),
    @position nvarchar(15),
    @tel nvarchar(15),
    @salary int
  )
AS
  INSERT INTO 員工(姓名, 職稱, 電話, 薪資)
  VALUES(@name, @position, @tel, @salary)
RETURN scope_Identity()    ◀傳回目前自動編號
```

Step 03 修改 新增 鈕的 btnAdd_Click 事件處理函式內灰底字的程式敘述。

程式碼 FileName:Form1.cs

```
01      // 按 <新增>鈕 時執行
02      private void btnAdd_Click(object sender, EventArgs e)
03      {
04          try
05          {
06              using (SqlConnection cn = new SqlConnection())
07              {
08                  cn.ConnectionString = cnStr;
09                  cn.Open();
10                  SqlCommand cmd = new SqlCommand
                        ("InsertEmployeeReturnEmpId", cn);
11                  cmd.CommandType = CommandType.StoredProcedure;
12                  cmd.Parameters.Add(new SqlParameter
                        ("@name", SqlDbType.NVarChar));
13                  cmd.Parameters.Add(new SqlParameter
                        ("@position", SqlDbType.NVarChar));
14                  cmd.Parameters.Add(new SqlParameter
                        ("@tel", SqlDbType.NVarChar));
15                  cmd.Parameters.Add(new SqlParameter
                        ("@salary", SqlDbType.Int));
16                  cmd.Parameters.Add(new SqlParameter
```

	("@RETURN_VALUE", SqlDbType.Int));
17	cmd.Parameters["@RETURN_VALUE"].Direction = ParameterDirection.ReturnValue;
18	cmd.Parameters["@name"].Value = txtName.Text;
19	cmd.Parameters["@position"].Value = txtPosition.Text;
20	cmd.Parameters["@tel"].Value = txtTel.Text;
21	cmd.Parameters["@salary"].Value = int.Parse(txtSalary.Text);
22	cmd.ExecuteNonQuery();
23	int EmpId = int.Parse(cmd.Parameters ["@RETURN_VALUE"].Value.ToString());
24	MessageBox.Show ($"{txtName.Text} 的員工編號是 {EmpId}","員工編號");
25	}
26	ShowData();
27	}
28	catch (Exception ex)
29	{ MessageBox.Show(ex.Message); }
30	}

説明

1. 第 10 行：建立 SqlCommand 類別物件 cmd，並指定 cmd 物件呼叫 InsertEmplyee ReturnEmpId 預存程序。

2. 第 16-17 行：指定 cmd 的@RETURN_VALUE 參數，此參數是屬於預存程序的傳回值。

3. 第 23 行：預存程序執行完成之後，會將預存程序內 RETURN 敘述後的運算式或變數傳回給@RETURN_VALUE 傳回值參數，接著將@RETURN_VALUE 傳回值參數的結果指定 EmpId 整數變數。

4. 第 24 行：透過對話方塊顯示目前員工自動編號的最新值。

19.4.6 如何呼叫預存程序並取得輸出參數

呼叫預存程序需要傳回兩個以上的傳回值，可使用輸出參數方式來達成。在預存程序取得輸出參數和傳回值的方式差不多，差別在於若要設定輸出參數，首先預存程序的參數必須宣告為 OUTPUT，接著再將用戶端程式的 SqlParameterCollection

集合的 Direction 屬性設為「ParameterDirection.Output」就可以了。下面範例示範輸出參數的使用方式。

📥 範例： StoredProcedure5.sln

使用 DataAdapter 物件呼叫 GetEmployee 預存程序取得員工資料表的所有記錄並顯示在 dataGridView1 控制項上。使用 Command 物件呼叫 GetEmployee Statistics 預存程序並設定五個輸出參數 @EmpCount、@SalarySum、@SalaryAvg、@SalaryMax、@SalaryMin 來傳回員工總筆數、員工薪資加總、員工薪資平均、員工最高薪、員工最低薪的資料。

姓名	職稱	電話	薪資
Jack wu	業務	02-14852336	30000
黃小憲	技術副理	04-78965412	20000
廖小喬	工程師	049-1452369	10000
顏小呈	講師	049-3698521	40000
小旬子	技術副理	049-1245787	30000

員工資料表共 6 筆記錄

員工資料表薪資加總共 180000　　最高薪為 50000

員工資料表薪資平均為 30000　　最低薪為 10000

執行結果

操作步驟

Step 01 複製資料庫

將書附範例「資料庫」資料夾下的 ch19DB.mdf 複製到目前製作專案的 bin\Debug 資料夾下，使得 ch19DB.mdf 與範例執行檔置於相同路徑下。

Step 02 開啟伺服器總管。按「方案總管」視窗的顯示所有檔案 🔲 鈕。接著在目前專案「bin\Debug」資料夾下的 ch19DB.mdf 快按兩下，此時在「伺服器總管」視窗會連接至 ch19DB.mdf 資料庫。

Step 03 透過「伺服器總管」視窗在 ch19DB.mdf 資料庫內新增下面兩個預存程序

① 建立 GetEmployee 預存程序，用來查詢「員工」資料表的所有記錄，查詢員工資料表依編號做遞減排序。

```
CREATE PROCEDURE GetEmployee

AS
    SELECT 姓名, 職稱, 電話, 薪資 FROM 員工
    ORDER BY 編號 DESC
RETURN
```

② 建立 GetEmployeeStatistics 預存程序，透過此預存程序用來輸出 @SalaryMax 最高薪資、@SalaryMin 最低薪資、@SalaryAvg 平均薪資、@SalarySum 薪資總額、@EmpCount 員工人數這五個參數到用戶端的應用程式。預存程序的參數使用 OUTPUT 來宣告，即表示該參數是輸出參數。

```
CREATE PROCEDURE GetEmployeeStatistics
(
  @SalaryMax int OUTPUT,  /* 使用 OUTPUT 宣告即為輸出參數 */
  @SalaryMin  int OUTPUT,
  @SalaryAvg int OUTPUT,
  @SalarySum int OUTPUT,
  @EmpCount int OUTPUT
)
AS
  SELECT @SalaryMax=MAX(薪資) , @SalaryMin=MIN(薪資) ,
         @SalaryAvg=AVG(薪資) , @SalarySum=SUM(薪資) ,
         @EmpCount=COUNT(*)
  FROM 員工
RETURN
```

Step 04   建立表單輸出入介面

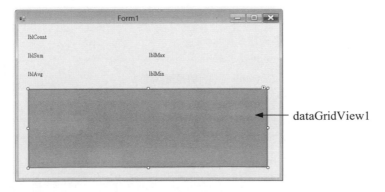

dataGridView1

Step 05   撰寫程式碼

程式碼 FileName:Form1.cs

```
01 using System.Data;

02 using System.Data.SqlClient;

03

04 namespace StoredProcedure5

05 {

06     public partial class Form1 : Form
```

```
07    {
08        public Form1()
09        {
10            InitializeComponent();
11        }
12
13        private void Form1_Load(object sender, EventArgs e)
14        {
15            using (SqlConnection cn = new SqlConnection())
16            {
17                cn.ConnectionString=@"Data Source=(LocalDB)\MSSQLLocalDB;" +
                     "AttachDbFilename=|DataDirectory|ch19DB.mdf;" +
                     "Integrated Security=True";
18                cn.Open();
19                SqlDataAdapter daEmployee = new SqlDataAdapter
                     ("GetEmployee", cn);
20                DataSet ds = new DataSet();
21                daEmployee.Fill(ds, "員工");
22                dataGridView1.DataSource = ds.Tables["員工"];
23
24                SqlCommand cmd = new SqlCommand();
25                // 與資料庫連接
26                cmd.Connection = cn;
27                // 指定 Command 要執行的是預存程序
28                cmd.CommandType = CommandType.StoredProcedure;
29                // 執行 GetEmployeeStatistics 預存程序
30                cmd.CommandText = "GetEmployeeStatistics";
31                // 設定預存程序的參數
32                cmd.Parameters.Add(new SqlParameter
                     ("@EmpCount", SqlDbType.Int));
33                cmd.Parameters.Add(new SqlParameter
                     ("@SalarySum", SqlDbType.Int));
34                cmd.Parameters.Add(new SqlParameter
                     ("@SalaryAvg", SqlDbType.Int));
35                cmd.Parameters.Add(new SqlParameter
                     ("@SalaryMax", SqlDbType.Int));
36                cmd.Parameters.Add(new SqlParameter
                     ("@SalaryMin", SqlDbType.Int));
```

37	// 設定預存程序的參數為傳出型態
38	cmd.Parameters["@EmpCount"].Direction = ParameterDirection.Output;
39	cmd.Parameters["@SalarySum"].Direction = ParameterDirection.Output;
40	cmd.Parameters["@SalaryAvg"].Direction = ParameterDirection.Output;
41	cmd.Parameters["@SalaryMax"].Direction = ParameterDirection.Output;
42	cmd.Parameters["@SalaryMin"].Direction = ParameterDirection.Output;
43	cmd.ExecuteNonQuery(); // 執行預存程序
44	int intCount, intSum, intAvg, intMax, intMin;
45	// 取得傳出的預存程序
46	intCount = int.Parse (cmd.Parameters["@EmpCount"].Value.ToString());
47	intSum = int.Parse (cmd.Parameters["@SalarySum"].Value.ToString());
48	intAvg = int.Parse (cmd.Parameters["@SalaryAvg"].Value.ToString());
49	intMax = int.Parse (cmd.Parameters["@SalaryMax"].Value.ToString());
50	intMin = int.Parse (cmd.Parameters["@SalaryMin"].Value.ToString());
51	// 取員工資料筆數
52	lblCount.Text = $"員工資料表共 {intCount} 筆記錄";
53	// 取薪資加總
54	lblSum.Text = $"員工資料表薪資加總共 {intSum}";
55	// 取薪資平均
56	lblAvg.Text = $"員工資料表薪資平均為 {intAvg}";
57	// 取薪資最高薪
58	lblMax.Text = $"最高薪為 {intMax}";
59	// 取薪資最低薪
60	lblMin.Text = $"最低薪為 {intMin}";
61	}
62	}
63	}
64	}

1. 第 19-22 行:建立 SqlDataAdapter 類別物件 daEmployee,建立 ds 為 DataSet 物件。先設定 daEmployee 呼叫 GetEmployee 預存程序取得員工資料表所有記錄並填入 ds 物件內的員工 DataTable,最後再指定 dataGridView1 顯示 ds 物件內的員工 DataTalbe 的所有記錄。

2. 第 24-30 行:建立 SqlCommand 類別物件 cmd,並指定 cmd 物件呼叫 GetEmployee Statistics 預存程序。

3. 第 32-36 行:在 cmd 物件建立@SalaryMax、@SalaryMin、@SalaryAvg、@SalarySum、@EmpCount 五個參數。

4. 第 38-42 行:指定 @SalaryMax、@SalaryMin、@SalaryAvg、@SalarySum、@EmpCount 五個參數的傳遞方向為 ParameterDirection.Output,即表示這五個參數為輸出參數。

5. 第 46-50 行:當預存程序執行完成後,即將@SalaryMax、@SalaryMin、@SalaryAvg、@SalarySum、@EmpCount 五個輸出參數的內容分別指定給 intMax、intMin、intAvg、intSum、intCount 五個整數變數。

LINQ 資料查詢技術

20.1　LINQ 簡介

　　應用程式經常會在陣列、集合、DataSet 物件、XML 或 SQL Server 資料庫中查詢指定的資料，或進行資料排序。然而不同的資料來源欲進行查詢或排序必須使用不同的查詢技術或資料結構方能達成。例如要在陣列中搜尋資料，可使用二分搜尋法、循序搜尋法…或其他資料結構來達成，或者可以使用 .NET Framework 的 Array 類別的 BinarySearch()靜態方法來傳回欲搜尋陣列元素的索引位置；若要查詢 DataSet 內 DataTable 的某一筆資料列(DataRow)則可以使用 DataTable.Rows 集合的 Find()方法傳回欲搜尋的資料列(DataRow)；查詢 SQL Server 資料庫，則可以使用 SQL 語法；查詢 XML 文件，則可以使用 XQuery。當程式設計師面對上述不同的資料來源時，則必須學習不同的資料查詢技術，才能擷取這些資料並加以運用。在 .NET Framework 3.5 新增 LINQ (全名為 Language-Integrated Query) 資料查詢技術，讓開發人員能使用一致性的語法來查詢不同的資料來源，如查詢陣列、集合、DataSet、XML、SQL Server 資料庫…等，讓開發人員不需要再學習不同的資料查詢技術。

　　LINQ 最大的特質是具備資料查詢的能力以及和程式語言進行整合的能力，它具備像 SQL Query 查詢的功能，也可以直接和 VB 與 C# 語法進行整合，使得 VB 和 C# 具有內建查詢的功能。LINQ 依使用對象可分成下列幾種技術類型：

1. LINQ to Objects：或稱 LINQ to Collection，可以查詢實作 IEnumerable 或 IEnumerable<T> 介面的集合物件，如查詢陣列、List、集合、檔案…等物件。

2. LINQ to XML：是一種使用於 XML 查詢技術的 API，透過 LINQ 查詢運算式可以查詢或排序 XML 文件，不需要再額外學習 XPath 或 XQuery。

3. LINQ to DataSet：透過 LINQ 查詢運算式，可針對記憶體內的 DataSet 或 DataTable 進行查詢。

4. LINQ to SQL：可以對實作 IQueryable<T> 介面的物件做查詢，也可以直接對 SQL Server 和 SQL Server Express 資料庫做查詢與編輯。此功能目前由 Entity Framework 與 LINQ to Entity 所取代，故本書將介紹 Entity Framework 與 LINQ to Entity。

接著簡述 LINQ 所帶來的優點：

1. 可以使用熟悉的語法來撰寫 LINQ 查詢運算式，目前 LINQ 的使用必須配合 .NET Framework 3.5 以上的版本才行。

2. 使用統一的 LINQ 語法即可查詢不同類型的資料來源，不用額外學習其他的資料查詢技術，可降低學習負擔，降低專案維護成本。

3. 編譯時期的語法檢查與資料型別安全檢查，提高程式資料查詢的正確性。早期的 ADO .NET 必須傳送 SQL 字串到 SQL Server，若 SQL 字串撰寫錯誤在程式執行時期才會發現，現在透過 LINQ 在程式編譯時期便可進行語法與資料型別安全的檢查。

4. 獲得 Visual Studio 整合開發環境的 IntelliSense 支援。也就是撰寫 LINQ 查詢運算式時會出現提示子句或當輸入「.」時，皆有相關屬性與方法列出來供開發人員選取，不用像撰寫查詢 SQL 字串時還必須牢牢記住 SQL 語法才行。

5. 可以在記憶體修改 XML 文件，功能比 XPath、XQuery 更強大，更容易使用。

6. 功能強大的查詢、排序與分組功能。

20.2 如何撰寫 LINQ 查詢

　　不論是查詢陣列、集合物件、DataSet、XML 或 SQL Server 資料庫，LINQ 查詢語法的基本結構都是相同的。LINQ 的查詢運算式(Query Expression)是先以 from 子句開頭用來指定範圍變數以及所要查詢的集合，此時會將集合內的元素一一放到範圍變數中進行查詢，接著可使用 orderby 子句定義查詢結果的排序方式，使用 where 設定查詢的條件，使用 select 子句定義查詢結果要傳回的欄位或屬性名稱，最後會將查詢的結果傳回給指定的變數，查詢運算式的語法有點類似 SQL 語法，語法如下：

語法

```
var 變數 = from [type] 範圍變數 in 集合
        orderby 欄位名稱 1 [ascending | descending] [, 欄位名稱 2[...]]
        where <條件>
        select new {[ 別名 1=] 欄位名稱 [, [ 別名 2=] 欄位名稱 2 [...] ]};
```

下面以簡例介紹 LINQ 查詢運算式的各種用法：

說明

1. 先在 student 字串陣列內存放四位學生的姓名,透過 LINQ 查詢找出 student 陣列中學生姓名是 "Tom" 的學生,最後再將查詢結果指定給 result 變數:

```
string[] student = new string[]{"Jack", "Tom", "Mary", "Peter"};
var result =  from n in student
              where n == "Tom"
              select n;
```

① from n in student 子句的 n 是代表陣列中 student 陣列元素的值(即內容),LINQ 會透過 IEnumerable<string> 將 student[0] ~ student[3] 的值逐一放到 n 進行查詢。

② where n == "Tom" 子句表示要查詢 student 陣列中等於 "Tom" 的資料。

③ select n:select 子句用來保留符合條件的結果。在這裡指定保留 n,即是查詢結果等於 "Tom" 的字串。

④ 最後將查詢結果即 "Tom" 字串加入 result 變數中 (所以 result 是一個字串集合,儲存所有符合條件的字串)。

2. 使用 LINQ 查詢「產品資料」資料表中的所有記錄且依單價做遞增排序:

```
var result =  from product in Northwind.產品資料
              orderby product.單價 ascending
              select product;
```

3. 使用 LINQ 查詢「產品資料」資料表中單價大於 20 的記錄,且依單價做遞減排序,指定傳回查詢結果的欄位為產品編號、產品、單價三個欄位。

```
var result =  from product in Northwind.產品資料
              orderby product.單價 descending
              where product.單價 > 20
              select new
              {
                   product.產品編號, product.產品, product.單價
              };
```

撰寫 LINQ 查詢基本上包含三個階段,一是定義資料來源,二是撰寫查詢運算式,最後是執行查詢。現在以這三個階段來練習撰寫可查詢 score 陣列中大於等於某數(txtInput.Text)資料的 LINQ 程式。可參考範例 Linq_to_Object1.sln,執行結果如下兩圖:

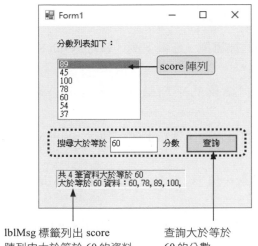
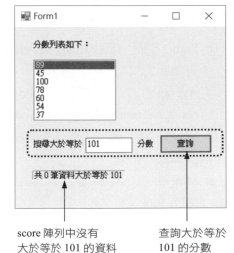

lblMsg 標籤列出 score
陣列中大於等於 60 的資料

查詢大於等於
60 的分數

score 陣列中沒有
大於等於 101 的資料

查詢大於等於
101 的分數

程式分析

1. 定義資料來源

宣告 score 分數陣列做為 LINQ 查詢的資料來源。(第 10 行)

```
int[] score = new int[] { 89, 45, 100, 78, 60, 54, 37 };
```

2. 撰寫查詢運算式

查詢 score 陣列中大於等於 txtInput.Text 的值，並做遞增排序，最後再將查詢的結果傳回給 result。(第 18 行)

```
var result =  from s in score
              orderby s ascending
              where s >= int.Parse(txtInput.Text)
              select s;
```

3. 執行查詢

透過 foreach{…} 敘述可將集合中的元素一一列舉出來。下面寫法可將上述 LINQ 查詢的結果逐一顯示在 lblMsg 標籤上。(第 23-26 行)

```
foreach (var s in result){
    lblMsg.Text +=$" {s} , ";
}
```

若 txtInput.Text 的值大於等於 60，執行上述程式後，則 lblMsg 標籤會顯示「60,78,89,100」。

LINQ 另外提供很多擴充方法，常用的擴充方法如下：

① Sum()方法：傳回 LINQ 查詢結果的加總值。延續上例，執行 result.Sum() 會傳回「327」。

② Average()方法：傳回 LINQ 查詢結果的平均值。延續上例，執行 result.Average()會傳回「89」。

③ Max()方法：傳回 LINQ 查詢結果的最大值。延續上例，執行 result.Max() 會傳回「100」。

④ Min()方法：傳回 LINQ 查詢結果的最小值。延續上例，執行 result. Min() 會傳回「78」。

⑤ Count()方法：傳回 LINQ 查詢的資料筆數。延續上例，執行 result.Count() 會傳回「4」。

操作步驟

Step 01　表單輸出入介面設計：

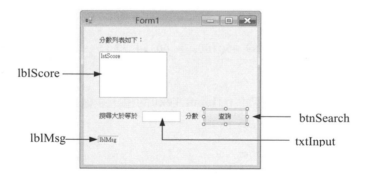

Step 02　撰寫程式碼

程式碼　FileName:Form1.cs

```
01 using System.Linq;   // 使用 LINQ 查詢必須引用 System.Linq 命名空間
02 namespace Linq_to_Object1
03 {
04     public partial class Form1 : Form
05     {
06         public Form1()
07         {
08             InitializeComponent();
09         }
```

```
10          int[] score = new int[] { 89, 45, 100, 78, 60, 54, 37 };
11          private void Form1_Load(object sender, EventArgs e)
12          {
13              lstScore.DataSource = score;
14              lblMsg.Text = "";
15          }
16          private void btnSearch_Click(object sender, EventArgs e)
17          {
18              var result = from s in score orderby s ascending
                             where s >= int.Parse(txtInput.Text)
                             select s;
19              lblMsg.Text =
                  $"共 {result.Count()} 筆資料大於等於 {txtInput.Text }\n";
20              if (result.Count() > 0)
21              {
22                  lblMsg.Text += $"大於等於 { txtInput.Text } 資料:";
23                  foreach (var s in result)
24                  {
25                      lblMsg.Text +=$" {s} , ";
26                  }
27              }
28          }
29      }
30 }
```

20.3 LINQ to Objects

　　LINQ to Objects 是使用 LINQ 語法來查詢物件集合的方式，只要是實作 IEnumerable<T> 介面的物件，如陣列、List、集合⋯等，皆可以使用 LINQ to Objects 來進行查詢。

🔵 **範例** ： Linq_to_Object2.sln

　　透過 LINQ 來讀取目錄中所有的檔案名稱。如左下圖，在路徑文字方塊輸入 「C:\Windows」並按 搜尋 鈕，結果 richTextBox1 多行文字方塊控制項會列 出 C:\ Windows 資料夾下的所有檔案；如右下圖，在文字方塊輸入錯誤的路徑並 按 搜尋 鈕，則 richTextBox1 會顯示 "路徑有錯" 的訊息。

執行結果

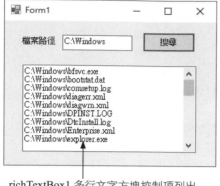 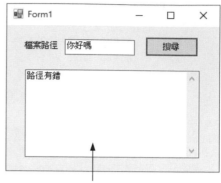

richTextBox1 多行文字方塊控制項列出
C:\ Windows 資料夾下的所有檔案名稱

若路徑輸入錯誤，則 richTextBox1 多
行文字方塊會顯示 "路徑有錯" 訊息

程式分析

1. 定義資料來源

   取得 txtInput 文字方塊所輸入的資料夾路徑並指定給 f 陣列，f 陣列屬於
   FileInfo 資料型別。(第 18-19 行)

   ```
   DirectoryInfo dir = new DirectoryInfo(txtInput.Text);
   FileInfo[] f = dir.GetFiles();
   ```

2. 撰寫查詢運算式

   指定查詢結果為檔案的完整路徑。(FileInfo 類別的 FullName 屬性可用來取得
   檔案的完整路徑)。(第 20 行)

   ```
   var myFile = from s in f
                select s.FullName;
   ```

3. 執行查詢

   將 LINQ 查詢結果的所有檔案完整路徑顯示於 richTextBox1 多行文字方塊控
   制項上。(第 21-24 行)

   ```
   foreach (var s in myFile)
   {
       richTextBox1.Text += $"{s}\n" ;
   }
   ```

操作步驟

Step 01　表單輸出入介面設計：

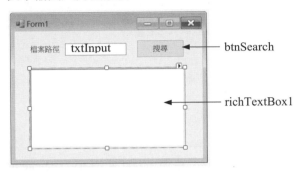

Step 02　撰寫程式碼

程式碼　**FileName:Form1.cs**

```
01 using System.Linq;      // 欲使用 LINQ 查詢必須引用 System.Linq 命名空間
02 using System.IO;        // 欲使用檔案處理必須引用 System.IO 命名空間
03
04 namespace Linq_to_Object2
05 {
06     public partial class Form1 : Form
07     {
08         public Form1()
09         {
10             InitializeComponent();
11         }
12         //按 <搜尋> 鈕執行此事件處理函式
13         private void btnSearch_Click(object sender, EventArgs e)
14         {
15             try
16             {
17                 richTextBox1.Text = "";
18                 DirectoryInfo dir = new DirectoryInfo(txtInput.Text);
19                 FileInfo[] f = dir.GetFiles();
20                 var myFile = from s in f
                         select s.FullName;
21                 foreach (var s in myFile)
22                 {
23                     richTextBox1.Text += $"{s}\n" ;
```

24		}
25		}
26		catch (Exception ex)
27		{
28		richTextBox1.Text ="路徑有錯";
29		}
30		}
31		}
32	}	

說明

1. 第 15-29 行：為防止使用者輸入錯誤的路徑，因此使用 try{…} catch{…} 來補捉可能發生的例外。

2. 第 28 行：若使用者輸入錯誤的路徑，此時會執行此敘述區段。

20.4 LINQ to XML

　　LINQ to XML 是使用 LINQ 語法來查詢、建立、存取 XML 的技術，讓程式設計師透過 LINQ 查詢語言即可以操作 XML 文件，不用再學習其他的 XML 類別、API、XPath、XQuery 等技術，透過 LINQ to XML 撰寫 XML 程式變得簡單許多。下面步驟示範查詢 person.xml 文件寫法，假設 person.xml 文件內容如下：

```xml
<?xml version="1.0" encoding="utf-8"?>
<person>
 <學生>
  <學號>9096036</學號>
  <姓名>蔡文龍</姓名>
  <電話>04-32345671</電話>
  <信箱>lung67@giga.net.tw</信箱>
 </學生>
 <學生>
  <學號>9096001</學號>
  <姓名>許百宏</姓名>
  <電話>04-12345671</電話>
  <信箱>em@ms37.hient.net</信箱>
 </學生>
 ……….
</person>
```

依下列步驟將 person.xml 文件的所有記錄資料顯示在 dataGridView1 控制項上。

Step 01　定義資料來源

宣告名稱為 xmlFile 的 XElement 物件，接著使用 XElement 類別的 Load() 方法將 person.xml 文件檔內容載入至 xmlFile 物件。寫法如下：

```
XElement xmlFile = XElement.Load("person.xml");
```

Step 02　撰寫查詢運算式

使用 xmlFile.Elements() 方法取得 person.xml 文件檔的所有元素，再透過 from s in xmlFile.Elements() 進行查詢。透過 new {…} 宣告「匿名型別」物件 (Anonymous Type)。如下寫法將 person.xml 文件的學號轉成 string 型別並指定給「學生學號」欄位物件，接著再依序將 person.xml 文件的姓名、電話、信箱，逐一指定給匿名型別物件的學生姓名、學生電話、學生信箱的屬性。

```
var stu = from s in xmlFile.Elements()
          select new
          {
              學生學號 = (string)s.Element("學號"),
              學生姓名 = (string)s.Element("姓名"),
              學生電話 = (string)s.Element("電話"),
              學生信箱 = (string)s.Element("信箱")
          };
```

Step 03　執行查詢

LINQ 的查詢結果(實作 IEnumerable<T> 介面成員)無法直接繫結到 dataGridView1 的 DataSource 屬性，因此必須透過 ToList() 方法將 LINQ 查詢結果轉成 List<T> 型別的物件，最後再指定給 dataGridView1 的 DataSource 屬性進行資料繫結。寫法如下：

```
dataGridView1.DataSource = stu.ToList();
```

譬如在 person.xml 文件中搜尋學號等於 "9096036" 這筆記錄，寫法如下：

Step 01　定義資料來源

宣告名稱為 xmlFile 的 XElement 物件，接著使用 XElement 類別的 Load() 方法將 person.xml 文件檔的內容載入至 xmlFile 物件。寫法如下：

```
XElement xmlFile = XElement.Load("person.xml");
```

Step 02   撰寫查詢運算式

透過 LINQ 查詢運算式的 where 子句設定查詢學號等於 "9096036" 這筆。

```
var stu =    from s in xmlFile.Elements()
             where (string)s.Element("學號") == "9096036"
             select new
             {
                     學生學號 = (string)s.Element("學號"),
                     學生姓名 = (string)s.Element("姓名"),
                     學生電話 = (string)s.Element("電話"),
                     學生信箱 = (string)s.Element("信箱")
             };
```

Step 03   執行查詢

使用 foreach{…} 敘述將查詢結果印出來。

範例：Linq_to_XML1.sln

使用上面介紹的方法撰寫成一個完整的程式。表單載入時將 person.xml 的所有資料顯示在 dataGridView1，且可透過 txtId 文字方塊依學號搜尋學生記錄。

執行結果

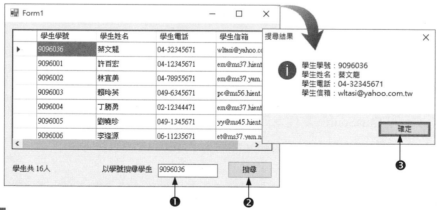

操作步驟

Step 01   複製 XML 文件

將書附範例 ch20 資料夾下 person.xml 複製到目前製作專案的 bin\Debug 資料夾下，使得 person.xml 文件檔與範例執行檔在相同路徑下。

Step 02　設計表單輸出入介面：

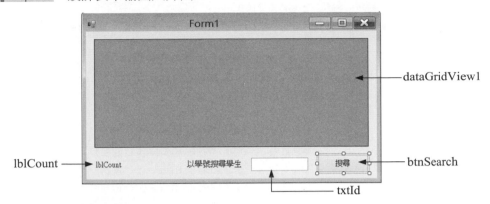

lblCount　→

dataGridView1

lblCount

以學號搜尋學生　　搜尋　←　btnSearch

txtId

Step 03　撰寫程式碼

程式碼 FileName:Form1.cs

```
01  using System.Linq;
02  using System.Xml.Linq;   // 含入 System.Xml.Linq 命名空間
03
04  namespace Linq_to_XML1
05  {
06      public partial class Form1 : Form
07      {
08          public Form1()
09          {
10              InitializeComponent();
11          }
12          XElement xmlFile = XElement.Load("person.xml");
13          // 表單載入時執行此事件處理函式
14          private void Form1_Load(object sender, EventArgs e)
15          {
16              var stu =  from s in xmlFile.Elements()
                           select new
                           {
                               學生學號 = (string)s.Element("學號"),
                               學生姓名 = (string)s.Element("姓名"),
                               學生電話 = (string)s.Element("電話"),
                               學生信箱 = (string)s.Element("信箱")
                           };
17              dataGridView1.DataSource = stu.ToList();
18              lblCount.Text = $"學生共 {stu.Count()} 人";
```

19	``}``
20	`// 按 <搜尋> 鈕執行此事件處理函式`
21	`private void btnSearch_Click(object sender, EventArgs e)`
22	`{`

23	`var stu = from s in xmlFile.Elements()`
	`          where (string)s.Element("學號") == txtId.Text`
	`          select new`
	`          {`
	`              學生學號 = (string)s.Element("學號"),`
	`              學生姓名 = (string)s.Element("姓名"),`
	`              學生電話 = (string)s.Element("電話"),`
	`              學生信箱 = (string)s.Element("信箱")`
	`          };`

24	`if (stu.Count() == 0)`
25	`{`
26	`MessageBox.Show($"沒有學號 { txtId.Text } 這位學生");`
27	`}`
28	`else`
29	`{`
30	`foreach (var s in stu)`
31	`{`

32	`MessageBox.Show($"學生學號：{s.學生學號}\n" +`
	`    $"學生姓名：{s.學生姓名}\n" +`
	`    $"學生電話：{s.學生電話}\n" +`
	`    $"學生信箱：{s.學生信箱}\n" , "搜尋結果",`
	`    MessageBoxButtons.OK, MessageBoxIcon.Information);`

33	`}`
34	`}`
35	`}`
36	`}`
37	`}`

20.5 LINQ 方法

　　撰寫 LINQ 查詢時可以使用前面所介紹的查詢運算式(Query Expression)和方法語法(Fluent Syntax)。LINQ 方法語法基本上是以擴充方法和 Lambda 表達式來建立查詢。查詢運算式與方法語法兩者執行結果相同，但大部份時機使用 LINQ 方法的寫法會比較簡潔，若是查詢運算式語法過多(例如使用 Join 來進行合併)，則使用方法語法會比較不容易撰寫，因此開發人員可視實際情況來選擇 LINQ 查詢運算式或是 LINQ 方法語法。LINQ 方法語法如下：

語法

```
var 變數 = 集合.LINQ 擴充方法(Lamdba 運算式);
```

下表列出常用的 LINQ 方法：

方法	說明
Average	傳回查詢結果平均。
Sum	傳回查詢結果加總。
Max	傳回查詢結果最大值。
Min	傳回查詢結果最小值。
Count	傳回查詢結果總筆數。
Where	傳回指定條件的記錄。
Take	傳回特定筆數的記錄。
Skip	跳過指定筆數。
OrderBy	指定遞增排序，必須在 Take 和 Skip 方法之前使用。
OrderByDescending	指定遞減排序，必須在 Take 和 Skip 方法之前使用。
ThenBy	指定後續的遞增排序。
ThenByDescending	指定後續的遞減排序。
FirstOrDefault	傳回查詢結果的第一筆記錄，若沒有記錄時則傳回預設值。
SingleOfDefault	傳回單一筆記錄，若沒有記錄時則傳回預設值。
ToList	將傳回的資料轉成 List 資料型別。

說明

1. 使用 LINQ 的 Where()方法查詢 score 整數陣列中及格的分數，最後將查詢結果存入 result 變數。

```
int[] score = new int[] { 89, 45, 100, 78, 60, 54, 37 };
var result = score.Where(m => m >= 60);
```

2. 使用 LINQ 的 OrderBy()方法將「產品資料」資料表中的所有記錄依單價做
   遞增排序。

   > var result = Northwind.產品資料.OrderBy(m=>m.單價)

3. LINQ 方法語法也支援像 Java 一樣的鏈式寫法,所謂的鏈式寫法就是可用「.」
   符號來連續接續要執行的方法。如下例:使用 LINQ 方法語法來查詢「產品
   資料」資料表中單價大於 20 的記錄,且先依單價做遞減排序,再依庫存量
   做遞增排序,最後將傳回的查詢結果轉成 List 型別物件再指定給 result 變數。

   ```
   var result = Northwind.產品資料
                     .Where(m=>m.單價>20)                ⇦ 搜尋條件單價大於 20
                     .OrderByDescending(m=>m.單價)       ⇦ 先依單價遞減排序
                     .ThenBy(m=>m.庫存量)                ⇦ 再依庫存量遞增排序
                     .ToList();                          ⇦ 將查詢結果轉成 List 物件
   ```

   ⬇ 範例 : Linq_Method1.sln
   ──

   定義 Book 書籍類別有 Id 書號、Name 書名、Price 單價三個屬性,並建立 Book
   書籍陣列擁有五筆書籍記錄,表單載入時即將 Book 書籍陣列所有記錄顯示在
   DataGridViwe 上,使用者可透過下列按鈕來進行查詢或排序。

   1. 查詢 :依文字方塊輸入的資料進行書名關鍵字查詢。
   2. 書籍列表 :在 DataGridView 中顯示書籍陣列所有記錄。
   3. 單價遞增排序 :將書籍陣列的所有記錄依單價做遞增排序。
   4. 單價遞減排序 :將書籍陣列的所有記錄依單價做遞減排序。

   執行結果

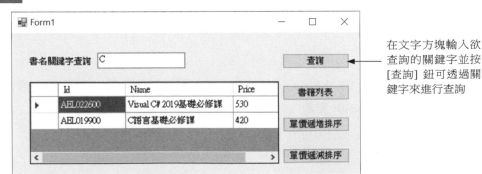

在文字方塊輸入欲
查詢的關鍵字並按
[查詢] 鈕可透過關
鍵字來進行查詢

操作步驟

Step 01　新增 Book.cs 類別檔

執行功能表的【**專案(P) / 加入新項目(W)…**】指令開啟下圖「加入新項目」視窗，請依圖示操作來新增 Book.cs 類別檔。

Step 02　撰寫 Book 類別的程式碼

定義 Book 書籍類別有 Id 書號、Name 書名、Price 單價三個屬性。完整程式碼如下：

程式碼 FileName: Book.cs

```
01 namespace Linq_Method1
02 {
03     class Book {
04         public string Id { get; set; }        //書號
05         public string Name { get; set; }      //書名
06         public int Price { get; set; }        //單價
07     }
08 }
```

Step 03　設計表單輸出入介面：

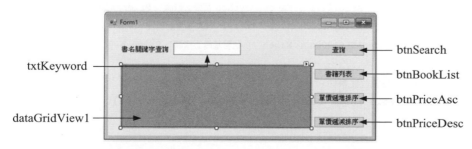

Step 04　在 Form1.cs 表單檔的各事件處理函式內撰寫 LINQ 方法語法的程式碼：

1. 使用 LINQ 查詢運算式和方法語法必須引用 System.Linq 命名空間。
   (第 1 行)

2. 建立 books 書籍陣列內含五筆記錄。(第 12 行)

3. 表單載入時將 books 書籍陣列的所有記錄顯示在 dataGridView1 上。
   (第 16 行)

4. 使用 LINQ 的 Where()方法依文字方塊的資料進行書名的關鍵字查詢。
   (第 22,23 行)

5. 使用 LINQ 的 OrderBy()方法依 Book 書籍類別的 Price 單價屬性進行遞
   增排序。(第 34 行)

6. 使用 LINQ 的 OrderByDescending()方法依 Book 書籍類別的 Price 單價
   屬性進行遞減排序。(第 41 行)

程式碼　FileName:Form1.cs

```
01 using System.Linq; //使用 LINQ 必須引用 System.Linq 命名空間
02
03 namespace Linq_Method1
04 {
05     public partial class Form1 : Form
06     {
07        public Form1()
08        {
09          InitializeComponent();
10        }
11        //建立 Book 書籍陣列物件
12        Book[] books = new Book[] {
             new Book {Id="AEL022500", Name= "Java 12 基礎必修課",Price=540   },
             new Book {Id="AEL022600", Name= "Visual C# 2019 基礎必修課",Price=530 },
             new Book {Id="AEL022131", Name= "Python 基礎必修課",Price=450},
             new Book {Id="AEI006600", Name= "Excel VBA 基礎必修課",Price=500   },
             new Book {Id="AEL019900", Name= "C 語言基礎必修課",Price=420   }
           };
13        //表單載入時執行此事件
14        private void Form1_Load(object sender, EventArgs e)
15        {
```

```
16              dataGridView1.DataSource = books.ToList();
17          }
18      //按 <查詢> 鈕執行此事件
19      private void btnSearch_Click(object sender, EventArgs e)
20      {
21              string keyword = txtKeyword.Text;
22              var result = books
                    .Where(m => m.Name.Contains(keyword))
                    .ToList();
23              dataGridView1.DataSource = result;
24          }
25      //按 <書籍列表> 鈕執行此事件
26      private void btnBookList_Click(object sender, EventArgs e)
27      {
28              Form1_Load(sender, e);
29          }
30      //按 <單價遞增排序> 鈕執行此事件
31      private void btnPriceAsc_Click(object sender, EventArgs e)
32      {
33              string keyword = txtKeyword.Text;
34              var result = books
                    .OrderBy(m => m.Price)
                    .ToList();
35              dataGridView1.DataSource = result;
36          }
37      //按 <單價遞減排序> 鈕執行此事件
38      private void btnPriceDesc_Click(object sender, EventArgs e)
39      {
40              string keyword = txtKeyword.Text;
41              var result = books
                    .OrderByDescending(m => m.Price)
                    .ToList();
42              dataGridView1.DataSource = result;
43          }
44      }
45  }
```

📥 **範例**：Linq_Method2.sln

使用 LINQ 方法語法製作可上下筆瀏覽 Book 書籍陣列的程式。說明如下：

1. 表單中文字方塊呈現 Book 書籍物件的 Id 書號、Name 書名、Price 單價屬性的資料。

2. 使用 PictureBox 控制項顯示書籍圖檔，書籍圖檔檔名與書號同名。

3. 表單中使用標籤控制項來顯示 Books 書籍陣列物件中的總筆數及目前記錄位置。

4. 使用者可使用 上一筆 、 下一筆 鈕來進行瀏覽書籍陣列中的書籍記錄。

執行結果

操作步驟

Step 01　複製書籍圖檔。請將書附範例 ch20/images 資料夾中的下面五張圖檔複製到目前專案的 bin/Debug 資料夾下，使得書籍圖檔與專案執行檔在相同路徑下。

AEI006600.jpg　　AEL019900.jpg　　AEL022131.jpg　　AEL022500.jpg　　AEL022600.jpg

Step 02　新增 Book.cs 類別檔

在 Book.cs 類別檔中定義 Book 書籍類別含有 Id 書號、Name 書名、Price 單價三個屬性。完整程式碼如下：

程式碼　FileName: Book.cs

```
01 namespace Linq_Method2
02 {
03     class Book
04     {
05         public string Id { get; set; }        //書號
06         public string Name { get; set; }      //書名
07         public int Price { get; set; }        //單價
08     }
09 }
```

Step 03　設計表單輸出入介面：

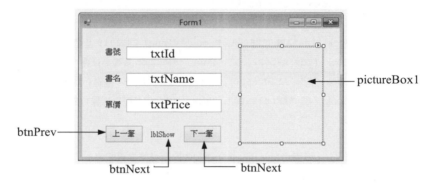

Step 04　在 Form1.cs 表單檔的程式碼：

1. 宣告 index 整數變數，用來表示陣列中的第幾筆書籍記錄。(第 16 行)

2. 定義 ShowRecord()方法，並依傳入的 Book 書籍物件，將該物件的 Id 書號、Name 書名、Price 單價資料依序顯示在 txtId、txtName、txtPrice 文字方塊上；至於 pictureBox1 顯示書籍圖檔，書籍圖檔與 Id 書號同名。(第 18-26 行)

3. 表單載入時將 books 書籍陣列的第一筆記錄顯示在對應的控制項上。(第 28-33 行)

4. 按 上一筆 鈕時使記錄往前移一筆；若記錄在第一筆且按 上一筆 鈕，則會由最後一筆開始顯示。(第 35-44 行)

5. 按 下一筆 鈕時使記錄往後移一筆；若記錄在最後一筆且按 下一筆 鈕，則會由第一筆開始顯示。(第 46-55 行)

程式碼 FileName:Form1.cs

```
01 using System.Linq;    //使用 LINQ 必須用此命名空間
02
03 namespace Linq_Method2
04 {
05     public partial class Form1 : Form
06     {
07       public Form1()
08       {
09           InitializeComponent();
10       }
11        //建立 Book 書籍陣列物件
12        Book[] books = new Book[] {
              new Book {Id="AEL022500", Name= "Java 12 基礎必修課",Price=540   },
              new Book {Id="AEL022600", Name= "Visual C# 2019 基礎必修課",Price=530 },
              new Book {Id="AEL022131", Name= "Python 基礎必修課",Price=450},
              new Book {Id="AEI006600", Name= "Excel VBA 基礎必修課",Price=500   },
              new Book {Id="AEL019900", Name= "C 語言基礎必修課",Price=420   }
13        };
14
15        //宣告 index 整數變數,用來表示陣列中的第幾筆書籍記錄
16        int index = 0;
17        //定義 ShowRecord 方法,可傳人指定的書籍物件,並將該物件資訊顯示在表單控制項上
18        void ShowRecord(Book t)
19        {
20            txtId.Text = t.Id;                    //顯示書號
21            txtName.Text = t.Name;                //顯示書名
22            txtPrice.Text = t.Price.ToString();   //顯示單價
23            //顯示書籍封面圖檔,圖檔和書號同名
24            pictureBox1.Image = new Bitmap(t.Id + ".jpg");
25            lblShow.Text=$"{(index + 1)} / {books.Count()}";//顯示產品總數
26        }
27        //表單載入時執行此事件
28        private void Form1_Load(object sender, EventArgs e)
29        {
30            var result=books.FirstOrDefault(); //取得 books 書籍陣列的第一筆記錄
31            ShowRecord(result);    //呼叫 ShowRecord()方法,顯示第一筆書籍記錄
32            pictureBox1.SizeMode = PictureBoxSizeMode.Zoom;
```

```
33              }
34      //按 <上一筆> 鈕執行此事件
35      private void btnPrev_Click(object sender, EventArgs e)
36      {
37          index--;
38          if (index < 0)
39          {
40              index = books.Count() - 1;
41          }
42          var result = books.Skip(index).FirstOrDefault();
43          ShowRecord(result);
44      }
45      //按 <下一筆> 鈕執行此事件
46      private void btnNext_Click(object sender, EventArgs e)
47      {
48          index++;
49          if (books.Count() <= index)
50          {
51              index = 0;
52          }
53          var result = books.Skip(index).FirstOrDefault();
54          ShowRecord(result);
55      }
56  }
57 }
```

20.6　**LINQ to DataSet**

20.6.1　LINQ to DataSet 簡介

　　LINQ to DataSet 著重於強化記憶體 DataSet 的查詢能力，開發人員可將異質性的資料庫的資料填入 DataSet 內，再使用 LINQ to DataSet 進行查詢 DataSet，因此 LINQ to DataSet 適用於各類型資料庫，若使用非 SQL Server 的資料庫，可以使用 LINQ to DataSet 來強化應用程式的查詢能力。

DataSet 可分為「具型別 DataSet」與「不具型別 DataSet」，具型別 DataSet 就是使用 [DataSet 設計工具] 所產生的 DataSet，不具型別 DataSet 就是直接使用「DataSet ds = new DataSet();」敘述所產生的 DataSet。由於 LINQ to DataSet 只能查詢有實作 IEnumerable 或 IEnumerable<T> 介面的 DataTable 物件，但不具型別的 DataSet 的 DataTable 並沒有實作 IEnumerable 或 IEnumerable <T> 介面，幸好 ADO .NET 4.5 的 DataTable 提供下面兩個擴充方法，使 DataSet 與 DataTable 支援 LINQ to DataSet 查詢。

1. AsDataView()：傳回支援 LINQ 查詢的 DataView 物件。

2. AsEnumerable()：傳回實作 IEnumerable <T> 泛型物件，泛型參數 T 為 DataRow。透過此方法使 DataTable 可以使用 LINQ 進行查詢。

　　使用 LINQ to DataSet 查詢不具型別 DataSet 要注意的是：由於 DataSet 內的物件不具型別，因此在指定讀取欄位值時，必須透過 DataRow 類別所提供的 Field<T> 方法，將 LINQ 查詢中讀取欄位的值轉換成指定的資料型別。

　　使用 LINQ 查詢運算式查詢不具型別 DataSet 得到查詢結果之後，接著就必須將查詢結果進行資料繫結，若 LINQ 查詢結果不具資料繫結的功能，則可以透過下面三種方式來達成。

1. 透過 AsDataView()方法，將查詢結果轉成 DataView 物件。

2. 透過 ToList() 方法，將查詢結果轉成 List<T> 泛型物件。

3. 透過 CopyToDataTable()方法或自定新的 DataTable，將查詢結果轉成 DataTable 物件。

　　若是使用具型別 DataSet 則沒有上面的問題。

20.6.2 如何使用 LINQ to DataSet 查詢不具型別 DataSet

　　下面說明 LINQ to DataSet 查詢不具型別 DataSet 的步驟，透過 LINQ to DataSet 可查詢 DataSet 內的員工 DataTable。

Step 01　將 ch20DB.mdf 資料庫的「員工」資料表的所有記錄填入 ds 物件的員工 DataTable，接著再將員工 DataTable 的內容顯示在 dataGridView1 上。寫法如下：

```
DataSet ds = new DataSet();
using (SqlConnection cn = new SqlConnection())
{
    cn.ConnectionString =
        @"Data Source=(LocalDB)\MSSQLLocalDB;" +
        "AttachDbFilename=|DataDirectory|ch20DB.mdf;" +
        "Integrated Security=True";
    SqlDataAdapter daEmployee = new SqlDataAdapter
        ("SELECT * FROM 員工 ORDER BY 編號 DESC", cn);
    daEmployee.Fill(ds, "員工");
    dataGridView1.DataSource = ds.Tables["員工"];
}
```

Step 02　呼叫 AsEnumerable() 方法將 DataTable 物件轉成 IEnumerable<T> 泛型物件以便進行 LINQ to DataSet 查詢，LINQ 查詢運算式指定查詢薪資大於等於 50000 的所有記錄，並依薪資做遞減排序，要讀取的欄位資料使用 Field<T> 方法進行型別轉換。寫法如下：

```
DataTable dtEmp = ds.Tables["員工"];
// 透過 AsEnumerable()方法將 dtEmp 物件轉成 IEnumberable<T> 泛型物件
var emp = from p in dtEmp.AsEnumerable ()
    where p.Field<int>("薪資") >= 50000 //查詢薪資大於等於 50000 的記錄
    orderby p.Field<int>("薪資") descending
    select new                 // 使用 Field<T> 轉換成符合的資料型別
    {    員工編號 = p.Field<int>("編號"),
         員工姓名 = p.Field<string>("姓名"),
         員工電話 = p.Field<string>("電話"),
         員工職稱 = p.Field<string>("職稱"),
         員工薪資 = p.Field<int>("薪資")
    };
```

Step 03　透過 ToList() 方法將 emp 查詢結果轉成 List<T> 泛型物件，最後再指定給 dataGridView1 的 DataSource 屬性進行資料繫結，使 dataGridView1 上顯示員工薪資大於等於 50000 的所有記錄。寫法如下：

```
dataGridView1.DataSource = emp.ToList();
```

範例：Linq_to_DataSet1.sln

將上面查詢步驟撰寫成完整程式。如下圖，在文字方塊內輸入 20000 並按 確定 鈕，結果即顯示員工資料表薪資大於等於 20000 的所有記錄。

執行結果

操作步驟

Step 01 複製資料庫

將書附範例「資料庫」資料夾下的 ch20DB.mdf 複製到目前製作專案的 bin\Debug 資料夾下，使 ch20DB.mdf 資料庫與範例執行檔在相同路徑下。

Step 02 設計表單輸出入介面：

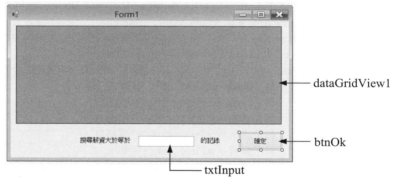

Step 03 撰寫程式碼

程式碼 FileName:Form1.cs

```
01 using System.Linq;
02 using System.Data;
03 using System.Data.SqlClient;
04
05 namespace Linq_to_DataSet1
06 {
07    public partial class Form1 : Form
08    {
```

```
09      public Form1()
10      {
11          InitializeComponent();
12      }
13      //建立 DataSet 物件 ds，ds 建立於所有事件處理函式之外以便所有事件一起共用
14      DataSet ds = new DataSet();
15      //表單載入時執行此事件處理函式
16      private void Form1_Load(object sender, EventArgs e)
17      {
18          using (SqlConnection cn = new SqlConnection())
19          {
20              cn.ConnectionString=@"Data Source=(LocalDB)\MSSQLLocalDB;" +
                        "AttachDbFilename=|DataDirectory|ch20DB.mdf;" +
                        "Integrated Security=True";
21              SqlDataAdapter daEmployee = new SqlDataAdapter
                        ("SELECT * FROM 員工 ORDER BY 編號 DESC", cn);
22              daEmployee.Fill(ds, "員工");
23              dataGridView1.DataSource = ds.Tables["員工"];
24          }
25      }
26      // 按 <確定> 鈕執行此事件處理函式
27      private void btnOk_Click(object sender, EventArgs e)
28      {
29          try
30          {
31              DataTable dtEmp = ds.Tables["員工"];
32              var emp = from p in dtEmp.AsEnumerable()
                        where p.Field<int>("薪資") >= int.Parse(txtInput.Text)
                        orderby p.Field<int>("薪資") descending
                        select new
                        {
                            員工編號 = p.Field<int>("編號"),
                            員工姓名 = p.Field<string>("姓名"),
                            員工電話 = p.Field<string>("電話"),
                            員工職稱 = p.Field<string>("職稱"),
                            員工薪資 = p.Field<int>("薪資")
                        };
```

33			dataGridView1.DataSource = emp.ToList();
34		}
35		catch (Exception ex)
36		{
37			MessageBox.Show(ex.Message);
38		}
39	}
40	}
41	}

20.6.3 如何使用 LINQ to DataSet 查詢具型別 DataSet

上一個範例使用 LINQ to DataSet 查詢不具型別 DataSet 的程式碼很冗長，除了必須使用 AsEnumerable()方法將 DataTable 轉成 IEnumerable<T>泛型物件以便進行 LINQ 查詢之外，還要透過 Field<T> 方法進行型別轉換…等麻煩事。若透過 LINQ to DataSet 來查詢具型別 DataSet 則上述這些問題將迎刃而解。

下面透過 Linq_to_DataSet2.sln 範例說明如何使用「DataSet 設計工具」來設計具型別 DataSet，接著再透過 LINQ to DataSet 來查詢具型別 DataSet。本例的執行結果與 Linq_to_DataSet1.sln 相同。

操作步驟

Step 01　使用伺服器總管連接至 ch20DB.mdf 資料庫。

Step 02　執行功能表的【專案(P) / 加入新項目(W)…】指令新增「資料集」檔案，該檔名設為「EmployeeDataSet.xsd」。

Step 03　由「伺服器總管」視窗將「員工」資料表拖曳到「DataSet 設計工具」內，此時產生具型別的「EmployeeDataSet」。

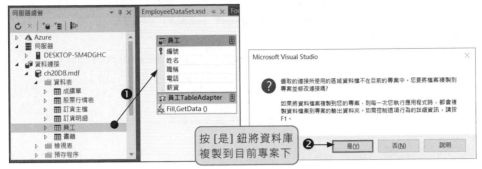

按 [是] 鈕將資料庫
複製到目前專案下

Step 04　完成後，整合開發環境會自動建立「EmployeeDataSetTableAdapters.員工 TableAdapter」與「EmployeeDataSet」類別供開發人員使用。

Step 05　設計表單輸出入介面：

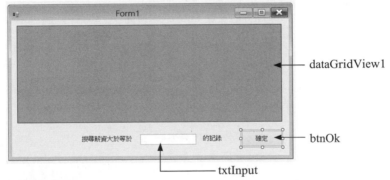

dataGridView1

搜尋薪資大於等於 ▢ 的記錄　　確定 ← btnOk

txtInput

Step 06　撰寫程式碼

程式碼　FileName:Form1.cs

```
01 using System.Linq;
02
03 namespace Linq_to_DataSet2
04 {
05     public partial class Form1 : Form
06     {
07         public Form1()
08         {
09             InitializeComponent();
10         }
```

```
11
12          EmployeeDataSet ds = new EmployeeDataSet();
13          // 表單載入時執行此事件處理函式
14          private void Form1_Load(object sender, EventArgs e)
15          {
16              EmployeeDataSetTableAdapters.員工TableAdapter da =
                    new EmployeeDataSetTableAdapters.員工TableAdapter();
17              da.Fill(ds.員工);
18              dataGridView1.DataSource = ds.員工;
19          }
20          // 按 <確定> 鈕執行此事件處理函式
21          private void btnOk_Click(object sender, EventArgs e)
22          {
23              try
24              {
25                  var emp = from p in ds.員工
                            orderby p.薪資 where p.薪資 >= int.Parse(txtInput.Text)
                            select new
                            {
                                員工編號 = p.編號,
                                員工姓名 = p.姓名,
                                員工電話 = p.電話,
                                員工職稱 = p.職稱,
                                員工薪資 = p.薪資
                            };
26                  dataGridView1.DataSource = emp.ToList();
27              }
28              catch (Exception ex)
29              {
30                  MessageBox.Show(ex.Message);
31              }
32          }
33      }
34  }
```

説明

1. 第 12 行：建立 ds 為具型別 EmployeeDataSet 物件。

2.　第 16 行：使用「EmployeeDataSetTableAdapters.員工 TableAdapter」建立 da 物件。

3.　第 17 行：將 da 取得員工資料表的所有記錄一次填入「ds.員工」DataTable 物件。

4.　第 18 行：dataGridView1 顯示「ds.員工」的所有記錄。

5.　第 25 行：透過 LINQ to DataSet 查詢員工薪資大於等於 txtInput.Text 的所有記錄。

6.　第 26 行：dataGridView1 顯示查詢後的結果。

20.7　ADO .NET Entity Framework

20.7.1　Entity Framework 簡介

　　Entity Framework 是 .NET 資料庫存取技術的重要功能之一，它是一種物件模型 (Object Model)與關連式資料庫 Mapping 的技術，也就是說資料庫、資料表、資料列、資料欄位、主鍵、限制及關聯都可直接對應至程式設計中的物件，因此在查詢、新增、修改、刪除資料庫的程式時，不用再撰寫 SQL Server 資料庫的 SELECT、INSERT、DELETE、UPDATE 敘述，因為底層已經幫開發人員處理掉了，讓開發人員不用處理資料庫程式設計的細節，可使用直覺的物件導向方式撰寫資料庫程式。

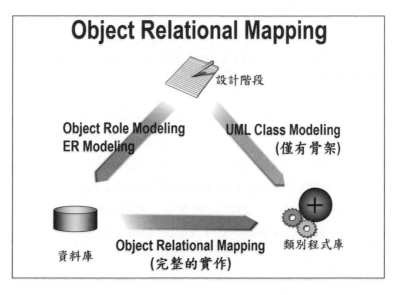

如下程式碼，想要在 ch20DB.mdf 的書籍資料表中新增一筆記錄，記錄中指定書號為 "AEL022131"、書名為 "Python 基礎必修課"、單價為 450。若開發人員使用 ADO.NET 就必須使用 SqlConnection、SqlCommand 物件並配合 SQL 語法才能達成，使用上不直覺也不方便。

```
SqlConnection cn = new SqlConnection();
cn.ConnectionString =@"Data Source=(LocalDB)\MSSQLLocalDB;" +
    "AttachDbFilename=|DataDirectory|ch20DB.mdf;" +
    "Integrated Security=True";
cn.Open();
SqlCommand cmd = new SqlCommand();
cmd.Connection = cn;
cmd.CommandText =
    "INSERT INTO 書籍(書號,書名,單價)VALUES" +
    "N'AEL022131',N'Python 基礎必修課',450)";
cmd.ExecuteNonQuery();
db.Close();
```

　　如果想要以物件導向程式設計方式來撰寫存取資料庫的程式，又不想花費時間設計類別庫對應資料庫相關物件，最快的方式就是使用 Entity Framework。有了 Entity Framework，上面的程式碼就可以改寫如下，程式看起來就簡單明瞭許多：

```
DBEntities db = new DBEntities();        //建立 DB 資料庫物件 db
書籍 book = new 書籍();                    //建立書籍物件 book
book.書號="AEL022131";                     //設定書號
book.書名="Python 基礎必修課";              //設定書名
book.單價=450;                             //設定單價
db.書籍.Add(book);      //將 DB 內的書籍資料表新增一筆 book 書籍記錄
db.SaveChanges();      //必須執行 SaveChanges()方法才能進行更新作業
```

　　Entity Framework 是 .NET Framework 中的一套程式庫，電腦必須安裝 .NET Framework 3.5 SP1 以上版本才能使用 Entity Framework。有了 Entity Framework 之後，開發人員操作資料時可以使用比傳統 ADO.NET 應用程式更少的程式碼來建立及維護資料庫資料。下圖為 Entity Framework 的架構圖，開發人員只要以物件導向程式設計配合 LINQ 查詢就可以存取資料來源，存取資料來源的底層一樣是使用 ADO.NET Data Provider(Connection、Command、DataAdapter…)。

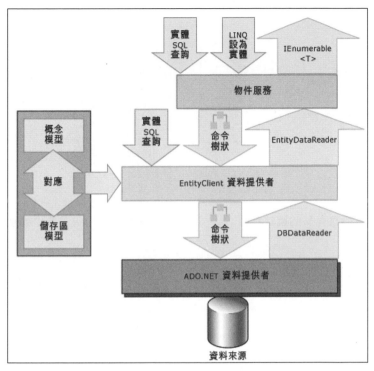

資料來源：https://msdn.microsoft.com/zh-tw/library/bb399567%28v=vs.110%29.aspx

20.7.2　如何使用 Entity Designer 撰寫 Entity Framework 程式

　　Visual Studio 提供 Entity Designer(實體資料模型設計工具)，讓開發人員透過拖拉的方式即可動態產生 Entity 類別，且 Entity 類別會對應到 SQL Server 資料庫資料表中，接著開發人員即可使用物件導向程式設計的方式並配合 LINQ 來存取資料來源。

🔽 **範例** ：Entity1.sln

　　使用 Entity Designer 設計工具與 LINQ 設計「產品類別」與「產品資料」兩個資料表的關聯查詢，查詢結果如下四圖說明。

20-33

執行結果

▲查詢產品的統計資訊

▲查詢類別中共多少個產品

▲列出所有產品名稱

▲查詢單價大於等於 20 的產品

操作步驟

Step 01 　執行【檢視(V) / 伺服器總管(V)】開啟「伺服器總管」視窗，接著再依圖
示操作設定連接至 Northwind.mdf 資料庫。

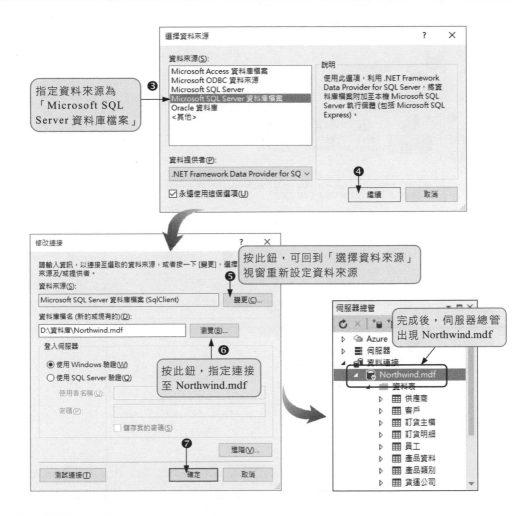

指定資料來源為
「Microsoft SQL
Server 資料庫檔案」

按此鈕，可回到「選擇資料來源」
視窗重新設定資料來源

完成後，伺服器總管
出現 Northwind.mdf

按此鈕，指定連接
至 Northwind.mdf

Step 02 　執行功能表的【專案(P) / 加入新項目(W)…】指令新增「ADO.NET 實體
　　　　資料模型」，該檔名設為「NorthwindModel.edmx」。(.edmx 檔案是用來
　　　　記錄資料庫及所對應的實體模型)

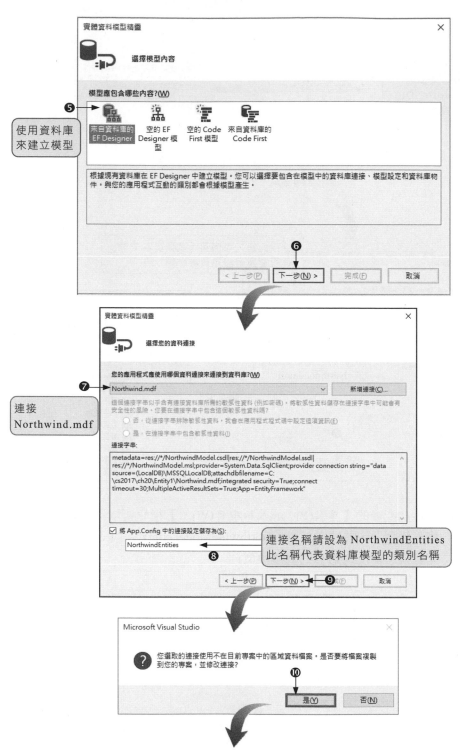

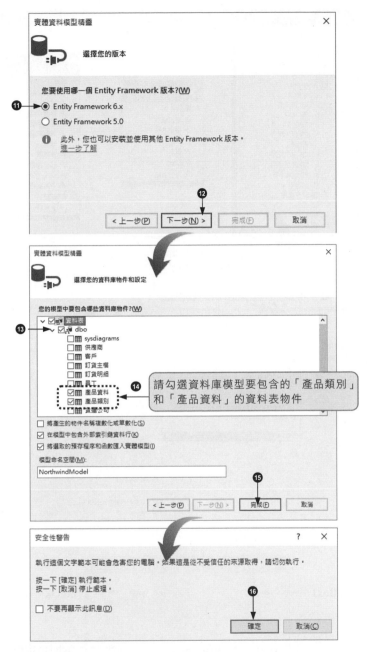

Step 03 接著進入 Entity Designer 實體資料模型設計工具畫面，設計工具內有「產品類別」與「產品資料」的實體資料模型；請在專案按右鍵執行快顯功能表的【重建(E)】指令編譯整個專案，此時就可以使用 Entity Framework 配合 LINQ 來存取資料庫了。

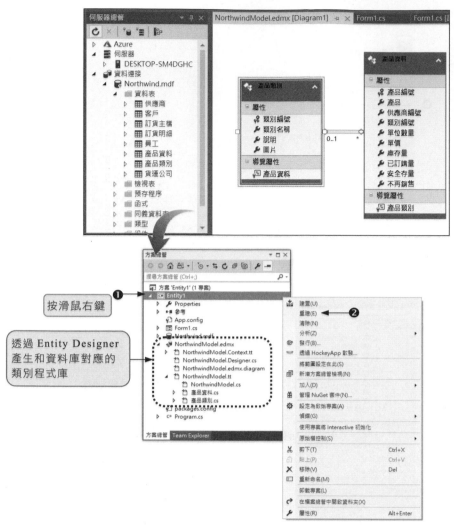

20-38

按滑鼠右鍵

透過 Entity Designer 產生和資料庫對應的 類別程式庫

Step 04 設計表單輸出入介面：

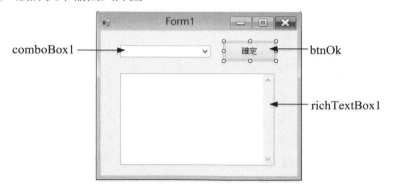

Step 05　撰寫程式碼：

使用 LINQ 比撰寫 SQL 語法來查詢資料更加簡單。

1. 在 comboBox1 加入產品資料統計、類別分組統計、所有產品資料、單價大於等於 20 元的產品這四個選項。(第 13-17 行)

2. 建立名稱為 db 的 NorthwindEntities 物件，透過 db 物件可連接至 Northwind.mdf 資料庫。(第 22 行)

3. 當 comboBox1 清單的項目為「產品資料統計」並按 ▢確定▢ 鈕，此時會執行第 26-31 行，在 richTextBox1 多行文字方塊控制項顯示產品最高價、產品最低價、產品平均價、產品總價、產品總筆數。主要程式碼如下：

```
var result = from p in db.產品資料
        select p.單價;
richTextBox1.Text += $"產品最高價：{result.Max()}\n";
richTextBox1.Text += $"產品最低價：{result.Min()}\n";
richTextBox1.Text += $"產品平均價：{result.Average()}\n";
richTextBox1.Text += $"產品　總價：{result.Sum()}\n";
richTextBox1.Text += $"產品總筆數：{result.Count()}";
```

4. 當選取 comboBox1 清單的項目為「類別分組統計」並按 ▢確定▢ 鈕，此時會執行第 35-39 行，在 richTextBox1 多行文字方塊控制項顯示產品類別中共有多少項產品，此時輸出視窗如下圖。

5. 當選取 comboBox1 清單的項目為「所有產品資料」並按 ▢確定▢ 鈕，此時會執行第 43-55 行，在 richTextBox1 多行文字方塊控制項顯示產品類別中所有的產品名稱。

6. 當選取 comboBox1 清單的項目為「單價大於等於 20 元的產品」並按
　　確定　鈕，此時會執行第 59-66 行，在 richTextBox1 多行文字方塊
控制項顯示單價大於等於 20 元的記錄，只顯示產品名稱與單價兩個欄
位的資料。

完整程式碼如下：

程式碼 FileName:Form1.cs

```
01 namespace Entity1
02 {
03     public partial class Form1 : Form
04     {
05         public Form1()
06         {
07             InitializeComponent();
08         }
09
10         // 表單載入時執行此事件處理函式
11         private void Form1_Load(object sender, EventArgs e)
12         {
13             comboBox1.Text = "請選擇查詢項目";
14             comboBox1.Items.Add("產品資料統計");
15             comboBox1.Items.Add("類別分組統計");
16             comboBox1.Items.Add("所有產品資料");
17             comboBox1.Items.Add("單價大於等於 20 元的產品");
18         }
19         // 按下〔確定〕鈕執行此事件處理函式
20         private void btnOk_Click(object sender, EventArgs e)
21         {
22             NorthwindEntities db = new NorthwindEntities();
23             richTextBox1.Text = "";
24             if (comboBox1.Text == "產品資料統計")
25             {
26                 var result = from p in db.產品資料
                                  select p.單價;
27                 richTextBox1.Text += $"產品最高價:{result.Max()}\n";
28                 richTextBox1.Text += $"產品最低價:{result.Min()}\n";
```

```
29              richTextBox1.Text += $"產品平均價:{result.Average()}\n";
30              richTextBox1.Text += $"產品　總價:{result.Sum()}\n";
31              richTextBox1.Text += $"產品總筆數:{result.Count()}";
32          }
33      else if (comboBox1.Text == "類別分組統計")
34      {
35          var result = from category in db.產品類別
                         join product in db.產品資料
                         on category.類別編號 equals product.類別編號
                         into num
                         select new
                         {
                             類別名稱 = category.類別名稱,
                             產品數量 = num.Count()
                         };
36          foreach (var c in result)
37          {
38            richTextBox1.Text+=$"{c.類別名稱}類別共{ c.產品數量 }個產品\n";
39          }
40      }
41      else if (comboBox1.Text == "所有產品資料")
42      {
43          var result = from category in db.產品類別
                         orderby category.類別編號 descending
                         select category;
44          //上面程式也可以使用如下 LINQ 方法語法
45          //var result = db.產品類別
46          //        .OrderByDescending(m => m.類別編號).ToList();
47          foreach (var c in result)
48          {
49              richTextBox1.Text += $"* {c.類別名稱}\n";
50              foreach (var p in c.產品資料)
51              {
52                  richTextBox1.Text += $"\t{p.產品}\n";
53              }
54              richTextBox1.Text += "==================\n\n";
55          }
```

56	`}`
57	`else if (comboBox1.Text == "單價大於等於 20 元的產品")`
58	`{`

59	`var result = from product in db.產品資料`
	`                orderby product.單價 ascending`
	`                where product.單價 >= 20`
	`                select product;`

60	`//上面程式也可以使用如下 LINQ 方法語法`
61	`//var result = db.產品資料.OrderByDescending(m => m.單價)`
62	`//          .Where(m => m.單價 >= 20).ToList();`
63	`foreach (var p in result)`
64	`{`
65	`richTextBox1.Text += $"{p.產品}\t{p.單價}\n";`
66	`}`
67	`}`
68	`else`
69	`{`
70	`richTextBox1.Text = "請選擇查詢項目";`
71	`}`
72	`}`
73	`}`
74	`}`

透過 Entity Designer 設計工具來撰寫 LINQ 可以提高生產力，讓開發人員可以專心處理程式的細節，而且透過 LINQ 與 Entity Designer 設計工具來撰寫較複雜的查詢，而且一次可以查詢一個以上的資料表。

20.7.3 如何使用 Entity Framework 編輯資料表記錄

Entity Framework 的 Entity 物件提供 Add()方法可在記憶體中新增一筆記錄(即 Entity 物件)，透過 Remove()方法可刪除指定的記錄。當編輯記憶體的資料記錄之後，可透過 SaveChanges()方法將對應到資料表的 Entity 物件寫回資料庫中。下面範例練習透過 Entity Framework 配合 LINQ 來新增、修改、刪除員工資料表的記錄。

範例 ：Entity2.sln

使用 Entity Framework 配合 LINQ 製作一個可新增、刪除、修改「員工」資料表的員工薪資系統。

執行結果

資料表

資料表名稱	員工				
主鍵值欄位	編號				
欄位名稱	資料型態	長度	允許 null	預設值	備註
編號	int		否		Primary Key 識別：是 識別值種子：1 識別值增量：1
姓名	nvarchar	15	否		
職稱	nvarchar	15	否		
電話	nvarchar	15	否		
薪資	int		否	0	

操作步驟

Step 01 使用伺服器總管連接至 ch20DB.mdf 資料庫。

Step 02 執行功能表的【專案(P) / 加入新項目(W)…】指令新增「ADO.NET 實體資料模型」，該檔名設為「ch20DBModel.edmx」。(.edmx 檔案是用來記錄資料庫及所對應的實體模型)

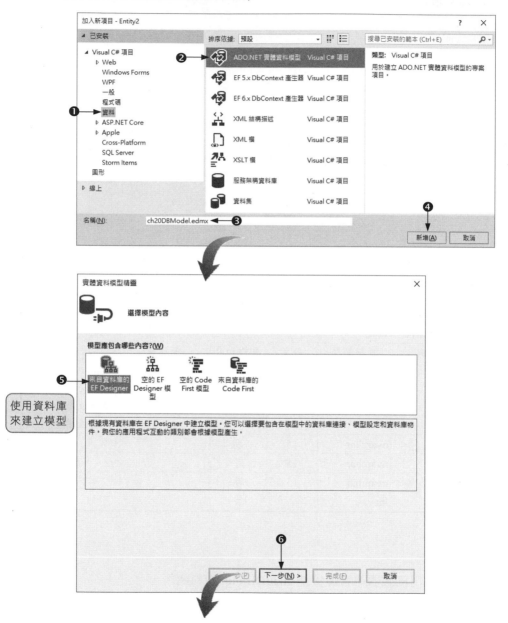

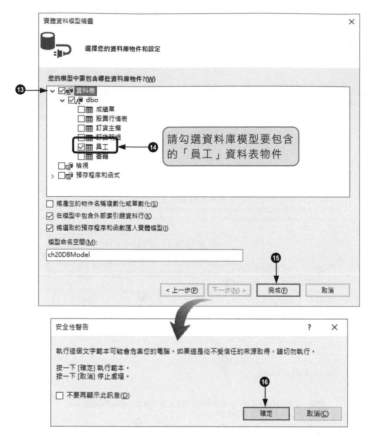

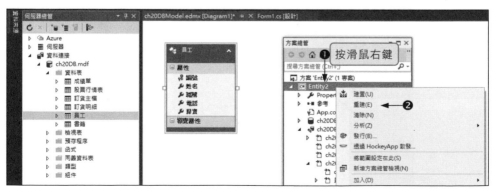

Step 03 接著進入 Entity Designer 實體資料模型設計工具畫面，設計工具內有「員工」的實體資料模型；請在專案按右鍵執行快顯功能表的【重建(E)】指令編譯整個專案，此時就可以使用 Entity Framework 配合 LINQ 來存取資料庫了。

Step 04　設計表單輸出入介面：

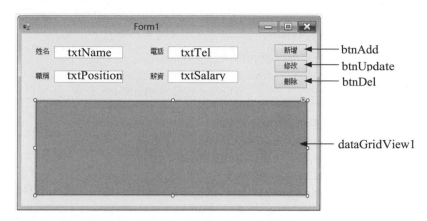

Step 05　程式分析

1. 建立 ch20DBEntities 物件 db，並將 db 物件宣告在所有事件處理函式的外面，讓表單載入時執行的 Form1_Load 事件處理函式與　新增　、　修改　、　刪除　鈕的 Click 事件處理函式一起共用。(第 9 行)

2. 表單載入時透過 LINQ 查詢將「員工」資料表的所有記錄顯示在 dataGridView1 控制項上。(第 13-14 行)

3. 在按下　新增　鈕執行的 btnAdd_Click 事件處理函式內撰寫新增員工記錄的程式。新增記錄的方式就像建立一般物件的方式一樣，接著再透過 Add()方法將指定的物件(Entity 物件)放入員工物件，最後使用 ch20DBEntities物件的 SaveChanges()方法將新增的物件資料寫回資料庫內。寫法如下：(第 21-27 行)

```
員工 emp = new 員工();        //建立 emp 為員工物件
emp.姓名 = txtName.Text;      //姓名屬性，即對應員工資料表的姓名欄位
emp.電話 = txtTel.Text;       //電話屬性，即對應員工資料表的電話欄位
emp.職稱 = txtPosition.Text;  //職稱屬性，即對應員工資料表的職稱欄位
                              //薪資屬性，即對應員工資料表的薪資欄位
emp.薪資 = int.Parse(txtSalary.Text);
db.員工.Add(emp);             //在 db.員工內加入 emp 物件，即新增記錄
db.SaveChanges();            //將記憶體內的資料寫回 db 所指定的資料庫
```

4. 在按下　修改　鈕執行的 btnUpdate_Click 事件處理函式內撰寫修改員工記錄的程式。修改記錄時首先要透過 LINQ 找出欲修改的 Entity

物件(即記錄)，接著再逐一設定欲修改物件的屬性(即資料表的欄位內容)，最後使用 ch20DBEntities 物件的 SaveChanges()方法將物件資料寫回資料庫內。寫法如下：(第 40-46 行)

```
// 找出欲修改的物件
var emp = ( from p in db.員工
              where p.姓名 == txtName.Text
              select p).FirstOrDefault();
// 逐一修改物件的屬性
emp.電話 = txtTel.Text;
emp.職稱 = txtPosition.Text;
emp.薪資 = int.Parse(txtSalary.Text);
db.SaveChanges(); // 將物件資料編輯後的結果寫回資料庫
```

5. 在按下 [刪除] 鈕的 btnDel_Click 事件處理函式內撰寫刪除員工記錄的程式。刪除記錄時首先要透過 LINQ 找出欲刪除的 Entity 物件(即記錄)，接著再透過 Remove()方法將員工物件內指定的物件(Entity 物件)刪除，最後使用 ch20DBEntities 物件的 SaveChanges()方法將編輯後的物件資料寫回資料庫內。寫法如下：(第 59-63 行)

```
var emp = (from p in db.員工  where p.姓名 == txtName.Text
             select p).FirstOrDefault();
db.員工.Remove (emp);
db.SaveChanges();
```

程式碼 FileName:Form1.cs

```
01 namespace Entity2
02 {
03    public partial class Form1 : Form
04    {
05       public Form1()
06       {
07          InitializeComponent();
08       }
09       ch20DBEntities db = new ch20DBEntities();
10       // 表單載入時執行此事件處理函式
11       private void Form1_Load(object sender, EventArgs e)
12       {
13          var result = from p in db.員工
                           orderby p.編號 descending
```

```
                            select new
                            {
                                    p.姓名,
                                    p.職稱,
                                    p.電話,
                                    p.薪資
                            };
14          dataGridView1.DataSource = result.ToList() ;
15      }
16      // 按 <新增> 鈕執行此事件處理函式
17      private void btnAdd_Click(object sender, EventArgs e)
18      {
19          try
20          {
21                  員工 emp = new 員工();
22                  emp.姓名 = txtName.Text;
23                  emp.電話 = txtTel.Text;
24                  emp.職稱 = txtPosition.Text;
25                  emp.薪資 = int.Parse(txtSalary.Text);
26                  db.員工.Add(emp);
27                  db.SaveChanges();
28                  Form1_Load(sender, e);
29          }
30          catch (Exception ex)
31          {
32                  MessageBox.Show(ex.Message);
33          }
34      }
35      // 按 <修改> 鈕執行此事件處理函式
36      private void btnUpdate_Click(object sender, EventArgs e)
37      {
38          try
39          {
40                  var emp = (from p in db.員工
                            where p.姓名 == txtName.Text
                            select p).FirstOrDefault();
41                  //上面 LINQ 可以改寫如下
42                  //var emp = db.員工.Where
```

```
           //        (m => m.姓名 == txtName.Text).FirstOrDefault();
43              emp.電話 = txtTel.Text;
44              emp.職稱 = txtPosition.Text;
45              emp.薪資 = int.Parse(txtSalary.Text);
46              db.SaveChanges();
47              Form1_Load(sender, e);
48          }
49          catch (Exception ex)
50          {
51              MessageBox.Show(ex.Message);
52          }
53      }
54      // 按 <刪除> 鈕執行此事件處理函式
55      private void btnDel_Click(object sender, EventArgs e)
56      {
57          try
58          {
59              var emp = (from p in db.員工 where p.姓名 == txtName.Text
                            select p).FirstOrDefault();
60              //上面 LINQ 可以改寫如下
61              //var emp = db.員工.Where
                //        (m => m.姓名 == txtName.Text).FirstOrDefault();
62              db.員工.Remove(emp);
63              db.SaveChanges();
64              Form1_Load(sender, e);
65          }
66          catch (Exception ex)
67          {
68              MessageBox.Show(ex.Message);
69          }
70      }
71  }
72 }
```

　　透過 LINQ 與 Entity Framework 可以用物件導向的方式來新增、修改、刪除資料表的記錄，使用上會比較直覺，比傳統的資料庫應用程式更加容易上手。閱讀本章之後，相信對 LINQ 有基礎的認識，由於本書的篇幅有限，無法對 LINQ 做更深入的介紹，關於 LINQ 更進階的議題，可參閱專門討論有關 LINQ 的書籍。

ASP.NET MVC 應用程式

21.1 ASP.NET MVC 應用程式簡介

21.1.1 何謂 MVC

ASP.NET MVC 架構是代替 ASP.NET Web Form 的另一種 Web 應用程式的開發方式。所謂的 MVC (即 Model-View-Controller) 架構模式就是將一個應用程式分成三個主要的部份,分別是模型 (Model)、檢視 (View) 以及控制器 (Controller),MVC 架構的相關類別是定義在 .NET Framework 的 System.Web.Mvc 組件中。如右為 MVC 設計模式的架構圖:

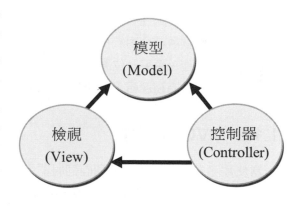

MVC 架構各部份的職責工作說明如下:

- 模型 (Model)

  模型是應用程式中有關於資料與資料邏輯的部份 (例如資料庫的表格資料,欄位的型態與值的範圍…),例如 Member 會員物件代表資料庫中 Members 資料表裡的某一筆資料。

- 檢視 (View)

  檢視是用來呈現應用程式中使用者的介面。檢視可使用的技術相當多元,例如可使用 HTML5、CSS3、JavaScript 以及 jQuery 或 jQuery Mobile 來設計應用程式的使用者介面。

- 控制器 (Controller)

  控制器主要用來處理和使用者互動以及應用程式的商業邏輯,當使用者請求某一個控制器時,控制器可負責進行模型資料的存取或異動、以及相關的程式邏輯的判斷與運算,也可以將模型資料傳遞給檢視,讓檢視可以呈現出模型中的資料。

由上可知,MVC 應用程式中,檢視用來呈現資訊;控制器可處理以及回應使用者的輸入和互動,執行應用程式的商業邏輯;至於模型則是用來存取應用程式中的資料來源 (例如資料庫)。因此 MVC 開發模式是將使用者介面 (檢視) 與進行互動的程式碼 (控制器) 應用程式資料物件 (模型) 隔離開來,讓每個部份各司其職。此種分隔的方式有助於管理與控制應用程式的複雜度,以及方便進行應用程式的自動化測試,因為 MVC 模式可讓開發人員一次關注於實作應用程式的某一個方面。例如,修改應用程式的使用者介面只要修改檢視就可以了,而不需修改模型中的商業邏輯,以增加程式的可讀性與維護性。而且 MVC 模式中的模型、檢視、控制器三個主要元件之間的鬆散結合對於提升平行開發可提供很大的效率。例如,開發人員可以設計檢視的工作,而另一位開發人員可以編寫控制器的邏輯,第三位開發人員直接專注設計模型的商務邏輯,以達到分工合作,協同開發的優點。

21.1.2 MVC 的運作

當使用者在瀏覽器的網址列向伺服器發出請求 (Request),此時請求會發送到 ASP.NET MVC 的 Routing 對應,接著由 Routing 對應再執行控制器 (Controller) 中的方法 (Action)。

下圖說明 MVC 的運作流程:

1. 使用者向應用程式伺服器發出「http://localhost/Home/Index」的要求。

2. 「http://localhost/Home/Index」與應用程式伺服器網址的 Routing 進行比對,

會對應到 Controller 是 Home，動作方法(Action Method)是 Index，也就是說上面步驟會執行 HomeController 類別的 Index()方法。

3. 在 Controller 控制器中可以透過 (Model) 模型來存取資料庫伺服器的資料或執行商業邏輯運算。

4. Controller 控制器取得 Model 模型的資料並將結果傳送到指定的檢視 View。

5. 最後檢視 View 將接收到的模型資料組合成 HTML 呈現在使用者的瀏覽器上。

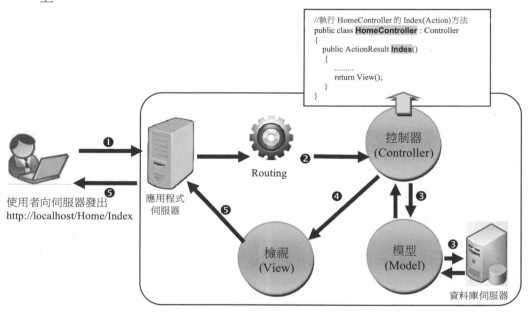

21.2 　ASP.NET MVC 專案架構

撰寫 ASP.NET MVC 應用程式時，必須要先瞭解 MVC 專案的架構。開發人員必須依照 ASP.NET MVC 專案的規範來撰寫程式，其中控制器名稱最後都會加上 Controller 做結尾，控制器類別檔會放在 Controllers 資料夾下；檢視名稱會對應控制器的動作方法(Action Method)名稱，且檢視檔案會放在 Views 資料夾下。開發人員只要依此規範來撰寫程式，後續接手的開發人員就會比較容易上手。下圖是 ASP.NET MVC 專案架構說明：

1. App_Data
   存放 Web 應用程式的資料庫。

2. App_Start
   存放 Web 服務啟動時所執行的網址 Routing
   檔案。

3. Content
   存放 CSS 檔。

4. Controllers
   存放控制器類別檔，控制器檔案結尾一定要
   是「Controller」，不然預設的網址由路會讀
   不到。

5. fonts
   存放應用程式使用的字型檔。

6. images
   存放網站所使用的圖檔。

7. Models
   存放模型以及存取資料來源相關的類別檔。

8. Scripts
   存放 JavaScript 檔案或 JavaScript 相關函式庫。

9. Views
   存放檢視的資料夾。HomeController 控制器的
   Index()方法，其預設使用的 Index.cshtml 檢視
   檔會存放在 Views/Home/Index.cshtml。

10. Global.asax
    是 Web 應用程式層級事件以及全域功能設定
    的檔案。如驗證授權、過濾器…等功能設定。

11. Web.config
    應用程式組態檔。

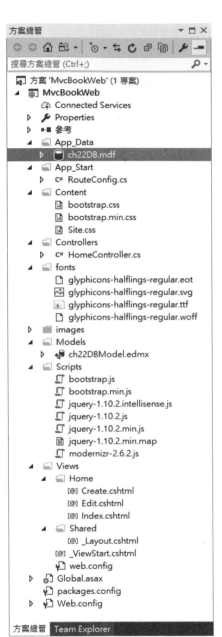

21.3　ASP.NET MVC 書籍管理網站實作

　　了解 ASP.NET MVC 的簡介以及運作流程與專案架構之後,接著依本節「書籍管理網站」範例一步一步操作來體會 ASP.NET MVC 的開發方式。在這裡要注意的是,MVC 在設計檢視 (View) 畫面時並沒有像 ASP.NET Web Form 一樣有視覺化介面設計畫面,而且也沒有控制項,畫面的設計全都是以 HTML 和 CSS 為基礎,因此學習 ASP.NET MVC 時建議開發人員最好先最備 HTML、CSS 以及 JavaScript 的開發知識。

⊙ **範例**　：MvcBookWeb 網站專案

　　製作可新增、修改、刪除、檢視 ASP.NET MVC 的書籍管理網站。

執行結果

1. 網站執行時出現下圖書籍列表的網頁,書籍資料有書號、書名、單價、圖示四個欄位,每一筆書籍記錄可使用編輯和刪除記錄的功能。按下 編輯 連結會切換到修改記錄的網頁,按下 刪除 的連結會出現對話方塊再次詢問是否刪除該筆記錄。

2. 按下書籍新增連結會連結下圖書籍新增網頁，在此網頁可輸入書號、書名、單價以及上傳書籍的圖示，接著再按下 新增 鈕。新增書籍資料後即會回到書籍列表網頁觀看新增後的結果。

資料表

資料表名稱	書籍				
主鍵值欄位	書號				
欄位名稱	資料型態	長度	允許 null	預設值	備註
書號	nvarchar	50	否		主鍵
書名	nvarchar	50	是		
單價	int		是		
圖示	nvarchar	50	是		

程式說明

本範例專案資料夾功能說明如下：

1. Models 資料夾

   建立 BookDB.mdf 資料庫的 ADO.NET 實體資料模型檔案，用來存取書籍資料表的記錄。

2. Controllers 資料夾

建立 HomeController 類別，此控制器類別必須繼承自 Controller。該類別實作下列六個動作方法：

① public ActionResult Index()：

用來執行 Index.cshtml 書籍列表檢視頁面，並將書籍資料表的所有記錄傳至 Index.cshtml 檢視頁面。

② public ActionResult Create()：

用來執行 Create.cshtml 書籍新增檢視頁面。

③ [HttpPost] public ActionResult Create
　　　　(string 書號, string 書名, int 單價, HttpPostedFileBase 圖示)：

此方法有 [HttpPost] 屬性，當瀏覽器發送 HTTP POST 請求時會執行此方法，此時會取得表單欄位書號、書名、單價以及圖示的資料，接著進行新增書籍記錄的動作。

④ public ActionResult Delete(string id)：

當瀏覽器發送 HTTP GET 請求時會執行此方法，也就是網址列傳送 id 參數的資料時會執行此方法依 id 書號來刪除指定的書籍記錄。

⑤ public ActionResult Edit(string id)：

當瀏覽器發送 HTTP GET 請求時會執行此方法，也就是網址列傳送 id 參數的資料時會執行此方法依 id 書號取出欲修改書籍記錄並顯示在 Edit.cshtml 修改書籍檢視頁面。

⑥ [HttpPost] public ActionResult Edit
　　(string 書號, string 書名, int 單價, HttpPostedFileBase 圖示, string 舊圖示)：

此方法有 [HttpPost] 屬性，所以當瀏覽器發送 HTTP POST 請求時會執行此方法，此時會依指定的書號來修改書名、單價以及圖示進行修改書籍記錄的動作。如果有傳送圖示則修改新圖示，反則就使用舊圖示。

3. Views 資料夾

此資料夾下的 Home 資料夾會有 Index.cshtml、Create.cshtml、Edit.cshtml 三個檢視面頁，分別依序用來顯示所有書籍列表、新增書籍記錄以及修改書籍記錄。

操作步驟

Step 01 建立 Visual C# 的 ASP.NET Web 應用程式專案

進入 VS 整合開發環境，執行【檔案(F) / 新增(N) / 專案(P)...】開啟下圖「新增專案」視窗，接著依下圖操作在「C:\cs2019\ch21」資料夾下建立名稱為「MvcBookWeb」的 ASP.NET 空白 Web 應用程式專案，再依圖示操作，即可完成空白 Web 應用程式專案的建立工作。

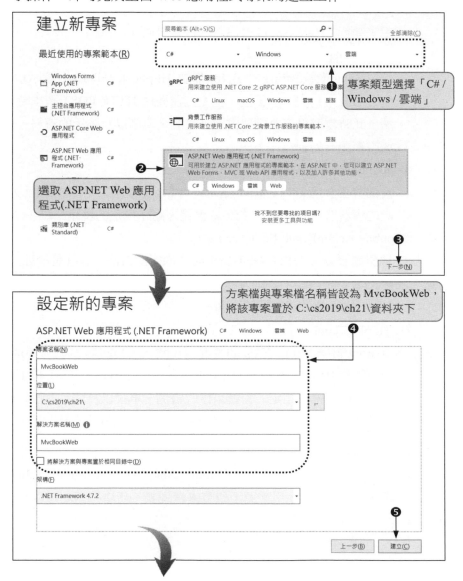

Step 02 在專案中加入欲使用的資料庫與圖檔

將 ch21 資料夾下的 images 資料夾放入專案下；將 BookDB.mdf 放入專案的 App_Data 資料夾下。

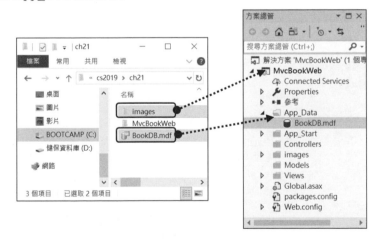

Step 03 建立 ADO.NET 實體資料模型

先點選方案總管的 Models 資料夾，再執行功能表的【專案(P)/加入新項目(W)…】指令新增「ADO.NET 實體資料模型」，將該檔名設為「BookDB Model.edmx」。(.edmx 檔案是用來記錄資料庫及所對應的實體模型)

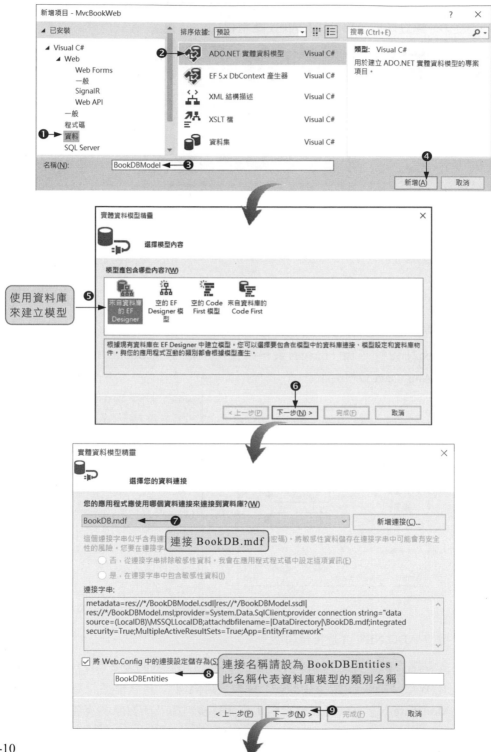

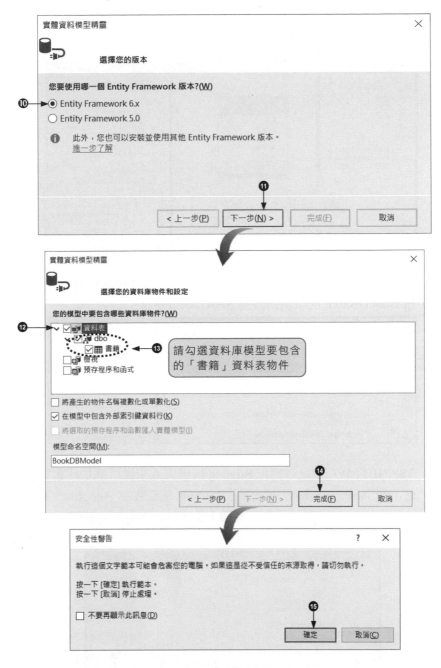

Step 04 完成以上步驟後，實體資料模型會建立在 Models 資料夾下。接著進入下圖 Entity Designer 實體資料模型設計工具畫面，設計工具內有「書籍」實體資料模型；請執行功能表的【建置(B) / 重建方案(R)】指令編譯整個

專案，此時就可以使用 Entity Framework 配合 LINQ 來存取 BookDB.mdf 資料庫。

再點選 Web.config 組態檔，結果發現<conectionStrings>內的<add>指定連接 BookDB.mdf 的類別物件為 BookDBEntities。

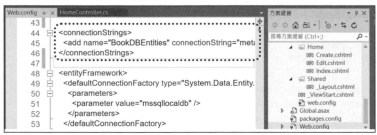

Step 05 ASP.NET MVC 中是以網址 Routing 規範方式來進行網址比對實體檔案位址，而 ASP.NET MVC 的網址 Routing 是定義在 App_Start 資料夾下的 RouteConfig.cs 檔案中。如下圖會看到 routes.MapRoute()方法定義了三個參數，說明如下：

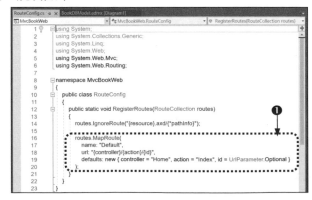

1. **name**：指定路由的名稱。
2. **url**：指定網址對應到控制器(Controller)、動作方法(Action Method)以及路由值(id，即 Url 參數)的規則。
3. **defaults**：指定控制器(Controller)、動作方法(Action Method)以及路由值(id，即 Url 參數)的預設值。

由上面設定，即程式執行時預設會啟動網址「http://localhost/Home/Index」代表是 Web 應用程式專案的首頁(網站執行入口)；在路由比對得到的控制器是 Home，而動作方法(Action Method)是 Index，因此會執行 Controllers 資料夾下的 HomeController.cs(即 Home 控制器)的 Index()方法，再由 Index()方法選擇對應的檢視頁面再傳給使用者。

Step 06　在 Controllers 資料夾下新增 Home 控制器

在方案總管的 Controllers 資料夾下按滑鼠右鍵再執行功能表的【加入(D) / 控制器(T)...】指令新增「HomeController」控制器，完成後 Controllers 資料夾下會新增 HomeController.cs 控制器類別檔，此類別檔下預設會有 Index()動作方法，控制器類別必須繼承自 Controller 類別。

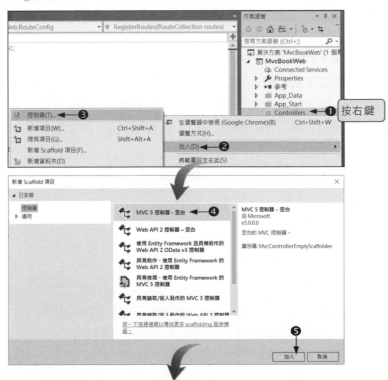

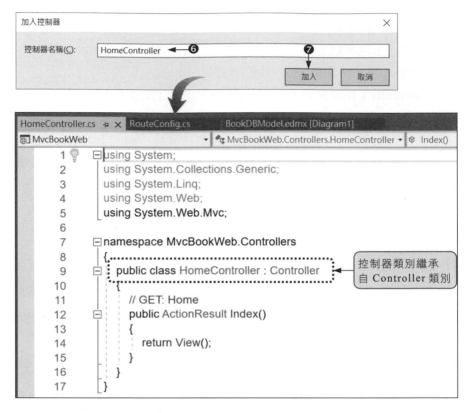

Step 07
編輯 HomeController 控制器程式碼

撰寫如下灰底處的程式碼，先建立 BookDBEntities 物件 db，接著在 Index()
方法中將書籍資料表的所有記錄依單價做遞增排序，最後將書籍資料的
結果傳回給 View 檢視頁面。(之後的檢視頁面檔名為 Index.cshtml)

程式碼 FileName: Controllers/HomeController.cs

```
01 using MvcBookWeb.Models; //使用 BookDBEntities 必須引用此命名空間
02
03 namespace MvcBookWeb.Controllers
04 {
05    public class HomeController : Controller
06    {
07       // 建立 BookDBEntities 物件 db
08       BookDBEntities db = new BookDBEntities();
09       // 連結網站/Home/Index，會執行 Index()方法
10       public ActionResult Index()
```

11	{
12	//依單價遞減排序
13	var bookList = db.書籍.OrderBy(m=>m.單價).ToList();
14	return View(bookList);
15	}
16	}
17	}

Step 08 建立 Index.cshtml 的 View 檢視頁面

在 Index()方法按滑鼠右鍵再執行功能表的【新增檢視(D)...】指令開啟「加入檢視」視窗，依圖示操作新增 Index.cshtml 的 View 檢視頁面，請選擇範本(T)是「List」、模型類別(M)是「書籍」類別、資料內容類別(D)是「BookDBEntities」。

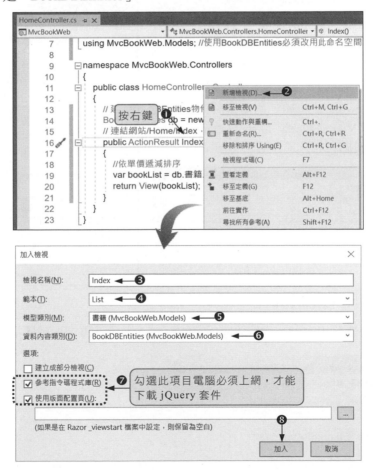

Step 09　認識新增的檔案

第一次建立檢視頁面時，VS 預設會幫檢視頁面建立版面配置頁，該版面配置頁預設置於 Views/Shared/_Layout.cshtml。_Layout.cshtml 會套用 Bootstrap 前端套件，該套件置於 Content 資料夾下，Bootstrap 是 HTML、CSS 和 JS 框架，用於開發自適應網頁與以行動優先的網站專案。

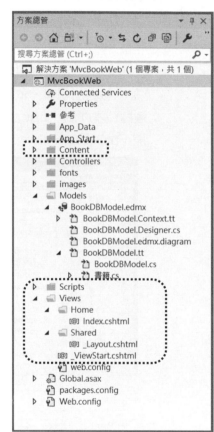

1. Content 資料夾

   Bootstrap 前端 CSS 樣式表。

2. Script 資料夾

   Bootstrap 前端 JS 程式碼

3. Views/Home/Index.cshtml

   Step8 所新增的 Index.cshtml 檢視頁面。

4. Views/Shared/_Layout.cshtml 版面配置頁，可用來讓所有 Views 下所有的檢視頁面進行套用，它就好像是網站專案所有檢視頁面的母版一樣。

5. Views/_ViewStart.cshtml，此檔預設指定所有 View 套用 Views/Shared/_Layout.cshtml 版面配置頁，程式碼如下：

```
_ViewStart.cshtml
1  @{
2      Layout = "~/Views/Shared/_Layout.cshtml";
3  }
```

Step 10　修改 _Layout.cshtml

將刪除線的程式碼修改成指定的程式碼，另外再加上粗體字的程式碼。

程式碼　FileName: Views/Shared/_Layout.cshtml

```
01  <!DOCTYPE html>
02  <html>
03  <head>
04      <meta charset="utf-8" />
```

```
05    <meta name="viewport" content="width=device-width, initial-scale=1.0">
06    <title>@ViewBag.Title - My ASP.NET Application</title>
07    <link href="~/Content/Site.css" rel="stylesheet" type="text/css" />
08    <link href="~/Content/bootstrap.min.css" rel="stylesheet"
09          type="text/css" />                         碁峰書籍管理系統
10    <script src="~/Scripts/modernizr-2.8.3.js"></script>
11  </head>
12  <body>
13      <div class="navbar navbar-inverse navbar-fixed-top">
14          <div class="container">
15              <div class="navbar-header">
16                  <button type="button" class="navbar-toggle"
17                      data-toggle="collapse" data-target=".navbar-collapse">
18                      <span class="icon-bar"></span>
19                      <span class="icon-bar"></span>
20                      <span class="icon-bar"></span>
21                  </button>                          碁峰書籍管理系統
22                  @Html.ActionLink("Application name", "Index", "Home",
                        new { area = "" }, new { @class = "navbar-brand" })
23              </div>
24              <div class="navbar-collapse collapse">
25                  <ul class="nav navbar-nav">
26                      <li>@Html.ActionLink("書籍列表", "Index", "Home")</li>
27                      <li>@Html.ActionLink("書籍新增", "Create", "Home")</li>
28                  </ul>
29              </div>
30          </div>
31      </div>
32
33      <div class="container body-content">
34          @RenderBody()
35          <hr />                                     碁峰書籍管理系統
36          <footer>
37              <p>&copy; @DateTime.Now.Year - My ASP.NET Application</p>
38          </footer>
39      </div>
40
41      <script src="~/Scripts/jquery-3.4.1.min.js"></script>
42      <script src="~/Scripts/bootstrap.min.js"></script>
```

21-17

```
43  </body>
44  </html>
```

1. 第 22 行：使用 ASP.NET MVC 的 HtmlHelper 的 ActionLink()方法建立「碁峰書籍管理系統」文字超連結，可連到 Home/Index，也就是執行 Home 控制器的 Index()動作方法(Action Method)。

2. 第 26 行：同 22 行，建立 HtmlHelper 的 ActionLink()方法建立「書籍列表」文字超連結，可連到 Home/Index。

3. 第 27 行：使用 ASP.NET MVC 的 HtmlHelper 的 ActionLink()方法建立「書籍新增」文字超連結，用來連到 Home/Create，也就是執行 Home 控制器的 Create()動作方法。

4. 第 34 行：@RenderBody()用在當做版面配置頁(_Layout.cshtml)的 View 置放區，所以將來的檢視頁面會放入@RenderBody()區塊。

Step 11　測試網頁

執行【偵錯(D) / 開始偵錯(S)】開啟網頁並測試執行結果，結果發現 Index.cshtml 會套入_Layout.cshtml 中的@RenderBody()區塊。

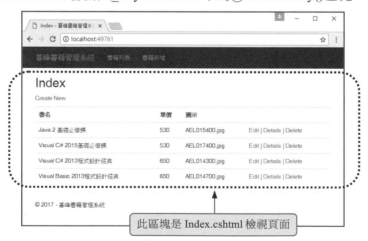

Step 12　修改 Index.cshtml

將刪除線的程式碼修改成指定的程式碼，粗體字為新加入的程式碼。

程式碼 FileName: Views/Home/Index.cshtml

```
01 @model IEnumerable<MvcBookWeb.Models.書籍>
02                          GoTop 書籍列表
03 @{
04     ViewBag.Title = "Index";
05 }   書籍列表
06
07 <h2>Index</h2>
08
09 <p>
10     @Html.ActionLink("Create New", "Create")
11 </p>
12 <table class="table">
13     <tr>
14         <th>
15             @Html.DisplayNameFor(model => model.書號)
16         </th>
17         <th>
18             @Html.DisplayNameFor(model => model.書名)
19         </th>
20         <th>
21             @Html.DisplayNameFor(model => model.單價)
22         </th>
23         <th>
24             @Html.DisplayNameFor(model => model.圖示)
25         </th>
26         <th></th>
27     </tr>
28
29 @foreach (var item in Model) {
30     <tr>
31         <td>
32             @Html.DisplayFor(modelItem => item.書號)
33         </td>
34         <td>
35             @Html.DisplayFor(modelItem => item.書名)
36         </td>
37         <td>
38             @Html.DisplayFor(modelItem => item.單價)
39         </td>
```

21-19

```
40          <td>
41              @Html.DisplayFor(modelItem => item.圖示)
42              @if (@item.圖示 == "")
43              {
44                  @:無圖示
45              }
46              else
47              {
48                  <img src="~/Images/@item.圖示" width="130" />
49              }
50          </td>
51          <td>
52              @Html.ActionLink("Edit", "Edit", new { id = item.書號 }) |
53              @Html.ActionLink("Details", "Details", new { id = item.書號 }) |
54              @Html.ActionLink("Delete", "Delete", new { id = item.書號 })
55              @Html.ActionLink("編輯", "Edit", new { id = item.書號 }) |
56              @Html.ActionLink("刪除", "Delete",
                    new { id = item.書號 },
                    new
                    {
                        onClick = "return confirm('確定要刪除書號" +
                        item.書號 + "的記錄嗎？');"
                    })
57          </td>
58      </tr>
59  }
60
61  </table>
```

說明

1. 第 1 行：@model 代表是一個書籍集合物件。.

2. 第 9-11,41,52-54 行：刪除此部份程式。

3. 第 14-16 行：新增「書號」儲存格標題。

4. 第 31-33 行：新增「書號」儲存格的資料內容。

5. 第 42-49 行：若圖示資料等於空白，則顯示「無圖示」，否則使用<img>標籤顯示圖示資料指定的圖。

6. 第 55 行：使用 ASP.NET MVC 的 HtmlHelper 的 ActionLink()方法建立「編輯」文字超連結，用來連到 Home/Edit 並代入 id 等於書號的參數資料；也就是執行 Home 控制器的 Edit()動作方法並代入 id 等於書號的參數資料。

7. 第 56 行：使用 ASP.NET MVC 的 HtmlHelper 的 ActionLink()方法建立「刪除」文字超連結，用來連到 Home/Delete 並代入 id 等於書號的參數資料；也就是執行 Home 控制器的 Delete()動作方法並代入 id 等於書號的參數資料；且再新增 JavaScript 的 onClick 事件詢問是否要進行刪除指定的書號。

Step 13　測試網頁

執行【偵錯(D) / 開始偵錯(S)】開啟網頁並測試執行結果，結果發現圖示資料會以圖檔呈現，按下 刪除 超連結即會詢問確定是否要刪除該筆記錄。

Step 14　編輯 HomeController 控制器程式碼，新增 Delete()動作方法

撰寫灰底處的程式碼，新增 Delete()動作方法，此方法可取得網址列後 Id 的書號資料，並將指定的記錄依書號進行刪除，最後再切換到 Index.cshtml 的 View 檢視頁面。

程式碼　　FileName: Controllers/HomeController.cs

```
01 using MvcBookWeb.Models; //使用 BookDBEntities 必須引用此命名空間
02
03 namespace MvcBookWeb.Controllers
04 {
05     public class HomeController : Controller
06     {
```

```
07          BookDBEntities db = new BookDBEntities();
08
09          // 連結網站/Home/Index，會執行 Index()方法
10          public ActionResult Index()
11          {
12              //依單價遞減排序
13              var bookList = db.書籍.OrderBy(m=>m.單價).ToList();
14              return View(bookList);
15          }
16          // 連結網站/Home/Delete/書號參數，會執行 Delete()方法
17          public ActionResult Delete(string id)
18          {
19              //找出欲刪除的書籍
20              var book = db.書籍.Where(m => m.書號 == id).FirstOrDefault();
21              string fileName = book.圖示;   //取得圖檔名稱
22              //若圖檔名稱不為空白，表示有該圖檔，即馬上進行刪除圖檔的動作
23              if (fileName != "")
24              {
25                  System.IO.File.Delete
                        (Server.MapPath("~/Images") + "/" + fileName);
26              }
27              //刪除指定的書籍
28              db.書籍.Remove(book);
29              db.SaveChanges();
30              return RedirectToAction("Index");
31          }
32      }
33 }
```

Step 15　編輯 HomeController 控制器程式碼，新增多載 Create()動作方法

新增如下灰底處的程式碼，此處有兩個 Create()動作方法。第 11~14 行的 Create()方法執行時會顯示 Create.cshtml 的 View 檢視頁面；第 16~40 行的 Create()方法宣告為 [HttpPost]，表示在表單上按下 Submit 按鈕(新增)時，會傳送書號、書名、單價以及圖示欄位的資料到此方法進行新增書籍記錄的動作，接著再切回到 Index.cshtml 的檢視頁面。

程式碼　FileName: Controllers/HomeController.cs

```
01 using MvcBookWeb.Models; //使用 BookDBEntities 必須引用此命名空間
02
03 namespace MvcBookWeb.Controllers
04 {
05     public class HomeController : Controller
06     {
07         BookDBEntities db = new BookDBEntities();
08         ... ... ... ... ... ... ... ... ... ... ... ...
09         ... ... ... ... ... ... ... ... ... ... ... ...
10         // 連結網站/Home/Create，會執行 Create()方法
11         public ActionResult Create()
12         {
13             return View();
14         }
15         // 當在 Create.cshtml 按下 Submit 鈕會執行此方法
16         [HttpPost]
17         public ActionResult Create
                (string 書號, string 書名, int 單價, HttpPostedFileBase 圖示)
18         {
19             string fileName = "";
20             //檔案上傳
21             if (圖示 != null)
22             {
23                 if (圖示.ContentLength > 0)
24                 {
25                     //取得圖檔名稱
26                     fileName = System.IO.Path.GetFileName(圖示.FileName);
27                     var path = System.IO.Path.Combine
                            (Server.MapPath("~/Images"), fileName);
28                     圖示.SaveAs(path);
29                 }
30             }
31             //新增書籍記錄
32             書籍 book = new 書籍();
33             book.書號 = 書號;
34             book.書名 = 書名;
35             book.單價 = 單價;
```

36	book.圖示 = fileName;
37	db.書籍.Add(book);
38	db.SaveChanges();
39	return RedirectToAction("Index");
40	}
41	}
42	}

Step 16 建立 Create.cshtml 的 View 檢視頁面

在 Create()方法按滑鼠右鍵執行快顯功能表的【新增檢視(D)...】指令開啟「加入檢視」視窗，依圖示操作新增 Create.cshtml 的 View 檢視頁面，請選擇範本(T)是「Create」、模型類別(M)是「書籍」類別、資料內容類別(D)是「BookDBEntities」。

Step 17　修改 Create.cshtml

將刪除線的程式碼修改成指定的程式碼，並新增粗體字的程式碼。

程式碼　FileName: Views/Home/Creare.cshtml

```
01 @model MvcBookWeb.Models.書籍
02                              書籍新增
03 @{
04     ViewBag.Title = "Create";
05 }   書籍新增
06
07 <h2>Create</h2>
08
09 @using (Html.BeginForm())
10 {
11 <form action="@Url.Action("Create")" method="post"
        enctype="multipart/form-data">
12
13     @Html.AntiForgeryToken()
14     <div class="form-horizontal">
15         <h4>書籍</h4>
16         <hr />
17         @Html.ValidationSummary(true, "",
               new { @class = "text-danger" })
18         <div class="form-group">
19             @Html.LabelFor(model => model.書號,
                   htmlAttributes: new {
                   @class = "control-label col-md-2" })
20             <div class="col-md-10">
21                 @Html.EditorFor(model => model.書號,
                       new { htmlAttributes = new {
                           @class = "form-control" } })
22                 @Html.ValidationMessageFor(model => model.書號, "",
                       new { @class = "text-danger" })
23             </div>
24         </div>
25
26         <div class="form-group">
27             @Html.LabelFor(model => model.書名,
```

	htmlAttributes: new {
	@class = "control-label col-md-2" })
28	`<div class="col-md-10">`
29	@Html.EditorFor(model => model.書名,
	new { htmlAttributes = new {
	@class = "form-control" } })
30	@Html.ValidationMessageFor(model => model.書名,
	"", new { @class = "text-danger" })
31	`</div>`
32	`</div>`
33	
34	`<div class="form-group">`
35	@Html.LabelFor(model => model.單價,
	htmlAttributes: new {
	@class = "control-label col-md-2" })
36	`<div class="col-md-10">`
37	@Html.EditorFor(model => model.單價,
	new { htmlAttributes = new {
	@class = "form-control" } })
38	@Html.ValidationMessageFor(model => model.單價,
	"", new { @class = "text-danger" })
39	`</div>`
40	`</div>`
41	
42	`<div class="form-group">`
43	@Html.LabelFor(model => model.圖示,
	htmlAttributes: new { @class = "control-label col-md-2" })
44	`<div class="col-md-10">`
45	~~@Html.EditorFor(model => model.圖示,~~
	~~new { htmlAttributes = new { @class = "form-control" } })~~
46	~~@Html.ValidationMessageFor(model => model.圖示,~~
	~~"", new { @class = "text-danger" })~~
47	**`<input type="file" name="圖示" id="圖示" />`**
48	`</div>`
49	`</div>`
50	
51	`<div class="form-group">`
52	`<div class="col-md-offset-2 col-md-10">`

53	`<input type="submit" value="Create"`
	`class="btn btn-default" />`
54	`</div>`
55	`</div>`
56	`</div>`
57	
58	`</form>`
59	`<div>`
60	`@Html.ActionLink("Back to List", "Index")`
61	`</div>`
62	
63	`<script src="~/Scripts/jquery-3.4.1.min.js"></script>`
64	`<script src="~/Scripts/jquery.validate.min.js"></script>`
65	`<script src="~/Scripts/jquery.validate.unobtrusive.min.js"></script>`

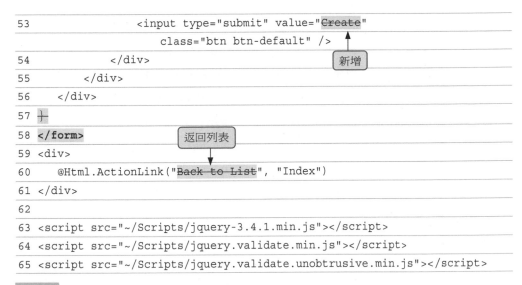

說明

1. 第 1 行：@model 代表是書籍物件。

2. 第 11-58 行：由於本程式的表單要上傳圖檔，因此請將 9~10 行修改成 11 行，57 行改成 58 行。在<form>標籤必須加上 enctype="multipart/form-data" 屬性才能傳送檔案。

3. 第 47 行：新增檔案上傳元件。

Step 18　測試網頁

執行【偵錯(D) / 開始偵錯(S)】開啟網頁並測試執行結果，結果發現 Create.cshtml 會套入_Layout.cshtml 中的@RenderBody()區塊。

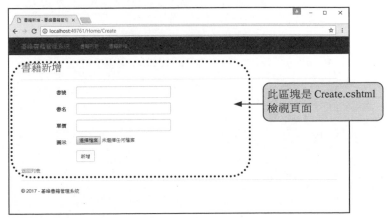

Step 19　編輯 HomeController 控制器程式碼，新增多載 Edit()動作方法

新增如下灰底處的程式碼，此處有兩個 Edit()動作方法。第 11~16 行的 Edit()方法執行時會取得用戶端傳來的 id 書號，接著依 id 找到指定的書籍記錄，並將該書籍記錄資料顯示於 Edit.cshtml 的檢視頁面；第 18~45 行的 Edit()方法宣告為 [HttpPost]，表示在表單上按下 Submit 按鈕(修改)時，會傳送書號、書名、單價以及圖示欄位的資料到此方法進行修改指定書籍記錄的動作，接著再切回到 Index.cshtml 的檢視頁面。

程式碼　FileName: Controllers/HomeController.cs

```
01 using MvcBookWeb.Models; //使用 BookDBEntities 必須引用此命名空間
02
03 namespace MvcBookWeb.Controllers
04 {
05     public class HomeController : Controller
06     {
07         BookDBEntities db = new BookDBEntities();
08         ... ... ... ... ... ... ... ... ... ... ... ...
09         ... ... ... ... ... ... ... ... ... ... ... ...
10         // 連結網站/Home/Edit，會執行 Edit()方法
11         public ActionResult Edit(string id)
12         {
13             //找出欲修改的書籍
14             var book = db.書籍.Where(m => m.書號 == id).FirstOrDefault();
15             return View(book);
16         }
17         // 當在 Edit.cshtml 按下 Submit 鈕會執行此方法
18         [HttpPost]
19         public ActionResult Edit (string 書號, string 書名, int 單價,
            HttpPostedFileBase 圖示, string 舊圖示)
20         {
21             string fileName = "";
22             //檔案上傳
23             if (圖示 != null)
24             {
25                 if (圖示.ContentLength > 0)
26                 {
```

27	//取得圖檔名稱
28	fileName = System.IO.Path.GetFileName(圖示.FileName);
29	var path = System.IO.Path.Combine
	(Server.MapPath("~/Images"), fileName);
30	圖示.SaveAs(path);
31	}
32	}
33	else
34	{
35	fileName = 舊圖示;　//若無上傳圖檔，則指定 hidden 隱藏欄位的資料
36	}
37	//修改指定的書籍資料
38	var book = db.書籍
	.Where(m => m.書號 == 書號).FirstOrDefault();
39	book.書號 = 書號;
40	book.書名 = 書名;
41	book.單價 = 單價;
42	book.圖示 = fileName;
43	db.SaveChanges();
44	return RedirectToAction("Index");
45	}
46	}
47	}

Step 20　建立 Edit.cshtml 的 View 檢視頁面

在 Edit()方法按滑鼠右鍵執行快顯功能表的【新增檢視(D)…】指令開啟「加入檢視」視窗，依圖示操作新增 Edit.cshtml 的 View 檢視頁面，請選擇範本(T)是「Edit」、模型類別(M)是「書籍」類別、資料內容類別(D)是「BookDBEntities」。

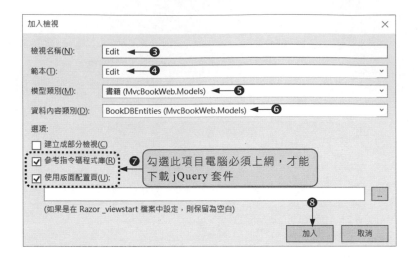

Step 21 修改 Edit.cshtml

將刪除線的程式碼修改成指定的程式碼,並新增粗體字的程式碼。

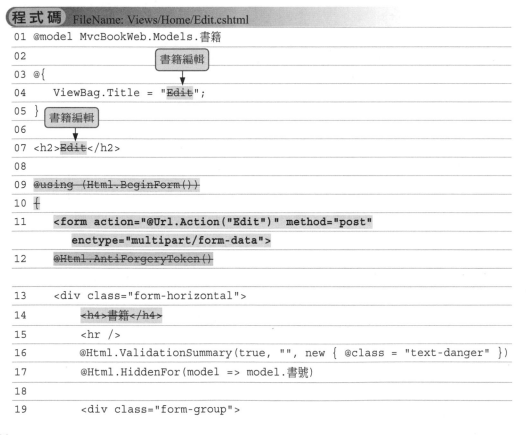

程式碼	FileName: Views/Home/Edit.cshtml

```
01 @model MvcBookWeb.Models.書籍
                        書籍編輯
02
03 @{
04     ViewBag.Title = "Edit";
05 }    書籍編輯
06
07 <h2>Edit</h2>
08
09 @using (Html.BeginForm())
10 {
11     <form action="@Url.Action("Edit")" method="post"
          enctype="multipart/form-data">
12     @Html.AntiForgeryToken()

13     <div class="form-horizontal">
14         <h4>書籍</h4>
15         <hr />
16         @Html.ValidationSummary(true, "", new { @class = "text-danger" })
17         @Html.HiddenFor(model => model.書號)
18
19         <div class="form-group">
```

```
20        @Html.LabelFor(model => model.書名,
              htmlAttributes: new { @class = "control-label col-md-2" })
21        <div class="col-md-10">
22            @Html.EditorFor(model => model.書名,
                  new { htmlAttributes = new { @class = "form-control" } })
23            @Html.ValidationMessageFor(model => model.書名, "",
                  new { @class = "text-danger" })
24        </div>
25     </div>
26
27     <div class="form-group">
28        @Html.LabelFor(model => model.單價,
              htmlAttributes: new { @class = "control-label col-md-2" })
29        <div class="col-md-10">
30            @Html.EditorFor(model => model.單價,
                  new { htmlAttributes = new { @class = "form-control" } })
31            @Html.ValidationMessageFor(model => model.單價, "",
                  new { @class = "text-danger" })
32        </div>
33     </div>
34
35     <div class="form-group">
36        @Html.LabelFor(model => model.圖示,
              htmlAttributes: new { @class = "control-label col-md-2" })
37        <div class="col-md-10">
38            @Html.EditorFor(model => model.圖示,
                  new { htmlAttributes = new { @class = "form-control" } })
39            @Html.ValidationMessageFor(model => model.圖示, "",
                  new { @class = "text-danger" })
40            <input type="file" name="圖示" id="圖示" />
41            <input type="hidden" name="舊圖示" id="舊圖示"
                  value="@Model.圖示" />
42        </div>
43        <div class="col-md-10">
44            @if (Model.圖示 == "")
45            {
```

21-31

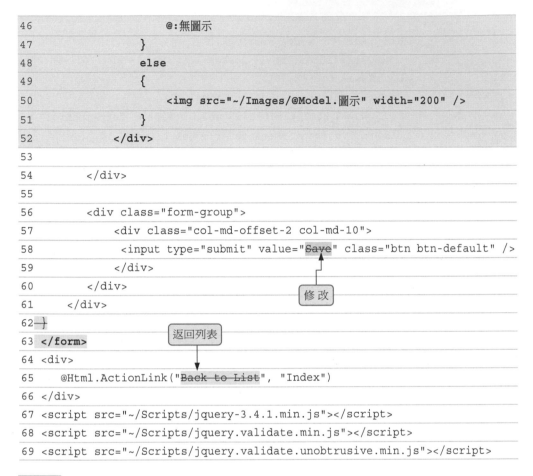

46	@:無圖示
47	}
48	else
49	{
50	<img src="~/Images/@Model.圖示" width="200" />
51	}
52	</div>
53	
54	</div>
55	
56	<div class="form-group">
57	<div class="col-md-offset-2 col-md-10">
58	<input type="submit" value="Save" class="btn btn-default" />
59	</div>
60	</div>
61	</div>
62	
63	</form>
64	<div>
65	@Html.ActionLink("Back to List", "Index")
66	</div>
67	<script src="~/Scripts/jquery-3.4.1.min.js"></script>
68	<script src="~/Scripts/jquery.validate.min.js"></script>
69	<script src="~/Scripts/jquery.validate.unobtrusive.min.js"></script>

修改

返回列表

說明

1. 第 11-63 行：由於本程式的表單要上傳圖檔，因此請將 9~10 行修改成 11 行，62 行改成 63 行。<form>標籤必須加上 enctype="multipart/form-data" 屬性才能傳送檔案。

2. 第 40 行：新增檔案上傳元件。

3. 第 41 行：新增隱藏欄位元件，用來儲存舊圖檔。

4. 第 43-52 行：若圖示資料等於空白，則顯示「無圖示」，否則顯示對應的書籍圖檔。

Step 22 測試網頁

執行【偵錯(D) / 開始偵錯(S)】開啟網頁並測試執行結果。

Azure 雲端服務-
雲端網站與雲端資料庫

23.1 Azure 雲端平台簡介與服務申請

Microsoft Azure 是微軟公司所提供的公用雲服務平台,提供服務相當多元。例如虛擬機器、App Service、Azure SQL Database 等各類型雲端服務,同時提供人工智慧服務,例如機器學習服務、Azure 認知服務、Azure Bot Service。提供開發人員建立具智慧的應用程式,能辨識影像、閱讀與理解人類交談的應用程式或機器人,使商用應用程式智慧化同時提升服務客戶的品質。讀者可連到「https://azure.microsoft.com/zh-tw/」,即會開啟下圖的 Microsoft Azure 官方網站,可瀏覽相關 Azure 的服務說明。

本章介紹如何將 ASP.NET MVC Web 應用程式部署到 Azure App Service 並建置成雲端網站，網站同時可存取 Azure SQL Database 雲端資料庫服務。使用 Azure 服務的首要步驟就是擁有 Microsoft 帳號。首先請連結到「https://login.live.com/login.srf」Microsoft 登入網頁，然後按下 立即建立新帳戶 連結，接著再按照指示操作完成 Microsoft 帳號建立程序。

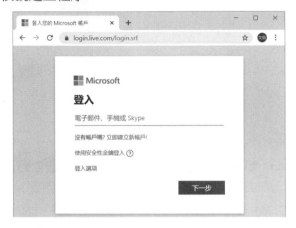

Microsoft 帳號申請完成之後，接著請以新帳號登入，接著連結到「https://azure.microsoft.com/zh-tw/free/」開啟下圖試用 Azure 網頁，接著點選 開始免費使用 ＞ 鈕進行申請試用。

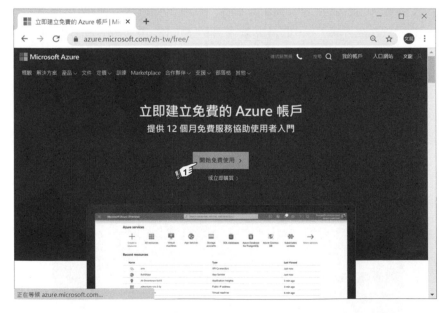

接著依照網頁步驟操作，再確認登入 Microsoft 帳號，填寫試用 Azure 服務的各種基本資料，要注意的是申請試用 Azure 服務的同時需要填寫真實信用卡才能通過申請。申請通過後即得到 6,100 元的點數，而這 6,100 可在 30 天內使用，同時還可以使用超過 25 項永遠的免費服務，以及下圖 12 個月內免費的服務。關於免費服務說明可參閱「https://azure.microsoft.com/zh-tw/free/」。(關於 Azure 服務申請步驟的網頁可能會更動，故此處不列出，使用者可依當時狀況調整)

哪些產品 12 個月免費？

這些產品 12 個月內每月皆免費。供應狀況則以資源和區域為準。

Linux 虛擬機器 計算	Windows 虛擬機器 計算	受控磁碟 儲存體
750 小時 B1S VM	**750 小時** B1S VM	**64 GB x 2** 2 個 P6 SDD
隨選功能讓您在短短幾秒內，就能建立 Linux 虛擬機器。	隨選功能讓您在短短幾秒內，就能建立 Windows 虛擬機器。	運用簡單的管理功能，就能為 Azure 虛擬機器配備頂級安全的磁碟儲存體。
Blob 儲存體 儲存體	**檔案儲存體** 儲存體	**SQL Database** 資料庫
5GB LRS 經常性存取的區塊	**5GB** LRS 檔案儲存體	**250GB**
使用具備大規模調整能力的物件儲存空間，存放非結構化資料。	無須變更程式碼，就能移轉到簡單、跨平台的分散式檔案儲存體上。	建立提供內建智慧功能的 SQL Database。
Azure Cosmos DB 資料庫	**頻寬 (資料傳輸)** 網路	**Computer Vision** AI + 機器學習服務
400 RU/秒 佈建輸送量	**15GB** 對外	**5,000 項交易** S1 層
使用開放 API 建立任何規模並具有快速 NoSQL 資料庫服務的現代化應用程式。	透過我們遍佈全球強固的資料中心網路，對內及對外傳輸資料。	從影像擷取豐富的資訊，來加以分類及處理視覺資料。

23.2 App Service 建立雲端網站

App Service 可以協助開發人員快速建置網頁、行動裝置與 API 應用程式的強大雲端應用程式。App Service 可提供 Windows 或 Linux 平台，同時支援.NET、.NET Core、Node.js、Java、Python 以及 PHP，並提供 Web 應用程式防火牆來保護應用程式達到嚴格的企業級安全性，亦可配合 Visual Studio 進行快速部署，進而提升開發人員的生產力。

範例 ： FirstAzureApp 網站專案

練習使用 App Service 服務將 ASP.NET MVC 部署成為 Azure 雲端網站。
(請讀者使用自己的 Azure 服務進行練習)

操作步驟

Step 01　開啟 FirstAzureApp.sln 的 Web 應用程式專案

在 VS 開發環境中執行【檔案(F) / 開啟(O) / 專案(P)...】開啟「C:\cs2019\ch23\FirstAzureApp」資料夾下 FirstAzureApp.sln 的 Web 應用程式專案。本例僅只有 HomeController.cs 類別檔，此檔的 HomeController 控制器 Index()動作方法會將「第一個 Azure 雲端網站」訊息顯示於瀏覽器中。

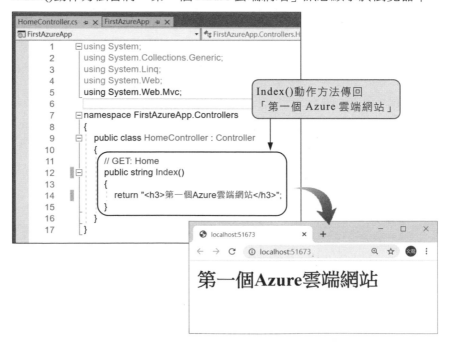

Step 02　進入 Azure 雲端平台

連到「https://azure.microsoft.com/zh-tw/」Azure 官網並按下 入口網站 連結，接著再以申請的 Microsoft 帳號進入 Azure 平台內。

Step 03 在 Azure 上建立 Web 應用程式(App Services 服務，雲端網站)

點選 ▤ 鈕彈出清單，然後按下 建立資源 連結，接著依圖示操作建立
Azure 上的 Web 應用程式(App Service)。

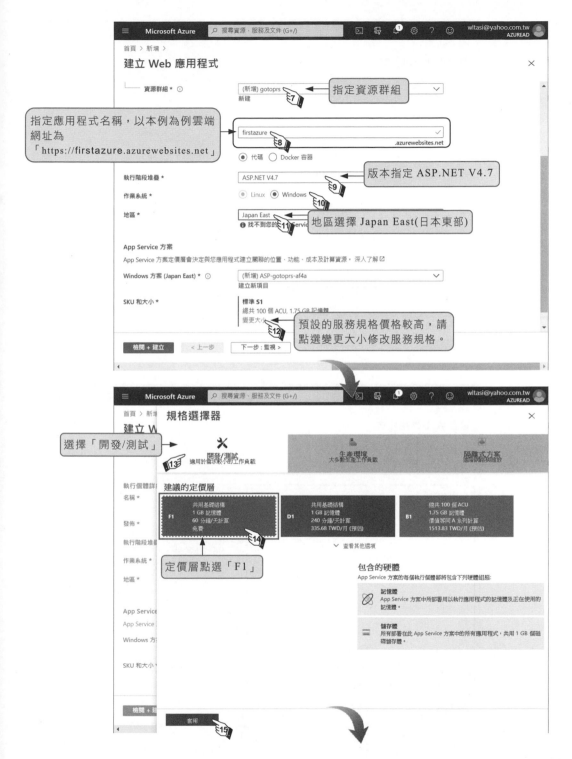

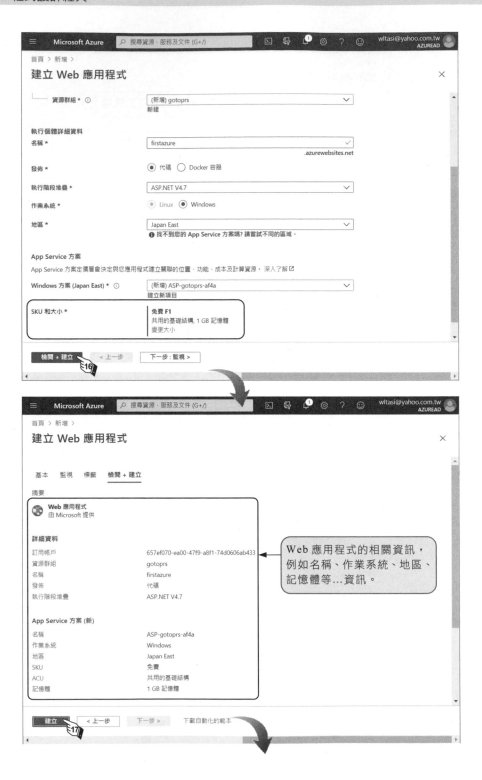

當 Web 應用程式建立完成會出現 「前往資源」 鈕，按下此鈕會直接跳到該服務設定畫面。

Step 04　取得 Web 應用程式的發行設定檔

發行設定檔可透過 VS 將 ASP.NET MVC Web 應用程式專案部署到雲端。請透過下面步驟下載 Web 應用程式的發行設定檔。

在下圖點選 ↓ 取得發行設定檔 鈕下載發行設定檔,並將該檔存放到電腦硬碟中,發行設定檔的附檔名為 .PublishSettings。

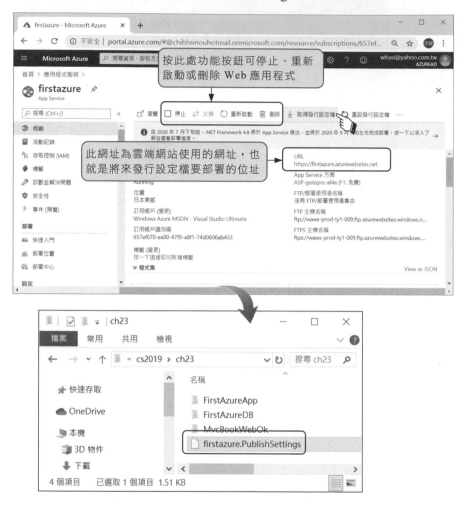

Step 05　部署 ASP.NET MVC 專案到 Azure 雲端 Web 應用程式

在方案總管中的專案名稱上按滑鼠右鍵執行【發佈(B)...】開啟「挑選發佈目標」視窗,接著再依圖示操作使用發行設定檔將 MVC 專案部署到 Azure 雲端上。

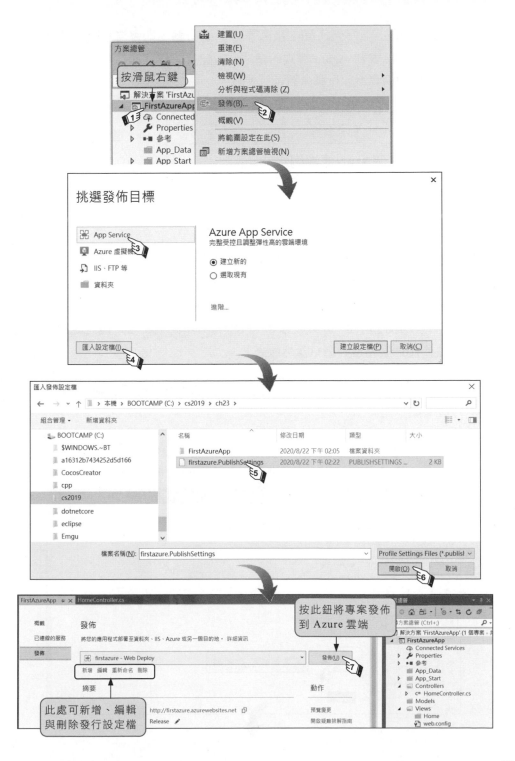

在上圖按 [發佈(U)] 鈕之後再等待 3~5 分鐘，即會自動開啟瀏覽器，可檢視所部署到 Azure 雲端的網站。所建立的雲端網站其網址是公開的，可使用瀏覽器或行動裝置進行檢視。

　　當使用者對網站的流量、記憶體或是其他的資源的使用愈來愈多時，這時就必須將網站的資源進行升級。使用 Azure 服務的好處就是當資源需要擴充或降級時，只要幾個動作就可以輕鬆完成。以 Web 應用程式的 App Service 服務為例，只要進入 Web 應用程式設定畫面，接著透過 📌 變更 App Service 方案 進行調整定價層即可，要注意的是使用的服務愈好價格當然愈高。

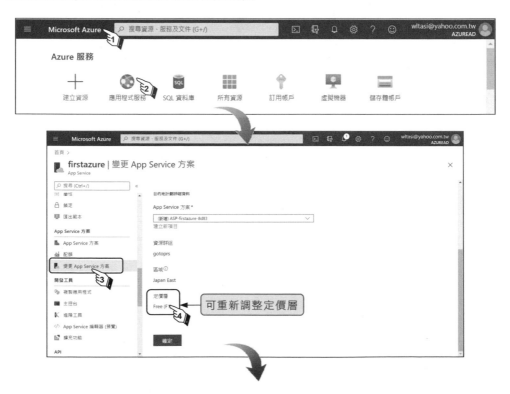

23.3 SQL Database 建立雲端資料庫

Azure SQL Database 就像是雲端上的 SQL Server，是在雲端上建置可依需求自動調整資源、儲存體大小的智慧型關聯式資料庫服務，讓開發人員可專注建置應用程式，完全不用擔心資料庫儲存體的大小或資源管理。可連結到「https://azure.microsoft.com/zh-tw/services/sql-database/」Azure SQL Database 說明網頁。

🔽 **範例** ： FirstAzureDB 專案

練習使用 Windows Forms App 應用程式存取 Azure SQL Database 雲端資料庫的產品資料表。(請讀者使用自己的 Azure 服務進行練習)

操作步驟

Step 01 進入 Azure 雲端平台

Step 02 在 Azure 上建立 SQL Database 雲端資料庫

本步驟建立資料庫伺服器 Url 為「productservices.database.windows.net」，資料庫名稱為「dbProduct」。請點選 ≡ 鈕彈出清單，然後按下 **建立資源** 連結，接著依圖示操作建立 Azure 上的 SQL Database 雲端資料庫。

建立資料庫時必須先建立資料庫伺服器，請依下圖操作先新增 SQL Database 資料庫伺服器，所建立的伺服器名稱、帳號和密碼要記住，以後連接 SQL Database 資料庫會使用到。

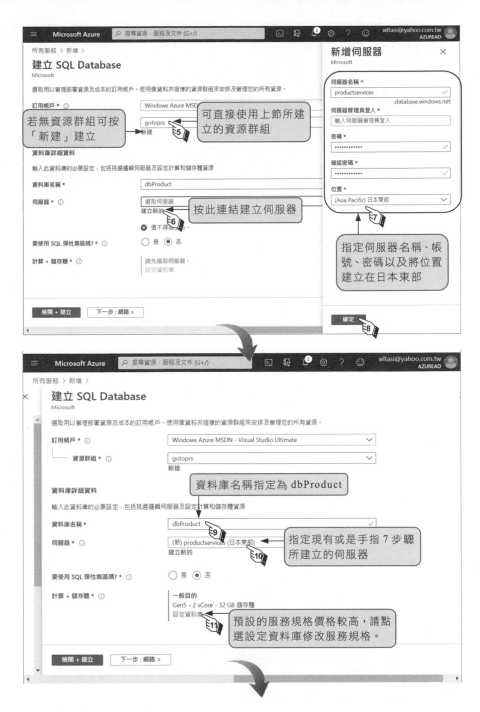

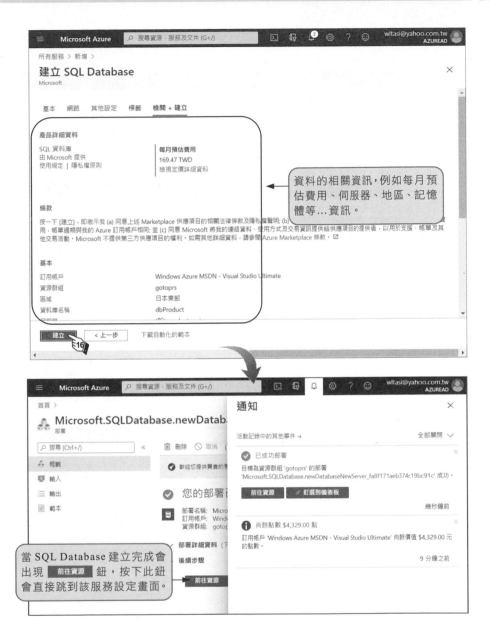

Step 03　建立伺服器層級 IP 防火牆規則

開發人員欲連接 Azure SQL Database 必須讓用戶端 IP 位址新增至伺服器層級 IP 防火牆規則，以便授權讓用戶端連接到 Azure SQL Database。請依下圖操作。

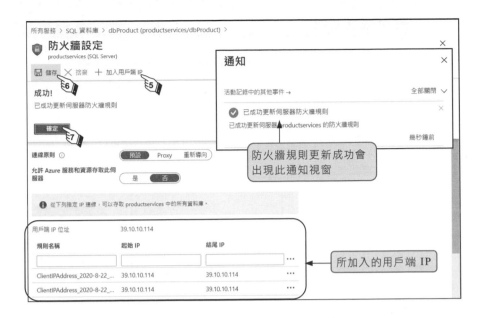

Step 04　在 dbProduct 資料庫建立產品資料表

伺服器層級 IP 防火牆規則設定完成之後即可在 dbProduct 資料庫建立「產品」資料表，並指定該資料表擁有產品編號、品名、單價欄位。

依下列步驟在查詢輸入框(手指7位置)輸入 T-SQL 語法建立產品資料表。

```sql
CREATE TABLE 產品
(
    [產品編號] NVARCHAR(50) NOT NULL PRIMARY KEY,
    [品名] NVARCHAR(50) NULL,
    [單價] INT NULL
)
```

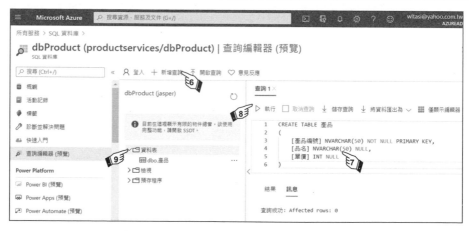

Step 05 執行功能表的【專案(P) / 加入新項目(W)…】指令新增「ADO.NET 實體資料模型」，該檔名設為「NorthwindModel.edmx」。(.edmx 檔案是用來記錄資料庫及所對應的實體模型)

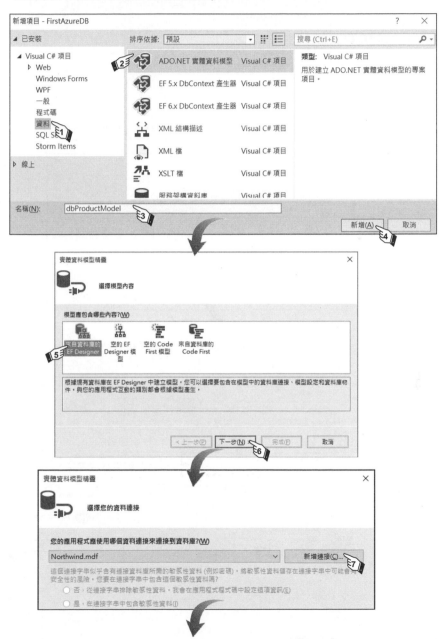

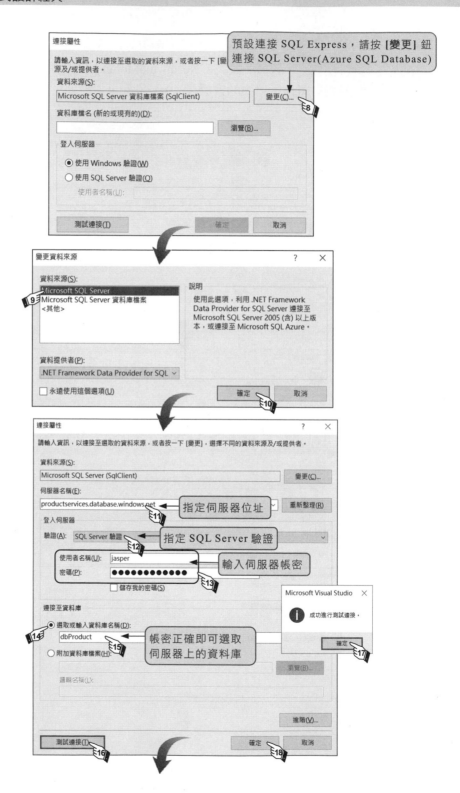

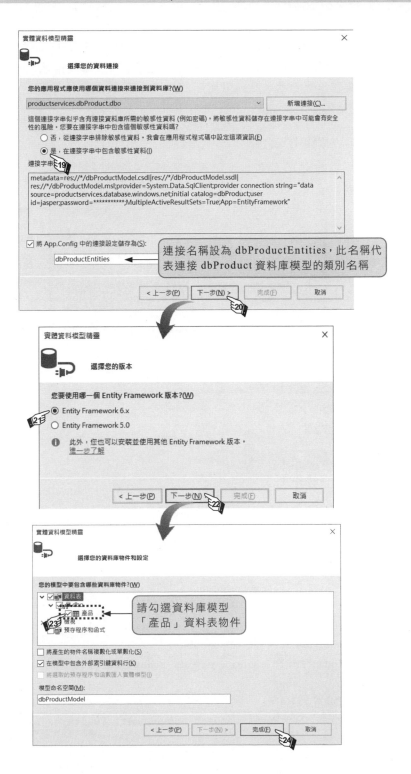

Step 06　接著進入 Entity Designer 實體資料模型設計工具畫面，設計工具內有「產品」的實體資料模型；請在專案按右鍵執行快顯功能表的【重建(E)】指令編譯整個專案，此時就可以使用 Entity Framework 配合 LINQ 來存取 Azure 雲端上的 dbProduct 資料庫了。

Step 07　設計表單輸出入介面：

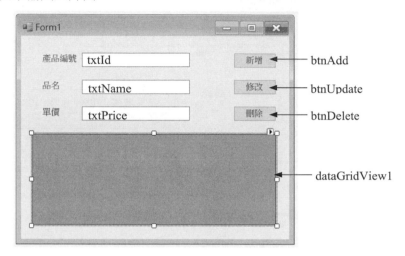

Step 08　撰寫程式碼

程式碼 FileName:Form1.cs

```
01 namespace FirstAzureDB
02 {
03     public partial class Form1 : Form
04     {
05         public Form1()
06         {
07             InitializeComponent();
08         }
09
10         // 連接雲端 Azure SQL Database
11         dbProductEntities db = new dbProductEntities();
12
13         // 表單載入時執行
14         private void Form1_Load(object sender, EventArgs e)
15         {
```

```
16              //顯示產品所有記錄
17              dataGridView1.DataSource = db.產品.ToList();
18          }
19
20      // 按 [新增] 鈕執行
21      private void btnAdd_Click(object sender, EventArgs e)
22      {
23          try
24          {
25              //新增產品
26              產品 product = new 產品();
27              product.產品編號 = txtId.Text;
28              product.品名 = txtName.Text;
29              product.單價 = int.Parse(txtPrice.Text);
30              db.產品.Add(product);
31              db.SaveChanges();
32              Form1_Load(sender, e);
33          }
34          catch (Exception ex)
35          {
36              MessageBox.Show($"新增失敗：\n{ex.Message}");
37          }
38      }
39
40      // 按 [修改] 鈕執行
41      private void btnUpdate_Click(object sender, EventArgs e)
42      {
43          try
44          {
45              // 依 txtId.Text 找出要修改的記錄
46              var product = db.產品
                    .Where(m => m.產品編號 == txtId.Text).FirstOrDefault();
47              product.品名 = txtName.Text;
48              product.單價 = int.Parse(txtPrice.Text);
49              db.SaveChanges();
50              Form1_Load(sender, e);
51          }
```

52	catch (Exception ex)
53	{
54	MessageBox.Show($"修改失敗：\n{ex.Message}");
55	}
56	}
57	
58	// 按 [刪除] 鈕執行
59	private void btnDelete_Click(object sender, EventArgs e)
60	{
61	try
62	{
63	// 依 txtId.Text 找出要刪除的記錄
64	var product = db.產品
	.Where(m => m.產品編號 == txtId.Text).FirstOrDefault();
65	db.產品.Remove(product);
66	db.SaveChanges();
67	Form1_Load(sender, e);
68	}
69	catch (Exception ex)
70	{
71	MessageBox.Show($"刪除失敗：\n{ex.Message}");
72	}
73	}
74	}
75	}

Step 09　執行程式，測試存取 Azure 雲端 dbProduct 資料庫的產品資料表記錄。假若程式無錯誤，但無法存取雲端資料庫時可回到 Step 03 重新建立伺服器層級 IP 防火牆規則後再繼續測試程式。

　　Azure SQL Database 調整資料庫伺服器的資源進行升級或降級也相當方便，例如調整儲存體、記憶體或多核心等資源方式和 Web 應用程式的 App Service 服務相同。當然要注意的是使用的服務愈好價格當然愈高。如下為 Azure SQL Database 調整資料庫伺服器資源的方式。

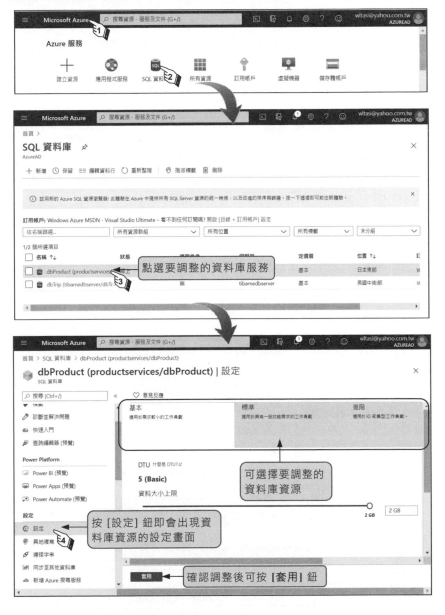

23.4 Azure 雲端圖書管理網站

前面已介紹如何將 ASP.NET MVC 專案部署上 Azure，以及如何存取 Azure SQL Database 雲端資料庫。接下來練習將 22 章擁有新增、修改、刪除、列表且支援 jQueryMobile 的書籍管理網站(MvcBookWebOk 專案)部署到 Azure 雲端上，同時將書籍資料表存放在 Azure SQL Database 雲端資料庫中，以便讓雲端網站存取。透過這個練習可發現部署上 Azure 時要注意的地方，以及如何將本機端已完成的 Web 專案與資料庫部署上 Azure 雲端進行上線。

🔽 **範例** ：MvcBookWebOk 專案

練習將書籍管理網站專案與資料庫部署至 Azure 平台。

(本例請使用讀者自己的 Azure 服務進行實作，同時為節省篇幅，較重要的操作圖示會有提示，其他部份與 23.2、23.3 節的操作類似)

操作步驟

Step 01　在 Azure 上建立名稱為 booksys 的 Web 應用程式(App Service 服務)。雲端網址為「https:// booksys.azurewebsites.net/」。

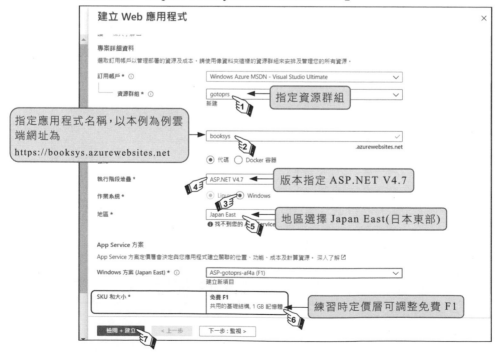

Step 02　取得 Web 應用程式的發行設定檔

Step 03　在 Azure 上建立 SQL Database 雲端資料庫

資料庫伺服器設為「productservices.database.windows.net」，資料庫名稱設為「dbBook」。

Step 04　建立伺服器層級 IP 防火牆規則，讓用戶端(本機)可存取 Azure SQL Database。

Step 05 在 dbBook 資料庫建立書籍資料表

伺服器層級 IP 防火牆規則設定完成之後，依下圖操作在 dbBook 資料庫建立「書籍」資料表，並指定該資料表擁有書號、書名、單價、圖示欄位。

依下列步驟在查詢輸入框撰寫如下 T-SQL 語法建立書籍資料表。

```
CREATE TABLE [dbo].[書籍] (
    [書號] NVARCHAR (50) NOT NULL,
    [書名] NVARCHAR (50) NULL,
    [單價] INT    NULL,
    [圖示] NVARCHAR (50) NULL,
    PRIMARY KEY CLUSTERED ([書號] ASC)
);
```

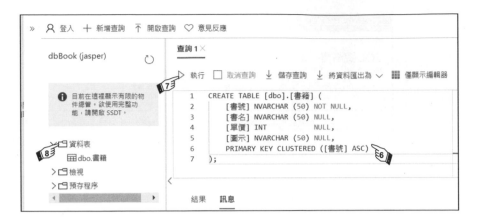

Step 06 開啟 MvcBookWeb.sln 的 Web 應用程式專案

在 VS 開發環境中執行【檔案(F) / 開啟(O) / 專案(P)...】開啟「C:\cs2019\ch23\MvcBookWebOk」資料夾下的 MvcBookWeb.sln 的 Web 應用程式專案。此專案書籍管理實作部份可參閱第 21 章；jQueryMobile 行動網站功能實作可參閱 22 章。執行程式結果如下：

▲書籍管理網站

▲書籍查詢行動網站

Step 07 重新設定 BookDBEntities 物件的連接字串

本範例 BookDBEntities 物件原本所連接的是專案 App_Data 資料夾下的 BookDB.mdf，此處請重新設定連上雲端 Azure SQL Database 上的 dbBook 資料庫。

1. 開啟專案的 Web.config 檔，在<connectionString>~</connectionString>內使用<add name="BookDBEntities" … />設定 BookDBEntities 的連接字串，請使用 <!-- --> 將該設定進行註解。

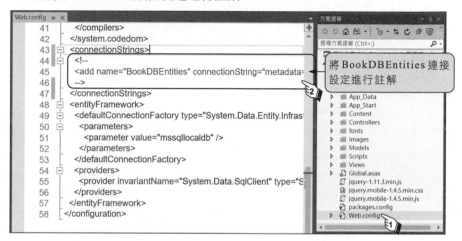

2. 點選 BookDBModel.edmx 檔開啟 Entity Designer 實體資料模型設計工具畫面，接著在畫面空白處按滑鼠右鍵執行【從資料庫更新模型(U)…】指令重新設定 ADO.NET 實體資料模型的連接字串與資料庫物件。

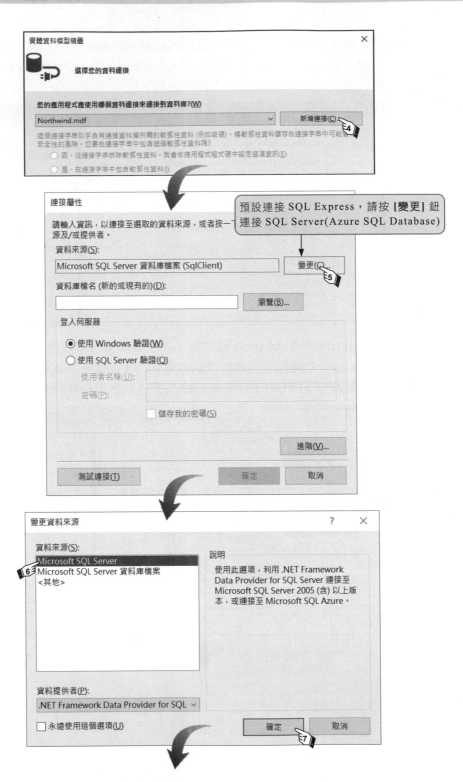

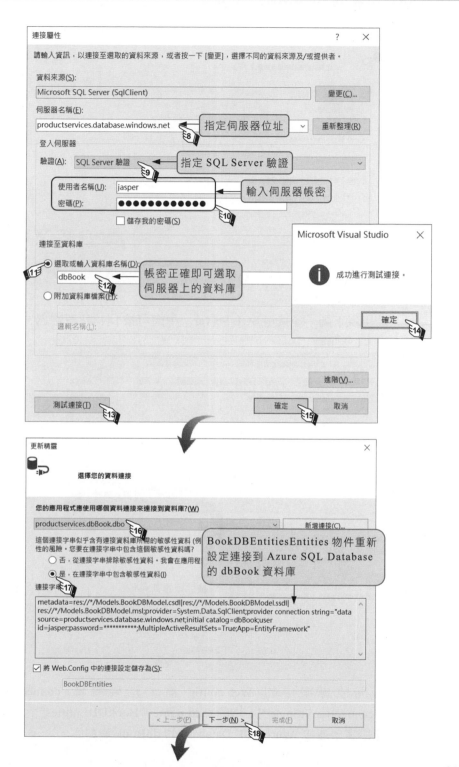

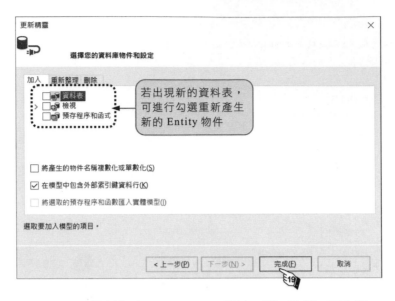

若出現下圖「連接至 SQL Server」視窗可按 [取消] 鈕略過。

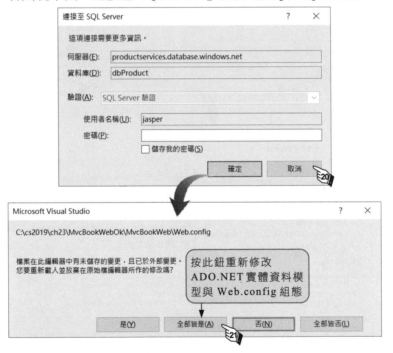

3. 再開啟專案中的 Web.config 檔，結果發現 <connectionString>~
</connectionString>內新增的<add name="BookDBEntities" … />重新指定
連接字串連接 Azure SQL Database 的 dbBook 資料庫。

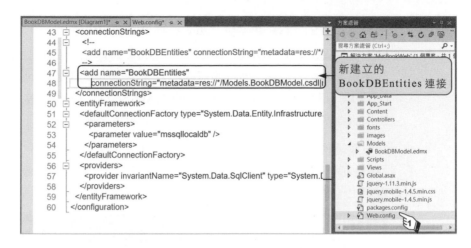

如下為 <add name="資料庫物件"> 連接字串的設定方式。

```
<connectionStrings>
    <add name="資料庫物件"
        connectionString="metadata=res://*/Models.BookDBModel.csdl|res://*/Models.BookDBM
odel.ssdl|res://*/Models.BookDBModel.msl;provider=System.Data.SqlClient;provider connection
    string=&quot;data source=伺服器網址;initial catalog=資料庫;
    user id=帳號;password=密碼;MultipleActiveResultSets=True;App=EntityFramework&quot;"
    providerName="System.Data.EntityClient" />
</connectionStrings>
```

Step 08　再點選 BookDBModel.edmx 檔開啟 Entity Designer 實體資料模型設計工具畫面，請在專案按右鍵執行快顯功能表的【重建(E)】指令編譯整個專案，此時就可以使用 Entity Framework 配合 LINQ 來存取 Azure 雲端上的 dbBook 資料庫了。

如圖所示，執行程式時結果發現並無顯示任何書籍記錄，這是因為 Azure 雲端上的 dbBook 資料庫的書籍資料表並無任何記錄。

Step 09　部署 ASP.NET MVC 專案到 Azure 雲端 Web 應用程式

當本例專案部署到 Azure 雲端後，結果會發現應用程式會出現執行時期的錯誤。這是因為資料庫伺服器層級 **IP** 防火牆規則設定只允許目前本機 (地端)進行存取，而沒有指定雲端網站(App Service 網站)服務可存取資料庫伺服器所發生的問題。可依照下列步驟設定來解決此問題：

1. 在方案總管中的專案名稱上按滑鼠右鍵執行【發佈(B)...】開啟挑選發佈目標視窗，接著再依圖示操作使用發行設定檔將 MVC 專案部署到 Azure 雲端上。發佈完成之後結果會發生網頁執行錯誤的畫面。

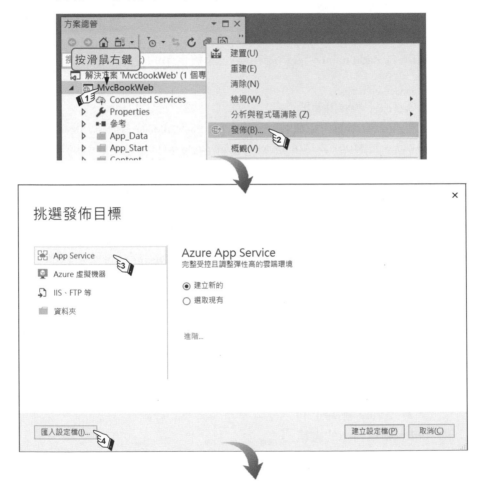

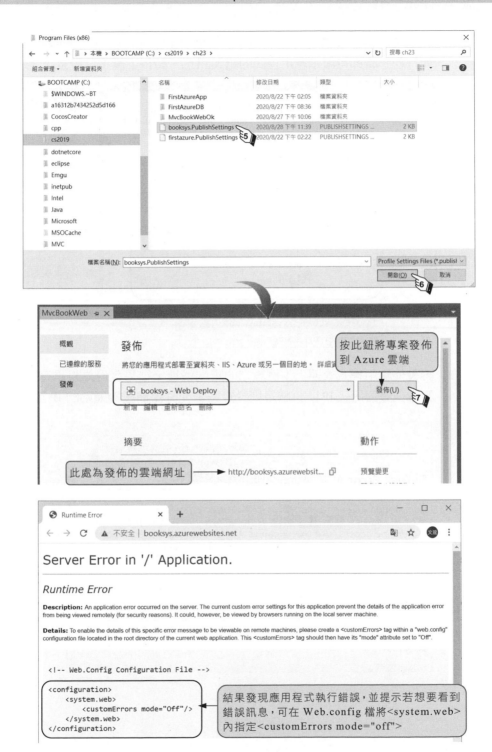

2. 開啟 Web.config 檔，並在<system.web>內指定<customErrors mode="off">，執行程式時即可顯示應用程式的錯誤訊息，請依下圖進行設定。

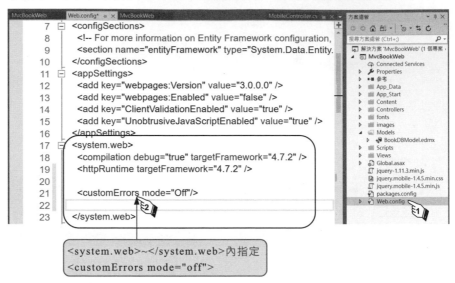

<system.web>~</system.web>內指定
<customErrors mode="off">

3. 再發佈應用程式或連上本例設定的雲端網址，結果發現錯誤訊息提示資料庫伺服器層級 IP 防火牆規則設定並未允許目前雲端網站的 IP 可存取。

4. 請進入 Azure 資料庫防火牆的畫面，並加入上圖錯誤訊息中雲端網站的 IP，如此讓 Azure 的雲端網站可存取指定的 Azure SQL Database。

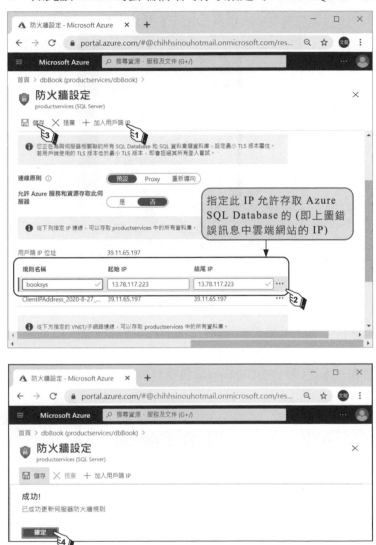

5. 本例可將指定的書籍圖檔傳送到 images 資料夾，因此雲端網站還必須要
有 images 資料夾才行。請依照下圖操作將專案的 images 資料夾上傳到
Azure。(單一檔案的上傳方式和此步驟相同)

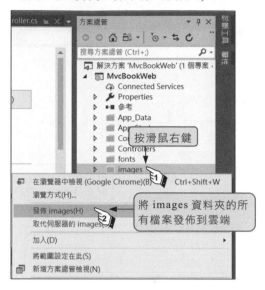

Step 10 重新部署專案或連接雲端網站測試程式，結果發現可直接在雲端網站上
新增、修改、刪除管理書籍資料，也可以使用手機進行瀏覽。(若發現無
書籍記錄是因為 SQL Database 無資料，可自行由網站進行新增書籍記錄)

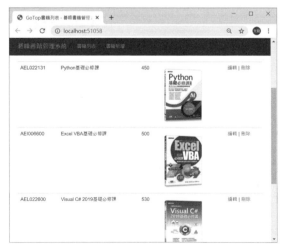

▲ 網址：雲端 Url/Home/Index　　　　▲ 網址：雲端 Url/Mobile/Index

Azure 認知服務-
Computer Vision 與 Face API

24.1 認知服務簡介

Microsoft Azure 中 AI＋機器學習的「認知服務」(Cognitive Services)提供了 AI、資料科學技術、知識類型 SDK 與 API 服務，而這些服務可以進行影像辨識、語言、語音、網路內容搜尋與決策的功能，提供開發人員建置具有聽、說、讀與智慧化理解的應用程式。如下可連結到「https://azure.microsoft.com/zh-tw/services/cognitive-services/」認知服務介紹網站。

本章主要介紹認知服務中的影像辨識服務，此服務主要提供分析與辨識影像，以及辨識數位文字的內容。影像辨識服務中還可分為 Computer Vision(電腦視覺)、Face API(臉部)、自訂視覺、表單辨識器、筆跡辨識器與影片索引器等服務。本章介紹影像辨識服務的 Computer Vision 與 Face API 服務。

24.2 Computer Vision 電腦視覺服務

24.2.1 Computer Vision 簡介

Computer Vision 不需要機器學習即可在應用程式中使用具電腦視覺分析與辨識影像的功能。例如可解理影像中的物件數、文字、主題、品牌、影像格式、影像大小、成人資訊、人物性別或年齡、名人(人物名稱)與地標等內容。目前因為隱私權關係，Computer Vision 不提供分析人物性別、年齡、名人等資訊。如下為 Computer Vision 分析影像的結果：

▲分析影像的內容

▲分析結果以 JSON 呈現(分析影像中有人、月台…)

▲分析影像的內容

▲分析結果以 JSON 呈現(分析影像中有樹、杯子…)

24.2.2 Computer Vision 影像描述

如下是使用 Computer Vision 電腦視覺進行影像描述的步驟，完整實作可參閱 cv01 範例。

Step 01　前往 Azure 申請 Computer Vision 電腦視覺服務的金鑰 (Key)與端點(Url)。

Step 02　專案安裝 Microsoft.Azure.CognitiveServices.Vision.ComputerVision 套件。

Step 03　建立 ComputerVisionClient 類別的電腦視覺物件，並指定服務的金鑰和端點，最後執行 DescribeImageInStreamAsync()方法傳回影像描述結果給 ImageDescription 類別物件 res。寫法如下：

```
//建立電腦視覺物件，同時指定電腦視覺服務的金鑰 Key
ComputerVisionClient 電腦視覺物件 = new ComputerVisionClient(
    new ApiKeyServiceClientCredentials("電腦視覺服務的金鑰(key)"),
    new System.Net.Http.DelegatingHandler[] { });

//指定電腦視覺服務端點 Url
電腦視覺物件.Endpoint = "電腦視覺服務的端點(Url)";

//執行 DescribeImageInStreamAsync()方法將影像分析結果傳給 res
ImageDescription res =
    await 電腦視覺物件.DescribeImageInStreamAsync(影像檔案串流);
```

Step 04　使用 ImageDescription 類別物件 res 取得影像描述資訊，如影像中的項目、描述說明以及影像描述的信度。

接著以 cv01 範例來練習分析影像，並取得影像描述資訊。

📥 **範例**：cv01.sln

練習製作可進行分析影像的程式。程式執行時按下 影像分析 鈕開啟開檔對話方塊並指定所要分析影像圖檔，接著會將影像中的項目、描述以及描述信度顯示於上方的多行文字方塊，而下方的多行文字方塊會以 JSON 格式顯示影像中的項目、描述以及描述信度的資訊。

執行結果

分析圖片的描述說明為「a man wearing a suit and tie」(穿著西裝打領帶的男人)

分析圖片的描述說明為「a large body of water with **Taipei 101** in the background」，描述的信度為 0.941418893825595

▲ 分析人物影像　　　　　　　　▲ 分析台北 101 影像

將分析圖片結果轉成 JSON 字串

操作步驟

Step 01　連上 Azure 雲端平台取得 Computer Vision 電腦視覺服務的金鑰(Key)和端點(Url)。

點選「電腦視覺」服務 (Computer Vision)

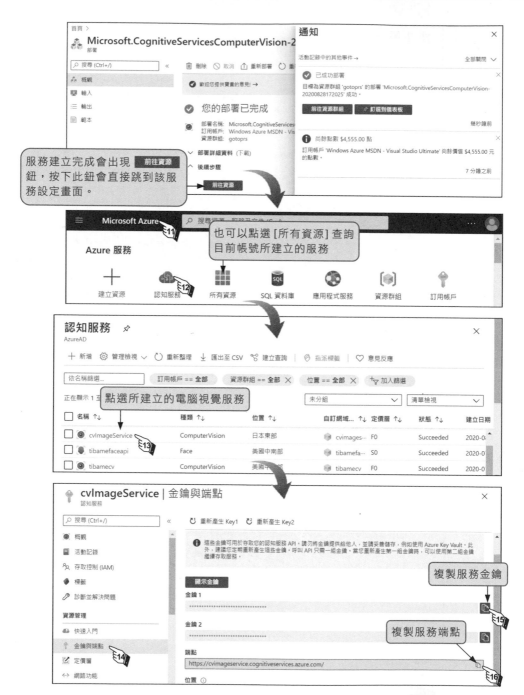

上圖的電腦視覺服務提供兩組金鑰和一個端點。請使用 🔲 鈕將其中一組服務金鑰和端點複製到文字檔內,金鑰和端點撰寫程式需要使用。

Step 02　建立表單輸出入介面

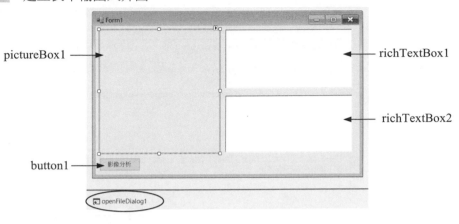

pictureBox1 ──→

richTextBox1 ←──

richTextBox2 ←──

button1 ──→

openFileDialog1

Step 03　安裝 Computer Vision 套件

在方案總管視窗的「參考」按滑鼠右鍵執行【管理 NuGet 套件(N)】，接著依圖示操作安裝「Microsoft.Azure.CognitiveServices.Vision.ComputerVision」套件。

Step 04 撰寫程式碼

程式碼 FileName:Form1.cs

```
01 using System.IO;
02 using Newtonsoft.Json;
03 using Microsoft.Azure.CognitiveServices.Vision.ComputerVision;
04 using Microsoft.Azure.CognitiveServices.Vision.ComputerVision.Models;
05
06 namespace cv01
07 {
08     public partial class Form1 : Form
09     {
10         public Form1()
11         {
12             InitializeComponent();
13         }
14
15         private void Form1_Load(object sender, EventArgs e)
16         {
17             pictureBox1.SizeMode = PictureBoxSizeMode.StretchImage;
18             pictureBox1.BorderStyle = BorderStyle.FixedSingle;
19         }
20
21         private async void button1_Click(object sender, EventArgs e)
22         {
23             if (openFileDialog1.ShowDialog() == DialogResult.OK)
```

```
24              {
25                  try
26                  {
27                      string cvApiUrl = "申請的電腦視覺服務端點";
28                      string cvApiKey = "申請的電腦視覺服務金鑰";
29                      string imagePath = openFileDialog1.FileName;
30                      //建立 FileStream 物件 fs 開啟圖檔
31                      FileStream fs = File.Open(imagePath, FileMode.Open);
32
33                      //建立電腦視覺辨識物件，同時指定電腦視覺辨識的雲端服務 Key
34                      ComputerVisionClient visionClient =
                            new ComputerVisionClient(
                            new ApiKeyServiceClientCredentials(cvApiKey),
                            new System.Net.Http.DelegatingHandler[] { });
35
36                      //電腦視覺辨識物件指定雲端服務 Api 位址
37                      visionClient.Endpoint = cvApiUrl;
38
39                      //使用 DescribeImageInStreamAsync()方法傳回辨識分析結果 res
40                      ImageDescription res =
                            await visionClient.DescribeImageInStreamAsync(fs);
41                      // 進行圖片的辨識的內容顯示於 richTextBox1
42                      string tags = "";
43                      for(int i=0; i<res.Tags.Count(); i++)
44                      {
45                          tags += $"{ res.Tags[i]}, ";
46                      }
47                      richTextBox1.Text = $"項目：{tags}\n" +
                            $"描述：{res.Captions[0].Text}\n" +
                            $"信度：{res.Captions[0].Confidence}";
48
49                      // 若辨識失敗則傳回 null
50                      if (res == null)
51                      {
52                          richTextBox1.Text = "辨識失敗，請重新指定圖檔";
53                          return;
54                      }
55
```

```
56                    // 將辨識分析結果轉成 JSON 字串並顯示於 richTextBox2
57                    richTextBox2.Text = JsonConvert.SerializeObject(res);
58
59                    //pictureBox1 顯示指定的圖片
60                    pictureBox1.Image = new Bitmap(imagePath);
61
62                    //釋放影像串流資源
63                    fs.Close();
64                    fs.Dispose();
65                    GC.Collect();
66                }
67                catch(Exception ex)
68                {
69                    richTextBox1.Text = $"錯誤訊息：{ex.Message}";
70                    richTextBox2.Text = "";
71                }
72            }
73        }
74    }
75 }
```

説明

1. 第 1-4 行：引用相關命名空間。

2. 第 21,40 行：ComputerVisionClient 物件的 DescribeImageInStreamAsync()為非同步方法，故呼叫時必須加上 await 關鍵字，使用的事件處理函式也要定義為 async。

3. 第 27,28 行：請自行申請欲使用的電腦視覺服務的金鑰與端點。

4. 第 34,37 行：建立 ComputerVisionClient 類別物件 visionClient，同時指定電腦視覺服務的金鑰與端點給 visionClient。

5. 第 40 行：執行 visionClient 物件的 DescribeImageInStreamAsync()傳回 ImageDescription 影像描述物件 res，此物件可取得影像中的項目、描述與描述信度。

6. 第 43-47 行：將影像中的項目、描述與信度顯示於 richTextBox1。

7. 第 57 行：將 ImageDescription 影像描述物件 res 轉成 JSON 字串並顯示於 richTextBox2。下圖使用 JSON 來說明 ImageDescription 類別物件對應的屬性。若有些屬性不太確定可以轉成 JSON 來查詢，亦可將 JSON 結果交由其他程式語言使用，或進行數據分析。

分析圖片描述結果：
a large body of water with Taipei 101 in the background

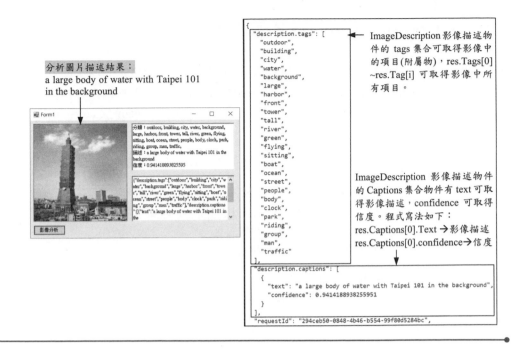

"description.tags": [
    "outdoor",
    "building",
    "city",
    "water",
    "background",
    "large",
    "harbor",
    "front",
    "tower",
    "tall",
    "river",
    "green",
    "flying",
    "sitting",
    "boat",
    "ocean",
    "street",
    "people",
    "body",
    "clock",
    "park",
    "riding",
    "group",
    "man",
    "traffic"
],

ImageDescription影像描述物件的 tags 集合可取得影像中的項目(附屬物)，res.Tags[0]~res.Tag[i] 可取得影像中所有項目。

ImageDescription 影像描述物件的 Captions 集合物件有 text 可取得影像描述，confidence 可取得信度。程式寫法如下：
res.Captions[0].Text→影像描述
res.Captions[0].confidence→信度

"description.captions": [
    {
        "text": "a large body of water with Taipei 101 in the background",
        "confidence": 0.9414188938255951
    }
],
"requestId": "294ceb50-0848-4b46-b554-99f80d5284bc",

F0 定價層 1 分鐘只能分析 20 張影像；而 S1 定價層 1 秒能分析 10 張影像，且 1000 張才 30 元。若 Computer Vision 定價層 F0 不敷使用，可依下列操作將定價層調整至 S1。

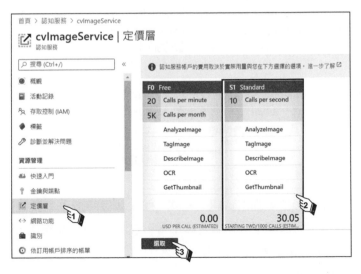

24.2.3 Computer Vision 影像分析

前一節使用 Computer Vision 取得影像描述中的項目、描述說明以及描述說明信度。此外 Computer Vision 還可以使用 VisualFeatureTypes 列舉來指定分析更細部的視覺特徵。例如取得影像類型、顏色資訊、臉部資訊(因隱私權關係,只能取得臉部矩形位置與臉部數量,無法取得年齡和性別資訊)、成人資訊、影像分類、地標…等資訊。如下程式寫法可使用 ImageAnalysis 類別物件 res 取得影像更細部的視覺特徵:

```
//建立電腦視覺物件,同時指定電腦視覺物件雲端服務金鑰
ComputerVisionClient 電腦視覺物件 = new ComputerVisionClient(
    new ApiKeyServiceClientCredentials("電腦視覺服務的金鑰(key)"),
    new System.Net.Http.DelegatingHandler[] { });

//電腦視覺物件指定雲端服務端點位址
電腦視覺物件.Endpoint = "電腦視覺服務的端點(Url)";

// 指定要分析的列舉項目(視覺特徵),並將分析的列舉存入 visualFeatures 陣列
VisualFeatureTypes?[] visualFeatures = new VisualFeatureTypes?[]
{
        VisualFeatureTypes.ImageType,   //影像類型
        VisualFeatureTypes.Color,       //顏色資訊
        VisualFeatureTypes.Faces,       //臉部資訊,只能取得臉部矩形位置與數量
        VisualFeatureTypes.Adult,       //成人資訊
        VisualFeatureTypes.Categories,  //影像分類
        VisualFeatureTypes.Tags,        //影像中的項目
        VisualFeatureTypes.Description  //影像描述
};

//使用 AnalyzeImageInStreamAsync()方法將分析結果傳給 ImageAnalysis 物件 res
ImageAnalysis res = await 電腦視覺物件.AnalyzeImageInStreamAsync
    (影像檔案串流, visualFeatures);
```

> 指定欲分析的視覺特徵

📥 **範例**:cv02.sln

練習製作可分析影像更細部資訊的程式。程式執行時按下 影像分析 鈕開啟開檔對話方塊並指定影像圖示,接著會將影像分析結果如影像描述、臉部數量、地標、成人資訊顯示在上方的多行文字方塊,而下方的多行文字方塊會以 JSON 格式顯示分析的資訊。

執行結果

影像說明數量：1

影像中人數：4
說明：a group of women in white lab coats
信度：0.567614495754242
成人資訊：False
成人分數：0.00103576027322561

▲ 分析人物團體的影像

影像說明數量：1

說明：a large tall tower with a clock on the side of Tokyo Tower
信度：0.694828846401732
成人資訊：False
成人分數：0.00559021485969424

地標：Tokyo Tower,

▲ 分析含有東京鐵塔的影像

操作步驟

Step 01　連上 Azure 雲端平台取得 Computer Vision 電腦視覺服務的金鑰(Key)和端點(Url)。

Step 02　建立表單輸出入介面

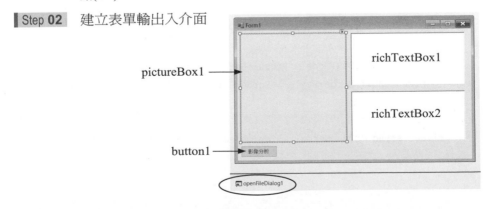

Step 03 安裝 Computer Vision 套件

在方案總管視窗的「參考」按滑鼠右鍵執行【管理 NuGet 套件(N)】，接著依圖示操作安裝「Microsoft.Azure.CognitiveServices.Vision.ComputerVision」套件。

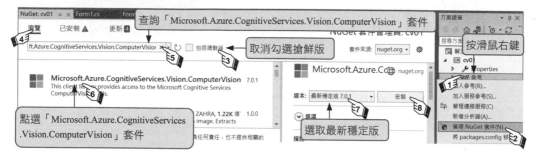

Step 04 撰寫程式碼

程式碼 FileName:Form1.cs

```
01 using System.IO;
02 using Newtonsoft.Json;
03 using Microsoft.Azure.CognitiveServices.Vision.ComputerVision;
04 using Microsoft.Azure.CognitiveServices.Vision.ComputerVision.Models;
05
06 namespace cv02
07 {
08     public partial class Form1 : Form
09     {
10         public Form1()
11         {
12             InitializeComponent();
13         }
14
15         private void Form1_Load(object sender, EventArgs e)
16         {
17             pictureBox1.SizeMode = PictureBoxSizeMode.StretchImage;
18             pictureBox1.BorderStyle = BorderStyle.FixedSingle;
19         }
20
21         private async void button1_Click(object sender, EventArgs e)
22         {
```

```
23          if (openFileDialog1.ShowDialog() == DialogResult.OK)
24          {
25              try
26              {
27                  string cvApiUrl = "申請的電腦視覺服務端點";
28                  string cvApiKey = "申請的電腦視覺服務金鑰";
29                  string imagePath = openFileDialog1.FileName;
30                  //建立 FileStream 物件 fs 開啟圖檔
31                  FileStream fs = File.Open(imagePath, FileMode.Open);
32
33                  //建立電腦視覺物件，同時指定電腦視覺服務的金鑰
34                  ComputerVisionClient visionClient =
                        new ComputerVisionClient(
                        new ApiKeyServiceClientCredentials(cvApiKey),
                        new System.Net.Http.DelegatingHandler[] { });
35
36                  //電腦視覺物件指定電腦視覺服務端點 Url
37                  visionClient.Endpoint = cvApiUrl;
38
39                  // 指定要辨識出的內容有哪些
40                  VisualFeatureTypes?[] visualFeatures =
                        new VisualFeatureTypes?[]
                        {
                            VisualFeatureTypes.ImageType,     //影像類型
                            VisualFeatureTypes.Color,         //顏色資訊
                            VisualFeatureTypes.Faces,         //臉部資訊
                            VisualFeatureTypes.Adult,         //成人資訊
                            VisualFeatureTypes.Categories,    //影像分類
                            VisualFeatureTypes.Tags,          //影像中的項目
                            VisualFeatureTypes.Description    //影像描述
                        };
41
42                  //使用 AnalyzeImageInStreamAsync()方法傳回辨識分析結果 res
43                  ImageAnalysis res = await visionClient.
                        AnalyzeImageInStreamAsync(fs, visualFeatures);
44
45                  // 若辨識失敗則傳回 null
```

指定欲分析
的視覺特徵

```
46              if (res == null)
47              {
48                  richTextBox1.Text = "辨識失敗，請重新指定圖檔";
49                  return;
50              }
51
52              string str = "";
53              //印出說明
54              if (res.Description != null)
55              {
56                  str =
                      $"影像說明數量：{res.Description.Captions.Count()}\n\n";
57                  str += $"影像中人數：{res.Faces.Count}\n";
58                  for (int i = 0; i < res.Description.Captions.Count;i++)
59                  {
60                      str += $"說明：{res.Description.Captions[i].Text}\n";
61                      str += $"信度：{res.Description.Captions[i].Confidence}\n";
62                      str += $"成人資訊：{res.Adult.IsAdultContent}\n";
63                      str += $"成人分數：{res.Adult.AdultScore}\n";
64                  }
65              }
66              str += "========================================\n";
67              //印出地標
68              if (res.Categories[0].Detail != null)
69              {
70                  if (res.Categories[0].Detail.Landmarks != null)
71                  {
72                      str += "地標：";
73                      for (int i=0;i<res.Categories[0].Detail.Landmarks.Count();i++)
74                      {
75                          str +=
                              $"{res.Categories[0].Detail.Landmarks[i].Name},";
76                      }
77                      str += "\n";
78                  }
79              }
80              str += "========================================\n";
81              richTextBox1.Text = str.ToString();
```

```
82
83                          // 將辨識分析結果轉成 JSON 並顯示於 richTextBox2
84                          richTextBox2.Text = JsonConvert.SerializeObject(res);
85
86                          //pictureBox1 顯示指定的圖片
87                          pictureBox1.Image = new Bitmap(imagePath);
88
89                          //釋放影像串流資源
90                          fs.Close();
91                          fs.Dispose();
92                          GC.Collect();
93                      }
94                  catch (Exception ex)
95                      {
96                          richTextBox1.Text = $"錯誤訊息：{ex.Message}";
97                          richTextBox2.Text = "";
98                      }
99              }
100          }
101      }
102 }
```

説明

1. 第 21,43 行：ComputerVisionClient 物件的 AnalyzeImageInStreamAsync()為非同步方法，故呼叫時必須加上 await 關鍵字，使用的事件處理函式也要定義為 async。

2. 第 34,37 行：建立 ComputerVisionClient 類別物件 visionClient，同時指定電腦視覺服務的金鑰與端點給 visionClient。

3. 第 40 行：建立 VisualFeatureTypes 陣列物件 visualFeatures，用來存放影像要分析的項目。

4. 第 43 行：執行 visionClient 物件的 AnalyzeImageInStreamAsync()方法，同時傳入要分析的檔案以及要分析列舉陣列 visualFeatures，接著會傳回 ImageAnalysis 影像分析物件 res，此物件可取得影像更細部的資訊。

5. 第 54-81 行：將影像分析的說明、臉部數量(人數)、成人資訊、地標顯示於 richTextBox1。

6. 第 84 行：將 ImageAnalysis 影像分析物件 res 轉成 JSON 字串並顯示於 richTextBox2。

7. 由 JSON 資訊可知，ImageAnalysis 影像分析物件 res 的 Faces 集合的每一個物件含有 FaceRectangle 屬性，可用來取得照片人物中的臉部位置與大小。

```
"faces":☐[
    ☐{
        "age":0,
        "gender":null,
        "faceRectangle":☐{
            "left":335,
            "top":127,
            "width":60,
            "height":60
        }
    },
    ☐{
        "age":0,
        "gender":null,
        "faceRectangle":☐{
            "left":183,
            "top":135,
            "width":60,
            "height":60
        }
    },
```

範例 ：cv03.sln

延續上例，使用 GDI+ 與 ImageAnalysis 影像分析物件的 Faces 集合取得影像中的人數，同時在影像中繪製矩形框住臉部。

執行結果

▲ 使用 GDI+繪圖在臉部繪製矩形

操作步驟

Step 01　開啟 cv02.sln 範例

Step 02　新增灰底處程式碼(第 89-112 行)

此處程式依 pictureBox1 和分析影像原圖的寬高進行比例計算,同時找出實際 pictureBox1 要畫矩形的 left、top、width、height。最後再使用 GDI+ 在 pictureBox1 上繪製臉部矩形框。

程式碼　FileName:Form1.cs

```
01 using System.IO;
02 using Newtonsoft.Json;
03 using Microsoft.Azure.CognitiveServices.Vision.ComputerVision;
04 using Microsoft.Azure.CognitiveServices.Vision.ComputerVision.Models;
......
85
86            //pictureBox1 顯示指定的圖片
87            pictureBox1.Image = new Bitmap(imagePath);
88
89            //重繪 pictureBox1
90            pictureBox1.Refresh();
91
92            // 取得原圖的 height, width
93            float floPhysicalHeight =
                    pictureBox1.Image.PhysicalDimension.Height;
94            float floPhysicalWidth =
                    pictureBox1.Image.PhysicalDimension.Width;
95            // 取得 pictureBox1 的 height, width
96            int intVedioWidth = pictureBox1.Width;
97            int intVedioHeight = pictureBox1.Height;
98
99            //在 pictureBox1 的人臉上畫出矩形
100            Graphics g = pictureBox1.CreateGraphics();
101            Pen p = new Pen(Color.Blue, 2);
102            int left, top, width, height;
103            for (int i = 0; i < res.Faces.Count; i++)
104            {
105                // 依比例找出實際 pictureBox1 要畫矩形的 left, top, width, height
```

| 106 | ```
left=(int)(intVedioWidth * res.Faces[i].FaceRectangle.Left
       / floPhysicalWidth);
``` |
| 107 | ```
top=(int)(intVedioHeight * res.Faces[i].FaceRectangle.Top
       / floPhysicalHeight);
``` |
| 108 | ```
width=(int)(intVedioWidth * res.Faces[i].FaceRectangle.Height
       / floPhysicalWidth);
``` |
| 109 | ```
height=(int)(intVedioHeight * res.Faces[i].FaceRectangle.Width
       / floPhysicalHeight);
``` |
110	`            g.DrawRectangle(p, left, top, width, height);`
111	`        }`
112	`    g.Dispose();`
113	`    //釋放影像串流資源`
114	`    fs.Close();`
115	`    fs.Dispose();`
116	`    GC.Collect();`
117	`}`

......

24.3 Face API 臉部服務

24.3.1 Face API 簡介

Face API 是 Microsoft Azure 雲端平台最新穎的臉部辨識服務，開發人員不需要機器學習的專長，即可以在應用程式中加入臉部辨識功能。其功能包含人臉比對、人臉偵測、辨識臉部表情。而臉部表情可辨識出快樂、藐視、中立和恐懼…等資訊。

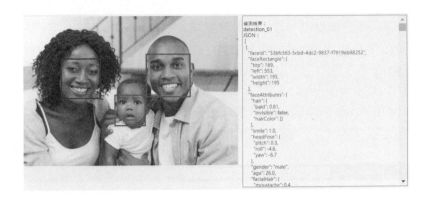

因為臉部資訊隱私權，以及支援微軟負責任 AI 原則，目前 Face API 臉部服務預設僅可使用臉部偵測與部份臉部分析功能，例如：臉部配件、是否配載眼鏡、頭部姿勢、微笑...等；而像是臉部年齡、性別、表情、化妝、頭髮與人臉比對(臉部辨識)等含有隱私權功能，目前僅提供微軟受管理的客戶和合作夥伴使用。若想要申請更完整臉部服務功能，可到「https://customervoice.microsoft.com/Pages/ ResponsePage. aspx?id=v4j5cvGGr0GRqy180BHbR7en2Ais5pxKtso_Pz4b1_xUQjA5SkYzNDM4Tkc wQzNEOE1NVEdKUUlRRCQlQCN0PWcu」網頁填寫表單進行申請。

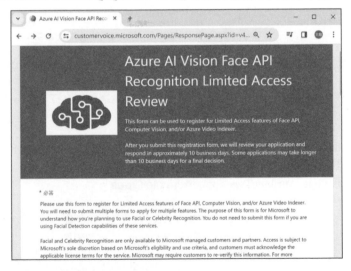

24.3.2 Face API 臉部屬性

Face API 臉部服務預設可取得臉部屬性，透過臉部屬性可取得臉部配件、是否配載眼鏡、頭部姿勢、微笑指數...等資訊；而含有隱私權的臉部資訊，例如表情、年齡、性別等…預設無提供，必須向微軟申請才能使用。本書僅介紹預設可取得的臉部屬性。以下是使用 Face API 臉部服務與臉部屬性的步驟，完整實作可參閱 FaceAPI01 範例。

Step 01　前往 Azure 申請 Face API 臉部服務的金鑰(Key)與端點(Url)。

Step 02　專案安裝 Microsoft.Azure.CognitiveServices.Vision.Face 套件。

Step 03　建立 FaceAttributeType 列舉陣列物件 faceAttributeTypes，用來存放欲指定的臉部屬性。寫法如下：

```
// 指定 faceAttributeTypes 要傳回的臉部屬性
// 註解處預設無法使用，必須向微軟申請
IList<FaceAttributeType> faceAttributeTypes =
    new List<FaceAttributeType> {
            //FaceAttributeType.Age,              //年齡
            //FaceAttributeType.Emotion,          //表情
            //FaceAttributeType.FacialHair,       //臉部毛髮
            //FaceAttributeType.Gender,           //性別
            //FaceAttributeType.Hair,             //頭髮
            //FaceAttributeType.Makeup,           //化妝
            FaceAttributeType.Accessories,        //配件
            FaceAttributeType.Glasses,            //眼鏡
            FaceAttributeType.HeadPose,           //頭部姿勢
```

```
            FaceAttributeType.Occlusion,        //咬合
            FaceAttributeType.Smile,            //微笑
            FaceAttributeType.QualityForRecognition   //品質認可
};
```

Step 04　建立 FaceClient 類別物件 faceClient，同時指定 Face API 服務的金鑰和端點。寫法如下：

```
//建立 FaceClient 物件，同時指定的服務金鑰 Key
FaceClient faceClient = new FaceClient(
        new ApiKeyServiceClientCredentials("FaceAPI 服務的金鑰(key)"),
        new System.Net.Http.DelegatingHandler[] { });

//FaceClient 物件指定服務 Api 位址
faceClient.Endpoint = "FaceAPI 服務的端點(Url)";
```

Step 05　執行 faceClient 的 Face.DetectWithStreamAsync()方法並指定要使用的臉部屬性 faceAttributeTypes，接著將結果傳回給 DetectedFace 臉部集合物件 detectedFaces。寫法如下：

```
// 宣告 DetectedFace 物件泛型介面
IList<DetectedFace>? detectedFaces;

// 偵測臉部模型採用 Detection01，指定所有的臉部屬性 faceAttributeTypes
detectedFaces = await faceClient.Face.DetectWithStreamAsync(影像串流,
            returnFaceAttributes: faceAttributeTypes,
            detectionModel: DetectionModel.Detection01,
            recognitionModel: RecognitionModel.Recognition04);
```

Step 06　Face 物件的 Attributes 可取得影像中臉部屬性，例如將影像中所有臉部的資訊如年齡、性別、情緒...等合併於 str 字串。寫法如下：

```
for (int i = 0; i < detectedFaces.Count(); i++)
{
  str += $"第 {i + 1} 人臉部資訊=>\n" +
  // 註解處預設無法使用，必須向微軟申請
  //$"\t 性別：{detectedFaces[i].FaceAttributes.Gender}\n" +
  //$"\t 年齡：{detectedFaces[i].FaceAttributes.Age}\n" +
  //$"\t$"快樂指數：{detectedFaces [i].FaceAttributes.Emotion.Happiness}\n" +
  //$"\t$"生氣指數：{detectedFaces [i].FaceAttributes.Emotion.Anger}\n" +
  //$"\t$"悲傷指數：{detectedFaces [i].FaceAttributes.Emotion.Sadness}\n" +
```

```
//$"\t$"鄙視指數：{detectedFaces [i].FaceAttributes.Emotion.Contempt}\n" +
//$"\t$"厭惡指數：{detectedFaces [i].FaceAttributes.Emotion.Disgust}\n" +
//$"\t$"恐懼指數：{detectedFaces [i].FaceAttributes.Emotion.Fear}\n" +
//$"\t$"中性指數：{detectedFaces [i].FaceAttributes.Emotion.Neutral}\n" +
//$"\t$"驚喜指數：{detectedFaces [i].FaceAttributes.Emotion.Surprise}\n" +
$"\t 品質認可：{detectedFaces[i].FaceAttributes.QualityForRecognition}\n" +
$"\t 配載眼鏡：{detectedFaces[i].FaceAttributes
$"\t 微笑：{detectedFaces[i].FaceAttributes.Smile}\n";
}
```

Step 07　　DetectedFace 物件的 FaceRectangle 提供 Left、Top、Width、Height 可來取
　　　　　得影像中臉部位置與寬高，配合 GDI+可在影像的臉部位置繪製矩形。

範例：FaceAPI01.sln

　　練習製作分析臉部的程式。程式執行時可按下 [人臉分析] 鈕開啟開檔對話方塊並
指定要分析的影像，若影像中有人臉則多行文字方塊會顯示分析結果，如影像中
共有幾人，以及每個臉部的影像品質認可、微笑指數、是否戴眼鏡…等資訊。

執行結果

操作步驟

Step 01　　連上 Azure 雲端平台取得 Face API 臉部服務的金鑰(Key)和端點(Url)。

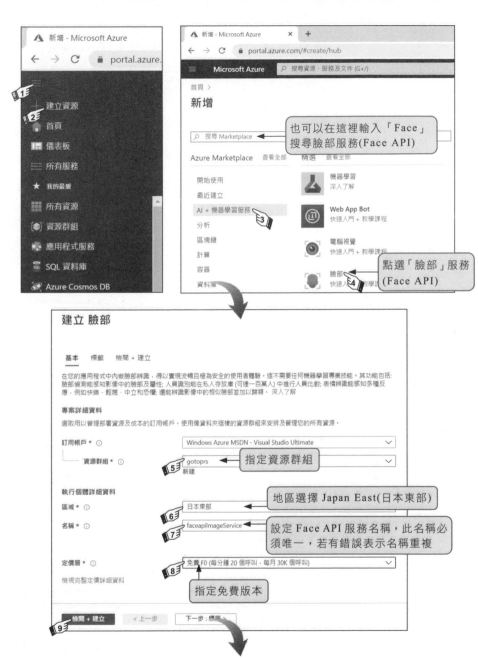

也可以在這裡輸入「Face」
搜尋臉部服務(Face API)

點選「臉部」服務
(Face API)

指定資源群組

地區選擇 Japan East(日本東部)

設定 Face API 服務名稱,此名稱必
須唯一,若有錯誤表示名稱重複

指定免費版本

建立 臉部 ✕

✓ 驗證成功

基本

訂用帳戶
Windows Azure MSDN - Visual Studio Ultimate

資源群組
gotoprs

區域
日本東部

名稱
faceapiImageService

定價層
免費 F0 (每分鐘 20 個呼叫，每月 30K 個呼叫)

建立 ⟨10 < 上一步 下一頁 下載自動化的範本

Microsoft Azure 搜尋資源、服務及文件 (G+/) wltasi@yahoo.com.tw
AZUREAD

首頁 >
Microsoft.CognitiveServicesFace-2(
部署

搜尋 (Ctrl+/) 🗑 刪除 ⊘ 取消

概觀 歡迎您提供寶貴的意見

輸入
輸出 ✓ 您的部署已
範本
部署名稱: Micros
訂用帳戶: Window
資源群組: gotop

服務建立完成會出現 前往資源 部署詳細資料 (下

鈕，按下此鈕會直接跳到該服 後續步驟
務設定畫面。 ▶ 前往資源

通知 ✕

活動記錄中的其他事件 → 全部關閉 ∨

✓ 已成功部署
目標為資源群組 'gotoprs' 的部署 'Microsoft.CognitiveServicesFace-
20200829205924' 成功。

前往資源群組 釘選到儀表板
幾秒鐘前

ℹ 尚餘點數 $4,535.00 點
訂用帳戶 'Windows Azure MSDN - Visual Studio Ultimate' 尚餘價值 $4,535.00 元
的點數。
3 小時之前

Microsoft Azure 搜尋資源、服務及文件 (G+/)
⟨11

Azure 服務

＋ 建立資源 認知服務⟨12 所有資源 SQL 資料庫 應用程式服務 資源群組 訂用帳戶

也可以點選 [所有資源] 查詢
目前帳號所建立的服務

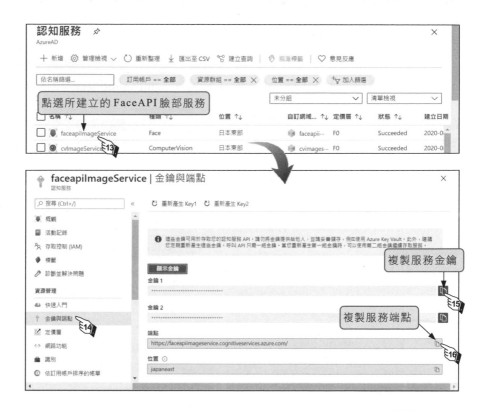

上圖的 Face API 臉部服務提供兩組金鑰和一個端點。請使用 鈕將其中一組服務金鑰和端點複製到文字檔內，金鑰和端點撰寫程式需要使用。

Step 02　建立表單輸出入介面

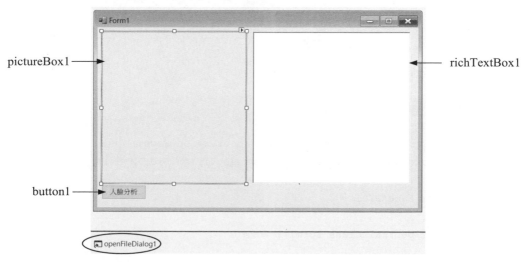

Step 03 安裝 Face API 臉部套件

在方案總管視窗的「參考」按滑鼠右鍵執行【管理 NuGet 套件(N)】，接著依圖示操作安裝「Microsoft.Azure.CognitiveServices.Vision.Face」套件。

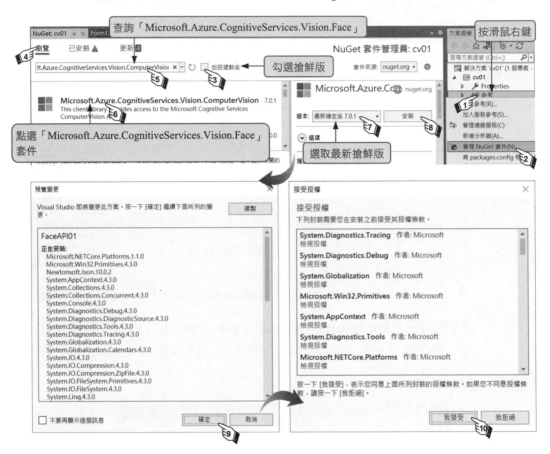

Step 04 撰寫程式碼

程式碼 FileName:Form1.cs

```
01 using System.IO;
02 using Microsoft.Azure.CognitiveServices.Vision.Face;
03 using Microsoft.Azure.CognitiveServices.Vision.Face.Models;
04
05 namespace FaceAPI01
06 {
07     public partial class Form1 : Form
08     {
```

```
09        public Form1()
10        {
11            InitializeComponent();
12        }
13
14        private void Form1_Load(object sender, EventArgs e)
15        {
16            pictureBox1.SizeMode = PictureBoxSizeMode.StretchImage;
17            pictureBox1.BorderStyle = BorderStyle.FixedSingle;
18        }
19
20        private async void button1_Click(object sender, EventArgs e)
21        {
22            if (openFileDialog1.ShowDialog() == DialogResult.OK)
23            {
24                try
25                {
26                    // 指定 Face API 臉部辨識服務的金鑰與服務端點
27                    string apiUrl, apiKey, imagePath;
28                    apiUrl = "申請的 Face API 臉部服務端點";
29                    apiKey = "申請的 Face API 臉部服務金鑰";
30
31                    imagePath = openFileDialog1.FileName;
32
33                    //使用 FileStream 物件 stream 開啟圖檔
34                    FileStream stream=File.Open(imagePath,FileMode.Open);
35
36                    //建立 FaceClient 物件，同時指定的服務金鑰 Key
37                    FaceClient faceClient = new FaceClient(
                        new ApiKeyServiceClientCredentials(apiKey),
                        new System.Net.Http.DelegatingHandler[] { });
38
39                    //FaceClient 物件指定服務 Api 位址
40                    faceClient.Endpoint = apiUrl;
41
42                    // 宣告 DetectedFace 物件泛型介面
43                    IList<DetectedFace> detectedFaces;
44
```

45	// 指定 faceAttributeTypes 要傳回的臉部屬性，註解處預設無法使用
46	IList<FaceAttributeType> faceAttributeTypes =
	new List<FaceAttributeType> {
	//FaceAttributeType.Age, //年齡
	//FaceAttributeType.Emotion, //表情
	//FaceAttributeType.FacialHair, //臉部毛髮
	//FaceAttributeType.Gender, //性別
	//FaceAttributeType.Hair, //頭髮
	//FaceAttributeType.Makeup, //化妝
	FaceAttributeType.Accessories, //配件
	FaceAttributeType.Glasses, //眼鏡
	FaceAttributeType.HeadPose, //頭部姿勢
	FaceAttributeType.Smile, //微笑,
	FaceAttributeType.QualityForRecognition
	};
47	// 偵測臉部模型採用 Detection01，指定所有的臉部屬性 faceAttributeTypes
48	detectedFaces =
	await faceClient.Face.DetectWithStreamAsync(stream,
	returnFaceAttributes: faceAttributeTypes,
	detectionModel: DetectionModel.Detection01,
	recognitionModel: RecognitionModel.Recognition04);
49	
50	// 若辨識失敗傳回 null，並顯示錯誤訊息，同時離開此事件
51	if (detectedFaces == null)
52	{
53	richTextBox1.Text = "偵測失敗，請重新指定圖檔";
54	return;
55	}
56	
57	string str=$"影像中共有 {detectedFaces.Count()} 人\n";
58	for (int i = 0; i < detectedFaces.Count(); i++)
59	{
60	str += $"第 {i + 1} 人臉部資訊=>\n" +
61	//$"\t 性別：{detectedFaces[i].FaceAttributes.Gender}\n" +
62	//$"\t 年齡：{detectedFaces[i].FaceAttributes.Age}\n" +
63	//$"\t 快樂程度：{detectedFaces[i].FaceAttributes.Emotion.Happiness}\n"+
64	//$"\t 驚喜程度：{detectedFaces[i].FaceAttributes.Emotion.Surprise}\n" +

```
65            //$"\t 生氣程度：{detectedFaces[i].FaceAttributes.Emotion.Anger}\n" +
66            //$"\t 悲傷程度：{detectedFaces[i].FaceAttributes.Emotion.Sadness}\n" +
67            //$"\t 中立程度：{detectedFaces[i].FaceAttributes.Emotion.Neutral}\n" +
68            $"\t 品質認可：{detectedFaces[i].FaceAttributes.QualityForRecognition}\n" +
69            $"\t 配載眼鏡：{detectedFaces[i].FaceAttributes.Glasses}\n" +
70            $"\t 微笑：{detectedFaces[i].FaceAttributes.Smile}\n";
71                    }
72
73            // 將圖片分析結果顯示於 richTextBox1
74            richTextBox1.Text = str;
75            //pictureBox1 顯示指定的圖片
76            pictureBox1.Image = new Bitmap(imagePath);
77            //重繪 pictureBox1
78            pictureBox1.Refresh();
79
80            // 取得原圖和 pictureBox1 的寬高
81            float floPhysicalWidth =
                    pictureBox1.Image.PhysicalDimension.Width;
82            float floPhysicalHeight =
                    pictureBox1.Image.PhysicalDimension.Height;
83            int intVedioWidth = pictureBox1.Width;
84            int intVedioHeight = pictureBox1.Height;
85
86            //在 pictureBox1 的人臉上畫出矩形
87            Graphics g = pictureBox1.CreateGraphics();
88            Pen p = new Pen(Color.Red, 2);
89            int left, top, width, height;
90            for (int i = 0; i < detectedFaces.Count; i++)
91                {
92            // 依比例找出實際 pictureBox1 要畫矩形的範圍(left, top, width, height)
93                    left = (int)(intVedioWidth * detectedFaces[i]
                            .FaceRectangle.Left / floPhysicalWidth);
94                    top = (int)(intVedioHeight * detectedFaces[i]
                            .FaceRectangle.Top / floPhysicalHeight);
95                    width = (int)(intVedioWidth * detectedFaces[i]
                            .FaceRectangle.Width / floPhysicalWidth);
96                    height = (int)(intVedioHeight * detectedFaces[i]
                            .FaceRectangle.Height / floPhysicalHeight);
```

97	g.DrawRectangle(p, left, top, width, height);
98	}
99	//釋放影像串流資源
100	stream.Close();
101	stream.Dispose();
102	GC.Collect();
103	}
104	catch (Exception ex)
105	{
106	richTextBox1.Text = ex.Message;
107	}
108	}
109	}
110	}
111	}

　　F0 定價層 1 分鐘只能分析 20 張影像；而 S0 定價層 1 秒能分析 10 張影像，且 1000 張才 30 元。若 Face API 定價層 F0 不敷使用，可依下列操作將定價層調整至 S0。

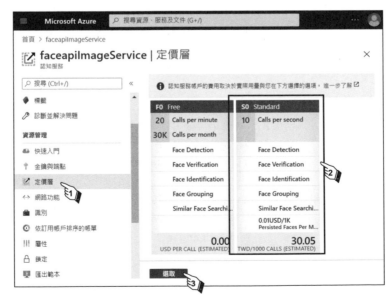

OpenAI API 開發-
聊天機器人與 AI 繪圖程式

CHAPTER

25

25.1 認識 ChatGPT

「ChatGPT」AI 聊天機器人於 2022 年 11 月 30 日推出後，由於能夠快速自動處理文字生成、問題解答、摘要…等多重任務，所以瞬間爆紅僅上線兩個月就擁有上億使用者。由於 ChatGPT 的崛起，而且還不斷擴充其學習能力，人類因此產生可能被 AI (人工智慧) 取代的焦慮。

25.1.1 ChatGPT 是什麼

ChatGPT (Chat Generative Pre-trained Transformer，聊天生成型預訓練變換模型)，是由 OpenAI 人工智慧研究實驗室所開發的人工智慧聊天機器人程式。2022 年 11 月所推出的版本，是根據 GPT-3.5 架構的模型，以監督、強化、深度…等學習所訓練而成，目前 GPT-4.0 版已經推出 (版本會隨時更新)。

ChatGPT 主要是以文字方式，用人類自然的對話方式來進行互動，可以完成複雜的工作，例如根據輸入的提問回覆可能的答案，或根據輸入的條件產生指定的企劃文案，甚至還能編寫電腦程式。使用者註冊登入 ChatGPT 後，推廣期間可以免費與 AI 機器人進行對話。OpenAI 會根據使用者運用的情形，繼續訓練和微調 ChatGPT，使得其功能和正確性可以不斷地增強。付費版 ChatGPT Plus，每月只需支付 20 美元，就可以享受優先使用權和更快的載入時間。

1. **基本問答**：詢問各種領域的基本知識，或是進行翻譯，例如：「C#的功能為何」、「將我愛妳翻譯成日文」、「推薦五部適合情人節觀看的電影」、「跟兔子有關的笑話」。

 您
C#的功能為何

 ChatGPT
C#（C-Sharp）是一種由微軟開發的多範式程式設計語言。它具有以下主要功能和特點：

1. **簡潔而現代的語法**：C# 設計為一種簡潔、現代且容易閱讀的語言，具有許多現代程式設計語言的特性。
2. **物件導向**：C# 是一種物件導向語言，它支援類、物件、封裝、繼承和多型等物件導向程式設計概念。
3. **型別安全**：C# 是一種強型別語言，這意味著在編譯時期就會檢查型別，提供更高的程式碼安全性。

2. **進階問答**：可以進一步詢問需要整理、分析的問題，例如：「使用 C#設計學生成績管理系統的步驟」、「檢查 "There's some students in the classroom."的文法」、「分析西遊記中孫悟空的個性」。

 檢查"There's some students in the classroom. "的文法

 "There's some students in the classroom" 這句話在口語上是可以接受的，但在書面語或正式場合，可能需要更正確的表達方式。以下是可能的修正方式：

1. "There are some students in the classroom." (把 "is" 改成 "are"，因為 "students" 是複數形式)
2. "Some students are in the classroom." (改成主動語態)
3. "The classroom has some students in it." (重新組合句子)
4. "Several students are present in the classroom." (使用 "several" 代替 "some"，並加強表達方式)

3. **創意發想**：提供各種具體條件後，由 ChatGPT 來構思和完成創意性工作，例如：「規劃由台中出發到花蓮三日遊的行程」、「以雨、霧、太陽、微風為主題撰寫情歌歌詞」、「設計國小高年級體驗省水重要性的教案」、「寫一篇關於友情和團隊合作的童話故事」。

> **文龍**　寫一篇關於友情和團隊合作的童話故事

> 很久很久以前，有一群小動物住在森林裡。他們經常一起玩耍，交流彼此的故事和夢想。他們相互扶持，彼此鼓勵，友誼深厚。
>
> 一天，一隻小鳥跌落在森林裡，它的翅膀受傷了，無法飛行。小鳥哀求其他動物幫助它，但是他們都很忙碌，沒有時間幫助小鳥。最後，小鳥遇到了一隻貓，它願意幫助小鳥，給它照顧和安慰。

4. **情境模擬**：ChatGPT 可以模擬指定風格、角色，來解決、建議或完成工作，例如：「請你扮演資深 CEO 為手工餅乾店構思 3 個商業模式」、「請以周杰倫風格創作一首檸檬汽水的廣告歌曲」。

> **文龍**　請以周杰倫風格創作一首檸檬汽水的廣告歌曲

> 我們來嚐嚐，檸檬汽水的味道
> 清新開胃，讓你忘卻煩惱
> 微甜微酸，就像是生活中的情感
> 讓人回味無窮，讓人心情明朗
>
> 檸檬汽水，是你快樂的好夥伴
> 每一口，都能讓你感受到甜蜜的滋味
> 就像是夏日的陽光，照亮你的心房
> 讓你感到幸福，讓你感到自在
>
> 讓我們一起，喝上一口檸檬汽水
> 享受生命的美好，感受愛的魔力

5. **程式開發**：ChatGPT 也可以進行程式開發，例如讀程式碼、讀程式碼並幫程式加上註解、解 Bug 與重構程式碼。例如：「請提供 C#大樂透程式碼」、「提供 C#程式碼產品類別擁有編號、品名、單價成員」、「設計 C#視窗程式擁有帳號、密碼與登入按鈕」。

25.1.2 ChatGPT 的註冊

了解 ChatGPT 後，接著說明 ChatGPT 的註冊與使用方法。

Step 01 進入 ChatGPT 網站

開啟瀏覽器進入 ChatGPT 網站，輸入網址：https://chat.openai.com/auth/login，
點按「註冊」進行註冊。

Step 02 選擇註冊方式

註冊方式有三種，可以使用 Email 註冊，或是直接綁定 Google 或微軟帳號。

下面使用微軟帳號為例說明註冊的步驟，其他註冊方式的操作步驟大致相同。

Step 03 身份驗證

首先輸入名字和姓氏，點按「Continue」繼續身份驗證。接著輸入手機號碼 (注意第一個 0 必須去掉)，點按「Send code」送出。手機會收到簡訊，將簡訊中六位數的驗證碼輸入，就完成身份驗證。

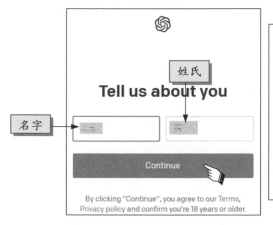

輸入簡訊中的驗證碼

Step 04 提醒事項

完成後 ChatGPT 會提醒一些收集資料…等事項，就一直點按 「Next」繼續，最後點按「Done」完成註冊動作。

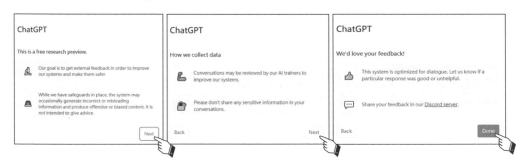

25.2 OpenAI API 申請付費帳戶

由上一章可知 ChatGPT 可以使用人類自然的對話方式來進行互動，完成複雜的工作，例如：文本生成新聞稿與產品描述說明、文本修訂與生成摘要、信件回覆、履歷撰寫、創意企畫發想、語言翻譯與程式開發等應用。

為了讓開發人員與企業有更多的應用，Open AI 釋出了 API 讓開發人員與企業可將 ChatGPT 技術導入專案、網站、App 或產品中。它是一個自然語言處理 API，它基於大型語言模型 GPT-3.5，目前 GPT-4.0 版已經推出 (版本會隨時更新)，此外還提供 AI 繪圖相關套件程式讓開發人員使用。OpenAI 付費帳戶申請方式如下：(可能會隨著網頁改版使畫面不一樣)

Step 01 前往「https://chat.openai.com/auth/login」網頁，再登入 OpenAI 帳戶。

Step 02 連接到「https://platform.openai.com/account/usage」Usage 網頁(可能會更換網址)，此頁面可查詢目前 OpenAI API 的使用額度，下節介紹。

Step 03 　點選「Settings」下的「Billing」連結切換到「Billing settings」說明頁面，再點選 [Add payment details] 鈕，由出現的「What best describes you?」畫面繼續點選「Individual」進行個人付費申請，依步驟指示填寫個人與信用卡資料完成申請。

Billing settings

Overview　Payment methods　Billing history　Preferences

Free trial

Credit remaining ⓘ

$0.00

[Add payment details]　[View usage]

ⓘ　**Note:** This does not reflect the sta...

What best describes you?　　✕

🙍 **Individual**
I'm an individual　　　　　　　>

🏛 **Company**
I'm working on behalf of a company　>

🗖　**Payment methods**
　　Add or change payment metho...

🔯　**Preferences**

Set up payment method

Pay as you go
A temporary authorization hold will be placed on your card for $5. At the end of each calendar month, you'll be charged for all usage that happened during the month.

What is a temporary authorization hold?
Learn more about pricing ⤢

Card information

| 🔲 卡號 | 月/年 | CVC |

Name on card

| Acme |

Billing address

| Country | ⌄ |

| Address line 1 |

| Address line 2 |

| City | Postal code |

| State, county, province, or region |

Cancel　[Set up payment method]

Step 04 完成申請後點選「Settings」下的「Limits」切換到限制頁面。此頁面說明各模型的速率限制，以及設定額度限制。「Set a monthly budget」可設定每月使用額度，「Set an email notification threshold」是每月達到此額度時將發送一封通知電子郵件。透過「Set a monthly budget」和「Set an email notification threshold」開發人員可依自己需求調整所需額度。

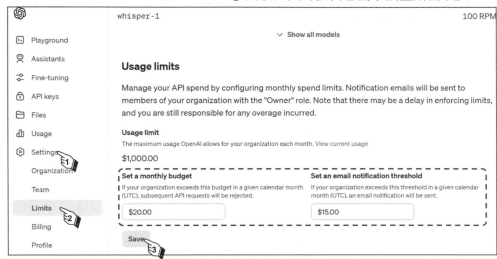

Step 05 若要取消付費帳戶可點選「Settings」下的「Billing」連結切換到「Billing setting」頁面，再點選 Cancel billing plan 鈕，由出現的「Cancel plan」畫面繼續點選 Cancel plan 鈕取消個人付費申請。

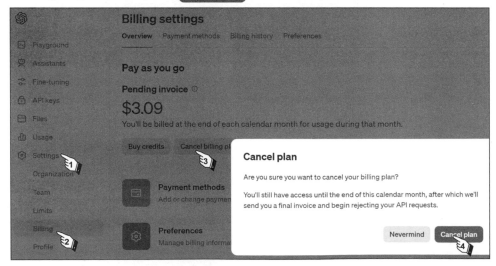

25.3 OpenAI API 服務金鑰申請

若要申請 Open AI 的 API 金鑰，可以按照以下步驟進行：

Step 01 前往「https://chat.openai.com/auth/login」網頁，再登入 OpenAI 帳戶。

Step 02 連接到「https://platform.openai.com/account/usage」Usage 網頁(可能會更換網址)，查詢目前 OpenAI API 可使用額度，使用模型(Model) gpt-3.5-turbo 的費用計算方式每 1000 token 收費 0.002 美元，1 個 token 為 4 個 characters (依照使用的模型會有不同的收費)。如下圖 Usage 網頁會呈現指定月份每天的用量，以及使用資訊。

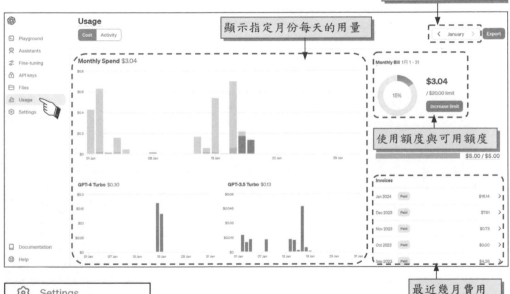

若 API(即 OpenAI 服務)可用額度想要調整，如左圖可點選 Settings 下的 Limits 進行設定。若要取消個人付費申請，可如左圖點選 Settings 下的 Billing 連結進行設定。關於設定方式可參閱 25.2 節。

Step 03 點按下圖 API Keys 連結切換到 API Keys 網頁,按下 `+ Create new secret key` 鈕,接著依照圖示操作完成申請 API 金鑰 (API Key),記得將申請的 API 金鑰複製並儲存到安全的地方。一旦按下 `Done` 鈕或離開畫面,就無法再看到目前申請的 API 金鑰。(申請金鑰步驟可能隨著網頁改版而改變)

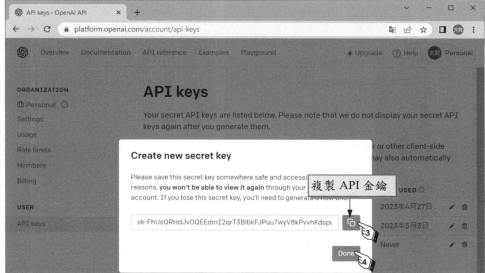

完成 API 金鑰的申請,此時開發人員就可以使用 Java、C#或 Python 語言,透過申請的 API 金鑰來呼叫 Open AI 的服務進行聊天文字生成與 AI 繪圖。

25.4 使用 Open AI 製作聊天機器人

25.4.1 ChatGPT 聊天機器人初體驗

如下是使用 OpenAI 製作 ChatGPT 聊天機器人的步驟，完整實作可參閱 ChatGPT01 範例。

Step 01 前往 OpenAI 申請金鑰 (Key)，步驟可參考 25.3 節。

Step 02 在專案安裝 OpenAI 套件。

Step 03 使用 OpenAI API 物件進行對話操作，並取得聊天機器人的回應 (ChatResut)，寫法如下：

```
// 使用 OpenAI 金鑰建立 OpenAIAPI 物件
OpenAIAPI oenai 物件 = new OpenAIAPI("OpenAI API 金鑰");

// 透過 OpenAIAPI 物件執行對話操作並取得回應結果 CharResult 物件
ChatResult chatResult =
    await oenai 物件.Chat.CreateChatCompletionAsync(new ChatRequest()
    {
       Model = Model.ChatGPTTurbo,          //使用模型
       Messages = new ChatMessage[]          //指定聊天訊息
       {
          new ChatMessage(ChatMessageRole.User, prompt)  //聊天提示
       }
    });
```

Step 04 ChatResult 物件包含 OpenAI 模型回應的相關資訊，如生成的文本、回應的信度…等。ChatResult 物件的 Choices[0].Message.Content 屬性可取得生成的文本。

```
// 將回傳結果顯示在 richTextBox1 中
var reply = chatResult.Choices[0].Message.Content;
richTextBox1.Text = reply;
```

接著以 ChatGPT01 範例來練習製作聊天機器人。

⬇ **範例**：ChatGPT01.sln

使用 OpenAI 的 API 金鑰製作簡易的 ChatGPT 聊天機器人。當使用者指定提示(即詢問問題)後按下 ┃ 傳送 ┃ 鈕即將提示傳送給 OpenAI API。接著 OpenAI API 即會將回覆結果顯示於上方的多行文字方塊；而所有回應資訊會以 JSON 格式顯示在下方的多行文字方塊內。

執行結果

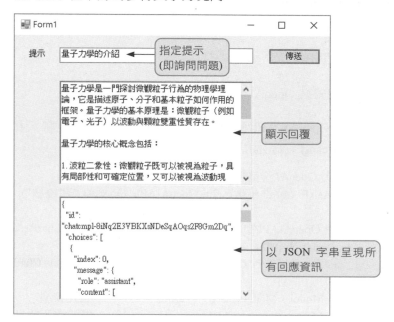

操作步驟

Step 01 前往 OpenAI 申請金鑰 (Key)，步驟可參考 25.3 節。

Step 02 安裝 OpenAI 套件。在方案總管視窗的「參考」按滑鼠右鍵執行【管理 NuGet 套件(N)】，接著依圖示操作安裝「OpenAI」套件。

Step 03　建立表單輸出入介面

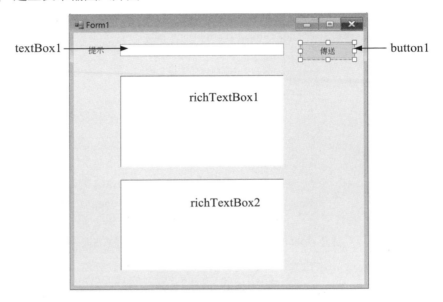

Step 04　撰寫程式碼

程式碼　FileName:Form1.cs

```
01 using OpenAI_API;
02 using OpenAI_API.Chat;
03 using OpenAI_API.Models;
04 using Newtonsoft.Json;
05 using Newtonsoft.Json.Linq;
06
07 namespace ChatGPT01
08 {
```

```
09    public partial class Form1 : Form
10    {
11        public Form1()
12        {
13            InitializeComponent();
14        }
15
16        private async void button1_Click(object sender, EventArgs e)
17        {
18            // 從 textBox1 中取得使用者輸入的提示
19            string prompt = textBox1.Text;
20
21            // 判斷提示是否為空，若是則顯示「提示不能空白」並離開事件
22            if (string.IsNullOrEmpty(prompt))
23            {
24                MessageBox.Show("提示不能空白");
25                return;
26            }
27
28            try
29            {
30                //  使用 OpenAI API 金鑰建立 OpenAIAPI 物件 api
31                OpenAIAPI api = new OpenAIAPI("OpenAI API 金鑰");
32
33                // 透過 OpenAIAPI 物件執行對話(Chat)操作並取得回應結果 CharResult 物件
34                ChatResult chatResult = await
                    api.Chat.CreateChatCompletionAsync(new ChatRequest()
35                {
36                    Model = Model.ChatGPTTurbo,        //使用模型
37                    Messages = new ChatMessage[]        //指定聊天訊息
38                    {    //指定聊天提示
39                        new ChatMessage(ChatMessageRole.User, prompt)
40                    }
41                });
42
43                // 將回傳結果顯示在 richTextBox1 中
44                var reply = chatResult.Choices[0].Message.Content;
45                richTextBox1.Text = reply;
```

46	
47	//將回傳結果序列化為 JSON 字串，同時將 JSON 字串格化顯示在 richTextBox2 中
48	string jsonStr=JsonConvert.SerializeObject(chatResult);
49	richTextBox2.Text = JObject.Parse(jsonStr).ToString();
50	}
51	catch (Exception ex)
52	{
53	// 捕捉例外情況，顯示錯誤訊息
54	MessageBox.Show($"發生錯誤：{ex.Message}");
55	}
56	}
57	}
58	}

說明

1. 第 1-5 行：引用相關命名空間。

2. 第 31 行：建立 OpenAIAPI 類別物件 api，同時指定金鑰。關於金鑰請讀者自行申請。

3. 第 48-49 行：將回應結果 CharResult 物件轉成 JSON 字串並顯示於 richTextBox2，下列使用 JSON 說明 CharResult 類別物件對應的屬性。

```
{
    "id": "chatcmpl-8imk3HM3ieW7K3HkyYUf1L43fxqHR",
    "choices": [
        {
            "index": 0,
            "message": {
                "role": "assistant",
                "content": [
                    {
                        "type": "text",
                        "text": "量子力學是一門研究微觀世界的物理學科，它揭示了原子、分子、基本粒子等微觀粒子的行為和性質。........",
                        "image_url": null
                    }
                ],
                "name": null
            },
```

回覆內容可由
chatResult.Choices[0].Message.Content 取得

```
      "finish_reason": "stop",
      "delta": null
    }
  ],
  "usage": {                        完成 token 數量(提示 token+回覆 token)
    "completion_tokens": 736,
    "prompt_tokens": 16,            提示 token 數量
    "total_tokens": 752            回覆 token 數量
  },
  "created": 1705684487,
  "model": {
    "id": "gpt-3.5-turbo-0613",
    "owned_by": null,
    "object": null,
    "created": null,
    "permission": [],
    "root": null,
    "parent": null
  },
  "object": "chat.completion"
}
```

25.4.2 常用聊天參數

OpenAIAPI 物件執行 Chat.CreateChatCompletionAsync() 可指定 ChatResult 聊天結果物件 chatResult，此物件提供 Message、Temperature、PresencePenalty、FrequencyPenalty 以及 MaxTokens 參數，讓生成文本更加豐富。寫法如下：

```
// 透過 OpenAIAPI 物件執行對話(Chat)操作並取得回應結果 CharResult 物件
ChatResult chatResult = await
    oenai 物件.Chat.CreateChatCompletionAsync(new ChatRequest()
{
   Model = Model.ChatGPTTurbo,        //使用模型
   Messages = new ChatMessage[]       //指定聊天訊息
   {
      new ChatMessage(ChatMessageRole.System, "你是網路行銷小編"),
      new ChatMessage(ChatMessageRole.User, "幫我寫人中之龍 IG 貼文")
   },
```

```
        Temperature =1.0,
        PresencePenalty = 0,
        FrequencyPenalty = 0,
        MaxTokens = 600,
    });
```

1. Model：主要輸入參數，指定使用的模型。不同的模型具有不同的能力和特性，可根據應用場景和需求來選擇適合的模型。

2. Message：主要輸入參數，用於指定 ChatMessage 物件，每個物件代表一種角色，分別為「System」、「User」或「Assistant」；System 可指定 ChatGPT 的角色身份；User 代表使用者可進行提示(詢問問題)；Assistant 是 ChatGPT 回覆的結果，用來做回答的歷史紀錄，讓 ChatGPT 進行連續對話。

3. Temperature：預設值為 1，指定介於 0~2 之間的浮點數資料。用來指定生成文字的多樣性。值越小，生成結果越保守，但也可能較為狹隘。值越大，生成的結果越多樣，但可能會失去一些邏輯性。

4. PresencePenalty：預設值為 0，指定介於-2.0~2.0 之間的浮點數資料。用來指定對先前生成的文本中已經出現過的詞語進行懲罰力度，即鼓勵使用未出現詞語以增加生成的多樣性。例如：生成文本有關食物內容頻繁出現為米、雞肉、豬肉等。若指定 PresencePenalty 大於 0，例如指定 0.6 或 0.9，則下次生成食物會傾向選擇不重複詞彙，例如麵、牛肉、羊肉等，進而增加生成文本的多樣性。

5. FrequencyPenalty：預設值為 0，指定介於-2.0~2.0 之間的浮點數資料。用來指定對高頻率詞語出現機率進行懲罰力度，即鼓勵使用低頻率詞語以增加生成的多樣性。例如：生成文本有關食物內容常見為米、雞肉、豬肉等。若指定 FrequencyPenalty 大於 0，例如 1.3 或 1.6，則生成食物可能會出現較不常見的詞彙，例如鮭魚奶油飯、鴨肉羹等，增加生成文本的多樣性。

6. MaxTokens：指定生成文本內容最大 token 數量，可防止模型生成過於冗長或不適合的回應。

📥 範例：ChatGPT02.sln

製作網路行銷聊天機器人小編， 透過提示與調整 MaxTokens、Temperature、PresencePenalty、FrequencyPenalty 參數，生成需要的行銷貼文與行銷策略。

執行結果

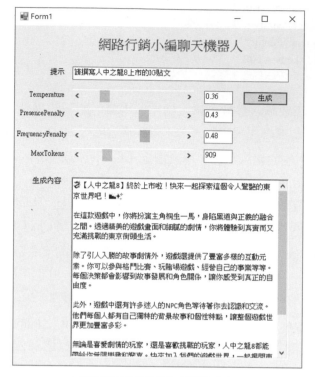

▲使用提示與參數產生所需的貼文

操作步驟

Step 01 前往 OpenAI 申請 API 金鑰 (Key)，步驟可參考 25.3 節。

Step 02 安裝 OpenAI 套件

在方案總管視窗的「參考」按滑鼠右鍵執行【管理 NuGet 套件 (N)】，接著依圖示操作安裝「OpenAI」套件。

Step 03 建立表單輸出入介面

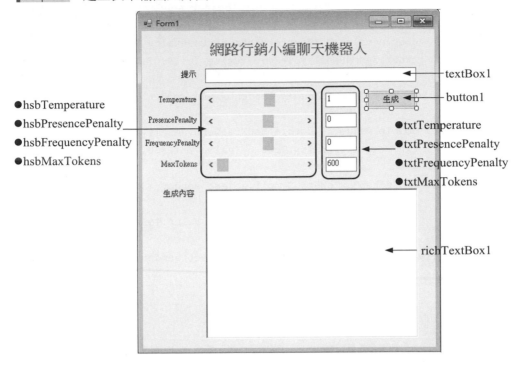

●hsbTemperature
●hsbPresencePenalty
●hsbFrequencyPenalty
●hsbMaxTokens

Step 04 撰寫程式碼

程式碼 FileName:Form1.cs

```
01 using OpenAI_API;
02 using OpenAI_API.Chat;
03 using OpenAI_API.Models;
04
05 namespace ChatGPT02
06 {
07     public partial class Form1 : Form
08     {
09         public Form1()
10         {
11             InitializeComponent();
12         }
13     private void hsbTemperature_Scroll(object sender, ScrollEventArgs e)
14         {
15             double value = (double)hsbTemperature.Value;
16             txtTemperature.Text = (value / 100.0).ToString();
```

```
17              }
18  private void hsbPresencePenalty_Scroll(object sender, ScrollEventArgs e)
19              {
20              double value = (double)hsbPresencePenalty.Value;
21              txtPresencePenalty.Text = (value / 100.0).ToString();
22              }
23    private void hsbFrequencyPenalty_Scroll(object sender, ScrollEventArgs e)
24              {
25              double value = (double)hsbFrequencyPenalty.Value;
26              txtFrequencyPenalty.Text = (value / 100.0).ToString();
27              }
28      private void hsbMaxTokens_Scroll(object sender, ScrollEventArgs e)
29              {
30              txtMaxTokens.Text = hsbMaxTokens.Value.ToString();
31              }
32        private async void button1_Click(object sender, EventArgs e)
33              {
34              // 從 textBox1 中取得使用者輸入的提示
35              string prompt = textBox1.Text;
36
37              // 判斷提示是否為空，若是則顯示「提示不能空白」並離開事件
38              if (string.IsNullOrEmpty(prompt))
39              {
40                  MessageBox.Show("提示不能空白");
41                  return;
42              }
43              try
44              {
45                  richTextBox1.Text = "讓我想想....";
46                  //  使用 OpenAI 金鑰建立 OpenAIAPI 物件 api
47                  OpenAIAPI api = new OpenAIAPI("OpenAI API 金鑰");
48
49          // 透過 OpenAIAPI 物件執行對話(Chat)操作並取得回應結果 CharResult 物件
50                  ChatResult chatResult = await
                    api.Chat.CreateChatCompletionAsync(new ChatRequest()
51                  {
52                      Model = Model.ChatGPTTurbo,          //使用模型
53                      Messages = new ChatMessage[]          //指定聊天訊息
54                      {
```

```
55                    new ChatMessage(ChatMessageRole.System,
                        "你是一位富創意，跟著時代潮流的網路行銷小編"),//指定角色
56                    new ChatMessage(ChatMessageRole.User,
                        prompt)    //指定聊天提示
57                },
58                Temperature = double.Parse(txtTemperature.Text),
59                PresencePenalty =
                    double.Parse(txtPresencePenalty.Text),
60                FrequencyPenalty =
                    double.Parse(txtFrequencyPenalty.Text),
61                MaxTokens = int.Parse(txtMaxTokens.Text),
62            });
63
64            // 將回傳結果顯示在 richTextBox1 中
65            var reply = chatResult.Choices[0].Message.Content;
67            richTextBox1.Text = reply;
68        }
69        catch (Exception ex)
70        {
71            // 捕捉例外情況，顯示錯誤訊息
72            MessageBox.Show($"發生錯誤：{ex.Message}");
73        }
74    }
75  }
76 }
```

25.5 OpenAI 繪圖

透過 OpenAIAPI 物件執行 ImageGenerations.CreateImageAsync()方法並傳入 ImageGenerationRequest 影像生成物件進行 AI 繪圖生成圖片，此時會傳回 ImageResult 物件，此物件的 Data[0].Url 屬性可取得生成圖片的載點，但圖片載點會在一小時後過期。寫法如下：

```
// 使用 OpenAI API 金鑰建立 OpenAIAPI 物件
OpenAIAPI oenai 物件 = new OpenAIAPI("OpneAI API 金鑰");

// 使用 OpenAI API 生成圖片
```

```
ImageResult imageResult = await api.ImageGenerations.CreateImageAsync(
    new ImageGenerationRequest(
        圖片生成提示,
        圖片生成模型,
        圖片生成大小,
        圖片生成品質)
    );
string imageUrl = result.Data[0].Url;   //生成圖片的網址指定給 imageUrl
```

ImageGenerationRequest 類別物件提供四個參數可供設定，如下：

1. 圖片生成提示：根據文字提示建立圖片。

2. 圖片生成模型：指定生成圖片的模型，目前提供 DALL·E 3 (OpenAI_API. Models.Model.DALLE3) 與 DALL·E 2 (OpenAI_API.Models.Model. DALLE2)，目前 DALL·E 3 圖片生成的品質最佳，本書亦是使用 DALL·E 3。

3. 圖片生成大小：使用 DALL·E 3 圖片尺寸可指定 1024x1024、1024x1792 或 1792x1024 像素。

4. 圖片生成品質：DALL·E 2 和 DALL·E 3 模型預設的圖片生成品質為 "standard" (標準品質)，使用 "standard" 生成圖片較快速。使用 DALL·E 3 模型時，圖片生成品質可設為 "hd" (高品質，DALL·E 2 無法使用 "hd")，此參數使圖片生成品質更好。

🔽 **範例**：AIImageGeneration01.sln

使用 OpenAI API 製作 AI 繪圖程式。

執行結果

▲使用提示進行 AI 繪圖

Visual C# 程式設計經典 -- 邁向 Azure 雲端、AI 影像辨識與 OpenAI API 服務開發(適用 C# 2022/2019/2017)

作　　者：蔡文龍 / 何嘉益 / 張志成 / 張力元 / 歐志信
策　　劃：吳明哲
企劃編輯：江佳慧
文字編輯：王雅雯
設計裝幀：張寶莉
發 行 人：廖文良

發 行 所：碁峰資訊股份有限公司
地　　址：台北市南港區三重路 66 號 7 樓之 6
電　　話：(02)2788-2408
傳　　真：(02)8192-4433
網　　站：www.gotop.com.tw
書　　號：AEL022731
版　　次：2024 年 02 月二版
建議售價：NT$750

國家圖書館出版品預行編目資料

Visual C#程式設計經典：邁向 Azure 雲端、AI 影像辨識與 OpenAI API 服務開發(適用 C# 2022/2019/2017) / 蔡文龍等著. -- 二版. -- 臺北市：碁峰資訊, 2024.02
面 ; 公分
ISBN 978-626-324-758-1(平裝)
1.CST：C#(電腦程式語言)
312.32C　　　　　　　　　113001507

操作步驟

Step 01　前往 OpenAI 申請 API 金鑰 (Key)，步驟可參考 25.3 節。

Step 02　安裝 OpenAI 套件

在方案總管視窗的「參考」按滑鼠右鍵執行【管理 NuGet 套件 (N)】，接著依圖示操作安裝「OpenAI」套件。

Step 03　建立表單輸出入介面

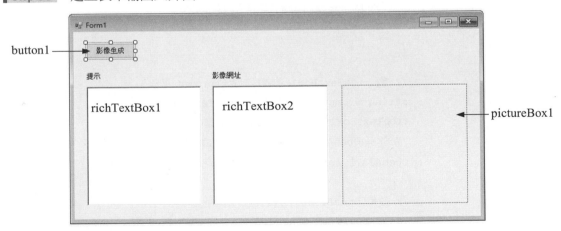

Step 04　撰寫程式碼

程式碼　FileName:Form1.cs

```
01 using OpenAI_API;
02 using OpenAI_API.Images;
03 using System.Net;
```

```
04
05 namespace AIImageGeneration01
06 {
07     public partial class Form1 : Form
08     {
09         public Form1()
10         {
11             InitializeComponent();
12         }
13
14         private void Form1_Load(object sender, EventArgs e)
15         {
16             pictureBox1.SizeMode = PictureBoxSizeMode.StretchImage;
17             pictureBox1.BorderStyle = BorderStyle.FixedSingle;
18         }
19
20         private async void button1_Click(object sender, EventArgs e)
21         {
22             if (richTextBox1.Text == "")
23             {
24                 MessageBox.Show("請輸入繪圖提示");
25                 return;
26             }
27
28             // 將 richTextBox1 的資料存放到 prompt 提示
29             string prompt = richTextBox1.Text;
30             richTextBox2.Text = "請等待，作畫中....";
31             // 使用 OpenAI API 金鑰建立 OpenAIAPI 物件
32             OpenAIAPI api = new OpenAIAPI("OpenAI API 金鑰");
33
34             // 使用 OpenAI API 生成圖片
35             ImageResult imageResult =
                    await api.ImageGenerations.CreateImageAsync
                    (new ImageGenerationRequest(
                        prompt,
                        OpenAI_API.Models.Model.DALLE3,
                        ImageSize._1024,
                        "standard")
                    );
36             string imageUrl = imageResult.Data[0].Url;

37             // 將生成的圖片網址顯示在 richTextBox2 中
38             richTextBox2.Text = imageUrl;
39
40             // 使用 WebClient 下載圖片並顯示在 pictureBox1 中
41             using (WebClient webClient = new WebClient())
42             {
43                 try
44                 {
45                     // 下載圖片的二進位資料
46                     byte[] data = webClient.DownloadData(imageUrl);
47
48                     // 將二進位資料轉換為圖片並顯示在 pictureBox1 中
49                     using (var stream = new System.IO.MemoryStream(data))
50                     {
51                         pictureBox1.Image = Image.FromStream(stream);
52                     }
53                 }
54                 catch (Exception ex)
55                 {
56                     // 處理下載圖片時的例外情況，並顯示錯誤訊息
57                     MessageBox.Show($"無法下載圖片：{ex.Message}");
58                 }
59             }
60         }
61     }
62 }
```

操作步驟

Step 01　前往 OpenAI 申請 API 金鑰 (Key)，步驟可參考 25.3 節。

Step 02　安裝 OpenAI 套件

在方案總管視窗的「參考」按滑鼠右鍵執行【管 理 NuGet 套件 (N)】，接著依圖示操作安裝「OpenAI」套件。

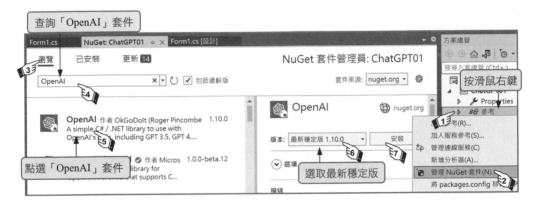

Step 03　建立表單輸出入介面

Step 04　撰寫程式碼

程式碼　FileName:Form1.cs

```
01 using OpenAI_API;
02 using OpenAI_API.Images;
03 using System.Net;
```

25-23

```
04
05   namespace AIImageGeneration01
06   {
07       public partial class Form1 : Form
08       {
09           public Form1()
10           {
11               InitializeComponent();
12           }
13
14           private void Form1_Load(object sender, EventArgs e)
15           {
16               pictureBox1.SizeMode = PictureBoxSizeMode.StretchImage;
17               pictureBox1.BorderStyle = BorderStyle.FixedSingle;
18           }
19
20           private async void button1_Click(object sender, EventArgs e)
21           {
22               if (richTextBox1.Text == "")
23               {
24                   MessageBox.Show("請輸入繪圖提示");
25                   return;
26               }
27
28               // 將 richTextBox1 的資料存放到 prompt 提示
29               string prompt = richTextBox1.Text;
30               richTextBox2.Text = "請等待，作畫中....";
31               // 使用 OpenAI API 金鑰建立 OpenAIAPI 物件
32               OpenAIAPI api = new OpenAIAPI("OpenAI API 金鑰");
33
34               // 使用 OpenAI API 生成圖片
35               ImageResult imageResult =
                     await api.ImageGenerations.CreateImageAsync
                         (new ImageGenerationRequest(
                             prompt,
                             OpenAI_API.Models.Model.DALLE3,
                             ImageSize._1024,
                             "standard")
```

```
                         );
36              string imageUrl = imageResult.Data[0].Url;

37              // 將生成的圖片網址顯示在 richTextBox2 中
38              richTextBox2.Text = imageUrl;
39
40              // 使用 WebClient 下載圖片並顯示在 pictureBox1 中
41              using (WebClient webClient = new WebClient())
42              {
43                  try
44                  {
45                      // 下載圖片的二進位資料
46                      byte[] data = webClient.DownloadData(imageUrl);
47
48                      // 將二進位資料轉換為圖片並顯示在 pictureBox1 中
49                      using (var stream = new System.IO.MemoryStream(data))
50                      {
51                          pictureBox1.Image = Image.FromStream(stream);
52                      }
53                  }
54                  catch (Exception ex)
55                  {
56                      // 處理下載圖片時的例外情況，並顯示錯誤訊息
57                      MessageBox.Show($"無法下載圖片: {ex.Message}");
58                  }
59              }
60          }
61      }
62 }
```

Visual C# 程式設計經典 -- 邁向 Azure 雲端、AI 影像辨識與 OpenAI API 服務開發(適用 C# 2022/2019/2017)

作　　　者：蔡文龍 / 何嘉益 / 張志成 / 張力元 / 歐志信
策　　　劃：吳明哲
企劃編輯：江佳慧
文字編輯：王雅雯
設計裝幀：張寶莉
發 行 人：廖文良

發 行 所：碁峰資訊股份有限公司
地　　　址：台北市南港區三重路 66 號 7 樓之 6
電　　　話：(02)2788-2408
傳　　　真：(02)8192-4433
網　　　站：www.gotop.com.tw
書　　　號：AEL022731
版　　　次：2024 年 02 月二版
建議售價：NT$750

國家圖書館出版品預行編目資料

Visual C#程式設計經典：邁向 Azure 雲端、AI 影像辨識與 OpenAI
API 服務開發(適用 C# 2022/2019/2017) / 蔡文龍等著. -- 二
版. -- 臺北市：碁峰資訊, 2024.02
　　面；　　公分
　　ISBN 978-626-324-758-1(平裝)
　　1.CST：C#(電腦程式語言)
312.32C　　　　　　　　　　　　　　　113001507